Benno Werlen
Gesellschaftliche Räumlichkeit 2
Konstruktion geographischer Wirklichkeiten

D1702840

Für Gerhard,

in Freundschaft und
mit den besten Wünschen

B —

Benno Werlen

Gesellschaftliche Räumlichkeit 2

Konstruktion geographischer
Wirklichkeiten

Franz Steiner Verlag Stuttgart 2010

Umschlagbild: Kristian Philler

Bibliografische Information der Deutschen Nationalbibliothek
Die Deutsche Nationalbibliothek verzeichnet diese Publikation in der
Deutschen Nationalbibliografie; detaillierte bibliografische Daten sind
im Internet über <http://dnb.d-nb.de> abrufbar.

ISBN 978-3-515-09429-0

© 2010 Franz Steiner Verlag, Stuttgart
Gedruckt auf säurefreiem, alterungsbeständigem Papier.
Druck: AZ Druck und Datentechnik, Kempten
Printed in Germany

Inhaltsverzeichnis

Vorwort

Mit »Geographie« wird meist nach wie vor eine naturhaft vorgegebene räumliche Konstellation bezeichnet. Mit dem vorliegenden Band »Konstruktion geographischer Wirklichkeiten« wird den Leserinnen und Lesern eine Sichtweise vorgeschlagen, geographische Wirklichkeiten als konstruierte, als hergestellte und damit als sinnhafte Wirklichkeiten zu begreifen. Die verschiedenen Formen des »Geographie-Machens«, des »geography-making«, liegen den geographischen Wirklichkeiten ebenso zu Grunde, wie die sozialen Praktiken der gesellschaftlichen Wirklichkeit bzw. den gesellschaftlichen Wirklichkeiten. Ein solches Verständnis eröffnet Möglichkeiten, die gesellschaftlichen Implikationen der Gestaltung geographischer Bedingungen des Handelns aufzudecken, als gesellschaftspolitisch problematisch eingestufte Entwicklungen geographisch neu zu perspektivieren, eine Basis für Neuorientierungen zu schaffen.

Der vorliegende Band bereitet den Weg dazu und versteht sich als Beitrag zur Entwicklung einer neuen geographischen Sichtweise gesellschaftlicher, kultureller, politischer, ökonomischer und ökologischer Lebensbezüge. Die Auswahl der Texte wurde unter dem Gesichtspunkt der systematischen Erschließung des dafür notwendigen argumentativen Zusammenhangs getroffen. Sie sind zum größeren Teil in unterschiedlichsten disziplinären und thematischen Kontexten veröffentlicht worden. Neben geographischen erschienen sie vor allem in ethno- und soziologischen, soziographischen, medien- und regionalwissenschaftlichen, sozialpolitischen, didaktischen und wissenschaftshistorischen Zeitschriften und Sammelbänden. Diesen verschiedenen Kontexten und der dort zu erwartenden mangelnden Vertrautheit oder besser: noch nicht weit gediehenen Vertrautmachung mit sozialgeographischen Sichtweisen war immer wieder auf je spezifische Weise Rechnung zu tragen. Das impliziert für den in diesem Band konzipierten Zusammenhang selbstredend nicht zu vermeidende Redundanzen, die aufgrund ihres produktiven Differenzierungsgehaltes der entsprechenden Argumentationsketten bewusst nicht behoben wurden. Eine Reihe bisher unveröffentlichter Aufsätze und Interviews soll zur Vertiefung und Veranschaulichung dieser praxiszentrierten geographischen Sichtweise beitragen. Im Epilog »Neue geographische Verhältnisse und die Zukunft der Gesellschaftlichkeit« wird auf der Basis eines Kurzüberblicks über die Theorieentwicklung von der handlungstheoretischen Sozialgeographie zur Erforschung alltäglicher Regionalisierungen ein Ausblick auf die anstehende Weiterentwicklung dieses geographischen Forschungsprogramms: die Erschließung der gesellschaftlichen Raumverhältnisse gegeben.

Zur Bewältigung des aufwändigen Arbeitsprozesses war tatkräftige Unterstützung und zuverlässige Mitarbeit unverzichtbar. Nadine Wassner übernahm auch für diesen Band die digitale Erfassung im vor-digitalen Zeitalter erstellter Texte. Tobias Federwisch koordinierte wiederum die Textauswahl und war bei der Feinstabstimmung der Textabfolge ein geduldiger Ratgeber. Olivia Busch und Ralf Leipold leisteten die Korrekturarbeiten, passten die Literaturverweise an und erstellten das Literaturverzeichnis.

Rosemarie Mendler arbeitete Abbildungen und Graphiken digital auf. Juliane Suchy und Andreas Grimm besorgten Satz und Gestaltung des Buches. Andreas Grimm war für das gesamte Projekt ein geduldiger Diskussionspartner und eine hilfreiche Stütze, übernahm die redaktionelle Überarbeitung der Texte, die Koordination aller anfallender Arbeitsprozesse im Team und mit dem Verlag sowie die Schlussredaktion des Bandes. Ihnen allen gilt mein ganz herzlicher Dank!

Benno Werlen   Jena und Nijmegen, im Frühsommer 2010

Einleitung

Um geographische Wirklichkeiten als sinnhafte Wirklichkeiten verstehen zu können, ist die Klärung des Verhältnisses von Gesellschaft und Raum eine unabdingbare Voraussetzung. Um dieses Verhältnis selbst genauer bestimmen zu können, ist eine zweite Klärung notwendig: jene des ontologischen Status, mithin der Seins- und Existenzweise von »Gesellschaft« und »Raum«. Bei diesen beiden handelt es sich um Schlüsselelemente geographischer Weltbilder und Weltsichten. Sowohl der Forderung nach Klärung des Verhältnisses als auch der Bestimmung des ontologischen Status ist bereits Band 1 ein Stück weit nachgekommen. Im vorliegenden Band 2 werden diese Forderungen nun weiterführend umgesetzt und vor allem: zur Grundlage einer entsprechenden Weltperspektive, einer entsprechenden Weltsicht gemacht. Zur Erleichterung dieser Wegstrecke könnten die folgenden Leitgedanken dienlich sein.

Einer der wichtigsten Gründe, weshalb die Auseinandersetzung mit den geographischen bzw. räumlichen Bedingungen des Handelns nicht – wie etwa die historischen bzw. zeitlichen Bedingungen – zum Gegenstand einer geistes- und sozialwissenschaftlichen Beschäftigung gemacht wurden, liegt offensichtlich darin begründet, dass erdoberflächliche Handlungskontexte vorschnell mit natürlichen Bedingungen gleichgesetzt wurden. Auf der Basis der Gleichsetzung von »Raum« mit dem materiellen Kontext und dessen Verdinglichung als (materiellem) Raum bzw. Erdraum war es (fatalerweise) folgerichtig, die Beschäftigung mit den räumlichen Bedingungen des Handelns aus dem Bereich des Sinnhaften auszuschließen. Als materieller Raum wurde »Raum« für jede verstehende sozial- und geisteswissenschaftliche Forschung belanglos.

Welche problematischen Konsequenzen mit solchen Setzungen und daraus resultierenden Folgerungen verbunden sind, zeigen neben der traditionellen Geopolitik insbesondere auch die ökologischen Katastrophen, welche in allen Formen und Typen der Modernisierung am Ende des Industriezeitalters standen. Beide können stellvertretend für andere – ähnlich gelagerte gesellschaftliche – Problemlagen als unbefriedigende Differenzierung zwischen und unbewältigte Verhältnissetzung von physisch-materiellen und sozial-symbolischen Wirklichkeiten sowie zwischen dinglicher und konzeptioneller Ebene gesehen werden. Beide Schräglagen sind im Hinblick auf eine zeitgemäße geographische Weltsicht – sowohl auf alltäglicher wie auf wissenschaftlicher Ebene – ins Lot zu bringen.

Die Richtung der Kehrtwende, um diesem doppelten Dilemma zu entrinnen, kann mit einem Verweis auf die unhintergehbare Tatsache der Lebensspanne eines jeden Menschen angedeutet werden. Bevor diese Andeutung spezifiziert wird, sind jedoch zuerst wenigstens einige Implikationen der konventionellen Sicht aufzudecken. Wie selbstverständlich gehen wir davon aus, dass jeder in eine bestimmte historische Konstellation und auch einen bestimmten sozialen Kontext hineingeboren wird. Beide Umstände sind selbstverständlich nicht das Ergebnis einer Entscheidung des/der Betroffenen. Häufig ist auch davon die Rede, dass jemand das Kind seiner Zeit sei, oder es wird implizit oder explizit argumentiert, dass das soziale Herkunftsmilieu für die Konstitution der Potenzialitäten eines Handelnden in entscheidendem Maße bestimmend sei. Genau so könnte man postulieren, dass die räumliche Konstellation, Geographie oder Herkunftsregion prägend ist. Letztere wird gerade auch von geo-deterministisch-naturalistisch argumentierenden Geographen oder auch in regionalistischen Diskursen und zwar in dem Sinne vertreten, dass die Beziehung zwischen Geographie, Geschichte, Gesellschaft und Kultur letztlich eine kausal-deterministische und somit gerade keine sinnhafte, keine gestalt- bzw. rekonfigurierbare wäre.

Legt man indes im Sinne einer praxiszentrierten Perspektive den deterministischen Reduktionismus der Handlungspotenzialitäten auf Zeit, Gesellschaft und Raum ab und gibt allen drei Kernbegriffen eine andere, eine stärker sinnhafte und damit ergebnisoffene Konnotation, dann kann die zuvor angesprochene Kehrtwende in Angriff genommen werden. Für die erste Dimension: »Zeit« bzw. »Geschichte« ist mit dieser Wende verbunden, dass man nicht mehr von der »Macht der Zeit« oder dem »Kind der Zeit« spricht, sondern von der Geschichte einer Person als Lebensspanne oder von der Geschichte einer Person im Kontext der gleichzeitig stattfindenden Geschehnisse und Ereignisse – nun aber unter expliziter Betonung der Steuerungsmöglichkeiten des eigenen Tuns und Handelns. Für die zweite Dimension: »soziales Milieu« bzw. »Gesellschaft« besteht die Wende ebenfalls in der Abkehr von einer strukturalistischen Argumentation hin zu einer dynamischen, kreativitätsoffenen praxiszentrierten Sichtweise. Ein Kernpunkt der strukturalistischen Sicht ist, das Tun der Akteure von der Position im Sozialgefüge (Klasse, Schicht etc.) festgelegt zu sehen. In einer dynamischen Perspektive können solche sozialen Zwänge, strukturelle Gewalt etc. durchaus als Bedingungen des Handelns in Betracht gezogen werden. Im Vergleich zur strukturalistischen Erklärungslogik sind zugleich aber auch Kreativität und Handlungspotenziale der einzelnen Akteure zu beachten, sodass die Möglichkeit in den Blick kommt, dass auch die strukturellen Bedingungen von den Akteuren verändert, (um-)gestaltet werden können.

Vollzieht man denselben Perspektivenwechsel der Beschreibung und Erklärung in Bezug auf die dritte Dimension: »Raum« und »Geographie«, dann ist das Ergebnis wahrscheinlich weniger schnell einleuchtend. Zu sagen, dass jemand ebenso s/eine (eigene) Geographie hat wie s/eine (eigene) Geschichte, wird – wenn überhaupt – bezüglich des Gedankens, der hinter der Formulierung »s/eine eigene Geographie« steht, sicher deutlich weniger rasch Zustimmung erlangen als der Gedanke, der der Formulierung »s/eine eigene Geschichte« zu Grunde liegt. Das hat mit der einleitend angesprochenen Tatsache zu tun, dass wir es gewohnt sind, Geschichte als einen bedeutungsgeladenen bzw. sinnhaften Prozess zu verstehen; Geographie demgegenüber aber spontan eher mit statischen Verhältnissen assoziieren. Schließlich rekurriert Geschichte auf Zeit – und Zeit auf das Nacheinander. Geographie indes rekurriert auf Raum – und Raum auf das Nebeneinander des Gleichzeitigen. Der entscheidende Schritt zum Vollzug der Kehrwende besteht somit in der Dynamisierung des Verständnisses von Geographie: von der Geographie der Dinge und Orte zu den Geographien der Subjekte und deren Formen des Geographie-Machens. Dabei können mehrere Dimensionen der Dynamisierung unterschieden werden.

Die erste Form der Dynamisierung fokussiert den Einbezug der biographischen Komponente, die Abfolgen der körperlich aufgesuchten Orte auf der Erdoberfläche und die dabei gemachten Erfahrungen in das Geographieverständnis. Ein dynamisches Geographieverständnis, das konsequent von kompetenten, »Geographie machenden« Akteuren ausgeht, hat schließlich auch deren eigene Geographie zu würdigen. Die Hinwendung zur Geographie des Lebenslaufes, der Geographie der Biographie, ermöglicht zudem die gleichmäßige Betrachtung von Raum und Zeit als Raum-Zeit des eigenen Lebens. So wird erkennbar, dass beide Komponenten untrennbar miteinander verbunden sind. Der historische und der geographische Kontext werden als Choreographie des je eigenen Lebens im Formierungsprozess der Persönlichkeit zur Einheit. Bei deren (erinnernder) Erzählung wird das zeitliche Nacheinander freilich zwar oft präferiert. Doch die persönliche Geographie ist für die Weltbild-Formierung trotzdem von ebenso großer Bedeutung wie die historischen Verhältnisse, die man erlebt und (in denen man) lebt. Diese gleichwertige Relevanz liegt nicht zuletzt darin begründet, dass über die gelebte Geographie, erstens, häufig die thematische Bestimmung des nacheinander Erlebten festgelegt wird. Zweitens entscheidet sie darüber, welche Wirklichkeitsausschnitte unmittelbar in eigener Anschauung er- und gelebt werden und von welchen man bloß auf mediatisierte bzw. durch anders vermittelte Weise Kenntnis hat. Die Ausformung der Geographie des eigenen Lebenslaufes, der eigenen Bio-/Choreographie, markiert so gesehen immer den aktuell verfügbaren Erfahrungs- und Deutungshorizont der subjektiven Welterschließung. Damit wird nicht nur der dynamische, sondern gleichzeitig auch der grundsätzlich reflexive Charakter von »Geographie« erkennbar. Geographie-Machen schließt denn auch beide Komponenten ein: Welt-Erfahrung und Welt-Sicht.

Die zweite Dimension der Dynamisierung des Verständnisses von »Geographie«, die hier angedeutet werden soll, besteht in der Abkehr von einem mechanistischen Welt*bild* und der Hinwendung zu einer subjekt- bzw. tätigkeitszentrierten Welt*sicht*. Das mechanistische Weltbild baut auf dem Raumverständnis des NEWTON'schen Container-Begriffs und der Grundidee auf, dass sich alle möglichen Gegebenheiten und Gegenstände *in* einem Raum oder *in* unterschiedlichen Räumen befinden. »Raum« wird somit als das Behältnis der Wirklichkeit verstanden, dem selbst – und dies macht den zweiten Teil der Mechanistik aus – eine kausale, auch Tätigkeiten determinierende Wirkkraft beigemessen wird. Diese doppelte Containerisierung bzw. doppelte Fixierung kann man als den Kern eines prä-modernen Weltbildes identifizieren, das im Hinblick auf die Dynamisierung durch die Konzeption der Welt-Bindung zu ersetzen ist. Mehrere Artikel dieses Bandes beschreiben sowohl die Entwicklung als auch die fachspezifische Entfaltung dieses Konzepts. Benannt wird damit eine Welt-Sicht, in deren Zentrum nicht das beinhaltende Behältnis steht, sondern das handelnde Subjekt, das mit und in seinem Tun die Welt auf sich bezieht, Welt-Bindungen verwirklicht. Diese Welt-Bindungen werden damit realisiert, dass Dinge benannt, kategorisiert und symbolisch aufgeladen werden aber auch, dass Dinge, die beispielsweise Elemente von globalen Warenströmen sind, über die verfügbare Kaufkraft für die Nutzung – als Verbrauch oder zur Produktion – unter die dem Subjekt eigene Kontrolle gebracht werden. Die Akte der Welt-Bindung bilden somit den Kern einer dynamischen Weltsicht, die die heutigen gesellschaftlichen Raum- und Zeitverhältnisse konzeptionell zu fassen beansprucht.

Leitete sich für die traditionelle wissenschaftliche Geographie aus dem mechanistischen Weltbild wie selbstverständlich der Auftrag der Lokalisierung und der Regionalisierung im Sinne der Begrenzung und Unterteilung des Raumes ab, so wird aus der Konzeption der Welt-Bindung heraus ein konstruktivistisches geographisches Weltverständnis zugänglich gemacht. Die Setzung des Conainerraumes als naturhafte und kausal wirksame Gegebenheit wird vor dem Hintergrund dieser Neukonzeption als eine besonders wirkkräftige Konstruktion identifizierbar – aber eben als eine Konstruktion und nichts anderes. In derselben Argumentationslinie kann man sagen, dass jede geographische Weltvorstellung als gemachte und sinnhafte Wirklichkeit auszuweisen ist, also auch jene, welche dies explizit leugnet und an die Stelle der sozialkulturell formierten Konstruktionsleistungen eine allem Tun vorangehende quasi-naturhafte Wirklichkeit setzt.

Mit der Dynamisierung des geographischen Weltverständnisses auf der Basis sinnhafter Konstitutions- und Konstruktionsleistungen wird jedoch keinesfalls ein radikaler Rationalismus verbunden. Mit ihr wird vielmehr postuliert, dass es sich bei geographischen Wirklichkeiten sowohl um vor-sprachliche als auch sprachlich verfasste Wirklichkeiten handelt. Zahlreiche geographische Bedingungen, welche für die verfügbaren bzw. erreichbaren Handlungspotenziale entscheidend sind, werden möglicherweise von der Mehrzahl der Akteure gar nicht bewusst erkannt und sind konsequenterweise auch gar nicht sprachlich-diskursiv akzentuierbar. Das macht die geographischen Bedingungen häufig zu einer verborgenen Dimension sozial-kultureller Wirklichkeiten. Eine der Aufgaben zeitgenössischer Geographie ist es entsprechend, die schlummernde Verborgenheit der Räumlichkeit des Gesellschaftlichen und Kulturellen ohne fatale naturalistische Reduktionismen offen zu legen und somit thematisier- und verhandelbar zu machen.

Diese Perspektive kann und soll aber auch deutlich machen, dass große Teile geographischer Wirklichkeiten sprachlich verfasste oder besser: sprachlich angeeignete Wirklichkeiten sind. Sie sind konsequenterweise nur in *dieser*, sprachlich angeeigneten und sinnhaften Form sozial, kulturell, politisch und ökonomisch wirklich. So wie die Bedeutungen von Begriffen Ausdruck mehr oder minder unmittelbar abrufbarer Konventionen, Verständigungen auf gemeinte Bedeutungen sind – und nicht der bezeichneten Gegebenheit (naturhaft) inhärent oder direkter: nicht Ausdruck der Natur der Sache oder einer Gegebenheit sind, sondern bestenfalls Ausdruck der erfahrungsbedingten Auseinandersetzung mit (diesen) Gegebenheiten –, genau so sind geographische Wirklichkeiten zu einem großen Teil sozialer und nicht natürlicher Art. Auch deshalb kommt einer sozialgeographischen Weltperspektive, von seiner Etablierung bis hin zu seiner differenzierten Entfaltung – wovon in diesem Band die Rede ist –, eine besondere Bedeutung zu.

In Kapitel 1 »Konstitution räumlicher Verhältnisse« werden Texte und ein bisher unveröffentlichtes Manuskript in argumentativem Zusammenhang verfügbar gemacht, welche sich zunächst kritisch mit jenen Raumkonzeptionen befassen, die mit dem mechanistischen Weltbild einen gemeinsamen Nenner aufweisen oder gar unmittelbar aus diesem abgeleitet sind. Aus der kritischen Auseinandersetzung heraus wird dann der Weg zu alternativen Raumkonzeptionen nachgezeichnet, die nicht nur mit den aktuellen gesellschaftlichen Raumverhältnissen, sondern auch mit einer Reihe von zeitgenössischen Sozial- und Kulturtheorien – so zumindest der Anspruch – widerspruchsfrei kompatibel sind.

Die Texte zu »Kulturtheoretische Wende« des Kapitels 2 setzten sich mit den Implikationen des *cultural turn* für geographische Perspektivierungen des Weltgeschehens auseinander. Unter Einbezug von »Raumfragen« wird auch den Implikationen des *spatial turn* in den Kulturwissenschaften nachgegangen, wobei diese Frage insbesondere hinsichtlich der Produktion von Weltbildern in einer globalisierten Mediengesellschaft gestellt wird. Diese Themen werden vor dem Hintergrund der Abklärung der Implikationen einer handlungstheoretisch fokussierenden Herangehensweise an das Kultur-Raum-Verhältnis aufgearbeitet. Diesbezüglich werden Vorschläge unterbreitet, was in dieser Sichtweise unter »Kultur« und »Identität« verstanden werden kann und schließlich: welche Folgerungen sich aus dieser Neubestimmung für die politische Gestaltung des Verhältnisses von »Kultur« und »Raum« ergeben. Von einem sozialgeographischen Standpunkt aus sind »Kultur« und »Politik« freilich immer zusammen zu denken. Dieser Zusammenhang drohte gerade mit dem Vollzug des *cultural turn* ab den frühen 1990er-Jahre in Vergessenheit zu geraten.

Die Implikationen der Einführung der Welt-Bindung als neues Prinzip geographischer Weltsicht in politischer Hinsicht sind Thema in Kapitel 3. Die unter dem Titel »Territorialität, Territorialisierung und Globalisierung« versammelten Manuskripte und Artikel legen die zum Teil mindestens fragwürdigen Implikationen der Mobilisierung überkommener, allumfassender Containerisierungen unter prinzipiell räumlich und zeitlich entankerten Verhältnissen offen. Dabei wird das Prinzip der Territorialität den sich neu etablierenden gesellschaftlichen Raumverhältnissen globalisierter Bedingungen des Handelns gegenüber gestellt. Diese Konfrontation wird über die Frage nach dem Verhältnis von wissenschaftlichen (geographischen) und alltagsweltlichen Weltsichten und Weltbildern differenziert und vertieft.

Die Umsetzung der konstruktivistischen Wende geographischer Forschung wird in Kapitel 4 auf »Soziale und urbane Praktiken« bezogen. Hier wird die politische Dimension in zweifacher Hinsicht Thema. Einerseits werden »die Geographien des eigenen Lebens« und die entsprechenden sozialen Praktiken als Basis der Konstruktion (neuer) politischer Verhältnisse betrachtet. Diese Sichtweise wird unter Einbezug der Räumlichkeit gesellschaftlicher Wirklichkeiten im Hinblick auf die Schaffung eines neuen Europas vorgeführt. Andererseits wird die Perspektive auf das Feld der aktuellen (Jugend-)Politik bezogen.

Im abschließenden Kapitel 5 »Gesellschaftliche Ökologie« wird eine lang anhaltende Auseinandersetzung mit einer der Kernfragen der Sozialgeographie – dem Verhältnis von Gesellschaft und Natur in praxiszentrierter Perspektive – geführt. Die entsprechende Debatte schlägt unter anderem eine Neubenennung der bisherigen disziplinären Orte ökologischer Forschung von »Human- und Sozialökologie« in »Gesellschaftliche Ökologie« vor.

Kapitel 1

Konstitution räumlicher Verhältnisse

Das Ringen um die forschungsleitende Raumkonzeption oder abgewandelte Konzeptionen wie »Landschaft«, »Region« etc. zieht sich — wenn man das Blickfeld nicht zu sehr verengt — wie ein roter Faden durch die gesamte Geschichte der wissenschaftlichen Geographie. Die Frage, ob das Fach als Länderkunde bzw. Regionalforschung, als Landschaftsforschung, als Raumforschung usw. zu konzipieren und propagieren sei, ist so alt wie die universitäre Existenz des Faches. Eine explizit raumtheoretisch gewendete Form der Auseinandersetzung wurde erst in der Spätphase der Hochblüte des raumwissenschaftlichen Ansatzes Ende der 1970er-Jahre entwickelt. Doch die Frage nach der Notwendigkeit und der Form der feineren Abstimmung von Raum- und Gesellschaftskonzeption wurde (zu) lange überhaupt nicht gestellt. Zu häufig blieb »Erdraum« als vorgegebene Entität, als jeder sozialen Praxis vorausgehende Gegebenheit unangetastet bestehen. Die Obsession, »Raum« als den unbezweifelten und unbezweifelbaren Fokus allen geographischen Tuns — unter allen Umständen — aufrecht zu erhalten, war im Fach bis vor nicht allzu langer Zeit unbestrittener und unbestreitbarer Konsens.

Dass es für die Geographie aber von besonderer Bedeutung ist, sich — soweit wie möglich — in transdisziplinärer Offenheit einen Überblick über den Stand der Debatte zu dem im wahrsten Sinne des Wortes: fächerübergreifenden Konzept »Raum« zu verschaffen, liegt eigentlich auf der Hand. Diese Arbeit ist von Geographinnen und Geographen in den letzten zehn bis fünfzehn Jahren tatsächlich auch mit großer Intensität und bemerkenswertem Erfolg im internationalen Zusammenhang geleistet worden — ein Umstand, der aktuell wesentlich zur Reputationssteigerung des Faches im Wettstreit der Wissenschaften beiträgt. Gleichwohl hat sich die Geographie dieser Frage in noch weit ausgreifenderem Maße — als andere Disziplinen — zu stellen. Das Zusammengehen von natur- und sozialwissenschaftlicher Geographie verlangt nach einer Klärung in mindestens dreifacher Hinsicht. Was bedeutet »Raum«, erstens, im Zuständigkeitsbereich »Natur« der Naturwissenschaften, was, zweitens, für die gesellschaftliche Wirklichkeit und Sozialwissenschaften und schließlich, drittens: Auf welche Weise kann in räumlicher Hinsicht zwischen den beiden Bereichen vermittelt werden, ohne reduktionistischen Fallen zu erliegen?

Vor diesem Hintergrund wurde die Frage: »Gibt es eine Geographie ohne Raum?« bzw. »Geography without space?«, wie der erste Vortrag zur Neuorientierung des Faches am Amerikanischen Geographentag 1990 in Miami — also noch vor dem Erscheinen der englischen Übersetzung von »Gesellschaft, Handlung und Raum« — betitelt war, als reine Provokation empfunden und rief die üblichen Abwehrmechanismen hervor. Rückblickend ist die Entrüstung einiger der späteren Protagonisten der *spatial-turn*-Debatte, die von geographischer Seite weitgehend unter Beibehaltung des klassischen Fokus lanciert wurde, natürlich leicht verständlich: »Raum« sollte und musste das Forschungsobjekt bleiben. Die Reaktionen auf eine stark erweiterte deutschsprachige Fassung – dem eigentlichen Rohentwurf der »Sozialgeographie alltäglicher Regionalisierungen« – führten in Bonn immerhin zu einer recht fruchtbaren, wenn auch höchst kontroversen Theoriedebatte, die 1993 in der Zeitschrift »Erdkunde« veröffentlicht wurde. Für diese Kontroverse war es möglicherweise nicht besonders hilfreich, dass das Manuskript »Handeln und Raum«, das diese Frage vorbereitet hat und an zahlreichen geographischen Kolloquien deutschsprachiger Institute vorgetragen wurde, erst im vorliegenden Band publiziert wird. Dieser Text stellt die Manuskriptfassung des Vortrages im Spätherbst 1987 an der TU München dar, im Anschluss daran eine sehr ergiebige Diskussion mit WOLFGANG HARTKE, dem eigentlichen Gründungsvater der sozialwissenschaftlichen Geographie, zu Stande kam.

Seit ein paar Jahren mehren sich sozial- und kulturwissenschaftliche Publikationen zur »Raumfrage«. Mit der erneuten Aktualisierung des bereits von GEORG SIMMEL 1903 ziemlich exakt hundert Jahre früher identifizierten Arbeitsfeldes »Soziologie des Raumes« gewinnt dieses – zuvor eher randliche – Thema nun stark an Aufmerksamkeit. Mit der Propagierung des von EDWARD SOJA in den 1990er-Jahren eher beiläufig geschaffenen Labels vom »spatial turn« wurde das Thema nun auch bei diskurssteuernden Verlagen definitiv salonfähig. »Raumbegriffe in der ›Geographie/Sozialgeographie‹« (2009) ist der Beitrag zu einem Sammelband STEPHAN GÜNZELS, mit dem 2009 der Anspruch der Dokumentierung des »state of the art« der Raumtheorie in den unterschiedlichsten Disziplinen erhoben wurde.

»Kulturelle Räumlichkeit: Bedingung, Element und Medium der Praxis« (2003) skizziert die Fruchtbarmachung der Raumfrage für kulturwissenschaftliche Forschungsperspektiven. Der entscheidende Punkt – so das Kernargument – besteht darin, »Raum« nicht als Gegenstand der eigenen Forschung zu positionieren und zu reklamieren – wie dies in der ethnologischen Tradition etwa beim Konzept »Kulturkreis« der Fall war –, sondern der Frage nachzugehen, wie und in welcher Form »Räumlichkeit« zum inhärenten Bestandteil beispielsweise der kulturellen Praxis werden kann. Oder in anderen Worten: Statt »Raum« über Reifikation zum Gegenstand empirischer Forschung zu machen, ist es deutlich Erfolg versprechender die Frage zu stellen, wofür »Raum« steht und welche Bedeutung die Mobilisierung unserer Räumlichkeit für die Produktion und Reproduktion gesellschaftlicher, kultureller, politischer und ökonomischer Wirklichkeiten aufweist. Der Text ist aus einem Vortrag im Rahmen der Veranstaltung des DFG-Forschungsprojektes »Kulturelle Räumlichkeit« von BRIGITTA HAUSER-SCHÄUBLIN am enthologischen Institut der Universität Göttingen hervorgegangen und wurde als Prolog in dessen Abschlusspublikation erstmals veröffentlicht.

Gibt es eine Geographie ohne Raum?

Zum Verhältnis von traditioneller Geographie und spätmodernen Gesellschaften[1]

Zeitgenössische Gesellschaften und Kulturen weisen kein insulares Dasein mehr auf. Deshalb ist es nicht mehr angemessen, diese in der wissenschaftlichen Geographie weiterhin als räumliche Gestalten zu begreifen. Regionale und räumliche Bedingungen sozial-kultureller Verhältnisse und Prozesse sind zwar immer noch in hohem Maße bedeutsam. Das wird wahrscheinlich immer so bleiben. Doch selbst wenn dem so ist, kann man daraus nicht ableiten, spätmoderne, zeitgenössische Gesellschaften könnten in räumlichen Kategorien erforscht werden.

Ich gehe von der These aus, dass nicht Länder oder der Raum *per se* das Forschungsobjekt der Humangeographie bilden können, sondern die menschlichen Tätigkeiten unter bestimmten räumlichen Bedingungen. Wenn es nämlich einen gegenständlichen Raum im naturwissenschaftlichen Sinne als Forschungsobjekt geben würde, dann müsste er auch irgendwo sein. Man müsste in der Lage sein, den Ort des Raumes im Raum zu bestimmen. Das ist aber bisher noch niemandem gelungen. Deshalb ist eine raumwissenschaftliche Geographie als empirische Disziplin nicht begründbar. Doch eine wissenschaftliche Disziplin »Geographie« ist auch ohne Forschungsobjekt »Raum« denk- und praktizierbar, ohne dass man dabei eine Legitimationskrise in Kauf zu nehmen braucht.

Statt »die« Geographie der Erdoberfläche an sich zu erforschen, sollten wir es uns vielmehr zur Aufgabe machen, jene Geographien zu erforschen, die täglich von den handelnden Subjekten von unterschiedlichen Machtpositionen aus gemacht und reproduziert werden. Ausgangspunkt dieses nicht raumwissenschaftlichen Forschungsprogramms ist die Einsicht, dass die Menschen auch ihre Geographie unter nicht selbst gewählten Bedingungen machen, nicht nur ihre Geschichte. Die Bedingungen und Formen dieses Geographie-Machens zu erforschen, sollte die wesentliche Aufgabe dieser alternativen Konzeption der Humangeographie sein. Sie sollte in der Lage sein, dieses Geographie-Machen auch unter den spätmodernen Bedingungen gesellschaftlichen Lebens zu erforschen. Unter diesen Bedingungen wird in besonderem Maße offensichtlich, dass die raumfixierte geographische Forschung dazu neigt, unangemessene Darstellungen von sozialen Prozessen zu liefern.

Die Argumentation zur Begründung dieser These und zum Entwurf einer alternativen Konzeption baut auf der allgemeineren Annahme auf, dass jede wissenschaftliche Forschungskonzeption nur dann empirisch wahre Aussagen produzieren kann, wenn

[1] Dieser Artikel ist eine überarbeitete und erweiterte Fassung des Vortrages, den ich am 16.11.1992 in Bonn gehalten habe. Gelegentliche Vereinfachungen und (zu) knappe Begründungen der Argumentation haben mit diesem ursprünglichen Kommunikationskontext zu tun.

die Ontologie ihres Forschungsgegenstandes in ihrer Konstruktion auf angemessene Weise berücksichtigt wird. In den ersten zwei Abschnitten beschäftige ich mich mit dieser Thematik im Rahmen des Verhältnisses zwischen traditionellen Gesellschaften und der Forschungskonzeption der traditionellen Geographie. Im dritten Abschnitt geht es um die Ontologie des Raumes. In der dort geführten Auseinandersetzung mit den Raumauffassungen von IMMANUEL KANT und ALFRED HETTNER geht es primär darum, zu zeigen, worin sich die prämoderne Raumauffassung der traditionellen Geographie von einer aufgeklärten unterscheidet. Die entsprechenden Konsequenzen auf der Forschungsebene und in sozial-weltlicher Hinsicht werden daran anschließend im Zusammenhang mit der raumwissenschaftlichen Geographie behandelt. Die zwei letzten Kapitel schließen den Kreis. Denn hier geht es wieder um die Frage des angemessenen Verhältnisses zwischen sozial-/kulturgeographischer Forschungskonzeption und der sozial-kulturellen Wirklichkeit; diesmal allerdings in Bezug auf die spätmodernen Bedingungen des gesellschaftlichen Lebens und der handlungstheoretischen Sozialgeographie.

Traditionelle Gesellschaften

Nun mag man sich fragen, warum es überhaupt möglich war, die (raum-)wissenschaftliche Humangeographie solange zu erhalten, wenn kein Objekt »Raum« auffindbar war und sie doch nur unangemessene Darstellungen sozial-kultureller Zusammenhänge ermöglicht. Die Antwort lautet: Es war nur deshalb möglich, weil traditionelle Gesellschaften eine hohe räumlich-zeitliche Stabilität aufwiesen. Sonst wären die Schwächen der traditionellen Humangeographie früher offensichtlich geworden. Um diese These belegen zu können, möchte ich kurz illustrieren, wodurch sich traditionelle Gesellschaften in sozialgeographischer Hinsicht auszeichneten.

Bedingt durch den Stand der Kommunikations-, Transport- usw. Technologie blieben in *traditionellen Gesellschaften*[2] kulturelle und soziale Ausdrucksformen weitgehend auf den lokalen und regionalen Maßstab beschränkt. Das heißt, dass die vorherrschende Kommunikationsform weitgehend auf die so genannten Face-to-Face-Interaktionen beschränkt war. Die Menschen lebten gemäß den vorherrschenden Traditionen. Individuellen Entscheidungen hingegen war ein enger Rahmen gesetzt. Soziale Beziehungen waren vorwiegend durch Verwandtschafts-, Clan- oder Standesverhältnisse geregelt. Je nach Herkunft, Alter und Geschlecht wurden den einzelnen Personen klare Positionen zugewiesen, die weder über individuelle Entscheidungen noch besondere Leistungen maßgeblich verändert werden konnten. Demgemäß fand sozialer und kultureller Wandel nur in sehr gemächlichem Tempo statt, eher im Jahrhunderte-Rhythmus als im Jahrzehnte-Rhythmus. Soziales und Kulturelles war wie

---

2   Vgl. CIPOLLA (1972), NACHTIGALL (1974), MALINOWSKI (1975), CARLSTEIN (1982), GEHLEN (1986), BRAUDEL (1990), HUGGER (1992), GIDDENS (1981a, 1990b, 1991a und 1993).

Übersicht 1: Merkmale traditioneller Gesellschaften

1	Die lokale Gemeinschaft bildet den vertrauten Lebenskontext.
2	Kommunikation ist weitgehend an Face-to-Face-Situationen gebunden.
3	Traditionen verknüpfen Vergangenheit und Zukunft.
4	Verwandtschaftsbeziehungen bilden ein organisatorisches Prinzip zur Stabilisierung sozialer Bande in zeitlicher und räumlicher Hinsicht.
5	Soziale Positionszuweisungen erfolgen primär über Herkunft, Alter und Geschlecht.
6	Geringe inter-regionale Kommunikationsmöglichkeiten.

Traditionelle Gesellschaften sind räumlich und zeitlich »verankert«.

die Wirtschaft auch in räumlicher Hinsicht sehr begrenzt und in zeitlicher Hinsicht äußerst stabil.

Die Stabilität in zeitlicher Hinsicht ergab sich aus der Dominanz der Traditionen, die beinahe jeden Lebensbereich strikt regelten. Die räumliche Abgegrenztheit war das Ergebnis des technischen Standes der Fortbewegungs- und Kommunikationsmittel. Der größte Teil der Bevölkerung traditioneller Gesellschaften war für die Fortbewegung auf den Fußmarsch angewiesen. Einige bessergestellte Personen, Händler usw. konnten sich der Tierkraft bedienen und so ihre Aktionsräume ausdehnen. Hinsichtlich der Kommunikation bestand seit der Einführung der Schrift und für jene, die Lesen und Schreiben gelernt hatten, die Möglichkeit, mit nicht-anwesenden Personen zu kommunizieren. Doch dies blieb bis zur Einführung der allgemeinen Schulpflicht nur einer Minderheit vorbehalten. Andere Formen der Kommunikation beschränkten sich auf optische (Feuer- oder Rauchzeichen) oder akustische Zeichen (Trommel usw.), deren Reichweite und deren Differenzierungsmaß der Inhalte aber doch eher beschränkt blieben. Die Kommunikation war weitgehend an die Unmittelbarkeit der Kopräsenz der kommunizierenden Personen gebunden, wie ALFRED SCHÜTZ & THOMAS LUCKMANN (1979:63f.) und JACK GOODY (1986) – unter Einbezug der Analyse der entsprechenden Konsequenzen – darauf hingewiesen haben.

Unter diesen Bedingungen blieb der Körper in aller Regel als Ausdrucksfeld der Informationsgehalte erhalten. Die Bedeutungskonstitution der sozial-kulturellen Welt fand primär im Rahmen der körperlichen Kopräsenz statt. Doch auch hier ist nicht zu übersehen, dass die körperliche Kopräsenz zwar die zentrale Kommunikationsbedingung darstellt, die Kommunikationsgehalte und Bedeutungen aber nicht durch die Körperposition festgelegt werden.

Eigentlich gab es in den Alltagsroutinen der Mitglieder traditioneller Gesellschaften kaum eine Trennung von räumlicher und zeitlicher Dimension der Handlungsorientierung. Einerseits waren räumliche und zeitliche Aspekte eng aneinander gekoppelt und andererseits waren diese in den Sinngehalten der Handlungen »verankert«. Das »Wann« war mit dem »Wo« und mit dem »Wie« des Handelns verbunden und umgekehrt. Wie ALBERT LEEMANN (1976) in seiner kulturgeographischen Studie über den Zusammenhang zwischen balinesischem Weltbild und Alltagspraxis zeigt, ist es gemäß »Adat«[3] nicht nur wichtig, dass bestimmte Handlungen zu einer bestimmten Jahreszeit, einem bestimmten Tag oder zu einer bestimmten Tageszeit verrichtet werden, sondern auch, dass sie zudem an einem ganz bestimmten Ort des Dorfes, des Hofes oder des Zimmers verrichtet werden. Freilich ist dies nicht für alle Handlungen in gleichem Maße festgeschrieben und wird nicht in allen traditionellen Gesellschaften gleich strikt gehandhabt. Doch in der Tendenz kann man sagen, dass in traditionellen Gesellschaften räumliche und zeitliche Komponenten auf engste Weise miteinander verknüpft waren.

Auf Grund dieser Bedingungen erscheinen uns heute traditionelle Gesellschaften räumlich und zeitlich *verankert* bzw. »embedded«, wie sich ANTHONY GIDDENS (1990b:10ff.) ausdrückt. Die Wirkzonen der einzelnen Handelnden waren räumlich begrenzt und über lange Zeit hinweg relativ stabil. Tägliche Routinen wiederholten sich weitgehend unverändert über Jahrzehnte und Jahrhunderte hinweg auf denselben Pfaden, im Rahmen derselben Aktionsreichweiten. Zudem waren die Mitglieder der traditionellen Gesellschaften gezwungen, sich den natürlichen Bedingungen anzupassen. Denn der technische Stand der Energieumwandlung[4] und jener der Transformation von materiellen sowie biologischen Bedingungen erlaubten ihnen keine gewaltmäßigen Eingriffe in die natürlichen Grundlagen.

Traditionelle Geographie

Unter diesen Bedingungen konnte eine räumliche Darstellung sozialer und kultureller Verhältnisse auf den ersten Blick plausibel erscheinen. Die relative Gleichförmigkeit von Gesellschaften und Kulturen über längere Zeit hinweg, die enge Kammerung der Aktionsreichweiten der meisten Gesellschaftsmitglieder sowie die raum-zeitliche »Einheit« der Handlungsorientierung legten dies nahe. Mit anderen Worten: HETTNERs länderkundliches Schema, mit seinen naturdeterministischen und raumwissenschaftlichen Implikationen, konnte für traditionelle Gesellschaften als plausibles Organisationsmodell geographischer Forschung erscheinen,[5] selbst wenn dies bereits für traditionelle Gesellschaften eigentlich nicht angemessen war.

---

3   Damit sind die teilweise niedergeschriebenen, teilweise nur mündlich überlieferten, nur lokal gültigen, traditionellen Handlungsanweisungen gemeint. »Adat is the customary basis of local institutions, the powerful framework of meaning and social action« (WARREN 1990:2).

4   Vgl. CIPOLLA (1972:27).

5   Vgl. Abbildung 1.

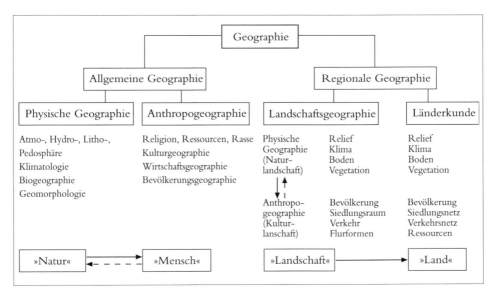

Abb. 1: Das System der traditionellen Geographie

Die relative Plausibilität dürfte nicht zuletzt damit zu tun haben, dass die »Verankerung« der Traditionen und Handlungsroutinen über räumliche und zeitliche Festschreibungen bzw. raum-zeitlich codiert stattfand. Die strategische Einsetzung raumzeitlicher Bedingungen zur Regulation sozial-kultureller Verhältnisse führte oberflächlich betrachtet zu räumlich differenzierbaren sozialen Gliederungen.

Für die Forschungsmethodologie der Sozialgeographie ist es aber von entscheidender Bedeutung, dass man die Verwendung raum-zeitlicher Kategorien zur sozialkulturellen Differenzierung in der sozialen Praxis nicht mit der räumlichen Existenz des Sozial-kulturellen verwechselt. Und zudem ist die auf Grund des Standards des technischen Wissens erzwungene »sanfte Anpassung« der sozial-ökonomischen Praxis an die natürlichen Bedingungen nicht angemessen als eine kausalistische Geo-Determination interpretierbar.

Demgegenüber wird aber im Rahmen des länderkundlichen Schemas der Zusammenhang von »natürlichen« Grundlagen (Klima, Boden, Vegetation usw.), Kultur und Gesellschaft für ideologische Interpretationen nationaler Situationen verwendet. »Länder« und »Landschaften« werden dabei als individuelle »Raum-Gestalten« dargestellt, in denen »Natur«, »Kultur und »Gesellschaft« – mehr oder weniger harmonisch – fiktiv zu einer Einheit zusammenwachsen. »Gesellschaften« werden auf diese Weise als Raumgebilde gedeutet, die durch »natürliche« Grenzen zusammengehalten werden, worauf bereits WOLFGANG HARTKE (1948:174, 1962:114f.) mit allem Nachdruck hingewiesen hat. Die Wegleitung und Rechtfertigung dafür bringt HETTNER (1927a:267) auf den Punkt: »Mit der Übergehung der menschlichen Willensentschlüsse führen wir die geographischen Tatsachen des Menschen auf ihre durch die Landesnatur gegebenen Bedingungen zurück«. Durch die Übergehung der subjekt-, sozial- und kulturspezifischen Interpretation der natürlichen Bedingungen ist die traditionelle geographische Forschungslogik an einen vulgären Materialismus angebunden.

Doch diese Logik mag nicht darüber hinwegtäuschen, dass weder der »Raum« als Forschungsobjekt besteht, noch dass eine angemessene Darstellung sozial-kultureller Zusammenhänge in räumlichen Kategorien möglich ist. Dies hat erstens damit zu tun, dass es »Raum« als Objekt einer empirischen Wissenschaft gar nicht geben kann und zweitens, dass sich der geographische Raumbegriff *nur* zur Lokalisierung von materiellen Gegebenheiten eignet.[6] Ich möchte zunächst die erste Behauptung erörtern.

Die Frage nach dem »Raum« als möglichem Objekt einer empirischen Wissenschaft setzt die Klärung des ontologischen Status von »Raum« voraus. In der Entwicklungsgeschichte von Raumauffassungen in der Philosophie finden sich für diese Beurteilung zahlreiche Argumente. In diesem Sinne möchte ich die philosophische Raumdebatte zunächst mit der von HETTNER ausformulierten, traditionellen, raumzentrierten Geographieauffassung konfrontieren. In diesem Sinne geht es im Folgenden darum, die Implikationen von Denkmustern und Forschungslogiken im Hinblick auf intellektuell fruchtbare und lebenspraktisch sinnvolle Forschungsarbeit zu beurteilen und auf jeweilige Konsequenzen aufmerksam zu machen.

Von KANT zu HETTNER:
Vom kognitiven zum gegenständlichen Raum

HETTNER (1927a:115ff.) behauptete von sich, er knüpfe bei der Entwicklung der Geographie als chorologische Wissenschaft an die Methode KANTs an. Doch wie kann dies auf konsistente Weise möglich sein, wenn KANT – einer der Baumeister der Moderne – behauptet, es gebe keinen Gegenstand »Raum«? Dieser Frage will ich nun nachgehen, bevor ich mich dann der (raum-)wissenschaftlichen Geographie zuwende.

Nachdem KANT über längere Zeit zwischen substantivistischer (KANT 1905a) und relationaler (KANT 1905b) Position in der damals äußerst heftig geführten Raumdebatte geschwankt hatte und abwechslungsweise für beide Positionen Argumente vorbrachte, löste er diesen Streit schließlich durch die epistemologische Konzeption in »Kritik der reinen Vernunft« auf. Worin bestand dieser Streit?

Die Vertreter *substantivistischer bzw. absoluter Raumkonzeptionen* – wie RENÉ DESCARTES und ISAAC NEWTON – haben behauptet, dass der Raum ein Objekt sei. Oder

---

6   Dass räumliche Orientierungen und Festlegungen auch zur Regulation von sozialen Handlungen verwendet werden können, steht dazu nicht im Widerspruch. Denn die soziale Regelung wird dabei durch einen Ort *symbolisiert,* ohne dass sie selbst an einem bestimmten Ort lokalisiert werden könnte.

wie sich JILL VANCE BUROKER (1981:3) ausdrückt: »Space is an entity which exists independently of the objects located in it. Space can exist even if no spatial objects ever existed at all«. Und GRAHAM NERLICH (1976:1) ergänzt: »To understand space as a thing (…) is to understand it as a thing that has his shape«. Die Eigenschaften von »Raum« gehen gemäß den Substantivisten über das hinaus, was auf Grund der Bezugnahme auf die Eigenschaften einzelner materieller Gegebenheiten erklärt werden kann. Gleichzeitig wird behauptet, dass es selbst auch dann einen Raum geben würde, wenn keine materiellen Objekte vorhanden wären. Da man dem Raum auch eine Wirkkraft beimisst, wird ihm auch eine erklärende Kraft zugewiesen. Diese Thesen wurden vor allem auch von DESCARTES und NEWTON vertreten:

> »Die Ausdehnung in Länge, Breite und Tiefe, welche den Raum ausmacht, ist dieselbe, welche den Körper ausmacht (…), die Idee der Ausdehnung, die wir bei irgendeinem Raum uns denken, ist dieselbe wie die Idee der körperlichen Substanz« (DESCARTES 1922:41).

> »Absolute space, in its own nature, without relation to anything external, remains similar and immovable« (NEWTON 1872:191). »Absolute space is the sensorium of God« (NEWTON 1872:370).

Damit man den Raum als Objekt betrachten kann, müsste man wohl DESCARTES' Argumentation zustimmen können. Sie lautet: Da jede materielle Substanz durch ihre Ausdehnung zu charakterisieren ist und die Ausdehnung der Substanz dieselbe ist wie jene des Raumes, muss der Raum auch eine materielle Substanz sein. Diese Argumentation ist aber – beispielsweise für die Relationisten – nicht akzeptierbar.

Relationisten wie GOTTFRIED WILHELM LEIBNIZ behaupten nämlich, dass »Raum« nicht als Objekt existiert. Oder wie NERLICH (1976:1) die Position zusammenfasst: »The idea of space is nonsense. Only talk about material things and their relations can be understood«. Die Relationisten konfrontieren dann die Substantivisten mit der Frage, ob denn »Raum« wirklich unabhängig von physischen Objekten existieren könne. Ihre Antwort: »Space has no independent metaphysical status. Space is nothing more than the set of actual and possible relations physical objects have to one another« (BUROKER 1981:3). »Raum« hat somit gemäß den Relationisten keinen unabhängigen metaphysischen Status. Vielmehr ist »Raum« als ein Set tatsächlicher und möglicher Relationen zwischen physischen Objekten zu begreifen. Was wir als Raum bezeichnen, existiert nur als eine Menge von Relationen, nicht aber als eigenständiger Gegenstand. »Raum bezeichnet unter dem Gesichtspunkt der Möglichkeit eine Ordnung der gleichzeitigen Dinge, ohne über ihre besondere Art des Daseins etwas zu bestimmen« (LEIBNIZ 1904:134). »Es gibt keine Substanz, die man Raum nennen könnte« (LEIBNIZ 1904:324).

Zu behaupten, der Raum wäre ein Objekt, käme der Behauptung gleich, dass die Existenz der verwandtschaftlichen Beziehung zwischen männlichen Geschwistern als Brüder so etwas wie eine mysteriöse »Bruderschaftlichkeit« voraussetzen würde. Wie LAWRENCE SKLAR (1974:167) zeigt, ist dies aber weder möglich noch notwendig. Ebenso können räumliche Beziehungen lediglich zwischen Objekten bestehen, nicht aber zwischen einem Objekt und dem substantivistischen Raum. Grundsätzlich wird Raum in der relationistischen Konzeption – wie das im LEIBNIZ-Zitat zum Ausdruck kommt – als eine Ordnung von koexistierenden Dingen betrachtet, die in einer bestimmten Sprache beschrieben werden kann.

Für KANT ([1781]1985:85) ist jedoch nun entscheidend, dass »Raum« weder ein Gegenstand noch ein Set von Relationen sein kann, sondern eine *Form* der Gegenstandswahrnehmung. Diese Auffassung findet ihren Ausdruck in der folgenden Definition: »Raum ist kein empirischer Begriff, der von äußeren Erscheinungen abgezogen worden. (...) Raum ist die Bedingung, unter der uns Gegenstände erscheinen können« (KANT [1781]1985).

Diese Definition widerspricht sowohl der substantivistischen wie auch der relationalen Raumkonzeption. Der Widerspruch zur substantivistischen besteht darin, dass »Raum« kein Gegenstand der Wahrnehmung ist; jener mit der relationalen darin, dass er nicht als Relation koexistierender Gegebenheiten definiert wird, sondern im Gegenteil, als unabhängig von jedem Gegenstand: »Raum« ist ohne Gegenstände vorstellbar. Er ist sogar eine Voraussetzung für die Gegenstandswahrnehmung. »Raum« ist demgemäß weder Sinnesdatum noch eigenständiger Gegenstand mit eigener Wirkkraft, sondern ein ideales Konzept. Damit sind natürlich auch für die Geographie zahlreiche Konsequenzen verbunden.

Da Raum und Zeit gemäß KANT organisatorische Regulative jeder Wahrnehmung bilden, bekommt die Geographie die Aufgabe zugewiesen, das Wissen von der Ordnung der Dinge zu fördern. Geographie wird konsequenterweise lediglich als Wissenschafts*propädeutik*, aber nicht als wissenschaftliche Disziplin denkbar. Oder in den Worten von KANT (1802:3): »Wir können unseren Erfahrungs-Erkenntnissen eine Stelle anweisen, entweder unter den Begriffen, oder nach Zeit und Raum. Die (...) Erdbeschreibung ist also der erste Theil der Welterkenntnis. Sie gehört zu einer Idee, die man Propädeutik in der Erkenntnis der Welt nennen kann.«

Obwohl er sich auf KANT berief, konnte dies HETTNER nicht genug sein. Ihm ging es ja nicht zuletzt darum, die Geographie als wissenschaftliche Disziplin an den Universitäten zu etablieren. In diesem Zusammenhang definierte er die »Geographie als chorologische Wissenschaft von der Erdoberfläche« (HETTNER 1927a:121), als nomothetische Wissenschaft. Was heißt dies und worin unterscheidet sich seine Auffassung von jener KANTs?

KANT unterscheidet drei Typen von Erkenntnisgewinnung, wobei er auf die Besonderheiten von Geschichte und Geographie eingeht. »Die Eintheilung der Erkenntnisse nach Begriffen, ist die logische, die nach Zeit und Raum aber die physische Eintheilung. Durch die Erstere erhalten wir ein Natursystem (*systema naturae*) (...), durch die Letztere hingegen eine geographische Naturbeschreibung« (KANT 1802:9) Oder in anderen Worten: Er unterscheidet zwischen systematischer, chronographischer und chorographischer Ordnung der Kenntnisse.

HETTNER übernimmt diese Unterscheidungen von KANT auf verzerrte Weise. Er selbst ist von der »Übereinstimmung (s)einer Auffassung mit der des großen Philosophen« (HETTNER 1927a:115f.) überzeugt, unterscheidet aber zwischen systematischen, chronologischen und chorologischen Wissenschaften:»Die systematische Betrachtung kann nicht anders als dinglich, (…) die geographische Betrachtung nicht anders als chorologisch sein, ebensowenig wie die geschichtliche Betrachtung nicht anders als (…) chronologisch oder Zeitwissenschaft« sein kann (HETTNER 1927a:123, 116).

Das macht im Vergleich zu KANT einen wichtigen Unterschied aus. KANTS Ausdruck »systematisch« wird von ihm nicht mit begrifflich, sondern mit »dinglich« übersetzt und zudem spricht er nicht bloß von Chorographie, sondern von Chorologie.[7]

In dieser Interpretation wird erstens »begrifflich« zu »dinglich«, was konsequenterweise zu Reifikationen und Hypostasierungen führt. Im zweiten Schritt wird »Raum« zum Ding und die Geographie – im Gegensatz zu KANTS Argumentation – zur empirischen bzw. gegenständlichen Raumwissenschaft. Und zusätzlich wird drittens der »(Natur-)Raum« zum Kausalfaktor hochstilisiert: »Wenn zwischen verschiedenen *Erdstellen* keine ursächlichen Beziehungen beständen, und wenn die verschiedenen Erscheinungen an einer und derselben Erdstelle unabhängig wären, bedürfte es keiner besonderen chorologischen Auffassung« (HETTNER 1927a:117). Daraus wird – wie ich im nächsten Abschnitt ausführlicher erläutern werde – später schließlich die Behauptung abgeleitet, es gebe empirisch gültige *räumliche* Erklärungen.

Im Sinne einer Zwischenbilanz kann man sagen, dass KANTS epistemologische Lösung der Raumproblematik von HETTNER rückgängig gemacht wird und damit verfällt er wiederum einer prämodernen Raumkonzeption. Nur die substantivistische Raumkonzeption erlaubt es schließlich, die Geographie als *Raumwissenschaft* zu definieren:»Die Geographie ist Raumwissenschaft« (HETTNER 1927a:125).

---

7 SCHAEFER (1970:55), einer der bedeutenden Förderer der »modernen« Raumwissenschaft, übersieht diese Uminterpretation völlig und behauptet, HETTNER »sicherte der Geographie mit Erfolg den exzeptionalistischen Anspruch«, den die Geographie letztlich KANT, »dem Vater des Exzeptionalismus«, verdanke. SCHAEFERS Standpunkt ist insofern folgenreich, weil er damit vom raumwissenschaftlichen Kernproblem ablenkt.Vgl. dazu auch POHL (1986:45) auf dessen Analyse ich erst nach dem Vortrag aufmerksam geworden bin.

Raumwissenschaftliche Geographie

Auf Grund dieser Voraussetzungen wird es scheinbar möglich, die Geographie sogar als *kausalgesetzliche* Raumwissenschaft zu definieren. DIETRICH BARTELS (1970:33) fordert schließlich, Geographen sollten Raumgesetze aufdecken, auf Grund derer sogar räumliche Erklärungen der Gesellschaft zu liefern wären, wobei »distanzbezogene Determinationsmomente« (BARTELS 1968b:318) die entscheidende Bedeutung zugewiesen bekommen. Oder man betrachtet die »reale Raumsituation« als zentrale »Determinante raumwirksamer Entscheidungen« (WIRTH 1979:119).

Zur Reifikation von »Raum« und/oder »Distanz« als kausaler Wirkungsfaktor tritt somit noch die Zirkularität als besonderes Merkmal der raumwissenschaftlichen Forschungslogik: Räumliche Verteilungen sollen durch räumliche Verhältnisse, räumliche Strukturen durch räumliche Prozesse und letztlich der Raum durch den Raum »erklärt« werden. So wenig die Existenz der verwandtschaftlichen Beziehung zwischen männlichen Geschwistern als Brüder eine mysteriöse »Bruderschaftlichkeit« voraussetzt, so wenig sind auch echte räumliche Erklärungen möglich: Was man für räumliche Erklärungen hält, ist häufig nichts anderes als die Aneinanderreihung zirkulärer Verweise.[8] Am radikalsten kommt dies wohl bei ERICH OTREMBA (1961) zum Ausdruck.

Wenn sich die raumwissenschaftliche Auffassung von Geographie[9] auch nicht überall vollständig durchsetzte, beherrscht sie zurzeit doch die meisten Ausbildungspläne an deutschsprachigen Hochschulen: Das Ziel ist die *Raumforschung,* und zwar differenziert nach sozialen, kulturellen und ökonomischen Gesichtspunkten.[10] Im Rahmen der raumwissenschaftlichen Sicht heißt die Forderung nach der Untersuchung des Gesellschaft-Raum-Verhältnisses, dass Raumanalysen von gesellschaftlichen Prozessen durchzuführen sind. Dies ist aber insofern problematisch, als eine soziale, kulturelle oder ökonomische Raumwissenschaft streng genommen gar nicht möglich ist. Für eine Zustimmung müssten mindestens die Bedingungen gegeben sein, dass Gesellschaftliches, Kulturelles und Ökonomisches tatsächlich auf materielle Gegebenheiten reduzierbar bzw. erdräumlich beobachtbar und lokalisierbar wären. Das besondere Merkmal von physisch-materiellen Gegebenheiten besteht darin, dass ihnen (soziale) Bedeutungen nicht inhärent, sondern auferlegt sind. Materialisierte Handlungsfolgen können soziale Verhältnisse (symbolisch) ausdrücken, ohne selbst das Soziale zu sein.

Dem ist auch dann Rechnung zu tragen, wenn soziale Regelungen von Handlungsabläufen symbolisch über räumliche und zeitliche Festschreibungen durchgesetzt werden. So wichtig die räumlichen und zeitlichen Komponenten menschlicher Handlungen und deren Bedingungen für das gesellschaftliche Leben sind: Sie sind Aspekte von Dingen, aber »Raum« und »Zeit« sind nicht selbst Dinge.

8   Vgl. dazu auch das Holzhackerbeispiel von SACK (1972:71).
9   Vgl. Abbildung 2.
10   Vgl. dazu MAIER et al. (1977:21) und SCHÄTZL (1992:17f.).

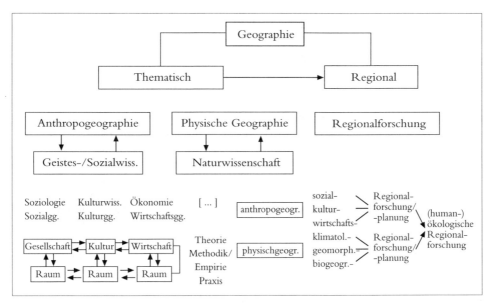

Abb. 2: Das System der (raum-)wissenschaftlichen Geographie

Das Hauptproblem aktueller Forschungsstrategien der Geographie ist diesbezüglich vor allem darin zu sehen, dass man bestrebt ist, immaterielle sozial-kulturelle oder mentale Gegebenheiten – die den materiellen Gegebenheiten sinnhaft auferlegten Bedeutungen – erdräumlich zu lokalisieren.[11] Da sie keine materielle Existenz aufweisen, sind sie weder unmittelbar beobachtbar noch erdräumlich lokalisierbar. Erdräumlich sind wohl nur materielle Gegebenheiten lokalisierbar. Das hat damit zu tun, dass die Kategorien des geographischen Raumbegriffs (Längen- und Breitengrade) nur auf ausgedehnte Gegebenheiten anwendbar sind.

Wenn wir nun davon ausgehen, dass jede menschliche Handlung neben der materiell-biologischen auch eine sozial-kulturelle und mentale Komponente aufweist, dann können wir sehen, dass die Zielsetzung raumwissenschaftlicher Forschung – Aufdeckung von Raumgesetzen »im Bereich menschlicher Handlungen« (BARTELS 1970:33) und deren Anwendung für die Raumplanung – einen kruden Materialismus impliziert.

---

11 Dass dieses Problem nicht nur für die raumwissenschaftliche Geographie von zentraler Bedeutung ist, sondern für Forschungsansätze, die sich nicht als »raumwissenschaftlich« zu erkennen geben, ist in LEFEBVRES (1981:171f.) Behauptung und SOJAS (1989:127) Zustimmung erkenntlich, soziale Produktions*verhältnisse* wären nur dann wirklich, wenn sie eine räumliche Existenz hätten; vgl. dazu ausführlicher WERLEN (1993e:4f.).

Damit sei auch darauf hingewiesen, dass räumliche Erklärungen sozialer Prozesse letztlich einer materialistischen Erklärung gleichkommen. Ihre Gültigkeit würde voraussetzen, dass jede Handlung durch den menschlichen Körper und die übrigen physisch-materiellen Handlungsbedingungen kausal (völlig) determiniert wären. So kommt jeder Versuch, sozial-kulturelle oder mentale Gegebenheiten »räumlich« zu erklären, einem unhaltbaren Reduktionismus gleich. Die Reduktion basiert auf dem Schluss von materiellen Gegebenheiten auf die subjektiven und sozial-kulturellen Komponenten des Handelns. In diesem Sinne weisen raumwissenschaftliche Erklärungen sozial-kultureller Gegebenheiten mit rassistischen und sexistischen Argumentationsmustern mindestens eine Ähnlichkeit auf: Sie beziehen sich zur Erklärung sozialer Gegebenheiten oder zur Legitimierung sozialer Verhältnisse nicht auf sozial-ökonomische Differenzierungen, sondern auf biologische oder materielle Aspekte.

Auch die sozial-weltlichen Konsequenzen sind in allen drei Fällen durchaus vergleichbar.[12] Denn diese Bezugnahme führt *erstens* zur unangemessenen Homogenisierung der sozialen Welt innerhalb dieser Kategorien, die schließlich in generalisierten, meist gemeinen Vorurteilen ihren Ausdruck findet: Schwarze sind faul, Frauen sind dumm, Rheinländer sind fröhlich usw. *Zweitens* führt diese Bezugnahme zu einer holistischen Konzeption der sozialen Welt, die für totalitäre wie unaufgeklärte Denkweisen typisch ist. Zudem konnten sozialtheoretisch holistische Konzeptionen nicht überzeugen. Der Holismus geht, wie JOSEPH AGASSI (1960:244ff.) darauf hinweist, im Allgemeinen davon aus, dass Kollektive »an sich« handeln können. Unter Bezugnahme auf räumliche Kategorien findet der Holismus in Vorstellung von regionalen, ethnischen d. h. völkischen oder nationalen Entitäten seinen Ausdruck. Die offensichtlichste Form davon äußert sich in regionalistischen oder ethnisch-nationalistischen Redeweisen, die vom »Willen« oder der »Meinung« der Basken, der Kroaten, der Serben, der Usbeken usw. sprechen.

Dass diese Redeweisen politisch – im Sinne der Mobilisierung – höchst »erfolgreich« sein können, spricht noch keineswegs für die Sinnhaftigkeit und Legitimierbarkeit derartiger Konstruktionen. In ihnen äußert sich vielmehr die Bezugnahme auf angeborene Merkmale, die im Rahmen demokratischer Gesellschaften eigentlich jeder Legitimation entbehren. Dass deren homogenisierenden und kollektivierenden Konsequenzen gerade zurzeit als identitätsstiftend empfunden werden, hat insbesondere – so paradox das klingen mag – mit den Bedingungen in zeitgenössischen, spätmodernen Gesellschaften zu tun.

---

12   Vgl. ausführlicher WERLEN (1993e:5ff., 206, 1993f).

Übersicht 2: Merkmale spätmoderner Gesellschaften[13]

1   Das globale Dorf bildet den weitgehend anonymen Erfahrungskontext.
2   Abstrakte Systeme (Geld, Expertensysteme) ermöglichen soziale Beziehungen über große räumlich-zeitliche Distanzen innerhalb der »Risikogesellschaften«.
3   Alltägliche Routinen erhalten die Seinsgewissheit.
4   Global auftretende Generationskulturen.
5   Soziale Positionszuweisungen erfolgen primär im Rahmen von Produktionsprozessen.
6   Weltweite Kommunikationssysteme.
Spät-moderne Gesellschaften sind räumlich und zeitlich »entankert«.

Spätmoderne Gesellschaften

In *spätmodernen Gesellschaften*[14] ist das Leben der einzelnen Personen nicht mehr in demselben Maße von Traditionen bestimmt wie in traditionellen Gesellschaften. In diesem Sinne kann man von der Gegenwart als einer »ent-traditionalisierten« Epoche sprechen. Traditionen sind zwar nicht völlig unbedeutend, doch sie durchdringen nicht mehr jeden Aspekt des Lebens. Den Entscheidungsmöglichkeiten der Einzelnen bzw. individuellen Entscheidungen ist ein wesentlich größerer Rahmen abgesteckt. Soziale Beziehungen werden kaum mehr durch Verwandtschaftssysteme geregelt, sondern vielmehr über die wirtschaftlichen bzw. beruflichen Aktivitäten. Soziale Positionen werden über Positionen in Produktionsprozessen erlangt und sind nicht mehr strikt an Alter und (hoffentlich) bald überhaupt nicht mehr an Geschlecht gebunden.

Demgemäß ist der sozial-kulturelle Wandel nicht nur permanent, sondern auch Reichweite, Rhythmus und Art des Wandels haben sich, wie GIDDENS (1990b:6) feststellt, im Vergleich zu traditionellen Gesellschaften verändert. Gesellschaft und Kultur sind in hohem Maße differenziert. Soziale und kulturelle Schnittstellen der Veränderung ergeben sich nicht mehr über Jahrhunderte, sondern viel eher im Generationenrhythmus, was sich beispielsweise im Aufkommen der Jugendkultur seit den 1950er-Jahren äußert. Wir leben nicht mehr so sehr im Rahmen lokaler Traditionen,

13 Vgl. FEATHERSTONE (1990), ROBERTSON (1992), BIRD et al. (1993), TEPPER MARLIN et al. (1992), SHIELDS (1992), BECK (1986, 1991), WELSCH (1992), GIDDENS (1990b, 1992a, 1994b).

14 Dieser Ausdruck von GIDDENS wird der Etikettierung »Post-Moderne« deshalb vorgezogen, weil ich zurzeit keine guten Gründe zur Annahme sehe, dass die Gegenwart tatsächlich nach einem »neuen« *modus operandi* funktioniert, der von den Ergebnissen der Aufklärung völlig verschieden wäre. Wir befinden uns vielmehr in einem Spätstadium der Moderne oder wie sich GIDDENS (1990b, 1992a) ausdrückt: Wir leben die Konsequenzen der Moderne.

sondern viel eher in sich global äußernden Generationskulturen. Man spricht von den Rockabillies der 1950er, der 1968er- oder der 1980er-Generation mit je spezifischen Lebensstilen und Lebenspolitiken.

Die Technologie der Fortbewegung und der Kommunikation, die vielen Mitgliedern moderner und spätmoderner Gesellschaften zugänglich sind, ermöglichen ein Maß an Mobilität und kommunikativem Austausch über große Distanzen hinweg, wie dies in der bisherigen Menschheitsgeschichte noch nie gegeben war. Die individuelle Fortbewegungsfreiheit, zusammen mit weiträumiger Niederlassungsfreiheit führen zu einer Durchmischung der verschiedensten Kulturen auf engstem Raum. »Kultur« ist heute nicht mehr »die Gesamtform, in der ein Volk lebt« (WELSCH 1992:6), sie findet ihren Ausdruck »nur« noch in sozial und persönlich differenzierter Ausformung.

Diese Durchmischung und Durchdringung ist gepaart mit weltweiten Kommunikationssystemen, deren Konsequenzen bisher nur schwer abschätzbar sind. Jedenfalls ermöglichen sie eine Informationsansammlung und eine Informationsverbreitung, die nicht mehr an die Face-to-Face-Interaktion gebunden sind. Damit soll nicht gesagt sein, dass die letztere Form an Bedeutung verloren hätte,[15] doch es ist wichtig festzustellen, dass sie nicht mehr die allein dominierende Kommunikationsform darstellt.

Spätmoderne Kulturen und Gesellschaften sind nicht mehr in demselben Maße räumlich und zeitlich verankert wie die traditionellen. Sie sind vielmehr in mehrfacher Hinsicht »entankert« bzw. »disembedded« wie sich GIDDENS (1990b:21) ausdrückt. *Sozial-kulturelle Gegebenheiten, räumliche Bedingungen und zeitliche Abläufe sind in hohem Maße getrennt und werden über einzelne Handlungen auf je spezifische und vielfältigste Weise immer wieder neu kombiniert.*

Räumlich lokalisierbare Gegebenheiten können immer wieder je spezifische Bedeutungen annehmen. Deren Bedeutungen sind nicht mehr über stabile Traditionen fixiert. Tägliche Routinen können plötzlich unterbrochen und neu gestaltet werden. Die verschiedensten Lebenskontexte sind ständig dem Wandel ausgesetzt und werden ständig neu in Frage gestellt. Und gleichzeitig sind die aktuellen Lebensbedingungen, -formen und -politiken in die Dialektik des Globalen und Lokalen eingebunden. Was ist damit gemeint?

Man kann davon ausgehen, dass die Besonderheiten zeitgenössischer Gesellschaften Ausdruck der Transformation der räumlichen und zeitlichen Bedingungen des Handelns sind. Dabei ist zunächst die »Entleerung von Raum und Zeit« (GIDDENS 1992a:26) zu erwähnen. Damit ist gemeint, dass weder der räumliche noch der zeitliche Kontext mit eindeutigen, traditionellen Handlungsanweisungen verknüpft ist. »Entleerung« meint somit die Aufhebung der häufig reifizierten, fixen Bedeutungszuweisungen zu Orten und Zeitpunkten. Diese Rationalisierung der Interpretation der räumlichen und zeitlichen Aspekte der Handlungskontexte, als Ausdruck einer um-

---

15 Zur Bedeutung der Face-to-Face-Situationen in zeitgenössischer Kommunikation vgl. GODDARD & MORRIS (1976) und TÖRNQUIST (1970). Zu deren Bedeutung für die Siedlungsentwicklung vgl. VON STOKAR (1995).

fassenden Standardisierung, bildet schließlich die Basis für deren Kalkulierbarkeit (Bodenmarkt, Arbeitszeitregelung usw.), was weitere Rationalisierungen ermöglicht.

Diese Loslösung räumlicher und zeitlicher Dimensionen der Handlungskontexte von fixen Sinnattribuierungen und Handlungsregulativen ermöglicht erst das weite Ausgreifen moderner Institutionen in räumlicher und zeitlicher Hinsicht. Im allgemeineren Sinne geht es dabei um das Verhältnis zwischen Anwesenheit und Abwesenheit bzw. zwischen lokaler und globaler Kommunikationsebene, um Kommunikation unter Anwesenheit bzw. Kopräsenz der Kommunikationspartner und mittelbarer Kommunikation räumlich bzw. körperlich abwesender Partner über variierende Distanzen hinweg.

Vollzogen wird dieser Entankerungsprozess moderner und spätmoderner Institutionen über Entflechtungsmechanismen wie Schrift, Drucktechnik, Telefon, Funk, Telex, Telematik, Computer Mailing, Radio, Satellitenfernsehen oder kurz: die elektronische Kommunikation. Aber auch über abstrakte Systeme, wie sich GIDDENS (1990b) ausdrückt, über symbolische Zeichen und Expertensysteme.

Das *symbolische Zeichen,* das im Zusammenhang mit der raum-zeitlichen Ausweitung der Wirkkreise eine prominente Stellung einnimmt, ist das Geld. Als symbolisches Zeichen für den Tauschwert einer Ware ermöglicht es den freien Fluss der Tauschgeschäfte, ohne dass Tauschpartner und getauschte Güter anwesend sein müssen. Unter Bezugnahme auf GEORG SIMMELS (1989:617ff.) »Philosophie des Geldes« kann man sagen, dass »Geld« überhaupt erst eine räumliche Distanz zwischen besitzendem Individuum und Besitz ermöglicht. Denn erst in Form von Geld kann Profit leicht von Ort zu Ort transferiert werden und eine Beziehung zwischen Besitzer und Besitz über räumliche Distanz hinweg aufrecht erhalten werden. Damit kommt dem Geld eine überragende Bedeutung bei der Überbrückung von raum-zeitlichen Distanzen zu und ermöglicht gleichzeitig die raum-zeitliche Distanzierung bzw. die Interaktion zwischen abwesenden Akteuren und Akteurinnen.

»Expertensysteme« schließlich sind als materielle oder immaterielle Artefakte zu begreifen, die ihrerseits eine Ausformung von Expertenwissen sind. Die Artefakte sind so konstruiert, dass ich sie nur dann nutzen kann, wenn ich mich in ausreichendem Maße auf die Intentionen ihrer »Konstrukteure« einlasse. Und wenn ich das tue, gehe ich beim Artefaktgebrauch auch eine anonyme Interaktion mit ihren Erdenkern und Hervorbringern ein: Ich interagiere mit ihnen »über« ihr Wissen, das sich in ihren Erzeugnissen manifestiert.[16] Materielle Artefakte stellen Medien der Kommunikation dar und sind Vehikel von Bedeutungen und Wissen. Wie das Geld ermöglicht es auch die Benutzung von Expertensystemen, mit nicht anwesenden Personen zu interagieren.

»Symbolische Zeichen« und »Expertensysteme« erlauben die Interaktion mit abwesenden Partnern und gleichzeitig ermöglichen sie die Verfügungsgewalt über distanzierte materielle Güter und Personen. Dies führt einerseits dazu, dass wir über die Komplexität dieser Expertensysteme und deren ständig zunehmende Bedeutung in

---

16 Vgl. WERLEN (1987a:93, 181ff.), HEINTZ (1993), HOLLING & KEMPIN (1989).

spätmodernen Gesellschaften immer mehr in einer »Risikogesellschaft« im Sinne von ULRICH BECK (1986:1991) leben. Andererseits heißt das auch, dass lokaler und globaler Kontext aufeinander bezogen sind. Globale Ereignisse haben lokale Ausgangspunkte und lokale Handlungen haben globale Konsequenzen.

So gesehen, haben unsere persönlichen Lebensstile in gewissem Sinne weltweite Konsequenzen. Die Art und Weise, wie wir uns ernähren, hat nicht nur für die lokale oder regionale Wirtschaft Folgen, wie das ALICE TEPPER MARLIN et al. (1992) und ROB SHIELDS (1992) zeigen. Lebensstil und Lebenspolitik jeder und jedes einzelnen Handelnden sind derart eingewoben in globale Prozesse und weisen so ein Gestaltungs-potenzial auf. Spätmoderne Gesellschaften sind einerseits Ausdruck eines hohen Ma-ßes an Bewusstheit und rationaler Selbststeuerung der Handelnden und andererseits erfordert das Leben in spätmodernen Gesellschaften gleichzeitig ebenfalls ein hohes Maß an Bewusstheit und Selbststeuerung. Denn es sind nicht mehr Traditionen, die uns Handlungsanleitungen liefern und die Konsequenzen dessen, was wir tun, sind nicht bloß auf den lokalen Kontext beschränkt.

Handlungsorientierte Sozialgeographie

Unter diesen aktuellen Bedingungen können wir umso eindrücklicher sehen, dass die traditionelle geographische Darstellungsweise der Wirklichkeit mit sehr großen Mängeln behaftet ist. Denn unter spätmodernen Bedingungen wird offensichtlich, dass eine raumfixierte Geographie dazu neigt, unangemessene Darstellungen von so-zialen Prozessen zu liefern. So können lokale, regionale oder nationalstaatliche Vor-gänge nicht mehr – wie in der bisherigen Geographie – ausschließlich als Ausdruck lokaler, regionaler oder nationalstaatlicher Gesellschaftsformen interpretiert werden. Längst nicht alles, was irgendwo lokal oder regional beobachtbar ist, hat auch dort seinen Ausgangsort. Deshalb kann man sich, um ein Verständnis über die aktuellen Lebensverhältnisse zu gewinnen, auch nicht auf einen so genannten Raumausschnitt konzentrieren, und diesen so gut wie möglich erforschen.

Die traditionelle Humangeographie ist kategorial so sehr auf den Raum fixiert, dass von ihr aus eine Begriffsreform ihres Forschungsfeldes nicht möglich ist und da-her für die anders gewordene sozial-kulturelle Wirklichkeit systematisch blind bleibt. In diesem spätmodernen Kontext werden die Schwächen der traditionellen Human-geographie auf radikale Weise offensichtlich.

Dies ist der erste Grund, weshalb wir einer Neukonzeption der humangeogra-phischen Forschungslogik bedürfen. Der zweite Grund ergibt sich dann, wenn man akzeptiert, dass die Zielsetzung der raumwissenschaftlichen Geographie nichts anderes als eine Sackgasse darstellt. Doch dies kommt nicht einer Bankrotterklärung der Idee der Geographie als wissenschaftlicher Disziplin gleich, wie die meisten Fachvertreter-Innen überzeugt zu sein scheinen. Denn KANTS Einstufung der Geographie als Wissen-schaftspropädeutik ist nicht die einzige mögliche Folgerung aus der Tatsache, dass der

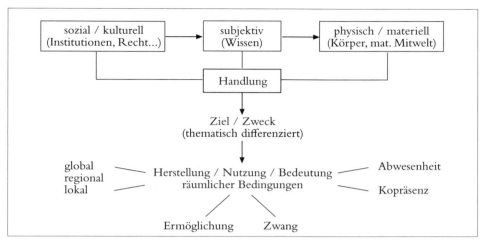

Abb. 3: Handlungszentrierte Konzeption der Sozialgeographie

»Raum« kein (Forschungs-)Gegenstand sein kann. Die Geographie kann trotzdem ein Erklärungspotential aufweisen. Für den humangeographischen und ökologisch-orientierten Bereich der Disziplin ist dies beispielsweise dann der Fall, wenn die menschlichen Tätigkeiten im Sinne von Handlungen und nicht mehr der »Raum« als die zentrale Forschungseinheit betrachtet werden. Sozialgeographie braucht dann in diesem Sinne weder Wissenschaftspropädeutik noch Raumwissenschaft zu sein, sondern sie wird eine Handlungswissenschaft, die der räumlichen Komponente der Handlungskontexte in angemessenem Maße Rechnung trägt. In der Sprache von PAUL CLAVAL et al. (1989:7) ausgedrückt: »Aujourd'hui, la réévaluation de la géographie comme science de l'action est à l'ordre de jour!«

Als Leitthema dieser Neukonzeption betrachte ich die Tatsache, dass die Menschen nicht nur ihre Geschichte machen, sondern auch ihre Geographie.[17] Anstatt nach Beschreibungen und Erklärungen der sozialen Welt in Raum-Kategorien zu suchen, sollten wir viel eher darum bemüht sein, Erklärungen der so genannten räumlichen Gegebenheiten in Kategorien des Handelns zu liefern.

Oder etwas präziser: Geographinnen und Geographen sollten in der Lage sein, Erklärungen für menschliche Handlungen zu liefern – und zwar unter Bezugnahme auf die ermöglichenden und begrenzenden Aspekte der sozial-kulturellen, subjektiven

17 Der Ausdruck »Geographie-Machen« wurde im deutschsprachigen Bereich meines Wissens erstmals von HARTKE (1962:115) verwendet und im angelsächsischen Sprachraum erstmals von BERGER (1972). Mir geht es hier darum, dieses Konzept handlungstheoretisch zu erweitern, d. h. nicht nur auf die Sphäre der Produktion, sondern auch auf jene der sozial-kulturellen und ökonomischen Reproduktion anzuwenden.

und materiellen Komponenten des Handelns. Damit sind Erklärungen in den Kategorien von Bedingungen und Folgen des Handelns in bestimmten kulturellen, sozialen, politischen, ökonomischen und subjektiven Situationen gemeint. Aber auch diese Situationen sind als Folgen früherer Handlungen anderer zu begreifen.

Wir suchen also nicht mehr voraussetzungslos nach Raumstrukturen oder geometrischen Regelmäßigkeiten. Wir fragen vielmehr, um bei diesem Beispiel zu bleiben, welche Handlungsweisen zu bestimmten Anordnungsmustern geführt haben, welche Bedeutungen diese für bestimmte Handlungsweisen erlangen können, welche Handlungsweisen sie ermöglichen (Ermöglichung) und welche sie verhindern (Zwang).[18] Und schließlich: Welches die individuellen und sozialen Konsequenzen dieser Geographien in lokaler und globaler Hinsicht sind. Oder in anderen Worten: Wir sollten uns nicht bloß für die »objektive« Verbreitung von Dingen interessieren, sondern für deren subjektive Bedeutungen für bestimmte Tätigkeiten und für die Machtverhältnisse, im Rahmen deren sie hergestellt werden.

Wir bedürfen einer differenzierten Bezugnahme auf die einzelnen Handlungen der Akteurinnen und Akteure, deren je spezifischen sozialen, kulturellen, ökonomischen wie materiellen Bedingungen, um ein vertieftes Verständnis der aktuellen Welt zu erlangen. Und dies brauchen wir auch, wenn wir verstehen wollen, wie die Akteurinnen und Akteure – natürlich jeweils von verschiedenen Machtpositionen aus – täglich ihre eigene Geographie immer wieder neu entwerfen und dies nicht nur im kognitiven Sinne. Denn wir machen nicht nur die Geschichte unter nicht selbst gewählten Umständen, sondern wir machen auch täglich unsere *eigene Geographie, allerdings auch diese unter nicht selbst gewählten Umständen.* Nicht allein die Verbreitungsmuster an sich sollen uns interessieren, sondern unsere eigene Geographie, die wir unter je spezifischen sozialen, kulturellen und wirtschaftlichen Bedingungen alltäglich leben und neu entwerfen. Dazu brauchen wir aber eine andere Konzeption der Sozialgeographie, als sie bisher verfügbar war.

Ganz einfach gesagt, besteht diese sozialgeographische Forschungskonzeption darin, nicht mehr den Raum als primäres Forschungsobjekt zu betrachten, sondern menschliche Tätigkeiten, die Handlungen. Das heißt, dass wir uns zuerst mit den Gründen und dem sozialen Kontext von Handlungen beschäftigen und erst dann danach fragen, welche Bedeutung die so genannten räumlichen Bedingungen für jeweils spezifische Handlungsweisen erlangen können. Um diese Zusammenhänge kategorial erfassen zu können, brauchen wir nicht nur eine neue Betrachtungsperspektive, sondern auch eine differenziertere Begrifflichkeit, als die traditionelle und raumwissenschaftliche Geographie anbieten können. Insbesondere ist dazu eine Thematisierung der Machtkomponente notwendig. Dabei ist zunächst davon auszugehen, dass »Macht nur *in actu* existiert (…) und die Machtausübung ein Ensemble von Handlungen in Hinsicht auf mögliche Handlungen« (FOUCAULT 1987:254f.) bzw. deren Verhinderung ist.

---

18 Vgl. dazu auch THRIFT (1983) und GREGORY (1981).

Für die sozialgeographische Forschung stehen dabei die Bedeutung von materiellen Artefakten in ihrer räumlichen Anordnung und der Zugang zu ihnen im Zentrum. Dabei ist aber nicht zu übersehen, dass der Zugang zu materiellen Dingen als Mittel des Handelns in aller Regel eine Kontrolle der Handlungsmöglichkeiten von Personen involviert. »Macht« als »Verfügungsgewalt« (WEBER 1980) über Personen, materielle Artefakte und natürliche Ressourcen sollte in der sozialgeographischen Forschung eine prominente Position zugewiesen bekommen. Die räumlichen Bedingungen des Handelns sind Ausdruck von Machtverhältnissen und für aktuelle und künftige Handlungen können sie strategisch zur Verfestigung oder Veränderung dieser Verhältnisse eingesetzt werden. Ziel sozialgeographischer Forschung sollte es dann unter anderem auch sein, dabei mitzuhelfen, die »verborgenen Mechanismen der Macht« (BOURDIEU 1992) aufzudecken.[19]

Und diese geographische Forschung sollte nicht mehr im Hinblick auf eine raumwissenschaftliche Regionalgeographie betrieben werden, sondern vielmehr als eine Sozialgeographie der lokalen, regionalen, (national-)staatlichen und globalen Handlungs- und Lebensbedingungen betrieben werden. Nicht mehr »Raum« oder »Region« schlechthin bilden die »Objekte« sozialgeographischer Forschungsinteressen, sondern die Handlungen unter bestimmten räumlichen Bedingungen, deren Einbettung in die Dialektik des Globalen und Lokalen. Damit ist gemeint, dass die Abklärung des Verhältnisses von lokalem Handlungskontext und globalen Konsequenzen, von globaler Kommunikationsgesellschaft und lokal fixierten Face-to-Face-Beziehungen zu einer zentralen Aufgabe der Sozialgeographie gemacht werden sollte.

Wir brauchen demzufolge auch eine Neukonzeption dessen, was heute als *Regional*geographie bezeichnet wird, um den Bedingungen spätmoderner Gesellschaften Rechnung zu tragen. Doch eine *Regional*geographie, die nicht mehr auf die Untersuchung von »Räumen« und »deren« Eigenschaften ausgerichtet ist, braucht eigentlich eine neue Bezeichnung, wenn die Überschrift des entsprechenden Forschungsprogramms nicht irreführend wirken soll. Die Zentrierung der sozialgeographischen Forschungsperspektive auf die sozialen Handlungen hat natürlich auch in diesem Feld empirischer Forschung Konsequenzen.

An die Stelle der bisherigen Regionalgeographie – oder zumindest als gleichwertige Ergänzung – sollte dementsprechend die Sozialgeographie der Regionalisierung der Alltagswelt treten: eine Sozialgeographie der empirischen Erforschung bzw. der Rekonstruktion der Regionalisierungen auf lokaler und globaler Ebene: einerseits über das, was wir herstellen, konsumieren und reproduzieren und andererseits über die unterschiedlichen Zugänge verschiedener AkteurInnen und Handlungstypen zu der Verfügungsgewalt über materielle und personelle Ressourcen der Transformation aktueller Verhältnisse.

---

19 Zur Diskussion handlungszentrierter Machtkonzeptionen vgl. CLEGG (1989) und WARTENBERG (1990).

Schluss

Wir sollten uns damit vertraut machen, »Raum« nicht mehr als den besonderen (For-schungs-) Gegenstand der Geographie zu betrachten. »Raum« zum Forschungsobjekt zu erklären, entspricht einer Verdinglichung eines Begriffs, und Gesellschaftsforschung als Raumforschung zu betreiben, kommt einem materialistischen Reduktionismus gleich. Nicht Raum, sondern menschliches Handeln sollte die zentrale Forschungseinheit bilden. Denn »Raum« ist unter diesem handlungszentrierten Gesichtspunkt als nichts anderes aufzufassen als ein formal-klassifikatorischer Begriff, nicht als ein empirischer Begriff und auch nicht bloß als ein *Apriori*. Er kann nicht ein empirischer Begriff sein, weil es keinen Gegenstand »Raum« gibt. Er ist formal, weil er sich nicht auf inhalt-liche Merkmale von materiellen Gegebenheiten bezieht. Er ist klassifikatorisch, weil er Ordnungsbeschreibungen von materiellen Objekten und die Orientierung in der physischen Welt – unter Bezugnahme auf die Körperlichkeit der handelnden Subjekte – erlaubt. Und er ist nicht bloß ein *Apriori*, weil er tatsächlich auf Erfahrung beruht; allerdings nicht auf der Erfahrung eines besonderen und mysteriösen Gegenstandes »Raum«, sondern auf der Erfahrung der eigenen Körperlichkeit, deren Verhältnis zu den übrigen ausgedehnten Gegebenheiten (inklusive der Körperlichkeit der anderen AkteurInnen) und deren Bedeutung für die eigenen Handlungsmöglichkeiten und -unmöglichkeiten.

In diesem Sinne stellt »Raum« bloß ein »Kürzel« für Probleme und Möglichkeiten der Handlungsverwirklichung und der sozialen Kommunikation dar, die sich auf die physisch-materielle Komponente beziehen. Aber statt das »Kürzel« zu verdinglichen, sollten wir uns mit dem beschäftigen, wofür das Kürzel steht. Konzentrieren sollten wir uns auf die räumlichen Aspekte der materiellen Medien in ihrer sozialen Inter-pretation und deren Bedeutung für das gesellschaftliche Leben.

Will die sozialgeographische Forschung einen Beitrag zum Verständnis spätmoder-ner Gesellschaften liefern, dann muss ihre Forschungslogik verändert werden. Sie soll-te auf die »Logik« des Handelns ausgerichtet werden. Als Geographinnen und Geo-graphen müssen wir uns nicht nur fragen, was die Geographie der Dinge ist, sondern uns dafür interessieren, wie sie in beabsichtigter oder unbeabsichtigter Weise zustande kommt, was sie für wen bedeutet und inwiefern sie und die Herstellungs-, Nutzungs- und Reproduktionslogiken mit demokratisch akzeptierten gesellschaftspolitischen Standards und ökologischen Maßgaben zu vereinbaren sind.

Handeln und Raum.

Die Raumproblematik aus der Sicht handlungstheoretischer Sozialgeographie

Meine Damen und Herren. Sie sind hierher gekommen, um sich einen Vortrag anzu-hören, der zumindest vom Titel her Ihr Interesse erweckt hat oder um andere Leute zu treffen, eine Erwartung zu erfüllen usw. Aus diesen oder ähnlichen Gründen ha-ben Sie sich an einem anderen erdräumlichen Standort dazu aufgemacht, hierherzu-kommen. Sie haben sich von anderen Leuten getrennt – wie man zu sagen pflegt – oder genauer: Sie haben eine bestimmte Art von Interaktion abgebrochen, die Sie in einer bestimmten sozialen Position und sozialen Rolle ausgeführt haben, um neue Interaktionen aufzunehmen. Die neuen Interaktionen waren von dem Ziel geleitet, an diesem Kolloquium teilzuhaben. Um dieses Ziel im sozialen Sinne zu erreichen, mussten Sie auch einen entsprechenden Zielort im Erdraum kennen und diesen auch aufsuchen. Dafür mussten Sie eine Reihe von Maßnahmen treffen und Sie waren einer Vielzahl von Zwängen und Bedingungen ausgeliefert. Diese konnten Sie selbst nicht verändern. Sie wählten beispielsweise ein bestimmtes Mittel der Fortbewegung aus, das Sie bezüglich des Ausgangsstandortes oder zusätzlicher Überlegungen für das adäquate gehalten haben oder einfach jenes, das Ihnen als Einziges zur Verfügung stand. Während dieser Fortbewegung haben Sie bestimmt eine Reihe von materiellen Arte-fakten, d. h. materielle Gegenstände, die von Menschen hergestellt wurden, in Ihren Handlungsablauf integriert. Deren Hersteller werden Sie aber kaum kennen. Die Be-deutungen dieser Artefakte hingegen mussten Ihnen aber vertraut sein, wenn Sie sie auf erfolgreiche Art für die Zielerreichung in Anspruch nehmen wollten. In anderen Worten: Beim Artefaktgebrauch nahmen Sie eine Reihe von anonymen Interaktio-nen mit den Hervorbringern dieser Artefakte auf und, um diese eingehen zu können, mussten Sie ebenfalls einen bestimmten erdräumlichen Standort aufsuchen.

Nehmen wir an, dass Sie so vor dem Institutsgebäude, einem immobilen materi-ellen Artefakt mit einem eindeutig definierbaren Standort im Erdraum und mit einem ausreichend definierbaren Bedeutungsgehalt, angekommen sind, wie Sie sich das vor-gestellt haben. Sie sind dann die Treppe hochgekommen (oder haben den Aufzug in Anspruch genommen), sind durch Gänge gelaufen, bis Sie schließlich die Tür gefun-den haben, die mit jener Bezeichnung versehen ist, die den Ort der jetzt eben ange-laufenen Veranstaltung eindeutig identifizierbar macht.

Die Skizze dieser Abläufe mag unvollständig und in manchen Aspekten etwas verzerrt sein. Jedenfalls zeigt sie, wie gesellschaftliche Geschehnisse an physisch-ma-terielle Bedingungen der menschlichen Existenz gebunden sind: Soziale und erd-räumlich lokalisierbare Sachverhalte werden in vielen Tätigkeiten von den Akteuren miteinander verbunden. Mit anderen Worten ausgedrückt, haben wir es bei diesem Kolloquium mit einem Ereignis zu tun, das in die Klasse der für Sozialgeographen relevanten Phänomene gehört; vorausgesetzt, dass man das Ziel der wissenschaftlichen Tätigkeiten von Sozialgeographen primär in der Analyse sozialer Prozesse in ihrem erdräumlichen Kontext und in der Erforschung der Bedeutung der physisch-materiellen Aspekte in ihrer erdräumlichen Anordnung für das gesellschaftliche Zusammenleben von Menschen sieht.

Die Harmlosigkeit des gewählten Beispiels sollte nicht darüber hinwegtäuschen, dass strukturell die meisten gesellschaftlichen Ereignisse mit ihm vergleichbar sind, und dass die Sozialgeographen seit Jahrzehnten versuchen, für solche und ähnliche Ereignisse plausible Erklärungen anzubieten. Dazu entwickelten sie auch verschiedene Vorstellungen von »Raum« und dessen Bedeutung für menschliche Tätigkeiten. Allerdings waren sie dabei in der Regel von einer anderen Betrachtungsweise geleitet, als ich sie im eben vorgetragenen Beispiel angewendet habe. Denn bisher hat der größte Teil der Sozialgeographen bloß auf den Erdraum gestarrt, um ausgerechnet dort allein das Gesellschaftliche zu finden. Die Sozialwissenschaftler hingegen erliegen oft einer Überbetonung symbolisch-ideeller Aspekte des Handelns und vernachlässigen derart bei ihren Forschungen den erdräumlichen Kontext. Bei dem eben angeführten Beispiel habe ich im Vergleich zur bisher dominierenden sozialgeographischen Forschungstradition die Blickrichtung gewechselt: Vom sozialen Aspekt des Ereignisses ausgehend habe ich versucht, die Bedeutung der physisch-materiellen Aspekte und ihrer erdräumlichen Anordnung für einen sozialen Vorgang nicht auszublenden. Auf diesen Unterschied bezieht sich die Hauptthese, auf der das folgende Referat aufbaut. Sie lautet wie folgt: Der erdraumzentrierte Blick der traditionellen Geographen und Sozialgeographen versperrt ihnen den Zugang zur sozialen Welt und deren angemessener Erforschung.

Diese Betrachtungsweise und die damit verbundene Raumproblematik führen dann zu vielfältig paradoxen Argumentationen in Bezug auf die Erklärung von sozialen Ereignissen. Im Folgenden möchte ich damit zusammenhängende Probleme der Sozialgeographen erörtern und dann abschließend einige Lösungsvorschläge aus handlungstheoretischer Sicht unterbreiten. Dafür sind zunächst einige allgemeine Überlegungen zur Raumproblematik notwendig.

Allgemeine Überlegungen zur Raumproblematik

Was ALBERT EINSTEIN (1960:11f.) zum Raumproblem in der Physik formuliert hat, trifft – wenn auch auf andere Aspekte bezogen – ebenfalls auf den größten Teil der bisherigen geographischen Verwendung von »Raum« zu. Er schreibt:

»Bei dem Streben nach begrifflicher Erfassung der schier unübersehbaren Masse des Erfahrungsmaterials bedient sich der Wissenschaftler eines Arsenals von Begriffen, die er sozusagen mit der Muttermilch eingesogen hat, und deren ewig problematischen Charakters er sich nicht oder nur sehr selten bewusst ist. Er verwendet diese begrifflichen Werkzeuge wie etwas unverrückbar und selbstverständlich Gegebenes, an deren objektivem Wahrheitswert er meist gar nicht oder doch nicht im Ernst zweifelt. Und doch ist es im Interesse der Wissenschaft nötig, dass immer wieder an diesen fundamentalen Begriffen (wie der Raumbegriff einen darstellt) Kritik geübt wird, damit er nicht unwissentlich von ihnen beherrscht wird. Dies wird besonders deutlich in Situationen der Fachentwicklung, in denen der konsequente Gebrauch der überlieferten fundamentalen Begriffe uns zu schwer auflösbaren Paradoxien führt«.

Vergleichen wir die aktuelle Situation in der geographischen Forschung mit EINSTEINS Aussagen, dann werden eine Reihe von Übereinstimmungen, aber auch eine entscheidende Abweichung offensichtlich. Es dürfte tatsächlich so sein, dass die Mehrzahl von Geographen von einer bestimmten Raumvorstellung unwissentlich beherrscht wird, was dann gelegentlich zu paradoxen Argumentationen führt. Bei Geographen ist aber zudem ein wichtiger Unterschied festzuhalten. Nicht alle Geographen scheinen zu akzeptieren, dass es sich bei »Raum« immer nur um einen Begriff handeln kann, der es uns ermöglicht, »die schier unübersehbare Masse des Erfahrungsmaterials zu ordnen«. Bevor ich mich mit den daraus resultierenden geographischen Paradoxien befassen kann, sind einige Klarstellungen notwendig. Sie sollen es ermöglichen, die Auseinandersetzung mit der geographischen Raumproblematik strukturiert zu entwickeln.

Ein erster und vielleicht entscheidender Schritt zur Lösung geographischer Raumprobleme ist darin zu sehen, dass man »Raum« konsequent als einen Begriff auffasst. Als zweiter Schritt ist, wie bei jeder Begriffsdefinition, so auch beim Raumbegriff, eine klare Unterscheidung zwischen dem zu machen, was bezeichnet wird, und dem Zeichen (der Buchstabenkombination) das einen bestimmten Sachverhalt bezeichnet. Der Erfahrungssachverhalt und die Buchstabenkombination, mit der dieser etikettiert wird, können nie identisch sein. Somit dürfen sie auch nicht gleichgesetzt werden. Wird dieser Unterscheidung nicht Rechnung getragen, vollzieht man eine sprachlogisch unhaltbare Reifikation, d. h. eine unhaltbare Vergegenständlichung von Begriffen, die schon manchen Gedankengang auf Holzwegen in die Sackgasse geführt hat.

Ein wichtiges Merkmal jeder Art von Raumbegriff ist nun darin zu sehen, dass es sich bei ihnen weder um präskriptive noch um empirisch-deskriptive noch um logische Begriffe handelt. Zwar dienen Raumbegriffe dazu, unsere Erfahrungen zu ordnen und zu strukturieren. Sie beziehen sich aber nicht auf inhaltliche Merkmalseigenschaften, sondern eben nur auf einen formalen Aspekt, den alle Sachverhalte – unabhängig von ihren übrigen Merkmalseigenschaften – aufweisen. Raumbegriffe sind gemäß diesem Verständnis als formale Ordnungsraster zu begreifen, die auf alle Sachverhalte anwendbar sind, um diese hinsichtlich ihrer Lage und ihrer Position in Bezug zu den festgelegten Kategorien zu kennzeichnen.

Wenn wir nun irgendeinen Sachverhalt anhand irgendeines Raumbegriffs lokalisiert haben, so ist damit im strengen Sinne noch nichts über seine übrigen Eigenschaften ausgesagt. Deshalb ist es auch sinnlos von der Lokalisierung ausgehend ohne weitere Abklärungen auf andere Eigenschaften des lokalisierten Gegenstandes zu schließen. Das führt zu dem folgenden Fazit:

Räumliche Lokalisierung bringt immer einen formalen Aspekt eines Sachverhaltes zum Ausdruck und jeder Sachverhalt ist unabhängig von seiner inhaltlichen Bestimmung räumlich lokalisierbar. Gleichzeitig können sich aber auch alle Sachverhalte, die ansonsten identische Merkmale aufweisen, hinsichtlich der räumlichen Position unterscheiden.

In diesem Sinne ist die räumliche Dimension als eine Differenzierungsvariable sonst möglicherweise identischer Sachverhalte zu begreifen. Welches die Kategorien sind, hinsichtlich deren ein Sachverhalt lokalisiert werden kann, hängt von der jeweiligen Definition des Raumbegriffs ab. Mit jeder entsprechenden Definition soll festgelegt werden, hinsichtlich welcher Dimensionen etwas mit dem entsprechenden Raumbegriff geordnet und lokalisiert werden soll. Jeder Raumbegriff kann somit immer nur ein Ordnungsraster abgeben. Dieses Raster soll es erlauben, problematische und/oder forschungsrelevante Gegebenheiten zu strukturieren und zu lokalisieren, bevor angemessene wissenschaftliche Beschreibungen und Erklärungen geleistet werden können.
  Der dritte Schritt ist für Sozialgeographen von besonderer Bedeutung. Denn zusätzlich zu den ersten beiden Festlegungen ist davon auszugehen, dass ein einziger Raumbegriff nicht für alle Arten von Gegebenheiten in gleichem Maße geeignet sein kann. Für ontologisch differente Sachverhalte sind auch verschiedene Raumbegriffe zu definieren, wenn mit ihnen sinnvolle Vorstrukturierungen der zu bearbeitenden Problemfelder erreicht werden sollen. Eine Missachtung dieser Forderung führt zu unangemessenen Reduktionen, die dann zu empirisch ungültigen Folgerungen verleiten.

Die geographische Raumproblematik

Die geographische Redeweise von »Raum« neigt im Gegensatz zu dem eben skizzierten Raumverständnis dazu, diesen nicht als einen Begriff, sondern als ein Ding an sich zu betrachten. Ihm wird dann in der Regel die Fähigkeit zugesprochen, produktive Ursache für bestimmte Ereignisse zu sein. Damit gewinnt »Raum« einen Fetisch-Charakter, der es plausibel erscheinen lässt, die Geographie als eine Raumwissenschaft zu definieren. Dieses Selbstverständnis ist aber in einem Missverständnis begründet. Es weist ähnliche Züge auf wie die Fetischisierung von »Zeit« in der Geschichte als »Macht der Zeit«. In beiden Fällen wird die formale Bedingung, unter der ein Ereignis stattfindet, für dessen Ursache gehalten. Ereignisse können aber mittels sinnvoll definierter Raumbegriffe eigentlich bloß strukturiert und lokalisiert werden, nicht aber durch den so genannten »Raum« bewirkt werden. Genau die letztere Behauptung, dass »Raum« die geographisch relevanten Ereignisse bewirkt, zeichnet eine Vielzahl der Argumentationsweisen der Geographen aus, was häufig zu schwerwiegenden Paradoxien führt.

In der klassischen Anthropogeographie wurde »Raum«, gemäß der bekannten Untersuchung von DIETRICH BARTELS (1974) »Schwierigkeiten mit dem Raumbegriff«, mit »physischer Umwelt« gleichgesetzt. In der geodeterministischen Variante wurde der »Raum« dann als Verursacher menschlicher Tätigkeiten begriffen, in der possibilistischen Variante als Begrenzungsinstanz menschlicher Selbstverwirklichung. In beiden Konzeptionen setzt somit die Vergegenständlichung von »Raum« schon ein, bevor man sich bewusst wird, dass »Raum« eigentlich immer nur »Raumbegriff« heißen kann.

Für die Vertreter der Landschaftsschule bedeutet »Raum« immer »Landschaft«. Sie wird nach GERHARD HARD (1970) definiert als jener Wirklichkeitsausschnitt, der mit dem Gesichtssinn – vom Standort des Erfahrenden aus – visuell erfasst werden kann. Diese Wahrnehmungsgesamtheit wird, ebenfalls bevor man den begrifflichen Charakter von »Landschaft« entdeckt hat und sie etwa im Sinne von RUDOLF CARNAP ([1922]1978) als Anschauungsraum thematisiert hätte, als »Totalcharakteristik einer Erdgegend« hypostasiert. »Raum« wird bei den Vertretern dieser Schule im Sinne von Landschaft zum »Ding an sich« und als solches zum Forschungsgegenstand der Geographie erklärt.

Der »raumwissenschaftliche Ansatz« der Geographie, der so genannte »spatial approach«, macht zwar explizit auf den begrifflichen Charakter von »Raum« aufmerksam. Seine Vertreter gehen in ihrem Raumverständnis grundsätzlich von einer abgewandelten Form des euklidisch-mechanischen Raumbegriffs aus und definieren ihn als chorischen Raumbegriff; d. h. in der Formulierung von BARTELS (1974:13): als »zweidimensionalen, metrischen Ordnungsrahmen eines erdräumlichen Kontinuums«. Er wird bei Regionalisierungsverfahren als Lokalisationsschema von Beobachtungsdaten fruchtbar gemacht. Wenn es aber um die Aufdeckung der Gesetzmäßigkeiten von »distanziellen Lagebeziehungen von Beobachtungseinheiten aller Art« bzw. von »Raumgesetzen« gehen soll, wird dann aber wiederum eine formale Bedingung – diesmal die Distanz – als produktive Ursache bestimmter regelmäßiger Verteilungen überinterpretiert. Geographie und Regionalwissenschaft werden dann konsequenterweise – aber auch auf unhaltbare Weise – als »Raumwissenschaften« definiert. Denn die raumwissenschaftliche Definition des Aufgabenbereichs der Geographie erscheint lediglich auf Grund einer unangemessenen Hypostasierung von »Distanz« als ein plausibles Unternehmen.

In der traditionellen deutschen Sozialgeographie wird von WOLFGANG HARTKE (1956, 1959) zwar die Wende von der raumzentrierten zur tätigkeitsbezogenen Forschung bereits in den 1950er-Jahren vollzogen. HARTKE definiert die menschlichen Aktivitäten und ihre sozial-kulturellen Hintergründe als den eigentlichen Forschungsgegenstand der Sozialgeographie. Die Schwierigkeiten dieser Forschungskonzeption setzen aber genau dort ein, wo es darum geht, ihr Hauptziel zu erreichen, nämlich[1] eine »Beschreibung und Erklärung der erdräumlichen Kammerung der Gesellschaft«

---

1   Vgl. HARTKE (1959:429).

zu leisten. Zur Erreichung dieser Zielsetzung schlägt Hartke vor, den Gültigkeitsbereich von Werten und Normen mittels der Aktionsreichweiten der Menschen im
Erdraum abzugrenzen. Auf diese Weise unternimmt er den logisch und empirisch unbegründbaren Versuch, sozial-kulturelle Sachverhalte auf physische Größen zu reduzieren. So ist es denn auch nicht verwunderlich, dass Hartke mit diesem Verfahren die
erdräumliche Kammerung der Gesellschaft weder differenziert erfassen noch erklären
konnte. Denn sein Raumbegriff trägt den ontologischen Besonderheiten von sozial-
kulturellen Gegebenheiten nicht Rechnung.

Dieser Mangel ist auch für die Studien der Münchner Sozialgeographie von Karl
Ruppert & Franz Schaffer (1969) charakteristisch. Ebenso für die Untersuchung von
Bartels (1968b) über »Türkische Gastarbeiter aus der Region Izmir«, in der er Werte
und Normen ebenfalls für chorisch-räumlich lokalisierbar hält und schließlich auch
für die von Eugen Wirth (1979) vorgetragenen Überlegungen zu einer handlungstheoretischen Sozialgeographie.

Die Hauptprobleme des geographischen Raumverständnisses können auf drei
Punkte zusammengefasst werden:

Erstens wird die gesamte physische Welt oder der mit dem Gesichtsinn von einem
bestimmten Standort aus erfassbare Erlebnis- bzw. Perzeptionsausschnitt als vergegenständlichter Raum begriffen.

Zweitens werden formale Aspekte, die einem Sachverhalt auferlegt werden können,
für deren produktive Ursache gehalten, wie das beispielsweise mit der »Distanz« im
Rahmen des raumwissenschaftlichen Ansatzes der Fall ist.

Und schließlich versucht man drittens, den chorischen Raumbegriff zur Lokalisierung von sozial-kulturellen Sachverhalten zu verwenden, obwohl dieser nur für physisch-materielle und nicht für abstrakt-symbolische Sachverhalte leistungsfähig sein
kann. Dieser Mangel ist für die traditionelle deutsche Sozialgeographie und die empirischen sozialgeographischen Arbeiten von Bartels ebenso kennzeichnend wie für
die Vorschläge von Wirth.

Die Verwegenheit dieser Denk- und Forschungsweisen kommt besonders dann gut
zum Ausdruck, wenn wir alltägliche Abläufe mit den Kategorien dieser Konzepte
analysieren. Greifen wir deshalb zur Illustration die eingangs angeführte Beschreibung
eines alltäglichen Ereignisses auf, bei dem sich ein paar Menschen an einem bestimmten erdräumlich definierbaren Ort treffen, um sich einen Vortrag anzuhören, der – zumindest bevor er begonnen hat – von diesen Menschen als ausreichend interessant
eingestuft wurde, um daran teilzunehmen.

Im Rahmen der Argumentationsweise der klassischen Anthropogeographie könnte man mit dem Ereignis »Münchner Geographisches Kolloquium« wohl wenig anfangen, obwohl dazu doch unbestrittener Maßen Menschen im so genannten »Erd-

Raum« tätig wurden. Es sei denn, man gäbe sich mit der Erklärung zufrieden, jeder von uns sei allein durch die gleiche physische Welt an seinem Standort dazu angeregt worden, sich in ein anderes Milieu zu begeben. Wäre diese Erklärung gültig, dann müssten wohl wesentlich mehr Münchnerinnen und Münchner hier anwesend sein, als dies der Fall ist und wohl kaum ein Schweizer.

Ein Vertreter der Landschaftsschule hätte einen waghalsigen Standort einnehmen müssen, wenn wir zu Elementen seines Forschungsgegenstandes hätten werden können. Denn sein visueller Wirklichkeitsausschnitt müsste mindestens München und Zürich gleichzeitig umfassen. Wenn er es trotz aller Widerwärtigkeiten geschafft hätte, wären wir bestenfalls als Elemente der Wirkkräfte auf der anthropogenen Ebene der Landschaft thematisiert worden. Als Bestandteil der Totalcharakteristik einer Erdgegend hätten wir über unsere Tätigkeiten wohl weniger erfahren als über die Fähigkeiten des beschreibenden Landschaftskundlers.

Auch gemäß der Argumentation eines typischen Vertreters des raumwissenschaftlichen Ansatzes müssten hier wahrscheinlich Personen mit einem anderen Wohnsitz anwesend sein, als dies tatsächlich der Fall ist. Wenn die erdräumliche Distanz wirklich produktive Ursache der Verteilung von Beobachtungseinheiten aller Art zukommen sollte, dann dürfte zumindest die Beobachtungseinheit BENNO WERLEN nicht hier anwesend sein und einige der Zuhörer sicher auch nicht. Anstelle von uns sollten sich dann jene Beobachtungseinheiten in diesem Saal einfinden, die geringere Distanzen zurückzulegen gehabt hätten, um das Ziel im sozialen Sinne – die Teilnahme am Münchner Geographischen Kolloquium – zu erreichen. Wenn dies auch eine leicht überhöhte Rekonstruktion der raumwissenschaftlichen Denkweise sein mag, so dürfte doch mit aller Deutlichkeit zum Ausdruck kommen, wie abwegig Erklärungsversuche sein müssen, die sich allein auf die Anführung von distanz-bezogenen Argumenten beziehen. Jedenfalls dürfte es schwierig sein, das Ereignis »Münchner Geographisches Kolloquium« aus so genannten »Raumgesetzen« zu deduzieren oder als Bewegung von Elementen im so genannten »räumlichen System« plausibel zu machen. Erfolgsversprechender dürfte jedoch eine Erklärung mittels der Subsumierung dieses Ereignisses unter eine allgemeine Handlungsregelmäßigkeit ausfallen.

Für einen Vertreter der traditionellen deutschen Sozialgeographie müssten wohl alle hier anwesenden Personen aus einem Gebiet kommen, in dem alle Handlungen von einem sozial-kulturell homogenen Hintergrund geleitet sind. Denn die Sinngehalte der Handlungen der hier anwesenden Personen scheinen mehr oder weniger identisch zu sein. Es bedarf aber nur geringer gedanklicher Anstrengung, um festzustellen, dass die empirische Erfassung der chorischen Aktions- oder Reaktionsreichweiten von Menschen nicht ausreichen kann, um von diesen auf die sozial-kulturelle Homogenität aller Handlungen innerhalb dieses Ausschnittes der Erdoberfläche schließen zu können.

Produktion gesellschaftlicher Wirklichkeit

Wenn Sie meiner bisherigen Argumentation zustimmen, dann werden Sie mit mir einiggehen, dass »Raum« als ein Begriff aufzufassen ist, der nur ein formales Bezugsraster zur Lokalisierung von Sachverhalten abgeben kann. Und für Sachverhalte mit einem unterschiedlichen ontologischen Status sind jeweils besondere Bezugsraster bzw. Raumbegriffe zu entwickeln, wenn man nicht in die Fänge untauglicher Reduktionsversuche geraten will, die jede empirisch gültige Aussage über das Verhältnis von Gesellschaft und den physisch-materiellen Bedingungen in ihren erdoberflächlichen Anordnungen verunmöglichen.

Damit ist bereits darauf hingewiesen, dass es nicht sinnvoll sein kann, die Geographie im Allgemeinen und die Sozialgeographie im Besonderen als Landschafts- oder als Raumwissenschaft definieren zu wollen. Akzeptiert man die Hypostasierungen von »Landschaft«, »Raum« und »Distanz« nicht, dann verliert man den Forschungsgegenstand des bisher dominierenden Geographieverständnisses. An seine Stelle sollte die Analyse der tatsächlichen »produktiven Kräfte« von Ereignissen und Ereignisfolgen in der sozialen Welt treten. Als diese betrachte ich die Tätigkeiten der Menschen.

Wenn man nun davon ausgeht, dass jede legitimierbare wissenschaftliche Disziplin einen besonderen Beitrag zur Lösung lebenspraktischer Probleme liefern sollte, dann müssen auch die Sozialgeographen in der Lage sein, die Besonderheit ihrer Zielsetzungen wissenschaftlichen Handelns anzugeben. Demgemäß kann ihre Aufgabe auch nicht darin gesehen werden, die Tätigkeiten der Vertreter anderer wissenschaftlicher Disziplinen bloß auf Erdgegenden zu übertragen, wo diese bisher noch nicht hingekommen sind. In diesem Kontext schlage ich – wie bereits mehrfach angedeutet – vor, die handlungstheoretische Sozialgeographie als einen Wissenschaftsbereich zu definieren, der sich die Erforschung der Bedeutung der physisch-materiellen Komponente und deren erdräumlicher Anordnungsmuster für Handlungsvollzüge zum Ziele setzt.

Wenn man dabei aber nicht wiederum an inadäquaten und reduktionistischen Raumkonzeptionen scheitern will, ist für jeden ontologisch differenten Bezugsbereich menschlicher Handlungen ein spezifischer Raumbegriff bzw. ein je spezifisches Referenzmuster der Strukturierung und Lokalisierung verfügbar zu machen. Diese Forderung führt nun abschließend zur Auseinandersetzung mit der Raumproblematik aus handlungstheoretischer Sicht.

Die Raumproblematik aus handlungstheoretischer Sicht

Die verschiedenen Referenzmuster, als die die Raumbegriffe aufzufassen sind, sollen einerseits der Strukturierung und Lokalisierung der bei der Handlungsorientierung und Handlungsverwirklichung relevanten Elemente in der physischen, subjektiven und sozial-kulturellen Welt und der Artefakte dienen, andererseits der Strukturierung und Lokalisierung der Handlungsfolgen in den eben genannten Bezugsbereichen. Mein

Vorschlag lautet, dass derartige Referenzmuster als Raumbegriffe der objektiven und der subjektiven Perspektive der sozialgeographischen Handlungsforschung zu thematisieren sind. Deren Merkmalsdimensionen sollen mit dem ontologischen Status der zu lokalisierenden Gegebenheit verträglich sein. Das heißt somit, dass nicht nur die physische Welt mittels leistungsfähiger Raumbegriffe strukturiert werden soll, sondern auch die subjektive und die soziale Welt, und dass die Dimensionen, die mit den entsprechenden Raumbegriffen vorgezeichnet werden, den ontologischen Bedingungen dieser verschiedenen Welten angepasst sein müssen.

Raumbegriffe der objektiven Perspektive

In der objektiven Forschungsperspektive stehen für die Erklärung menschlicher Handlungen gemäß KARL RAIMUND POPPER Welt 1 und Welt 3 im Vordergrund. D. h., dass primär für diese Bezugsbereiche menschlichen Handelns adäquate Raumbegriffe verfügbar sein müssen.

Für die physische Welt, d. h. für alle materiellen Dinge ohne soziale Sinnhalte, dürfte zur Strukturierung und zur eindeutigen Lokalisierung der aus dem mechanisch-euklidischen Raumbegriff abgeleitete traditionelle chorische Raumbegriff ausreichen. Die Dimensionen »Länge« und »Breite« bzw. »Längen-« und »Breitengrade«, der beliebig wählbare »Koordinatennullpunkt«, die »Himmelsrichtungen« und ein »metrisches Einheitsmaß« definieren diesen »metrischen Ordnungsrahmen eines erdräumlichen Kontinuums« (BARTELS 1974:13). Anhand dieses Ordnungsrahmens können Standortmuster und Bewegungen von materiellen Dingen ohne sozialen Sinngehalt und von materiellen Artefakten hinsichtlich ihrer physischen Komponente angemessen beschrieben und strukturiert werden.

Für die Strukturierung der sozialen Welt, als wichtigem Teilbereich der Welt 3, ist ein Raumbegriff erforderlich, mit dem man in der Lage ist, einerseits die allgemeingültige Ordnungsstruktur von sozial-kulturellen Sinngehalten angemessen abzubilden und andererseits den Handelnden erfolgreiche Orientierungshilfen geben zu können. Auf diesem Hintergrund erhalten die vom amerikanischen Soziologen PITIRIM A. SOROKIN (1964) gemachten Überlegungen besondere Bedeutung. Man kann sie als Vorarbeiten zur Entwicklung eines leistungsfähigen Referenzschemas begreifen, anhand dessen sozial-kuturelle Sinngehalte eindeutig lokalisiert werden können.

Als Hauptdimensionen dieses Raumbegriffs, auf denen sozial-kulturelle Sinngehalte lokalisierbar werden, die Handlungen leiten und/oder in Artefakten aufgehoben sind, schlägt er »Sprache«, »Kunst«, »Ethik« (= Moral und Recht), »Wissenschaft«, »Religion« sowie »Wirtschaft« und »Politik« vor, außerdem feinere Abstufungen jeder dieser Merkmalsdimensionen. Für die Dimension »Sprache« bilden nach SOROKIN die germanischen, lateinischen, slavischen usw. Sprachen die feineren Abstufungen. Für die Dimension »Kunst« sollen es die verschiedenen Stilformen (Musik, Literatur u. a.)

und Stilrichtungen wie »Barock«, »Dadaismus« usw. sein; für »Politik« die verschiedenen politischen Systeme und deren weitere Abstufungen.

Der Koordinatennullpunkt, auf den sich die verschiedenen Dimensionen beziehen, ist nach SOROKIN je nach dem Interesse der Untersuchung ebenso beliebig wählbar wie beim Ordnungsschema des erdräumlichen Kontinuums. Was die Bestimmung der Distanz zwischen den Positionen reiner Sinngehalte in der sozial-kulturellen Welt betrifft, so ist zunächst darauf hinzuweisen, dass SOROKIN kein Einheitsmaß zu deren eindeutiger Festlegung thematisiert. Er begnügt sich mit dem Hinweis, dass sich zwei Sinngehalte dann nahe sind, wenn sie auf derselben Dimension eine benachbarte Position einnehmen. Als einander fern bezeichnet er sie dann, wenn sie auf derselben Dimension entfernte Positionen einnehmen oder insbesondere, wenn sie eine Position auf einer anderen Dimension einnehmen. Ist zum Beispiel der Sinngehalt einer Handlung A ein religiöser (baptistischer) und jener der Handlung B ein wirtschaftlicher (einer der US-Stahlgesellschaft), dann nehmen sie in der sozialen Sinnwelt demgemäß entfernte Positionen ein, selbst wenn sich deren Vehikel und die Standorte der Körper der Handelnden, die diese Handlungen hervorbringen, im chorischen Raum sehr nahe sein können. Oder: Wenn ein Bild von v. Gogh von Zürich nach New York transportiert wird, ändert es zwar seinen Standort im physisch-weltlichen Bereich, gehört aber trotzdem derselben Kunstgattung an und wird weiterhin zu derselben Stilrichtung gezählt, selbst wenn sein Preis in der Zwischenzeit massiv gestiegen ist.

Dieses Konzept von SOROKIN ist in vielerlei Hinsicht rudimentär und unbefriedigend. Es kann nur einen Ausgangspunkt für die Entwicklung eines angemessenen Raumbegriffs der sozial-kulturellen Welt bilden. Weiterentwicklungen müssten insbesondere die Arbeiten der Klassiker der Handlungstheorie einbeziehen und die Ausführungen aufgreifen, die diese zum Problemfeld des Bezugsrahmens der Handlungsorientierung gemacht haben. Vielleicht könnte dazu auch der jüngste Vorschlag vom französischen Soziologen PIERRE BOURDIEU vielfältige Anregungen abgeben, dem es darum geht, den marxistischen Klassenbegriff als Raumbegriff der sozialen Welt zu reformulieren bzw. zu erweitern.

Raumbegriffe der subjektiven Perspektive

In der subjektiven Forschungsperspektive steht im Gegensatz zur objektiven die mentale oder besser: die subjektive Welt im Vordergrund. Die Strukturierung der subjektiven Welt mittels eines adäquaten Raumbegriffs bezieht sich somit auf den typenspezifisch geordneten Wissensvorrat des handelnden Subjekts. Begreifen wir nämlich »Typen« als Ordnungskategorien von Erlebnisinhalten, anhand deren sich der Handelnde orientiert, kann man auch sagen, dass die »Typen« diesen Erlebnisraum der subjektiven Welt strukturieren. Verläuft das Aufsuchen des entsprechenden Wissens adäquat zu dem in der Situation des Handelns erforderten Wissens, hat sich der Handelnde im entsprechenden Bereich erfolgreich orientiert. Der Hinweis von ALFRED SCHÜTZ

(1971:8ff.), dass der Handelnde primär von sozialisierten Typen ausgeht, wenn er Sinn-konstitutionen vornimmt, könnte in diesem Zusammenhang so verstanden werden, dass man den subjektiven Erlebnisraum hinsichtlich sozialer Bereiche hypothetisch nach SOROKINS oder ähnlichen Dimensionen gliedern könnte; allerdings nicht mehr *a priori* als objektive Kriterien verstanden, sondern als solche, wie sie beim Handeln-den subjektiv ausgeprägt sind. Das gleiche gilt für die Konzepte »Nähe« und »Ferne«. Ähnliches müsste für jene Aspekte der subjektiven Welt erarbeitet werden, die sich auf den Bereich der physischen Welt beziehen.

Die Frage nach dem Koordinatennullpunkt, auf den die Hauptdimensionen der Typengliederung bezogen sind, kann man im Zusammenhang mit SCHÜTZ' (1982) Erörterungen zum Problem der Relevanz zu beantworten versuchen. Die im Handlungsentwurf und im Handlungsvollzug jeweils vorherrschende Relevanz wird zu den Orientierungsnullpunkten der verschiedenen Sinndimensionen und der typenmäßig strukturierten Sinnregionen. Im Gegensatz zum chorischen Raumbegriff ist der Koordinatennullpunkt der Orientierung aber nicht überdauernd fixiert zu begreifen, sondern je nach der primären Aktualität der Orientierungserfordernisse. Dieses ständige Wechselspiel der vorherrschenden Relevanz überträgt sich demgemäß auch auf die jeweilige Aktualität der spezifischen Sinndimensionen und Sinnregionen dieser subjektiven Erlebniswelt.

Die Orientierungen der Handlungen innerhalb der physischen Welt sind in der subjektiven Perspektive wesentlich mitbestimmt durch den Standort des Leibes, der das Zentrum der in die Außenwelt gerichteten Tätigkeiten bildet. Die Funktion des Körpers ist die der Vermittlung zwischen den subjektiven Erlebnissen und der Ausdehnung der physischen Welt. Der Körper des Handelnden setzt die subjektiven Sinngehalte des Handelnden in erdräumlich lokalisierbare Bewegungen um. Vom physisch-weltlichen Standort des Körpers aus strukturiert das Subjekt einerseits die Dinge, die es unmittelbar erlebt. Anderseits wird durch den Standort des Körpers auch der unmittelbare Wirkungsbereich des Handelnden festgelegt. Demgemäß ist der Körper als »Vermittlungsglied« bzw. Funktionalzusammenhang zwischen subjektiver Welt und physischer Welt zu begrfeifen. Als Träger und »Durchgangsort« von Erkenntnis und Handlung bestimmt er das jeweilige erdräumliche Hier und Jetzt, ohne aber die Inhalte des Erlebens selbst zu bestimmen.

Der entscheidende Ausgangspunkt für die Entwicklung eines subjektzentrierten chorischen Raumbegriffs bildet demnach die Überlegung, dass der Handelnde über seinen Körper im chorischen Kontext immer einen physisch-weltlichen Standort einnimmt, der für ihn immer zum Ausgangspunkt seiner Orientierungen und Handlungen in diesem Bereich wird. Der subjektive chorische Raumbegriff wird demgemäß nicht als subjektives Abbild der objektiven Kategorien im Sinne einer *mental map* thematisiert, sondern als leibzentrierter Bezugsraster der Orientierung und Lokalisierung jener Gegebenheiten definiert, die einen physisch-weltlichen Standort aufweisen.

Die Definition des leibzentrierten Koordinatensystems umfasst die folgenden Kategorien:

- die Dimensionen »links«, »rechts«, »vorne«, »hinten«, »oben« und »unten« von der Blickrichtung der Handelnden aus;
- einen Koordinatennullpunkt, in dem sich die eben genannten Dimensionen schneiden und der vom Körperstandort des Handelnden gebildet wird.

Derart bildet das aktuelle »Hier« zum Zeitpunkt des Handelns nicht einen absoluten Fixpunkt, sondern einen variablen Bezugspunkt der Orientierung im chorischen Kontext, was in konkreten Situationen des Handelns zu einer Reihe von Problemen führen kann. Diese Probleme hängen damit zusammen, dass jeder Handelnde seine Orientierungen erstens immer wieder neu strukturieren muss und zweitens, dass der Koordinatennullpunkt für jeden Interaktionspartner strenggenommen immer ein anderer ist. Deshalb werden in der Alltagspraxis wahrscheinlich auch persistierende Koordinatennullpunkte subjektiv gewählt. Meist handelt es sich dabei um Punkte, die für den betreffenden Handelnden besondere Bedeutung aufweisen, wie bspw. die eigene Wohnung. Alle anderen Orte des alltäglichen physisch-weltlichen Handlungsraumes werden dann in Bezug auf diese Ausgangsbasis strukturiert und lokalisiert. In diesem Sinne können wir davon ausgehen, dass sich der Handelnde in seiner subjektiven Perspektive der Orientierung in der physischen Welt, auf eine Kette von Verweisungen bezieht: Er geht von leibbezogenen Kategorien vom aktuellen Standort aus und richtet sich auf einen außerleiblichen subjektiv gesetzten Orientierungsnullpunkt aus. Aus traditionellen Agrargesellschaften sind denn in der ethnologischen und kulturgeographischen Literatur auch eine Reihe von Beispielen bekannt, in denen ausschließlich generalisierte subjektbezogene physisch-weltliche Raumbegriffe verfügbar sind. Als Koordinatennullpunkt wird dann häufig das Haus des Häuptlings oder eine religiös wichtige Stätte gewählt.

Die soziale Welt konstituiert sich nach SCHÜTZ in den Handlungen des Subjekts. Was die Strukturierung dieser Welt mittels eines adäquaten Raumbegriffs in der subjektiven Perspektive betrifft, können lediglich einige Überlegungen angestellt werden. In der Interaktion mit dem *Alter Ego* verständigt sich der Handelnde über die Bedeutung der ausgedrückten Symbole (Leibesbewegungen, Sprache, Artefakte) und überprüft dabei die Übereinstimmung der subjektiven Art der Lokalisierung der Erfahrungen in den jeweiligen Sinnregionen. Die nicht in Frage gestellten »Koordinaten« der subjektiven Räume gewinnen intersubjektiv gültigen Charakter; die Hauptdimensionen »Sprache«, »Religion«, »Kunst«, »Wissenschaft«, »Wirtschaft« usw. dürften dabei häufig weniger problematisch sein, als deren feinere Ausdifferenzierungen und die entsprechenden Typen. Diejenigen Aspekte der jeweiligen subjektiven Räume, die von den Interaktionspartnern gegenseitig bestätigt werden, sind als die bis auf Weiteres gültigen Orientierungs- und Ordnungskategorien der Subjekte hinsichtlich der sozial-kulturellen Welt zu betrachten. Ausreichende Übereinstimmung wird aber gemäß SCHÜTZ wohl nur dann erzielt, wenn in der Interaktionssituation von den einzelnen Partnern dasselbe Relevanzsystem aktuell wird.

Zusammenfassend ist im Hinblick auf die Raumproblematik aus der subjektiven Perspektive auf folgenden Zusammenhang hinzuweisen: Da der Leib des Erkennenden Bestandteil der physischen Welt ist und in ihr einen Standort einnimmt und so die Art der Erlebnisse differenziert, wird die chorische Dimension auch für die subjektive Welt als Differenzierungsvariable bestimmend. Und da die soziale Welt über die jeweiligen Interaktionspartner manifest wird, erfährt diese einerseits von der subjektiven wie von der chorischen Dimension ihre Differenzierung; andererseits strukturiert die soziale Dimension aber auch die subjektiven und chorischen Bereiche der Handelnden: Denn Bewegungen im chorischen Raum sind intentional und ihre Intentionalität konstituiert sich auf dem Hintergrund des sozial geprägten Wissensvorrates.

Die hier vorgetragenen Überlegungen zur Bedeutung der räumlichen Dimensionen für die Handlungstheorie und zu einigen Lösungsvorschlägen der geographischen Raumproblematik sind aber nicht als der Versuch der Grundlegung der neuen Sozialgeographie zu verstehen; sondern vielmehr als eine Anregung, auf einem anderen Weg über das Verhältnis von Gesellschaft und so genanntem »Raum« nachzudenken. Die große Bedeutung der Raumproblematik darf aber nicht darüber hinwegtäuschen, dass deren Lösung lediglich eine wichtige Vorbedingung für eine leistungsfähige sozialgeographische Gesellschaftsforschung darstellt.

Meine Damen und Herrn, ich bedanke mich für Ihre Aufmerksamkeit!

Raumbegriffe der »Geographie/Sozialgeographie«

I.

Die Erarbeitung geographischen Wissens ist immer an eine spezifische Raumkonzeption gebunden: So ist dieses Wissen im weitesten Sinne Produkt der Verwendung raumbezogener Konzepte zur Darstellung fachrelevanter Wirklichkeitsbereiche. Als wissenschaftliche Disziplin besteht die Geographie vor allem in drei Traditionen der räumlichen Repräsentation erdoberflächlicher Gegebenheiten: Als *Humangeographie* beschäftigt sie sich mit den von Menschen geschaffenen und gekennzeichneten räumlichen Verhältnissen und Gliederungen, als *Physische Geographie* mit der Typisierung und Erklärung der räumlich-zeitlichen Konstellationen natürlicher Verhältnisse und als *Kartographie* mit der Konstruktion verräumlichter Weltbilder und der Bereitstellung von Hilfsmitte3ln der räumlichen Orientierung.

Mit dem Gleichschritt von *cultural turn* und *spatial turn* hat die Geographie als traditionell raumorientierte Forschungsdisziplin *par exellence* daher wieder eine hohe transdisziplinäre Aufmerksamkeit erlangt: In der zweiten Hälfte des 20. Jahrhunderts hat sich im Vorlauf hierzu unter anderem bei HENRI LEFEBVRE, MICHEL FOUCAULT und VILÉM FLUSSER die Einsicht durchgesetzt, dass bisherige sozialtheoretische Entwürfe und sozialhistorisch rückgebundene Gegenwartsdiagnosen unter einer unverhältnismäßigen, nicht begründbaren Überbetonung der Zeit gegenüber dem Raum litten. Diese Raumabstinenz der Sozial- und Kulturwissenschaften ist – wie es bereits MAX WEBER (1980:3) formulierte – darin begründet, dass alle »sinnfremden Vorgänge und Gegenstände«, zu denen ein großer Teil erdräumlicher Manifestationen zu zählen ist, lediglich als »Daten« betrachten werden, »mit denen zu rechnen ist«, die aber nicht Gegenstand sozialwissenschaftlicher Analyse sein sollen. Die traditionelle Geographie nahm sich genau in diesem Kontext auf nicht sinn-, sondern vielmehr sachorientierte Weise des Raumes und der räumlichen Dimensionen gesellschaftlicher, kultureller, politischer und ökonomischer Gegebenheiten an.

Die in den letzten Jahrzehnten in Angriff genommene Überwindung dieser Konstellation bildet international das zentrale Thema der sozialgeographischen Theoriebildung. Die international am stärksten beachteten Debatten werden im Wesentlichen als kritische Auseinandersetzungen mit den – mehr oder minder »raumblinden« – Klassikern der Sozialwissenschaften (MARX, WEBER, DURKHEIM, PARETO, PARSONS und HABERMAS) sowie den raumbezogenen Erweiterungsbestrebungen der Sozialtheorie durch PIERRE BOURDIEU und ANTHONY GIDDENS geführt: HARVEY, MASSEY, GREGORY, THRIFT und SOJA als Vertreter der angelsächsischen, HARD, EISEL, KLÜTER, WERLEN, WEICHHART, GLÜCKLER, REICHERT, REUBER, LOSSAU und ZIERHOFER der deutschsprachigen, OLSSON und PAASI der skandinavischen, LÉVY und LUSSAULT der französischen sowie SANTOS der lateinamerikanischen Theoriedebatte verbindet – trotz Differenzen im Detail – die Forderung nach der Überwindung der »soziologischen Raumvergessenheit« einerseits und der »geographischen Raumversessenheit« (WERLEN 2000:12) andererseits. Zudem teilen alle Fachtheoretiker das Anliegen, die Berücksichtigung von »Raum« auf einer neuen Stufe sozial- und kulturwissenschaftlicher Reflexion für neue Forschungsperspektiven fruchtbar zu machen und die einseitige oder gar deterministische Raumzentrierung der traditionellen Geographie zu überwinden (GEB-HARDT et al. 2003). Die damit verbundene Neuformierung – von der Erdkunde zur wissenschaftlichen (Sozial-)Geographie – ist in der Zwischenzeit zu einem wichtigen Orientierungspunkt für die Neuperspektivierung sozial- und kulturwissenschaftlicher Forschung überhaupt geworden (SCHLÖGEL 2003; LIPPUNER & LOSSAU 2004; GÜNZEL 2007).

In dieser doppelten kritischen Auseinandersetzung liegt einer der Gründe, weshalb die aktuell interdisziplinär am stärksten beachteten Forschungsperspektiven insgesamt als »kritische Geographie« charakterisiert werden können: Es handelt sich dabei um Forschungspositionen, die gegenüber dem traditionellen geographischen Raumbegriff, welcher den Erdraum als determinierende Kraft auffasst, auf kritische Distanz gehen und ein konstruktivistisches geographisches Weltbild entwerfen. Mit diesem erlangt »Raum« im Vergleich zur traditionellen Geographie – welche nach wie vor das Bild von Geographie in der Öffentlichkeit prägt – eine grundlegend andere Bedeutung: Die Besonderheit der »Kritischen Geographien« besteht darin, dass man nicht mehr alleine der objektivierenden Geographie der Dinge verpflichtet ist, sondern sich darüber hinaus interessiert, welche ideologischen Implikationen traditionelle geographische Weltbilder im Hinblick auf aktuelle sozial-kulturelle Verhältnisse haben und dabei vor allem der Frage nachgeht, welche geographischen Praktiken (mit welchen Machtpotenzialen) für die aktuellen »gesellschaftlichen Raumverhältnisse« (WERLEN 2008:366) konstitutiv sind.

1. Die Forschungsorientierung der *Radical Geography*, welche dieses Label im Sinne einer marxistischen Theorieorientierung in Anspruch nimmt, geht in Anlehnung an HENRI LEFEBVRE programmatisch von der These aus, dass eine der großen Schwächen der marxistischen Gesellschaftstheorie darin bestehe, die räumliche Dimension und die Räumlichkeit menschlichen Lebens außer Acht gelassen zu haben: DAVID HARVEY (1973, 1982) und DOREEN MASSEY (1984) führen die räumliche Dimension vor allem hinsichtlich der Auseinandersetzung mit den Konsequenzen der Arbeitsteilung in Form ungleicher regionaler (Wirtschafts-)Entwicklung in die marxistische Theorie ein. Diese werden als Ausdruck der Verräumlichung der kapitalistischen Produktions- und der darin eingelassenen Machtverhältnisse gesehen: »Raum« kann dementsprechend nicht als »absoluter«, sondern muss primär als »relationaler« verstanden werden. Stark vereinfachend kann man die Position dahingehend zusammenfassen, dass das Nebeneinander der Dinge den relationalen Raum (im Sinne von GOTTFRIED WILHELM LEIBNIZ) konstituiert, und dass die Art des Nebeneinanders als Ausdruck der vorherrschenden Produktionsverhältnisse zu sehen ist. Regionale Ungleichheit ist der

marxistischen Auffassung zufolge somit ein inhärentes Merkmal des Kapitalismus und stellt dementsprechend ein Schlüsselthema der Kapitalismuskritik dar.

2. Eine erste Grundlage für ein konstruktivistisch gewendetes Verständnis geographischer Verhältnisse wird unter dem Label *Humanistic Geography* geschaffen. Unter Rückbezug auf die Phänomenologie der Wahrnehmung wird das Postulat formuliert, die objektivistische Geographie des (Erd-)Raumes durch die subjektive Perspektive der Weltwahrnehmung und -erfahrung zu ergänzen, wenn nicht gar zu ersetzen. Die differenzierter phänomenologisch informierte Sozialgeographie, mit welcher die Hinwendung zu einer konstruktivistischen Geographie eröffnet wird, geht mit den einschlägigen Arbeiten von ANNE BUTTIMER (1969, 1976), YI-FU TUAN (1974) und DAVID LEY (1977) davon aus, dass auch die als selbstverständlich hingenommen (geographischen) Verhältnisse auf Konstitutionsleitungen beruhen.

Der konsequente Ausbau der phänomenologisch begründeten Neuorientierung dieses Ansatzes impliziert nicht nur die Präzisierung des *Konzeptes von »Ort«* im Sinne eines Schauplatzes sozialer Interaktion, sondern auch die der Raumkonzeption: NICHOLAS ENTRIKIN (1991) thematisiert die kontextuelle Gebundenheit der Entwicklung eines emotionalen und symbolischen Ortsbezugs bzw. der Örtlichkeit des Daseins (*placeness*) sowie dessen Bedeutung für die Ausformung sozialer Identität. Die Bedeutung der Räumlichkeit in Form von Ortsbezug, Schauplätzen oder *action settings* bilden für PETER WEICHHART (1999, 2003) einen zentralen Topos der sozialgeographisch-humanökologischen Forschungsrichtung. Statt »Raum« wird von JOHN PICKLES (1985) und THEODORE R. SCHATZKI (1991) − insbesondere unter Rückbezug auf MARTIN HEIDEGGER − die existentielle »Räumlichkeit« (*spatiality*) zum Kernthema gemacht. Diese Neufokussierung des geographischen Tatsachenblicks bildet einerseits die Ausgangsbasis für die Rezeption von LEFEBVRES Grundlagentext »Production de l'espace« von 1974 durch EDWARD SOJA (1989, 1996) und deren Fruchtbarmachung für die Stadtforschung im Kontext der von ihm mitbegründeten Los Angeles School postmoderner Stadtforschung. SOJA selbst verknüpft seine Interpretation von Örtlichkeit (SACK und ENTRIKIN) sowie Räumlichkeit (PICKLES und SCHATZKI) mit den drei von LEFEBVRE unterschiedenen Räumen: »wahrgenommener Raum«, »repräsentierter Raum« und »Raum der Repräsentation«. So führt er in diesem Kontext den »Drittraum« (*thirdspace*) in die geographische Theoriedebatte ein. Die von HOMI BHABHA (1994) im Rahmen seines postmodernistischen Standpunktes zur Frage nach der Verortung von »Kultur« in die Diskussion eingebrachte Konzeption wird von SOJA (1996:60f.) als eine hybride Räumlichkeit verstanden, die gleichzeitig real ist, imaginiert wird und darüber hinaus auch noch auf eine dritte Weise existiert. − Das »Darüber hinaus« bezeichnet eine Form räumlicher Prozesse in der Art, wie sie von LEFEBVRE als »Raum der Repräsentation« bzw. »gelebter Raum« sozialtheoretisch erschlossen wurde.

Als eines der wichtigen Ergebnisse seiner systematischen LEFEBVRE-Analyse kann CHRISTIAN SCHMID (2005) zeigen, dass der größte Teil der angelsächsischen Interpretationen von LEFEBVRES Theorie der »Produktion von Raum« (GREGORY 1994; SHIELDS

1999; DEAR 2000), so auch jene SOJAS, weder als kohärent noch als sinnadäquat einge-stuft werden kann. Als zentrales Problem sieht er die mangelnde (ontologische) Diffe-renzierung der zu lokalisierenden Gegebenheiten, über welche bspw. symbolische Be-deutungen zu hybriden materiell-immateriellen Elementen des Drittraumes werden.

3. Bei allen Konzeptualisierungen von Raum, Räumlichkeit und Ort wird der theo-retischen Erschließung der wissenschaftlichen Darstellung und Analyse der sozialen Praxis wesentlich weniger Aufmerksamkeit geschenkt. Geht es jedoch – und dies kann als Kerninteresse der Sozialgeographie formuliert werden – darum, das Verhältnis von Gesellschaft und Raum zu erforschen und zu beurteilen, dann verlangt auch die sozialwissenschaftliche Schlüsselkonzeption der »sozialen Praxis« eine differenzierte theoretische Durchdringung. Dieses Anliegen steht im Zentrum der *praxiszentrierten Sozialgeographie*. Die vor allem von DEREK GREGORY (1981), NIGEL THRIFT (1983) sowie ANSSI PAASI (1986) vorgelegten Theoriearbeiten haben unter Bezugnahme auf struk-turationstheoretische Gesellschaftstheorien das Aufspüren der Bedeutung von Raum-bezügen in Form der (historischen) Rekonstruktion der Regionsbildung zum zentra-len Forschungsthema gemacht: Die räumliche Formierung des Gesellschaftlichen als »Institutionalisierung von Regionen« kann damit dynamisiert werden; die zugrunde gelegte Raumkonzeption bleibt jedoch stark dem Regionsverständnis als sozial be-grenztem Raumausschnitt verpflichtet. – Somit steht eher das Handeln *im* Raum bzw. in der Region sowie die Konstitution sozial relevanter Räumlichkeiten im Zentrum als die Frage nach der Bedeutung von »Raum« als Element sozialer Praxis.

4. Die Erweiterung der *per se* nicht raum-fokussierten Sozialtheorie NIKLAS LUHMANNS um die räumliche Komponente hebt die systemisch differenzierte Bedeutung von Raumabstraktionen als Medium der Komplexitätsreduktion für soziale Kommunika-tion hervor: Der Geograph HELMUT KLÜTER (1986) hat in seiner Untersuchung der Bedeutung von »Raum« für die Kommunikationssysteme (Wirtschaft, Politik, Wissen-schaft usw.) und ihre jeweiligen Codes je spezifische Raumabstraktionen identifiziert. Demgegenüber wenden neuere Arbeiten von zwei Jenaer Sozialgeographen die Be-zugnahme auf LUHMANNS »Theorie der sozialen Systeme« kritisch-reflexiv: ROLAND LIPPUNER (2005) zeigt in seiner Analyse des Problems der wissenschaftlichen Darstel-lung alltäglicher Praktiken, in welcher Form räumliche Metaphern Sozialtheorien auf nicht nur Erfolg versprechende Weise durchdringen und MARC REDEPENNING (2006) fragt nach den Funktionen und (problematischen) Implikationen raumbezogener Se-mantiken im Rahmen alltäglicher sozialer Praktiken.

Die aktuelle sozialgeographische Debatte des Verhältnisses von Gesellschaft und Raum offeriert für die Raumorientierung der Sozial- und Kulturwissenschaften viel-fältige Anregungen zur Weitung ihrer Perspektiven der Welterfahrung: Die Überwin-dung der von WEBER (1988a:459ff.) auf dem Ersten Deutschen Soziologentag 1910 in Frankfurt am Main vorgeschlagenen – weiter oben bereits angesprochenen – Arbeits-teilung zwischen der bereits etablierten Anthropogeographie und der aufstrebenden

Soziologie steht bis in die Gegenwart an. Dabei zeigt es sich, dass der Weg in Richtung der systematischen Integration von verstehender bzw. qualitativer Forschung und der Erschließung sozial-kultureller Forschung der Bedeutung räumlicher Bezüge immer klarere Konturen erlangt. Die aktuelle Diskussion um die »non-representational geography« (THRIFT 1999), GREGORYS Aufforderung (2004), den Kolonialismus der Gegenwart zum Thema einer reflexiven Kritischen Geographie zu machen, JACQUES LÉVYS (1999, 2004) Konzeption der »geographischen Wende« vom »Raumfetischismus« zur »geographischen Praxis« und die Etablierung der handlungszentrierten »Sozialgeographie alltäglicher Regionalisierungen« (WERLEN 1995d, 1997) verweisen sämtlich in dieselbe Richtung: zum »practice turn« (SCHATZKI et al. 2001) der allgemeinen sozial- und kulturwissenschaftlichen Theorieentwicklung. Weshalb diese Richtung von der geographischen Forschung so lange nicht eingeschlagen wurde, zeigt die Fachgeschichte.

II.

In der Geschichte des Faches wird »Raum« in aller Regel als Erdraum gedacht und wird solcherart als argumentativer Bezugsrahmen verwendet: Stellt man die geographische Forschungstradition in einen weiteren über- und interdisziplinären Kontext von Raumphilosophie und Raumtheorie sowie fachwissenschaftlicher empirischer Forschung, dann wird erkennbar, dass in der Fachgeschichte höchst unterschiedliche Konzeptualisierungen dieses (alltagssprachlichen) Ausgangsbegriffs Anwendung fanden. Am Beginn der wissenschaftlichen Geographie zur Mitte des 19. Jahrhunderts steht primär die Ordnung des metrisierten Erdraumes nach kartographisch definierten Kategorien (Koordinatenangaben) im Vordergrund. Mit dieser Form der Vermessung der Erdoberfläche und der daraus hervorgehenden »Verräumlichung des Welt-Bildes« (LENTZ & ORMELING 2008) ist eine wissenschaftliche Praxis verbunden, mit der die »Dinge an ihren Ort« gebracht werden. Diese Vorgehensweise ist zugleich die »Bedingung der Möglichkeit« von »Geographie als Wissenschaft« in dieser Epoche.

   Der Schritt von der beschreibenden Erdkunde zur wissenschaftlichen Disziplin wird von den Gründervätern ALEXANDER VON HUMBOLDT und CARL RITTER auf institutioneller Ebene mit dem Programm der systematischen Naturbeschreibung sowie der systematischen Darstellung des Mensch-Naturverhältnisses vollzogen. Die rasch voranschreitende Ersetzung des Naturbezuges durch den Raumbezug seit Ende des 19. Jahrhunderts ist vor allem Ausdruck von Bestrebungen der Verwissenschaftlichung des Faches im Sinne naturwissenschaftlicher Forschungsstandards. So zeichnet sich der Wandel des disziplinären Selbstverständnisses von der Erdbeschreibung und kartographischen Welterschließung zur wissenschaftlichen Raumforschung bereits mit der Begründung der »Anthropogeographie« durch FRIEDRICH RATZEL ab: »Raum« wird dabei aufgefasst als ein Agens im Sinne des kausal wirksamen Container-Raumes, wie er von ISAAC NEWTON für die Mechanik theoretisch erschlossen und von ERNST

HAECKEL für die Biologie als Lebensraum evolutionstheoretisch fruchtbar gemacht wurde: Der Container-Raum wird von NEWTON in einem Passus seiner *Opticks* von 1704 zugleich als »Sensorium Gottes«, Behältnis alles Stofflichen – das selbst dinglich ist und kausal auf alles sich im Behältnis Befindende wirkt – konzipiert. Er bildet die Grundlage der Mechanik bzw. der modernen *Natur*wissenschaften und ist grundsätzlich nur für modellhafte Darstellung ausgedehnter, nicht aber idealer Gegebenheiten verwendbar. HAECKEL folgend, konzipiert RATZEL (1897) »Raum« in biologistischer Manier als »Lebensraum« und versteht diesen als das Behältnis von Lebens-, Kultur-, Gesellschafts- und Wirtschaftsformen. HAECKEL (1866) selbst fasste »Lebensraum« als eine Art Gegenspieler auf, mit dem sich jede Art von Leben auseinandersetzen muss. Der »Lebensraum« wird dabei in jedem Fall als die entscheidende Selektionsinstanz der Evolution gedacht. RATZEL übernimmt diese Denkfigur und macht sie zur Grundlage für die Ausformulierung des Forschungsprogramms der klassischen Anthropogeographie, zu dem auch der Nachweis der Raum- bzw. Naturdeterminiertheit von Kultur, Gesellschaft und Wirtschaft gehört. Damit wird die Geographie über die Etablierung der Anthropogeographie – in Form der beiden gleichnamigen Bände RATZELs von 1882 und 1891 – zur räumlichen Kausalwissenschaft oder genauer: zur empirischen Raumwissenschaft mit kausalem Erklärungsanspruch.

Die Überwindung des Status einer räumlichen Deskriptionswissenschaft zu einer nun ernst zu nehmenden Kausalwissenschaft, welche die determinierende Kraft des Naturraumes empirisch aufzeigt und entsprechende geographische Erklärungen anbieten kann, weist aber zahlreiche und dramatische Implikationen auf, die in der klassischen Geopolitik – insbesondere in ihrer Verbindung mit der nationalsozialistischen Ideologie – deutlich wurden: Denn in politischer Hinsicht ist der Nachweis der Naturdeterminiertheit von Kulturen und Gesellschaften mit der normativen Forderung koppelbar, dass – nachdem die »Gebote des Bodens« (RATZEL 1897:48) aufgedeckt und die »natürlichen Grenzen« bekannt sind – die »richtige« räumliche Ausdehnung von Ländern bestimmt werden kann. Dass es von dieser Denkfigur bis zur geopolitischen Parole des »Dritten Reichs« vom »Volk ohne Raum« nur noch ein kleiner Schritt war, ist eine historische Tatsache.

Durch die Erweiterung seiner biologisch-mikroskopischen Beobachtungsperspektive um die geographische Maßstäblichkeit ist es RATZEL nicht nur möglich, »aus der engen in die weite Welt« (RATZEL 1900:1) zu kommen, sondern vor allem auch Aussagen über Leben im Raum zu treffen. Gleichwohl ist sein Raumbegriff NEWTONs Container und sein Lebensbegriff ein biologischer, wie er auch dem HAECKEL'schen Lebensraum entspricht. Daraus resultiert ein für die Gesellschaftswissenschaften problematischer naturalistischer Reduktionismus: Die (Voraus-)Setzung von »Raum« als Behältnis aller Wirklichkeitsbereiche impliziert die Reduktion des Sozialen auf die biologische Kategorie »Leben«, womit die soziale Dimension sozialwissenschaftlicher Gegebenheiten verloren geht. So wird das soziale Handeln, die soziale Praxis der Akteure zum kausal erklärbaren Verhalten und nicht mehr als sinnhaftes Tun thematisierbar. Die Konstitution von Bedeutungen und die Erforschung symbolischer Aneignungen geraten außerhalb des Fragehorizontes. Bedeutungen werden zu Eigenschaften der Dinge. Diese Reifizierung wird durch die Containerraumvorstellung begünstigt.

Der von ALFRED HETTNER (1927b) in der Zwischenkriegszeit etablierten »Länderkunde« liegt die NEWTON'sche Containervorstellung von Raum und eine entsprechende Reifizierung des Sozialen zugrunde, die sich damit sowohl auf wissenschaftlicher Ebene als auch – und vor allem – im schulischen Bereich als dominante Konzeption etabliert. Der Länderkunde geht es im Wesentlichen um die Darstellung von Ländern innerhalb natürlicher Grenzen und um den Nachweis der determinierenden Prägung der Landeskultur durch die Landesnatur.

Mit der »raumwissenschaftlichen Geographie«, wie sie in der Nachkriegszeit zuerst in der amerikanischen Geographie durch WILLIAM BUNGE (1962) unter Rückbezug auf die Theorie der »zentralen Orte« nach WALTER CHRISTALLER (1933) – dem eigentlichen Begründer der modernen geographischen Raumwissenschaft – entwickelt wurde, bleibt das Ideal einer Kausalwissenschaft erhalten. Diese Fachkonzeption baut jedoch nicht mehr auf dem Containerraum, sondern auf einer relationalen Raumkonzeption auf. Im Sinne von LEIBNIZ wird »Raum« nun nicht mehr als (naturhaft) vorgegeben und jedem menschlichen Handeln vorausgehend verstanden, sondern durch eine formale Konzeption ersetzt: »Raum« konstituiert sich demnach als Form der Ordnung des Nebeneinanders der Dinge über unterschiedliche Distanzen hinweg und wird als eine Konstellation von Gegebenheiten verstanden, die sich durch eine bestimmte Anordnungsstruktur und eine Vielzahl funktionaler Verknüpfungen bzw. Relationen auszeichnen, die der vorfindlichen (strukturellen) Ordnung zugrunde liegen. Die relationale Raumkonzeption wird für ein Forschungsprogramm fruchtbar gemacht, gemäß dem die in dieser Ordnung enthaltenen Gesetzmäßigkeiten mittels empirischer Forschung und quantitativer Modellbildung aufgedeckt und in einer allgemeinen Raumtheorie zur Darstellung gebracht werden sollen. Diese empirisch gültige Theorie bildet, wie es DIETRICH BARTELS (1968a) formuliert, die Grundlage für räumliche Erklärungen natürlicher und sozial-kultureller Gegebenheiten.

Parallel zur Etablierung des Paradigmas der raumwissenschaftlichen Geographie ist im deutschsprachigen Kontext in der Nachkriegszeit von HANS BOBEK und WOLFGANG HARTKE die Sozialgeographie etabliert worden: HARTKE (1956) konzipiert die sozialgeographische Landschaftsforschung als Spurenlesen: Landschaftliche Spuren sozialer Gruppen sollen als Indikatoren sozialer Prozesse gelesen und interpretiert werden. Die Rekonstruktion der Sozialräume der unterschiedlichen Gruppierungen soll es erlauben, zu angemessenen Regionsbildungen jenseits der geodeterministischen Rhetorik von »natürlichen Grenzen« zu gelangen. HARTKE öffnet mit der Propagierung des räumlichen Spurenlesens der Geographie die Perspektiven einer verstehenden Wissenschaft, die vorerst aber ungenutzt blieben. Damit war der zweite radikale Wandel im disziplinären Selbstverständnis vollzogen: von einer »Raumwissenschaft« zur »Gesellschaftswissenschaft« (EISEL 1980).

Das tagesaktuelle politische Geschehen zeigt jedoch die hochgradige Dringlichkeit einer sozialontologisch abgestimmten und sozialtheoretisch anschlussfähigen Raumkonzeption. Eine Raumkonzeption, welche ein (neues) geographisches Weltbild entwerfen und fundamentalistischen Praktiken Einfluss- und Erfolgschancen zu entziehen hilft, führte dazu, den Rückzug in die angebliche Wohligkeit diskursiv vermeintlich unhintergehbarer Containerräume als keinen sinnvollen Weg erscheinen zu lassen.

III.

Die Ausgangspunkte der Neuperspektivierung raumbezogener Sozial- und Kulturforschung in Form eines neuen Verständnisses von Raumwissenschaften können nun *konzis* benannt werden: Sowohl bei außer- wie auch innergeographischen Raumorientierungen wird erkennbar, dass die bisherigen Anstrengungen nicht reichen. *Erstens* zeigt der Stand der geographischen Theoriediskussion, dass man nicht bloß in sozialtheoretischer Manier Raumforschung betreiben kann. *Zweitens* kann es für die Sozial-, Kultur- und Geisteswissenschaften nicht zielführend sein, alle jene Formen der Verräumlichung sinnhafter Gegebenheiten zu duplizieren, die für die Geographie des frühen 20. Jahrhunderts typisch sind. *Drittens* ist es unabdingbar, »Erdraum« nicht als vortheoretisches Konstrukt zu betrachten. Für den Einbezug der erdoberflächlichen Dimension menschlicher Praktiken sind vielmehr Raumkonzeptionen zu entwickeln, welche sozialtheoretisch kompatibel und anschlussfähig sind.

Um diese Kompatibilität zu erreichen, ist im Sinne der handlungstheoretischen Sozialgeographie der Bereich des Erdoberflächlichen einzugrenzen: Auf Grund ontologischer Verschiedenheit ist strikt zwischen physisch-materiellen, mentalen und sozial-kulturellen Wirklichkeiten zu unterscheiden, für die jeweils auch spezifische Raumbegriffe notwendig sind, wenn nicht das Risiko unhaltbarer Reduktionismen in Kauf genommen werden soll. So sind beispielsweise für die Positionierung der Bedeutungen soziokultureller Gegebenheiten »soziale Räume« verfügbar zu machen, wie diese etwa von PITIRIM A. SOROKIN (1964) oder PIERRE BOURDIEU (1985) konzipiert wurden. Ein »sozialer Raum« ist dann aber für die Positionierung physisch-materieller Gegebenheiten ebenso ungeeignet wie Raumkonzeptionen für physisch-materielle Wirklichkeiten zur Lokalisierung sozialer Tatsachen. Dementsprechend sind die Versuche fallen zu lassen, sozial-kulturelle oder mentale Gegebenheiten unmittelbar erdräumlich abzubilden. Daraus folgt aber immer noch nicht, dass es gerechtfertigt ist, von einem physisch-materiellen Raum im Sinne einer materiellen Entität zu sprechen, die als aristotelischer Erdraum neben allen dinglichen Gegebenheiten an sich existiert. »Raum« existiert in diesem Sinne nicht auf materiell-physischer oder -biologischer Basis, sondern ist kognitiver Art. Nach dieser ersten Stufe des »ontologischen Slum-clearing«, wie es der Geograph GERHARD HARD (1998:250) nennt, ist weiter zu fragen, welche räumliche Konzeptualisierung der erdräumlichen Dimension über sozialtheoretische Anschlussfähigkeit verfügt und: welche Konsequenzen sich aus dieser Wende für die Logik der reflexiv-kritischen raumbezogenen Sozial- und Kulturforschung ergeben.

Die Antworten auf die letzten beiden Fragen sind deshalb eng aneinander gekoppelt, weil Gesellschafts- und Raumkonzeptionen bzw. Raum- und Gesellschaftskonzeptionen in der sozialen Praxis wechselseitig konstitutiv sind. In diesem Sinne zeigt die Sozialgeographin ANTJE SCHLOTTMANN (2005) anhand der Analyse der Presseberichterstattung über »Ostdeutschland« auf, dass die räumliche Sprache im Widerspruch zu spätmodernen Wirklichkeiten die »Containerisierung« des Gesellschaftlichen »provoziert« und die »Mauer in den Köpfen« zu reproduzieren hilft. Im Alltag wird – wie TILO FELGENHAUER (2007) zeigt – nicht über »Raum« diskutiert, sondern *mit* »Raum« argumentiert, sodass – wider alle sozialontologische Vernunft – »Geographie als Argument« auch dort verwendet wird, wo es um soziale Logiken geht.

Die gerade genannten Studien können auch eine der Basisthesen der handlungstheoretischen Sozialgeographie bestätigen, gemäß der die Containerkonzeption von »Raum« eine holistische Konzeption des Gesellschaftlichen impliziert. Die prämoderne Raumkonzeption der NEWTON'schen Mechanik geht dabei eine Art tiefenontologische Verbindung mit einer vormodernen Gesellschaftsformation ein, die in traditionellen geographischen Weltbildern – gemäß denen sich Kulturen und Gesellschaften in Räumen befinden – ihren Ausdruck erfahren. Für spätmoderne, raum-zeitlich »entankerte Gesellschaften« (WERLEN 1995d) wird dieses Verständnis jedoch in zunehmendem Maße problematisch.

Es ist dringend erforderlich, den Grundprinzipien der Moderne, auf denen spätmoderne in vielerlei Hinsicht aufbauen, nicht nur in sozial-kultureller Beziehung, sondern – weiterführend – auch für ein entsprechendes geographisches Weltbild konsequent Rechnung zu tragen. Das heißt, dass nicht mehr ein jedem Handeln vorausgehender Raum im Zentrum des Weltbildes stehen kann, sondern die handelnden, körperlichen Subjekte, die von ihrer erdräumlichen Position aus – häufig durch Transzendierung der körperlichen Gebundenheit der Erfahrung durch technische Medien der Kommunikation – »Welt-Bindungen« (WERLEN 1997) verwirklichen. Diese, auf den räumlich-zeitlichen Bedingungen der Spätmoderne aufbauenden, geographischen Praktiken können mit dem vom Sozialgeographen HARTKE (1962) geprägten und von GIDDENS (1984b) übernommenen Ausdruck des »geography-making« bezeichnet werden. Allerdings sind darunter nicht mehr lediglich die Praktiken erdräumlicher Grenzziehungen und Territorialisierungen zu verstehen, sondern umfassender: die performativen Akte der Konstitution der Geographien des Alltags und der Weltbildformierung.

Im Rahmen dieses geographischen Weltbildes wird »Raum« dem Handeln nicht als »Passform« vorgegeben, sondern kann – als begriffliches Konzept – vielmehr als ein Element des Handelns verstanden werden, das, wie bereits angedeutet, in unterschiedlicher Ausformung ein Mittel der »Welt-Bindung« darstellt, auf deren Grundlage die lebensstilspezifischen Regionalisierungen der Alltagswelt verwirklicht werden und somit Lebenswelten in globalen Bezügen formieren. »Welt-Bindung« soll heißen: die soziale Beherrschung räumlicher und zeitlicher Bezüge zur Steuerung des eigenen Tuns und der Praxis anderer. Dies impliziert drei Formen von Aneignungspraktiken:

der allokativen von materiellen Gütern, der autoritativen von Subjekten bzw. deren Kontrolle über Distanz sowie die symbolischen von Objekten und Subjekten. »Welt-Bindung« liegt somit dem zugrunde, was »Globalisierung« genannt wird.

Vom handlungszentrierten Standpunkt aus ist »Raum« als eine begriffliche Konzeptualisierung der physisch-materiellen Wirklichkeit zu verstehen, die auf Grund der Körperlichkeit der handelnden Subjekte besonders bedeutsam ist. Um »Raum« als Element der sozialen Praxis thematisieren zu können, ist es notwendig, ihn als einen *formal-klassifikatorischen* Begriff zu verstehen und weder als einen empirischen noch als einen *apriori*schen. Er kann kein empirischer Begriff sein, da der Gegenstand »Raum« als solcher nicht nachweisbar ist; und er kann kein *apriori*scher Begriff sein, da er tatsächlich auf Erfahrung beruht. Allerdings bezieht sich dieser Begriff nicht auf die Erfahrung eines geheimnisvollen Gegenstandes »Raum«, sondern vielmehr auf die Erfahrung der Räumlichkeit der Handlungskontexte, die sich aus der eigenen Körperlichkeit ableitet. Die Räumlichkeit ist in dem Verhältnis des eignen Körpers zu den übrigen ausgedehnten Gegebenheiten (inklusive der Körperlichkeit der anderen Subjekte) und deren Bedeutung für eigene Handlungsmöglichkeiten und -unmöglichkeiten angelegt. Kurzum: Es handelt sich um einen *formalen* Begriff, weil er sich nicht auf inhaltliche Merkmale von materiellen Gegebenheiten bezieht; und er ist *klassifikatorisch*, weil er Ordnungsbeschreibungen von materiellen Objekten und die Orientierung in der physischen Welt ermöglicht.

Wird Raum solcherart als Element des Handelns konzipiert, dann kann auch verdeutlicht werden, dass je nach der Art des Handelns die formal-klassifikatorische Basiskonzeption je spezifisch interpretiert wird: Handlungstheoretisch gewendet bedeutet dies, dass diese Basiskonzeption für zweckrational-ökonomische, normative sozialpolitische sowie symbolische Aneignungen spezifisch angelegt und ausdifferenziert werden kann. Darauf aufbauend kann postuliert werden, dass über die Art der Handlungsausrichtung die Relationierungen des Körpers der Handelnden mit den physisch-materiellen Gegebenheiten des Handlungsbezugs jeweils anders ausfallen und sich damit auch die Bedeutung dessen ändert, was als »Raum« begrifflich gefasst wird. Das bedeutet, dass je nach Interessenhorizont sowohl die Orientierung als auch die klassifikatorische Ordnung unterschiedlich ausfallen.

Kulturelle Räumlichkeit.

Bedingung, Element und Medium der Praxis

Das vorliegende Werk »Kulturelle Räumlichkeit« thematisiert eine der wichtigsten Fragen der Gegenwart: die Frage nach dem Verhältnis von »Kultur« und »Raum« und damit auch die Frage nach der Bedeutung der Räumlichkeit für kulturelle Aspekte der menschlichen Existenz. Der semantische Hof dieser Frage ist auf das Engste mit den Ereignissen des 11. Septembers 2001 verbunden. In den Reaktionen auf diese ist sie nachhaltig ins Bewusstsein der so genannten Weltöffentlichkeit getreten. Denn auch in den Aufrufen zur Bekämpfung des »terroristischen Fundamentalismus« sind zahlreiche andere Fundamentalismen aktiviert worden. Metaphern von räumlich verankerten Kulturen wurden wieder als sinnstiftende Einheiten herumgeboten. Die Grenzen der Kulturen sollten entlang der Antworten auf die Frage nach dem erreichten Zivilisationsstand gezogen werden. »Kultur« wird dadurch zur quasi-objektiven Gegebenheit erhoben, die angeblich eine klar identifizier- und lokalisierbare räumliche Existenz aufweisen kann.

Kultur und Raum

In den politischen Diskursen wurden wieder ontologische Setzungen kultureller Wirklichkeiten kolportiert, die zuvor sowohl den ethnologischen als auch den kulturgeographischen Tatsachenblick während langer Zeit prägten. In der Geschichte beider Disziplinen ist eine Art Tiefenontologie des Verhältnisses von »Kultur« und »Raum« erkennbar, welche in der Vorstellung von räumlich eindeutig verortbaren Kulturen ihren Ausdruck findet. Am eindeutigsten ist dies in den ethnologischen und geographischen Kulturkreislehren der Fall, die in jüngerer Zeit in SAMUEL P. HUNTINGTONS »Kampf der Kulturen« (1996) populistisch zur theoretischen Grundlage für die Neugestaltung der Weltpolitik erhoben werden. Auch hier werden – analog zu der bereits überwundenen ethnologisch-geographischer Forschungstradition – Kulturen als erdräumlich gekammerte und klar begrenzbare Entitäten gehandelt.

Freilich bestehen zwischen den beiden Disziplinen der Kulturforschung wichtige Unterschiede. Doch der problematische Kern ist sowohl für die »Völkerkunde« als auch für die »Länderkunde«, dem lange Zeit wichtigsten Bereich der Kulturgeographie, charakteristisch. Dominiert bei der ersten Konzeption argumentativ das Ethnische gegenüber dem Natürlichen, wird bei der zweiten das Natürliche zur Grundlage des Ethnischen bzw. Kulturellen erhoben.

Konsequenterweise steht bei der geographischen Kulturforschung die räumliche Komponente im Vordergrund. Bei den ethnographischen Perspektiven blieb diese bisher in aller Regel ein nur implizit angesprochener Aspekt. Da das Ethnische – im ursprünglichen Sinne das »Völkische« – im Kontext traditionsgeleiteter Praktiken jedoch enge räumliche Kammerungen aufweist, ist der regionale Aspekt in der Vorstellung von »Volk« immer auch mitgedacht.

Die Essentialisierung von Kultur durch raumzentrierte Wirklichkeitsdarstellungen wird jedoch zunehmend problematisch. Denn die alltagsweltliche Basis dafür ist in vielerlei Hinsicht in Auflösung begriffen. Was mit Begriffen wie »multi-kulturelle Gesellschaften«, »Globalisierung« oder »Kulturalisierung des Sozialen« zu umschreiben versucht wird, ist im Wesentlichen die Auflösung der traditional oder institutionell durchgängig geregelten räumlichen Gebundenheit kultureller Praxis. Das heißt nicht, dass »Räumlichkeit« für kulturelle Praktiken keine Rolle mehr spielt. Doch »Raum« scheint nicht mehr das umfassend greifende Medium der Praxisgestaltung zu sein. Das Territorialprinzip des Kulturellen wird in zahlreichen Bereichen sozial-kultureller Wirklichkeiten durch wähl- und gestaltbare Lebensstile überlagert. Innerhalb dieser bleibt »Räumlichkeit« für die Umsetzung kultureller Praktiken ein wichtiges Medium. »Raum« im Sinne von Erdraum als Behältnis aller Gegebenheiten, wird – auf Grund der zunehmenden subjektiven Gestaltbarkeit der Praxis – als umfassender Projektionsbezug jedoch zunehmend problematisch.

Mit dem Verlust der alltagsweltlichen Basis allumfassender Territorialisierung des Kulturellen werden die Konsequenzen der Essentialisierung von Kultur noch problematischer, als sie es zuvor waren. Vergleicht man die argumentative Logik der traditionellen geographischen Kulturraumforschung mit jener regionalistischer, nationalistischer und verwandter fundamentalistischer Argumentationsmuster, wird die erschreckende Ähnlichkeit der beiden deutlich erkennbar.

Vom Raum zur Räumlichkeit

Vor diesem Hintergrund erlangen jüngere Forschungsinitiativen in beiden disziplinären Kontexten, »Raum« in »Räumlichkeit« zu übersetzen, zentrale Bedeutung. Diese Akzentverschiebung eröffnet prinzipiell die Möglichkeit, die praxisrelevante Bedeutung der räumlichen Dimension menschlicher Lebensbedingungen als etwas Konstituiertes zu denken. Damit ist gemeint, dass das, was gemeinhin als Eigenschaft der Dinge – oder gar des Raumes als Behältnis all dieser Dinge – betrachtet wird, nun als *zugeschriebene* Bedeutung erkennbar wird. Diese können dann auch nicht mehr als natürliche, sondern als kulturelle Eigenschaften verstanden werden. Folglich weisen sie auch keinen praxis-unabhängigen Status auf und es kann ihnen keine logisch unabhängige oder gar kausale Prägungskraft zugeschrieben werden.

Doch die Eröffnung der Bedingung für die Möglichkeit eines neuen Verständnisses ist noch keine Garantie, dass diese Chance auch genutzt wird. Dafür ist eine jüngere Entwicklung in der angelsächsischen Theoriediskussion der Kulturgeographie ein gutes Beispiel.

Nach der phänomenologischen Kritik an der raumwissenschaftlichen Forschungskonzeption – von ANNE BUTTIMER (1969) und DEREK GREGORY (1978) – sind zahlreiche alternative Raumkonzeptionen entwickelt worden, die als Grundlage sozial- und
kulturgeographischer Forschung dienen sollten. Mit ihnen wurde der Anspruch verbunden, die raumwissenschaftliche Neuorientierung der traditionellen länderkundlichen Geographie in neue Bahnen zu lenken. Sie sollte von der Technokratie weg und
hin zu einem »humanistic approach« geführt werden.

Auf der Grundlage dieser Entwicklung der geographischen Theoriediskussion fordert JOHN PICKLES (1985:154ff.) – unter Bezugnahme auf MARTIN HEIDEGGERs Philosophie – die Abkehr von der Raumforschung und die Zuwendung zur Erforschung
der »Räumlichkeit« menschlicher Existenz. Sein Kernargument beruht auf der These,
dass es letztlich deshalb nicht möglich ist, Raumforschung zu betreiben, weil »Raum«
und »Ort«/»Platz« (place) nicht als unhinterfragte, an sich vorgegebene Gegenstände
geographisch-phänomenologischer Forschung akzeptierbar sind. Folglich solle statt
»Raum« die »Räumlichkeit« den neuen Forschungsbereich der Humangeographie
bilden. Deshalb bedürfe die Geographie einer »Ontologie der Räumlichkeit« (PICKLES
1985:156).

Diese Argumentationsrichtung wurde später von THEODORE R. SCHATZKI (1991)
weitergeführt und von EDWARD SOJA (1989, 1996) zur Grundlage einer »postmodernen« Konzeption der Geographie gemacht. Ziel der entsprechenden Forschung bildet – mit dem Anspruch der hier vorgelegten Forschungsergebnisse vergleichbar –
eine angemessene Interpretation, Darstellung und Erschließung der Bedeutung von
»Räumlichkeit« für das »menschliche Dasein«, die menschliche Existenz.

Ausgangspunkt für die Bestimmung von »Räumlichkeit« bildet bei PICKLES die
Prämisse HEIDEGGERs, dass die räumliche Ordnung – und mit ihr die Räumlichkeit der
Dinge – aus dem menschlichen »Hantieren und Gebrauchen« (HEIDEGGER 1986a:102)
abgeleitet ist. Entsprechend kann die Räumlichkeit der Gegebenheiten als »Zuhand-
enheit« der Ausstattung eines bestimmten Ortes in Bezug auf bestimmte Aktivitäten
begriffen werden.

Unter Bezugnahme auf ARISTOTELES' »Physikalische Vorlesung« (1956) betont HEI-
DEGGER (1986a:102) in »Sein und Zeit«, dass das

> »»zur Hand‹ Seiende (…) je seine verschiedene Nähe (hat), die nicht durch Ausmes-
> sen von Abständen festgelegt ist, (sondern sich) (…) aus dem umsichtig ›berechnen-
> den‹ Hantieren und Gebrauchen (regelt). (…) Die ausgerichtete Nähe des Zeugs
> bedeutet, dass dieses nicht lediglich, irgendwo vorhanden, seine Stelle im Raum
> hat, sondern als Zeug wesenhaft an- und untergebracht, aufgestellt, zurechtgelegt
> ist. Das Zeug hat seinen *Platz,* oder aber es ›liegt herum‹, was von einem puren Vor-
> kommen an einer beliebigen Raumstelle grundsätzlich zu unterscheiden ist«.

Diese Grundlegung lässt mindestens zwei Interpretationen offen.[1] *Einerseits* besteht die Möglichkeit, die Bedeutung von »Räumlichkeit« in Bezug auf das körpervermittelte Tätigsein zu verstehen. In diesem Sinne leitet PICKLES (1985:152) die Folgerung ab, dass die Ontologie der Räumlichkeit jeder Art von räumlichem Verhalten zugrunde zu legen ist. Erst dann könne dieses zum Gegenstand der Analyse gemacht werden. »Räumlichkeit« ist dann folgerichtig in eine (geographische) Raumtheorie zu integrieren. Konsequenterweise soll »Räumlichkeit« auf der Basis von räumlichem Verhalten untersucht werden.

Damit schließt sich allerdings der Kreis argumentativ in ähnlichem Sinne wie bei der raumwissenschaftlichen Geographie. Dort wurde der Versuch unternommen, »räumliche Strukturen« mit räumlichen »Prozessen« zu erklären. Dieses Projekt hatte auf Grund der Zirkularität des Erklärungsanspruchs keine Erfolgsaussichten und wird innerhalb der Geographie für beendet betrachtet. Eine empirische Raumwissenschaft des Sozialen und Kulturellen steht nicht mehr zur Disposition.

Andererseits, und das scheint für HEIDEGGER selbst die wichtigere Variante zu sein, kann davon ausgegangen werden, dass »das Zeug« einen seinem Wesen entsprechenden Platz, seinen »natürlichen Ort«, einnimmt, also nicht bloßer Ausdruck der Handlungsabläufe ist und damit für diese sogar konstitutiv wirkt.

Unabhängig davon, welche Interpretation HEIDEGGER besser gerecht wird, ist wichtig zu sehen, dass für HEIDEGGER »Räumlichkeit« in jedem Fall zwar ein wichtiger Aspekt von *Dasein* ist, das Dasein, die menschliche Existenz, sich aber nicht in »Räumlichkeit« erschöpft. Damit lässt sich die Frage, wie »Räumlichkeit« und sozial-kulturelle Wirklichkeit zusammengebracht, zusammengedacht und empirisch erforscht werden können, auf differenziertere Weise stellen. Beantwortet ist sie damit aber noch nicht.

Räumlichkeit und Handeln

Im Sinne einer ersten Zwischenbilanz kann festgehalten werden, dass »Räumlichkeit« offensichtlich nicht mit einer empirisch begründbaren Raumtheorie in Zusammenhang gebracht werden kann. Gleichzeitig kann aus der Räumlichkeit der menschlichen Existenz auch nicht auf die räumliche Verortung von »Kultur« geschlossen werden. Unter Bezugnahme auf die zwei oben erwähnten Interpretationsmöglichkeiten kann darauf hingewiesen werden, dass sowohl die Bedeutungen von Orten als auch die Räumlichkeit von Gegebenheiten im Sinne einer handlungstheoretischen Perspektivierung immer nur in Bezug *auf* und als Folge *von* Tätigkeiten gesehen werden sollten.

Widerspricht man dieser Interpretation – womit man dann durchaus HEIDEGGERS Sicht teilen könnte –, lädt man sich all jene Probleme auf, die sich aus der Containeri-

---

1   Vgl. WERLEN (1999:213ff.).

sierung von Kultur und Gesellschaft ergeben. Bedeutungen von Orten sind dann nicht
das Ergebnis handlungspezifischer Konstitutionsleistungen der Subjekte, sondern Orte, Räume und Räumlichkeit *haben* dann subjektunabhängige Bedeutungen.

Negiert man »Räumlichkeit« als Aspekt und Ergebnis des Handelns, ist in Kauf
zu nehmen, dass Bedeutungen von Orten als wesensmäßiger Ausdruck derselben zu
gelten haben. »Räumlichkeit« ist wohl angemessener in tätigkeitszentrierter Perspektive als Aspekt des Kulturellen zu betrachteten. »Meaning of places« – die Bedeutung
von Orten/Plätzen – und »meaning of settings« – die tätigkeitsspezifische Bedeutung
von Situationskonstellationen – sind dann sowohl in ihrer Bedeutung *für* Handlungen
als auch *als* Ausdruck der symbolischen Aneignung nur über das Handeln sinnvoll
erschließbar.

»Räumlichkeit« kann in diesem Zusammenhang hypothetisch als die handlungmä-
ßig aktivierte Komponente von Ordnungen begriffen werden, als symbolisiertes und
symbolisierendes Medium des Handelns. In ihr äußert sich der für die Praxis relevante
Gehalt symbolischer Ordnungen auf der Ebene körperlich vermittelter Handlungszusammenhänge. Dies ist vor allem in Face-to-Face-Situationen bedeutsam, wie die
Beiträge dieses Buches zeigen, allerdings nicht nur für diese.

In diesem Ausgangspunkt sehe ich auch die Stärke des hier unterbreiteten »theoretisch fundierten Diskursrahmens«, mit dem die Bedeutung des Räumlichen für das
Kulturelle erschlossen werden soll. Denn er vermeidet es, das Räumliche *per se* erforschen zu wollen. Vielmehr geht es um die Erschließung der Bedeutung der Räumlichkeit für die kulturelle Dimension der menschlichen Existenz. Was jedoch im Hinblick auf die umfassende Kulturforschung – gerade auch im Hinblick auf die eingangs
angesprochenen Problemdimensionen – weiterer Klärung bedarf, ist das Verhältnis
von »Raum« und »Räumlichkeit«. Werden kulturelle Wirklichkeiten in alltäglichen
Praktiken produziert und reproduziert, dann sind gerade auch die Beziehungen zwischen der Bedeutung von Räumlichkeit und Raum für das Handeln anzusprechen.

Raum und Räumlichkeit

HEIDEGGERs Formulierung, dass die Räumlichkeit aus dem »umsichtig ›berechnenden‹
Hantieren und Gebrauchen« resultiert, ist vor dem Hintergrund seiner Festlegung zu
lesen, dass der »Raum« – in dem Räumlichkeiten »hergestellt« werden – für ihn das
Ergebnis von »räumen« ist:

> »Dies meint roden, die Wildnis freimachen. Das Räumen erbringt das Freie, das
> Offene für ein Siedeln und Wohnen des Menschen. Räumen ist (…) Freigabe von
> Orten, an denen Schicksale der wohnenden Menschen sich ins Heile einer Heimat
> oder ins Unheile der Heimatlosigkeit oder gar in die Gleichgültigkeit gegenüber
> beiden kehren« (HEIDEGGER 1983:3).

Darin kommt zum Ausdruck, dass in seiner Bestimmung »Raum« – im Gegensatz zu »Räumlichkeit« – eine Existenz *und* eine Bedeutung an sich aufweist. Er besteht vor dem Räumen, kann durch dieses lediglich freigelegt werden. Die Qualitäten von »Ort«/»Raum« dienen HEIDEGGER dann als Prädispositionen normativer Wertungen als »Heimat« oder »Heimatlosigkeit«.

In einer praxis-zentrierten Perspektive kann jedoch auch »Raum« nicht als vorgegeben, als substantivistische Gegebenheit verstanden werden, die für andere materiellen Dinge zudem noch als Behältnis fungieren kann. Wäre dem so, dann müsste letztlich der Ort des Raumes im Raum bestimmt werden können. Es dürfte leicht einsichtig sein, dass dies nicht gelingen kann. Nicht zuletzt deshalb ist ein anderes Verständnis von Raum notwendig, eines das mit einer praxis-zentrierten Sicht ebenso kompatibel ist wie Räumlichkeit.

Fokussiert man die Praxis, kann »Raum« nicht mehr als Objekt begriffen werden,[2] sondern »nur« noch als eine begriffliche Konzeptualisierung der physisch-materiellen Wirklichkeit, als ein Medium, über das eine Beziehung zwischen sozial-kulturellen und physisch-materiellen Gegebenheiten hergestellt wird. Es handelt sich bei »Raum« allerdings um einen speziellen Begriff. Er bezeichnet *erstens* keinen Gegenstand, wie empirische Begriffe. Die *zweite* Besonderheit besteht darin, dass die räumlichen Merkmalsdimensionen die Ordnung bzw. Klassifikation von Objekten ermöglichen.

»Raum« ist demzufolge als ein formal-klassifikatorischer Begriff zu verstehen. Er ist formal, weil er sich auf nicht-inhaltliche Merkmale von materiellen Gegebenheiten bezieht und klassifikatorisch, weil er Ordnungsbeschreibungen möglich macht. Er ist jedoch auch kein *Apriori*, denn er beruht auf Erfahrung. Allerdings nicht auf der Erfahrung eines besonderen – neben allen materiellen Objekten bestehenden – Gegenstandes »Raum«, sondern auf der Erfahrung der eigenen Körperlichkeit, ihrem Verhältnis zu den übrigen ausgedehnten Gegebenheiten (inklusive der Körperlichkeit anderer Handelnder) und ihrer Bedeutung für die eigenen Handlungsmöglichkeiten und -unmöglichkeiten. In diesem Sinne stellt »Raum« ein »Kürzel« für Problem- und Möglichkeitskonstellationen des Handelns und sozialer Kommunikation dar, die auf der Körperlichkeit der Handelnden beruhen.

Statt das »Kürzel« zu verdinglichen, soll es aber sozial- und kulturwissenschaftlicher Forschung eigentlich nur darum gehen, zu klären, wofür das Kürzel steht. Dies verlangt nach der Klärung der Konnotationen, die »Raum« in unterschiedlichen Handlungszusammenhängen erlangen kann. Diesbezüglich ist davon auszugehen, dass je nach praktischem oder theoretisch thematisiertem Typus des Handelns sowohl der formale wie auch der klassifikatorische Aspekt des Raumbegriffs eine je besondere Konnotation erfahren kann. Konsequenterweise kann hypothetisch postuliert werden: Je nach Interessenhorizont des Handelns fallen sowohl Orientierung als auch klassifikatorische Ordnung unterschiedlich aus.

---

2   Vgl. WERLEN (1999, 2000:327ff.).

Regel der Signifikation

In diesem Sinne kann festgehalten werden, dass diese ontologische Bestimmung und erste definitorische Festlegung es nicht ermöglicht, von einem gegenständlichen Raum oder einem *materiellen* »Raum« zu sprechen, sondern »nur« noch von einer Repräsentation und von symbolischer Aneignung materieller Gegebenheiten in räumlichen Begriffen. Dies ist für den naturwissenschaftlichen wie für den kulturwissenschaftlichen Zugriff auf physisch-materielle Gegebenheiten in gleichem Maße relevant.

Der kulturwissenschaftlichen Forschung kommt in diesem Zusammenhang die abklärende Aufgabe zu, festzustellen, welche sinnhaft symbolisierenden Konnotationen mit physisch-materiellen Konstellationen über welche Art sozial-kultureller Praxis hergestellt werden. Oder mit anderen Worten: Wie werden die Relationen der Klassifikation sinnhaft interpretiert, welche symbolischen Bedeutungen erlangen klassifikatorische Ordnungen, die als kulturelle Räumlichkeit ausweisbar sind?

Die diesbezügliche Antwort von MICHAEL DICKHARDT und BRIGITTA HAUSER-SCHÄUBLIN (2003:13ff.) lautet, dass die kulturellen Regelmäßigkeiten dieser Relationierungen in den Strukturierungsprinzipien, den Modalitäten der Strukturierung, zu finden sind, die den verschiedenen Praktiken zugrunde liegen. Ergänzend – und unter Bezugnahme auf die vorgeschlagene Definition von »Raum« als Grundlage für das Verständnis von »Räumlichkeit« – könnte dieser argumentative Ausgangspunkt dahingehend ausgebaut werden, dass die Modalitäten der Strukturierung als ein kulturspezifisches Set von Regeln der signifikativen Relationierung zwischen dem/der Handelnden und physisch-materiellen Gegebenheiten qualifiziert werden. Über die signifikative Relationierung bzw. über die spezifischen Bedeutungsattribuierungen werden interpretierte räumliche Anordnungen (Räumlichkeit) selbst zu sinnhaften Elementen des Handelns, allerdings »nur« mit ihrem symbolischen Gehalt und nicht unmittelbar als physisch-materielle Entität.

Die Regelmäßigkeit der signifikativen Relationierung – so kann man hypothetisch formulieren – bildet eine der wichtigsten Grundlagen für die häufig zu beobachtenden Reifizierungen räumlicher Konstellationen als das Soziale oder Kulturelle »an sich«. Sie liegen auch jenen Kulturtheorien zugrunde, bei denen eine festgezurrte Raum-Kultur-Kombination im Zentrum steht. Die Regelmäßigkeit, mit der diese Sets zur Anwendung gelangen, mag – so eine weitere Hypothese – sowohl in alltäglicher wie in wissenschaftlicher Einstellung dazu führen, dass das Räumliche bereits für das Soziale oder Kulturelle gehalten wird.

Eine (kultur-)vergleichende empirische Erforschung der Bedeutung der kulturellen »Räumlichkeit der menschlichen Existenz« kann hier wesentliche Klarheit in die meist nur orthodox behaupteten unmittelbaren Interrelation von Raum und Kultur bringen. Für die Erforschung bzw. Überprüfung dieser hypothetisch gesetzten Zusammenhänge dürfte es sich als hilfreich erweisen, diese Orthodoxie als Ausdruck der Reifikation jener Konstitutionsleitsungen zu betrachten, über die symbolische Ordnungen in kulturellen Praktiken hervorgebracht und reproduziert werden. Wie jede Form von Orthodoxie ist auch diese eng mit der Reproduktion von Machtverhältnissen verknüpft.

Macht und Steuerungskapazität kultureller Praxis

Damit die empirische Kulturforschung selbst nicht in die Fänge solcher Orthodoxien geraten kann, scheint ein vorrangiges Erfordernis darin zu liegen, jede Art strukturalistischer Fallen zu vermeiden. Damit ist gemeint, dass ein bestimmtes, empirisch festgestelltes Set von signifikativen Regeln nicht in objektivistischer Manier als quasiabsolut und für eine *bestimmte* »Kultur« allgemeingültig gesetzt werden kann. Vielmehr ist diesbezüglich dem Steuerungspotenzial der Akteure für den Verlauf ihres Handelns besondere Aufmerksamkeit zu schenken, auch im Kontext stärker traditionsdominierter Gesellschaften und Kulturen.

Diese Steuerungskapazität ist insbesondere in Bezug auf die empirische Abklärung der Bedeutung der kulturellen Räumlichkeit in verschiedenen Situationen des Handelns in Rechnung zu stellen. Dazu ist es notwendig, den subjektiven Interpretationen der Strukturierungsprinzipien in spezifischen Kontexten besondere Aufmerksamkeit zukommen zu lassen. Darüber hinaus wäre zu klären, welche strategischen Aspekte im Zusammenhang mit der Integration der kulturellen Räumlichkeit in die Handlungsvollzüge stehen bzw. auf welche der Einbezug der Räumlichkeit in den Handlungsverlauf abzielt, oder – auf der Ebene des praktischen Bewusstseins – abzielen könnte.

Bei der Abklärung dieser (hypothetisch gesetzten) Zusammenhänge müsste zusätzlich zu den bisherigen Ausgangsüberlegungen dem Verhältnis zwischen autoritativen Ressourcen und kultureller Räumlichkeit besondere Aufmerksamkeit zukommen. Damit ist im Sinne der Begrifflichkeit der Theorie alltäglicher Regionalisierungen[3] gemeint, dass die Bedeutung kultureller Räumlichkeit im Hinblick auf ihr Potenzial zur Kontrolle anderer Personen abzuklären ist. »Ressource« bezeichnet in diesem Kontext den »Kompetenz-« oder besser: den »Vermögens- bzw. Verfügungsbereich«, die Spannweite dessen, was ein Subjekt zu tun vermag, die transformative Kapazität menschlichen Handelns. Mit dem autoritativen Transformationspotenzial werden insbesondere jene Vermögensweisen angesprochen werden, die üblicherweise mit Herrschaft und Macht über Personen bezeichnet werden. Dieses wird hier als Bestandteil sozialer Begegnungen, der sozialen Praxis, thematisiert und nicht als ein Bereich außerhalb davon.

Autoritative Ressourcen bezeichnen dementsprechend das Vermögen/die Fähigkeit, die Kontrolle über Akteure zu erlangen oder aufrechtzuerhalten. Die wichtigsten Formen autoritativer Ressourcen, die in allen Gesellschafts- und Kulturformen vorgefunden werden können, beziehen sich insbesondere auf die raum-zeitliche Organisation

---

3   Vgl. WERLEN (1997), GIDDENS (1988a).

einer Gesellschaft und damit auch auf die Räumlichkeit als Elemente sozialer Interaktionen in spezifischer kultureller Ausprägung.

Diese Forderung nach der Berücksichtigung autoritativer Aspekte in diesem Kontext liegt somit in der Hypothese begründet, dass Räumlichkeit in aller Regel nicht
nur eine hohe symbolische Aufladung aufweist, sondern in wohl noch stärkerem Maße an die Machtkomponente gebunden ist. Diese hypothetisch postulierte Konstellation kann durch die gleiche Argumentation gestützt werden, welche einen engen
Zusammenhang zwischen Körper bzw. Leib und Räumlichkeit herstellt. Auch diesbezüglich ist genauer zu klären, wofür »Räumlichkeit« kommunikativ und argumentativ
eingesetzt wird.

In empirischen Studien könnte sich erweisen, dass sich »Macht« nicht auf »Raum«
und »Räumlichkeit«, sondern vielmehr auf das Transformationspotenzial bezieht.
»Räumlichkeit« bildet dabei ein zentrales *Medium der Durchsetzbarkeit*, ein Medium zur
Erlangung der Kontrolle der Subjekte vermittels der Herrschaft über deren Körper.
Sie wird dann als ein kommunikativer Platzhalter für die effektive Macht über Personen und deren Kontrolle begreifbar. Als eine der Formen, mit denen Herrschaft über
die Personen vermittels der regulativen Kontrolle des Körpers bzw. im phänomenologischen Sinne: des Leibes der handelnden Subjekte erlangt wird.

Die kulturorientierte Erschließung der Bedeutsamkeit von Räumlichkeit für das
menschliche Handeln eröffnet einen neuen Zugang zum Kultur-Raum-Verhältnis.
Längerfristig sollte es möglich werden, allen voreiligen Tendenzen stereotyper Verräum-
lichungsszenarien von Kultur entgegen zu wirken. Schließlich könnte damit auch das
Tor zu einem tieferen Verständnis der Bedeutung des Räumlichen für die Reproduktion und Transformation sozial-kultureller Wirklichkeiten aufgestoßen werden.

Wie wichtig diese Abklärungen sind, zeigten nicht zuletzt die Reaktionen auf die
Ereignisse vom 11. September 2001. Doch dies ist nur ein Beispiel für die dramatischen Implikationen jeder Art von räumlichem Diskurs im Umgang mit kulturellen
Aspekten menschlicher Lebensformen: in der Vergangenheit wie in der Gegenwart,
auf alltäglicher wie auf wissenschaftlicher Ebene.

Kapitel 2

Kulturtheoretische Wende

Welche Brisanz sozial- und kulturgeographische Themenfelder bisweilen erlangen können, zeigte sich in den vergangenen Jahrzehnten immer wieder aufs Neue. Auf nationaler Ebene bildete beispielsweise die so genannte Integrationspolitik einen mehrmals wiederkehrenden Aufreger. Im globalen Kontext ist an die in jeder Hinsicht höchst dramatische und problematische Rede vom »Kampf der Kulturen« sowie die daraus abgeleiteten territorialen »Gegenmaßnahmen« der Bush-Administration zu erinnern. Freilich werden diese Brennpunkte des öffentlichen Interesses und weltpolitischer Überlegungen nicht auf den ersten Blick als Bereiche des alltäglichen Geographie-Machens identifiziert, sondern als das, was sie selbstverständlich auch sind: Probleme, die der politischen Gestaltung bedürfen, der Konfliktlösung mit friedlichen Mitteln.

Lüftet man jedoch den Schleier inszenierter und häufig wohl auch kalkulierter Oberflächlichkeit und fragt in kritischer Distanz, was den (gemeinsamen) Kern einer großen Zahl aktuell verhandelter Konfliktbereiche darstellt, dann kann die dramatisch rasche Neugestaltung der gesellschaftlichen Raumverhältnisse als Gemeinsamkeit ausgemacht werden. In diesem Prozess werden die Verhältnisse von Gesellschaft, Kultur, Ökonomie und Raum einer radikalen Neubestimmung unterworfen. Über deren Vollzug erweisen sich bisherige Konzepte der politischen Gestaltung der genannten Bereiche als zunehmend ungeeignet und als weitgehend unangemessen, nicht selten sogar als problematisch. Um für diese Handlungsfelder nicht-konfliktuelle Formungsstrategien vorbereiten zu können, muss zuerst auf konzeptioneller Ebene angesetzt werden. Denn es scheint wenig Erfolg versprechend zu sein, für die Lösung neuer Probleme zu alten begrifflichen und theoretischen Rahmungen Zuflucht zu nehmen. So hilft es im Kontext der Integrationspolitik wenig, die alten nationalen Containerisierungen länderkundlicher Provenienz und generelle Ausschlussprozedere zu mobilisieren, wenn die aktuell sowohl dominanten als auch legitimen Lebensformen von globalen Logiken durchdrungen sind. Ebenso wenig Erfolg versprechend ist mit an Sicherheit grenzender Wahrscheinlichkeit die mit dem »Kampf der Kulturen« propagierte alte (geodeterministische) Logik räumlich und zeitlich fest verankerter »Kulturräume« wieder herstellen zu wollen, wenn die Etablierung der neuen Kultur-Raum-Verhältnisse gerade von der Logik der Entankerung, der Loslösung bzw. Überwindung traditional geformter fester räumlicher Kammerungen geleitet und geprägt ist. Diese zwei Beispiele mögen genügen, um die fundamentale Bedeutung (traditioneller) geographischer Weltsichten bei der Deutung aktueller Prozesse und analog dazu: die kaum zu überschätzende Bedeutung der Erschließung der sich neu formierenden gesellschaftlichen Raumverhältnisse für die Neugestaltung des gesellschaftlichen Zusammenlebens anzudeuten.

Freilich sind vom sozialgeographischen Standpunkt aus »Kultur« und »Politik« immer zusammenzudenken – eine Position, die gerade mit dem Vollzug des *cultural turn* seit Mitte der 1990er-Jahre zunehmend aus dem Blickfeld verschwunden ist. Gerade in der rückwärtsgewandten Form des *cultural turn*, HUNTINGTONS »Clash of Civilizations« (»Kampf der Kulturen«), wird die kaum zu überschätzende Bedeutung der Kulturalisierung des Gesellschaftlichen und Politischen erkennbar. Die Texte dieses Kapitels setzten sich kritisch-konstruktiv mit den Bedingungen, Implikationen und potenziellen Konsequenzen der kulturtheoretischen Wende für geographische Perspektivierungen des Weltgeschehens auseinander. »Kulturelle Identität zwischen Individualismus und Holismus« (1989) – entstanden als Beitrag zur Festschrift meines Ethnologielehrers Prof. HUGO HUBER – bezieht vom handlungstheoretischen Standpunkt aus Stellung zu der damals aufkommenden und bis heute anhaltenden Kulturalismus- und Identitätsdebatte. Dabei geht es – auch in Bezug auf die kurz zuvor einsetzende regionalistische Identitätsdebatte in der deutschsprachigen Sozialgeographie – im Kern um die Frage, »wer« mit »was« welche Art von »Identität« aufweisen kann und in welcher Form man sich in geographischer Perspektive mit Identitätsfragen beschäftigen kann.

Diese Position wird in »Regionale oder kulturelle Identität? Eine Problemskizze« (1992) weiter ausdifferenziert. Ausgangspunkt dieses Textes war ein Vortrag an der internationalen Tagung zur Humanökologie bzw. *human ecology* auf dem Appenberg bei Bern 1989, der dort eine recht intensive Kontroverse mit PETER GOULD und GERHARD BAHRENBERG auslöste. Das originale Vortragsmanuskript wurde erstmals in dem von DIETER STEINER und MARKUS NAUSER herausgegebenen Sammelband »Human Ecology. Fragments of anti-fragmentary views of the world« (1993) auf Englisch veröffentlicht. Die hier abgedruckte deutsche Fassung erschien 1990 in stark überarbeiteter Form und auf Anregung von PETER WEICHHART als Stellungnahme zu der in der Zwischenzeit recht hitzigen Debatte um die Sinnhaftigkeit der Erforschung von »regionalen Bewusstseinsräumen« in »Berichte zur deutschen Landeskunde«.

»Raum, Körper und Identität« (1997) erörtert den in dieser Regionalismus-Debatte vorgeschlagenen Perspektivenwechsel von der verräumlichenden Identitätsforschung hin zur Klärung der Bedeutung des regionalen Zusammenlebens für die Entwicklung von kultureller Identität und Seinsgewissheit. Er wurde ursprünglich an der Jahrestagung der Deutschen Gesellschaft für Humanökologie in Sommerhausen am Main im Mai 1994 vorgetragen und im Tagungsband mit dem Titel »Mensch und Lebensraum« in gekürzter Form veröffentlicht. Die vorliegende ausführlichere Fassung ist wieder stärker an das ursprüngliche Vortragsmanuskript angeglichen.

»Kulturgeographie und kulturtheoretische Wende« erschien 2003 erstmals in dem Sammelband »Kulturgeographie«. Dieser wurde von HANS GEBHARDT, PAUL REUBER und GÜNTHER WOLKERSDORFER im Vorfeld der ersten Tagung zur Neuen Kulturgeographie in Leipzig herausgegeben. »Körper, Raum und mediale Repräsentation« (2008) beruht auf einem Vortrag, den ich 2007 anlässlich des Symposiums »Der Geocode der Medien. Eine Standortbestimmung des spatial turn« im Rahmen des Sonderforschungsbereichs »Medienumbrüche« an der Universität Siegen hielt. Im Wesentlichen handelt es sich hierbei um die Darstellung des theoretischen Rahmens der ab 2004 initiierten Aktivitäten der IGU-Kommission »Cultural Approach« und deren Schwerpunkt »Geographie der Medien« und »Geographische Medienanalyse« und der Weiterentwicklung der in Band 2 von »Sozialgeographie alltäglicher Regionalisierungen« skizzierten geographischen Medientheorie.

Kulturelle Identität zwischen Individualismus und Holismus

Die Diskussionen um »Holismus« und »Individualismus« mögen auf den ersten Blick als akademische Trockenübungen erscheinen, die von keinem (forschungs-)praktischen Nutzen sind. Da die Basispostulate, die diese Positionen – oder abgewandelte Formen davon – charakterisieren, in jeder sozialwissenschaftlichen Aussage mindestens implizit enthalten sind und mit ihnen grundsätzliche Entscheidungen über die Vorstellung der Konstitution des Kulturellen und Gesellschaftlichen getroffen werden, handelt es sich dabei bei näherer Betrachtung aber um einen zentralen Aspekt jeder gesellschaftsorientierten Tätigkeit, unabhängig davon, ob auf wissenschaftlicher oder auf alltäglicher Ebene. Nicht zuletzt dürften sie bei der Aufhellung des »magischen Universums der Identität« (MÜLLER 1987) von zentraler Bedeutung sein. Denn dabei gilt es ja schließlich auch die Frage zu klären, wer mit was Identität aufweisen kann.

Am offensichtlichsten wird die Bedeutung dieser Auseinandersetzung jedoch bei der Beantwortung von Fragen der folgenden Art: Wie können »Kultur« und »Gesellschaft« angemessen erforscht werden? Bilden sie Untersuchungsgegenstände *sui generis* oder handelt es sich bei ihnen um analytische Konstrukte, die bestimmte Aspekte des menschlichen Lebens besonders hervorheben? Wie kommt sozial-kultureller Wandel zustande: Können ihn nur Kollektive bewirken oder sind es Individuen, die ihn vollziehen? Oder: Sind Kollektive Akteuren bzw. eine Art von »Meta-Akteuren«? Spätestens bei der Beantwortung dieser zentralen Fragen werden die Basisannahmen offengelegt, hinsichtlich deren sich Individualisten und Holisten unterscheiden.

In der Ethnologie sind es vor allem die Funktionalisten und Strukturalisten, die in Anlehnung an ÉMILE DURKHEIM zu der Behauptung neigen, »Kultur« und »Gesellschaft« wären Gegebenheiten, die sich wesentlich von dem unterscheiden, was Individuen tun oder getan haben, und auf diese sogar einen determinierenden Zwang ausüben würden. Die Entstehung von »Kultur« kann dann in aller Regel nicht zum Thema der Analyse gemacht werden. Sie muss vielmehr vorausgesetzt werden. Daneben bestehen Forschungskonzeptionen, die ausschließlich die Individualität betonen und die Bedeutung von Kollektiven für die Tätigkeiten der Individuen in Abrede stellen. Damit ist die Gefahr der Reduktion des Kulturellen auf die Psyche verbunden, mit der nicht zuletzt ein unhaltbarer Irrationalismus verbunden ist. In der folgenden Auseinandersetzung sollen die Basisannahmen dieser verschiedenen Positionen aufgedeckt und im Zusammenhang mit einer alternativen Konzeption diskutiert werden. Die Argumentationslinie geht dabei von ANTHONY GIDDENS' »Theorie der Strukturierung« aus, weil diese einen der aufschlussreichsten Versuche darstellt, die eben angesprochenen Probleme in einen neuen Zusammenhang zu stellen. Der von ihm vorgeschlagene »dritte Weg« ist aber nicht unproblematisch.

Es gibt noch einen anderen Grund, sich auf den Vorschlag von GIDDENS zu beziehen. Sozial- und Kulturgeographie sind traditionsgemäß auf die Erforschung der erdräumlichen Differenzierung von Gesellschaften und Kulturen ausgerichtet. Die differenzierte Aufarbeitung dieses Zusammenhangs bleibt aber weiterhin das Basisproblem jeder Regionalforschung, insbesondere auch jenes der regionalen Ethnologie. Da GIDDENS neben PIERRE BOURDIEU vielleicht als einziger zeitgenössischer Gesellschaftswissenschaftler genannt werden kann, der diesen Problemhorizont konsequent in seine Sozialtheorie miteinbezieht, sind seine theoretischen und methodologischen Überlegungen für jede regionsbezogene Forschung von besonderer Bedeutung. Dabei besteht allerdings das Problem, dass GIDDENS, im Gegensatz zu der von mir vorgeschlagenen handlungstheoretischen Neuorientierung sozialgeographischer Forschung, der es ebenfalls um die Klärung des Verhältnisses von »Gesellschaft, Handlung und Raum« geht, den methodologischen Individualismus als Basiskonzeption der Sozial- und Kulturforschung ablehnt. Die Gründe für diesen Dissens gilt es somit, auf dem Hintergrund der eben erwähnten übergeordneten Zielsetzung, zu klären. Denn wenn in den Grundannahmen kein Konsens besteht, dann kann auch in den übrigen Bereichen kein fruchtbarer Dialog entstehen. Die folgenden Ausführungen sind folglich als Klärungsversuch der Grundlagen einer kulturzentrierten Regionalforschung und des entsprechenden Kulturverständnisses zu sehen.

Strukturationstheoretische Sozial- und Kulturforschung

Bei dem Entwurf seiner »Theorie der Strukturierung« geht GIDDENS (1988a) vor allem der Frage nach, wie das Verhältnis von Handeln, Struktur, sozialem System und sozialer Reproduktion im Rahmen sozialwissenschaftlicher Forschung am sinnvollsten konzeptualisiert werden kann[1] und – wenn auch in untergeordnetem Sinne – welche Bedeutung dabei »Kultur« zukommt. Es geht ihm somit darum, abzuklären, ob der methodologische Individualismus eine fruchtbare Alternative zu der strukturellen Forschungskonzeption, die auf »strukturelle« Erklärungen sozial-kultureller Prozesse abzielt, darstellt. In anderen Worten ausgedrückt geht es darum, die von ihm begrifflich und argumentativ erschlossene »Dualität von Struktur« der sozialwissenschaftlichen Forschung zugänglich zu machen. Bevor ich auf die zentralen Grundannahmen eingehe, möchte ich zuerst den allgemeinen Rahmen von GIDDENS' Konzeption – wenn auch in äußerst knapper Form – wiedergeben.

GIDDENS' Werk zielt primär darauf ab, die Vermittlung von sozialkultureller Wirklichkeit und tätigem Subjekt bzw. von Handeln und sozial-kulturellen Strukturen auszuleuchten. Diese Vermittlung ist deshalb genauer unter die Lupe zu nehmen, um einem unangemessenen Objektivismus wie Subjektivismus entgehen zu können. Das Vermittlungsproblem zwischen Makro- und Mikro-Ebene soll auf diese Weise gelöst und die Kluft zwischen sinnverstehender und struktureller Analyse überwunden werden. Um diesen Ansprüchen gerecht zu werden, »müssen wir sowohl über den Positivismus wie die interpretative Soziologie hinausgehen« (GIDDENS 1984a:8) bzw. den

---

[1]   Vgl. GIDDENS (1988a:277).

Graben zwischen handlungstheoretischen und strukturalistischen Konzepten der Kultur- und Gesellschaftsforschung überbrücken.[2] In methodischer Hinsicht impliziert diese Zielsetzung einen Dualismus von strukturell-kausalistischer und handlungstheoretisch-interpretativer Perspektive, aus der eine eigenständige zusätzliche Untersuchungsperspektive generiert werden soll. Thematisch wird von GIDDENS daraus die These der dualistischen Betrachtung sozial-kultureller Strukturen abgeleitet. Dieser will ich mich nun zuerst zuwenden.

Das Konzept der »Dualität der Struktur« stellt nach RICHARD J. BERNSTEIN (1986:242) die »central vision«, nach DAVID HELD (1982:99) den »Schlüsselbegriff« in GIDDENS' »Theorie der Strukturierung« dar. Mit ihm will er die

> »Einseitigkeiten der objektivistischen Strukturtheorien auf der einen und die der subjektivistisch orientierten Handlungstheorien auf der anderen Seite kategorial überwinden, um, in der Form einer ›internen Kritik‹ derselben, seine eigene Theorie (…) ›formulieren‹ zu können« (KIESSLING 1988:173).

Handlung und Struktur stehen nach GIDDENS in einem dialektischen Vermittlungsprozess. Sie sind Momente ein und derselben sozial-kulturellen Wirklichkeit. »Struktur« definiert GIDDENS (1984a:147) wie folgt: »Eine Struktur ist keine ›Gruppe‹, ›Kollektiv‹ oder ›Organisation‹, diese *haben* Strukturen«. Strukturen haben auch kein Subjekt. Sie sind vielmehr als Systeme semantischer Regeln (Struktur von Weltbildern), als Systeme von Ressourcen (Struktur der Herrschaft) und als Systeme moralischer Regeln (Struktur der Legitimation) zu begreifen. Diese Strukturen werden nur über Handlungen wirklich und nur über diese reproduziert. »Gesellschaftliche Reproduktion muss im *unmittelbaren Prozess des Konstituierens von Interaktion* untersucht werden« (GIDDENS 1984a:148) und den »Prozess der Reproduktion zu untersuchen bedeutet, die Verbindungen zwischen ›Strukturierung‹ und ›Struktur‹ zu bestimmen« (GIDDENS 1984a:147). »Strukturierung« bezeichnet »dynamische Prozesse, durch die Strukturen erzeugt werden« (GIDDENS 1984a:148). Diese werden über die Modalitäten »Deutungsschema« (Weltbild), »Mittel« (Herrschaft) und »Norm« (Legitimation) vermittelt, die an die Interaktionsformen »Kommunikation«, »Macht« und »Moral« gebunden sind. Damit wird bereits angedeutet, dass GIDDENS (1984a:148) mit »Dualität von Struktur« die Kernthese seiner Theorie bezeichnet, gemäß der »gesellschaftliche Strukturen sowohl durch das menschliche Handeln konstituiert werden, als auch zur gleichen Zeit das *Medium dieser* Konstitution sind«.

Damit sollte erkennbar geworden sein, dass nach GIDDENS die Konstitution der sozialen Welt in jeder konkreten Interaktionssituation vollzogen wird. Für die Verwirklichung dieser Konstitutionsprozesse beziehen sich die Handelnden im Rahmen verfügbarer Ressourcen auf spezifische semantische und moralische Regeln, die im Konstitutionsakt zur Interpenetration gebracht werden. Beziehen sich die Produkti-

---

2   Vgl. GIDDENS (1988a:52ff.).

ons- und Reproduktionsmodalitäten »auf eine kollektive Totalität als ein integriertes *System* semantischer und moralischer Regeln (…), können wir von der Existenz *einer gemeinsamen Kultur* sprechen« (GIDDENS 1984a:150). »*Kulturelle Identität*« hängt dann von der Ausführungsart der Strukturierungsprozesse ab und ist von Widerspruch, im Sinne von »Gegensatz zwischen strukturellen Prinzipien«, abzugrenzen. »Kulturelle Identität«, so könnte man hypothetisch formulieren, ist dann gegeben, wenn der Handelnde in den Strukturierungsprozessen die intersubjektiv geteilten semantischen und moralischen Regeln mit dem subjektiven Wissen widerspruchsfrei in Anschlag bringen kann.

Die einseitige Betrachtung der »Handlung« hingegen, wie dies GIDDENS für die Handlungstheoretiker für typisch hält, verschließt den Zugang zu den Makro-Aspekten der sozialkulturellen Wirklichkeit, womit die Entwicklung eines strukturellen Konzeptes verunmöglicht wird. Andererseits »liegt die Grenze sowohl des Strukturalismus als auch des Funktionalismus darin, dass sie ›Reproduktion‹ als mechanisches Ergebnis betrachten und nicht als einen aktiv konstituierenden Prozess, der im Handeln aktiver Subjekte besteht und somit von ihnen zustande gebracht wird« (GIDDENS 1984a:147). In anderen Worten ausgedrückt bedeutet dies, dass ein Konzept, das einen angemessenen Zugang zur Erforschung der »Dualität von Struktur« bzw. den Strukturierungsprozessen und somit auch der kulturellen Identität – im Rahmen dieser Perspektive – eröffnen will, die Grundannahmen über die Ontologie der sozial-kulturellen Welt klären muss. Das wird auch von GIDDENS so gesehen, und er diskutiert diese Klärung im Rahmen der Auseinandersetzung mit Holismus und Individualismus bzw. methodologischem Individualismus. Denn es ist gerade auch in diesem Zusammenhang dringend notwendig, zu klären, welchen sozial-kulturellen Gegebenheiten Handlungsfähigkeit zugesprochen werden kann bzw. »was« oder »wer« als die gestaltenden Kräfte des sozialkulturellen Universums zu betrachten sind.

In dem eben in aller Kürze illustrierten theoretischen Kontext erläutert nun GIDDENS, unter Bezugnahme auf die aktuelle (sozialphilosophische) Diskussion, zuerst sein Verständnis von der holistischen (Gesellschafts-)Konzeption und dann jenes vom methodologischen Individualismus. Anschließend stellt er Überlegungen zu einem »dritten Weg« an, der seiner »Strukturationstheorie« angemessen sein könnte. Zuerst möchte ich die ersten beiden Positionen kurz vorstellen, bevor ich ihnen alternative Auffassungen gegenüberstelle. Dabei geht es mir primär um die genaue und kritische Überprüfung von GIDDENS' Aussage: »Ich akzeptiere keinen Standpunkt, der dem *methodologischen Individualismus* nahe steht« (1988a:41). In anderen Worten ausgedrückt, geht es also zunächst darum, abzuklären, ob für eine Sozial- und Kulturforschung in den Kategorien der Strukturationstheorie die Basiskonzeption des methodologischen Individualismus tatsächlich aufgegeben werden muss oder ob sie entgegen GIDDENS' Argumentation mit den strukturationstheoretischen Grundprinzipien vereinbar ist.

GIDDENS' Analyse gesellschaftlicher Basiskonzeptionen

Zur Darstellung der holistischen bzw. strukturtheoretischen Position bezieht sich GID-
DENS (1988a:263ff.) auf DURKHEIM und PETER M. BLAU (1977), für jene des methodologischen Individualismus auf STEVEN LUKES (1974, 1977) und JOHN W. N. WATKINS
(1959). Beide Positionen kann man wie folgt zusammenfassen.

a   Basispostulate der traditionellen strukturtheoretischen Position
a_1 Gesellschaften sind mehr als die Summe der sie konstituierenden Mitglieder.
a_2 Strukturmomente wirken allein einschränkend auf die Handelnden und sind »über-
individuell«.
a_3 Strukturen sollen ohne Bezug auf die Zwecksetzungen und Eigenschaften der In-
dividuen analysiert werden.

Der neuere, für die aktuelle strukturtheoretische Soziologie repräsentative Vorschlag
von BLAU (1977) verbindet die Strukturanalyse nicht mehr mit einem geheimnisvollen
Einfluss der Gesellschaft auf die Handelnden und differenziert den Strukturbegriff
und das Forschungsziel wie folgt:

a_4 Der Strukturbegriff bezieht sich auf soziale Positionen und Beziehungen zwischen
sozialen Positionen; die Hauptaufgabe besteht darin, die Verteilung der Bevölkerung auf die verschiedenen Positionen und die Beziehungen zwischen diesen zu
erforschen sowie die Ergebnisse schließlich in einer deduktiven Theorie der Sozialstruktur darzustellen.

GIDDENS *verwirft* diese Grundannahmen und das aus ihnen abgeleitete Forschungsprogramm aus den folgenden Gründen: *Erstens:* Strukturen werden von DURKHEIM u. a.
nur als Zwang erkannt. Zudem geht man davon aus, dass die Strukturen, unabhängig
von den Gründen des Handelns, kausal auf die Handelnden wirken. *Zweitens:* Variationen der Strukturmomente von Gesellschaften sollen ohne Bezugnahme auf die subjektiven Aspekte des Handelns (Einstellungen, Überzeugungen, Motive usw.) erklärt
werden, und die Individuen werden nicht als kompetente Laien akzeptiert. *Drittens:*
Die Charakteristik der Dualität von Struktur, d. h. ihr Begrenzungs- und Ermögli-
chungscharakter für Handlungen und die Mechanismen der sozialen Reproduktion
der Strukturen, wird nicht beachtet.

GIDDENS (1988a:268) könnte dieses Forschungskonzept allerdings unter der Bedingung *akzeptieren,* dass der Wissenschaftler bestimmte typische Motive des Handelnden hypothetisch annimmt, diese aber gewissermaßen einklammert (sie aber jederzeit
explizit machen kann) und sich dann unter dieser Voraussetzung der Erforschung der
sozialen Strukturen zuwendet. Die Frage ist nun, ob im Rahmen der Postulate des
methodologischen Individualismus ein angemessener Zugang zur Erforschung der
Dualität von Strukturen möglich ist.

b   Basispostulate des methodologischen Individualismus[3]

b_1 Soziale Phänomene können ausschließlich unter Bezugnahme auf die Analyse des Verhaltens von Individuen erklärt werden. Demgemäß können nur Individuen handeln, nicht aber Kollektive.

b_2 Nur Individuen sind real.

b_3 Aussagen über soziale Phänomene lassen sich ausnahmslos ohne Bedeutungsverlust auf Beschreibungen der Eigenschaften von Individuen (Dispositionen, Bedürfnisse, Ressourcen usw.) zurückführen.

b_4 Sozialwissenschaftliche Gesetze kann es nur insofern geben, als es sich bei ihnen um Aussagen über psychische Dispositionen von Individuen handelt.

Die Postulate b_2-b_4 halten LUKES und GIDDENS aus den folgenden Gründen für falsch: *Erstens:* Sollte b_2 zum Ausdruck bringen, dass nur Individuen beobachtbar sind, dann ist es selbst auch dann falsch, wenn man unter Beobachtung nicht die unmittelbare, an Sinnesorgane gebundene Wahrnehmung versteht. Auch soziale Aspekte können real sein. *Zweitens* handelt es sich bei den Eigenschaften der Individuen um organische Bedürfnisse und psychische Dispositionen. Da es bisher nicht gelungen ist, soziale Phänomene auf physiologische Merkmale oder auf psychische Dispositionen zu reduzieren, ist diese These bis auf weiteres hinfällig. Damit ist es, *drittens,* auch sinnlos, sozialwissenschaftliche Verallgemeinerungen auf individuelle Eigenschaften beziehen zu wollen. Den ersten Teil der Behauptung b_1 hält GIDDENS mit LUKES für trivial, dem zweiten Teil *stimmt er zu* und hält ihn für ein wichtiges Argument gegen die strukturtheoretische Position.

Unter dieser Voraussetzung will GIDDENS eine Konzeption erarbeiten,[4] die sowohl die positiven Aspekte der strukturtheoretischen als auch der individualistischen Position in sich vereinigen kann. Ihre jetzigen traditionellen Formen lehnt er ab. Beide Positionen stellen für ihn nicht Alternativen in dem Sinne dar, dass die Annahme der einen die Verwerfung der andern impliziert. Vielmehr sind beide im Hinblick auf die Erfordernisse der Strukturationstheorie zu bereinigen und im Sinne eines »dritten Weges«, über den bisher erreichten Stand hinaus, weiterzuentwickeln.[5]

In Bezug auf den methodologischen Individualismus bedeutet dies, dass er eine Weiterentwicklung jener Spielformen ins Auge fasst,[6] die insbesondere die Behauptung b_3 ablehnen und die individuellen Eigenschaften als sozial (bzw. strukturell) bestimmt auffassen. Vom methodologischen Individualismus können nach GIDDENS die folgenden Einsichten übernommen werden: *erstens,* »dass ›soziale Kräfte‹ niemals etwas anderes sind als Mischungen von beabsichtigten und unbeabsichtigten Folgen von Handlungen, die (allein von Individuen, denen eine körperliche Existenz zukommt)

---

3   Vgl. GIDDENS (1988a:270ff.).
4   Vgl. dazu auch GIDDENS (1984b:74ff.).
5   Vgl. GIDDENS (1988a:277).
6   Vgl. GIDDENS (1988a:274).

in bestimmten Kontexten ausgeführt werden« (GIDDENS 1988a:277) und, *zweitens*, dass
– entgegen der strukturtheoretischen Position – die Bewusstheit der Akteure jederzeit
in Rechnung zu stellen ist.[7] Soweit die knapp zusammengefasste Auseinandersetzung
von GIDDENS mit dem methodologischen Individualismus. Bevor ich mich mit seinen
Überlegungen kritisch auseinandersetze, möchte ich zuerst zwei präzisere Darstellungen des Verhältnisses von Holismus und Individualismus vorstellen, nämlich jene von
JOSEPH AGASSI und IAN C. JARVIE.[8]

Differenziertere Darstellung des Problemfeldes

AGASSI (1960:244) fasst die sozialphilosophische Diskussion um Holismus und Individualismus wie folgt zusammen:

a) Holismus	*b*) Individualismus
1. *These des Holismus:* Gesellschaft ist ein Ganzes, das mehr ist als seine Teile.	*These des Individualismus:* Nur Individuen können Ziele und Interessen haben.
2. *These des Kollektivismus:* »Gesellschaft« wirkt auf die Ziele der Individuen.	*These des Rationalitätsprinzips:* Individuen verhalten sich unter gege- benen Bedingungen in Überein- stimmung mit ihren Zielen.
3. *These der institutionellen Analyse:* Die soziale Gliederung beein- flusst und begrenzt das Ver- halten der Individuen.	*These der institutionellen Reform:* Die soziale Gliederung ist das Ergebnis individueller Handlungen, und sie ist somit veränderbar.

Anhand dieser traditionellerweise angeführten Postulate wird zwar einsichtig, dass es
sich hier um zwei unterschiedliche Positionen handelt, die sich in dieser Form aber
nicht auszuschließen brauchen. Genauer betrachtet, weigern sich Individualisten aber,
die Existenz sozialer Ganzheiten anzunehmen, weil sie davon ausgehen, dass allein
Individuen Ziele haben können. Die Holisten behaupten hingegen, dass es so etwas
wie nationale Ziele oder Klasseninteressen gibt. Deshalb ist für beide Positionen eine
weitere Behauptung explizit in den Thesenkatalog aufzunehmen, die meist nur implizit geäußert wird. Sie lautet nach AGASSI (1960:245):

4. Wenn »Ganzheiten« existieren, dann haben sie eigene und besondere Ziele
   und Interessen.

---

7   Diese Forderung impliziert, dass es aber nicht mehr um den Vergleich bestimmter Eigenschaften
     von Individuen gehen kann, sondern um die Präzisierung der Modelle der Handelnden in dem
     Sinne, wie sie von GIDDENS (1988a:270ff.) geliefert wird.
8   AGASSI (1960), JARVIE (1974). Beide bleiben von GIDDENS überraschenderweise unbeachtet.

Mit der Explizierung dieser Behauptung *4* wird, unabhängig davon, ob wir sie als wahr oder falsch akzeptieren, offensichtlich, dass sich in ihrem Lichte *1a* und *1b* gegenseitig ausschließen, und dass die Behauptungen *2* und *3* reinterpretiert werden müssen. Diese Reinterpretation nimmt folgende Züge an:

Individualist: Die Ziele von *Ego* können zwar durch jene von *Alter Ego* beeinflusst werden, sie können aber nicht unter Bezugnahme auf das soziale Ziel erklärt werden *(2a);* individuelles Handeln wird zwar durch soziale Zwänge begrenzt, aber nur in dem Sinne, dass es sich dabei um Ergebnisse von Entscheidungen anderer Individuen handelt *(3a).*

Holist: Die Handlungen einzelner können rational sein, sie sind aber durch die Ziele der sozialen Gruppe bestimmt *(2b);* institutionelle Reform ist dann *unmöglich,* wenn mit der sozialen Gliederung die Gesellschaft selbst oder die sozialen Ziele und Bestimmungen gemeint sind *(3b).*

Gemäß dem Holismus sind somit die Individuen nicht nur in existierende soziale Interessen eingebunden, sondern werden zudem von den Zielen sozialer Ganzheiten dominiert. Gemäß dem Individualismus hingegen existieren nur Individuen und nur diese können Ziele haben.

Konfrontieren wir diese Differenzierung nun mit der Darstellung, wie sie von GIDDENS vorgeschlagen wird, dann fällt vor allem die Übereinstimmung seiner Beschreibung des methodologischen Individualismus mit jener des Individualismus bei AGASSI auf. Das ist bei genauerer Betrachtung nicht unproblematisch. Denn nach AGASSI handelt es sich beim Individualismus um die Charakterisierung des psychologischen, nicht aber des methodologischen Individualismus. Zudem ist, wie AGASSI (1960:246) zu Recht betont, klar zu unterscheiden zwischen der Behauptung, dass jeder Individualismus psychologistische Züge aufweist, und der Verwechslung des Individualismus mit Psychologismus. Unter »Psychologismus« ist nämlich eine Doktrin zu verstehen, die alle sozialen Gegebenheiten anhand psychologischer Theorien für erklärbar hält.

Diese Klarstellung erlaubt die Unterscheidung zwischen einer individualistischen und einer kollektivistischen Psychologie. Erstere geht – wie SIGMUND FREUD – von der Behauptung aus, dass alle sozialen Phänomene auf Grund der Eigenschaften von Individuen erklärbar sind. Die zweite geht – wie CARL GUSTAV JUNG – davon aus, dass es so etwas wie ein kollektives Bewusstsein gibt, das jenes der Individuen beherrscht. Soziale Phänomene sind dann als Reflektierung kollektiver mentaler Strukturen aufzufassen.

Übersicht 1: Basispositionen von AGASSI | Quelle: nach AGASSI (1960:246)

	Individualismus	*Holismus*
Psychologismus	a	c
Institutionalismus	d	b

Wenn wir alle bisherigen Behauptungen von AGASSI akzeptieren, dann gelangen wir hypothetisch zu folgender Differenzierung:

(a) *Psychologistischer Individualismus:* Er macht den Hauptteil der individualistischen Tradition aus. Auf ihn bezieht sich LUKES' und GIDDENS' Kritik am methodologischen Individualismus.
(b) *Institutionalistischer Holismus:* Er macht den Hauptteil der holistischen Tradition aus. Auf ihn bezieht sich GIDDENS' Kritik an der strukturtheoretischen Position.
(c) *Psychologistischer Holismus:* Er ist nur für wenige Forschungsprogramme charakteristisch und wird hier nicht mehr weiter diskutiert.
(d) *Institutionalistischer Individualismus:* Er ist explizit bisher nur für wenige Forschungsprogramme charakteristisch und wird hier im Zentrum der Auseinandersetzung stehen.

Bei genauer Betrachtung ist unter der Voraussetzung, dass man die Behauptung 4 als wahr akzeptiert, die Position des institutionalistischen Individualismus nicht möglich. Der entscheidende Punkt ist nun aber, dass sie von KARL RAIMUND POPPER und AGASSI nicht vollumfänglich akzeptiert wird. Würde man ihr voll zustimmen, hieße dies, dass man *allen* Behauptungen über soziale Ganzheiten ohne Einschränkung zustimmt (Holismus) oder dass man *alle* diese Behauptungen für bloße Kurzbeschreibungen für eine Mehrzahl von Individuen hält (psychologischer Individualismus)[9]. Demgegenüber geht die institutionalistisch-individualistische Position davon aus, dass soziale Ganzheiten existieren, wenn auch nicht auf dieselbe Weise wie Individuen. Sie verfügen aber über keine anderen Ziele als die, die Individuen haben können. Diese Position wurde erstmals von POPPER in »Die offene Gesellschaft« explizit formuliert.

Die Kategorien von AGASSI ermöglichen bereits bessere Beurteilungsmöglichkeiten der GIDDENS'schen Argumentation. Sie bleiben aber für die Auseinandersetzung mit GIDDENS[10] zu undifferenziert. Der Vorschlag von JARVIE (1974) stellt demgegenüber ein differenzierteres Instrumentarium zur Verfügung, denn er gibt der Systematisierung eine radikalere Wendung. Er behält zwar die allgemeine Unterscheidung zwischen Holismus und Individualismus bei, ersetzt aber die Kategorien »Institutionalismus« und »Psychologismus« durch »Ontologie« und »Methodologie«. Das ermöglicht zusätzliche Klarstellungen und die Unterscheidung zwischen *ontologischem* und *methodologischem* Holismus sowie zwischen *ontologischem* und *methodologischem* Individualismus.

---

9   Vgl. dazu die Argumentation von LUKES und GIDDENS in Abschnitt 2.
10   Vor allem auch für die Einschätzung der marxistischen Standpunkte von THOMPSON (1978) und ANDERSON (1980), die von GIDDENS (1988a:274ff.) in Bezug auf den methodologischen Individualismus diskutiert werden.

Übersicht 2: Basispositionen nach JARVIE | Quelle: nach JARVIE (1974:240ff.)

	Holismus	*Individualismus*
ontologischer	a	c
methodologischer	b	d

Diese vier Positionen sind wie folgt zu charakterisieren:

a   *Der ontologische Holist* geht davon aus, dass Ganzheiten eine andere Seinsweise haben als Individuen, dass Ganzheiten die einzig relevanten Entitäten der Gesellschaft sind, und dass diese das Individuum bestimmen. Die Gesellschaft sei demgemäß wesensmäßig etwas anderes als eine Vielzahl von Individuen, und deshalb könne die Gesellschaftswissenschaft die Individuen vernachlässigen. DURKHEIM baut seine Soziologie auf diesen Grundannahmen auf und ebenso gehen die traditionellen Funktionalisten wie BRONISLAW MALINOWSKI sowie der extreme Flügel der strukturtheoretischen Soziologie u. a. von diesen Postulaten aus.

b   *Der methodologische Holist* ist der Auffassung, dass sich die Makroeigenschaften von den Eigenschaften der Individuen unterscheiden. »Überdies sei diese makrosoziologische Ebene diejenige, auf der sich soziologische Probleme stellen und auf der sich Erklärungen, Gesetze und Theorien finden lassen« (JARVIE 1974:240). Zudem geht er davon aus, dass das Ganze mehr als die Summe seiner Teile sei, dass sich gesellschaftliche Faktoren auf die Ziele der Individuen auswirken und die Zielverwirklichung beeinflussen. Er bestreitet somit nicht die Bedeutung der Individuen für das Gesellschaftliche, geht aber davon aus, dass es methodologisch notwendig ist, von der Ganzheit und nicht vom Individuum auszugehen. Empirisch arbeitende Struktur-Funktionalisten und die Position von BLAU sind am ehesten mit dieser Konzeption zu vereinbaren.[11]

c   *Der ontologische Individualist* behauptet, dass »die einzigen wirklichen Entitäten in der Gesellschaft individuelle Personen seien; dass Sozialstruktur und Sozialorganisation Muster der wechselseitigen Bezogenheit zwischen Personen seien und nicht über Personen ständen« (JARVIE 1974:240). Institutionen werden demgemäß als unwirkliche Abstraktionen ausgewiesen. Jede vollständige Erklärung von sozialen Aspekten ist erst dann zu leisten, wenn sie auf physiologische oder/und psycholo-

---

11   Man könnte nun den Eindruck gewinnen, dass alle ontologischen Holisten auch methodologische Holisten wären. Das ist aber nicht allgemein der Fall, selbst wenn einzelne Vertreter gelegentlich zwischen beiden Positionen abwechseln. So ist MARX im größten Teil seines Werkes ein ontologischer Holist, Teile davon sind aber ebenso eher mit dem methodologischen Holismus zu vereinbaren, wie die von GIDDENS (1988a:274ff.) diskutierten marxistischen Autoren.

gische Aspekte (Eigenschaften des Individuums) Bezug nimmt. Diese Postulate entsprechen jenen des psychologistischen Individualismus und Behaviorismus.

d   *Der methodologische Individualist* hingegen »braucht die Wirklichkeit gesellschaftlicher Umstände nicht zu bestreiten, wenn er betont, dass Gesellschaften und gesellschaftliche Entitäten aus individuellen Personen, ihren Handlungen und Beziehungen bestehen, dass nur Individuen Ziele und Interessen haben, dass individuelle Handlungen als Versuche zu verstehen sind, unter gegebenen Umständen Ziele zu verwirklichen, und dass die Umstände sich auf Grund individueller Handlungen verändern können« (JARVIE 1974:241).

Die Besonderheit des methodologischen Individualismus, wie er von POPPER, AGASSI und JARVIE formuliert wird, ist denn auch darin zu sehen, dass er sich aus methodologischen Gründen auf die Handlungen einzelner bezieht. Diese Konzeption des methodologischen Individualismus bzw. des institutionalistischen Individualismus möchte ich nun im Sinne eines Vorschlags für die Strukturationstheorie im Gesamtzusammenhang ausführlicher vorstellen.

Eine alternative Konzeption

Das Basispostulat des revidierten methodologischen Individualismus verlangt,

»dass alle sozialen Phänomene, insbesondere das Funktionieren der sozialen Institutionen, immer als das Resultat der Entscheidungen, Handlungen, Einstellungen usw. menschlicher Individuen verstanden werden sollten, und dass wir nie mit einer Erklärung auf Grund so genannter ›Kollektive‹ (Staaten, Nationen, Rassen usw.) zufrieden sein dürfen« (POPPER 1980:124).

Diese Grundprämisse darf nicht dahin missverstanden werden, dass die Annahme des methodologischen Individualismus die Ablehnung des Bestehens sozialer Kollektive und Institutionen impliziert. Es verlangt auch nicht die Zustimmung zu der Behauptung, dass eine Gesellschaft nicht mehr sei als die Summe der Individuen, die ihr angehören. Und ebenso wenig wird mit ihr die These unterstützt, dass die Gesellschaft auf die Psyche der Individuen reduziert werden könne. Denn der »methodologische Individualismus[12] (impliziert) überhaupt keine Reduktion, sondern ein Leugnen der Möglichkeit, Nicht-Individuen wie ›Wirtschaft‹, ›Proletariat‹, ›Kirche‹, ›Außenministe-

---

12 Um jede begriffliche Verwirrung und vor allem die so häufig vollzogene Verwechslung mit dem psychologischen Individualismus zu vermeiden, könnte es auf den ersten Blick angebrachter erscheinen, von einem institutionalistischen Individualismus zu sprechen. »Methodologischer Individualismus« wird aber trotzdem vorgezogen, weil damit eben der *methodologische* Charakter besser betont werden kann.

rium‹, ›Industrie‹ usw. Ziele und mithin Handlungen zuschreiben zu können« (Jarvie 1974:15).

Vom Standpunkt des methodologischen Individualismus aus ist somit das so genannte »Handeln von Gruppen (nur) mit Hilfe der Handlungen von Personen in Gruppen« (Brodbeck 1975:192) der sozialwissenschaftlichen Forschung zugänglich. Wie bereits Max Weber (1980:6ff.) versteht auch Popper Kollektive als Gesamtheiten, die aus Einzelnen, ihren Absichten, Entscheidungen, Handlungen und den daraus resultierenden Folgen bestehen. Und die Folgen sind als »mehr« zu betrachten als die Summe der Intentionen der einzelnen Handlungen der Individuen. Denn nach Popper beziehen sich einerseits die Handlungen gegenseitig aufeinander und andererseits wirken die Resultate der Handlungen auf selbständige Weise auf weitere Handlungen zurück. Die Vertreter des methodologischen Individualismus leugnen somit nicht die Existenz von Kollektiven. Sie behaupten hingegen, dass die einzig sinnvolle Methodologie der Gesellschaftsforschung darin bestehen kann, die Gesellschaft anhand der Handlungen von Individuen zu untersuchen. Es sind letztlich immer Individuen, die unter bestimmten Umständen – vor allem jenen, die durch Institutionen definiert sind – Ziele formulieren und Entscheidungen treffen. Es ist nicht ein »Staat«, der entscheidet, sondern jene Personen, die auf Grund vorangehender Entscheidungen von einer Mehrheit von Individuen dafür legitimiert sind oder die sich dafür die entsprechende Verfügungsmacht gewaltmäßig zugesichert haben.

Dabei sind bei der Situation, in der Individuen handeln, neben physischen demgemäß auch die sozialen Aspekte zu berücksichtigen. Dies betrifft die Existenz der Institutionen und Kollektive ebenso wie die von Akteuren angenommenen Einstellungen zu und Vorstellungen von ihnen.[13] Zudem ist davon auszugehen, dass Individuen zwar nicht im empirischen Sinne immer rational handeln, wohl aber im formalen Sinne, d. h., dass sie auf logisch gültige Weise von ihrem allgemeineren Wissen und in Bezug auf ihr Ziel des Handelns auf die Besonderheiten der Situation schließen. Dieses Rationalitätsprinzip ist, als idealtypische Annahme, in das Modell des Handelnden aufzunehmen.

Auf diese Weise lassen sich soziale Institutionen »gewissermaßen teilweise, aber nicht kollektiv, auf die Intentionen einzelner und die entsprechenden Konsequenzen« (Jarvie 1974:15) zurückführen. Die Annahme des methodologischen Individualismus

---

13 Damit erübrigt sich auch die Ersetzung des methodologischen Individualismus durch einen *methodologischen Interaktionismus,* wie er von Knorr-Cetina (1984:47f.) im Rahmen des radikalen Konstruktivismus vorgeschlagen wird (vgl. Heintz 1987). Man kann nämlich auch mit der revidierten Fassung des methodologischen Individualismus darauf hinweisen, dass die Vorstellung von Kollektiven für den Akteur eine andere Bedeutung hat, als dass es sich dabei bloß um eine Vielzahl von Personen handelt. Damit kann denn auch das Phänomen erklärt werden, dass z. B. die Redeweise »der Bundesrat hat in seiner letzten Sitzung beschlossen … « sozial eine ganz andere Wirkung haben kann als der Ausdruck »die Herren Stich, Delamuraz, Ogi, Koller, Cotti, Villiger und Felber haben in ihrer letzten Sitzung beschlossen … «, obwohl faktisch beide Aussagen identisch sind.

als Prinzip sozialwissenschaftlicher Forschung führt auch nicht dazu, dass man die Handelnden und deren Handlungen in ein soziales Vakuum hineinmanövriert. Denn die Ziele eines Handelnden können nie frei von gesellschaftlichen Einflüssen sein. Aber sie können auch niemals vollkommen gesellschaftlich bzw. von einem so genannten Kollektiv determiniert sein. Die Personen, die mit ihren Handlungen an einem Kollektiv, einer Gruppe, z. B. einer Gewerkschaft, partizipieren, können wohl gemeinsam ein und dasselbe Ziel verfolgen. Die Gemeinsamkeit des Ziels mag unter Umständen auch der einzige Grund ihrer Verbindung sein. Denn jedes einzelne Mitglied kann möglicherweise eingesehen haben, dass es sein persönliches Ziel gemeinsam mit andern leichter und besser verwirklichen kann. Daraus darf man aber nicht die Folgerung ableiten, dass die Gruppe »als solche« das Ziel ihrer Mitglieder bestimmt. Einfluss darauf können bestenfalls andere Einzelpersonen, andere Individuen als Gruppenmitglieder haben. Die Gesellschaft besteht im Sinne dieser Argumentation aus den Handlungen der Personen, die an ihr teilhaben und nur Individuen, nicht aber Gruppen oder soziale Klassen können über Ziele verfügen. Dies sind die zentralen Postulate des revidierten methodologischen Individualismus.

Mit dem methodologischen Individualismus wird grundsätzlich auch die Auffassung vertreten, dass alle empirisch gültigen makro-analytischen Aussagen der Sozialwissenschaften auf wahre Aussagen über Handlungen von Individuen und deren Folgen zurückführbar sein müssen. Strenger formuliert: Hypothesen über gesamtgesellschaftliche Regelmäßigkeiten können nur dann wahr sein, wenn ihnen auf der individuellen Ebene Regelmäßigkeiten des Handelns und deren ebenso regelmäßigen Folgen entsprechen. Trifft dies nicht zu, so können die makro-analytischen Aussagen, wie etwa jene der Nationalökonomie, der strukturtheoretischen Soziologie usw. bestenfalls grobe Annäherungen an die soziale Wirklichkeit darstellen. Solange diese Forschungen aber den Grundprinzipien des methodologischen Individualismus verpflichtet bleiben, d. h. in den Kategorien der Handlungstheorie betrieben werden und ihre Einheiten als statistische Aggregierungen, nicht aber als hypostasierte Ganzheiten mit eigenen Zielen betrachtet werden, haben die Vertreter des methodologischen Individualismus auch nichts dagegen einzuwenden. In diesem Sinne ist denn auch die Redeweise vom »Staat«, der »Stahlwirtschaft« usw. zu rechtfertigen, wenn diese Begriffe jeweils als eine Art »Kürzel« für typische Ziele, Handlungen und Handlungsfolgen einzelner Personen in bestimmten Positionen gemeint sind.

Was aber vom Standpunkt des methodologischen Individualismus aus nicht akzeptiert werden kann, ist die Behauptung, dass gesellschaftliche Prozesse allein von »makroskopischen Aspekten« (BRODBECK 1975:216) abhängen, wie das die holistische Argumentation immer wieder vorgibt, empirisch bisher aber nicht nachweisen konnte. Ebensowenig kann die Behauptung akzeptiert werden, dass soziale Kollektive die Ziele einzelner Personen determinieren.

Akzeptiert man die Postulate des methodologischen Individualismus als allgemeine Forschungsprinzipien, dann stellen die Handlungen von Individuen, deren (beabsichtigte/unbeabsichtigte) Folgen sowie die daraus resultierenden Problemsituationen

die zu erklärenden Sachverhalte der Sozialwissenschaften dar. In die Erklärung eingeschlossen wird der Einfluss der Institutionen auf das Handeln der Individuen, der im
Sinne von POPPER für Handelnde ebenso zum objektiven Zwang werden kann, wie
alle weiteren Makro-Aspekte der Gesellschaft. Und geleistet werden soll diese Erklärung mit dem Verfahren der Situationsanalyse[14].

»Methodologischer Individualismus« und »Dualität sozialer Strukturen«

Hinsichtlich der von LUKES und GIDDENS formulierten Kritik am so genannten »methodologischen« Individualismus[15], sind auf dem Hintergrund dieser alternativen Auffassung folgende Aspekte festzuhalten:

ad b$_1$ Diesem Postulat kann, wie es auch GIDDENS tut, weiterhin zugestimmt werden.
Es ist das einzige Postulat, das tatsächlich mit dem *methodologischen* Individua-
lismus übereinstimmt und somit keine Verwechslung mit dem ontologischen
Individualismus im Sinne von JARVIE darstellt.

ad b$_2$ Gemäß dem methodologischen Individualismus, wie er hier definiert wird, sind
nicht nur Individuen real, sondern ebenso soziale Institutionen und Kollektive.
LUKES Behauptung stellt das zentrale Postulat des *ontologischen,* nicht aber des
methodologischen Individualismus dar. Die Kritik von GIDDENS wird damit hinfällig.

ad b$_3$ Aussagen über soziale Phänomene lassen sich gemäß der revidierten Fassung
nicht ohne Bedeutungsverlust auf psychische oder physiologische Eigenschaften
von Individuen zurückführen, sondern viel mehr auf Eigenschaften von Handlungen von Individuen, die aber jeweils unter bestimmten sozialen und physischen Bedingungen hervorgebracht werden. Darin ist denn auch der besondere
Charakter des *methodologischen* Individualismus zu sehen. Da die Existenz der
sozialen Welt nicht geleugnet wird, kann man auch zugeben, dass Handlungen
von Individuen immer auch vom Sozialen beeinflusst werden, und zwar meistens in der Form von unbeabsichtigten und häufig auch von beabsichtigten
Folgen von Handlungen, die Einzelne zu einem früheren Zeitpunkt und damals spezifischen sozialen Bedingungen hervorgebracht haben. Die Kritik von
GIDDENS am »methodologischen« Individualismus wird somit auch in diesem
Punkt hinfällig, weil sie sich bei genauerer Betrachtung auf den ontologischen
Individualismus bezieht.

ad b$_4$ Sozialwissenschaftliche Gesetze, falls sie im Sinne von naturwissenschaftlichen
Gesetzen definiert sein sollten, können im Sinne des methodologischen Indivi-

---

14 Vgl. dazu POPPER (1967, 1969, 1970, 1973, 1980), WERLEN (1988a:47ff., 1988b, 1987c:44ff.).
15 Den man allerdings angemessener als ontologischen Individualismus bezeichnen sollte.

dualismus gar nicht aufgedeckt werden, weil die soziale Welt auf andere Weise konstituiert ist, als die (unbelebte) Natur. Da behauptet wird, dass die soziale Welt aus nichts anderem besteht als aus beabsichtigten und unbeabsichtigten Handlungsfolgen und menschliches Handeln zumindest im kausalistischen Sinne als indeterminiert begriffen wird, kann man nicht gleichzeitig behaupten, in ihr könnten kausale Gesetzmäßigkeiten aufgedeckt werden. Die soziale Welt wird vielmehr – und ganz im Sinne von GIDDENS – als eine vorinterpretierte Welt begriffen.

Was man demgegenüber für auffindbar hält, sind soziale Regelmäßigkeiten. Diese Möglichkeit wird aber nicht von psychischen Dispositionen abhängig gemacht, wie das für den ontologischen Individualismus charakteristisch ist, sondern von dem Vorhandensein von Regelmäßigkeiten des Handelns unter bestimmten sozialen und physischen Bedingungen. Und die Existenz von Handlungsregelmäßigkeiten wird damit begründet, dass die Individuen größtenteils im Rahmen von sozialen Institutionen handeln und ihr Bewusstsein ebenso wie ihr Wissen von der sozialen Welt geprägt bzw. sozialisiert ist. Der Vorwurf des Reduktionismus wird somit im Rahmen der hier vorgestellten Fassung ebenfalls hinfällig.

Damit dürfte die Kritik von LUKES und GIDDENS in den richtigen Zusammenhang gestellt sein: Die negativen Aspekte betreffen, im Sinne der hier vorgestellten Argumentation, allein den ontologischen, nicht aber den methodologischen Individualismus. Die Frage, die aber noch offen bleibt, ist, ob die Anforderungen, die GIDDENS an den so genannten »dritten Weg« stellt, von dieser revidierten Fassung des methodologischen Individualismus erfüllt werden können. Falls dies der Fall ist, können die handlungstheoretische Sozialgeographie und die Strukturationstheorie auf der Grundlage desselben Basiskonzeptes weiter ausgearbeitet werden.

Unter Bezugnahme auf GIDDENS müsste es der revidierte methodologische Individualismus erlauben, die Dualität von Struktur – im Sinne von Ermöglichung und Zwang sowie der Verbindung von Makro- und Mikro-Ebene – angemessen integrieren zu können. Ich denke, dass ihm das problemlos gelingt, denn die institutionalistische Variante des Individualismus betont auch die entlastende und beschränkende Bedeutung von Institutionen. Ob man Institutionen und Strukturen tatsächlich gleichsetzten kann, müsste allerdings noch genauer überprüft werden.

Jedenfalls scheint GIDDENS' Vorschlag auch mit einer doppelten Interpretation des methodologischen Individualismus vereinbar zu sein, wie ich es für die handlungstheoretische Sozialgeographie vorgeschlagen habe. Das heißt, dass man den methodologischen Individualismus sowohl im Rahmen der objektiven wie auch in der subjektiven Perspektive zum Basiskonzept machen kann. In objektiver Perspektive sind die subjektiven Gründe und Ziele des Handelns bzw. der Strukturierung einzuklammern, so dass man sich auf die Veränderung oder Reproduktion der Strukturen »als solche« so konzentrieren kann, wie es GIDDENS für die reformulierte Fassung von BLAUS Forschungskonzept zum Ausdruck bringt. In subjektiver Perspektive wären demgegenüber die Ziele und Gründe des Handelns zu explizieren und ihre Konsequenzen für die Strukturierung im Sinne von beabsichtigten und unbeabsichtigten Folgen herauszuarbeiten.

Zumindest für die objektive Variante eröffnet sich damit hypothetisch auch die Möglichkeit der Anwendung des Verfahrens der Situationsanalyse unter Bezugnahme auf die Strukturationstheorie, was sich für die empirische Forschung unter Umständen als befruchtend erweisen könnte.

Die Aussage von GIDDENS: »Ich vertrete nicht den Standpunkt des methodologischen Individualismus« ist somit abzuändern in: »Ich vertrete nicht den Standpunkt des ontologischen Individualismus«.

Methodologischer Individualismus und Kulturforschung

Welchen Zugang eröffnet nun der reformulierte methodologische Individualismus der Kulturforschung im Allgemeinen und der Erforschung kultureller Identität im Besonderen? Bevor ich auf diese Frage eingehen kann, ist zuerst das damit verbundene Verständnis von »Kultur« zu klären, und zwar in differenzierterer Form, als dies von GIDDENS skizziert wurde.

»Kultur« kann im Sinne der Postulate des methodologischen Individualismus und im Sinne der Strukturationstheorie nicht als Untersuchungsgegenstand *sui generis*, sondern »nur« als analytische Kategorie oder besser: als Dimension und Ergebnis des Handelns, des Agierens begriffen werden.[16] »Kultur« kann dann als »Ergebnis vergangenen und als Bedingung künftigen Handelns Einzelner« eingegrenzt werden; in einer genaueren Explikation als die Gesamtheit der bewerteten und bewertenden Handlungsweisen von Individuen als Mitglieder einer Gesellschaft. Damit wird »Kultur« weder bloß materiell als Summe der Artefakte, noch nur abstrakt als Werte- oder Regelsystem bestimmt. Denn jedes Artefakt ist nur dann zu verstehen und adäquat zu deuten, wenn wir den Sinn, den menschliches Handeln der Herstellung ihm verlieh, kennen oder kurz: wenn wir seinen Verwendungszweck und seine symbolischen Gehalte von seinen Herstellern oder Nutzern erfahren haben. Erklären und Verstehen von »Kultur« setzt also die Kenntnis beider Aspekte voraus.

Kulturspezifische Handlungsweisen beziehen sich, wie andere Arten des Handelns auch, auf einen Bezugsrahmen der Orientierung. Der besondere Aspekt des kulturspezifischen Bezugsrahmens, den GIDDENS als System von semantischen und moralischen Regeln bezeichnet, umfasst vor allem auch typische Werte und in *diesen* Werten begründete Deutungsmuster und Normen. Die Zugehörigkeit zu einem bestimmten Kulturbereich ist dann gegeben, wenn sich Handelnde bewusst, weniger bewusst oder routinemäßig gemeinsam auf sie beziehen, damit die entsprechenden Strukturierungsprozesse vollziehen und so die kulturellen Gehalte reproduzieren.

16 Vgl. SAUNDERS (1987:64).

Die Art der *Wertorientierung* ist schließlich ein wichtiges Kriterium, über welches bestimmte Handlungen einer bestimmten Kultur zugeordnet werden können oder nicht. *Wert* ist dann als ein Zuordnungs*prinzip,* eine Regel der Deutung von Gegebenheiten und Ereignissen zu begreifen. Der Prozess der *Wertung* ist dann Ausdruck einer Zuordnung von Bedeutungen zu Ereignissen, physischen Objekten und sozialen Gegebenheiten einer Situation, die ihrerseits an die allokativen und autoritativen Ressourcen im Sinne von GIDDENS[17] gebunden sind. Widersprüche treten dann auf, wenn keine Verständigung über Werte und Wertungen erzielt werden kann und so der kulturellen Identität der unbefragte Boden der Seinsgewissheit entzogen wird. Unter »Seinsgewissheit« ist dabei die »Zuversicht oder das Vertrauen (zu verstehen), dass Natur und Kultur-/Sozialwelt so sind, wie sie erscheinen, einschließlich der grundlegenden existenziellen Parameter des Selbst und der sozialen (bzw. kulturellen) Identität« (GIDDENS 1988a:431). Damit ist bereits angedeutet, dass sich »kulturelle Identität« im Sinne der Basispostulate des methodologischen Individualismus auf die Reziprozität der Bedeutungskonstitutionen mehrer in Interaktion stehender Subjekte bezieht, bzw. auf die intersubjektiv geteilten Deutungsmuster und nicht auf die Identität eines Subjektes mit irgendeinem Kollektiv.

Die *Hervorbringung* und relative Aufrechterhaltung der Wertestandards, bzw. des Systems von semantischen und moralischen Regeln kann nicht in einem »machtfreien« Kontext angesiedelt werden.[18] Sie sind im engen Zusammenhang mit den verfügbaren allokativen und autoritativen Ressourcen zu betrachten. Unter *allokativen* Ressourcen versteht GIDDENS (1988a:86) »die Fähigkeiten – oder genauer (die) Formen des Vermögens zur Umgestaltung – welche Herrschaft über Objekte, Güter oder materielle Phänomene ermöglichen. *Autoritative* Ressourcen (hingegen) beziehen sich auf Typen des Vermögens zur Umgestaltung, die Herrschaft über Personen oder Akteure generieren«. Somit kann davon ausgegangen werden, dass diejenigen Zuordnungsprinzipien von Bedeutungsgehalten eine größere Chance haben, Vorrang zu genießen und zu überdauern, die über Herrschaft und Legitimation abgesichert sind.

Damit wird auch die These von KLAUS E. MÜLLER (1987:78), die besagt, dass Oberhäupter (Persönlichkeiten mit Führungsfunktion) »die Lebensfähigkeit ihrer Gruppe verkörpern und die zentralen Ausdrucksgestalten ihrer Identität bilden«, in einen anderen Zusammenhang gestellt. Denn es wird wohl weniger ihre symbolische Bedeutung sein, die die Identität eines Individuums mit der Gruppe absichert, als vielmehr die Tatsache, dass sie um die Durchsetzung bestimmter Zuordnungsprinzipien von Bedeutungsgehalten für Handlungen einer Mehrzahl von Individuen besorgt sind.

Von *einer* »Kultur« ist demgemäß insbesondere dann zu sprechen, wenn über Handlungen – im Sinne von Strukturierungsprozessen – Werte, die in ihnen begründeten Normen und Deutungsschemata (mehr oder weniger gut) abgestimmt gegenseitig aufeinander Bezug nehmen. Trotz aller »Standardisierung« von Handlungsmustern und

---

17 Vgl. GIDDENS (1988a:84ff., 312ff.).
18 CLAESSENS & CLAESSENS (1979:21f.).

-erwartungen in Traditionen, Massenmedien und Institutionen, bleibt jede »Kultur« der Interpretation durch den Akteur unterworfen. Über die Strukturierungsprozesse ist »Kultur« ebenso wie »Macht« in jeder Handlung aufgehoben und nicht ihr etwas Äußerliches. Aus diesem Grunde ist sie nicht als statisch zu begreifen, sondern vielmehr als in einem ständigen *Wandel* begriffen.

Die so genannte *materielle Kultur* (mobile/immobile materielle Artefakte und die in ihnen symbolhaft verkörperten Werte) ist immer im Rückbezug auf die so genannte »immaterielle Kultur« zu analysieren. Denn Erstere ist immer als (beabsichtigte/unbeabsichtigte) Folge sinnhaften Handelns zu begreifen, das seinerseits als eine Interpretation »immaterieller Kultur« aufzufassen ist. *Materielle Kultur,* mit der sich die traditionelle kulturzentrierte Regionalforschung in Geographie und Ethnographie vorwiegend beschäftigt, ist also immer als Handlungsfolge zu begreifen, die nicht losgelöst vom Sinn der Handlung (die sie hervorgebracht hat) erforscht werden kann.

Deshalb kann auch die so genannte »Kulturlandschaft« nicht »an sich« als Forschungsgegenstand der Kulturgeographie betrachtet werden. Sie ist vielmehr in den Kategorien des Handelns oder genauer: der Strukturierungsprozesse sowohl der sozial-kulturellen Wirklichkeit als auch der physisch-materiellen Wirklichkeit bzw. der Natur in die kulturzentrierte Regionalforschung zu integrieren. Das bedeutet, dass im Rahmen der Strukturierungsprozesse die symbolisch-sinnhafte Komponente der Artefakte zu einem Aspekt der Handlungsorientierung und der kulturellen Identität werden kann.

In handlungszentrierter Perspektive, die auf den Basispostulaten des methodologischen Individualismus aufbaut, sind Artefakte, deren Summe in der Kultur/Sozialgeographie als Kulturlandschaft thematisiert wird, als Ergebnis, als Ausdruck kulturspezifisch sinnhaften Handelns aufzufassen, die in der Situation des Handelns vom Akteur hinsichtlich bestimmter Orientierungen wahrgenommen werden.[19]

Erste Konsequenzen für eine kulturzentrierte Regionalforschung

Da Kulturen besonders in vorindustrieller Zeit auch in erdräumlicher Hinsicht unterschiedliche Ausprägungen aufweisen, haben zahlreiche Wissenschaftler die Kulturforschung und die Analyse kultureller Identität anhand regionaler bzw. territorialer Kategorien in Angriff genommen. Es ist in aller Regel ihr Ziel, homogene Kulturräume abzugrenzen oder Kulturlandschaften zum Forschungsobjekt der Regionalanalyse zu erklären. Die erste Frage, die sich somit für eine kulturzentrierte Regionalforschung stellt, lautet: Können anhand territorialer Kategorien Kulturen abgegrenzt werden, und ist es angemessen, die Kulturlandschaft als Forschungsobjekt kulturzentrierter Regionalforschung zu betrachten? Sollte diese Frage verneint werden müssen, wäre dann

---

19 Vgl. Hayek (1981:27).

zu klären, welche Aufgaben einer kulturzentrierten Regionalforschung in der postindustriellen Ära zugewiesen werden können.

Akzeptiert man die handlungstheoretische Perspektive der Kultur- und Gesellschaftsforschung sowie die Postulate des methodologischen Individualismus, dann
können – wie bereits angedeutet - weder »Raum« noch »Kulturlandschaft« an sich
einen angemessenen Forschungsgegenstand kulturgeographischer Regionalforschung
abgeben, sondern nur Handlungen im *Kontext* spezifischer sozial-kultureller *und* physisch-materieller Bedingungen.

Bezeichnet man nämlich »Raum« oder »Kulturlandschaft« als Forschungsgegenstand der Kulturgeographie, dann lädt man sich genau jene Probleme auf, wie wir
sie im Zusammenhang mit dem Holismus kennengelernt haben. Denn jeder Versuch,
die immaterielle sozial-kulturelle Welt von Werten, Normen usw. mittels territorialer Kategorien erfassen zu wollen, führt einerseits zu einer unangemessenen Homogenisierung der sozial-kulturellen Welt und andererseits zu einer unangemessenen
»Kollektivierung«[20]. Damit ist bei genauerer Betrachtung im Vergleich zum sozial-
weltlichen Holismus aber noch die Gefahr einer weiteren unhaltbaren Denkoperation
verbunden, nämlich ein naiver Essentialismus, der »Raum« oder »Kulturlandschaft«
an sich eine konstitutive Kraft beimisst. Dieser Gefahr sind denn auch – wie dies die
Fachgeschichte zeigt – zahlreiche Forschungskonzepte erlegen. In den entsprechenden Forschungen wird dann nicht nur bloß behauptet, dass Kollektive agieren können,
sondern auch, dass »Landschaften und ›Räumen‹« eine Sinnhaftigkeit an sich und eine
Handlungs- und Wirkfähigkeit zugesprochen werden muss.

Am eindrücklichsten sind die Konsequenzen dieser Denkweise von ERICH OT-
REMBA (1961) herausgearbeitet worden. Wenn sie in der Form, wie ich sie gleich vorstellen werde, heute nur noch von wenigen Fachvertretern akzeptiert werden, bleiben
sie doch als latente Gefahr in jeder »raum-« oder »kulturlandschaftszentrierten« Regionalforschung bestehen.[21] OTREMBA (1961:133) geht davon aus, dass die länderkundliche Regionalforschung mit drei Stufen von Wirkkräften »der Erscheinungswelt der
gesamten Erde« konfrontiert ist. Neben den physisch-weltlichen Kräften und jenen
des »menschlichen Geistes« treten

> »auf einer dritten Stufe die Räume selbst als Ganzes in ihrer Besonderheit auf dem
> Schachbrett der Erde in Funktion. Erst auf diesem Spielfeld wird es gelingen, die
> wechselnde Kraft und den Wert der Räume zu erkennen. Mit der Betrachtung der
> Konkurrenz, der gegenseitigen Ergänzung, der zeitlich begrenzten Vormacht, der
> ›Fernwirkung‹ der Räume haben wir (…) den Schlüssel zum Verständnis für die
> volle Persönlichkeit in den Händen« (OTREMBA 1961:133),

20 Als die wohl geläufigste Form dieses Vorgehens ist sicher die nationalistische oder regionalisti-
    sche Argumentation zu betrachten.
21 Die weiterhin bestehende Gefahr kommt bspw. im Zusammenhang mit der so genannten »Kul-
    turgeographischen Kräftelehre« bei WIRTH (1979:229ff.) zum Ausdruck.

»und in der Beachtung des Wertes der Räume als Persönlichkeiten in der Gesellschaft der Räume liegt eine unendliche, sich stetig erneuernde Aufgabe« (OTREMBA 1961:135). »Alle Räume (…) wirken aufeinander« (OTREMBA 1961:134) aber nicht nur das. Sie wirken gemäß der Konstruktion OTREMBAS auch determinierend auf die menschlichen Tätigkeiten. Den empirischen Nachweis dafür sieht er in dem Werk »Die Fernwirkungen der Alpen« von OTTO JESSEN (1950) erbracht. Dieser raumdeterministische Holismus ist in späteren raumwissenschaftlichen Konzepten der Kultur- und Sozialgeographie zwar abgeschwächt,[22] aber nicht vollkommen aufgegeben worden.

Die Annahme der Postulate des methodologischen Individualismus bedeuten im Vergleich zur eben vorgestellten Konzeption, dass »Raum« immer nur als »Kürzel« für Probleme, die sich in Handlungsvollzügen hinsichtlich der physisch-materiellen Welt im Zusammenhang mit der Körperlichkeit des Handelnden und Orientierungen innerhalb der physischen Welt ergeben, begriffen werden kann. Es kann somit nicht sinnvoll sein, davon auszugehen, dass »Raum« oder Materialität »an sich« bereits eine Bedeutung hätten, die für soziale Gegebenheiten konstitutiv ist. Sie werden es erst in Handlungsvollzügen unter bestimmten sozialen Bedingungen. Damit ist gemeint, dass man auch die symbolische bzw. »soziale Aufladung«[23] von erdräumlich regionalisier- und lokalisierbaren Gegebenheiten – wie sie etwa im Zusammenhang mit der so genannten »regionalen Identität« erforscht werden wollen – und die sozialen Sinngehalte materieller Artefakte nicht angemessen in einer raumzentrierten Perspektive erfassen kann, sondern wohl eher in Kategorien des Handelns in je spezifischen sozialkulturellen und physisch-materiellen Kontexten.

Wenn etwa der Ethnologe MÜLLER (1987:66) behauptet, dass »Territorien den *räumlichen Aspekt* im Ensemble der Ausdrucksmedien dar(stellt), die das Ganze, die *Identität* einer Gruppe umschreiben«, dann erliegt er offensichtlich genau dem Missverständnis, das für die raumzentrierte Perspektive charakteristisch ist. Mit *Lebensräumen* kann man *per se* keine Identität aufweisen. Denn auch dann, wenn bestimmte materielle Gegebenheiten in einer bestimmten erdräumlichen Anordnung für eine Mehrzahl von Individuen dieselbe Bedeutung haben und ihnen dadurch eine identitätsstiftende Funktion zukommt, dann kann dies nicht durch die Erforschung des Territoriums aufgedeckt werden. Wie GEORG SIMMEL zeigt, bekommt man dazu dann eher einen angemessenen Zugang, wenn man sich mit den Wertungsprozessen in und über Handlungen einzelner mit ihren jeweiligen sozial-kulturellen Kontexten befasst.

22 Vgl. BARTELS (1968a:160ff., 1970:34ff.).
23 Vgl. KLÜTER (1986:2f.).

Regionale oder kulturelle Identität?

Eine Problemskizze[1]

Sozial- und kulturgeographische Forschung interessiert sich traditionsgemäß für die Differenzierung von Gesellschaften und Kulturen in erdräumlicher Hinsicht. Die entsprechenden Forschungskonzepte sind darauf angelegt, sozial-kulturell homogene »Raum-Klassen« bzw. »Regionen«[2] abzugrenzen, um die erdräumliche Kammerung von Kulturellem und Gesellschaftlichem aufzudecken.[3] Diese Zielsetzung sieht sich allerdings mit dem Argument konfrontiert, dass nur materielle Gegebenheiten erdräumlich lokalisiert und regionalisiert werden können, nicht aber (immaterielle) subjektive Bewusstseinsgehalte, soziale Normen und kulturelle Werte. Kann dieses Argument nicht widerlegt werden, dann bleibt Sozial- und Kulturforschung, die sich vorrangig erdräumlicher Kategorien (Gebiet, Region usw.) bedient, unplausibel.

Ebenso werden die Rekonstruktionsbemühungen von so genannten »regionalen Identitäten« in erdräumlichen Kategorien fragwürdig. Sind nämlich »nur« materielle Gegebenheiten erdräumlich regionalisierbar, dann muss die Behauptung der Existenz von regionalen Identitäten im strengsten Sinne bedeuten, dass die Bewohner eines Gebietes mit materiellen Gegebenheiten Identität aufweisen können. Dafür einen empirisch haltbaren Nachweis zu erbringen, dürfte sehr schwierig sein.

Trotz dieser Zusammenhänge ist es offensichtlich, dass kulturelle Ausdrucksformen auch in erdräumlicher Dimension Differenzierungen aufweisen. Und so ist es nicht verwunderlich, dass im Kontext von kultureller Identität territoriale Kategorien immer wieder eine wichtige Rolle spielen. Die Schwierigkeit der Bewahrung kultureller Identität von Emigranten im neuen sozial-kulturellen Kontext ist ein wichtiger Hinweis auf diesen Problemzusammenhang. Die Herkunftsgegend scheint somit in sozialer wie in kultureller Hinsicht nicht völlig unbedeutend zu sein. Dies kann allerdings noch nicht heißen, dass Kulturelles erdräumlich erfassbar oder etwa gar räumlich determiniert wäre.

Damit ist auf das Spannungsfeld geographischer Kultur- und Gesellschaftsforschung hingewiesen: Kulturelles und Soziales kann nicht auf erdräumlich lokalisierbare Mate-

---

1   Dieser Aufsatz stellt eine überarbeitete Fassung eines Vortrages dar, den ich im Juni 1989 an der Tagung für Humanökologie in Appenberg/BE gehalten habe. Bei dieser Tagung stand die Sozialtheorie von ANTHONY GIDDENS im Zentrum. Ich möchte mich bei DAGMAR REICHERT, ANTHONY GIDDENS, GERHARD HARD, der Diskussionsgruppe an der TU München (HELBRECHT, HEINRITZ, KLIMA, PIEPER, POHL und BUTZIN) und HEIDI MEYER für deren kritische Kommentare zu früheren Fassungen bedanken. Aber auch die aktuelle Fassung bleibt letztlich nur ein Essay, ein Versuch der Problemformulierung.

2   Vgl. BARTELS (1968a).

3   Vgl. HARTKE (1959:429), MAIER et al. (1977:21ff.).

rie reduziert werden, und doch scheint Physisch-Materielles sozial-kulturell bedeutsam zu sein. Die zu beantwortende Frage lautet demgemäß: Wie kann dieses Verhältnis befriedigend geklärt werden, ohne dass man unangemessenen Reduktionen verfällt?

In den folgenden Überlegungen geht es im Wesentlichen darum, mögliche Antworten auf diese Frage zu formulieren. Die Argumentation läuft darauf hinaus, dass in der geographischen Kultur- und Gesellschaftsforschung die raumzentrierte Suche nach dem Kulturellen und Sozialen durch die Klärung der regionalen Bedingungen für Kulturelles und Soziales zu ersetzen ist. Bezogen auf die geographische Identitätsforschung bedeutet dies, dass die raumzentrierte Suche nach regionaler Identität durch die Klärung der regionalen Bedingungen kultureller Identität zu ersetzen wäre. Darauf möchte ich mich hier zunächst konzentrieren.

Die entsprechende Skizze einer alternativen geographischen Identitätsforschung ist von dem Ziel geleitet, einige der bisherigen Probleme, die sich aus traditionellen Raumauffassungen ergeben haben, überwinden zu helfen. Dies erachte ich vor allem deswegen für erstrebenswert, weil Identitätsforschung im Zusammenhang mit den zurzeit Nationalstaaten erschütternden Regionalismen eine nicht zu unterschätzende Bedeutung zukommt. Doch gerade um sich mit diesen aktuellen wie problematischen sozial-kulturellen Erscheinungen auseinandersetzen zu können, scheint mir die Verabschiedung der traditionellen geographischen Forschungsperspektive und deren entsprechender Raumkonzeption notwendig zu sein.

So gesehen, sind die folgenden Ausführungen als eine Auseinandersetzung mit den Grundlagen einer kulturzentrierten Regionalforschung, dem entsprechenden Verständnis von »Kultur« und den regionalen Aspekten kultureller Identität zu verstehen. Dies verlangt natürlich nach einer differenzierten Klärung der Bedeutung »erdräumlicher« oder eben »regionaler Bedingungen« für sozial-kulturelle Prozesse. Da ANTHONY GIDDENS[4] neben ALFRED SCHÜTZ als einer der wenigen Gesellschaftswissenschaftler diesen Problemhorizont konsequent in sein Gedankengebäude miteinbezieht, sind seine sozialtheoretischen Überlegungen gerade auch für eine Gesellschafts- und Kulturforschung von besonderer Relevanz, die regionale Bedingungen mitreflektieren will. Auf diese Weise soll versucht werden, eine sozialwissenschaftliche Argumentationslinie für die geographische Kultur- und Gesellschaftsforschung besser fruchtbar zu machen und die handlungstheoretische Sozialgeographie mit der strukturationstheoretischen Komponente zu verbinden. Dies wird das Thema des ersten Abschnitts sein. Zunächst geht es somit um die Verknüpfung der Strukturationstheorie mit Konzepten handlungstheoretischer Sozial-/Kulturgeographie.[5]

Anschließend ist auf dem Hintergrund der Frage, »wer« mit »was« Identität aufweisen kann, das Kulturverständnis einer handlungszentrierten Sozial-/Kulturgeographie zu präzisieren. Im Vergleich zu GIDDENS wird hier auch der Frage nach dem Verhältnis von Kultur und Macht nachgegangen, was im Hinblick auf »kulturelle Identität« und

4   Vgl. dazu GIDDENS (1988b).
5   Vgl. WERLEN (1988a).

»Regionalismus« ein wichtiges Moment darstellt. Zudem beschäftige ich mich mit dem Status der materiellen Kultur, die bei der traditionellen Kulturgeographie so sehr im Zentrum steht, aus handlungstheoretischer Perspektive. Darauf folgt die Auseinandersetzung mit dem Problemfeld der »regionalen Identitäten«, bevor dann versucht wird, regionale Aspekte kultureller Identität hypothetisch zu rekonstruieren.

Strukturationstheoretische Sozial- und Kulturforschung

GIDDENS (1988a) ist bei seinem Entwurf einer »Theorie der Strukturierung« von der Frage geleitet, wie man sich der Untersuchung des Verhältnisses von Handeln,[6] Struktur, sozialem System und sozialer Reproduktion im Rahmen sozialwissenschaftlicher Forschung am besten annähern könne.[7] Welche Bedeutung dabei »der Kultur« zuzumessen ist, spielt für ihn eine eher untergeordnete Rolle. Sein Hauptthema ist es, auf die »Dualität« der sozialen Strukturen aufmerksam zu machen und die entsprechenden Konsequenzen in die Sozialtheorie einzubeziehen.

GIDDENS' Werk zielt darauf ab, die Vermittlung von sozial-kultureller Wirklichkeit und Subjekt bzw. sozial-kulturellen Strukturen und Handeln auszuleuchten, um so einem unangemessenen Objektivismus wie Subjektivismus entgehen zu können. Er will also das Vermittlungsproblem zwischen Makro- und Mikro-Ebene lösen, sodass die Kluft zwischen struktureller und Sinn verstehender Analyse überwunden werden kann. Um dieses Problem zu lösen, »müssen wir sowohl über den Positivismus wie die interpretative Soziologie hinausgehen« (GIDDENS 1984a:8) bzw. den Graben zwischen objektivistisch-strukturalistischen und subjektivistisch-hermeneutischen Konzepten der Kultur- und Gesellschaftsforschung überwinden.[8] Darauf zielt die These der Dualität sozial-kultureller Strukturen ab.

Das Konzept der »Dualität der Struktur« stellt nach RICHARD J. BERNSTEIN (1986:242) die »central vision«, nach DAVID HELD (1982:99) den »Schlüsselbegriff der Theorie der Strukturierung« dar. Demgemäß sollen Handeln und Struktur als in einem dialektischen Vermittlungsprozess stehend begriffen werden, als Momente ein und derselben sozial-kultureller Wirklichkeit.

6   In der deutschen Übersetzung von »The Constitution of Society« wird »agency« zwar mit »Handelnde« und nicht mit »Handeln« übersetzt, doch im Gesamtkontext des Werkes von GIDDENS betrachtet, kommt »Handeln« der vom Autor intendierten Bedeutung näher.

7   Vgl. GIDDENS (1988a:277).

8   Vgl. GIDDENS (1988a:52ff.). Ob dieser Anspruch von der Strukturationstheorie aber tatsächlich auch eingelöst wird, kann hier nicht diskutiert werden. Jedoch scheint mir der Hinweis auf die Notwendigkeit der stärkeren Beachtung von sozialen Strukturen im Rahmen traditioneller Handlungstheorien eine sinnvolle Forderung zu sein, aber nur insofern, als »Strukturen« als beabsichtigte oder unbeabsichtigte Handlungsfolgen begriffen werden, auf die sich aktuelle Handlungen regelmäßig beziehen und auf die bestimmte aktuelle Handlungen auch verpflichtet werden können.

Für »Struktur« gibt GIDDENS (1984a:147) folgende Definition: »Eine Struktur ist keine ›Gruppe‹, ›Kollektiv‹ oder ›Organisation‹, diese haben Strukturen«. Strukturen haben auch kein Subjekt. Sie sind vielmehr als Systeme semantischer Regeln (Struktur von Weltbildern), als Systeme von Ressourcen (Struktur der Herrschaft) und als Systeme moralischer Regeln (Struktur der Legitimation) zu begreifen. Diese Strukturen werden nur über Handlungen wirklich und nur über diese reproduziert. »Gesellschaftliche Reproduktion muss im unmittelbaren Prozess des Konstituierens von *Interaktion* untersucht werden« (GIDDENS 1984a:148) und den »Prozeß der Reproduktion zu untersuchen bedeutet, die Verbindungen zwischen ›Strukturierung‹ und ›Struktur‹ zu bestimmen« (GIDDENS 1984a:147). Die Strukturierung bezieht sich »auf dynamische Prozesse, durch die Strukturen erzeugt werden« (GIDDENS 1984a:148), und zwar über die Modalitäten »Deutungsschema« (Weltbild), »Mittel« (Herrschaft) und »Norm« (Legitimation), die in dieser Reihenfolge an die Interaktionsformen »Kommunikation«, »Macht« und »Moral« gebunden sind. Unter »Dualität von Struktur« versteht GIDDENS (1984a:148) somit, »daß gesellschaftliche Strukturen sowohl durch das menschliche Handeln konstituiert werden, als auch zur gleichen Zeit das Medium dieser Konstitution sind«.

Damit sollte einsichtig geworden sein, dass GIDDENS' These lautet: Die soziale Welt wird über Handlungen in konkreten Interaktionssituationen konstituiert. In diesen Konstitutionsprozessen beziehen sich Handelnde im Rahmen bestimmter (verfügbarer) Ressourcen auf spezifische semantische und moralische Regeln, die im Konstitutionsakt auf integrierte Weise zur Anwendung gelangen. Wenn sich nun diese Produktions- und Reproduktionsmodalitäten »auf (…) ein integriertes System semantischer und moralischer Regeln beziehen, können wir von der Existenz einer gemeinsamen Kultur sprechen« (GIDDENS 1984a:150).

Demgemäß äußert sich »kulturelle Identität« in der Ausführungsart von Strukturierungsprozessen bzw. in der Art der Applikation der verschiedenen Regeln, ohne dass ein »Gegensatz zwischen strukturellen Prinzipien« besteht. »Kulturelle Identität«, so könnte man als Weiterführung der Argumentation von GIDDENS hypothetisch formulieren, wird dann erreicht, wenn der Handelnde in den Strukturierungsprozessen die intersubjektiv geteilten semantischen und moralischen Regeln mit dem subjektiven Wissen widerspruchsfrei in Anschlag bringen kann. Diese Betrachtungsweise bedarf einiger Präzisierungen.

Erstens ist mit Nachdruck darauf hinzuweisen, dass »das Kennen einer Regel nicht (heißt), eine abstrakte Formulierung von ihr liefern zu können, sondern zu wissen, wie man sie auf einen neuen Sachverhalt anwendet, eingeschlossen das Wissen um ihre Anwendungskontexte« (GIDDENS 1984a:151). *Zweitens* wird damit eine Unterscheidung von »Konflikt« und »Widerspruch« notwendig, die nicht zuletzt auch für Regionalforschung und -politik von besonderer Bedeutung ist.[9] Damit »Konflikt« entstehen kann, müssen sich die Interaktionspartner auf dieselben Regeln beziehen. Bei »Wi-

---

9   Vgl. GIDDENS (1984a:152f.).

derspruch« hingegen besteht ein Gegensatz zwischen bestimmten semantischen und/ oder moralischen Regeln. So können gemäß der Terminologie von GIDDENS »Konflikte« im Rahmen der Applikation derselben semantischen und moralischen Regeln entstehen. Dies dürfte insbesondere dann der Fall sein, wenn Unterschiede im Bereich der Ressourcen bestehen. Im Vergleich dazu können »Widersprüche« erst dann auftreten, wenn strukturelle Gegensätze auf der Ebene der Regeln bestehen (also auch dann, wenn im Bereich der Ressourcen »keine« Unterschiede vorliegen). In diesem Sinne ist denn auch der Hinweis zu verstehen, dass kulturelle Identität eine widerspruchsfreie Bezugnahme auf die verschiedenen Regeln impliziert, sodass im Rahmen dieser Terminologie klar zwischen interkulturellen Widersprüchen und intrakulturellen Konflikten zu unterscheiden ist.

Mit diesen Erörterungen ist der »kulturelle Bereich« in der Sozialwelt anhand der strukturationstheoretischen Kategorien zwar lokalisiert, für den hier angesprochenen Problembereich begrifflich aber noch nicht ausreichend ausdifferenziert. In den folgenden Überlegungen geht es nun darum, unter zusätzlicher Bezugnahme auf einige Basiskategorien handlungstheoretischer Sozialgeographie den entsprechenden Themenkreis einzugrenzen.

Kulturverständnis handlungstheoretischer Sozialgeographie

»Kultur« ist in jeder handlungszentrierten Perspektive als eine analytische Kategorie zu begreifen[10] und nicht als Untersuchungsgegenstand *sui generis*. »Kultur« kann zunächst – im Vergleich zur Strukturationstheorie allgemeiner – als wichtiger Aspekt der »Ergebnisse vergangener und der Bedingungen aktueller, künftiger Handlungen Einzelner« betrachtet werden. Die Spezifikation bezieht sich sodann auf die bewerteten und bewertenden Dimensionen der Handlungsweisen von Subjekten als Mitglieder einer Gesellschaft. Damit soll zum Ausdruck gebracht werden, dass das, was – auch in der Geographie – im Allgemeinen mit »Kultur« bezeichnet wird, sich weder nur auf die Summe der materiellen Artefakte, noch allein (wie etwa im Rahmen der Strukturationstheorie) auf immaterielle Werte- oder Regelsysteme bezieht. Denn jedes Artefakt ist nur dann zu verstehen und adäquat zu deuten, wenn wir den Sinn, den menschliches Handeln ihm bei der Herstellung verlieh, kennen oder kurz: wenn wir seinen Verwendungszweck und seine symbolischen Gehalte – im Sinne von UMBERTO ECO (1977:13ff.) – erfahren haben. Erklären und Verstehen von »Kultur« setzt also die Kenntnis beider voraus.[11] Zuerst will ich mich nun mit dem immateriellen Aspekt, den Werte- und Regelsystemen befassen, bevor ich dann, auf diesem Hintergrund, den Status der für die traditionelle Kultur-/Sozialgeographie so zentralen, materiellen Kultur zu spezifizieren versuchen werde.

10   Vgl. SAUNDERS (1987:64).
11   Vgl. LINDE (1972), DE CERTEAU (1980:75ff., 1988:77ff.).

Kulturspezifische Handlungsweisen finden ihren beobachtbaren Ausdruck in bestimmten Sitten, Bräuchen und sozialen Gewohnheiten.[12] Sie beziehen sich aber, wie
andere Arten des Handelns auch, auf einen bestimmten Bezugsrahmen der Orientierung. Der Aspekt dieses Bezugsrahmens, den GIDDENS als Systeme von semantischen
und moralischen Regeln bezeichnet, umfasst vor allem auch typische Werte und in
diesen Werten begründete Deutungsmuster und Normen. Die Mitglieder einer Gesellschaft drücken ihre Zugehörigkeit zu einem bestimmten Kulturbereich dann aus,
wenn sie sich bewusst, weniger bewusst oder routinemäßig gemeinsam auf diese Werte beziehen, damit die entsprechenden Strukturierungsprozesse vollziehen und so die
kulturellen Gehalte produzieren/reproduzieren.

Die Art der Wertorientierung für ein bestimmtes Handeln ist schließlich auch ein
zentrales Kriterium, über welches bestimmte Handlungen einer bestimmten Kultur
zugeordnet werden können oder nicht. Als Wert ist in diesem Sinne ein Zuordnungs-
prinzip, eine Regel der Deutung von Gegebenheiten und Ereignissen zu bezeichnen.
Dementsprechend ist der Prozess der Wertung als eine Zuordnung von Bedeutungen
zu Ereignissen, physischen Objekten und sozialen Gegebenheiten einer Situation zu
begreifen.[13] Widersprüche – im oben explizierten Sinne – treten demzufolge dann auf,
wenn keine Verständigung über Werte und Wertungen erzielt werden kann und so der
kulturellen Identität der unbefragte Boden der Seinsgewissheit entzogen ist.[14]

»Seinsgewissheit« bezeichnet dabei gemäß GIDDENS (1988a:431) die »Zuversicht
oder das Vertrauen, dass Natur und Kultur-/Sozialwelt so sind, wie sie erscheinen,
einschließlich der grundlegenden existenziellen Parameter des Selbst und der sozialen (bzw. kulturellen) Identität«. Hypothetisch kann man somit davon ausgehen, dass
»Seinsgewissheit« sozial-kulturelle und personale Identität mindestens bis zu einem
gewissen Grade voraussetzt. Damit zeichnet sich ab, dass »kulturelle Identität« im Rahmen eines handlungszentrierten Verständnisses die Reziprozität der Bedeutungskonstitutionen mehrerer in Interaktion stehender Subjekte und dabei auf die intersubjektiv
geteilten Deutungsmuster rekurriert. Und diese Reziprozität ist ein zentraler Aspekt
der Seinsgewissheit.

Die Hervorbringung und relative Aufrechterhaltung der Wertestandards bzw. des
Systems von semantischen und moralischen Regeln, ist zudem nicht in einem »machtfreien« Kontext anzusiedeln.[15] Sie ist in engem Zusammenhang mit der sozialen

12 Vgl. WEBER (1980:14ff.).
13 Die Bewertung von Ereignissen, physischen Objekten und sozialen Gegebenheiten ist ihrerseits
    an die allokativen und autoritativen Ressourcen im Sinne von GIDDENS (1988a:84ff., 312ff.) ge-
    bunden, worauf ich gleich ausführlicher eingehen werde.
14 Damit sei nicht behauptet, kulturelle Identität und Seinsgewissheit könnten gleichgesetzt wer-
    den, oder das Verhältnis der mit diesen Begriffen bezeichneten Sachverhalte wäre völlig unpro-
    blematisch. Die genaue Bestimmung dieses Verhältnisses würde differenzierterer Analyse bedür-
    fen, als dies hier möglich ist. Es scheint mir aber wichtig, auf diesen Zusammenhang mindestens
    hypothetisch hinzuweisen.
15 Vgl. CLAESSENS & CLAESSENS (1979:21f.).

Schichtung bzw. der Klassenstruktur[16] zu betrachten, die nach GIDDENS ihrerseits über die allokativen und autoritativen Ressourcen konstituiert werden. Unter *allokativen* Ressourcen versteht GIDDENS (1988a:86)

> »die Fähigkeiten – oder genauer (die) Formen des Vermögens zur Umgestaltung –(,) welche Herrschaft über Objekte, Güter oder materielle Phänomene ermöglichen. *Autoritative* Ressourcen (hingegen) beziehen sich auf Typen des Vermögens zur Umgestaltung, die Herrschaft über Personen oder Akteure generieren«.

Somit kann hypothetisch davon ausgegangen werden, dass diejenigen Zuordnungsprinzipien von Bedeutungsgehalten eine größere Chance haben, Vorrang zu genießen und zu überdauern, die über Herrschaft und Legitimation abgesichert sind.

Was GIDDENS mit allokativen und autoritativen Ressourcen bezeichnet, sind Sachverhalte, die im Zusammenhang mit Regionalismus und den so genannten regionalen Identitäten von besonderer Bedeutung sind.[17] Man kann davon ausgehen, dass jener Bereich, den GIDDENS mit »autoritativen Ressourcen« umschreibt, festlegt, wer die Verfügungsmacht über Personen hat und wer (unter demokratischen Bedingungen) zu deren Repräsentation legitimiert ist. In diesem Sinne sind die autoritativen Ressourcen auch für die Art des Zugangs zu den »allokativen Ressourcen« mitentscheidend. Hier möchte ich mich – allerdings nur kurz – mit dem Verhältnis von »autoritativen Ressourcen« und »Identität« auseinandersetzen, was im Zusammenhang mit politischem »Regionalismus« besonders wichtig zu sein scheint.

KLAUS E. MÜLLER (1987:78) stellt im Rahmen seiner ethnologischen Auseinandersetzung mit »Identität« die These auf, dass Oberhäupter (Persönlichkeiten mit Führungsfunktion) »die Lebensfähigkeit ihrer Gruppe verkörpern und die zentralen Ausdrucksgestalten ihrer Identität bilden«. Dies ist sicher ein zentraler Aspekt, auf den auch PIERRE BOURDIEU (1985) – ein anderer prominenter Vertreter der Strukturationstheorie – hinweist.[18] Aber auch dieser Aspekt von »Identität« kann nicht im machtfreien

---

16   Vgl. GIDDENS (1979b:192ff.).
17   Vgl. GIDDENS (1981b:57ff.).
18   Das Verhältnis zwischen dem im Namen des Kollektivs sprechenden Subjekt und den anderen Mitgliedern bildet für BOURDIEU (1985:37) in mehrfacher Hinsicht ein identitätsstiftendes Moment. Er nennt die sozialen Implikationen des Übergangs vom sprechenden Subjekt zum Kollektiv das »Geheimnis des Transsubstantiationsprozesses, worin der Wortführer die Gruppe wird, für die er spricht«. Das heißt, dass dabei der Wortführer zur Stellvertretung wird, zur »Repräsentation, kraft deren der Repräsentant die Gruppe darzustellen (legitimiert wird), die ihn erstellt« (BOURDIEU 1985:37f.). Für BOURDIEU ist dabei entscheidend, dass der Wortführer für die Gruppe steht, diese repräsentiert, und das Kollektivbewusstsein »nur dank dieser Bevollmächtigung Dasein hat (…). Die Gruppe wird durch den erstellt, der in ihrem Namen spricht« (1985:38). Die Idee des Kollektivs als reales Subjekt überlebt demgemäß auf Grund der »Transsubstantiation« des Repräsentanten als das Kollektiv an sich. Mittels der Transsubstantiation wird es der Gruppe ermöglicht wie »ein Mann« zu sprechen und zu handeln und entreißt die Mitglieder »dem Zu-

Kontext angesiedelt werden. Vor allem im Zusammenhang mit dem politischen Regionalismus nicht. Denn gerade dort liegt wohl – wiederum nur hypothetisch formuliert – eine der identitätsstiftenden Komponenten darin, dass ein politischer Führer im Namen einer Bevölkerungsgruppe spricht.[19]

Doch es kann wohl nicht allein die symbolische Bedeutung des Aktes der Repräsentation sein, die die Identität eines Subjektes mit der Gruppe absichert. Zudem dürfte auch die Tatsache relevant sein, dass die Repräsentanten auf Grund autoritativer Ressourcen in der Lage sind, Zuordnungsprinzipien von Bedeutungsgehalten für Handlungen einer Mehrzahl von Subjekten durchzusetzen.

Auf diese Weise sichern sie einerseits ihre Position und andererseits stabilisieren sie die Reziprozität der Bedeutungskonstitutionen. Denkt man diese Figur weiter, so folgt daraus, dass »perfekte« Macht dann gegeben ist, wenn die »Untergebenen« die Bedeutungen »der Welt« im Rahmen von Kommunikationsakten genau so konstituieren, dass die bestehenden (Herrschafts-)Strukturen unverändert reproduziert werden und gleichzeitig eine Identität mit der Gruppe entwickeln/beibehalten.

Damit sind bisher einige wichtige Aspekte von »Kultur« und deren Reproduktion angesprochen worden, aber nichts ist darüber ausgesagt, wie verschiedene Kulturen voneinander zumindest hypothetisch abgegrenzt werden können. Im Sinne einer Annäherung an dieses Problemfeld möchte ich, als Folgerung aus den obigen Erörterungen, folgende Formulierung vorschlagen: Von einer »Kultur« kann als der Summe jener Handlungen (im Sinne von Strukturierungsprozessen) gesprochen werden, welche auf dieselben Werte, sowie die in ihnen begründeten Normen und Deutungsschemata, Bezug nehmen und als der Summe der Folgen dieser Handlungen. In diesem Sinne bleiben »Identität« und »Differenz« gegenseitig aufeinander bezogen, und zwar in dem Sinne, wie dies von MARTIN HEIDEGGER (1986b) und GIDDENS (1991a) beschrieben wird.

Trotz aller »Standardisierung« von Handlungsmustern und -erwartungen in Traditionen und Institutionen bleibt jede »Kultur« der Interpretation durch die Handelnden unterworfen. So gesehen wird eine klare und eindeutige Abgrenzung immer ein Grenzfall bleiben, nie im vollständigen Sinne möglich sein. Es kann wahrscheinlich nur größere und weniger große Annäherungsformen der »gleichen« Bezugnahme auf Werte, Normen und entsprechende Deutungsschemata geben. Deshalb wird es auch

---

stand von isolierten Individuen (...). Dafür ist ihm das Recht übertragen, sich für die Gruppe zu halten, so zu sprechen und zu handeln, als sei er die menschgewordene Gruppe« (BOURDIEU 1985:38). Die sprechende Person ist Subjekt und Kollektiv zugleich. Dies macht Aussagen möglich wie: »Die Slowenen meinen, dass …«. Diese Form von Identität entwickelt sich gemäß BOURDIEU somit durch und über den Akt der Repräsentation.

19 Eine andere Komponente bildet die Verwendung des »Wir«, indem das Zugehörigkeitsgefühl zu einer Bevölkerungsgruppe be- und verstärkt wird. Darauf kann hier nicht weiter eingegangen werden, doch scheint dies im Zusammenhang mit kultureller Identität von besonderer Bedeutung zu sein.

plausibel, dass »Gemeinsames« eher in Abgrenzung zu stärker Verschiedenem, als über eindeutige Bestimmung des wirklich »Gleichen« oder »Gemeinsamen« erreicht werden kann.

Jedenfalls scheint es sinnvoll, davon auszugehen, dass »Kultur« – ebenso wie »Macht« – über Strukturierungsprozesse in Handlungen aufgehoben und diesen nicht etwas Äußerliches ist. Oder: So wie »Macht nur in actu existiert (und) die Machtausübung ein Ensemble von Handlungen in Hinsicht auf mögliche Handlungen ist, ein Handeln auf Handlungen« (FOUCAULT 1987:254f.), genau so äußern sich Kultur und kulturelle Identitäten in Handlungen und in Bezugnahmen auf Handlungen und Handlungsergebnisse. Aus diesem Grunde ist »Kultur« nicht als statisch zu begreifen – wie dies strukturalistische Theorien oft vortäuschen[20] –, sondern im Gegenteil: als ständigen Interpretations- und Reinterpretationsprozessen unterworfen. Sie ist in Handlungsströme eingebettet und äußert sich in deren »Werden« und »Entwerden«,[21] oder etwas weniger verschleiernd formuliert: Was mit »Kultur« bezeichnet wird, äußert sich sowohl im ständigen Fortschreiten von Strukturierungsakten sozialer Wirklichkeit als auch in deren (beabsichtigten/unbeabsichtigten) Folgen.

Damit ist eine Annäherung an das Problemfeld »Kultur« erreicht. Vom Standpunkt der Kultur-/Sozialgeographie bleibt zudem noch der Status der so genannten »materiellen Kultur« zu klären. Die so genannte »materielle Kultur« (mobile/immobile materielle Artefakte) kann – wie bereits angedeutet – keineswegs losgelöst von der so genannten »immateriellen Kultur« analysiert werden. Denn Erstere ist immer als (beabsichtigte/unbeabsichtigte) Folge sinnhaften Handelns zu begreifen, das seinerseits als eine Interpretation »immaterieller Kultur« aufzufassen ist. »Materielle Kultur«, mit der sich die traditionelle Regionalforschung vorwiegend beschäftigt, ist also immer als Handlungsfolge zu begreifen, die nicht losgelöst vom Sinn der Handlung (die sie hervorgebracht hat) erforscht werden kann und auch nicht losgelöst von den Sinngebungen, die sie in aktuellen Handlungsvollzügen erhält.

Deshalb kann beispielsweise die so genannte »Kulturlandschaft« nicht sinnvollerweise »an sich« als Forschungsgegenstand der Kulturgeographie betrachtet werden. Sie ist vielmehr in den Kategorien des Handelns oder in Kategorien der Strukturierungsprozesse der sozial-kulturellen Wirklichkeit in die kulturzentrierte Regionalforschung zu integrieren. Denn die durch Handlungen umgestaltete Materie ist nur verstehbar und erklärbar, wenn der Sinn der Umgestaltung bekannt ist, den dann die Benutzer beim (erfolgreichen) Gebrauch jeweils entschlüsseln müssen, bevor er in dieser Form handlungsrelevant wird. Das heißt somit auch, dass in der Situation, in der Handlungen im Sinne von Strukturierungsprozessen stattfinden, diese symbolisch-sinnhafte Komponente der Artefakte zu einem Aspekt der Handlungsorientierung und kultureller Identität werden kann. Aber nicht als materielle Dinge an sich, sondern als Vehikel der Symbolisierung über Handlungsprozesse.

20   Vgl. BLAU (1977:208ff.).
21   Vgl. SCHÜTZ (1981:79).

In dieser handlungszentrierten Perspektive sind somit die Artefakte, deren Summe in der traditionellen Kultur-/Sozialgeographie auf fragwürdige Weise im Sinne von »Kulturlandschaft« bzw. als *ein* »räumliches Artefakt« thematisiert wird, als das Ergebnis, als Ausdruck kulturspezifisch sinnhaften Handelns aufzufassen. In der Situation des Handelns können deren Sinngehalte vom Akteur in Bezug auf bestimmte Orientierungen mehr oder weniger angemessen erkannt werden.

Ist regionale Identität möglich?

Die Tatsache, dass Kulturen besonders in der vorindustriellen Zeit auch in erdräumlicher Hinsicht klar abgrenzbar waren, hat zahlreiche Forscher veranlasst, die Kulturforschung und die Analyse kultureller Identität anhand regionaler bzw. räumlicher Kategorien in Angriff zu nehmen. Ihre Bestrebungen sind darauf ausgerichtet, homogene Kulturräume abzugrenzen oder Kulturlandschaften zum Forschungsobjekt der Regionalanalyse zu erklären.[22] Die Hinfälligkeit dieses Vorhabens wird vor allem in spät-modernen Gesellschaften und Kulturen offensichtlich.

In traditionellen Gesellschaften waren, bedingt durch den Stand der Kommunikations-, Transport- und Produktionstechnologie, die räumlichen Reichweiten der Tätigkeiten der meisten Menschen äußerst begrenzt. Weil die Reichweiten der Tätigkeiten einzelner Gesellschaftsmitglieder erdräumlich stark beschränkt blieben und die Vielfalt der sozialen Differenzierungen im Vergleich zu modernen Gesellschaften schwächer ausgeprägt waren und sind, konnte mit der Frage nach dem räumlichen »Wo?« auch eine relativ gute Annäherung an das sozial-kulturelle »Wie?« der Äußerung menschlicher Handlungen erreicht werden:

Kulturelle und soziale Ausdrucksformen blieben weitgehend auf den lokalen und regionalen Kontext beschränkt. Unter diesen Bedingungen konnte eine raumzentrierte Darstellung des Kulturellen und Sozialen auf den ersten Blick plausibel erscheinen, selbst wenn dies auch für traditionelle Gesellschaften einer wenig angemessenen Darstellung entsprach und entspricht.[23] Doch unter den aktuellen Lebensbedingungen ist dies nicht mehr oder nur selten mehr der Fall. Und genau diese Tatsache ist es, die auch für die geographische Kulturforschung mit wichtigen Konsequenzen verbunden ist.

Unter den spät-modernen Bedingungen sozialer Prozesse werden somit die Mängel der traditionellen Geographie offensichtlich. So können lokale, regionale oder nationale Vorgänge nicht mehr − wie in der traditionellen Geographie − ausschließlich als Ausdruck lokaler, regionaler oder nationaler Gesellschafts- und Kulturformen interpretiert werden. Längst nicht alles, was irgendwo lokal oder regional beobacht-

---

22 Vgl. BARTELS (1968a, 1970).
23 Vgl. GEERTZ (1983:186f.). GEERTZ geht es vor allem um die hindernden Konsequenzen für das Verständnis fremder Kulturen, wenn in regionalen Kategorien über diese gesprochen wird.

und auffindbar ist, hat auch dort seinen Ausgangsort. Vieles, was handlungsrelevant ist, ist erdräumlich überhaupt nicht beobachtbar.

Die erste Frage, die sich somit für eine kulturzentrierte Regionalforschung stellt, lautet: Können anhand räumlicher Kategorien Kulturen abgegrenzt werden, und ist es angemessen, die Kulturlandschaft als Forschungsobjekt kulturzentrierter Regionalforschung zu betrachten? Muss diese Frage verneint werden, ist zu klären, welche Aufgaben einer kulturzentrierten Regionalforschung in der Spät-Moderne zugewiesen werden können.

Akzeptiert man die handlungszentrierte Perspektive der Kultur- und Gesellschaftsforschung, dann kann – wie bereits angedeutet – weder »Raum« noch »Kulturlandschaft« an sich einen angemessenen Forschungsgegenstand kulturgeographischer Regionalforschung abgeben, sondern Handlungen im Kontext spezifischer sozial-kultureller und physisch-materieller Bedingungen. Denn »Raum« kann auch aus einer handlungszentrierten Perspektive wohl immer nur Raumbegriff heißen, und jeder Raumbegriff kann immer nur ein Referenzmuster abgeben, anhand dessen problematische und/oder forschungsrelevante Gegebenheiten strukturiert und lokalisiert, nicht aber erklärt werden können.[24]

Für bestimmte Fragestellungen kann es zwar durchaus statthaft sein, anhand von räumlichen Kategorien, im Sinne von Kurzformeln, über Soziales zu reden. Doch sollte dabei der Kurzformel-Charakter immer bewusst bleiben. In diesem Sinne können »räumliche« Redeweisen zusammenfassende Äußerungsformen sein über: Bedingungen der Interaktion/Kommunikation in Bezug auf Kopräsenz oder Absenz des Körpers bzw. als Kürzel für unterschiedliche Grade der Mittelbarkeit von Interaktionsformen, als Orientierungs- und Differenzierungskategorie sowie Bedingungen des Handelns im physisch-materiellen Kontext in Bezug auf Kommunikation.

Bezeichnet man jedoch »Raum« oder »Kulturlandschaft« als Forschungsgegenstand der Kulturgeographie, dann lädt man sich auch jene Probleme auf, die für jede Form von Holismus typisch sind und somit in Opposition zu einer handlungszentrierten Perspektive stehen.[25] Denn jeder Versuch, die immaterielle subjektive und sozial-kulturelle Welt von Werten, Normen usw. mittels räumlicher Kategorien erfassen zu wollen, führt einerseits zu einer unangemessenen Homogenisierung der sozial-kulturellen Welt und andererseits zu einer unangemessenen »Kollektivierung«.[26]

24 Vgl. dazu ausführlicher WERLEN (1988a:161ff.).

25 Zur Unvereinbarkeit holistischer Positionen mit den Basispostulaten der Strukturationstheorie Vgl. GIDDENS (1988a:263ff.). Zum Verhältnis der Strukturationstheorie zum methodologischen Individualismus vgl. WERLEN (1989a).

26 Als die wohl geläufigste Form dieses Vorgehens ist sicher die nationalistische oder regionalistische Argumentation zu betrachten, in der vom Willen oder der Meinung bspw. der Bayern, Basken usw., der Niederlage der Schweiz gegen Österreich oder den besonderen Merkmalen der Freiburger, Walliser usw. die Rede ist. Die Unangemessenheit der Homogenisierung drückt sich in diesen Fällen in aller Regel in der Form pauschalisierender Vorurteile aus, die sich dadurch auszeichnen, dass sie soziale Differenzierungen von Handlungspositionen und Sinngehalten von

Damit ist bei genauerer Betrachtung im Vergleich zum sozial-weltlichen Holismus[27] aber noch die Gefahr einer weiteren unhaltbaren Denkoperation verbunden, nämlich ein naiver Essentialismus, der »Raum« oder »Kulturlandschaft« an sich eine konstitutive Kraft beimisst. Dieser Gefahr sind denn auch – wie dies die Fachgeschichte zeigt – zahlreiche Forscher erlegen. In den entsprechenden Forschungen wird dann von ihnen nicht nur behauptet, dass Kollektive handeln können, sondern auch, dass »Landschaften« und »Räumen« eine Sinnhaftigkeit an sich und eine Handlungs- und Wirkfähigkeit zugesprochen werden muss.[28]

Neben diesem extremen Raumfetischismus gibt es auch noch eine mildere Variante der Raumgläubigkeit. Diese führt dazu, alle Aspekte subjektiver und sozial-kultureller Wirklichkeiten für erdräumlich lokalisierbar zu halten. Oder wie es ALAIN GUILLEMIN (1984:15) formuliert: »Le ›local‹ (ou le ›régional‹) apparaît aujourd'hui comme le référent de tout un ensemble de discours et de recherches (…) qui tendent trop souvent á assimiler ›l'objet local‹ (ou ›régional‹) á un espace donné, inscrit dans la réalité des choses et ancré dans le territoire«.

Anders ausgedrückt: In den meisten Regionalstudien werden Lokales oder Regionales im Allgemeinen und lokale/regionale Identität im Besonderen für gegenständliche Objekte gehalten, sodass man dann auch davon ausgeht, »Identitäten« könnten mit räumlichen Kategorien erforscht werden.

Ein aktuelles Beispiel aus der geographischen Forschung ist der Vorschlag von HANS HEINRICH BLOTEVOGEL et al.,[29] denen es in diesem Sinne offensichtlich darum geht, die so genannten regionalen Identitäten in erdräumlichen oder eben regionalen Kategorien zu lokalisieren bzw. zu erforschen. Was dort thematisiert wird, sind subjektive Erinnerungen, Vorstellungen und Einstellungen von/zu Herkunfts- oder aktuellen Lebenskontexten. Auf diese wird von den Handelnden natürlich auch interaktiv Bezug genommen, sodass dann diese Zusammenhänge als gemeinsames Erinnern an vergleichbare Erlebnisse ausgewiesen werden können.

Da es sich aber um Einstellungen und Gegebenheiten des Erinnerns handelt, weisen sie gerade keine materielle Existenz auf und können somit auch nicht erdräumlich lokalisiert oder mittels der traditionellen geographischen Raumkonzeption dargestellt

---

Handlungen völlig unberücksichtigt lassen (vgl. dazu auch GEERTZ 1983:185f.). Die holistische Komponente kommt in der (mindestens) impliziten Behauptung zum Ausdruck, dass ein regionalistisch konstruiertes Kollektiv »an sich« handeln kann.

27 Vgl. WERLEN (1989a).

28 Am anschaulichsten werden die Konsequenzen dieser Denkweise bei OTREMBA (1961:135) dokumentiert: (I)n der Beachtung des Wertes der Räume als Persönlichkeiten in der Gesellschaft der Räume liegt eine unendliche, sich stetig erneuernde Aufgabe«. »Alle Räume (…) wirken aufeinander« (1961:134) und wirken auch determinierend auf die menschlichen Tätigkeiten; vgl. auch WIRTH (1979:229ff.) und BARTELS (1968a:160ff., 1970:34ff.).

29 Vgl. dazu BLOTEVOGEL et al. (1986, 1987, 1989); die Kritik von BAHRENBERG (1987) und HARD (1987a, 1987b, 1990) sowie den Vorschlag zur Neuorientierung von WEICHHART (1990).

werden.[30] Was man mit den traditionellen geographischen Raumkonzepten festhalten kann, sind die Vehikel des Erinnerns und die Körperstandorte der Erinnernden (physisch-materielle Aspekte), aber nicht die Gehalte der Denkakte (den subjektiven Aspekt) oder die symbolischen Bedeutungen. Wenn man bloß die Körper oder die Körperstandorte der Nachdenkenden berücksichtigt, dann können wir keine differenzierte Erklärung über das Nachgedachte und die Ergebnisse des Nachdenkens gewinnen. Das heißt aber nicht, dass die Körper der Handelnden, als Fokusse unmittelbarer Erfahrung, bedeutungslos sind. Dazu später mehr.

Zunächst sollte angedeutet sein, dass einseitige Auflösungen dieses Problems zu Verzerrungen und Reduktionen führen. Das Verzerrungsmaß variiert natürlich, je nachdem ob man sich allein für den physischen, mentalen oder sozialen Aspekt entscheidet. Die ausschließliche Bezugnahme auf den physischen Aspekt jedenfalls führt in letzter Konsequenz zu einem deterministischen Materialismus. Denn damit wird davon ausgegangen, dass das, was gedacht wird, das, woran man sich erinnert und erinnern kann, allein von der Körperposition des handelnden Subjekts abhängt. Diese Argumentation übersieht aber, dass das, was erfahren und erinnert wird, immer auch von den subjektiven Interpretationen abhängt, und diese wiederum nicht unabhängig von dem sozialen Kontext des erfahrenden, erinnernden Subjektes sein können.

Die Annahme einer handlungszentrierten Forschungsperspektive bedeutet demgegenüber, dass »Raum« vielmehr als »Kürzel« für Probleme und Möglichkeiten, die sich in Handlungsvollzügen hinsichtlich der physisch-materiellen Welt im Zusammenhang mit der Körperlichkeit des Handelnden und Orientierungen bezüglich der physischen Welt ergeben, begriffen werden sollte. Somit kann es nicht sinnvoll sein, davon auszugehen, dass »Raum« oder Materialität »an sich« bereits eine Bedeutung hätten, die für soziale Gegebenheiten sinnkonstitutiv ist und mit der man sogar »Identität« aufweisen kann. Sie können es erst in Handlungsvollzügen unter bestimmten sozialen Bedingungen werden. Damit ist gemeint, dass man auch die symbolische bzw. »soziale Aufladung«[31] von erdräumlich regionalisier- und lokalisierbaren Gegebenheiten, wie sie etwa im Zusammenhang mit der so genannten »regionalen Identität« erforscht wird, und die sozialen Sinngehalte materieller Artefakte nicht angemessen in einer raumzentrierten Perspektive erfassen kann, sondern wohl eher in Kategorien des Handelns in je spezifischen Kontexten.

Wenn etwa MÜLLER (1987:66) in seiner Identitätsanalyse behauptet, dass »Territorien den räumlichen Aspekt im Ensemble der Ausdrucksmedien darstellen, die das

---

30   Dies ist natürlich auch für soziale Normen und kulturelle Werte der Fall. Soziale Normen und kulturelle Werte können auch nicht auf indirekte Weise »über ihre projektive Beziehung zu materiellen Referenzobjekten« erdräumlich lokalisiert werden, wie dies WEICHHART (1990:3) postuliert. Gerade weil es sich um Referenzobjekte handelt, können sie selbst nicht »die Norm« oder »der Wert« sein. Der Symbolgehalt bleibt auch dann immateriell, wenn er kognitiv mit etwas Materiellem assoziiert wird.

31   Vgl. KLÜTER (1986:2f.).

Ganze, die *Identität* einer Gruppe umschreiben«, dann erliegt er offensichtlich genau dem Missverständnis, das für die raumzentrierte Perspektive charakteristisch ist. Mit Lebensräumen kann man *per se* keine Identität aufweisen. Denn auch dann, wenn bestimmte materielle Gegebenheiten in einer bestimmten erdräumlichen Anordnung für eine Mehrzahl von Individuen dieselbe Bedeutung haben und sie dadurch zum Vehikel kultureller Identität werden, kann dies nicht durch die Erforschung des Territoriums, des Ortes oder einer Region aufgedeckt werden. Wie GEORG SIMMEL zeigt, bekommt man dazu eher dann einen angemessenen Zugang, wenn man sich mit den Wertungsprozessen in und über Handlungen befasst.

SIMMEL analysiert die Grundstruktur jener Vorgänge, die bestimmten Orten, Artefakten an einer bestimmten Stelle des Erdraumes und Ortsbezeichnungen einen symbolischen Bedeutungsgehalt vermitteln. Gemäß seiner Darstellung strukturieren immobile Artefakte die physisch-weltlichen Aktionsräume derart, dass sie zu erdräumlich fixierten Drehpunkten sozialer Beziehungen werden. Über die Handlungspraxis gewinnt dann dieser Ort »einen besonderen Halt im Bewusstsein. Für die Erinnerung entfaltet der Ort, weil er das sinnlich Anschaulichere ist, gewöhnlich eine stärkere assoziative Kraft als die Zeit« (SIMMEL 1903:43). In anderen Worten: Der Handlungskontext und die Sinngehalte der Handlungen werden in der Erinnerung auf den Ort, das Artefakt oder die Ortsbezeichnung übertragen, an dem oder über das die Handlung stattgefunden hat, »so daß für die Erinnerung der Ort sich mit dieser (Handlung) unauflöslich zu verbinden pflegt« (SIMMEL 1903:43).

Wenn nun die Sinngehalte der Handlungen, die an bestimmten physisch-weltlichen Raumstellen zu Interaktionen werden, ebenso persistieren wie der Ort des Zusammentreffens, belegen jene Handelnden, die bei ihren Handlungen von denselben Sinngehalten geleitet sind, jenen Ort mit dem gleichen symbolischen Gehalt, »um den herum das Erinnern die Individuen in nun ideell gewordenen Wechselbeziehungen einspinnt« (SIMMEL 1903:43). In derart »sozialisierten« oder »angeeigneten« Gegenständen und Ortsbezeichnungen[32] entwickeln sich demgemäß nicht nur praktische oder zweckrationale Vergesellschaftungen, sondern auch ideelle; das heißt, dass sich die soziale Kommunikation auch über gemeinsam geteilte symbolische Gehalte vollziehen kann. Diese übertragenen Bedeutungsgehalte erwecken dann bei diesen Akteuren, die an jenen Erdstellen interagieren, »das Bewußtsein der Dazugehörigkeit« (SIMMEL 1903:41). Der Ort oder besser: Der Bedeutungsgehalt der Ortsbezeichnung wird zum Symbol und zum Anlass der Erinnerung für jene Handlungen, die hier von mehreren Subjekten mit denselben Sinngehalten durchgeführt wurden. MAURICE HALBWACHS (1967) spricht in diesem Zusammenhang von einem »kollektiven Gedächtnis«[33], einer

---

32 Zum Konzept der Aneignung vgl. ROLFF & ZIMMERMANN (1985) und BRUHNS (1985). ROLFF & ZIMMERMANN betrachten »Aneignung« als einen zentralen Aspekt der Sozialisation.

33 »Kollektives Gedächtnis« sollte aber nicht als »Gedächtnis eines Kollektivs« missverstanden werden, sondern als mehreren Subjekten gemeinsam vorgegebene Erinnerungsgehalte, auf Grund gemeinsam gemachter unmittelbarer Erfahrungen oder tradierter »Erzählungen«.

Form von ortsbezogener oder ortsreferenzieller Identität. Der Ort, die Orts- oder Regionalbezeichnung wird derart zum Vehikel des kollektiven Gedächtnisses, des gemeinsamen Erinnerns, der Repräsentation. Da der Ort oder ein materielles Artefakt »an sich« aber nicht bereits über diese Bedeutungen verfügt, kann man über die Ortsanalyse auch nicht zu den kulturspezifischen Bedeutungen der Handlungen vorstoßen. Vielmehr ist eben auf die Handlungszusammenhänge und die Formen der Repräsentation Bezug zu nehmen: »Un des critères objectifs de l'identité locale est à chercher au niveau des représentations sociales, en particulier dans le travail symbolique par lequel les (…) dirigeants essaient de faire accepter à leur profit aux populations qu'elles représentent« (GUILLEMIN 1984:15).

Regionale Aspekte kultureller Identität

Diese Ergebnisse bedeuten gleichzeitig auch, dass es nicht sinnvoll sein kann, nach der »regionalen Identität« von jemandem Ausschau zu halten, sondern bestenfalls nach »orts-« oder »situationsgebundenen kulturellen Identitäten«.[34] Statt nach regionaler Identität zu suchen, scheint es Erfolg versprechender, die regionalen Aspekte und Bedingungen *kultureller Identität* zu erforschen. Damit ist gemeint, dass man sich im Rahmen kulturgeographischer Regionalforschung vermehrt mit der Frage beschäftigen sollte, welche Bedeutung den physisch-materiellen Handlungskontexten, unter besonderer Berücksichtigung der Körperlichkeit der Handelnden, bei der Reproduktion kultureller Werte und der Konstitution intersubjektiv geteilter Deutungsmuster – der Basis kultureller Identität – zukommt, und welche kulturellen Werte dabei reproduziert werden. Als Anleitungen für diese Analysen bieten sich hypothetisch zwei sozialtheoretische Argumentationslinien an. Die Erste ist in der »Theorie der Lebensformen« von SCHÜTZ (1981) zu sehen. Stellt man nämlich die Konstitution und Applikation intersubjektiv geteilter Deutungsmuster ins Zentrum der Überlegungen, dann ist im Hinblick auf eine kulturzentrierte Regionalforschung zuerst die Frage zu klären, unter welchen Bedingungen diese überhaupt entstehen können. Und wenn ein Subjekt die innerhalb einer sozial-kulturellen Welt intersubjektiv gültigen Deutungsregeln lernen will, dann muss es ihm immer wieder möglich sein, seine Deutungen und Wertungen zu überprüfen. Das heißt, dass die Konstitution und Anwendung intersubjektiver Bedeutungszusammenhänge auf Testmöglichkeiten der Gültigkeit von Sinnzuweisungen angewiesen ist. Daraus folgt, dass die erste Bedingung intersubjektiver Sinnkonstitutionen in der unmittelbaren Überprüfungsmöglichkeit subjektiver Sinngebungen zu sehen ist.

---

34 Vgl. dazu WEICHHART (1990), insbesondere 33ff. Ohne hier ausführlich auf WEICHHARTS Argumentation eingehen zu können, möchte ich festhalten, dass ich nicht davon ausgehe, dass es neben der personalen, sozialen und kulturellen Identität – als eigenständigem Bereich – auch noch die »raumbezogene Identität« gibt, wie dies WEICHHART anzunehmen scheint.

Die Basis jeder sozialen Kommunikation ist somit in der Einordnung subjektiver Sinngebungen in intersubjektive Bedeutungszusammenhänge zu sehen. Gemäß SCHÜTZ (1981:211) ist davon auszugehen, dass jede Sinnkonstitution im subjektiven Wissensvorrat gründet. Eine intersubjektiv gleichmäßige Konstitution der Bedeutungen von Sachverhalten bzw. eine Reziprozität der Sinnkonstitutionen setzt dann mindestens teilweise gleichförmig ausgeprägte Wissensvorräte voraus. Hieraus folgt, dass – als zweite Bedingung der Konstitution intersubjektiver Sinnkonstitution – gemeinsam geteilte Erfahrungen als ein wichtiger Grundbestand zur Entwicklung oder Beibehaltung kultureller Identität anzusehen sind.

Akzeptiert man diese beiden Bedingungen, dann wird ersichtlich, dass subjektive Erfahrungen bis zu jenem Zeitpunkt nicht mit ausreichender Gewissheit existieren, als *ego* ihre Existenz nicht von *Alter Ego* bestätigt findet. Das heißt dann, dass sich die Intersubjektivität der sozial-kulturellen und physischen Mitwelt erst auf der Basis sozialer Interaktionen konstituieren kann. Vor allem in der unmittelbaren Face-to-Face-Situation ist die Erreichung der Gewissheit über intersubjektiv gültige Bedeutungskonstitutionen möglich. Denn hier stehen sich die Körper der Handelnden als Ausdrucksfelder des Bewusstseins von *ego* und *Alter Ego* unmittelbar gegenüber. Damit wird es möglich, die Kommunikation über subtile symbolische Körpergesten zu unterstützen, was die Zahl der Fehlinterpretationen einschränkt. Zudem wird es möglich, bei verbleibenden Unklarheiten unmittelbar Rückfragen zu stellen, womit die gegenseitigen Symbolisierungen und Deutungen der unmittelbaren gegenseitigen Überprüfung und der Korrektur zugänglich sind.

Die Kopräsenz wird demgemäß zur Schlüsselsituation, in der die unmittelbare Überprüfung der Kommunikationsinhalte möglich ist. Sie ist die Basis, auf der subjektiv – für die handelnden Subjekte selbst – die »sichersten« Bewusstseinselemente beruhen, die ihrerseits wiederum die Basis der Seinsgewissheit bilden. Auf diesen bauen sowohl die abstrakteren als auch anonymeren Bedeutungszuweisungen auf. Denn alle Formen der mittelbaren Erfahrung der Sozialwelt, die bis hin zu anonymen institutionellen Wirklichkeiten reichen, sind nach SCHÜTZ[35] als Ableitungen aus unmittelbarer Erfahrung zu begreifen.

Die erdräumlich-regionale Grundstruktur alltäglicher Handlungsabläufe kann nach SCHÜTZ – unter Akzeptanz der besonderen Wichtigkeit von Face-to-Face-Interaktionen – auch eine Bedeutung für die Lebensläufe der verschiedenen Subjekte aufweisen. Seine These lautet, dass der Wissensvorrat eines Handelnden über die jeweilige Ausprägung der erdräumlichen und sozialweltlichen Rahmenbedingungen in der alltäglichen Lebenswelt immer eine spezifische biografische *Artikulation* erfährt.[36]

---

35 Vgl. SCHÜTZ & LUCKMANN (1979:90ff.), WERLEN (1988a:67ff., 209ff.).

36 Dies heißt natürlich nicht, dass Wissenselemente, die in mittelbaren Interaktionen erworben wurden, bedeutungslos sind. Doch sind diese – gemäß der Argumentation von SCHÜTZ – im Hinblick auf die Seinsgewissheit weniger bestimmend. Freilich bedarf auch diese Aussage einer genaueren Überprüfung.

In formaler Hinsicht unterscheidet SCHÜTZ zur Analyse der Lebensläufe innerhalb genannter Rahmenbedingungen folgende Aspekte: Jeder Handelnde wird in eine historische Situation hineingeboren, mit je spezifischer Ausprägung des Wissensvorrates seiner unmittelbaren Interaktionspartner in aktueller Reichweite, die ihrerseits von derartigen Begegnungen mit ihren Vorfahren geprägt sind. Diese Bedingungen sind jedem einzelnen Subjekt auferlegt. Die jeweilige biografische Artikulation des Wissensvorrates begrenzt die Möglichkeiten der Lebenserfüllung innerhalb einer Situation. So steht jedem Handelnden »die Sozialstruktur in Form von typischen Biografien offen« (SCHÜTZ & LUCKMANN 1979:127).

Die Sozialisierung jedes Einzelnen in unmittelbaren Begegnungen legt sein je typisches Geographie-Machen innerhalb bestimmter Wahrscheinlichkeitsgrade fest. Über die Körpergebundenheit der Handelnden und deren aktuelle und potenzielle Reichweiten in physisch-weltlicher bzw. regionaler wie in sozialer Hinsicht wird die Ausprägung der verschiedenen Wissensvorräte und der darauf aufbauenden Biografien auf vielfältige Weise differenziert. Ausgehend von den frühesten Face-to-Face-Beziehungen kommen immer neue dazu, die zu weiteren Selektionen der Lebensläufe führen, je nachdem wie sich die aktuellen und potenziellen Reichweiten von *ego* und derjenigen *Alter Egos* in erdräumlicher und sozialer Hinsicht ausgestalten.[37]

SCHÜTZ öffnet damit, neben dem Zugang zu den Grundbedingungen kultureller Identität, zumindest hypothetisch auch jenen zur vertieften Analyse regionaler Disparitäten von individuellen Karrierechancen. Die Bedeutung der erdräumlichen Dimension für verschiedene Lebensläufe zeigt sich wiederum in der Körpergebundenheit der Handelnden, bzw. in der physisch-weltlichen Lokalisation des Körpers und der primären Bedeutung der aktuellen Begegnung bei der Aneignung eines adäquaten Wissens über die physische und soziale Welt. Denn die aktuelle Wir-Beziehung ist immer an eine physisch-weltliche Kopräsenz gebunden und von dieser Beziehungsform geht »der intersubjektive Charakter der Lebenswelt ursprünglich aus« (SCHÜTZ & LUCKMANN 1979:129).

Damit kann auch das Phänomen der erdräumlich differenzierten Manifestationen, Äußerungsformen von intersubjektiven sozial-kulturellen Sinn- und Lebenswelten, die vor allem in der vorindustriellen Zeit klar abgrenzbar vorgegeben waren, hypothetisch erklärt werden. Da diese einerseits auf körpergebundenen Erfahrungen beruhen und sich andererseits in körpergebundenen Handlungen und materiellen Handlungsfolgen äußern, können wir Äußerungsformen von »Kultur« in Kopräsenz auch erdräumlich differenziert erfahren, ohne dass Werte und Deutungsmuster materiell existieren. Und weil die vorangegangenen Sedimentierungen von Erfahrungen im Wissensvorrat

---

37 Natürlich bestimmt die Kopräsenz noch nicht die Kommunikationsinhalte. Sie bleibt aber wichtig als Interpretationsbedingung von verbal *und* nonverbal kommunizierten Inhalten. Ein Übersehen dieser Differenzierung würde eine umweltdeterministische Argumentation implizieren. Im Gegensatz dazu sind natürlich auch die Inhalte der Kommunikation und die Machtverhältnisse, die sich in Handlungsbezügen äußern, entscheidend.

in der Regel während des ganzen Lebenslaufes eine gewisse Bedeutung beibehalten, bleibt auch der physisch- und sozial-weltliche Ort der primären Sozialisation in gewissem Sinne relevant.[38]

Doch in spät-modernen Gesellschaften wächst natürlich der Anteil der mittelbaren Wissensaneignung im Rahmen globaler Kommunikationsprozesse in ständig zunehmendem Maße. Parallel dazu schreitet die soziale Differenzierung und Pluralisierung der handlungsleitenden Werte. Beide zusammen überformen die Sedimentierungen der Erfahrungen, die in unmittelbarer Kommunikation erworben wurden und werden. Daraus könnte man schließen, dass die regionalen Bedingungen von Kommunikation und sozialer Integration immer weniger bedeutsam werden und dann deren differenzierte Analyse völlig überflüssig wird. Dem steht aber das sozial-kulturelle Phänomen der ständig zunehmenden »emotionalen Rückbindung an historische Herkunftsregionen« (LÜBBE 1990b) gegenüber, als die man die vielfältigen Formen von Regionalismus in der aktuellen gesellschaftspolitischen Argumentation bezeichnen kann. Man könnte geneigt sein, dies als bloßen Ausdruck einer antimodernen Lebenseinstellung zu betrachten. Doch es gibt auch eine Interpretationsmöglichkeit, die in eine andere Richtung zielt. Denn nicht »Rückständigkeit macht herkunftskonservativ, vielmehr die Dynamik von Modernisierungsprozessen, die uns immer rascher über immer größere Räume hinweg in herkunftsdifferenter Weise miteinander verbinden« (LÜBBE 1990b). Trifft dies zu, kann man daraus die Folgerung ableiten, dass je rascher der sozial-kulturelle Wandel und je umfassender alltägliche Lebensbedingungen in globale Prozesse integriert werden, die Möglichkeit zur unmittelbaren Überprüfung der Deutungsstandards umso notwendiger wird. Abstrakter formuliert: Je stärker Differenz erfahren wird, desto stärker wird »Identität« als Problem und Bedürfnis manifest[39] und: Je umfassender die Globalisierung voranschreitet, umso bedeutender werden die regionalen und lokalen Handlungskontexte zur Erhaltung oder Schaffung von Seinsgewissheit.

Damit sei aber nicht gleichzeitig »Regionalismus« als politisches Argumentationsmuster legitimiert, sondern eher darauf hingewiesen, weshalb möglicherweise dieser Redeweise zurzeit soviel Erfolg beschieden ist. Auf die zuvor erwähnten problematischen Homogenisierungen der sozial-kulturellen Welt (auf Grund der Verwendung räumlicher Kategorien) sei deshalb nochmals besonders hingewiesen. Denn es könnte sich erweisen, dass gerade die gefährdete oder mangelnde Seinsgewissheit in spät-modernen Gesellschaften besonders für regionalistische Argumentationen empfänglich macht, ohne dass diese von jenen, an die sie gerichtet werden, einer kritischen und rationalen Beurteilung unterzogen werden.

---

38 Diese Tatsache könnte ein Grund dafür sein, dass in der alltäglichen Kommunikationspraxis die (erdräumliche) Herkunft der Interaktionspartner als ein wichtiger Aspekt für die gegenseitige Typisierung angesehen wird.

39 Vgl. HEIDEGGER (1986b) und BRODY (1980).

In diesem Sinne sollte – im Vergleich zu SCHÜTZ – die soziale Differenzierung der
Subjekte, die an kopräsenten Interaktionen beteiligt sind, oder sich an diesen beteiligen
können, sowie die Art der unter dieser Bedingung reproduzierten kulturellen Werte,
verstärkt berücksichtigt werden. Denn es dürfte – wie bereits angedeutet – schwierig
sein, den Nachweis dafür zu erbringen, dass die Art der physisch-weltlichen Positionierung der Körper die Kommunikationsinhalte der Interagierenden bestimmt. Deshalb scheint eine soziale Differenzierung bei der Analyse der regionalen Bedingungen
sozial-kultureller Identität dringend angezeigt, was natürlich auch im Hinblick auf die
Untersuchung der politischen Regionalismen von zentraler Bedeutung sein kann.

Die politische Brisanz dieses sozial-kulturellen Phänomens erfordert gerade auch
die spezifische Berücksichtigung sozialer Differenzierung sowie der Machtkomponente.
Oder vereinfacht ausgedrückt: Die bislang dominierende Unterschätzung der regionalen Bedingungen sozial-kultureller Reproduktion in Gesellschaftstheorien sollte nicht
durch die Unterschätzung der Bedeutung sozial-kultureller Differenzierung regionaler Verhältnisse in wissenschaftlicher wie in politischer Argumentation ersetzt werden.
Doch die genauere Abklärung dieser Zusammenhänge kann letztlich nur im Rahmen
empirischer Forschung erbracht werden, für die diese Überlegungen jedoch einen
Dispositionsfonds der Hypothesengewinnung abgeben könnten.

Die zweite Erfolg versprechende Basis für die Entwicklung einer kulturzentrierten
Regionalforschung in handlungstheoretischer Perspektive bildet das Konzept der »Sozialintegration« von GIDDENS. Darunter ist »die Reziprozität von Praktiken zwischen
Akteuren in Situationen von Kopräsenz, und zwar verstanden als deren Kontinuitäten
in und deren Disjunktion zwischen Begegnungen« (GIDDENS 1988a:431), zu verstehen.

Die sozial-integrativen Prozesse betrachtet GIDDENS als die Basis zur Erlangung
der Seinsgewissheit, die man ihrerseits als Ausdruck kultureller Identität interpretieren
kann. Von der »Sozialintegration« ist die »Systemintegration« zu unterscheiden, unter
der die »Reziprozität zwischen Akteuren (…) über weite Spannen von Raum und
Zeit jenseits von Situationen der Kopräsenz hinweg« (GIDDENS 1988a:432) zu verstehen ist bzw.

> »die Verbindung zu denjenigen, die physisch in Raum und Zeit abwesend sind. Die
> Mechanismen der Systemintegration setzen sicherlich jene der Sozialintegration
> voraus, doch unterscheiden sich diese Mechanismen auch in einigen grundsätz-
> lichen Hinsichten von denen, die in den Beziehungen gemeinsamer Anwesenheit
> (Kopräsenz) involviert sind« (GIDDENS 1988a:80).

Auf diese Unterschiede kann hier nicht weiter eingegangen werden, obwohl sie im
Vergleich zu SCHÜTZ' Konzeption eine wichtige Abweichung und unter Umständen
eine Erweiterung darstellen.

Dabei ist entscheidend, dass GIDDENS und SCHÜTZ in der Kopräsenz die Basis zur
Erlangung der Seinsgewissheit bzw. die Voraussetzung der Ermöglichung intersubjek-

tiver Bedeutungskonstitutionen sehen. Gemäß der hier entwickelten Argumentation – unter Berücksichtigung der vorgeschlagenen Differenzierungen – bilden diese die Kernelemente der Formierung kultureller Identität. Da die Kopräsenz an die Körperstandorte im physisch-weltlichen Kontext gebunden ist, kommt der Berücksichtigung der Körperlichkeit der Handelnden als wichtiger Bedingung der Reproduktion kultureller Werte und der Konstitution intersubjektiv geteilter Deutungsmuster – zumindest im Rahmen der beiden eben genannten Theorien – wohl eine nicht zu unterschätzende Bedeutung zu.

Ausblick

Wenn diese Überlegungen akzeptiert werden, geben sie im Hinblick auf eine kulturzentrierte Regionalforschung sicher einen Dispositionsfonds der Hypothesengewinnung ab. Ohne hier ausführlich auf ein Konzept handlungszentrierter regionaler Kulturforschung eingehen zu können, sollen abschließend zum Vergleich mit der traditionellen Kulturgeographie doch einige Konsequenzen angedeutet werden.

Neben den verschiedenen Arten der in Kopräsenz reproduzierten Werte und Deutungsmuster,[40] die über die Körperlichkeit der Handelnden vermittelt zu regionalen Differenzierungen der Manifestierung sozial-kultureller Welten führen, wären auch die Konsequenzen dieser Zusammenhänge für die interkulturelle Verständigung zu untersuchen. Zudem wäre zu analysieren, welche regelmäßigen oder gelegentlichen Möglichkeiten zur Herstellung der Kopräsenz für welche Akteuren innerhalb einer bestimmten Region[41] bestehen, bzw. welche Voraussetzungen zur Aufrechterhaltung oder Wiedergewinnung kultureller Identität(en) im Rahmen spät-moderner Lebenswelten bestehen oder fehlen. Nicht die Erfassung von Bewusstseinsräumen oder die Regionalisierung/Kartierung von Bewusstseinsgehalten kann ein sinnvolles Ziel geographischer Forschung abgeben, sondern wohl eher die Analyse der regionalen Bedingungen für Kommunikation in Kopräsenz.[42]

Im Hinblick auf die Auseinandersetzung mit den aktuellen Regionalismen wären diese Bedingungen sozial-kultureller Identität mit politischen Diskursen in Zusammenhang zu bringen. Aber auch hier wäre der raumzentrierte Blick aufzugeben. »Regionen« sind dann nicht mehr als »natürliche« Gegebenheiten, sondern als kul-

---

40 Vgl. dazu SAUNDERS (1979:206ff.).

41 Im Sinne einer politischen- und/oder planungs-administrativen Konstruktion.

42 Dabei wird natürlich ein weites Feld von Einrichtungen und Möglichkeiten angesprochen, das von der Neuabstimmung von so genannten raum-zeitlichen Strukturen in den Bereichen von Erwerbsleben, Erziehung und Freizeit im Rahmen spät-moderner Gesellschaften bis hin zu »Begegnungszentren« für verschiedene Alters- und Sozialgruppen reicht. Insgesamt sollten diese Maßnahmen dazu beitragen, bessere Voraussetzungen zum Abbau sozialer Isolation und der daraus resultierenden Probleme zu schaffen.

turelle, soziale, ökonomische und juristische Konstruktionen mit einer je besonderen Geschichte zu begreifen. »Regionalismen« sind dann konsequenterweise als Form sozialer Bewegungen auszuweisen, die auf die Veränderung dieser Konstruktionen hinzuwirken versuchen oder eine größere Autonomie der bestehenden Konstruktion vom Zentralstaat im Auge haben.

Das besondere Interesse der sozialgeographischen Forschung hierbei wäre dann, wie die regionalen Bedingungen sozial-kultureller Identität politisch-argumentativ eingesetzt werden, was natürlich auch heißt: wie die Reduktionen, die sich aus der »räumlichen« Sprache in sozial-kultureller Hinsicht ergeben, politisch – oder nicht selten auch polemisch – eingesetzt werden, um die soziale Wirklichkeit zu verändern. Aber nochmals: Das »Regionale« kann dabei nicht als etwas an sich Bedeutungsvolles, ein »gegenständliches Objekt« an sich betrachtet werden, sondern vielmehr als eine sozial-kulturelle Konstruktion, die das historische Ergebnis einer bestimmten Kombination von kulturellen, sozialen, ökonomischen, politischen, infrastrukturellen und schließlich auch juristischen Faktoren darstellt: ein Bedingungsfeld sozialer Kommunikation.

Raum, Körper und Identität.

Traditionelle humanökologische Denkfiguren in sozialgeographischer Reinterpretation

Wir leben heute – im letzten Jahrzehnt des 20. Jahrhunderts – in einer Welt, die uns alle immer wieder zutiefst verunsichert. Sie ist durchsetzt von Bedrohungen, die früheren Generationen nicht bekannt waren. Gleichzeitig ist es aber auch eine Welt, die den meisten Personen ein größeres Möglichkeitsfeld der Lebensgestaltung eröffnet, als dies bisher je der Fall war. Beide Aspekte, die zunehmende Ungewissheit wie die zunehmenden Wahlmöglichkeiten, können als Bedingung und Ausdruck der Globalisierung der Lebenskontexte aller Menschen gedeutet werden.

Obwohl alle Menschen ihr Alltagsleben körperlich ausschließlich in einem lokalen Kontext verbringen, sind heute die meisten dieser alltäglichen Lebensbedingungen in globale Prozesse eingebettet. Lokales und Globales durchdringen sich gegenseitig. Globale Prozesse äußern sich im Lokalen und sind gleichzeitig Ausdruck des Lokalen. Dies ist ein wesentliches Merkmal spät-moderner Gesellschaften. Über unsere Lebensweise sind wir in globale Prozesse eingebettet, auch wenn wir uns in unserer körperlichen Alltagspraxis nicht über die Ortsgrenzen hinaus begeben.

Diese Bedingungen ermöglichen die zuvor angedeutete enorme Ausdehnung der persönlichen Wahlmöglichkeiten und Reichweiten. Doch sie führen – so lautet eine der hier vertretenen Thesen – gleichzeitig auch zu vielfältigen Verunsicherungen und Zwängen. Zudem und vor allem stehen sie auch an der Basis des vielzitierten Identitätsverlustes der modernen Menschen. Diese Bedingungen bilden gleichzeitig den Kern der Konsequenzen der Aufklärung.

Zahlreiche Strategien zur Behebung dieser Verunsicherungen sind rückwärts gerichtet. Identitätsfindung wird im Rahmen prämoderner Denkmuster erhofft, allerdings ohne die Möglichkeit der Wiederherstellung prämoderner Lebensweisen. Dabei sind, zumindest von einem handlungstheoretischen Standpunkt aus, zahlreiche problematische Kombinationen zu beobachten, welche eher zu einer halbierten Rationalität im Sinne eines technisierten Instrumentalismus kombiniert mit einer prämodernen Weltsicht führen, als zur Entwicklung einer ontologisch angemessenen Identität. Zu den aktuell dramatischsten Formen dieser rückwärts orientierten Strategien sind sicher Regionalismus und Nationalismus zu zählen. Dabei kommt dem Raum im Zusammenhang mit der suggerierten Identität eine zentrale Bedeutung zu.

Auf diese Zusammenhänge zwischen prämodernen Denkmustern und problematischen aktuellen Identitätskonstruktionen möchte ich nun ausführlicher eingehen. Zuerst will ich die Unterschiede zwischen prä- und spät-modernen Gesellschaften in Anlehnung an ANTHONY GIDDENS' (1988a, 1989a, 1990b, 1991a, 1992a) Werk skizzieren und dann – unter Einbezug der Kategorien der handlungstheoretischen Sozialgeographie (WERLEN 1986, 1987a, 1988b, 1989a) auf das problematische Verhältnis von Raum und Identität im Rahmen von Nationalismus und Regionalismus eingehen.

Von Tradition zu Reflexivität

Zur differenzierenden Typisierung von prä- und spät-modernen Gesellschaften in Bezug auf das Verhältnis von Globalisierung und Identität können in Anlehnung an GIDDENS (1991a) drei Dimensionen vorgeschlagen werden: Geschwindigkeit des sozialen Wandels, Reichweite des sozialen Wandels und Prägekraft der Institutionen. Diese drei Dimensionen sind untereinander eng verwoben, existieren nicht unabhängig voneinander. Der Rhythmus des Wandels ist direkt mit der Reichweite des Wandels verknüpft und schließlich auch mit dem Maß der Reflexivität, das die institutionalisierte Praxis im Rahmen von traditionellen und modernen Gesellschaften voraussetzt. Dieser Verwobenheit kann schließlich in der Form Rechnung getragen werden, dass man jede dieser drei Dimensionen mit je einem Gegensatzpaar als weitere Differenzierungsmerkmale kombiniert (siehe Übersicht).

Die drastisch erhöhte *Geschwindigkeit des sozialen Wandels* im Rahmen spät-moderner im Vergleich zu prämodernen Gesellschaften ist in der Trennung von Raum und Zeit begründet. Für prämoderne Lebensformen ist es gemäß GIDDENS (1990b) typisch, dass die Zeitwahrnehmung immer an das »Wo« gebunden ist. Das liegt daran, dass das Zeitbewusstsein immer von den Eigenschaften eines lokalen Milieus durchdrungen, in lokale Traditionen eingebunden ist und – wie ich anfügen möchte – nur deren Horizont operabel verfügbar bleibt. Die spät-moderne Konstellation beruht demgegenüber, erstens, auf der Trennung der räumlichen und zeitlichen Dimension und, zweitens, auf der tätigkeitsspezifischen Re-Kombinierbarkeit von Zeit und Raum.

Die Trennung von Raum und Zeit setzt zu allererst jene Prozesse und Praktiken voraus, die MAX WEBER (1980:308) als die »Entzauberung der Welt« bezeichnet, der Wirtschaftsgeograph ALFRED RÜHL (1927) in Form der »Kalkulation der Natur« als das Kerncharakteristikum des »amerikanischen Wirtschaftsgeistes« identifiziert und von BRUNO LATOUR (1991:21f.) als »ensemble de pratiques (…) de (…) ›purification‹«,

Übersicht: Differenzierungskategorien zwischen Prä- und Spät-Moderne

Geschwindigkeit sozialen Wandels	—	Einheit vs. Trennung von Zeit und Raum
Reichweite sozialen Wandels	—	Verankerungs- vs. Entankerungsmechanismen
Prägekraft der Institutionen	—	Macht der Traditionen vs. institutionelle Reflexivität

als Praktiken der Reinigung benannt werden, die nach ihm dem Kernprozesse der Modernisierung zu Grunde liegen. Damit ist gemeint, dass die Trennung von Raum und Zeit deren Enthebung aus der tief greifenden Verankerung in die lokalen Traditionen voraussetzt. Dafür ist zudem die Überwindung von deren Reifikation notwendig, bevor sie die Basis rationaler Formalisierung abgeben kann. Erst derart wird eine klare Unterscheidbarkeit von Raum und Zeit möglich. Dies führt, erstens, dazu, dass »Zeit« nicht mehr an den Ort gebunden bleibt und, zweitens, dass sich die Beziehung von Raum und Zeit untereinander verändert. Denn die zeitliche Koordination von Handlungen ist nun ohne feste Bezugnahme auf bestimmte Merkmale eines bestimmten Ortes möglich.

Trotzdem bleibt – so ist entgegen GIDDENS' Argumentation zu vermerken – der räumliche Aspekt auch für spät-moderne Konstellationen von tragender Bedeutung, wenn auch in neuen Zusammenhängen. Da die räumliche Festlegung für die Handelnden in der Spät-Moderne immer auch je spezifische zeitliche Implikationen aufweist, kann man nicht von einer alles durchdringenden Ersetzung der Dominanz des Räumlichen durch das Zeitliche ausgehen. Auch in der Trennung bleiben die beiden im Rahmen wählbarer Handlungsweisen aufeinander verwiesen.

Die tätigkeitsspezifische Re-Kombinierbarkeit auf der Basis ihrer vorangehenden Trennung bedeutet, dass das »Wann« und »Wo« sozialer Aktivitäten nicht mehr an die traditionell vorgegebenen Inhalte dieser Tätigkeiten gebunden bleibt, wie dies für prämoderne Gesellschaften charakteristisch ist. Dabei ist die Sinn-Entleerung von Zeit wichtiger ist als jene von Raum. Dies ist deshalb der Fall, weil erst die abstrakte Zeitregulierung die Koordination von Aktivitäten über größere Distanzen möglich macht.

Insgesamt ist mit der (Sinn-)»Entleerung« von Zeit und Raum gemeint, dass beide nicht mehr über ontologische Setzungen und Reifikationen sinnkonstitutiv sind für die Handlungen, die in Bezug auf diese Dimensionen durchgeführt werden. »Entleerung« meint soviel wie Formalisierung und Freimachung für entscheidungsoffene sinnhafte Aneignungen.

Räumliche wie zeitliche Dimensionen müssen dafür zuerst zu formalen Aspekten des Handelns gemacht werden, die inhaltlich, sinnhaft für die auszuführenden Tätigkeiten nicht vorbestimmend sind. Diese Loslösung von traditional vorgegebenen Bedeutungsgehalten des Handelns von räumlichen und zeitlichen Komponenten ist, so wie ich das sehe, als Ausdruck des Erkennens der Differenz von Begriff und bezeichnetem Gegenstand zu verstehen; als Trennung des Symbols vom symbolisierten Gehalt. Ganz allgemein kann man dies auch als Ausdruck eines reflexiven Rationalisierungsprozesses betrachten, der für die Aufklärung und somit auch für Moderne und Spät-Moderne kennzeichnend ist. Nicht nur die Natur wird entzaubert, sondern es findet eine Rationalisierung der Lebenswelt statt, die vor keinem Bereich haltmacht, auch nicht vor Raum und Zeit. Man kann diesen Prozess mit GIDDENS (1991b:306) als wichtigen Ausdruck des übergeordneten Vorgangs der Standardisierung verstehen.

Hinsichtlich der *Reichweite des sozialen Wandels*, der zweiten Hauptdimension der Dynamisierung des gesellschaftlichen Lebens in der Moderne und Spät-Moderne, steht die Entankerung der Gesellschaft von Raum und Zeit im Zentrum. Bei der Entankerung der sozialen Systeme geht es um das Herausheben von sozialen Beziehungen, sozialen Interaktionen von deren lokalem Kontext. Dieser Prozess hat wiederum die zuvor besprochene Entleerung von Zeit und Raum von spezifischen Sinnattribuierungen zur Voraussetzung.

Die Möglichkeit der Entankerung ist somit eng an die Trennung von Raum und Zeit gebunden. Oder man könnte sogar sagen, dass diese Trennung die erste Bedingung für die Entfaltung der Entankerungsmechanismen darstellt, auf deren Basis die zeitlich-räumliche Distanzierung bzw. Ausdehnung der mittelbaren Kommunikationsfähigkeiten verwirklicht werden kann. Damit ist zunächst die Möglichkeit gemeint, mit abwesenden Akteuren zu kommunizieren. Im allgemeinen Sinne geht es aber auch um das Verhältnis zwischen Anwesenheit und Abwesenheit bzw. zwischen lokaler und globaler Kommunikationsebene. Die Medien, welche dies erlauben (Schrift, elektronische Kommunikation, (Plastik-)Geld, technische Expertensysteme), gehören gleichzeitig zu den zentralen Merkmalen moderner Gesellschaften und entsprechender sozialer Praktiken über räumliche und zeitliche Distanzen hinweg.

Die dritte Dimension, die sowohl Geschwindigkeit als auch Reichweite des sozialen Wandels in der Moderne so dramatisch machen, ist die Reflexivität der Moderne, oder allgemeiner formuliert: die Prägekraft der Institutionen. Dies ist vielleicht der am tiefsten greifende Unterschied im Vergleich zu traditionellen Gesellschaften. Der wichtigste Grund dafür ist darin zu sehen, dass die Reflexivität anstelle der Tradition nun als Bedingung des Handelns etabliert ist. Die Reflexivität moderner Institutionen ist aufs Engste mit dem Wissen um Situationen des Handelns verbunden. Es geht also nicht nur um die Fähigkeit zur Bewusstheit, sondern es geht um das Wissen um Situationen – ein Wissen, das eine rationale und reflexive Beziehung zu den verschiedenen Aspekten der Wirklichkeit ermöglicht. Die Reflexivität der Moderne richtet sich vor allem auf die reflexive Aneignung von Wissen. Und genau in dieser Hinsicht unterscheidet sich die Moderne und Spät-Moderne auch wesentlich von prämodernen Gesellschaften.

Dies sind die drei Dimensionen, hinsichtlich deren nun die Unterschiede zwischen prämodernen und spät-modernen Gesellschaften – im Sinne einer nicht-evolutionären Typisierung – in Bezug auf die Identitätsproblematik präziser skizziert werden können. Freilich muss diese Typisierung auf recht grobe Weise verallgemeinern. Sie geht vor allem nicht davon aus, dass traditionelle Formen sozialen Lebens völlig verschwunden wären. Auch nicht, dass hinsichtlich jeder dieser Kategorien immer eindeutige Ausprägungen bestehen würden. Sie sind immer auch unterschiedlich gewichtet.

Mit dieser Rekonstruktion des Bedeutungswandels von Raum und Zeit für die drei verschiedenen Dimensionen der gesellschaftlichen Transformation sind die Grundlagen gelegt, um traditionelle human-ökologische Denkfiguren, welche in aller Regel die Einheit von Natur und Gesellschaft und damit auch von Gesellschaft und Raum, Raum und Identität postulieren, gelegt. Um deren sozialgeographische Reinterpretation systematischer vorzubereiten, sind diese Dimensionen nun noch auf die Handlungsebene zu bringen, um von dorther Implikationen für verschiedene Gesellschaftsformen verdeutlichen zu können.

Räumlich-zeitliche Verhältnisse und Gesellschaftsformen

Jede Auseinandersetzung mit traditionellen Gesellschaften sollte eigentlich von der Klärung des Begriffs »Tradition« ausgehen. »Tradition« ist zunächst einmal als ein Bezugsrahmen der Handlungsorientierung zu verstehen. Tradition wird häufig mit dem Starren, dem völlig Unveränderlichen gleichgesetzt. Doch dies ist nicht das zentrale Merkmal. Als viel wichtiger ist die Tatsache zu betrachten, dass »Tradition« eine nicht diskursive Form der Legitimierung von Handlungspraktiken und Handlungsanweisungen zur Verknüpfung von Vergangenheit und Gegenwart darstellt. Zur Beschreibung traditioneller Gesellschaften ist auf jene Aspekte des Soziallebens aufmerksam zu machen, welche die traditionelle Art der Handlungsorientierung und Handlungslegitimierung einerseits ermöglichen und andererseits erhalten und darin mit den Grundprinzipien spät-moderner Gesellschaften in sozialgeographischer Hinsicht eigentlich nicht mehr kompatibel sind.

Denn die Besonderheit traditioneller Lebensformen besteht darin, dass in traditionellen Gesellschaften keine klare Unterscheidung zwischen Bezeichnetem und Bezeichnendem gemacht wird. Die symbolische Bedeutung eines Ortes, etwa als magische Stätte oder Kultstätte wird mit Magie und Kult identifiziert. So sagt man, wer diese Stelle betrete, der werde verzaubert oder der entweihe den Ort. Diese Reifikationen von symbolischer Bedeutung und Raum als wirksamen Entitäten erlaubt beispielsweise keine Metrisierung des Raumes. Aber auch der Raum als Handelsware ist nicht denkbar. »Raum« ist nicht leer, sondern eben aufgefüllt mit ganz präzisen und spezifischen sozialen und kulturellen Bedeutungen. Er ist, wie sich HELMUT KLÜTER (1986:2) ausdrückt, »sozial aufgeladen«. Die sozial-kulturelle Aufladung »est inscrit dans la réalité des choses et ancré dans le territoire«, wie es ALAIN GUILLEMIN (1984:15) formuliert.[1] Es ist somit wichtig, festzuhalten, dass die Einheit von Raum und Zeit und Gesellschaft im Wesentlichen mit einer Reifikation von sozialer Bedeutung in dem codierten Symbol einhergeht.

Auf Grund dieser Bedingungen kann man sagen, dass traditionelle Gesellschaften in Zeit und Raum verankert waren. Das heißt, ihre Wirkzonen waren räumlich begrenzt und zeitlich relativ stabil. Tägliche Tätigkeitsabläufe wiederholten sich weitgehend unverändert über große Zeiträume hinweg auf denselben Pfaden und im Rahmen derselben Aktionsreichweiten.

In spät-modernen Gesellschaften bzw. in den zeitgenössischen westlichen Gesellschaften sind Lebensweisen nicht mehr in demselben Maße von Traditionen bestimmt,

---

1   Vgl. dazu ausführlicher Abschnitt 3.4.

sondern stärker als Ausdruck reflexiver Handlungsführung und -steuerung. Die Bedeutung von Traditionen bleibt nur noch für Teilbereiche des Lebens erhalten, sie durchdringen nicht mehr jeden Aspekt. So ist den Entscheidungsmöglichkeiten Einzelner bzw. individuellen Entscheidungen ein wesentlich größerer Rahmen abgesteckt, was nicht zuletzt in den etablierten gesellschaftlichen Raumverhältnissen und den dafür notwendigen sozialen Voraussetzungen begründet liegt. Für die Regelung sozialer Beziehungen sind Verwandtschaftssysteme kaum mehr bestimmend. Wirtschaftliche bzw. berufliche Aktivitäten sind diesbezüglich weit wichtiger. So werden soziale Positionen über Positionen in Produktionsprozessen erlangt und nicht mehr strikt über das Alter und sollten im Sinne dieser »Logik« eigentlich überhaupt nicht mehr an das Geschlecht gebunden sein.

Demgemäß ist der soziale und kulturelle Wandel permanent. Man ist fast geneigt zu sagen, dass alles ständig im Fluss ist. Gesellschaft und Kultur sind in hohem Maße ausdifferenziert. Soziale und kulturelle Bruchstellen des Wandels ergeben sich nun im Generationenrhythmus. Wir leben nicht mehr die lokale Tradition, sondern global gegebene und häufig globalisierend wirkende Lebensstile und Lebenspolitiken, häufig in Generationskulturen eingebettet.

Das Besondere spät-moderner Gesellschaften ist – wie bereits angesprochen – darin zu sehen, dass, erstens, räumliche und zeitliche Dimensionen getrennt und von fixen Bedeutungen entleert werden, sodass, zweitens, Raum und Zeit in spezifischen Tätigkeiten auf je besondere Weise wieder rekombiniert werden können.

Die Möglichkeit der Neu-Kombinierbarkeit der zuvor normativ fest gefügten räumlich-zeitlichen Einheit impliziert, dass – je nach (subjektivem) Sinn des Handelns und je nach Form der sozialen Beziehung – Raum und Zeit auf je spezifische Weise kombiniert werden können. Es gibt keine Traditionen oder religiös begründeten Vorschriften, die nur bestimmte, feste Kombinationen zulassen, sodass selbst bestimmte Tätigkeiten immer an einem spezifischen räumlichen Ort sowie mit spezifischer räumlicher Ausrichtung und zu genau bestimmten Tages-, Wochen-, Jahreszeitpunkten zu verrichten sind. Die räumliche und zeitliche Koordination von Tätigkeiten über räumlich-zeitliche Distanz wird nach der Auflösung dieser Einheit auf der subjektiven Ebene zu einer reflexiven Angelegenheit und auf gesamtgesellschaftlicher Ebene zu einer der großen Herausforderungen der modernen Formierung gesellschaftlichen Lebens, was unter anderem in der staatlichen Raumplanung einen Ausdruck findet.

Die Trennung von Raum und Zeit bedeutet insbesondere, dass sie nicht in festen normativen Kombinationen vorgegeben sind. In der sozialen Praxis unter spät-modernen Bedingungen sind sie auch aufeinander bezogen. Doch ändern sich im Vergleich zu traditionellen Gesellschaften vor allem zwei Aspekte: zunächst einmal Ersetzung der traditionsgebunden vorgeformten Raum-Zeit-Sinn-Kombination durch deren entscheidungsabhängige oder routinisierte Kombinierbarkeit. Das heißt somit, dass je nach Sinn der Handlung, je nach Form der sozialen Beziehung Raum und Zeit auf je spezifische Weise kombiniert werden können. Die damit verbundene »Entleerung« von Zeit und Raum meint somit konsequenterweise, dass sie beide in aller

Regel nicht mehr sinnkonstitutiv sind für die Handlungen, die in Bezug auf diese Dimensionen durchgeführt werden. »Entleerung« meint soviel wie Formalisierung und Standardisierung.

Diese beiden Prozesse, die Trennung von Raum und Zeit sowie deren Formalisierung bzw. Standardisierung – welche für die Geschwindigkeit des sozialen Wandels von zentraler Bedeutung sind – weisen tief greifende soziale Implikationen auf. Unter Bezugname auf LEWIS MUMFORD (1961) kann man mit GIDDENS (1991a) darauf hinweisen, dass die mechanische Uhr das eigentliche Herz der industriellen Revolution und des Kapitalismus ist und nicht – wie in aller Regel behauptet – die Dampfmaschine. Denn erst die Erfindung der mechanischen Uhr ermöglicht die systematische Nutzung der Maschinen zur Entwicklung eines neuen Produktionssystems, jenem des Industriekapitalismus. Darin deuten sich die tiefen sozialen Implikationen an, die mit der Verfügbarkeit der mechanischen Zeit verbunden sind: Die mechanische Uhr bildet die Voraussetzung für die Koordination menschlicher Tätigkeiten, sodass diese in den mechanischen Rhythmus der neuen Produktionsweise perfekt integriert werden können. Was WEBER im Zusammenhang mit der industriekapitalistischen Produktionsweise als eine neue Rhythmisierung bezeichnet, erfährt in der MUMFORD'schen Interpretation eine Vertiefung.

Neben der Koordination ermöglicht die Mechanisierung der Zeit andererseits die strikte Kontrolle der Arbeiterschaft. Sie ist eine der wichtigsten Voraussetzungen für die Kommodifizierung der Arbeit und die Unterteilung der Arbeit in Zeiteinheiten, sodass diese zur käuflichen und verkäuflichen Ware bzw. zur Lohnarbeit werden kann. Die mechanische Uhr bildet somit nicht nur den Kern des Industriekapitalismus, sondern auch das Herzstück für dessen weltweite Ausdehnung. Sie ermöglicht die Bildung von exakt bemessbaren Zeitzonen, und diese wiederum sind die Voraussetzung für die angemessene Koordination menschlicher Aktivitäten auf globalem Maßstab.

Für die differenzierte weltweite räumliche Koordination menschlicher Handlungen bildet die Weltkarte die Basis. Sie ist – wie die mechanische Uhr für die Zeit – Symbol und Ausdruck der Sinn-Entleerung der räumlichen Bezüge. Auch verändern sich die sozialen Bedingungen: die schier unglaubliche Steigerung des Akkumulationspotentials, das für den Industriekapitalismus charakteristisch ist.

So wie bei der Zeit im Rahmen der Messbarkeit Momente unterschieden werden können, zerfällt der Raum in Punkte, und bei beiden können wir Intervalle unterscheiden. Dies ermöglicht die Kalkulierbarkeit und klare Begrenzung von Flächen, was seinerseits wiederum eine wichtige Voraussetzung für die Entwicklung einer differenzierten Form von Bodeneigentum darstellt. Boden wird über die Messbarkeit ebenfalls zur tauschbaren Ware, was im Rahmen des industriekapitalistischen Produktionssystems dazu führt, dass der Boden zu einem zentralen Produktionsfaktor wird.

Bei der sozialen Kontrolle werden nun die Kombinationen von Zeit und Raum relevant. Der Arbeitsvertrag kauft die Zeit am Arbeitsplatz, sodass man sagen kann, dass die kapitalistische Produktion grundsätzlich an den Warencharakter von Zeit und Raum gebunden ist. Dies impliziert wiederum eine strikte Trennung von Wohn- und

Arbeitsplatz, was unmittelbar die Voraussetzung für den kapitalistischen Urbanismus bildet. Und im gebauten Raum und den urbanisierten Lebensformen findet schließlich die kapitalistische Rationalisierung der Lebenswelt einen weiteren zentralen Ausdruck. Die rational konstruierte Mitwelt, die in unmittelbarem Gegensatz zu den traditionellen Gesellschaften steht, zwingt uns zur Rationalisierung unserer Alltagsaktivitäten.

Insgesamt bildet die Koppelung von sozialer Kontrolle und Standardisierung von Raum und Zeit die Voraussetzung und Basis für die Entstehung und Ausbreitung der rationalen Organisation – auf der Basis des Warencharakters von Arbeit, Raum und Zeit. Deren grundsätzliche Trennbarkeit und Re-Kombinierbarkeit für je spezifische Ziele ist somit als eines der besonderen Merkmale der Moderne und Spät-Moderne zu betrachten.

Spät-moderne Kulturen und Gesellschaften können in diesem Sinne als räumlich und zeitlich »entankert« charakterisiert werden. Sozial-kulturelle Bedeutungen, räumliche und zeitliche Komponenten des Handelns sind nicht mehr auf fest gefügte Weise verkoppelt. Sie werden vielmehr über einzelne Handlungen der Subjekte auf je spezifische und verschiedenste Weise immer wieder neu kombiniert. Erdräumlich lokalisierbare Gegebenheiten können nicht zuletzt immer wieder je handlungsspezifische Bedeutungen annehmen, weil die Handlungsmuster nicht mehr generationenübergreifend mittels Tradition fixiert sind.

Konsequenzen der Moderne

Auf Grund dieser sozialontologischen Bedingungen in prämodernen Gesellschaften wird eine Einheit von Zeit und Raum ermöglicht. Soziale Regelungen werden häufig vermittels symbolischer Belegungen von Orten und Zeitpunkten erhalten und durchgesetzt. Dies, so muss man betonen, ist nur im Rahmen solcher sozialontologischen Bedingungen in generalisiertem Maße möglich. Verbunden ist dies mit einem geringen Abstraktionsmaß in Bezug auf »Raum« und »Zeit« bzw. einem konkretistischen, reifizierenden Raum- und Zeitverständnis. Aber nicht »Raum« und »Zeit« an sich werden reifiziert. Die Reifikation von »Raum« umfasst auch die Negation der Differenz von »Raum« und den sozialen Gehalten. Dies ist als besonderes Merkmal prämoderner alltagsweltlicher Raumkonzeptionen zu betrachten.

Dies impliziert, dass in traditionellen Gesellschaften keine klare Unterscheidung zwischen Bezeichnetem und Bezeichnendem in dem Sinne gemacht wird, dass die symbolisch normative Aufladung von Orten als Eigenschaft des Ortes betrachtet wird und nicht als Merkmal eines sozialen Prozesses der symbolischen Festlegung. Am markantesten kommt dies bei Kultstätten zum Ausdruck. Das Betreten der Stelle wird mit der sozialen oder psychischen Veränderung der Person auf Grund einer physischen Bewegung gleichgesetzt. Diese Reifikationen von symbolischer Bedeutung und Raum als wirksamen Entitäten führen zu einem verzauberten Kosmos. Die festen symbolischen Aufladungen lassen diesen gleichzeitig als durch und durch (von Geistern) belebt erscheinen. Die symbolische Aufladung bekommt somit über den Reifikationsprozess ein Eigenleben. Die attribuierte Bedeutung wird nicht als das Ergebnis einer sinnhaften Konstitution durch das Subjekt erlebt, sondern als Eigenschaft des physisch-materiellen Vehikels der Attribuierung. Die Einheit von »Raum«, »Zeit« und »Gesellschaft« geht somit im Wesentlichen mit einer Reifikation von sozialer Bedeutung in dem codierten Symbol einher. Dieser Zusammenhang ist denn auch für das Gesellschaft-Raum-Verhältnis prämoderner Gesellschaften bedeutsam.

Über die reifizierte Kombination von »Raum«, symbolischer Aufladung und »Gesellschaft« kann das Territorium als »Meta-Organismus« der holistischen Konstruktion »Volk« erscheinen. Dieser Organismus kann dann auf ähnliche Weise identitätsstiftend wirken, wie JACQUES LACAN die Rolle des menschlichen Körpers im Rahmen des Spiegelstadiums des Kindes zur Entwicklung der Ich-Identität beschreibt. Daraus folgt hypothetisch formuliert: So wie der menschliche Körper für die Ausbildung der Ich-Identität eine zentrale Rolle spielt, erlangt der symbolisch aufgeladene und reifizierte Raum als Meta-Organismus eine konstitutive Bedeutung für die Ausbildung eines völkisch geprägten sozialen Selbstverständnisses. Territorium und Orte *sind* in dieser Konstruktion das »Soziale«.

In Bezug auf die politische Ebene dürfte erkenntlich sein, dass diese Reifikationen beispielsweise auch die Grundlage für das vergangenheitsorientierte völkische Denken – in der Umbruchphase von traditioneller zu moderner Gesellschaft – bilden. Der völkische Traditionalismus Ende des 19. Jahrhunderts bildete dann die Ausgangsebene für die späteren Blut-und-Boden-Ideologien.[2] Den Raumstellen wird eine bestimmte Kraft zugemessen, ohne dass man merkt, dass diese Kraft in der sozialen Konstruktion der Bedeutungszuweisung liegt, nicht aber eine Eigenschaft des Raumes oder eines Ortes *per se* ist. In dieser Missachtung des konstruktiven Gehaltes dieser Bedeutungen liegt denn auch genau das, was der Außenbetrachtung als so genannte Mensch-Natur-Harmomie erscheint. Wird das normativ gewendet, das heißt, lässt man nur bestimmte Natur-Bedeutungs-Beziehungen zu, dann kann sich die Blut-und-Boden-Ideologie voll entfalten. Bestimmte Beziehungen werden positiv bewertet, andere als krankhaft, entwurzelt usw. bezeichnet.

Auf diese Weise sollte veranschaulicht sein, inwiefern Gesellschafts- und Raumkonzeptionen im Rahmen prämoderner Gesellschaften aufeinander bezogen sind. Das Räumliche bzw. das, was dafür gehalten wird, wird in dieser Form konstitutiv für das Handeln und das holistische Verständnis von Gesellschaft. Im Rahmen einer handlungsbezogenen Betrachtungsweise ist aber darauf hinzuweisen, dass weder das Räumliche, das Symbolische noch Holistische gesellschaftliche Totalitäten an sich sind und unmittelbar wirksam werden können. Sie werden nur über das und im Handeln der Subjekte »wirksam«. Wenn Handelnde sie als unantastbare Gegebenheiten akzeptieren, dann werden sie auch in dieser Form bedeutsam. Ihre Bedeutung ist aber die

---

2   Vgl. dazu ausführlicher BOURDIEU (1988b).

Folge der (intersubjektiv gleichmäßigen) Interpretation der handelnden Subjekte und bleibt von diesen abhängig.

In der Aufklärung, dem Ausgangspunkt der Moderne bzw. der modernen Gesellschaften und der Schaffung der entsprechenden sozialen Bedingungen, wird dem Subjekt die zentrale Rolle zugewiesen. Das Subjekt wird von dort immer konsequenter als Zentrum der sinnhaften Konstitutionsleistungen der Wirklichkeit betrachtet. Eine Äußerungsform dieser Entwicklung ist vor allem die sprachanalytische Trennung von Bezeichnetem und Bezeichnendem. In diesem Vollzug wird der Substantivismus durch den Nominalismus ersetzt. Damit ist vor allem auch gemeint, dass die Bedeutungen der jeweiligen Gegebenheiten nicht von der Substanz abhängig sind, sondern Ausdruck einer Übereinkunft, einer Konvention, einer nominalen/benennenden Festlegung sind.

Auf Grund dieser dramatischen Veränderungen werden die Verankerungsmechanismen zunächst ergänzt und später weitgehend durch Entankerungsmechanismen ersetzt. Die Vorherrschaft der Traditionen wird gebrochen. Mehr und mehr treten diskursiv begründete individuelle Entscheidungen an ihre Stelle. An die Stelle traditioneller, raumzeitlich »gebundener« Handlungspraktiken treten rational konzipierte alltägliche Routinen, die über individuelle Entscheidungen im Prinzip immer wieder neu gestaltet werden können.

Die Entankerung moderner und vor allem spät-moderner Gesellschaften wird neben der »Entzauberung der Welt« durch die Trennung von Bezeichnetem und Bezeichnendem vor allem über »symbolische Zeichen« (Schrift, Geld) sowie Expertensysteme (Artefakte) vollzogen. Sie führen dazu, dass für den größten Teil der Handelnden indirekte Interaktionen zur dominierenden Kommunikationsform in globalem Kontext werden.

Die Lebensform der meisten Konsumenten, die auf globale Warenströme Bezug nimmt, ist dementsprechend mit globalen Konsequenzen verbunden. Ein weiterer Ausdruck der Entankerung spät-moderner Gesellschaften ist denn auch darin zu sehen, dass persönliche Lebensformen und -stile immer weniger Ausdruck weder regionaler Gegebenheiten und Lebensweisen sind, noch saisonaler Veränderungen. Diese Lebensformen und -stile können demgemäß in ähnlicher Form überall aufgefunden werden, was aber nicht vorschnell als Homogenisierung der Lebensweisen interpretiert werden soll. Sie treten allerdings nicht mehr primär als regionale Lebensformen, als regional spezifische »genres de vie« im Sinne von PAUL VIDAL DE LA BLACHE (1903) oder HANS BOBEK (1948) auf, sondern vielmehr bezogen auf die soziale Position. Soziale Positionen werden primär über die ökonomischen Aktivitäten erlangt und ermöglichen größere oder kleinere Spielräume der Gestaltung der persönlichen Lebensform. Dementsprechend sind Lebensformen Gegenstand persönlicher Entscheidungen, selbstverständlich jeweils eingebettet in umfassendere soziale und kulturelle Kontexte.

Moderne und spät-moderne Gesellschaften sind in besonderem Maße Ausdruck rationaler Konstruktionen, die als beabsichtigte und unbeabsichtigte Folgen des Handelns zu begreifen sind. Die materielle Mitwelt ist in bedeutendem Maße eine Welt der Artefakte und somit eine im Prinzip rational verstehbare Welt, eine rationale und rationalisierende Welt gleichzeitig. Auf Grund dieser Bedingungen kommt dem methodologischen Individualismus als sozialwissenschaftliche Perspektive auch eine privilegierte Stellung zu.

Moderne und spät-moderne Gesellschaften sind auch als Ausdruck eines neuen Raum- und Zeitverständnisses zu begreifen. Räumliche und zeitliche Komponenten des Handelns sind nicht mehr traditionell festgelegte Regulative des Handelns. Ihre sozialen Bedeutungen sind Ausdruck rationaler Konventionen oder können sogar von den einzelnen handelnden Subjekten selbst bestimmt werden. »Raum« ist nicht mehr ein strikt vorinterpretiertes Handlungsregulativ, sondern wird zum Mittel der Handlungskoordination, insbesondere wenn die interagierenden Subjekte nicht ko-präsent sind.

»Raum« und »Zeit« werden ihrer Rolle als »versteckte« soziale Regulative enthoben. In modernen Gesellschaften verlieren sie ihre sozial sinnkonstitutive Bedeutung mehr und mehr. Diese Sinnentleerung ist die wichtigste Voraussetzung für die Metrisierung von Raum und Zeit, und die Metrisierung ihrerseits ist Voraussetzung für Kontrolle und Koordination der Subjekte in Situationen der Abwesenheit. Diese Metrisierungen können somit als zentrale Voraussetzung der Entankerung moderner Gesellschaften betrachtet werden. Sie sind die Basis der Industrialisierung und der zeitgenössischen Gesellschaft ganz allgemein und sie führen dazu, dass die materielle Mitwelt in zunehmendem Maße eine rational konstruierte ist und ein kaum abschätzbares Risikopotential aufweist. Daraus resultieren vor allem auch wichtige Identitätsprobleme.

Identität und Raum als Körper

Der Satz der Identität lautet gemäß der traditionellen Formel »A=A«. Der Unterschied von »Identität« zur bloßen Tautologie besteht darin, dass von »Identität« dann gesprochen werden kann, wenn prinzipiell die Möglichkeit zur Differenz besteht.[3] »Identität« bezieht sich demzufolge auf mindestens zwei Gegebenheiten, die grundsätzlich verschieden sein könnten aber nicht verschieden sind. Dementsprechend wird Identität ohne potentielle Differenz nicht wahrgenommen. Erst mit zunehmender Möglichkeit der Differenz wird Identität erkennbar. Deshalb wird »Identität« erst in modernen Gesellschaften und Kulturen thematisiert, nicht aber in traditionellen.

»Identität« ist aber nur zwischen ontologisch gleichartigen Gegebenheiten möglich. Das bringen die differenzierenden Formulierungen wie »persönliche«, »soziale« oder »kulturelle Identität« zum Ausdruck. Demgemäß ist es unsinnig, nach Identitäten zwischen physisch-materiell begrenzten Regionen und kulturellen oder emotionalen

---

3   Vgl. dazu HEIDEGGER (1986b).

Gegebenheiten Ausschau zu halten. Die Behauptung, dass nur etwas Identität aufweisen kann, das grundsätzlich verschieden sein könnte, ist also einzugrenzen auf Gegebenheiten, die denselben ontologischen Status aufweisen.

Trotzdem gibt es zahlreiche Handlungs- und Argumentationsweisen, die diesen
Unterscheidungen widersprechen. Der Regionalismus ist eine Form davon, in der
diese Nichtberücksichtigung sogar strategisch eingesetzt wird. Die identitätsstiftende
Komponente regionalistischer und (völkisch-)nationalistischer Argumentation ist in
der holistischen Ausrichtung begründet. In der holistischen Konstruktion verschwinden einerseits soziale Unterschiede weitgehend und andererseits wird eine Zugehörigkeit suggeriert. Und diese soziale »Einebnung« hat damit zu tun, dass nicht soziale
Kategorien zur Charakterisierung von Regionen und Territorien verwendet werden,
sondern umgekehrt: Räumliche Kategorien werden zur sozialen Typisierung und der
Konstruktion einer gesellschaftlichen Totalität verwendet.[4]

Diese Raum-Gesellschafts-Kombination lässt eine regionale Bevölkerung als ein
Individuum mit klar begrenzbarem Korpus (Territorium, Region) erscheinen. Analog
zum Spiegelstadium des Kindes wird das Materielle (Körper/Territorium) zur identiätdsstiftenden Instanz. Bevor auf die reifizierte Region als materieller Meta-Korpus
einer kollektivistischen Konstruktion eingegangen werden kann, ist zuerst, im Rahmen eines kleinen Exkurses, kurz auf die Bedeutung der Körperlichkeit in der Ausbildung der Ich-Identität einzugehen.

Exkurs: Körper und Ich-Identität

Wie die Studien von SIGMUND FREUD ([1923]1940) und LACAN (1978) zur Entwicklung des »Ich« zeigen, kommt dem Körper in der Ausbildung des Selbstbewusstseins,
das schließlich jeder Form des Individualismus zugrunde liegt, im Rahmen einer spezifischen »Organismus-Analogie« eine zentrale Bedeutung zu. »Das Ich ist vor allem
ein körperliches, es ist nicht nur ein Oberflächenwesen, sondern selbst die Projektion
einer Oberfläche« (FREUD [1923]1940:253). Damit ist gemeint, dass sich das Selbstbewusstsein im Zusammenhang mit der Entdeckung der eigenen Körperlichkeit konstituiert, und zwar derart, dass von der Abgrenzbarkeit des Körpers auf die Abgrenzbarkeit des Bewusstseins geschlossen wird.

LACAN (1978) beschreibt dies in »Das Spiegelstadium als Bildner der Ich-Funktion«,
wobei er auf die psychoanalytische Entwicklungslehre zurückgreift. Die Ursprünge
der Ich-Funktion werden dabei im frühesten Kindesalter (6.-18. Monat) lokalisiert.
Das in den Spiegel schauende Kind entwirft dabei – gemäß dieser Darstellung – »ein
imaginäres Bild von der Gestalt seines Körpers. Es antizipiert eine somatische Einheit und identifiziert sich mit dieser, obwohl seine körperliche Kompetenz in diesem
Stadium noch sehr mangelhaft (…) ist« (PAGEL 1989:25). Das bewusstseinsmäßige Ich

---

4   Vgl. WERLEN (1989a, 1993f).

und die Ich-Identität sind demgemäß als eine Projektion der Wahrnehmung der Einmaligkeit des eigenen Körpers zu begreifen.

Die Ich-Identität konstituiert sich so unter Bezugnahme auf den eigenen, sich selbst vorgestellten Körper. »Im faszinierenden Spiel zwischen Leib und imaginierter Leiblichkeit entwirft das Subjekt sein Ich als psychische Einheit« (PAGEL 1989:26). Die Wiedergabe dieser psychologischen Argumentation ist nicht als Basis für eine psychologistische Erklärung menschlicher Handlungen zu begreifen, sondern als eine Illustration, wie die Körperlichkeit der Akteuren implizit zur Individualisierung ihres Selbstverständnisses und dessen häufiger Überbetonung in sozialen Erklärungsmustern führt.

Wie das »Ich« im Spiegelstadium des Kindes – so lautet die nächste These –, wird beim Regionalismus das »Wir« aus der materiellen Grundlage abgeleitet. Diesen territorial formierten Ganzheiten werden bestimmte »Charaktereigenschaften« und andere »individuelle« Merkmale zugeschrieben, wie etwa: »Armenien ist hochbetagt« usw. Die damit verbundene Vorstellung läuft schließlich darauf hinaus, dass die so Angesprochenen glauben, sie könnten alle in gleichem Maße Bestandteil dieses »sozial-räumlichen Korpus« sein. Die mittels räumlicher Kategorien konstruierte soziale Einheit wird als ein »an sich« existierendes Ganzes betrachtet, in dessen Namen man sich äußern, Forderungen stellen usw. kann. Falls sich Personen mit dieser räumlich konstruierten sozialen Ganzheit emotional identifizieren, kommt eine höchst komplexe gegenseitige Durchdringung von politischem Diskurs und holistischer Fiktion zustande. Diese Komplexität dürfte ein weiterer wichtiger Grund dafür sein, weshalb Regionalismus so schwer fassbar ist.

Ein weiterer problematischer Aspekt der Mobilisierung von Identitäten auf Grund räumlicher Konstruktion ist der darin enthaltene Rückbezug auf die prämodernen Weltdeutungen. Kernpunkt ist dabei offensichtlich, dass keine klare Trennung zwischen Materiell-Biologischem und Sinnhaftem, zwischen Vehikel und Bedeutung gemacht wird. Ich möchte diese These unter Bezugnahme auf eine philosophische Fehldeutung und deren Konsequenzen für die jüngere Forschungsgeschichte der Sozialgeographie abschließend andeuten.

Raum, Identität und Determinismus

Der Zusammenhang zwischen der Vorstellung, dass soziale und kulturelle Gegebenheiten naturräumlich determiniert wären, weist eine lange Tradition auf. In gewissem Sinne hängt dies mit der Vorstellung – die für die traditionelle Geographie typisch ist – zusammen, soziale und kulturelle Gegebenheiten würden eine räumliche Existenz aufweisen. Beide Konzeptionen weisen auch eine philosophische Tradition auf. Deren interne Logik kann vielleicht am besten anhand der philosophischen Debatte in der Nachfolge von GOTTFRIED WILHELM LEIBNIZ' Monadenlehre verdeutlicht werden.

LEIBNIZ bezeichnet neben der Sphäre der *monades monadem* (Gott) den Bereich der entscheidungsfähigen Subjekte und den Tier-/Pflanzenbereich als »Orte« der Monaden, der »seelenhaften Substanzen«. Die unbelebte Natur zählt er nicht zu diesem verstehbaren Bereich. Den Ersten hält er vom Zweiten insofern unabhängig, als er ausdrücklich betont, dass sich nur der beseelte Kosmos, der Bereich der Monaden also, »als Mikrokosmos in jeder Seele« wiederholt, nicht aber die unbeseelte/unbelebte Natur.

Diese Differenzierung zu betonen, ist aus zwei Gründen wichtig. Der erste Grund bezieht sich auf eine Fehlinterpretation im Rahmen der innerphilosophischen Debatte und der zweite auf die Konsequenzen davon in der geographischen Theoriediskussion, die bis in die Gegenwart hineinreichen. Die Fehlinterpretation im Rahmen der Philosophiegeschichte ist insbesondere mit den Namen CHRISTIAN WOLFF und GEORG WILHELM FRIEDRICH HEGEL verbunden: »Die seit Hegels Geschichte der Philosophie immer wieder anzutreffende Missdeutung, auch Unorganischem den Charakter von Monaden zuzusprechen, geht wohl auf WOLFFs Fassung der Monadenlehre zurück« (POSER 1981:397). Das mag für die Geographie und humanökologische Wirklichkeitsdeutungen als belanglos erscheinen, ist aber mit radikalen Konsequenzen verbunden.

Mit der Aufhebung der Differenz zwischen belebter und unbelebter Sphäre wird innerhalb der Argumentation, dass sich der Kosmos im Mikrokosmos jeder Seele abbildet, dem materialistischen Determinismus das Wort geredet. Darin sind die angedeuteten radikalen Konsequenzen enthalten. Diese sollen zuerst anhand von HEGELs eigener Anwendung von WOLFFs Fehlinterpretation angedeutet werden. Anschließend sollen dann die Auswirkungen innerhalb der Geographie anhand JOHANN GOTTFRIED HERDERs Interpretation und JÜRGEN POHLs Vorschlag einer »Geographie als hermeneutische Wissenschaft« (1986) und der Erforschung von »Regionalbewusstsein« (1993) kurz illustriert werden.

HEGEL ([1837]1961:137f.) schreibt 1837 in »Philosophie der Geschichte« im Kapitel »Geographische Grundlagen der Weltgeschichte«:

»Der Naturzusammenhang des Volksgeistes (ist) ein Äußerliches, aber insofern wir ihn als Boden, auf welchem sich der Geist bewegt, betrachten müssen, ist er wesentlich und notwendig eine Grundlage. Wir gingen von der Behauptung aus, dass in der Weltgeschichte die Idee des Geistes in der Wirklichkeit als eine Reihe äußerlicher Gestalten erscheint, deren jede sich als wirklich existierendes Volk kundgibt. Die Seite dieser Existenz fällt aber sowohl in die Zeit als in den Raum, in der Weise natürlichen Seins, und das besondere Prinzip, das jedes welthistorische Volk an sich trägt, hat es zugleich als Naturbestimmtheit in sich (…). (Es geht uns darum), den Naturtypus der Lokalität kennen zu lernen, welcher genau zusammenhängt mit dem Typus und Charakter des Volkes, das der Sohn solchen Bodens ist«.

Darin äußert sich somit die materialistisch-deterministische Betrachtungs-, Argumentations- und Erklärungsweise, gemäß der die erdräumlich unterschiedlich ausgepräg ten Naturbedingungen als Bedingungsfaktor für die »Volkskultur« gesehen wird: »Die Naturunterschiede müssen zuvörderst als besondere Möglichkeiten angesehen werden, aus welchen sich der Geist hervortreibt« (HEGEL [1837]1961:138). Dies ist genau dann – aber nur dann plausibel –, wenn man davon ausgeht, dass sich auch der unorganische Bereich des Kosmos im Mikrokosmos jeder Seele abbildet.

Was hier bei HEGELS Interpretation zum Ausdruck kommt, entspricht auch HER-DERS LEIBNIZ-Verständnis und beide sind gleichzeitig repräsentativ für jenen kulturellen und philosophischen Kontext, in dem das prämodern »völkische Denken« entstehen konnte, aber auch der Geodeterminismus – als geographische Variante davon – zu sehen ist und freilich auch deren normative Interpretationen, die schließlich die Blut-und-Boden-Ideologien förderten.[5] Bei HERDER führt diese Logik zur argumentativen Erschließung und Begründung der so genannten »Völkerindividuen«:

> »Wie die Quelle von dem Boden, auf der sie sich sammelte, Bestandtheile, Wirkungskräfte und Geschmack annimmt: so entsprang der alte Charakter der Völker aus Geschlechtszügen, der Himmelsgegend, der Lebensart und Erziehung aus den früheren Geschäften und Thaten, die diesem Volke eigen wurde« (HERDER 1877:102f.).

Wenn hier HERDER auch sozial-kulturelle Aspekte angibt, welche gemäß seinem Verständnis die »Völkerindividuen« prägen, nennt er zuerst doch die materiellen Grundlagen als primäre »Prägungsinstanz« der »Seele des Volkes«. Die materialistische Interpretation der Bezugnahme HERDERS auf die Monadenlehre kommt somit nicht nur als Metapher zum Ausdruck, sondern ist offensichtlich auch im geodeterministischen Sinne gemeint.

POHLS (1986) Vorschlag, die »Geographie als hermeneutische Wissenschaft« zu begreifen, ist in der Form, wie er es verlangt, weitestgehend auf HERDERS Fehlinterpretation von LEIBNIZ' Monadenlehre aufgebaut: »Herder und die Romantik mit ihrer ganzheitlichen und zugleich idiographischen Weltsicht hatten möglicherweise recht« (POHL 1986:137) und so ist »die Aufgabe der Geographie als hermeneutisches Verstehen von regionalen Subjekten« (POHL 1986:146) zu definieren. Oder: Das Ziel hermeneutischer Geographie besteht im Verstehen der »Geopsyche«, im Verstehen der Seele der unbelebten Natur, der »Stadtstruktur«, des »erdräumlichen Organismus« usw. Über die Missachtung der Unterschiede zwischen Unorganischem und der sozial-kulturellen Welt des sinnhaften Handelns wird der relationale Raum – mindestens auf implizite Weise – wieder zum (ver-)gegenständlich(t)en Raum, der sich gegen LEIBNIZ' Emanzipation des modernen Subjektes richtet. Das führt letztlich zu einem materiell determinierten völkischen oder regionalistischen Holismus.

Bei HANS HEINRICH BLOTEVOGEL et al. (1986, 1987, 1989) und bei POHL (1993) äußert sich dann die Kombination von Bewusstsein und gegenständlichem Raum in der

---

5 Vgl. dazu ausführlicher BOURDIEU (1988a, 1988b) sowie EISEL (1980).

Vorstellung eines räumlich begrenzbar vorfindbaren Regionalbewusstseins. HERDERS Vorstellung von einem Völkerindividuum, POHLS Idee vom verstehbaren erdräumlichen Organismus und einem räumlich lokalisierbaren regionalen Bewusstsein können auf dem Hintergrund von LEIBNIZ' relationaler Raumkonzeption und dem eigentlichen Kern der Monadenlehre als verwandte Konstruktionen identifiziert werden. Alle drei sind weder auf der Basis einer anti-substantivistischen Ontologie von »Raum« – wie sie von LEIBNIZ vertreten wurde – noch in Bezug auf die sozialontologischen Bedingungen spät-moderner Gesellschaften haltbar. Doch diese Konstruktion ist eine gute Illustration des internen Zusammenhangs und der gedanklichen Verwandtschaft zwischen substantivistischer Raumkonzeption, holistischer Gesellschaftskonzeption, deterministischen Tendenzen und prämoderner Sozialontologie.

Schluss

Räumliche wie körperbezogene Typen der Identitätskonstruktion sind offensichtlich in mehrfacher Hinsicht problematisch. Die regionalistische Variante scheint einen prämodernen Zugang zur räumlich ausgedehnten Welt als Voraussetzung zu haben. Dies ist in einer spät-modernen Welt, die primär aus rationalen Konstruktionen, zahlreichen Formen der Entfremdung und vielfältigen Verunsicherungen besteht, wohl leicht verständlich, sozial und politisch aber mit einem dramatischen Gefahrenpotential verbunden.

Die Bedeutung der Situation der Kopräsenz im Rahmen spät-moderner Gesellschaften sollte also auch dann nicht unterschätzt werden, wenn prinzipiell zunehmend vielfältigere und zahlreichere Ersatzmöglichkeiten bestehen. Dies ist insbesondere in Bezug auf die Erlangung oder Bewahrung kultureller Identität von besonderer Bedeutung. Da sich das Identitätsproblem erst im Rahmen moderner und spät-moderner Gesellschaften stellt, in diesen aber eine zunehmende Tendenz des Ersatzes der Situationen der Kopräsenz durch mittelbare Interaktionsformen feststellbar ist, sollte erkennbar werden, dass diese Zusammenhänge von zunehmender (problematischer) Bedeutung sind. Und umso dringlicher wird die Aufgabe, den Widerspruch zwischen dem manifesten Bedürfnis nach kultureller Identität auf der einen Seite und dem fortschreitenden Zurückdrängen der dafür notwendigen Bedingungen (Ko-Präsenz) auf der anderen Seite mit aller Deutlichkeit kenntlich zu machen.

Die Bedingungen der Identität sind in der Kopräsenz bzw. im lokalen Erfahrungskontext begründet, der lebensweltliche Kommunikationskontext wird aber in zunehmendem Maße global. Die so genannte »Dialektik des Globalen und Lokalen« erfährt hier eine besondere Ausformung. Die alltagsweltlichen lokalen Bedingungen des Handelns jeder einzelnen Person werden internationalisiert, obwohl die unmittelbaren Erfahrungen auf Grund der Körperlichkeit für die meisten lokal oder regional begrenzt bleiben. Derart ist auch der Geltungsbereich der unmittelbaren Verständigung, die sich ja in den meisten Fällen der kontextuellen Referenz bedient, im lokalen Bereich mit einer höheren Gewissheit verbunden.

Ein besonderes und neues Problem spät-moderner Gesellschaften bezieht sich somit auf die Transformationsmodi oder die Transformationskategorien, anhand deren »lokales Wissens« oder besser: lokal angeeignete Deutungsregeln auch im globalen Kommunikationskontext eine angemessene Verständigung ermöglichen. Genauer lässt sich das Problem anhand der folgenden Fragen darstellen: Wie können die subjektiven Erfahrungen in ein (überlokal gültiges) intersubjektives Netz von Deutungsregeln eingebettet werden? Wie kann die Angemessenheit der Deutung meiner Kommunikationsinhalte durch einen (räumlich abwesenden) Kommunikationspartner überprüft werden, der mit dem Entstehungskontext meiner Erfahrungen nicht vertraut ist? In Bezug auf die Konstituion kultureller Identität stellt sich ein ähnliches Problem: Die Bedingungen der Identität bestehen nur lokal oder regional, das Handeln und Wirken der einzelnen Akteuren ist aber in globale Zusammenhänge eingebettet.

Darin zeigt sich die grundlegende Bedeutung lokal- oder regional-situativer Bedingungen für die Formierung sozial-kultureller Deutungsmuster. Diese Bedingungen verlieren auch in der Spät-Moderne nichts von ihrer Relevanz. Dies liegt darin begründet, dass die Kopräsenz oder Sozialintegration für die so genannte Systemintegration weiterhin die Basis bildet.

»Die Vermittlung einer gesellschaftlichen (bzw. kulturellen, B. W.) Identität z. B. eines Kindes geschieht (immer) in einem lokalen Zusammenhang durch einzelne Menschen. Die universellen Formen der Identität laufen durch die Personen hindurch. In den Köpfen aller an der Sozialisation (bzw. Enkulturation, B. W.) beteiligten Personen sind die Kategorien und Wertmaßstäbe der Gesellschaft enthalten, und sie werden über diese Personen (in Situationen der Kopräsenz, B. W.) weitergegeben« (HOLLING & KEMPIN 1989:146).

Damit ist für eine nicht verräumlichend-reduktionistische, sondern für eine kulturzentrierte Regionalforschung ein Ausgangspunkt der Hypothesenentwicklung verfügbar gemacht, die stärker die dynamischen, handlungsorientierten Aspekte denn die eher raumzentrierten statischen betont. Sie könnte sich primär mit den lokal-/regionalen Bedingungen von Handlungssituationen beschäftigen und die Prozesse der Regionalisierung fokussieren. So wären neben den verschiedenen Arten der in Kopräsenz reproduzierten Werte und Deutungsmuster, die über die Körperlichkeit der Handelnden vermittelt zu regionalen Differenzierungen von sozial-kulturellen Welten führen, auch die Konsequenzen dieser Zusammenhänge für die interkulturelle Verständigung zu untersuchen. Dies wird im Zeitalter zunehmender Globalisierung von sozialen und ökonomischen Prozessen zu einem immer wichtigeren Aufgabenfeld. Je mehr die Kopräsenz durch mittelbare Formen der Interaktion ersetzt wird, so kann man hypothetisch formulieren, desto geringer werden auch die Überprüfungsmöglichkeiten der Angemessenheit der Sinndeutungen durch die Interaktionspartner. Vor dem

Hintergrund dieser Vermutung wäre dann zu analysieren, welche Möglichkeiten der Kopräsenz für welche Handelnden regional bestehen bzw. welche Bedingungen der Möglichkeit der Aufrechterhaltung oder Wiedergewinnung kultureller Identität(en) im Rahmen spät-moderner Lebenswelten bestehen oder fehlen.

Kulturgeographie und kulturtheoretische Wende

Als GEORGE W. BUSH nach dem 11. September 2001 zu einem »neuen Kreuzzug« gegen »die Achse des Bösen« aufrief, konnte man den Eindruck gewinnen, der Kulturerdteil-Lehre wäre auf politischer Ebene der definitive Durchbruch gelungen. Kulturen bekamen von BUSH klare räumliche Grenzen zugewiesen. Sie wurden zu räumlich eindeutig lokalisierbaren Gegebenheiten. Wohl auch deshalb schien der territoriale Kampf die »angemessene« Antwort zu sein. Doch der »Kampf der Kulturen«, den SAMUEL P. HUNTINGTON (1996:17) als politikwissenschaftliches Paradigma für die Analyse der »neue(n) Ära der Weltpolitik« versteht, hat eine neue Logik erlangt.

Denn die Ereignisse vom 11. September sind auch gerade ein Hinweis darauf, dass der so genannte »Kampf der Kulturen« nicht (mehr) umfassend territorialer Art ist. Er zielt auf den Kernbereich des Kulturellen: auf die repräsentative Ebene der Symbole, insbesondere jener von globaler Bedeutung. Dies lässt erste Konturen der neuen alltäglichen Geographien des Kulturellen erkennen: der gleichzeitigen »Entankerung« (WERLEN 1993d) und der »punktuellen« symbolischen Wiederverankerung kultureller Wirklichkeiten. In Anlehnung an EDWARD S. CASEY (2001:683) kann man diese Konstellation der kulturellen Wirklichkeit als eine Welt der symbolischen Orte bezeichnen, nicht mehr als eine Welt der (Kultur-)Räume.

Im Vollzug des Prozesses der segmentären Entankerung und örtlichen Wiederverankerung durchdringt das Kulturelle zunehmend sowohl die Felder des Ökonomischen, Gesellschaftlichen als auch des Politischen. Das verlangt nach neuen Erklärungsmustern nicht nur für kulturelle, sondern auch für politische, soziale und ökonomische Vorgänge. Der so genannte »cultural turn«, die kulturtheoretische Wende in den Humanwissenschaften, ist darauf ausgerichtet, diese Veränderungen der alltäglichen Lebenszusammenhänge konzeptionell zu fassen.

Innerhalb der Geographie äußert sich diese Reorientierung der wissenschaftlichen Blickrichtung im neuen Aufschwung der so genannten »cultural studies« (DAVIES 1995), insbesondere im angelsächsischen Kontext. Damit ist zwar eine längere Phase der Stagnation der kulturgeographischen Forschung überwunden. Gleichzeitig sind damit aber auch bemerkenswerte Probleme verbunden, die es als wenig angezeigt erscheinen lassen, die angelsächsische Vorreiter-Rolle in diesem Falle zum Vorbild der deutschsprachigen Entwicklung zu machen.

Um die Bedeutung und die Implikationen dieser jüngeren Entwicklung für die humangeographische Forschung verdeutlichen zu können, ist die historische Perspektive zu erweitern. Denn es wird allzu leicht übersehen, dass die jüngere kulturtheoretische Wende Ende des 20. Jahrhunderts rund hundert Jahre früher bereits einen Vorläufer hatte. Demzufolge ist zwischen zwei Formen des »cultural turn« zu unterscheiden. Im *ersten* Abschnitt werden die allgemeinen Merkmale des schillernden Ausdrucks »cultural turn« angesprochen. Im *zweiten* und *vierten* Teil werden die beiden kulturtheoretischen Wenden differenziert vorgestellt. Im *dritten* Abschnitt sollen jene alltagsweltlichen Bedingungen in räumlicher und zeitlicher Hinsicht charakterisiert werden, mit denen die aktuelle kulturgeographische Forschung konfrontiert ist. Im *fünften* Abschnitt wird eine geographische Theorie der Praxis für die Erforschung der aktuellen Seinsweise kultureller Wirklichkeiten skizziert, die dann der Darstellung eines kulturgeographischen Forschungsfeldes zugrunde gelegt wird.

Allgemeine Merkmale

Bei der jüngsten kulturtheoretischen Wende in den Sozial- und Geisteswissenschaften fällt auf, dass sie auf alltagsweltlicher Ebene mehrheitlich an die historische Konstellation des Postkolonialismus und das Ende des »Kalten Krieges« gebunden ist. Die Emanzipation der ehemaligen Kolonien zu formell gleichberechtigten Staaten trug (mindestens implizit) auch zur »Gleichberechtigung« jener Kulturen bei, die zuvor leicht als unterentwickelt bzw. als Vorstufen des kulturellen Niveaus der imperialen Mächte dargestellt werden konnte. Das Ende des Kalten Krieges – dieser Punkt wird vor allem von HUNTINGTON hervorgehoben – hat dazu beigetragen, dass kulturelle Verschiedenheit neben den ideologischen Unterschieden der politischen Systeme und den damit verbundenen doktrinären Diskursen nicht mehr zu verblassen brauchte. In diesem Sinne können beide Entwicklungen als Voraussetzungen für die stärkere Sichtbarmachung der Bedeutung kultureller Aspekte verstanden werden. Ist diese Interpretation zutreffend, ist zu erwarten, dass mit der Zunahme der Pluralisierung gesellschaftlicher Wirklichkeiten und der Subjektivierung der Lebensstile diese Tendenz in Zukunft anhalten wird.

Die erste kulturtheoretische Wende am Ende des 19. Jahrhunderts ist ebenfalls an eine Umbruchphase auf der alltagsweltlichen Ebene gebunden: Sie steht am Anfang des rasanten Ausbaus des westlichen Imperialismus, der radikalen Kolonialisierung im Gleichschritt mit dem sich durchsetzenden Industriekapitalismus. Die Hervorhebung des Kulturellen ist offensichtlich an die Relativierung bisheriger Deutungs- und Handlungsmuster über die Konfrontation mit dem Fremden gebunden, unabhängig davon, ob dieses negativ – wie in rassistischen Diskursen – oder positiv – als neuer exotischer Erfahrungshorizont – bewertet wird.

Was auf wissenschaftlicher Ebene als »kulturtheoretische Wende« bezeichnet wird, weist bei genauerer Betrachtung vier Hauptdimensionen auf. Sie bezeichnet *erstens* die stärkere Ausrichtung der Forschung auf Fragen der Kultur, der kulturellen Differenzierung sozialer Wirklichkeiten. *Zweitens* ist aber auch die Akzentuierung eines Argumentations- und Erklärungsmusters gemeint, bei dem kulturelle Aspekte gegenüber sozialen und ökonomischen Vorrang haben. Über weite Strecken wird der Begriff »Kultur« dort verwendet, wo in sozialwissenschaftlichen Betrachtungsweisen der Begriff »Gesellschaft« oder »soziale Klasse« auftaucht.

Eine *dritte* Dimension ist in der Betonung der Bedeutung von Identität und Differenz zu sehen. Wird in sozialen und ökonomischen Theorien »Differenz« entweder als etwas in Richtung Gleichheit zu Überwindendes gehalten oder als eine nicht überwindbare Implikation der Freiheit menschlichen Handelns dargestellt, wird sie in der kulturzentrierten Betrachtung in ein (dialektisches) Verhältnis zu »Identität« gebracht. Als *vierte* Dimension, die insbesondere von PAUL CLAVAL (2001:10) als zentral betrachtet wird, ist die Hervorhebung der Bedeutung des Symbolischen für das menschliche Leben zu betrachten.

Diese vier Hauptdimensionen erfahren beim ersten »cultural turn« Ende des 19. und dem am Ende des 20. Jahrhunderts unterschiedliche Interpretationen.

Erste kulturtheoretische Wende: Traditionalistische Orthodoxie

Jegliche kulturwissenschaftliche Theorie ist in philosophische Traditionen eingebettet. Die meisten Kulturtheorien seit PLATON und ARISTOTELES sind eigentlich »Klimatheorien«. Damit ist gemeint, dass seit der griechischen Philosophie »Kultur und [...] Volkscharakter der Menschen (mit) [...] Klimazonen [...] in einen direkten Zusammenhang« (DICKHARDT & HAUSER-SCHÄUBLIN 2003:17) gesetzt werden. Stellvertretend für andere kann auf GEORG WILHELM FRIEDRICH HEGEL (1837:109) verwiesen werden, in dessen Darstellung beispielsweise jede »Nation, jedes Volk (...) den Naturtypus der Lokalität in sich trägt, (...) das der Sohn solchen Bodens ist«. Damit wurden auf philosophischer Ebene argumentativ die Voraussetzungen geschaffen, Kultur und Raum bzw. Kultur und Natur als deckungsgleich zu behandeln. Als unmittelbarste Umsetzung dieser philosophischen Grundlagen kann wohl »Civilization and Climate« des Geographen ELLSWORTH HUNTINGTON (1915) betrachtet werden.

Die philosophischen Vorarbeiten bilden den Ausgangspunkt für den ersten »cultural turn« Ende des 19. Jahrhunderts. Diese kulturtheoretische Wende ist Teil der so genannten Historismus-Debatte, die eine Emanzipation der Geisteswissenschaften von den Naturwissenschaften anstrebte. Das Kernanliegen dieser – vom Standpunkt der Kulturwissenschaften aus wissenschaftshistorisch besonders wichtigen Entwicklung – ist auf der methodologischen Ebene angesiedelt. Sie bezieht sich auf die insbesondere von WILHELM DILTHEY (1865) vorgetragene und von MAX WEBER (1913) für die Sozial- und Kulturwissenschaften umgesetzte Forderung, dass das Verstehen für die Erforschung aller von Menschen hervorgebrachten Äußerungen das angemessene Verfahren der Sinnerschließung bildet.

Mit dieser Abgrenzung vom naturwissenschaftlichen Anspruch der (Kausal-)Erklärung wird für Geistes-, Kultur- und Sozialwissenschaften ein eigenständiger Bereich wissenschaftlicher Forschung eröffnet, der die Entstehung der Kulturwissenschaften prinzipiell erst ermöglichte. Auf diese wissenschaftstheoretischen Vorleistungen konnte auf disziplinärer Ebene sowohl die Anthropologie bzw. Ethnologie als auch die Kulturgeographie argumentativ zurückgreifen. Es ist jedoch bemerkenswert, dass diese Wegleitung sowohl in der Ethnologie als auch in der Kulturgeographie nicht konse-

quent auf die menschlichen Äußerungen bzw. Tätigkeiten bezogen wurde. Die angedeuteten philosophischen Traditionen behielten offensichtlich die stärkere Prägekraft.

Für die Anfänge der kulturwissenschaftlichen Forschung ist in Ethnologie und
Geographie die Vergegenständlichung von Kulturen als territorial verankerten Lebensräumen feststellbar. Als zentrale Elemente von »Kultur« gelten Religion, Rasse, Brauch-
tum, Sitten usw. In diesem Verständnis sind sowohl holistische als auch essentialistische
Vorstellungen von »Kultur« enthalten, welche gleichzeitig als räumliche Entität reifiziert werden. Aus diesem Grunde, so kann man verallgemeinernd und hypothetisch
folgern, wird in der Geographie das Verhältnis von »›konkreter‹ Natur« (EISEL 1987:94)
und (verräumlichter) Kultur von zentraler argumentativer – und damit gleichzeitig
auch – fachkonzeptioneller Bedeutung.

Die verschiedenen Formen der Existenzbewältigung, als die man unterschiedliche
Kulturen auch verstehen kann, finden – wie dies HANS BOBEK (1948) betont – vor
allem bei der Umgestaltung und Nutzung der »Natur« ihren besonderen Ausdruck.
Im kulturgeographischen Kontext sind zwei Hauptformen der argumentativen Auslegung beobachtbar. In der possibilistischen Variante wird die (Regional-)Kultur als
ein regional entwickelter Deutungsrahmen zur Bewältigung der Existenzprobleme
begriffen.[1] »Kultur« wird damit zum kognitiv erarbeiteten Erfahrungsschatz im Umgang mit den natürlichen Bedingungen.

Diesem Begriffsverständnis steht die zweite Variante, die naturdeterministische Auffassung gegenüber, die im oben angeführten HEGEL-Zitat in seinen Grundzügen wiedergegeben ist. Sie bildet gleichzeitig die programmatische Grundlage der traditionellen Länderkunde und Kulturlandschaftsgeographie. In länderkundlichen Fassungen
wird Kultur nicht nur als räumliches Phänomen gedeutet, sondern zum unmittelbaren
Ausdruck natürlicher Bedingungen. Im Rahmen der Kulturlandschaftsforschung wird
»Kultur« als »objektivierter Geist« (SCHWIND 1964:1) verstanden, der den materiellen
Grundlagen eingeschrieben ist oder gar als Ausdruck dieser verstanden wird. Länderkunde (HETTNER 1929) und Kulturlandschaftsforschung sind beide dem natur- und
raumzentrierten Blick verpflichtet sowie vom Bestreben geleitet, die Einheit von Natur, Raum und Kultur innerhalb von (größeren oder kleineren) räumlichen Behält-
nissen nachzuweisen. In diesem Zusammenhang ist auch von den »Lebensräumen der
Kulturen« die Rede oder es werden gar die »Lebensräume im Kampf der Kulturen«
(SCHMITTHENNER 1938) analysiert und dargestellt.[2]

Die allgemeine, wissenschaftstheoretisch motivierte Historismus-Diskussion der
vorigen Jahrhundertwende führt – entlang dieses Interpretationsmusters von Kultur
– im geographischen Kontext zur Betonung der Einmaligkeit jedes Landes, jeder
Region, jeder Landschaft. Die Ablehnung des gesetzeswissenschaftlich begründeten

---

1   Bei VIDAL DE LA BLACHE (1922:8) wird »Kultur« verstanden als »solutions locales du problème de
     l'existence«, als örtliche Lösung der Existenzprobleme.
2   SCHMITTHENNERS (1938) Einteilung in Lebensräume der Kulturen weist eine weitgehende De-
     ckungsgleichheit mit HUNTINGTONS (1996) Kulturräumen in »Kampf der Kulturen« auf.

Anspruchs auf Erklärung – im Sinne der naturwissenschaftlichen Interpretation von Wissenschaftlichkeit – wird in der Geographie jedoch nicht in Richtung der Forderung nach Verstehen menschlicher Tätigkeiten umgelegt. Aus ihr wird vielmehr die Forderung nach (erd-)beschreibender Wissenschaft abgeleitet.

In der possibilistischen Variante wird die geographische Interpretation der historistischen Argumentation konsequent durchgehalten. In der deterministischen Fassung wird eine eigenartige Mischung von historistischem Einmaligkeitspostulat und naturwissenschaftlichem Kausalismus in Anschlag gebracht. Man kann das methodologisch wenig überzeugende Elaborat wie folgt zusammenfassen: In vertikaler Hinsicht wird ein (Natur-)Determinismus in dem Sinne postuliert, dass die beobachtbaren Kulturformen als kausal abhängiger (determinierter) Ausdruck von den natürlichen Grundlagen zu gelten haben. In horizontaler Hinsicht wird jedoch gleichzeitig auch die Einmaligkeit jeder einzelnen Regionalkultur postuliert, der die beschreibenden Darstellungen gerecht werden sollen.

Die legitimierende Schwerpunktsetzung wissenschaftlicher Geographie zielt konsequenterweise auf die beschreibende Darstellung von Räumen ab: »La géographie est la science des lieux et non des hommes« (VIDAL DE LA BLACHE 1913). Dieser Formel, mit der die Geographie nicht, wie man erwarten könnte, als Humanwissenschaft, sondern als Wissenschaft der »Orte« und »Räume« definiert wird, wurde auch im deutschsprachigen wie angelsächsischen Bereich weitgehend zugestimmt. Damit sollte eine Betonung der Einheit *und* Spezifität der Geographie als Wissenschaftsdisziplin erreicht werden, welche sich insbesondere mit dem Menschen (bzw. Kultur/Gesellschaft/Wirtschaft)-Natur-Verhältnis beschäftigt. Eingebettet ist die entsprechende geographische Regionalforschung in die bereits angedeuteten Kulturraumtheorien.

Zu diesen Kulturraumtheorien zählen ethnologische Kulturkreislehren (SCHMIDT 1924) ebenso wie die verschiedenen Ausprägungen des traditionellen kulturgeographischen Paradigmas von der Länderkunde bis zur Kulturerdteil-Lehre (KOLB 1962; NEWIG 1986, 1993a, 1993b; EHLERS 1996). Freilich bestehen zwischen den entsprechenden ethnographischen und geographischen Kulturforschungen wichtige Unterschiede. Doch der gemeinsame Kern kommt sowohl im programmatischen Gehalt von »Völkerkunde« als auch in jenem von »Länderkunde«, dem lange Zeit wichtigsten Bereich der Kulturgeographie, zum Ausdruck. Gewinnt bei der ersten Konzeption das Ethnische gegenüber dem Natürlichen eine Vorrangstellung, ist es bei der zweiten umgekehrt: Das Natürliche wird argumentativ zur Grundlage des Ethnischen bzw. Kulturellen erhoben. »Kulturen« existieren territorial, in Lebensräumen verankert. So können aus Theorien der Kultur Kulturraumtheorien werden.

Das Weltbild, das von der ersten kulturtheoretischen Wende etabliert wurde, ist in der Geographie bis heute nie verschwunden. Aber wie HUNTINGTONS »Kampf der Kulturen« (1996) zeigt, nicht nur in der Geographie.

In dieser Perspektive gerät auch die Thematisierung von »Identität« und »Differenz« zur räumlichen Figur. Das identitätsstiftende »wir« wird an das »hier«, die abgrenzenden »anderen« an das »dort« gebunden, das Nahe bildet das Vertraute, das Ferne, das Fremde.

Konsequenterweise werden in der geographischen Debatte »Identität« und »Raum« argumentativ zusammengeführt. Dieses Muster bleibt auch in den jüngeren Studien zur so genannten regionalen Identität bzw. »Regionalbewusstsein« (BLOTEVOGEL et al. 1986, 1987) erhalten. Dementsprechend sollen regionale Sinnwelten im Rahmen der regionalen Bewusstseins- und Identitätsforschung untersucht werden. »The voices of the other« ist ein sinnverwandter Topos in der angelsächsischen Geographie.

Territoriale Bindung und räumliche Kammerung des Kulturellen sind unter traditionellen Verhältnissen bis zu einem bestimmten Grad gegeben, unter spät-modernen Bedingungen jedoch nicht. Die Vorleistungen der ersten kulturwissenschaftlichen Phase verlieren damit nicht nur ihre Orientierungskraft, sie geraten – wenn sie unter veränderten Bedingungen als Deutungsmuster der Wirklichkeit in Anschlag gebracht werden – sogar zum orthodoxen Traditionalismus. Versteht man *Fundamentalismus* mit ANTHONY GIDDENS (2002:5) als eine Haltung, die unter modernen Bedingungen die Befolgung traditioneller – nicht diskursiv gewonnener – Standards fordert, wird begreifbar, weshalb der orthodoxe Traditionalismus fundamentalistische Positionen stärken kann. Wird die traditionalistische Orthodoxie der (räumlichen) Essentialisierung von Kultur mit der Relativierung aller Wertestandards kombiniert, entsteht darüber hinaus die Tendenz der Verabsolutierung und Homogenisierung von partikularen Kulturen.

Sollen die von der Kulturgeographie vorgenommen Darstellungen kultureller Wirklichkeiten den Hang zur traditionalistischen Orthodoxie vermeiden können, ist ihre Methodologie auf die veränderten, aktuellen Bedingungen des alltäglichen Lebens neu abzustimmen. Wie können diese Bedingungen charakterisiert werden?

Neue Bedingungen des Kulturellen

Das Hauptmerkmal dieser neuen Bedingungen besteht in der Globalisierung des lokalen Lebens. Diesen Vorgang bezeichnet ROLAND ROBERTSON (1992:173) als »Glocalization«. Darin ist insbesondere die Neugestaltung des Verhältnisses von Kultur, Gesellschaft und Raum enthalten. ZYGMUNT BAUMAN (2001:110) stellt bei dieser Neubestimmung eine eigenartige Bedeutungsverschiebung von »Raum« fest: »A bizarre adventure happened to space on the road to globalization: it lost its importance while gaining in significance«.

Diese eigenartige Spannung ist primär in der fortschreitenden räumlichen und zeitlichen Entankerung der sozial-kulturellen Praxis angelegt. Diese beruht auf der neu erlangten Fähigkeit, über Distanz handeln zu können, ohne erwähnenswerte Zeitverluste in Kauf nehmen zu müssen. Damit kann das räumlich Ferne zeitliche Nähe erreichen und räumlich Nahes – wie lokale Traditionen – kann seine Ursprünge in zeitlicher Ferne haben. Unter diesen Bedingungen zeichnen sich Kontexte des

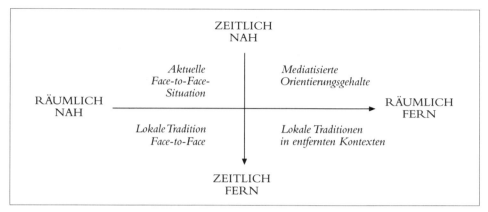

Abb.: Räumliche und zeitliche Aspekte kultureller Bedingungen

Handelns nicht nur durch eine Ungleichzeitigkeit des Gleichzeitigen aus, sondern auch durch (physische) Abwesenheit des Verfügbaren.

Als Konsequenz der Entankerung bzw. der Verwirklichung der genannten Optionen tritt eine Vielfalt von subjektiv mitgeformten Lebensstilen an die Stelle regional homogener Lebensformen. Kulturelle Vielfalt wird nun zum Merkmal des lokalen Kontextes.[3]

Die Vielgestaltigkeit (Heteromorphie) der Optionen des Handelns enthält vor allem zwei Potenzialitäten. *Einerseits* ein enormes Innovationspotenzial. Denn Neues kann immer nur aus der Bezweiflung des Bekannten hervorgehen. *Andererseits* ein brisantes Konfliktpotenzial. Für dessen »Management« werden häufig fundamentalistische Diskurse generiert, die von regionalistischen, nationalistischen bis hin zu umfassenden kulturtheoretischen Setzungen im Rahmen von Kulturkämpfen reichen können. Letztlich entspricht diese Art des Konfliktmanagements einer Duplikation der zuvor beschriebenen traditionalistischen Orthodoxie der Kulturwissenschaften auf der Alltagsebene.

Insgesamt kann demgegenüber davon ausgegangen werden, dass unter aktuellen Bedingungen »Raum« nicht als »etwas« betrachtet werden kann, das kulturelle Gegebenheiten zu erklären vermag. Der kulturgeographischen Forschung kommt vielmehr die Aufgabe zu, die Bedeutung von »Raum« für das Sozial-Kulturelle – auch in Bezug auf globalisierte Bedingungen des Handelns – zu klären bzw. zu erklären. Dafür ist aber ein anderer Kulturbegriff als ein reifizierter und verräumlichter notwendig. Ein solcher wird im Rahmen der zweiten kulturtheoretischen Wende propagiert.

---

3   Vgl. dazu ausführlicher BAECKER (2000) und LIPPUNER (2005:20ff.).

Zweite kulturtheoretische Wende: Interpretativer Konstruktivismus

Einer der zentralen Aspekte, die von der aktuellen Kulturalismusdebatte in den Vordergrund gerückt wird, ist die kulturelle Vielfalt lokaler Kontexte. Deren Erfahrung verlangt auf der Alltagsebene nach kultureller Kompetenz. Fremd-Verstehen ist damit nicht nur in der Ferne, sondern auch in der Nähe gefordert. Gleichzeitig wird klar, dass die Postulierung eines kulturellen Monismus, wie er den verräumlichten Kulturtheorien inhärent ist, *obsolet* wird. Auf wissenschaftlicher Ebene wird vielmehr ein Kulturverständnis notwendig, das der Bedeutung der räumlichen Dimension für kulturelle Wirklichkeiten zwar Rechnung trägt, diese aber nicht als Kausalinstanz begreift. Die räumlichen Bedingungen sind vielmehr als zu interpretierender Kontext des Handelns zu betrachten, die je nach Handlungszusammenhang unterschiedliche Bedeutungen erlangen können.

Diesen Zusammenhängen Rechnung tragend, zeichnet sich der Kulturbegriff der zweiten kulturtheoretischen Wende *erstens* durch die Auffassung aus, dass »Kultur« den Gesamtbereich von Lebensformen und -weisen darstellt, mit denen die Probleme der Existenz bewältigt werden. Der Kernaspekt des Kulturellen wird dabei in den Werten, Regeln und Deutungsmustern gesehen, auf die sich menschliches Handeln – auch die Transformation der Natur – bezieht. Damit wird »Kultur« zunächst

a) als Ausdruck und Bedingung der (Alltags-)Praxis begriffen, die konsequenterweise
b) nur über deren Erforschung für erschließbar gehalten wird. Deshalb wird die kulturwissenschaftliche Methodologie – insbesondere seit CLIFFORD GEERTZ (1973) – an einer hermeneutisch-phänomenologischen Position festgemacht. Schließlich wird
c) die Art der Transformation der Natur als Ausdruck kultureller Werthierarchien und kulturellen Wissens (und nicht umgekehrt: die Kultur als Ausdruck der Natur) verstanden.

Diese Perspektive schließt konsequenterweise mit ein, dass »Kultur« nicht etwas ist, das man haben oder nicht haben kann. Jede Tätigkeit eines Subjektes ist auch als Ausdruck bestimmter kultureller Standards, deren Reproduktion oder Transformation zu sehen. Zusammenfassend kann das Kulturverständnis, das der zweiten Wende zugrunde liegt – in Abgrenzung von der traditionalistischen Orthodoxie – als *interpretativ-konstruktivistisch* charakterisiert werden. Auf dieser Grundlage wird – im Gegensatz zur ersten kulturtheoretischen Wende – »Kultur« nicht mehr bloß als eine gesellschaftliche Dimension neben anderen gesehen. Sie umfasst vielmehr den »Gesamtbestand möglicher Gegenstände der Geisteswissenschaften« (LACKNER & WERNER 1999:23).

Als *zweites* wichtiges Merkmal des »cultural turn« ist die Tendenz zur Selbstreflexivität zu nennen. Bislang für selbstverständlich geltende »Wahrheiten« kultureller Wirklichkeiten werden auf der Grundlage des interpretativen Konstruktivismus der

kritischen Überprüfung unterzogen. Auch wissenschaftliche Analysen werden als sozial-kulturelle Konstrukte betrachtet.

Neben dem konstruktivistischen Kulturverständnis und der Tendenz zur Selbstreflexivität zeichnet sich dieser »cultural turn« *drittens* durch die (problematische) Akzentuierung eines Argumentations- und Erklärungsmusters aus, bei dem kulturelle
Aspekte der Differenz an die Stelle sozialer Herkunft und der Sozialisation treten.
Über weite Strecken wird der Begriff »Kultur« dort verwendet, wo früher »Gesellschaft« stand.

Bei kulturtheoretischen Rechtfertigungen und Erklärungen sozialer Vorgänge
wird dabei – auch auf wissenschaftlicher Ebene – einem kulturellen Relativismus das
Wort geredet, der aus einer Unvereinbarkeitsthese kultureller Universen abgeleitet
scheint. Dies wird – wie die Menschenrechtsdebatte zeigt[4] – gerade vor dem Hintergrund der fortschreitenden Globalisierung zu einem ernsthaften Problem. Erlangen
Interaktionen globale Bezüge, dann wird für deren (konfliktfreie) Verwirklichung ein
gemeinsamer ethischer Beurteilungsmaßstab notwendig. Werden kulturelle Partiku-
larismen zur Beurteilung in Anschlag gebracht, dann können – je nach spezifischer
kultureller Zugehörigkeit – besondere Rechte eingefordert werden, welche die Verständigung in hohem Maße behindern, wenn nicht gar verhindern.

Viertens bietet die zweite Wende eine Neuinterpretation von »Differenz« als zentraler Dimension der Erfahrung von kultureller Identität an. In der dialektisch ge-
dachten Beziehung von Identität und Differenz werden keine strikten räumlichen
Konnotationen in Anschlag gebracht. Das »Wir« wird nicht mehr primär an das »Hier«
gekoppelt. Es bezieht sich vielmehr auf das Teilen von Lebensstilelementen. Kulturelle Identität kann konsequenterweise als die Übereinstimmung eines Subjektes mit
den intersubjektiv geltenden kulturellen Werten, Wertordnungen und Wertungen im
Vollzug seines eigenen Handelns begriffen werden, kulturelle Differenz in der Abweichung davon.[5]

In der angelsächsischen Geographie hat der Vollzug des zweiten »cultural turn« der
Kulturwissenschaften zur empirischen Erforschung des »new consumerism« (CREWE
& LOWE 1996, BELL & VALENTINE 1997), der kulturzentrierten Analyse des »consuming
places« (KEARNS & PHILO 1993), der »cultural economy of cities« (SCOTT 2000) oder
umfassender post-kolonialer »geographical imaginations« (GREGORY 1994) u. ä. geführt,
die primär praxiszentriert und theoriegestützt durchgeführt wurden.

Daneben und darüber hinaus, hat dieser »cultural turn« aber auch zu einer kaum
mehr überblickbaren Zahl von so genannten »cultural studies« geführt, mit denen eine
längere Phase der Stagnation in der Kulturgeographie überwunden werden konnte.
Gleichzeitig wurde die Interdisziplinarität gefördert, die Disziplingrenzen wurden
durchlässiger und so finden kulturgeographische Arbeiten breiteste (interdisziplinäre)

---

4   Vgl. dazu bspw. HELD et al. (1999:32ff.) und HELD (2001).
5   Vgl. dazu auch WERLEN (1989a, 1992).

Beachtung. Diese Arbeiten werden jedoch zunehmend kritisiert.[6] Bemängelt werden können sowohl deren inhaltliche Beliebigkeit und der daraus resultierende »impressionistische Charakter«, deren geringes methodisches Anspruchsniveau als auch die fehlende thematische Koordination der Forschungsanstrengungen. DON MITCHELL (2000:3) sieht mit der kulturtheoretischen Wende gar die Gefahr eines wenig differenzierenden, platten »Kulturalismus« verbunden.

Die identifizierten Mängel haben aus meiner Sicht drei Gründe. Den *ersten Grund* sehe ich darin, dass fachintern die analytischen Instrumente den neuen Herausforderungen nicht ausreichend angepasst wurden. *Zweitens*, dass man die veränderten ontologischen Bedingungen nur bruchstückhaft zur Kenntnis nimmt. *Drittens* ist es den cultural studies bisher nicht gelungen, die Forschungen in einen allgemeinen sozial- und kulturtheoretischen Bezugsrahmen einzubetten. Gelegentlich wird die Bezugnahme auf jede Art von »grand theory« (SKINNER 1985) sogar strikt abgelehnt.

Soll die kulturgeographische Forschung jedoch weder einem orthodoxen Traditionalismus verpflichtet bleiben, noch in einen essayistisch-impressionistischen Randbereich der »cultural studies« abdriften, dann kann die jüngste angelsächsische Entwicklung nicht als erfolgversprechende programmatische Orientierung eingestuft werden. Die kulturgeographische Forschung soll vielmehr einen gehaltvollen Beitrag zur Kulturforschung leisten, der es nicht zuletzt auch ermöglicht, die »Logik« der neuen politischen und ökonomischen Konstellationen zu rekonstruieren, aufzudecken und verstehend erschließbar zu machen. Zur theoriegeleiteten Forschung scheint es diesbezüglich wenig ernsthafte Alternativen zu geben. Dies kann man aus den Entwicklungen in den Humanwissenschaften als Folgerung für die Kulturgeographie ableiten.

Die Hauptaufgabe der kulturgeographischen Forschung ist, sowohl in Bezug auf die zunehmend globalisierten alltagsweltlichen Bedingungen als auch auf den Stand der sozial- und kulturwissenschaftlichen Forschung bezogen, konsequent auf die Erschließung der Konstitution und Reproduktion des Kulturellen auszurichten. Dabei ist zu beachten, dass kulturelle Wirklichkeiten immer stärker in die Prozesse der Entankerung und (Wieder-)Verankerung[7] eingebettet sind. Diese Prozesse theoretisch-konzeptionell zu erschließen und empirisch zu erforschen, bildet eine der großen Herausforderungen der Kulturgeographie nach dem interpretativ-konstuktivistischen »cultural turn«. Dazu sind auch in der Geographie *fachintern* zuerst die analytischen Instrumente den neuen Bedingungen anzupassen. Für die *Außenwirkung* erwächst auch der Kulturgeographie die Aufgabe, auf ein differenzierteres Kulturverständnis auf Alltagsebene – insbesondere in politischen und ökonomischen Kontexten – hinzuwirken. Um diesen Anforderungen genügen zu können, wird die Erneuerung vertrauter Sehgewohnheiten notwendig.

6   Einen Überblick geben MITCHELL (1995, 2000), ROJEK & TURNER (2000) und CLAVAL (2001:8ff.).
7   Vgl. dazu WERLEN (1997).

Elemente einer kulturgeographischen Theorie der Praxis

In der Perspektive einer handlungszentrierten Kulturgeographie verstehe ich »Globalisierung« als Bezeichnung für einen neuen geographischen *modus operandi*, einen neuen Modus der Bestimmung des Kultur-Raum-Verhältnisses, dessen Implikationen bestenfalls noch mit der Bedeutung der Industriellen Revolution verglichen werden können. »Globalisierung« ist damit gleichzeitig ein neuer Modus des alltäglichen Geographie-Machens. Dessen Besonderheit besteht in der Möglichkeit, über Distanz in Echtzeit zu handeln. Die geographischen Analysen der Globalisierung haben in dieser Sichtweise – analog zu den Forderungen des »cultural turn« für die Kulturforschung – auf die globalisierenden und globalisierten Praktiken selbst Bezug zu nehmen.

Diese Praktiken betrachte ich als Formen der *Welt-Bindung* im Spannungsfeld von Entankerung und Wiederverankerung. »*Welt-Bindung*« ist dabei zu verstehen als *der kulturell, sozial und ökonomisch ungleich ausfallende Vermögensgrad der Beherrschung räumlicher und zeitlicher Bezüge zur Steuerung des eigenen Tuns und der Praxis anderer.*

Mit der Zentrierung der neuen Kulturgeographie auf die globalisierten und globalisierenden Praktiken zeichnet sie sich durch einen spezifischen Blick auf diese alltäglichen Praktiken aus und nicht durch einen besonderen Gegenstand. Aus den Einsichten, die der »cultural turn« gefördert hat und dem aktuellen Forschungsstand der Kulturgeographie hat die Fokussierung auf die alltäglichen Praktiken der Welt-Bindung insbesondere drei programmatischen Anforderungen zu genügen:

Erstens ist es zur Entwicklung und Verfeinerung der analytischen Instrumente geographischer Kulturforschung erforderlich, die Arten von Praktiken nach deren Ausrichtung zu differenzieren.

Zweitens muss es diese Bezugnahme ermöglichen, die Machtkomponente in die kulturtheoretische Perspektive einzubeziehen, nicht zuletzt um die Beliebigkeit der cultural studies zu vermeiden.

Drittens soll es möglich werden, die thematische Verknüpfung bisher isoliert behandelter Teilbereiche kultureller Wirklichkeiten in ihrem Zusammenhang integriert darzustellen.

Viertens ist die erlangte interdisziplinäre Ausrichtung der Forschung zu erhalten und durch die Praxiszentrierung weiter zu fördern.

Kulturelle Praktiken können in Bezug auf die *erste Anforderung* (Unterscheidung spezifischer Arten von Praktiken) und unter Einbezug des bisherigen Forschungsstandes der »humanities« auf abstrakter Ebene in drei Hauptformen gegliedert werden.[8]

---

8 Vgl. Übersicht 1.

Übersicht 1: Typen von Praktiken im strukturellen Bezug

	Typen	Macht	Bezüge
P R A K T I K E N	SYMBOLISIEREN	autoritativ **signifikativ** allokativ	Information – Bedeutung
	LEGITIMIEREN	allokativ **autoritativ** signifikativ	Gesellschaft – Polititk
	TAUSCHEN	autoritativ **allokativ** signifikativ	Produktion – Konsumtion

a) *Symbolisieren, Interpretieren und Verstehen* als Kernbereich des Kulturellen. Hier steht das Verhältnis von Information, Wissen und Signifikation im Zentrum.

b) *Legitimieren* im Rahmen kultureller Interpretationen des Gesellschaftlichen und Politischen. Hier steht das Verhältnis von gesellschaftlichen Erwartungen und politischen Geltungsstandards im Zentrum.

c) *Tauschen* im Rahmen kultureller Interpretationen des Ökonomischen. Hier steht das Verhältnis von Produktion und Konsumtion im Zentrum.

In Bezug auf die *zweite Anforderung*: Einbezug der *Machkomponente,* sind kulturelle Praktiken als strukturierte Praktiken zu begreifen. Damit ist gemeint, dass jede aktuelle Praxis immer auf strukturelle Bedingungen Bezug nimmt bzw. Bezug nehmen muss. Diese Bezugnahme ermöglicht einerseits erst das praktische Handeln, andererseits begrenzt es dessen Gestaltbarkeit. Die strukturelle Komponente des Handelns wird im Sinne von GIDDENS (1988a) in *Regeln* und *Ressourcen* ausdifferenziert.

Für die Analyse *kultureller* Praktiken gewinnt bei den *Regeln* die Bedeutungskomponente bzw. gewinnen die semantischen Regeln der Bedeutungszuweisungen zentrale Bedeutung. Sie formieren mächtige Deutungsmuster, die sowohl dem *Symbolisieren, Interpretieren* als auch dem *Verstehen* kulturspezifischer Praktiken zugrunde liegen.

Unter »Deutungsmuster« sind typische Regelmäßigkeiten der Sinnzuweisung zu verstehen. ULRICH OEVERMANN (2001:38) charakterisiert diese »voreingerichteten Interpretationsmuster« hypothetisch durch a) einen »hohen Grad der situationsübergreifenden Verallgemeinerungsfähigkeit« und b) einen (häufig erreichten) »hohen Grad von Kohäsion und innerer Konsistenz«. Sie äußern sich im habituellen Tun und umfassen die Regeln, wie Praktiken und Situationen zu gestalten sind. Gleichzeitig legen sie fest, was von anderen erwartet werden kann und was Symbole bedeuten. Als Matrizes der Praxisgestaltung können Deutungsmuster religiös begründet sein. Sie sind aber in jedem Fall als historisch entstanden und somit auch wandelbar zu begreifen.

Sie werden über Sozialisation – vorwiegend in Face-to-Face-Situationen[9] – vermittelt und – wie PIERRE BOURDIEU (1972, 1987) es nennt – »inkorporiert«.

Deutungsmuster beruhen aber nicht auf einem abfragbaren, sondern vielmehr auf einem »stillschweigendem«, impliziten Wissen (»tacit knowledge«) und sind Bestandteil dessen, was GIDDENS (1988a:57) als »praktisches Bewusstsein« bezeichnet. Die Aufdeckung von Deutungsmustern – den Grundlagen der alltagsweltlichen Weltdeutungen – kann konsequenterweise nicht über Befragungen erreicht werden. Deren Erforschung verlangt vielmehr nach der Rekonstruktion der »Semantik der Diskurse« bzw. nach der »Diskursanalyse« eines »Ensembles kommunikativer Praktiken und Verfahren« (BOLLENBECK 1996:18f.).

Bei den *Ressourcen* ist im Sinne von GIDDENS (1988a:86f.) zwischen allokativen und autoritativen Ressourcen zu unterscheiden.[10] Über die Operationalisierung von allokativen Ressourcen, mit denen Vermögensgrade der Kontrolle physisch-materieller Bedingungen und Güter bezeichnet werden, können sowohl die Herrschaftsverhältnisse beim Zugang zu Rohstoffen, Wasser, Produktionseinrichtung usw. analysiert werden, als auch die unterschiedlichen Kaufkraftverhältnisse auf der Seite der Konsumenten.

Über die Operationalisierung von autoritativen Ressourcen, mit denen Vermögensgrade der Kontrolle von Personen bezeichnet werden, wird der Zugang zu der politischen Bedeutung raum-zeitlicher Organisation des gesellschaftlichen Lebens in verschiedenen kulturellen Konstellationen eröffnet. In diesem Kontext wird die Analyse der Relevanz des Räumlichen für die Konstitution kultureller Praktiken im Sinne von MICHAEL DICKHARDT und BRIGITTA HAUSER-SCHÄUBLIN (2003) zentral. Bei entsprechenden empirischen Analysen ist davon auszugehen, dass sowohl die zugewiesenen Sinngehalte von Orten als auch die Räumlichkeit von Gegebenheiten handlungstheoretisch betrachtet wohl nur in Bezug *auf* und als Folge *von* Tätigkeiten erforscht werden können. »Räumlichkeit« ist in praxiszentrierter Perspektive demzufolge als Aspekt des Kulturellen zu betrachteten. »Meaning of places« (ENTRIKIN 2001) – die Bedeutung von Orten – und »meaning of settings« (WEICHHART 2003) – die Bedeutung personeller Handlungskonstellationen – sind dann in ihrer Signifikanz *für* Handlungen oder *als* Ausdruck der symbolischen Aneignung über das Handeln zu erschließen.

Das Verhältnis von allokativen und autoritativen Ressourcen ist insbesondere für humanökologische Fragen nach den (sozialen und kulturellen) Modi der Transformation von »Natur« von zentraler Bedeutung. Die »räumlichen Verhältnisse« des »Natürlichen« kommen hier als Resultat der durch menschliche Handlungen herbeigeführten Strukturierungen der physisch-materiellen Bedingungen ins Blickfeld. Diese Strukturierungen sind als Ausdruck der jeweils für einen bestimmten kulturellen Kontext verfügbaren technischen Möglichkeiten zu begreifen.

9   Vgl. WERLEN (1992).
10 Vgl. dazu ausführlicher WERLEN (1997:188ff.).

Die *dritte Anforderung*: Thematische Verknüpfung ist durch die praxiszentrierte Betrachtung relativ leicht zu realisieren. Hier muss der Hinweis genügen, dass die sonst meist voneinander getrennten Themenbereiche zu Dimensionen und Aspekten derselben Praktiken werden. Dies äußert sich in den Formulierungen der Kulturalisierung der Ökonomie und des Politischen.

Konturen eines praxiszentrierten Forschungsfeldes

Die damit skizzierte Basisperspektive ist nun auf die neuen, globalisierten Bedingungen des Handelns zu beziehen. Wie angedeutet, können in kulturgeographischer Hinsicht die unterschiedlichen Praktiken als Formen der Welt-Bindung verstanden werden. Damit ist gemeint, dass es sich hier gleichzeitig um Typen des alltäglichen Geographie-Machens handelt, mit denen die Subjekte »die Welt« auf sich beziehen bzw. im Rahmen ihrer Vermögensgrade zu eigen machen. Entlang dieser drei Dimensionen soll nun, wenn auch auf abstrakter Ebene, das kulturgeographische Forschungsfeld im Sinne eines kurzen Überblicks skizziert werden.

Die drei in Übersicht 2 dargestellten Dimensionen alltäglicher Geographien implizieren *erstens* Praktiken der symbolischen Aneignung von Objekten und Orten auf der Basis von verfügbaren, unmittelbar oder mediatisiert erworbenen Informationen; *zweitens* Praktiken der autoritativen »Aneignung« in Form der Kontrolle von Subjekten über Distanz sowie *drittens* Praktiken der allokativen Aneignung von materiellen Gegebenheiten, insbesondere von Gütern.

Der *erste* Analysebereich *(Information, Wissen)* befasst sich mit der Generierung und Steuerung der potentiellen Informations- und Wissensaneignung als Basis sinnhafter Deutungen der Wirklichkeit. Diese Steuerung ist in Bezug auf verschiedene Aus-

Übersicht 2: Typen alltäglichen Geographie-Machens | Quelle: Werlen (2000:337)

HAUPTTYPEN	FORSCHUNGSBEREICHE
INFORMATIV-SIGNIFIKATIV	Geographien der Information Geographien symbolischer Aneignung
NORMATIV-POLITISCH	Geographien normativer Aneignung Geographien der Kontrolle
PRODUKTIV-KONSUMTIV	Geographien der Produktion Geographien der Konsumtion

bildungseinrichtungen und -programme, Informationsmedien und -kanäle von Zeitungen und Büchern bis hin zu TV und Internet durchzuführen. Insgesamt geht es in diesen Bereich um die Analyse der Konstitution der Deutungsmuster über informative Welt-Bindungen. Dabei ist der Abklärung der jeweiligen Bedeutung von Face-to-Face-Situationen und mediatisierten Formen der Wissensaneignung, Generierung und Transformation von Deutungsmustern besondere Aufmerksamkeit zu schenken. Hypothetisch kann diesbezüglich davon ausgegangen werden, dass die Tradierung regional gebundener Deutungsmuster eher auf der Basis von Face-to-Face-Situationen erfolgt und mediatisierte Gehalte erst auf dieser »Grundlage« rezipiert werden.

Der *zweite* Analysebereich *(Signifikation)* soll sich auf die Analyse der subjektiven Bedeutungszuweisungen zu bestimmten Ausschnitten der Lebenswelt, insbesondere der Interpretation der eigenen (lokalen) Lebenssituation vermittels symbolischer Aneignungen beziehen. Eine zentrale Forschungsfrage lautet: Welche Bedeutungen erlangen mediatisierte Informationsgehalte für die Interpretation der eignen lokalen Tradition? Weitere wichtige Forschungsfragen betreffen die Erschließung der so genannten globalisierten Kultur in den Bereichen wie Musik, Film, Literatur usw. und ihren Wirkungen. Insgesamt geht es in diesen Bereich um die Analyse der Anwendung der Deutungsmuster in signifikativen Welt-Bindungen in Form von Symbolisierungen.

Das *dritte* Forschungsfeld, die normativen Bezüge mit ihren präskriptiven Regionalisierungen, ist aus kulturgeographischer Sicht insbesondere auf differenzierende Standards der Praktiken zu beziehen. Dazu sind geschlechtsspezifische Regionalisierungen der Alltagswelt im interkulturellen Vergleich zu zählen, sprachspezifische Regionalisierungen in der Geschichte des Imperialismus und der Nationalstaaten, des ethnischen Ausschlusses, staatlicher Integrations- oder Ausschlussszenarien im Kontext multi-kultureller Gesellschaften usw. Den *vierten* Bereich bildet die Kulturalisierung des Politischen, insbesondere vermittels religiöser aber auch regionalistischer und nationalistischer Diskurse.

Der *fünfte* und *sechste* Programmteil bezieht sich auf die Kulturalisierung des Ökonomischen. In Bezug auf die Produktion eröffnet die Perspektive beispielsweise einen neuen Zugang zur Analyse von Wissensmilieus, Unternehmens-Kulturen im Kontext von Tradition, diskursiver Offenheit und Innovation.

Der letzte Bereich, die Erforschung der Kulturalisierung des Konsums ist in engem Bezug zu individuell gestalteten und in globale Prozesse eingebetteten Lebensstilen zu sehen. Konsequenterweise sind sie in enger Verbindung mit den informativ-signifikativen Geographien zu untersuchen. Im Zentrum dieser Forschungen soll die Frage nach den differenzierenden Einflüssen der Lebensstile auf Warenströme und der hier ihren Ausdruck findenden »Kulturalisierung der Wirtschaft« insgesamt stehen. Die rekonstruierten Lebensstile können dann in einem weiteren Schritt der (human-)ökologischen Beurteilung unterworfen werden.

Schluss

Die Essentialisierung von Kultur über raumzentrierte Wirklichkeitsdarstellungen im Stile der traditionalistischen Orthodoxie dürfte deshalb eines der zentralen Probleme der Zukunft sein, weil die alltagsweltliche Basis dafür zunehmend aufgelöst wird. Ein Vergleich traditionell geographischer Kulturraumforschung mit regionalistischen, nationalistischen und verwandten fundamentalistischen Argumentationsmustern lässt eine erschreckende Ähnlichkeit erkennen. Solche Rückwirkungen auf sozial-politische Alltagswirklichkeiten sind von großer Brisanz.

Sowohl die wachsende Erkenntnis der Bedeutung symbolischer Ordnungen für die soziale Praxis als auch die zunehmende Anerkennung qualitativer Methoden zur Erschließung von Bedeutungsfeldern lassen vermuten, dass der »cultural turn« auch das Feld der Sozialwissenschaften durchdringt. Ob dies allerdings mit der Schwächung der Bedeutung des Sozialen einhergehen muss, ist zu bezweifeln. Es ist vielmehr zu vermuten, dass die Analyse der wachsenden Pluralisierung sozialer Wirklichkeiten nach der stärkeren Berücksichtigung des interpretativen Konstruktivismus verlangt.

Körper, Raum und mediale Repräsentation

Seit ALEXANDER VON HUMBOLDT beansprucht die wissenschaftliche Geographie eine besondere Kompetenz für das »Räumliche« und versteht sich seit fast einem Jahrhundert als empirische Raumwissenschaft. Vor dem Hintergrund dieser Fachgeschichte konnte in der Geographie natürlich kein *spatial turn* stattfinden. Ihre Geschichte ist eine Fundgrube für Denkmuster und Perspektiven der raumbezogenen Erforschung von gesellschaftlichen, kulturellen, politischen und ökonomischen Dimensionen alltäglichen Handelns. Seit rund zwanzig Jahren ist die wissenschaftliche Geographie – sehr zum Leidwesen von Raummorphologen wie dem Essayisten und Historiker KARL SCHLÖGEL (2002) – im Begriff, eine Wende in entgegengesetzter Richtung zu vollziehen: von der Raum- hin zur Praxiszentrierung, von der Raumanalyse zur wissenschaftlichen Erforschung der alltäglichen Praktiken des Geographie-Machens.

In praxiszentrierter Perspektive kann die Frage gestellt werden, welche räumlichen Konfigurationen für alltägliche Praktiken eine besondere Rolle spielen und aus welchen Arten des Handelns diese selbst hervorgegangen sind. Kurz: Statt alle möglichen Aspekte des Gesellschaftlichen verräumlichen zu wollen, ist zu fragen, wofür das Räumliche steht und welche Rolle Räumliches für die soziale Praxis erlangt bzw. erlangen kann. Eine Klärung dieser Frage ist notwendig, um die sozial- und kulturwissenschaftliche Forschung nicht mittels eines wenig reflektierten *spatial turn* in eine Sackgasse zu manövrieren. Dass die Verräumlichung kultureller Wirklichkeiten unter aktuellen Lebensbedingungen durchaus in hohem Maße problematische oder gar fatale Konsequenzen nach sich ziehen kann, wird beispielsweise mit der Rede von der »Achse des Bösen« und dem abgeleiteten, wenig zielführenden territorialen »Kampf gegen den Terrorismus« deutlich.

Die mit der Forderung nach einem praxiszentrierten Weltbild und geographischen Wirklichkeitsverständnis verbundene Perspektive soll hier zur Grundlage einer kritischen Analyse der Geographie der Medien gemacht werden. Diese Zielsetzung baut auf der Vermutung auf, dass ein medialer Geocode feststellbar und erfolgreich ist, weil die gesellschaftliche Bedeutung von »Raum« und die mediale Kommunikation eng aneinander gekoppelt sind. Sie sind – so wird vermutet – aneinander gekoppelt, weil sie sich auf etwas Vergleichbares beziehen. Die Analyse medial erzeugter Geographien hat, erstens, zu klären, welche Art von gesellschaftlichen Raumverhältnissen produziert und reproduziert wird sowie, zweitens, eine (kritische) Beurteilung geocodierter sozial-kultureller Wirklichkeiten zu leisten. Das entsprechende Forschungsprogramm ist dementsprechend an der Beantwortung der folgenden Kernfrage orientiert: Welche Implikationen weisen unter aktuellen Bedingungen räumliche Repräsentationen kultureller und sozialer Wirklichkeit – und somit auch einen *spatial turn* – auf? Oder genauer: Was bedeutet es, unter heutigen Gegebenheiten, die durch die Globalisierung der lokalen Lebenskontexte gekennzeichnet sind, eine Geocodierung von nichträumlichen sozial-kulturellen Wirklichkeiten zu betreiben?

Diese Fragerichtung ist aus dem zentralen Anliegen handlungs- bzw. praxiszentrierter Sozialgeographie abgeleitet.[1] Statt in orthodoxer geographischer Manier »Raum« zum Forschungsgegenstand zu machen, soll im Rahmen einer praxiszentrierten Perspektive transparent gemacht werden, welche Bedeutung räumliche Bezüge des Handelns für die Konstitution sozial-kultureller Wirklichkeiten aufweisen. Diese Akzentverschiebung mag auf den ersten Blick nach einer (bestenfalls akademisch interessanten) Haarspalterei aussehen und nicht nach einer gesellschaftswissenschaftlich relevanten Unterscheidung. Die Geschichte zeigt jedoch, dass die darin aufgehobenen Konsequenzen – sowohl in alltäglicher wie in wissenschaftlicher Hinsicht – von nicht zu unterschätzender Tragweite sind. Analog dazu könnte die größte Bedeutung eines sozialtheoretisch und -ontologisch informierten *spatial turn* darin bestehen, die Implikationen von raumzentrierten Sicht- und Argumentationsweisen unter aktuellen, spät-modernen sozialontologischen Bedingungen abzuklären.

Containerraum und sinnhafte Wirklichkeit

Eine Hinwendung der Sozial- und Kulturforschung zur räumlichen Dimension kann als notwendig und sinnvoll betrachtet werden, weil die einflussreichsten Sozialtheorien Ende des 19. Jahrhunderts dezidiert a-räumlich konzipiert wurden. Dass dies genau in dem Moment geschah, als die nationalstaatlichen Territorialisierungen alle Lebensbereiche zu durchdringen begannen, ist eine besondere Ironie. Im Folgenden soll verständlich gemacht werden, weshalb die verstehende Soziologie und Kulturforschung explizit ohne Raumbezug konzipiert wurde. Damit soll es auch möglich werden, einen kritischen Blick auf die Sinnhaftigkeit des aktuellen *spatial turn* in den Sozialwissenschaften zu werfen.

Die Etablierung der modernen Sozialwissenschaft als Gesellschaftswissenschaft war von der Auseinandersetzung zwischen zwei Fraktionen gekennzeichnet: der verstehenden Soziologie – repräsentiert von MAX WEBER und FERDINAND TÖNNIES – einerseits, und der biologistischen Fraktion um PLÖTZ andererseits. Im Kontext der biologistischen Fraktion ist auch die aufstrebende Anthropogeographie zu sehen, wie sie von FRIEDRICH RATZEL entworfen wurde. Der Kern der Debatte bestand nach WEBER[2] darin, dass die Vertreter der verstehenden Soziologie nur sinnhafte Gegebenheiten als Gegenstände soziologischer Forschung zulassen wollten, die biologistische Fraktion hingegen »das Soziale als Moment in der Natur mit den Mitteln der Biologie« (WERLEN & WEINGARTEN 2003:205) thematisieren wollte. Das entsprechende Hauptargument lautete, dass das Gesellschaftliche vom Biologischen nicht derart verschieden sei, dass je spezifische Forschungsperspektiven notwendig wären. Denn – so eines der Kernargumente – das Soziale des Biologischen äußere sich im jeweiligen Organisa-

1   Vgl. WERLEN (1987a).
2   Vgl. WEBER ([1924]1988b:459ff.).

tionszusammenhang. Die Vertreter der verstehenden Soziologie sahen darin, wie die spätere Entwicklung der nationalsozialistischen Geo- und Rassenpolitik zeigt, nicht zu Unrecht eine inakzeptable biologistische und kausalistische Setzung, welche der Intentionalität und Sinnsetzung menschlichen Handelns letztlich jede Relevanz abspricht.[3]

Eine der Konsequenzen dieser Setzung war, dass die verstehende Soziologie mit dem Biologischen auch die menschliche Körperlichkeit und den gesamten materiellen Kontext des Handelns aus dem soziologischen bzw. sozialwissenschaftlichen Blickfeld verbannt hat. Nach WEBER (1980:3) sind »unverstehbare« Gegebenheiten wie der Körper und/oder andere natürliche Objekte – und damit auch räumliche Konstellationen – als »Daten (hinzunehmen), mit denen zu rechnen ist«, denen aber keine soziologische Bedeutung zukommt.

Auf der biologistischen Seite wurde exakt in entgegengesetzter Richtung argumentiert. RATZEL, ein Schüler des Biologen, Ökologen und Lebensraumtheoretikers ERNST HAECKEL, stellte das Biologische und mit ihm das Räumliche ins Zentrum der Betrachtung. Wie HAECKEL geht auch RATZEL (1901) davon aus, dass der vorgegebene Containerraum in der Evolutionsgeschichte die wichtigste Selektionsinstanz für die Ausdifferenzierung von Arten und Gattungen darstellt. »Raum« ist dabei als materielles Behältnis vorgegeben, an dem sich die Arten abarbeiten und dabei selektiert werden. Es ist wichtig zu sehen, dass »Raum« in dieser Argumentation keine theoretische Kategorie darstellt, sondern als eine materielle Gegebenheit aufgefasst wird, die unabhängig jeglicher theoretischer Reflexion vorliegt und immer dieselben kausal wirksamen Eigenschaften aufweist.

Im Sinne einer Zwischenbilanz kann festgehalten werden, dass in der verstehenden Soziologie »Raum« ausgeklammert wird, weil er nicht als verstehbare Gegebenheit eingestuft werden kann. Im Rahmen der biologistischen Sichtweise wird »Raum« dagegen zum zentralen Objekt, zum erfahrbaren Gegenstand und in der nationalsozialistischen Geopolitik gar zum Gegenstand der Eroberung. Diesem Objekt wird zudem eine kausale Wirkinstanz für gesellschaftliche Entwicklungen beigemessen. Mit dieser argumentativen Positionierung wird bereits der Einbezug räumlicher Bezüge in verstehende Erklärung verunmöglicht und ist zudem mit zahlreichen weiteren (problematischen) Implikationen verbunden.

Versucht man, Nicht-Materielles räumlich zu repräsentieren, vollzieht man eine Reduktion von immateriellen Gegebenheiten auf physisch-materielle Gegebenheiten. Oder in anderen Worten: Werden Bedeutungen bzw. Signifikationen auf die materiellen Vehikel der Repräsentation reduziert, dann tut man so, als ob die damit konstruierte Einheit von Bedeutung und Materie unauflöslich wäre. Die Bedeutung wird am Objekt festgemacht, ohne dass das bedeutungszuweisende Bewusstsein reflektiert

---

3   Eine Unterordnung menschlicher Sinnsetzungen unter biologische bzw. rassische Vorgaben war unter der Vorgabe der Unterscheidung zwischen erklärenden Naturwissenschaften und verstehenden Geisteswissenschaften nach DILTHEY (1865) unhaltbar.

wird. Über diese Vergegenständlichung werden sprachliche Verräumlichungen produziert. Da es sich jedoch immer um zugewiesene Bedeutungen zu materiellen Gegebenheiten handelt, können Bedeutungen nicht als Eigenschaften des Materiellen betrachtet werden. Und da sie nicht Ausdruck des Materiellen sind, können sie *per se* (erd-)räumlich auch nicht abgebildet werden. Bedeutungen weisen nur eine ideale, jedoch keine materielle Existenz auf.

Ist trotzdem von der Materialität des Raumes die Rede, wie dies am ausdrücklichsten bei Isaac Newton (1872), René Descartes (1922) und Ratzel (1882) der Fall ist, und beginnt man »ihn« so zu behandeln, als wenn »er« Materie wäre, so liegt der Schritt, ihm darüber hinaus eine kausale Kraft zu zuweisen, recht nahe. Diese Implikationen sind bei einer sorgfältigen Beurteilung des *spatial turn* im Auge zu behalten.

Spatial Turn und gesellschaftliche Wirklichkeit

Der Ausdruck »spatial turn« – als Analogie zum Ausdruck »linguistic turn« – geht in starkem Maße auf den Geographen Edward Soja (1980) zurück. In dessen Darstellung ist der *spatial turn* vor allem durch die Schriften von Henri Lefebvre (1981), Michel Foucault (1973, 1977, 1990) und Manuel Castells (1972) vorbereitet worden. Ebenso wichtig dürfte jedoch sein, dass unabhängig von diesen Arbeiten ab den frühen 1980er-Jahren eine interessante Konvergenz von soziologischer und sozialgeographischer Theoriebildung feststellbar ist. Auf soziologischer Seite entwickeln bspw. Pierre Bourdieu (1977), Erving Goffman (1991) und Anthony Giddens (1984b, 1985, 1988b, 1990b) eine starke Sensibilisierung für die räumlichen Bezüge sozialer Praktiken und deren Bedeutung für die unterschiedlichsten Entfaltungen des Alltaglebens. Auf sozialgeographischer Seite ist insbesondere bei David Harvey (1973, 1982), Derek Gregory (1978, 1994), Nigel Thrift (1983), Doreen Massey (1984), Derek Gregory & John Urry (1985), Allan Pred (1986), Helmut Klüter (1986) und Benno Werlen (1987a) eine starke Bezugnahme auf sozialtheoretische Konzeptionen zu beobachten, sodass sich eine interdisziplinäre Auseinandersetzung mit dem Verhältnis von Gesellschaft und Raum entspinnen konnte. Giddens (1984b) stellt im Vollzug dieser Annäherung fest, dass in dieser Debatte keine wichtigen Unterschiede zwischen der soziologischen und geographischen Theoriebildung mehr festgestellt werden können.

Der sich auf diesen Vorgaben abzeichnende, umfassende *spatial turn* leidet jedoch zunehmend an einer mangelhaften Klärung des ontologischen Status »Raum«. Auf Grund dieses Defizits verstrickt sich die Rede von »Raum« in eine traditionelle geographische Verräumlichung des Gesellschaftlichen bzw. in ein raumwissenschaftlich geprägtes geographisches Weltbild. Mit Christian Schmid (2005:13) kann zudem festgehalten werden, dass die aktuellen Protagonisten des *spatial turn* einerseits dem »eklektischen Charakter postmoderner Ansätze« huldigen und andererseits eine systematische Auseinandersetzung mit deren Quellen meiden. Dementsprechend werde beispielsweise die Theorie von Lefebvre »ungeachtet seiner eigenen Positionierung und epistemologischen Ausrichtung« (Schmid 2005:13) für die eigenen Zwecke um-interpretiert. Für Soja (1996:45f.) beispielsweise besteht die Auslegung der Theorie Lefebvres darin, dass er – entgegen den Basistheoremen Lefebvres – von einem materiellen Raum »an sich« bzw. *per se* spricht und diesen zum Ausgangspunkt weiterer theoretischer Überlegungen macht: »Space in itself may be primordially given, but the organization, and meaning of space is a product of translation, transformation and experience« (Soja 1996:79f.). Wie Schmid (2005:296f.) zu Recht festhält, ist dies das Grundproblem, das die meisten postmodernen Rezeptionen von Lefebvres Theorie wie ein roter Faden durchzieht. Man kann sogar einen Schritt weiter gehen und diese Einschätzung für die meisten sozial-, kultur- und geisteswissenschaftlichen »Neu«ent-deckungen des Raumes geltend machen: Das gängige Verständnis des *spatial turn* basiert zu einem beachtlichen Teil auf der Vorstellung, dass es einen »Raum an sich« gibt, auf dem dann Sozial- und Kulturtheorien aufgebaut werden können, ohne der Tat-sache Rechnung zu tragen, dass »Raum an sich« selbst ein theoretisches Konstrukt ist. Dadurch wird »eine physikalische Theorie des Raumes mit der Wirklichkeit« (Schmid 2005:297) an sich verwechselt. Die sich daraus ergebenden Verstrickungen können mit Roland Lippuner und Julia Lossau als »reifizierende Verräumlichung des Sozialen« (2004:51) charakterisiert werden. Diese Denkweise führt letztlich nicht entscheidend aus dem Dilemma heraus, das seit der Auseinandersetzung zwischen verstehender und biologistischer Soziologie besteht: entweder mit der Verräumlichung die Sinnhaftigkeit des Gesellschaftlichen in Abrede stellen zu müssen oder für die argumentative Postu-lierung der Sinnhaftigkeit der gesellschaftlichen Wirklichkeit diese als nicht-räumliche zu verstehen.

Vor diesem Hintergrund wird es schließlich auch möglich, Schlögels[4] implizite Kritik an der jüngeren Theorieentwicklung der deutschsprachigen Sozialgeographie in einem anderen Licht zu sehen. Es erscheint vor diesem Hintergrund fragwürdig, auf der Basis des Ratzel-Zitates »Wir lesen im Raume die Zeit« (1904) der Geschichts-schreibung programmatisch »Im Raume lesen wir die Zeit« ins Pflichtenheft schrei-ben[5] zu wollen und damit gleichzeitig Hoffnung zu verbinden, trotzdem gegen jede Form des übertriebenen Reduktionismus und die »kausalisierenden« Implikationen eines absoluten Containerraumes gewappnet zu sein. Man ist geneigt zu prognostizie-ren, dass diese Zukunft der neuen Geschichtsschreibung in eine dunkle Vergangenheit weist. Die problematischen Implikationen des Ratzelschen Programms können nicht mit Verweisen auf Lefebvre oder Walter Benjamin geheilt werden. Auf den ersten Blick kann vielleicht anhand des von Schmid festgestellten Eklektizismus der Ein-druck erweckt werden, die Ratzelsche Vorstellung, dass Geschichte »im Raum« statt-findet, wäre mit dem Theorieprogramm der von Schlögel zitierten Referenzen zu vereinbaren. Dass der Schein der Oberfläche auch hier trügt, lässt sich jedoch bereits dann erahnen, wenn man sich vor Augen führt, dass die Raumontologie für die Be-

---

4 Vgl. Schlögel (2002:308ff., 2003:60ff.).
5 Für diese Hinweise möchte ich mich bei Hans-Dietrich Schultz bedanken.

deutungskonstitution von »Gesellschaft« nicht bloß eine nachgeordnete, sondern eine konstitutive Rolle spielt. Die Wirksamkeit der »Tiefenontologie« (WERLEN 1997:11) des Containerraumes prägt auch die Art und Weise, wie über gesellschaftliche und damit auch über historische Zusammenhänge gedacht, gesprochen und geschrieben wird. Wie sehr der RATZELsche Containerraum dazu führt, etwa die deutsche Gesellschaft als ein Volk zu thematisieren, das *seinen* Raum braucht, verdeutlicht nicht zuletzt die traditionelle Geopolitik. Zudem ist es unhaltbar, die Position RATZELS, welche eine gesetzte Macht des Raumes postuliert, weitgehend unreflektiert argumentativ mit den Theorieansprüchen von LEFEBVRE, FOUCAULT oder HARVEY zu verknüpfen, welche dezidiert auf die kritisch-diskursive Analyse von Macht- und Herrschaftsstrukturen ausgerichtet sind. Mit den zitierten Referenzen – insbesondere den Arbeiten von BENJAMIN – wohl eher kompatibel wäre ein Programm, welches das räumliche Spurenlesen fokussiert, so, wie es von Seiten der Geographie von WOLFGANG HARTKE[6] oder GERHARD HARD[7] und von Seiten der Kulturanthropologie von CLIFFORD GEERTZ[8] vorgeschlagen wurde. Hier könnte ein Forschungsprogramm einer gehaltvollen *spatial history* ansetzen, welche das zeitliche Nacheinander unter Einbezug des koexistenten (räumlichen) Nebeneinanders kontextuell erschließen könnte. Ob es dazu allerdings tatsächlich einer *spatial history* bedarf oder ob diese Aufgabe nicht bereits von der (kritischen) Historischen Geographie im Stile von GREGORYS »geographical imaginations« (1994:203f., 2004) wahrgenommen wird, bleibt für den Moment offen.

Um den so genannten *spatial turn* der Sozial-/Kulturwissenschaften im umfassenderen Sinne fruchtbar gestalten zu können und nicht in einer »Raumfalle« (LIPPUNER & LOSSAU 2004) enden zu lassen, ist dieser konsequenterweise mit einer praxiszentrierten Forschungsperspektive zu verbinden. Erst dann kann es gelingen, die Bedeutung räumlicher Bezüge für den Vollzug der Konstitution der Gesellschaft differenziert zu erschließen. Akzeptiert man diese zentrale Unterscheidung zwischen Praxis- und Raumforschung, dann werden die Zielrichtungen einer »Soziologie des Raumes« (SIMMEL 1903; SCHROER 2006) bzw. einer »Raumsoziologie« (LÖW 2001) fraglich, weil diese Programmtitel letztlich auch eine soziale Raumforschung propagieren, selbst wenn das nicht mit aller Konsequenz gemeint sein sollte. Die Erforschung der empirischen Gegebenheit »Raum« ist – wie man aus der Fachgeschichte der Geographie lernen kann – nur auf der Basis von gut eingeübten, wissenschaftlich aber nicht akzeptierbaren Techniken der Reifikation möglich. Eine praxiszentrierte Forschungsperspektive hingegen eröffnet die Möglichkeit, die Statik der Raumanalyse zu vermeiden und sich der Erforschung alltäglicher Konstitutionsprozesse gesellschaftlicher Raumverhältnisse zuzuwenden. Dies ermöglicht die Entwicklung eines wissenschaftlichen Blicks, der sowohl die bisherige »»Raumversessenheit‹ der allgemeinen Geographie

---

6   Vgl. HARTKE (1956).
7   Vgl. HARD (1995).
8   Vgl. GEERTZ (1997).

einerseits als auch die ›Raumvergessenheit‹ der Soziologie andererseits« (WERLEN 2000:13) Erfolg versprechend überwindbar macht.

Bei der wissenschaftlichen Erschließung der sich historisch wandelnden Raumverhältnisse ist dem »Maß« der raum-zeitlichen Verankerung der sozialen Praktiken unter Einbezug der beiden von mir vorgeschlagenen Idealtypen »traditionelle« und »spät-moderne Lebensform« differenziert Rechnung zu tragen.[9]

Gesellschaftliche Raumverhältnisse

Es ist selbstverständlich geworden, sozialweltliche Wirklichkeiten je nach dominierendem Produktionssektor als Agrar-, Industrie-, Dienstleistungs- oder Informationsgesellschaften zu bezeichnen. Da sich diese Gesellschaftsformen jedoch nicht nur in Bezug auf die Produktionsweise unterscheiden, wäre es vielleicht sinnvoller, die Unterschiede in einem je spezifischen *modus operandi* der Wirklichkeitserzeugung zu sehen. Damit soll darauf hingewiesen sein, dass diese *modi operandi* nicht als ökonomische Determinanten des Gesellschaftlichen zu missverstehen sind, sondern als die für jede Gesellschaftsformation spezifische Art von Basis-Handlung, als das Kern-Element einer räumlich-zeitlich existierenden sozial-kulturellen Wirklichkeit zu begreifen sind. Zu jedem Typus von Basis-Handlung gehören insbesondere die verwendeten bzw. verfügbaren Gestaltungsmittel der räumlichen und zeitlichen Bezüge. Die Art dieser Gestaltungsmittel, von denen beispielsweise die Vermögensgrade des Handelns über Distanz abhängen, sind für die Konstitution und Etablierung gesellschaftlicher Raumverhältnisse konstitutiv.[10] Wird der Akzent nicht auf die ökonomischen Aspekte, sondern auf die Konstitutionsweisen räumlicher Bezüge gelegt, dann sind Gesellschafts- und Kulturformen auch in Bezug auf ihr Raumverhältnis typisierbar. Für diese Typisierung ist es wichtig zu klären, in welcher Form die räumlichen Bezüge des Handelns in die Praktiken eingelassen und durch diese reproduziert werden. Die zentralen Fragestellungen des entsprechenden Forschungsbereichs »Gesellschaftliche Raumverhältnisse« können an dieser Stelle aber nicht weiter ausdifferenziert, die Grundfigur der entsprechenden Denkweise[11] soll aber angedeutet werden.

Um die drei wichtigsten Typen gesellschaftlicher Raumverhältnisse herauszuarbeiten, kann in Anlehnung an GIDDENS von den drei idealtypischen Konstellationen, Prä-Moderne, Moderne und Spät-Moderne ausgegangen werden.[12] Alle drei können als heuristische Anleitung für die Klärung der Beziehung zwischen Lebensformen

---

9   Vgl. WERLEN (1993d) bzw. erster Aufsatz dieses Bandes.
10 Analog kann man hypothetisch davon ausgehen, dass die verfügbaren Kapazitäten der Informationsspeicherung zur Erinnerung von Vergangenem ihrerseits für die Etablierung gesellschaftlicher Zeitverhältnisse von zentraler Bedeutung sind.
11 Vgl. dazu ausführlicher WERLEN (1995d).
12 Vgl. GIDDENS (1990b).

und gesellschaftlichen Raumverhältnissen in Anschlag gebracht werden. Die erste Form kann als traditionelle Konstellation bezeichnet und als »räumlich und zeitlich ›verankert‹« (WERLEN 1993d:243) bzw. »embedded« (GIDDENS 1990b:20) charakterisiert werden. Das gesellschaftliche Raumverhältnis der zweiten, der modernen Konstellation zeichnet sich durch die rationale räumlich-zeitliche Territorialisierung der Organisation des gesellschaftlichen Zusammenlebens aus. Der dritte Typus, jener der spät-modernen Konstellationen, ist im Hinblick auf die zentralen Tätigkeitsfelder als »räumlich und zeitlich ›entankert‹« (WERLEN 1993d:250) bzw. »disembedded« (GIDDENS 1990b:20) zu bezeichnen.

Prä-moderne Konstellation

Die wichtigsten Mechanismen und Mittel der Verankerung – welche für den ersten Typus grundlegend sind – beruhen in zeitlicher Hinsicht auf lokal vorherrschenden Traditionen. Traditionen garantieren weitestmögliche Übereinstimmung von Zukunft und Vergangenheit. Aus ihnen werden die (nicht-diskursiven) Standards gesellschaftlicher Organisation abgeleitet und zugleich gerechtfertigt. Sie bilden somit die zentralen Orientierungs- und Legitimationsinstanzen. Die sich daraus ergebende Stabilität über Zeit (Verankerung in zeitlicher Hinsicht) setzt einen sehr eng begrenzten Rahmen für individuelle Entscheidungen. So sind soziale Beziehungen eher durch Verwandtschafts-, Stammes- oder Standesverhältnisse bestimmt, als dass sie Gegenstand persönlicher Entscheidung sein können. Dies gilt auch für die Erlangung sozialer Positionen, die weniger von persönlichen Leistungen abhängen und vielmehr aus Herkunft, Alter und Geschlecht abgeleitet sind.

Ist in zeitlicher Hinsicht die Stabilität Ausdruck der Verankerung, dominiert in räumlicher Hinsicht eine enge erdräumliche Kammerung alltäglicher Aktionsreichweiten. Diese ist im technischen Stand der Fortbewegungsmittel (Fußmarsch, Tierkraft, usw.) und Kommunikation (Face-to-Face-Interaktionen, geringe Bedeutung der Schrift) begründet. Sie ist gleichzeitig auch Ausdruck der Beschränkung der kulturellen und sozialen Ausdrucksformen auf den lokalen und regionalen Maßstab. Auf Grund des technischen Standes der Arbeitsgeräte besteht der Zwang, sich den natürlichen Bedingungen weitgehend anzupassen. Beobachtbare Wirtschaftsformen können dann leicht als Ausdruck der naturräumlichen Bedingungen missinterpretiert werden. Wird diese Interpretation vorgenommen, dann sind damit bereits die Vorleistungen für die Naturalisierung und Kausalisierung sozial-ökonomischer wie kultureller Wirklichkeiten erbracht.

In der Alltagspraxis sind unter diesen Bedingungen räumliche und zeitliche sowie sozial-kulturelle und ökonomische Komponenten auf das Engste verknüpft. Im Sinne traditioneller Handlungsmustern sind gewisse Tätigkeiten nicht nur zu einer bestimmten Zeit zu verrichten, sondern auch an einem bestimmten Ort mit einer vorgegebenen räumlichen Orientierung. Soziale Regelungen und Orientierungsmuster werden häufig über raum-zeitliche Festlegungen reproduziert und durchgesetzt. Diese Einheit sozial-kultureller Raum-Zeit wird meist auf der Basis von Reifikation wirksam. Damit ist gemeint, dass im alltäglichen Denken keine klare Unterscheidung zwischen Bezeichnendem und Bezeichnetem feststellbar ist, sodass die Kultstätte mit dem Kult identifiziert wird. Entsprechend lautet die soziale Regelung: Wer diese Stelle unerlaubterweise betritt, der entweiht den Ort und ist negativ zu sanktionieren. Derart scheinen Bedeutungen den Dingen eingeschrieben und räumlich verankert zu sein. Dinge und Orte gelten nicht als Bedeutungsträger, sondern als Generatoren von Sinn.

Die traditionelle Konstellation gesellschaftlicher Raumverhältnisse kann in Anlehnung an TÖNNIES (1979) als gemeinschaftliche Wirklichkeit bezeichnet werden. Ihr sind verhältnismäßig homogene Sinndeutungen von räumlich eng gekammerten Lebenskontexten eigen. Akteure interpretieren die Situationen des Handelns gemäß den von der Tradition vorgegebenen Deutungsmustern. Die Überlieferung findet im Rahmen von Face-to-Face-Situationen statt und über die Aufladung der materiellen Vehikel symbolischer Repräsentation, die sich (meist) in aktueller Reichweite befinden.

Sind diese Bedingungen gegeben, dann können räumliche Darstellungen sozial-kultureller Gegebenheiten oberflächlich betrachtet plausibel wirken. Selbst räumliche Kausalerklärungen sozial-kultureller Wirklichkeiten scheinen auf den ersten Blick Geltung beanspruchen zu dürfen. Die Vorstellung eines erdoberflächlich *per se* existierenden Gesellschafts-Raumes kann aber nur deshalb ohne allzu heftigen Einspruch als angemessene Repräsentation postuliert werden, weil dieser auf Grund spezifischer räumlich-zeitlicher Merkmale sozialer Praktiken entsprechend konstituiert wird. Die augenscheinliche Raumgebundenheit beruht, erstens, auf körpergebundenen Tätigkeiten und den über diese vollzogenen ökonomischen, sozialen sowie kulturellen Aneignungen. Die Raumgebundenheit, so kann man in Anlehnung an MARKUS RICHNER (2007:289f.) folgern, basiert auf Praktiken »der Inkorporierung« (BOURDIEU 1985:22) mit denen die (physisch-materiellen) Kontexte des Handelns bewusstseinsmäßig zum Quasi-Bestandteil des eigenen Selbst werden. Der zweite entscheidende Grund ist darin zu sehen, dass die Reichweite dieser körpergebundenen Tätigkeiten (für den größten Teil) der Bewohner einer Erdgegend eng begrenzt ist.

Moderne Konstellation

Die Etablierung der nationalstaatlich-industriellen Raumverhältnisse impliziert die Ablösung der räumlich-zeitlichen Verankerung der traditionellen Konstellation. Dieser Wandel wird hinsichtlich der politischen Gestaltung des gesellschaftlichen Lebens durch rationale Territorialisierung entlang nationalstaatlicher Einrichtungen vollzogen. Als Konsequenz der Aufklärung wird die (produktive) Transformation der Natur mit der Entwicklung technischer Möglichkeiten auf eine neue Basis gestellt. Die Abhängigkeit von den so genannten naturräumlichen Gegebenheiten nimmt mit der Industrialisierung der Produktionsprozesse rapide ab. Zusammen mit der Durchsetzung des Kapitalismus wird nicht nur das Verhältnis zur Natur auf eine neue Basis gestellt, sondern der gesamte Bereich der räumlich-zeitlichen Konstellation wird neu geordnet. Die Transformation dieses Verhältnisses vollzieht sich nach GIDDENS entlang der Dimensionen »Kapitalismus«, »Industrialismus« und »Bürokratisierung«.[13] In der Ersten werden die wirtschaftlichen Verhältnisse neu geregelt, in der Zweiten die Produktionsformen verändert. In der dritten Dimension wird einerseits die Koordination der Kontrolle der Subjekte über räumliche und zeitliche Distanzen hinweg ermöglicht, womit sich »Kapitalismus« und »Industrialismus« erst überregional etablieren können. Zum anderen wird die Zuständigkeit der (national-)staatlichen Bürokratie durch die Territorialisierung in umfassendem Maße containerisiert.

Die (räumliche) Containerisierung des gesellschaftlichen Lebens in Form rationaler Territorialisierung – die der Konstitution der Nationalstaaten zugrunde liegt – zeichnet sich durch eine eigenartige Widersprüchlichkeit aus. Entlang der drei genannten Dimensionen werden eigentlich das Verschwinden der »Raumwiderstände« und eine Gleichförmigkeit des Raumes hergestellt. Doch die nationalstaatlichen Institutionen binden den Prozess der Entankerung über die Wiederverankerung des gesellschaftlichen Lebens in neu gewonnenen Dimensionen mittels territorialer (Neu-)Ordnung. Die räumliche Entankerung, die in der Moderne angelegt ist, wird über nationale Währungen, die Formierung von Nationalökonomien, das Erheben von Zöllen entlang der Staatsgrenzen etc. an das Territorium rückgebunden. Die Formierung nationaler Hochsprachen, die nationale Organisation von Wissen und Information über das Bildungssystem, die Etablierung von Landessendern (Radio, Fernsehen) usw. wirken ebenfalls territorialisierend. Damit wird eine moderne, rationale Form der Verräumlichung bzw. Territorialisierung gesellschaftlicher Wirklichkeiten durchgesetzt.

Die *modi operandi* der Konstitution nationalstaatlich-industrieller Raumverhältnisse sind nicht mehr im gleichen Maße körperbezogen wie die traditionellen, doch sie sind immer noch stark an eine materielle Basis gebunden. Distanzüberwindung ist zum größten Teil mit dem »Verbrauch« von Zeit verbunden, obwohl sich mit dem Telefon bereits neue Entwicklungen abzeichnen.

Spät-moderne Konstellation

Sowohl die traditionellen (auf Reifikationen beruhenden) als auch die modernen (auf Territorialisierungen beruhenden) Formen räumlicher und zeitlicher Verankerungen sind unter spät-modernen Bedingungen in Auflösung begriffen. An die Stelle zeitlicher Stabilität tritt eine permanente und zunehmend beschleunigte soziale Transformation.[14] An die Stelle räumlicher Kammerung treten globale Lebenszusammenhänge.

---

13 Vgl. GIDDENS (1985, 1992a).
14 Vgl. ROSA (2005).

Im Vergleich zu traditionellen Lebensformen ersetzen diskursiv revidierbare Routinen nun Traditionen. Spät-moderne Praktiken sind nicht an lokalen Traditionen, sondern vielmehr an global auftretenden Lebensmustern orientiert. Der Spielraum individueller Entscheidungen wächst, soziale Beziehungen sind kaum mehr über Verwandtschaftsverhältnisse geregelt, sondern verstärkt über wirtschaftliche Aktivitäten. Soziale Positionen werden in Produktionsprozessen erworben und sind im Prinzip nicht an Alter oder Geschlecht gebunden.

In Bezug auf das Räumliche werden die engen Kammerungen durch Fortbewegungsmittel, die ein Höchstmaß an Mobilität ermöglichen, in vielerlei Hinsicht aufgehoben. Bewegungs- und weiträumige Niederlassungsfreiheit implizieren eine Durchmischung verschiedenster, ehemals lokaler Kulturen in größter Nähe. Die resultierende Durchmischung ist gepaart mit weltweiten Kommunikationssystemen, welche eine Informationsanhäufung und -verbreitung ermöglichen, die nicht an körperliche Kopräsenz gebunden ist. Face-to-Face-Interaktionen bleiben zwar bestehen und sind insbesondere im Rahmen der Sozialisation oder bei diskursiv auszuhandelnden Entscheidungen in hohem Maße bedeutsam, doch der größte Teil der Kommunikationsanteile ist mediatisiert. Mit der zunehmenden Wirksamkeit der Medien, der zeitlichen und räumlichen Entankerung – zu denen insbesondere so genannte abstrakte Systeme, wie Plastikgeld, Schrift, Expertensysteme und vor allem Medien der Kommunikation zu zählen sind – ist eine Art raumzeitliche Implosion der spät-modernen Lebensbedingungen verbunden.[15]

Es gilt als kommunikativer Standard, dass räumliche und zeitliche Dimensionen von fixen Bedeutungen getrennt und immer wieder neu auszuhandeln sind. Räumliche und zeitliche Dimensionen werden in einzelnen Handlungen von den Subjekten auf je spezifische Weise immer wieder neu kombiniert.[16] Dass räumliche wie zeitliche Dimensionen nicht inhaltsbestimmende, sondern nur formale Aspekte menschlicher Tätigkeiten darstellen, wird insbesondere beim alltäglichen Einsatz mobiler Telekommunikation erlebbar. Auf der Basis größter Mobilität und zunehmender Ortsunabhängigkeit der Kommunikation wird der Zeitpunkt der Begegnung gegenüber dem Ort zum vorrangigen Kriterium der Entscheidung.

Im Sinne der bisherigen Argumentation kann man folgendes erstes Fazit ziehen: Räumliche Darstellungen des Sozial-Kulturellen im Sinne traditioneller Lebensformen sind verhältnismäßig unproblematisch. Dies ist in gewissem Sinne auch für Lebensformen zutreffend, die im Rahmen national durchgängiger Containerisierungen praktiziert werden. Sind die Bedingungen räumlich und zeitlich verankerter gesellschaftlicher Raumverhältnisse gegeben, dann ist ein *spatial turn* der Sozial-, Kultur- und Geisteswissenschaften im Stile einer verräumlichenden Beschreibung und Analy-

15   Der amerikanische Geograph David Harvey (1989:241) umschreibt diese als zeitlich-räumlichen Schrumpfungsprozess bzw. als »time-space compression«.
16   Vgl. Werlen (2000:35).

se alltäglicher Lebensbedingungen und -formen möglich, ohne dabei in die Sackgasse einer empirischen Raumwissenschaft zu geraten.

Mit dem Verlust der zentralen Verankerungsmechanismen nimmt jedoch die Plausibilität verräumlichender Darstellungen stark ab. Dies ist insbesondere für jene Lebensbereiche der Fall, die sich spät-modernen Lebensformen annähern und als globalisierte Lebensformen thematisiert werden können.

Damit entsprechende Orientierungen unter spät-moderne Bedingungen gelingen können, ist vor allem ein neues geographisches Bewusstsein notwendig. Wird versucht, auf der Basis eines alten geographischen Weltbildes einen (räumlich und zeitlich verankerten) Raumbezug herzustellen, wird ein geographisches Bewusstsein produziert, das den eigenen geographischen Bedingungen nicht entspricht. Man könnte sagen, man produziert ein »falsches« geographisches Bewusstsein. Damit entfernt man sich von den alltäglichen Lebensbedingungen und verfällt im extremen Falle sogar der Reproduktion fundamentalistischer Orthodoxien. Dies ist die Konsequenz einer mangelhaften oder vollkommen abwesenden Abstimmung der »Ontologie von Gesellschaft und Raum« (WERLEN 1995d).

Besondere Bedeutung erlangen in diesem Zusammenhang die in der medialen Berichterstattung in Anschlag gebrachten Geocodes. Mediale Berichterstattung – so lautet die hier vertretene These – trägt in wesentlichem Maße zur Produktion verräumlichter Wirklichkeitsdarstellung bei. Um sich mit dieser Thematik nun differenziert auseinandersetzen zu können, ist jedoch ein weiterer Schritt der Vorbereitung notwendig: die Klärung des Verhältnisses von Raum und Körper bzw. von Körper und Raum.

Raum und Körper – Körper und Raum

Wenn ZYGMUNT BAUMAN (2001:110) feststellt, dass »Raum« gegenwärtig an Erklärungskraft verliert und gleichzeitig an (diskursiver) Relevanz gewinnt, bringt er damit zum Ausdruck, dass man beispielsweise bestimmte persönliche Merkmale nicht mehr mit seiner regionalen Herkunft begründen oder gar erklären kann. Mit der Durchdringung der lokalen Kontexte durch globalisierte Wissensbestände wird es zunehmend problematisch zu behaupten, jemand würde auf diese oder jene Art handeln, nur weil er oder sie einen bestimmten Herkunftsort aufweist. Die räumliche Konnotation der Herkunft oder aktueller Lebensumstände erklärt in sozial-kultureller Hinsicht nichts mehr oder zumindest immer weniger. Das Auftauchen von spezifischen Raumbezügen in den verschiedensten Diskursen – welche sich nach BAUMAN parallel dazu einstellen – kann als eine sehr paradoxe Bewegung identifiziert werden: Alltägliche Geographien sind nicht mehr streng räumlich konnotiert, weder lokal noch regional. Parallel dazu taucht aber eine räumliche bzw. verräumlichende Sprache in den unterschiedlichsten Lebensbereichen auf.

Welche Implikationen weist die Feststellung BAUMANs für den *spatial turn* auf? Zuerst kann festgehalten werden, dass in dieser Paradoxie die Wiederentdeckung der Bedeutung räumlicher Bezüge auf alltäglicher Ebene manifest wird, obwohl die entsprechende empirische Basis dafür immer schwächer wird. Der Vollzug einer räumlichen Wendung der sozial-, kultur- und geisteswissenschaftlichen Forschungsorientierung hat für ontologisch unterschiedliche Gegebenheiten je spezifische Raumbegriffe zu verwenden.[17] Der traditionelle geographische Raumbegriff ist streng genommen ausschließlich für die Ordnung materieller Dinge zuständig. Für soziale Gegebenheiten kann beispielsweise im Sinne von BOURDIEU (1985:14) ein mehrdimensionaler »sozialer Raum« entwickelt werden, für mentale Gegebenheiten bzw. geistige Bewusstseinsgehalte sind mentale Räume mit entsprechenden Dimensionen zu entwickeln usw.

Was genau bezeichnet aber »Raum«, wenn etwa im Sinne von Erdraum in Bezug auf materielle Gegebenheiten die Rede ist? Und weshalb ist das, was mit »Raum« bezeichnet wird, für die Sozial-, Kultur- und Geisteswissenschaften auch dann relevant, wenn mit ihm »nur« materielle Konstellationen bezeichnet werden können? Im Sinne der Phänomenologie von EDMUND HUSSERL und ALFRED SCHÜTZ kann man davon ausgehen, dass räumliche Vorstellungen aus der Erfahrung der eigenen Körperlichkeit hervorgehen und damit auf die körpergebundene Welterfahrung verweisen, auf die Relationierung des eigenen Körpers mit anderen körperlichen Dingen.[18] Laut HUSSERL und SCHÜTZ ist die Erfahrung der Welt als eine räumliche, erstens, in der eigenen Körperlichkeit begründet, wobei, zweitens, der eigene Körper zum Koordinatennullpunkt der unmittelbaren Welterfahrung gemacht wird. Der Körperstandort kann beispielsweise durch Kartographie als Koordinatennullpunkt idealisiert werden, sodass sich eine Vielzahl von Subjekten anhand von Karten, ohne denselben Kontext zu teilen, über ausgedehnte Dinge an entfernten Orten erfolgreich verständigen kann. Was im geographischen Sinne mit »Raum« bezeichnet wird, verweist somit auf die eigene Körperlichkeit im Kontext der ausgedehnten physisch-materiellen Gegebenheiten.

Akzeptiert man diese Sicht, folgt daraus, dass »Raum« kein Gegenstand sein kann, über keine materielle Existenz verfügt und somit nicht selbst das Materielle ist. Konsequenterweise ist jede Rede vom materiellen Raum bzw. »material space« (HARVEY 2005:105) Unfug bzw. nichts anderes als Ausdruck dessen, was man als cartesianischen Fehlschluss bezeichnen kann.[19] Demgegenüber kann »Raum« jedoch durchaus als ein

---

17   Vgl. WERLEN (1987a).
18   Vgl. HUSSERL (1973), SCHÜTZ (1981).
19   DESCARTES geht im Rahmen des Leib-Seele-Dualismus davon aus, dass wir grundsätzlich zwischen der Welt des Ausgedehnten (*res extensa*) und des Geistigen (*res cogitans*) zu unterscheiden haben. Seine Konzeptualisierung von »Raum« bezieht sich auf die Unterscheidung zwischen ausgedehnten Körpern und geistigen Gegebenheiten: »Die Ausdehnung in Länge, Breite und Tiefe, welche den Raum ausmacht, ist dieselbe, welche den Körper ausmacht. (…) Die Idee der Ausdehnung, die wir bei irgendeinem Raum uns denken, ist dieselbe wie die Idee der körperlichen Substanz« (DESCARTES 1922:35). DESCARTES leitet aus dieser Definition die folgende Argumentationskette ab: Da jede materielle Substanz durch ihre Ausdehnung zu charakterisieren ist

Mittel des Umgangs bzw. der Beschreibung einer Konstellation verstanden werden, das sich auf die Materialität des Beschriebenen bezieht, ohne selbst materiell sein zu müssen.

Die Relationierung von Körper und anderen ausgedehnten Dingen kann jedoch ganz unterschiedlich interpretiert werden. Wie diese Relationierung ausfällt, hängt, kurz gesagt, von den Sinngehalten ab, die körperliches Hantieren oder Tätigkeiten leiten. Je nach Art des Handelns kann diese Relationierung anders gestaltet bzw. hergestellt werden. Dabei können für ökonomische, soziale und kulturelle Dimensionen des Handelns drei Haupttypen unterschieden werden.[20]

Übersicht: Handeln und Raum | Quelle: WERLEN (2000:329)

	rational	formal/ klassifikatorisch	Beispiele
zweck-rational	absoluter Koordinaten- nullpunkt	geo-metrisch/ klassifikatorische Kalkulation	Bodenmarkt, Standorttheorien
normorientiert	absolut/ körperzentriert präskriptiv	geo-metrisch/ klassifikatorische Präskription	Nationalstaat, *back-/front-region*
kommunikativ	körperzentriert signifkativ	emotional/ klassifikatorische Signifikation	Heimat, Wahrzeichen

Steht die zweckrationale, kalkulative Ausrichtung des ökonomischen Tuns im Vordergrund, dann erfolgt die Relationierung vorzugsweise metrisch. Dadurch wird es möglich, entsprechende Berechnungen anzustellen. Die moderne Aneignung physisch-materieller Lebenskontexte setzt Metrik, die Messbarkeit voraus. So sind beispielsweise die Kommodifizierung von Boden und der daraus hervorgehende Bodenmarkt historisch auf der Basis der Metrisierung des Raumes möglich geworden.

und die Ausdehnung der Substanz dieselbe ist wie jene des Raumes, muss der Raum auch eine materielle Substanz sein. Dass der Schluss von der Ausgedehntheit der Körper auf die Körperlichkeit von »Raum« nicht nur unhaltbar, sondern auch fatal ist, beweist die Fachgeschichte der Geographie. Das Problem besteht, kurz gefasst, darin, dass »Raum« nicht als Mittel der Beschreibung von Konstellationen des Nebeneinanders koexistenter Körper, sondern als materieller Gegenstand betrachtet wird, der mehr ist als die Summe der einzelnen Körper, die sich angeblich in ihm befinden. Vgl. dazu ausführlicher WERLEN (1995d:162ff.).

20 Vgl. WERLEN (1999, 2000).

Die Formierung der Nationalstaaten, welche eine genaue Festlegung von Grenzen voraussetzt, ist ebenfalls nur auf Grund dieser Möglichkeit der Metrisierung vorstellbar. Nationalstaaten beruhen jedoch auf einer darüber hinausgehenden, spezifischen Interpretation dieser Relationierung. Sie wird über den zweiten Typus, die Territorialisierung verwirklicht. Diese geht aus der Normbindung des Raumbezugs hervor, also einer normativen Aneignung. Handlungsvorschriften der Art: »Hier darfst Du das tun, dort aber nicht« bilden die Grundfigur der territorialen Ordnung gesellschaftlichen Zusammenlebens. Ortsgebundene Gerichtsbarkeit, wie nationales Recht und nationale Gesetzgebungen, sind ebenfalls Ausdrücke davon.

Der dritte Typus der Interpretation der Relationierung von Körper und materiellen Dingen ist signifikativer Art und liegt symbolischer Aneignung und Repräsentation zugrunde. Die Metrik spielt hier – im Gegensatz zu den ersten beiden – keine Rolle. »Heimatgefühle« oder »Wahrzeichen« sind das Ergebnis symbolischer Aufladung und Aneignung. In der Erinnerung werden der Handlungskontext und dessen Sinngehalte auf den Ort, das Artefakt oder die Ortsbezeichnung übertragen, an dem oder über das die Handlung mit einem spezifischen Sinngehalt stattgefunden hat. Auf diese Weise werden – so GEORG SIMMEL (1903:42) – in der Erinnerung Ort und Sinngehalt des Handelns unauflöslich miteinander verbunden. Symbolisch angeeignete Gegebenheiten werden so zur Repräsentation, zu Anlass oder Stütze der Erinnerung, ohne die erinnerten Gehalte selbst aufzuweisen oder aufzuzeigen. Dieser Zusammenhang ist für die mediale Berichterstattung insofern ein entscheidender Punkt, weil in dieser die Körperzentriertheit durch die Zentrierung auf das Aufnahme- und Übertragungsmedium der Berichterstattung (Kameras usw.) ersetzt wird.

Dass die Bedeutung von »Raum« handlungs- und kontextspezifischer Ausdruck besonderer Bezüge zu physisch-materiellen Gegebenheiten sein kann, verweist auf den begrifflichen Charakter des Raums.[21] Mit der Qualifizierung von »Raum« als begriffliches Konzept, das die Relationierung der Körper der Handelnden mit anderen körperlichen Gegebenheiten thematisiert, eröffnet sich eine entscheidende Möglichkeit. Damit kann nämlich der tiefe Graben überbrückt werden, der sich im Verlaufe der Wissenschaftsgeschichte zwischen biologistischen und verstehenden Positionen aufgetan hat. Denn die Konzeptualisierung von »Raum« als begriffliches Konzept ermöglicht sowohl die Überwindung der argumentativ problematischen Implikationen eines kausal wirksamen Containerraums – wie er für die biologistische Soziologie und die traditionelle Humangeographie charakteristisch ist – als auch die der Negierung der Bedeutung räumlicher Aspekte für menschliches Handeln, wie dies von

---

21 Selbst wenn KANT ([1781]1985:85) Recht hat, dass »Raum« insofern kein Begriff ist, als er keinen besonderen Gegenstand bezeichnet, braucht man der Folgerung, dass er dann jeder Erfahrung vorausgeht und *a priori* sein muss, nicht zuzustimmen. Denn auch wenn es keinen Erfahrungsgegenstand »Raum« gibt, kann sein Bedeutungsgehalt auf Erfahrung verweisen, nämlich auf die zuvor angesprochene Erfahrung der eigenen Körperlichkeit in Beziehung zu anderen körperlichen Gegebenheiten.

den verstehenden Sozial- und Kulturwissenschaften bisher vertreten wurde. »Raum« ist dementsprechend nicht als materielle Gegebenheit zu begreifen, was von beiden Positionen einmal direkt, einmal indirekt postuliert wurde. Vielmehr ist »Raum« als ein »formal-klassifikatorischer Begriff« zu charakterisieren[22]: »formal« deshalb, weil er sich nur auf formale und nicht auf inhaltliche Aspekte bezieht und dadurch eine Art Grammatik der Orientierung in der physischen Welt ermöglicht; »klassifikatorisch«, weil mit Raumbegriffen offensichtlich Ordnungsbeschreibungen ermöglicht werden, ohne dass »Raum« selbst eine Klasse zu werden braucht.

Begreift man »Raum« nicht als materielles Behältnis, sondern als Begriff, der bestimmte Arten körperbezogener Relationierungen, die sozial oder kulturell höchst unterschiedlich ausfallen können, thematisierbar macht, dann wird auch der Zugang zu einem neuen geographischen Weltbild eröffnet. Weder die Container-Geographie noch die auf der Vorstellung von Raumgesetzen beruhende raumwissenschaftliche Geographie sind dann zwingende Unternehmungen. Im Zentrum dieses neuen geographischen Weltbildes steht nicht mehr der (Lebens-)Raum, sondern das agierende Subjekt, der soziale Akteur. Die Frage lautet dann nicht: Welche Dinge und Personen sind aus welchen Ursachen oder Gründen auf spezifische Weise in dem Behältnis »Raum« angeordnet? Die Frage ist vielmehr, wie die Subjekte die Welt auf sich beziehen und welche Bedeutung in dieser Bezugnahme Raum- und Zeitbegriffe spielen. Im Zentrum eines solchen wissenschaftlichen Interesses steht die Klärung der kulturell, sozial und ökonomisch ungleichen Vermögensgrade der Beherrschung räumlicher und zeitlicher Bezüge zur Steuerung des eigenen Tuns und der Praxis anderer. Das heißt, »Raum« ist als begriffliches Mittel der Weltbindung zu verstehen, nicht als Objekt der Untersuchung und schon gar nicht als etwas, das kausale Wirksamkeit entwickeln kann. Er ist ein begriffliches Mittel der Repräsentation von etwas, das tatsächlich eine materielle Existenz hat, aber das Materielle ist nicht der Raum, sondern eine Objektkonstellation, zu der auch der eigene Körper zählen kann.

Darüber hinaus wird es möglich, ohne unangemessene Kausalisierungen und dafür notwendige Reduktionismen die Bedeutung der eigenen Körperlichkeit und der materiellen Kontexte für soziale Praktiken erschließbar zu machen. Es ist sicher keine Übertreibung, wenn man behauptet, dass zahlreiche ökologische Probleme in der Tatsache begründet sind, dass sowohl die verstehenden Sozial- und Kulturwissenschaften als auch die subjektive Wertlehre, auf der die neo-klassische Ökonomie beruht, einer verkürzten Argumentation erlegen sind. Die Tatsache, dass rein physisch-materielle Gegebenheiten keine eigene Sinn- und Relevanzstruktur aufweisen, bedeutet noch nicht, dass ihnen für die Konstitution sozial-kultureller Gegebenheiten keine Bedeutung zukommt. Und es reicht auch nicht, nur jene Bedeutungen zu erfassen, welche ihnen auf der Basis des »diskursiven Bewusstseins« (GIDDENS 1984b:92) zukommen. Physisch-materielle Gegebenheiten sind auf Grund der Körperlichkeit sozialer Ak-

---

22   Vgl. WERLEN (1999:261, 2000:327).

teure auch für die Sozial- und Kulturwissenschaften von fundamentaler Bedeutung – wenn auch in ganz anderem Sinne als für Biologie und Naturwissenschaften.

Körper und Medien

Geht man mit MARSHALL MCLUHAN (1995) davon aus, dass die entscheidende Charakteristik der Medien darin besteht, eine Verlängerung des Körpers in dem Sinne darzustellen, dass über sie vermittelt Ereignisse und Gegebenheiten erfahrbar sind, welche wir nicht unmittelbar erleben können, dann ist ein erster Zusammenhang von Raum und Medien der bildgestützten Information bereits angedeutet. Postuliert man eine Körpergebundenheit der Konstitution von »Raum« und geht man davon aus, dass MCLUHANS Ansicht im Wesentlichen aus ERNST KAPPS These von der »Organprojection« (1877:VI) aller mechanischen bzw. technischen Mittel abgeleitet ist, dann dürfte die Vermutung eines Zusammenhanges zwischen den beiden etwas schärfere Konturen erlangen.

In der Körperzentrierung von »Raum« und »Medien« liegen die eingangs angedeuteten Bedingungen für die Möglichkeit der Verwendung von Geocodes begründet. Werden »Medien« als Verlängerung des Körpers begriffen und »Raum« als Platzhalter für die Relationierung von menschlichem Körper und anderen (körperhaften) Objekten, dann wird auch der zentrale Bedeutungsgehalt von »Medien« als Vermittlungsinstanz der Erfahrung unter Abwesenheit des eigenen Körpers bzw. Organismus deutlich. Dem entspricht die eigentliche Bedeutung von »Medium« als das »Dazwischen«, das »als drittes zwischen zwei Momenten« (ROESLER 2003:39) steht und dem im Prozess der Kommunikation eine besondere Aufgabe zukommt. Dabei wird die Verlängerung des Körpers für die Relationierung mit Objekten vermittels elektronischer Übertragung über Distanz hinweg vollzogen. Der Vollzug kann derart gestaltet werden, dass mediale Kommunikation eine Ausdehnung der aktuellen und potenziellen Reichweiten des Tuns bis hin zu weltumspannenden Dimensionen ermöglichen kann. Bevor der Zusammenhang zwischen Raum und Medien vertieft werden kann, ist ein argumentativer Zwischenschritt sinnvoll. Dieser betrifft die knappe Skizzierung der Bedeutung des Körpers für die Kommunikation.

Die Bedeutung des menschlichen Körpers für die Kommunikation kann mit SCHÜTZ als »Funktionalzusammenhang« (SCHÜTZ 1981:92) charakterisiert werden. Der Körper stellt gemäß dieser Auffassung das »Vermittlungsglied« zwischen Idealitäten, also Bewusstseinsgehalten ohne Ausdehnung und der ausgedehnten Objektwelt dar. In der Situation der körperlichen Anwesenheit kann der symbolisierende Bezug über das unmittelbare Verweisen hergestellt werden. In der Kopräsenz wird der Körper zum Funktionalzusammenhang und zur Vermittlungsinstanz des Handelns. Die Räumlichkeit konstituiert sich im körperlichen Tun und in diesem Tätigkeitsvollzug werden den Dingen Bedeutungen zugewiesen.

Tritt Abwesenheit an die Stelle der Anwesenheit, nehmen für die Erfahrung über Distanz mediale Mittel (Schrift, Telefon, Kamera) die Position des Körpers ein. Dann ist weder ein körperliches Eingreifen möglich noch eine eigenständige Bedeutungszuweisung. Über Distanz ist nur eine vorinterpretierte und vorselektionierte Erfahrung von mediatisierter Wirklichkeit möglich. Damit unterscheiden sich die aktuellen Bedingungen medial konstituierter gesellschaftlicher Raumverhältnisse von den traditionellen und modernen in entscheidendem Maße.

Welche Phasen können wir bei der kommunikativen medialen Entwicklung unterscheiden? Wir können – in Anlehnung an die eingangs vorgenommene Typisierung – drei Phasen der Medienentwicklung unterscheiden. Unter traditionellen Bedingungen, der ersten Phase, steht die körperlich unmittelbare Kommunikation im Vordergrund. Die Notwendigkeit zur Face-to-Face-Situation verlangt nach räumlicher Nähe und Gleichzeitigkeit. Freilich kann die Vergangenheit erinnert werden, doch erzählt wird die Erinnerung gleichzeitig, wie sie gehört werden kann. Sprecher und Hörer sind gleichzeitig in der Kommunikation engagiert, weisen räumliche Nähe auf und verfügen über keine nennenswerten Verlängerungen des Körpers in Form von Medien.

Die zweite Phase zeichnet sich demgegenüber durch erste Formen der Verlängerung des Körpers aus. Sie kann als eine frühindustriell-mechanische umschrieben werden und äußert sich zunächst in der Verlängerung des körpergebundenen Schreibens. Über Maschinen werden Buchstaben so geordnet, wie dies zuvor von Hand gemacht wurde und der Prozess der Vervielfältigung kann dann automatisiert werden. Druckerpresse, Schreibmaschine usw. stehen in dieser Entwicklungsreihe. Die mediatisierte Kommunikation findet hier aber immer noch auf der Basis des (körpergebundenen) Transports der Erzeugnisse statt. Das Boot bringt die Post, der Postbote den Brief usw. Die Distanzüberwindung ist an eine zeitliche Abfolge gebunden, sodass Kommunikation nicht in Gleichzeitigkeit möglich ist. Mit der räumlichen Distanz geht eine zeitliche Distanz zwischen der Herstellung und dem Kommunizieren oder Lesen des Textes einher.

Die dritte Phase zeichnet sich durch die »mediale Echtzeit« (BEHAM 1996:11) aus. Deren Besonderheit besteht darin, dass räumliche und körperliche Distanz kommunikativ in Gleichzeitigkeit überwunden wird. Das führt u. a. dazu, dass der größte Teil der Erfahrungen und Informationen nicht (mehr) im Rahmen körperlicher Anwesenheit gemacht und erworben wird. Im Gegenteil, der größte Teil dessen, was »wir über unsere Gesellschaft, ja über die Welt, in der wir leben« wissen, wissen wir »durch die Massenmedien« (LUHMANN 1996:9).

Medien und räumliche Repräsentation

Was bedeutet dies nun für die mediale Repräsentation von räumlichen Gegebenheiten? Um die entsprechenden Besonderheiten wenigstens ansatzweise herausarbeiten zu können, ist auf die Bedeutungszuweisungen zu materiellen Gegebenheiten in Bezug auf die zuvor unterschiedenen Phasen einzugehen. Bei der ersten Phase bildet der biographische Wissensvorrat, der im Rahmen von Face-to-Face-Kommunikation aufgebaut wurde, das einzige verfügbare Interpretationsschema, auf dessen Basis Dingen und Ereignissen Bedeutungen zugewiesen werden. Sehr häufig wird die symbolische Aufladung im Rahmen körperlich vermittelter Aneignung vollzogen. Die Bedeutungszuweisung zu Dingen und sozialen Ereignissen erfolgt einerseits über die Reproduktion traditionaler Standards, die für eine relativ homogene Konstitution sinnhafter Wirklichkeiten sorgen. Andererseits erfolgt diese Zuweisung über das körpervermittelte Hantieren der Menschen innerhalb einer räumlich relativ eng begrenzten Reichweite. Diese beiden Aspekte – und die Tatsache einer starken Tendenz zur Reifikation – führen zur scheinbar räumlichen Existenz sozial-kultureller Wirklichkeiten in traditionellen, gemeinschaftlichen Formationen menschlichen Zusammenlebens.

Baut jedoch der biographische Wissensvorrat als Interpretationsschema nicht mehr vorrangig auf persönlicher Aneignung und unmittelbarer Erfahrung auf, sondern auf mediatisiert erfahrenen und medial kommunizierten Informationen, dann nimmt auch die Vielfältigkeit der symbolischen Aneignung derselben regionalen Kontexte zu. Informationsströme sind nun weder an traditionelle Torwächter der Weltdeutung gebunden noch an die Reichweiten regionaler Aktionskreise. Die Vielfalt der Informationsmedien und -kanäle unterminiert die Einheitlichkeit symbolischer Aneignung von Handlungskontexten, weil die verfügbaren Wissensvorräte und darauf aufbauende Interpretationsschemata weit weniger aus gemeinsam geteilten Erfahrungen hervorgehen als in traditionellen Konstellationen. An die Stelle regionaler Homogenität und interregionaler Vielfalt tritt die regionale Vielfalt bei gleichzeitiger globaler Homogenisierung in je spezifischen Segmenten kultureller Wirklichkeiten. Unter diesen Bedingungen verlieren verräumlichende Darstellungen kultureller Wirklichkeiten ihre Legitimation. Damit geraten nicht nur die bisher dominierenden geographischen Weltbilder in eine Krise. Den Versuchen der medialen Repräsentation räumlich homogener Kulturwelten wird im fortschreitenden Vollzug des Handelns über Distanz zunehmend die empirische Basis entzogen.[23] Der besondere Widerspruch medialer Berichterstattung besteht darin, dass die Bedeutungszuweisung zu dinghaften Gegebenheiten durch den redaktionell festgelegten Kommentar oder Ähnliches so gesteuert wird, als ob diese Zuweisungen von allen Akteuren des regionalen Kontextes geteilt würden. Der Zwang zur Visualisierung impliziert gewissermaßen die Steuerung der Bedeutungszuweisung.

Diese Konstellation bringt eine doppelte Paradoxie mit sich. Einerseits geht mit der Entmaterialisierung der bildhaften Kommunikation das Erzwingen der Verdinglichung sinnhafter Gegebenheiten einher. Andererseits wird mit der Steuerung der symbolischen Aneignung materieller Gegebenheiten die räumlich-zeitliche Verankerung von spät-modernen Lebensformen vorgetäuscht, und zwar mit einem Medium,

23 Vgl. LIPPUNER (2005:30ff.).

das selbst im Zentrum der räumlich-zeitlichen Entankerung steht. Diese doppelte Paradoxie bildet die Basis für die Ermöglichung dessen, was als Geocode bezeichnet werden kann: die räumliche Codierung von Lebenszusammenhängen, die von räumlichen Bindungen und Verankerungen weitgehend abgelöst sind. Daraus resultieren schließlich ein problematischer Hang räumlicher Kategorisierung kultureller und sozialer Gegebenheiten sowie die Konstitution kultureller Gegebenheiten als räumliche Wirklichkeiten.

Welche Implikationen sind mit dieser doppelten Paradoxie verbunden? Die Vereinheitlichung der vielfältigen Beziehungen von Bedeutung und Materie auf fixierte Einheiten – lokalisierte Entitäten mit räumlich klar angebbaren Orten – kommt letztlich der Erzeugung einer fiktiven Realität gleich. Man kann diesen Vorgang mit Roland Barthes als eine Produktion von »Mythen des Alltags« (1964) bezeichnen. Denn die mediale Berichterstattung arbeitet – indem über die elektronische Übertragung eine Reifikation von Sinn als Materie gestiftet wird und die Deutungszuweisungen so kanalisiert werden, wie es in traditionellen Gesellschaften nur die Torwächter der traditionellen Sinngebung geschafft haben – mit aller Macht an der Mythologisierung des Alltags. Damit findet in der medialen Kommunikation eine Quasi-Kontextualisierung in medialer Echtzeit statt. Das Resultat kann mit Lambert Wiesing (2005) als »artifizielle Präsenz« der Bilder bezeichnet werden, als eine rätselhafte Beziehung zwischen materiellen Lebenskontexten und fremder Sinngebung, die als authentische sozial-kulturelle Wirklichkeit dargestellt wird.

Was dargestellt wird, ist freilich mehr als das bloß Materielle. Es wird als Symbol für einen eindeutig und ausschließlich festgelegten Sinn kommuniziert und fördert damit imaginierte verräumlichte Wiederverankerungen. Damit wird eine telegene Wirklichkeit erzeugt, die Züge des Gemeinschaftlichen trägt, wobei das Medium der Kommunikation gleichzeitig wesentlich daran beteiligt ist, traditionelle Formen der praktizierten Gemeinschaft eher aufzulösen als zu fördern. Über imaginierte Wiederverankerung wird die Einheit von Erdraum und Kultur, so wie sie für traditionelle Gesellschaften gegeben sein mag, in der medialen Berichterstattung suggeriert, obwohl gleichzeitig die Praktiken, die dafür notwendig wären, durch neue und entankerte Formen des Geographie-Machens ersetzt werden.

Darin ist eine weitere Paradoxie der medialen Repräsentation enthalten. Mediale Weltdarstellung rekurriert auf Verhältnisse, welche durch elektronische Medien zum Verschwinden gebracht werden. Denn die elektronischen Medien selbst verändern die raum-zeitlichen Verhältnisse spät-moderner Gesellschaften. Dies ist möglicherweise eine der größten Paradoxien der Mediengesellschaft. Man stellt die Dinge so dar, als ob die beobachtbaren Konsequenzen dieser Medien nicht existierten. Elektronische Medien spielen somit eine zentrale Rolle bei der raumzeitlichen Entankerung und fördern gleichzeitig Weltbilder, die mit dieser Entankerung nichts (mehr) zu tun haben.

Zieht man das in Betracht, was Giddens (1984a:95, 1990b:15) als »doppelte Hermeneutik« bezeichnet, kommt derartigen medialen Repräsentationen eine höchst problematische politische Bedeutung zu. Denn so wie soziologisches Wissen die

Konstitution der gesellschaftlichen Wirklichkeit verändert, haben medial verbreitete Weltbilder entscheidenden Einfluss auf die alltägliche Weltbildformierung. Die medial transportierten Weltbilder können deshalb als fiktionale Reproduktionsinstanz traditioneller gesellschaftlicher Raumverhältnisse charakterisiert werden, weil sie dasjenige als Wirklichkeit darstellen, was sie gleichzeitig auflösen. Sie fördern damit mindestens tendenziell räumlich codierte Diskurse, Raumpolitiken und räumliche Semantiken, obwohl die alltäglichen Aneignungs- und Inkorporierungspraktiken, welche für eine angemessene Sinnadäquanz Voraussetzung wären, nicht (mehr) gegeben sind.

Akzeptiert man das Bestehen der zuvor identifizierten doppelten Paradoxie, dann stellt diese auch eine ernsthafte Herausforderung für den so genannten *spatial turn* dar. Die entscheidende Aufgabe ist dann eher in der Entwicklung eines kritischen Potenzials gegenüber geocodierten Diskursen zu sehen, als in der Einforderung paradoxer Verräumlichungen im Rahmen sozial-, kultur- und geisteswissenschaftlicher Auseinandersetzungen mit alltäglichen Lebenskontexten. Die Bedeutung des *spatial turn* sollte eher darin gesehen werden, die Erforschung der spät-modernen gesellschaftlichen Raumverhältnisse zum wissenschaftlichen Programm zu machen, statt selbst Diskurse problematischer Verräumlichung zu produzieren.

Kapitel 3

Territorialisierung und Globalisierung

Sozialwissenschaften wie wissenschaftliche Geographie sind seit ihrer Grundlegung zu einem beachtlichen Teil an die Geschichte der Formierung der Nationalstaaten gekoppelt. Blieb das Verständnis von »Gesellschaft« noch bis vor nicht allzu langer Zeit mit der Vorstellung von nationalen Gesellschaften verbunden, erlangte in der Geographie »Land« – als eine naturalisierte Fassung von »Gesellschaft« – einen ebenso zentralen fachkonstitutiven Status. Seit Mitte der 1980er-Jahre sind diese hermetisierenden Sichtweisen des weithin legitimierten und legitimierenden Forschungsgegenstandes in eine ernsthafte Krise geraten. Wenn man es an einem Datum festmachen möchte, dann dient der Zeitpunkt des Reaktor-GAUs von Tschernobyl wohl als eine, wenn nicht gar die wichtigste historische Marke. Spätestens in diesem Moment wurde augenfällig, dass die Containerisierung der gesellschaftlichen Wirklichkeit – und die mit ihr verbundene »Zaunhaftigkeit des Denkens« (BECK 1993:70) – an das Ende der Sinnhaftigkeit gelangt ist.

Etwa zu derselben Zeit – oder kurz danach – setzt die Entwicklung einer neuen sozialwissenschaftlichen wie auch sozialgeographischen Begrifflichkeit ein, welche auf die dramatische Umgestaltung des Gesellschaft-Raum-Verhältnisses und der sich aus ihr ergebenden Dynamiken Bezug nimmt. Es sind sozialwissenschaftliche und geographische Theoriebegriffe wie »Entankerung«, »Entbettung«, »Fragmentierung«, »Deregulierung«, »Beschleunigung«, »Regionalisierung«, »Wiederverankerung« usw., mit denen die Transformation der gesellschaftlichen Raumverhältnisse zu fassen versucht werden. Wie man sich gegenüber diesen Neologismen – oder den Bedeutungstranspositionen bereits zuvor bestehender Begriffe wie »Regionalisierung« – auch immer positionieren mag – zwei Dinge kommen mit aller Deutlichkeit zum Ausdruck: Einerseits sind offensichtlich die gesellschaftlichen und räumlichen Bedingungen einer derart rasanten Veränderung in Richtung Globalisierung unterworfen, dass eine neue Begrifflichkeit und Sprache notwendig wird. Andererseits betrifft diese Änderung eine der wichtigsten Dimensionen des Politischen der Moderne: die Territorialität des gesellschaftlichen Zusammenlebens, welche dem modernen Staat zugrunde liegt und ein Kernelement der Ablösung der feudalen Ordnungen darstellte. Die in diesem Kapitel versammelten Texte thematisieren die dramatische Umgestaltung des Gesellschaft-Raum-Verhältnisses und damit verbunden: die Neuformierung der Welt-Bindungen in politischer Dimension.

Der erste Beitrag des Kapitels, »Google Earth – Eine neue Weltsicht und ihre möglichen politischen Implikationen« (2007/2010) thematisiert die bislang wohl mächtigste Form der Welt-Bindung. Die angesprochenen (potenziell) problematischen Implikationen dieser – für das Zeitalter der Digitalisierung geradezu paradigmatischen Form räumlicher Orientierung und Kontrolle – haben in der Zwischenzeit im Kontext der

»Google Street Viewing Debatte« die Plattform der öffentlichen Auseinandersetzung erreicht. Diese Debatte macht auch Zusammenhänge deutlich sichtbar, die bisher eher als eine versteckte (Macht-)Dimension geographischer Weltdarstellung zunächst vor allem auf wissenschaftlicher Ebene abgehandelt wurde. Einige der im Interview angesprochenen Potenzialitäten des Mediums sind in der Zwischenzeit – hilfreich wie problematisch – tatsächlich verwirklicht worden; andere werden es vielleicht noch. Bei dem Text handelt es sich um die Erstveröffentlichung der für den neuen Verwendungskontext editierten Transkription eines insgesamt 45-minütigen Interviews für das Schweizer Fernsehen bzw. 3sat, das ich am 25. April 2007 am Lehrstuhl für Sozialgeographie der Friedrich-Schiller-Universität MARKUS WICKER und MARKUS TISCHER gegeben habe. Davon wurden kleinere Ausschnitte für den Beitrag »Das globale Auge – Wie ›Google Earth‹ unsere Sicht auf die Welt verändert« des Sendeformats »Kulturplatz« vom 2. Mai 2007 verwendet. Ein etwa zehnminütiger Ausschnitt des Interviews wurde als Blog auf der Homepage des Schweizer Fernsehens (http://www.sendungen. sf.tv/kulturplatz/Sendungen/kulturplatz/Archiv) einem breiteren Interessentenkreis verfügbar gemacht.

»Identität und Raum – Regionalismus und Nationalismus« (1993) ist ein Beitrag, der für die Zeitschrift »Soziographie« im Kontext des Balkankrieges sowie des Wiedererwachens des Nationalismus in Europa nach dem Fall der Mauer entstanden ist. Neben dem Anspruch, Schlüsselbegriffe regionalistischer und nationalistischer Diskurse vor dem Hintergrund der traditionellen Geographie klärend zu erörtern, wird aufgezeigt, in welchem Maße diese Form der Modernisierung – mit ihren radikalen Strategien der Wiederverankerung als »Bodenhaftung« – im Kontext der fortschreitenden Entankerungen der alltäglichen Lebensbedingungen und -formen, wie sie für die Spät-Moderne charakteristisch sind, hochgradig problematisch geworden ist. Auch wenn die Konsequenzen nicht so drastisch ausfallen müssen wie die ethnischen Säuberungen auf dem Balkan, so legen in der Zwischenzeit zahlreiche europäische Praktiken im Umgang mit der Ausländerfrage die problematischen Implikationen derartiger Identitätspolitiken und entsprechender Formen des nationalstaatlichen Geographie-Machens offen.

In »›Regionalismus‹ in Wissenschaft und Alltag« (1997) – ein Text, der als Beitrag in dem von ULRICH EISEL und HANS-DIETRICH SCHULTZ herausgegebenen Buch »Geographisches Denken« zu Ehren von Prof. GERHARD HARD publiziert wurde – geht es um die Frage, mit welchen Konsequenzen zu rechen ist, wenn die Methodologie der wissenschaftlichen Geographie nicht adäquat auf die Ontologie spät-moderner Gesellschaften abgestimmt ist. Es wird die These behandelt, dass die Weltbilder, welche mittels der Methodologie der traditionellen Geographie konstruiert werden, unter spät-modernen Bedingungen die Tendenz bergen, fundamentalistische Diskurse zu nähren. Als Alternative wird vorgeschlagen, unter Anwendung der – bereits im ersten Kapitel von Band 1 im Zusammenhang mit dem Verhältnis von Alltag und Wissenschaft geforderten – »rupture épistémologique« im Sinne von GASTON BACHELARD das alltägliche Geographie-Machen zum Gegenstand der wissenschaftlichen Forschung

zu machen und nicht – umgekehrt – im Rahmen einer alltäglichen Einstellung Weltbeschreibungen zu liefern und diese als Ergebnis wissenschaftlicher Forschung darzustellen.

Der dritte Text des Kapitels, »Gibt es Regionen oder gibt es keine?«, geht der Frage nach den Konstruktions*modi* von Regionen nach. Dem traditionellen Verständnis
der Region – dem der natürlich vor-formierten Region, das sich auch außerhalb
der Geographie großer Beliebtheit erfreut – wird das Konzept der gesellschaftlichen
Konstruktion »Region« gegenübergestellt. Dieser Vorschlag wurde als Beitrag zur ersten von drei Tagungen zu »Suchprozesse innovativer Forschung: Cultural turn und
area studies« erarbeitet, die in den Jahren 1996 und 1997 von der WERNER REIMERS
Stiftung in Kooperation mit dem Bundesministerium für Wissenschaft und Forschung,
der Max-Planck-Stiftung sowie dem Wissenschaftskolleg Berlin in Bad Homburg
durchgeführt wurden. Der Kern des Arguments, dass jede Art von Region immer das
Ergebnis einer (wissenschaftlichen oder alltäglichen) sinnhaften Konstruktionsleistung
darstellt, ist sowohl maßgeblich in den von MICHAEL LACKNER und MICHAEL WER-
NER (1999) verfassten Schlussbericht »Kulturalismus-Debatten und area-studies: Zu
den Problemen des cultural turn« eingegangen als auch in die von der Arbeitsgruppe
verabschiedeten Empfehlungen zuhanden des Wissenschaftsrates und des Bundesmi-
nisteriums für Wissenschaft und Forschung hinsichtlich der neu zu gestaltenden For-
schungsförderung, Wissenschaftsorganisation und Lehre. Als indirekte Konsequenzen
der Bad Homburger Debatte kann sowohl die Fachsitzung »Cultural turn« am 51.
Deutschen Geographentag 2001 in Leipzig gesehen werden, als auch die aus dieser
Sitzung hervorgegangene Tagungsreihe »Neue Kulturgeographie«, die seit 2004 bis
heute fortgesetzt wird und zu einem wichtigen Forum der geographischen Theoriediskussion nach der sozial-/kulturtheoretischen und konstruktivistischen Wende geworden ist.

Google Earth –
Eine neue Weltsicht und ihre möglichen politischen Implikationen

Interview mit MARKUS WICKER und MARKUS TISCHER (Schweizer Fernsehen)
vom 25.04.2007

Herr Professor Werlen. Die meisten Menschen hörten wohl erst vor 2 bis 3 Jahren erstmals von Google Earth (GE). Die meisten sahen GE eher als eine Spielerei, die eher hobbymäßig benutzt wurde. In letzter Zeit wird jedoch immer klarer, dass man damit GE vielleicht unterschätzt. Wie sehen Sie das als Geograph, als Sozialgeograph?

Auf Grund meines professionellen Kerninteresses am Verhältnis von Gesellschaft und Raum habe ich mir bereits beim Aufkommen des Mobiltelefons Gedanken gemacht, welche Bedeutung diese neue Möglichkeit des schnurlosen – und damit weitgehend standortunabhängigen – Kommunizierens über Distanz für unsere eigenen Lebenszusammenhänge, für unsere geographischen Lebensbedingungen erlangen könnte. In einem Interview für das Monatsmagazin von »Swisscom« habe ich 1998 auf die Frage, warum ich von den »Geographien« und nicht »*der* Geographie der Information« spreche, sinngemäß darauf hingewiesen, dass diese Formulierung eng mit einem spezifischen geographischen Weltbild verbunden ist. Da dieser Zusammenhang auch für die Auseinandersetzung mit GE von zentraler Bedeutung ist, möchte ich – wenn Sie erlauben – hierzu etwas weiter ausholen.

Die meisten Leute sind gewöhnt, von *der* Geographie zu sprechen. Sie meinen damit in aller Regel die erdräumliche Anordnung natürlicher und von Menschen geschaffener (materieller) Gegebenheiten. Bei aller Bedeutung dieser Art von Geographie sollte man nicht die Augen davor verschließen, dass unter globalisierten Lebensbedingungen sich die geographischen Verhältnisse immer mehr auch dadurch unterscheiden, wie die Subjekte die Welt auf sich beziehen. Jedes Subjekt bringt die Welt auf ganz unterschiedliche Weise und in ganz unterschiedlichem Maße zu sich, in seine Tätigkeitsabläufe mit ein. Konsequenterweise gibt es nicht mehr nur die Geographie der regionalen Verhältnisse, sondern vor allem auch vielfältige Geographien der Subjekte. Dies ist im Bereich der Information besonders ausgeprägt. Die neuen Informationsmedien verändern die geographischen und die sozialen d. h. die sozialgeographischen Lebensbedingungen auf entscheidende Weise. Darin zeigen sich – ganz ähnlich wie bei GE – spezifische sozialgeographische Bedeutungen des Mobiltelefons.

Die Entwicklung von GE und der Mobiltelefone hat – wie die aller Medien der Kommunikation – natürlich eine lange Vorgeschichte, die ihrerseits ein zentraler Aspekt der Kulturgeschichte moderner Lebensformen ist. Ein spezifisches Merkmal moderner Gesellschaft – das sie von allen anderen Formen unterscheidet – besteht in der hier verfügbaren Fähigkeit, über große räumliche und zeitliche Distanzen hinweg handeln und kommunizieren zu können. Die Entwicklungslinie der Medien, die dies ermöglichen, reicht insbesondere von der Schrift über Papiergeld, Morsegerät, Telefon,

TV bis hin zu Plastikgeld, Internet und allen Formen satellitengestützter Kommunikation. Die bisherigen Ordnungen des gesellschaftlichen Lebens werden auf Grund der Wirksamkeit dieser Medien räumlich und zeitlich mehr und mehr entankert. Territoriale Formen der sozialen Kontrolle – wie sie der größte Teil der nationalstaatlichen Einrichtungen darstellt – werden zunehmend auf die Probe gestellt und versagen dabei offensichtlich immer häufiger.

Gleichzeitig bilden diese Medien eine zentrale Instanz der Entfaltung der Handlungsfähigkeit des modernen Subjekts. Die Besonderheit des Mobiltelefons besteht in seiner *quasi* beliebigen räumlichen und zeitlichen Verfügbarmachung. Unter Nutzerinnen und Nutzern entsteht ein Möglichkeitsfeld der Durchdringung bisheriger territorialer und temporaler Grenzen. Dies ist einerseits ein wichtiger Aspekt subjektzentrierter Globalisierung der Kommunikation und andrerseits eine zentrale Instanz des beschleunigten sozialen Wandels.

Mit GE geht diese Entwicklung nun einen wichtigen Schritt weiter. Wir können nun Orte digital beliebig »aufsuchen«, zu jeder Tages- oder Nachtzeit. Man kann sogar die genaue Adresse eingeben und diese dann aufsuchen lassen bzw. den Ort finden, an dem sich eine Person aufhält. Gleichzeitig kann man auch auf neue Art und Weise sehen, wo man selbst lebt. Das Neue besteht sicherlich gerade auch darin, dass man die eigene räumliche Position in Bezug auf den ganzen Globus lokalisieren und in gewissem Sinne sogar kontextualisieren kann. Damit kann der/die Einzelne erstmals in der Menschheitsgeschichte seinen/ihren eigenen regionalen Lebenskontext auf höchst anschauliche Art in einen globalen Zusammenhang eingliedern.

Diese neuen Bedingungen werden – sowohl was die Ortsunabhängigkeit der Kontaktaufnahme mit anderen Personen als auch die digitale Auffindbarkeit von beinahe beliebig vielen Personen innerhalb kürzester Zeit betrifft – bereits recht bald radikale Konsequenzen aufweisen. Wir sind damit in eine neue Konstellation der gesellschaftlichen Raumverhältnisse eingetreten, und in eine neue Ära des Raum-Zeitverhältnisses.

Würden Sie demzufolge dann auch soweit gehen zu behaupten, dass wir heute im Zusammenhang mit GE von einem neuen Weltbild sprechen müssen?
Das Medium GE ist – in der Art und Weise, wie den Menschen neue Möglichkeiten eröffnet werden, die Welt sehen zu können – sicher radikal. Dies wird sicher auch zur Formierung eines neuen Weltbildes führen bzw. führen müssen und zwar, wie mir scheint, in einem tiefgründigen Sinne. Gleichzeitig sollte man bei der Einstufung der Bedeutung von GE nicht übertreiben. GE ist vorerst eines der zur Verfügung stehenden Mittel unter zahlreichen anderen der digitalen Kommunikation, mit denen soziale Interaktion und Orientierung über große räumliche Distanzen in Echtzeit ermöglicht werden. Die Bedeutung von GE könnte möglicherweise schon rasch übertroffen werden und zwar dann, wenn es gelingen sollte, die Kapazitäten von Mobiltelefon und GE zu kombinieren. Das wäre dann gegeben, wenn es gelingen könnte, sich selbst – standortunabhängig – zu positionieren und finden zu können, was man sucht.

Das wäre ein Schritt, mit dem man die zeitliche Differenz zwischen Information und Fortbewegung weitgehend aufheben könnte. Das wäre dann in wohl absehbarer Zeit der Abschluss einer Entwicklung, die mit der breiten Verfügbarmachung des Mobiltelefons eingesetzt hat.

Sie sind nun bereits ein Schritt weiter gegangen und sind dabei teilweise auch auf die Frage eingegangen, inwiefern man denn nun tatsächlich von einer Art neuem Weltbild sprechen könnte. Um was genau geht es dabei?

Auch dazu ist es – wenn erlaubt – sinnvoll und notwendig, historisch etwas auszuholen. Die Kartographie ist eigentlich und insgesamt der Vorläufer von GE. Die Kartographie war historisch gesehen und genau genommen ein wichtiger Teilaspekt der Entschleierung der Welt. Sie stellt – wenn man so will – eine Parallelentwicklung zur Aufklärung im philosophischen Sinne dar. So gesehen, ist es nicht mehr verwunderlich, dass IMMANUEL KANT der Geographie für den Prozess der Aufklärung auch eine ganz zentrale Rolle zugewiesen hat. Meiner Ansicht nach ist der Grund, weshalb diese beiden: Geographie und Aufklärung einen derart engen Zusammenhang aufweisen, darin zu sehen, dass es für die Subjekterfahrung, also sich selbst als Subjekt, als handlungsfähige Person im Sinne der KANTischen Aufklärung zu verstehen, zugleich wichtig ist, zu wissen, wo ich bin, wo auf dem Planeten Erde ich mich befinde. Erst wenn ich das weiß, bin ich auch in der Lage, meine Lebenssituation im geographischen Sinne (räumlich) zu kontexualisieren. Auf dieser Grundlage wird es möglich, mein Leben auch in neue Bedeutungszusammenhänge einzuordnen.

In der Eröffnung dieser subjektiven Welterfahrung – die mit der geographischen und kartographischen Welterschließung in Angriff genommen wurde und nun mit GE auf eine neue Ebene gehoben wird – sind gleichzeitig auch die Gründe dafür zu sehen, weshalb regionale oder länderspezifische Entwicklungsprognosen zunehmend an Aussagekraft verlieren. Deshalb bietet es sich an, statt von einem raum- oder länderzentrierten geographischen Weltbild von: Geographien der »subjektzentrierten Weltbindungen« zu sprechen.

Wir sollten begreifen und akzeptieren lernen, dass das Leben unter globalisierten Bedingungen sich radikal von traditionellen Verhältnissen unterscheidet. Lebensformen sind nicht mehr über Traditionen durch und durch geregelt. Sie stehen in zunehmend wesentlichem Maße subjektiven Entscheidungen offen. Wir sind konsequenterweise ständig mit Lebensstilentscheidungen konfrontiert. Diese treffen wir als Subjekte und nicht als Nation. Man kann aus heutiger Sicht resümierend sagen, dass mit der Möglichkeit der Positionierung des Subjektes auf dem Globus anhand einer Karte eine erste wichtige Grundvoraussetzung für die Entwicklung einer aufgeklärten Welthaltung erfüllt worden ist.

Eine zweite Möglichkeit besteht wohl darin, dass mit der Kartographie und der geographischen Weltkenntnis auch ökonomische Beziehungen in ganz neue Dimensionen vorstoßen konnten. Mit der Entwicklung, Intensivierung und räumlichen Ausdehnung der überörtlichen ökonomischen Beziehungen begannen sich die Veränderungen der Lebensformen über große räumliche Distanzen – wie die Entfaltung des internationalen Handels und des Imperialismus zeigen – zu etablieren – sowohl im positiven als auch im problematischen oder gar katastrophalen Sinne. Die Karte mit ihrer »Entschleierung der Welt« und der darauf aufbauenden neuen Möglichkeiten der geographischen Weltorientierung waren somit für die moderne ökonomische Welteroberung ebenso eine zentrale Voraussetzung wie die vom großen deutschen Soziologen MAX WEBER als »Entzauberung der Welt« beschriebene moderne Haltung der Natur gegenüber.

Die Karte bildet so insgesamt die grundlegende Voraussetzung für das weiträumige Ausgreifen ökonomischer Beziehungen; und gleichzeitig ist sie auch eines der zentralen Mittel – wie die Kolonialisierung zeigt – der Beherrschung und Kontrolle anderer Menschen über Distanz bzw. unter der Bedingung der Abwesenheit des Herrschenden.

Diese Zusammenhänge können freilich auch in der Geschichte des Nationalstaates verfolgt und aufgewiesen werden. Die Karte ist auch hier immer gleichzeitig ein Mittel der Orientierung bzw. der Ermöglichung als auch der Kontrolle bzw. des Zwanges. Deshalb wird sie auch zu einem tragenden Teil der Staatsbürokratie und der damit verbundenen staatlichen Überwachung – ein Zusammenhang, der selbstverständlich auch und gerade in Bezug auf GE von größter Relevanz ist.

Sind also mit der fortschreitenden Verbreitung digitaler Kommunikation- und Positionierungsmöglichkeiten auch problematische gesellschaftliche Konsequenzen zu erwarten?
Viele erleben oberflächlichere Problemformen jeden Tag, wenn das Mobiltelefon von Bahn- oder Restaurantnachbarn zum Instrument des »Terrors« gemacht wird, indem die situative Öffentlichkeit durch das Parlieren mit Abwesenden auf unangenehme Weise kolonialisiert wird. Doch der damit verbundene Imperialismus pseudo-intimer Belanglosigkeiten ist eigentlich »nur« eine Frage des Stils.

Wesentlich schwerwiegender sind jedoch – worauf ich bereits Mitte der 1990er-Jahre hingewiesen habe – die politischen und rechtlichen Implikationen einzustufen. Wie eben bereits angedeutet, sind vor allem auch Mobiltelefone ein Mittel der Aufhebung räumlicher Kommunikationsschranken. Da Recht und nationalstaatliche Politik jedoch territorial konzipiert sind, stehen diese diametral zur Wirksamkeit der neuen Medien. Die Frage, ob dies eine problematische Konsequenz mobiler Kommunikation ist oder eine problematische Konsequenz des Territorialbezugs von Recht und Politik unter zunehmend entankerten Bedingungen, bleibt zumindest vorerst offen. Da nicht davon auszugehen ist, dass die Entwicklung der Kommunikation über Distanz aufhaltbar ist, könnte es von Nutzen sein, die Suche nach Lösungen in der zweiten Richtung zu intensivieren.

Wenn man diese Sicht nun strikter auf GE bezieht, würden Sie dann sagen, dass es sich dabei eher um ein Überwachungsinstrument denn eine Möglichkeit der Eröffnung demokratischer Chancen, Prozesse und Ideen handelt?
Freilich ist auch hier eine Doppelseitigkeit, eine Art Janusköpfigkeit auszumachen. Mann kann einerseits das Augenmerk darauf richten, dass alle Medien, die es ermöglichen, über Distanz zu handeln, die Wahlmöglichkeiten und damit die Freiheitsgrade des Einzelnen in erheblichem Maße fördern, potenzieren oder sogar vervielfachen. Gleichzeitig hinterlassen wir bei der Nutzung dieser Möglichkeiten jedoch immer auch eine Spur. Ob ich eine Suchmaschine nutze, ein Mobiltelefon u. ä.: Was uns größere Freiheitsgrade eröffnet, trägt zugleich auch das Potenzial der totalen Überwachung in sich. Diese zweite Potenzialität wird vor allem dann aktualisiert, wenn die politischen Verhältnisse nicht entsprechend geklärt sind bzw. wenn der Datenschutz nicht gleichzeitig Persönlichkeitsschutz ist.

Diese beiden Aspekte sind vernünftigerweise immer zusammen zu denken. So wie bereits die analoge Karte viele neue Möglichkeiten und neue Freiheitsgrade gerade für wirtschaftende Subjekte – man denke etwa an die Hanse und später die Ausbreitung des europäischen Imperialismus – eröffnet hat, war sie gleichzeitig immer auch ein Instrument der Überwachung, ein Mittel der politischen Kontrolle der Subjekte.

Dabei ist – wenn das hier auch nicht mit allen Einzelheiten ausgeführt werden kann – insbesondere auch zu bedenken, dass kartographisch immer nur die materielle Komponente, nicht aber die sinnhafte, bedeutungsvolle erfasst werden kann. Das heißt bspw., dass von einem handelnden Subjekt »nur« seine Körperlichkeit, nicht aber seine Gedanken und die Bedeutung, der Sinn seines Tuns erfasst und dargestellt werden kann. Präzise erfasst werden kann allein die materielle Basis gesellschaftlicher, kultureller und ökonomischer Wirklichkeiten – nicht aber diese selbst. So kann man etwa die wirtschaftliche Basis lokalisieren und die Gegenstände des Interesses wirtschaftlichen Tuns lokalisieren, wie dies etwa bei Ölfeldern aktuell von besonderer Relevanz ist. Auf gleiche Weise ermöglicht es dieses Wissen aber gerade auch, dass ich jemanden finden kann oder jemand, der mich gerne treffen möchte, mich finden kann. Diese Bedingung gilt freilich unabhängig davon, ob mich jemand mit positiver Zuneigung oder in schädigender Absicht treffen möchte.

So kann man sagen, dass GE potenziell bis zu einem gewissen Maß durchaus eine demokratisierende Komponente aufweist, solange es für die hinterlassenen Spuren keine politische Kontrolle und Überwachung gibt. Dabei ist aber zu bemerken, dass das Unternehmen Google, welches dieses Mittel verfügbar macht, gleichzeitig auch eine hohe Kontrollkapazität entwickeln kann oder könnte. Sollte es sich erweisen, dass diese Kontrollkapazität mit politischer Macht kombiniert wird, dann wäre das gegeben, was man – sozialgeographisch gesprochen – als »totalitäre Situation« bezeichnet.

Bislang ist es – soweit ich das beurteilen kann – mindestens prinzipiell primär ein die Demokratisierung förderndes Mittel. Doch dies ist, wie klar geworden sein sollte, nur eine der Möglichkeiten der Nutzbarkeit. Wie bei allen technischen Mitteln gilt auch hier: Die Verfügbarkeit legt die Art und die Ethik der Nutzung nicht fest.

Und wie sehen Sie die Möglichkeit der Nutzung von GE durch Terroristen für die Planung von Anschlägen?
Wie eben angedeutet, ist ein technisches Mittel für die verschiedensten Zwecksetzungen verwendbar. Wie eine Brücke helfen kann, Leute schneller ins Krankenhaus zu bringen, kann sie auch genutzt werden, um etwas anderes zu machen. Technik ist innerhalb bestimmter thematischer Spannweiten weitgehend zweckfrei; man kann sie für dieses und jenes nutzen, man kann nicht zwingend (eine) Moral an eine spezifische Technik binden; alles andere wäre eine naive Sicht auf die Dinge.

GE wird einerseits mit einem grünen Image in Verbindung gebracht und andererseits ist GE gleichzeitig auch das teuerste Label der Welt mit einer extrem positiven Erfolgsbilanz. Wie stehen diese Dinge – Demokratisierung, Ökologie und wirtschaftliche Erfolgsbilanz – zueinander und geht das noch zusammen?
Diese Dinge können durchaus zusammengehen. In diesem Falle passt es insofern zusammen, als es ökologische Bewegungen bereits vor GE gegeben hat, die sich mit »One World« oder »Save Planet Earth« bezeichneten; zudem ist das aktuelle Jahr 2007 von der UN zum internationalen Jahr »Planet Erde« ausgerufen worden. Damit will ich sagen, dass es in den letzten Jahren und Jahrzehnten eine breite konvergierende Bewegung in der Sichtweise der menschlichen Lebensbedingungen gibt, die unabhängig von GE bestand und besteht, in welche die hohe und rasche Akzeptanz von GE eingebettet ist. Deshalb ist es auch nicht verwunderlich, dass GE lange als völlig unproblematisch gesehen wurde.

Der Zusammenhang von GE und ökologischem Denken könnte jedoch durchaus als Kern des Erfolges gesehen werden. Dies könnte deshalb der Fall sein, weil in der ökologischen Denkweise einer der Ansprüche darin besteht, den Planeten Erde zu retten. Dieser Standard wird der politischen Mobilisierung zugrunde gelegt. Und hierfür wird nun GE interessant. Dieses Medium ermöglicht das Erlebnis vom Planeten Erde auf eine neue, sehr direkte Art und Weise. Eine Sichtweise, wie sie bis vor Kurzem nur einem Astronauten bzw. Kosmonauten zugänglich war, kann nun dank GE – wenn auch nur auf mediatisierte Weise – von einer großen Zahl von Menschen auf den eigenen Schreibtisch gebracht werden. So wird ein virtuelles Erlebnis des Planeten Erde möglich gemacht, das für die Entwicklung eines globalen Bewusstseins, der Erfahrung der planetaren Unentrinnbarkeit der menschlichen Weltgesellschaft – und damit auch eines entsprechenden ökologischen Bewusstseins – mit Sicherheit eine entscheidende Bedeutung aufweist. Nur: Der aktuelle Erfolg hat sich wohl deshalb so durchschlagend eingestellt, weil sich das Denken, in dessen Kontext sich das Mittel GE als so hilfreich erweist, bereits zuvor etablieren konnte und nun mit dessen Nutzung neu aktualisiert, vertieft und verbreitet werden kann. Doch hierin unterscheidet sich das Unternehmen Google wohl nicht so sehr von anderen aktuell erfolgreichen Geschäftsbereichen der Global Players. Auch andere mobilisieren grünes Gedankengut zur Aufbesserung der Geschäftbilanzen in zunehmendem Maße, was – falls es sich um ein nachhaltiges ökologisches Engagement handelt – durchaus nicht negativ gesehen zu werden braucht.

Liegt die Wichtigkeit dieses neuen Weltbildes möglicherweise an der Verfügbarkeit dieser riesigen Möglichkeiten, die Sie eben beschrieben haben oder vermittelt GE noch mehr als diese Satellitenbilder des Planeten?

GE ermöglicht m. E. primär die Radikalisierung des *modernen Weltbildes* oder genauer; die Entwicklung einer neuen Welt*sicht*. Damit meine ich zunächst, dass es das alte Weltbild, das immer davon ausging, dass es einen vorgegebenen Raum, in dem alles Mögliche – ein Land, eine Person, die Kultur, die Wirtschaft, was auch immer – enthalten ist, so nicht mehr gibt bzw. geben kann. Mit der Aufklärung ist die Idee von »Raum« als Behältnis in Philosophie und Naturwissenschaften weitgehend abgeschafft bzw. überwunden worden. Alltagsweltlich allerdings behalten die meisten weiterhin ein geographisches Weltbild bei, das der Vor-Aufklärung nah ist.

Von einem sozialgeographischen Standpunkt aus kann dazu angemerkt werden, dass eine zeitgemäße Welt*sicht* auf der Einsicht beruhen könnte oder gar sollte, dass »Raum« nicht als Container, nicht weiterhin als Behältnis gegeben ist, sondern auf dem Prinzip – wie ich es nenne – der Weltbindung beruht. Es handelt sich dabei somit um eine Welt*sicht*, die nicht auf einem Raum aufbaut, der unabhängig von uns handelnden körperlichen Subjekten besteht. Es wird vielmehr eine Weltsicht vorgeschlagen, bei der die Subjekte (mit den genannten Fähigkeiten und Eigenschaften) im Zentrum stehen, ihre Welten allererst schaffen gleichwie zu jenen der anderen sowie der natürlichen Lebensbedingungen in Beziehung treten und auf diese Weise Welt-Bindung verwirklichen. Diese Weltsicht fokussiert somit die tätigen Menschen – wenn man so will – und betrachtet diese nicht bloß als Gegebenheiten der Verortung *in* einer Landschaft, *in* einem Land, *in* einem Raum, *in* einer Stadt. GE hat möglicherweise gerade deshalb einen so beeindruckenden Erfolg, weil es genau dies ermöglicht: eine subjekt- und tätigkeitszentrierte Weltsicht zu eröffnen, welche gerade auch die Handlungsfähigkeit der Menschen in bemerkenswertem Maße zu steigern scheint.

Wie sehen Sie die Bedeutung von GE insgesamt für Ihre Disziplin, die Geographie? Stellt sie für diese ein Quantensprung dar?

Für die neue Form geographischen Denkens, dass nämlich die Geographie der Welt nicht vorgegeben, sondern gemacht, produziert wird, sind die von GE eröffneten Möglichkeiten tatsächlich sehr interessant. Und wenn man Google Earth gebraucht, sieht man: Die Grenzen sind gemacht, sind eingezeichnet, die sind nicht in der Natur vorgegeben – da. Man erkennt damit leicht, dass es sich um hergestellte Geographien handelt, die Ausdruck von politischer Macht, von wirtschaftlichen Möglichkeiten der Naturnutzung sind sowie Ausdruck symbolischer Aneignung von Orten. Geographien sind nicht – die werden gemacht! Und GE ist ein Mittel, womit man selber ein bisschen Geographie machen kann, in optischer Form. Und dies, finde ich, ist gerade von der sozialgeographischen Seite her, ein interessanter Punkt. Auf der anderen Seite ist es technisch bemerkenswert, dass Maßstabsebenen nahtlos ineinandergreifen. Man kann unseren Planeten zuerst aus großer Ferne betrachten und dann nahtlos hineinzoomen bis auf eine einzelne Stadt, ein einzelnes Dorf, eine einzelne Straße, den Parkplatz vor dem Haus. Im Vergleich dazu war früher auf dem Globus ein Dorf nicht existent. Um den Ort eines Dorfes ausfindig zu machen, brauchte man eher eine Karte im Maßstab 1:25.000. Aber auf einer solchen Karte sieht man den Globus nicht, kann die globale Kontextualisierung nicht erfassen. Für die Kontextualisierung des eigenen Lebens ist GE auch in dieser Hinsicht ein fantastisches Instrument.

Gleichzeitig ist es aber auch ein digitales Instrument. Was ist die Besonderheit dieser Prozesse, die wir gerade erleben, in denen die analoge Welt bspw. von Büchern und Landkarten, durch digitale Repräsentationen ersetzt werden und aus der Gesellschaft eine Art Google-Gesellschaft macht?
Bei Wissens- und Informationsbereichen ist es offensichtlich so, dass viele Leute neue Bereiche zugänglich gemacht bekommen, welche früher nicht die finanziellen Mittel hatten, Bücher zu kaufen usw. Mit der Digitalisierung werden – etwas allgemeiner gesprochen – Wissensbestände verfügbar gemacht, die für eine Vielzahl von Personen zuvor außerhalb ihrer Reichweite lagen. Ich bin diesbezüglich allerdings nicht allzu optimistisch, dass diese neuen Zugänglichkeiten helfen werden, hier tatsächlich neue Horizonte zu öffnen. Denn man weiß, dass für die meisten Formen von Lernen die körperliche Nähe in Form der Kopräsenz zu präferieren ist, und das wird wahrscheinlich so bleiben. Wenn man niemanden hat, der einem zur Verfügung steht, um einem beim Lernen einer Sprache beizustehen, wird es nicht oder wenig hilfreich sein, eine digitale Hilfe im Prinzip verfügbar zu haben, der jede aktuelle Kontextualisierung fehlt. Man kann bspw. versuchen, über Fernkurs eine Sprache zu lernen, doch es geht im ko-präsenten Kontext sicher immer dort leichter und besser, wo die zu lernende Sprache auch Umgangssprache ist.

Man kann das Thema auch so sehen, dass Ferne verschwindet, Distanz aufgelöst wird, im Prinzip. Aber das heißt nicht, dass nach der Auflösung der Distanz jene Leute, die nun miteinander etwas zu tun haben könnten, auch tatsächlich etwas miteinander zu tun haben wollen. Sondern: Es könnte sich weisen, dass das Gegenteil eintritt, dass man die Beziehungen vor Ort stärker pflegt, weil man merkt, dass Beziehungen auf Distanz nicht die gleichen sind, wie die in körperlicher Kopräsenz, wenn man sich trifft also. Der Leib als Ausdrucksfeld wird nicht durch elektronische Medien ersetzt werden können.

Werden die Menschen auch dann noch reisen wollen, wenn die neuen Medien der Distanzüberwindung allgemein zugänglich sein werden?
Wenn das, was ich eben gesagt habe, nicht völlig falsch ist, dann wird es ziemlich sicher so sein, dass die Möglichkeit, Distanz aufzulösen bzw. im digitalen Kontext zum Verschwinden zu bringen, die paradoxe Konsequenz haben wird, dass die Leute eher mehr als weniger reisen wollen. Diese Vermutung ist darin begründet, dass wir in aller

Regel dazu neigen, das unmittelbare Erleben dem digitalen vorzuziehen. Genau das gleiche Verhältnis zeigte sich mit der Digitalisierung der schriftlichen Kommunikation. Man vermutete und hoffte, dass sich dadurch der Papierverbrauch stark einschränken ließe. Doch genau das Gegenteil ist eingetreten. Seitdem die Möglichkeit des digitalen Schreibens verfügbar ist – so paradox dies auf den ersten Blick anmuten mag –, ist eine Vervielfachung des Papierverbrauchs feststellbar. Digitale und analoge »Wirklichkeit« sind offensichtlich nicht nur nicht vollständig kompatibel, sondern die analoge Form wird in zahlreichen Konstellationen offensichtlich bevorzugt. Ähnlich wird es wohl mit dem Reisen sein. Wirklich »wirklich« wird eine Erfahrung erst, wenn man sie vor Ort selbst körpergebunden gemacht hat, und nicht schon mit der Betrachtung eines Bildes von einer bestimmten Erdgegend. Und wenn man das möchte, wird das Reisen nicht nur notwendig bleiben, sondern auch in starkem Maße zunehmen. Denn die Anregungen oder gar Herausforderungen zum Test werden mit der Multiplikation der digitalen Vorlagen weiter gesteigert werden.

Was verlangt das Zeitalter von GE von uns, von Bürgen, Konsumenten, politisch denkenden Menschen, wirtschaftlich Handelnden?
Das Zeitalter von GE verlangt nach einer weiteren Schärfung des kritischen Bewusstseins gegenüber digitalen Wirklichkeiten. GE vermittelt eine Darstellung der Erdoberfläche, die an eine fotographische erinnert oder gar wie eine solche analoge Darstellung ausschaut. Dabei haben wir aber keine Möglichkeit festzustellen, ob das, was wir auf diese Weise zu sehen bekommen, auch irgendwo im sozialen Sinn und im materiellen Sinn *wirklich* ist. Das ist die erste Herausforderung. Die Zweite ist sicher die, darauf aufmerksam zu werden, dass man Verantwortung nicht lokalisieren kann. Lebt man in globalen Zusammenhängen, wird auch die Verantwortung oder wenigstens für jene Handlungen mit ganz großen Reichweiten im erdräumlichen Sinne das Maß der Verantwortung steigen müssen. Zumindest müsste man das politische Bewusstsein dafür schaffen, dass die Verantwortlichkeiten auch in diesen räumlichen Bezügen zu definieren sind. Man kann nicht, wie ich dies in dem Buch »Globalisierung, Region und Regionalisierung« (WERLEN 1997, 2007) ausführlicher dargestellt habe, nur die positiven Seiten der Globalisierung der Lebensbezüge bzw. der Distanzüberwindung für wirtschaftliche Zwecke der Gewinn- und Kaufkraftsteigerung nutzen und auf der anderen Seite so tun, als ob die Verantwortung nur lokal bestehen würde. Das ist das Hauptproblem im Moment: Verantwortlichkeit und politische Zuständigkeit sowie deren Überprüfung sind nach wie vor bloß nationalstaatlich und damit territorial organisiert – ökonomische und kulturelle Bezüge weisen aber längst nicht mehr (nur und in gleichem Maße) territoriale Zusammenhänge und territoriale Gebundenheiten auf.

Welche Macht geht von GE aus?
Auch bei dieser Frage ist es hilfreich, zuerst kurz den Vergleich mit der Karte und damit das Verhältnis von Karte und Macht aufzugreifen. Beide, Karte und GE, verfügen

vor allem auch über eine Macht der Repräsentation. Was nämlich nicht auf der Karte ist, was von Google Earth nicht erfasst wird, ist für den Betrachter inexistent. Als Mittel der Darstellung, der Präsentation verfügen beide auf diese Weise über eine Macht der Repräsentation. Zweitens impliziert diese auch: Wer nicht auf die Karte kommt, existiert nicht, ganz im Sinne der Redeweise von »being on the map« im Englischen: Wer nicht auf der Landkarte ist, ist nicht. Damit wird offensichtlich, dass mit GE und Karte gleichzeitig auch eine Macht der Benennung verbunden ist. Das, was auf der Karte festgehalten wurde, ist (leichter) auffindbar, das, was nicht drauf ist, ist nicht oder zumindest deutlich schwerer auffindbar; und so ist es auch bei GE; und drittens freilich: die Macht, die man ausübt, wenn man weiß, wo sich das befindet, das man selber braucht, oder das ist, was andere brauchen könnten oder möchten. Darin zeigt sich die alte Macht des Wissens um den Ort. Und das ist der Schlüssel der Ausübung der territorialen Macht und damit auch von der Ausübung der Macht über andere Personen. Überwachungskamera ist ein Stichwort, das bspw. in dieselbe Richtung weist.

Kann man soweit zuspitzen, dass man sagt: Was nicht digitalisiert ist, was nicht in GE auftaucht, existiert zunehmend nicht?
Das ist sowohl bei den verschiedenen Suchmaschinen so als auch bei GE. Allerdings muss man diese Gleichsetzung etwas einschränken. Das nicht-Digitalisierte existiert nur für die Nutzer des spezifischen digitalen Mediums nicht, sonst jedoch wohl.

Kann man den Zusammenhang noch ein wenig größer machen und gleichzeitig spezifischer auf GE beziehen?
Bei der Suchmaschine ist es ja so, dass man sagt, je mehr Treffer bei einer Person oder einem Wort auffindbar sind, desto größer seine Bedeutung. Das ist eine schwierige These. Es ist sicher nicht zutreffend, dass die wichtigsten Dinge jene sind, die am häufigsten benannt werden. Viele Dinge, die wichtig sind, werden nicht Gegenstand digitaler Foren und Publikationsplattformen. Und viele Leute, die Wichtiges machen, werden von diesem Medium nicht erfasst. Es ist eine Öffentlichkeit, die geschaffen wird, eine digitale Weltöffentlichkeit, bei der Klatsch und Tratsch vielleicht die größere Bedeutung haben als tatsächlich wichtige Aussagen. Die Digitalisierung des Nachrichtenwesens zeigt gleichzeitig eine starke Neigung zur Boulevardisierung, zur Suche nach dem kleinsten gemeinsamen Nenner von Interesse und Aufmerksamkeit oder kurz: zur (Über-)Vereinfachung. So zeichnet sich das globale Dorf vor allem auch dadurch aus, dass man sich Klatsch und Tratsch von allen Leuten anhören muss; auch von jenen, von denen man noch nie etwas gehört hat und die für einen nie eine ernsthafte Bedeutung erlangen werden.

An solchen Zusammenhängen wird bereits die Problematik von Aussagen erkennbar, die dahin gehen, dass das, was am häufigsten auftaucht, auch am wichtigsten wäre. Das ist schwierig zu bestätigen. Aber es ist sicher so, dass innerhalb dieser medial und elektronisch erzeugten Wirklichkeit diejenigen, die vom Medium nicht erfasst werden, in diesem *Modus* der Wirklichkeitserzeugung nicht vorkommen und damit in jenen

Kontexten, für die diese Medien stehen, nämlich die überlokalen und vor allem globalen Kontexte, nicht zu den kommunikativ thematisierten und damit translokalen sozialen Wirklichen gehören. Aber nochmals: Das bedeutet natürlich nicht, dass sie deswegen außerhalb dieser Wirklichkeits*modi* nicht in anderer Form *wirklich* sind.

Warum hört man aus der Wissenschaft bislang so wenig Griffiges über GE?
Diese Tatsache liegt zunächst – wie mir scheint – sicher in einer der gravierenden Schwächen der bislang dominanten wissenschaftlichen Perspektiven der Welterschließung begründet. Auf der einen Seite steht die bisherige Tradition der Sozial-, Kultur- und Geisteswissenschaften. Gemäß dieser wird die räumliche Komponente oder genauer: die Räumlichkeit von Gesellschaften und Kulturen wenn überhaupt, dann nur sehr schwach oder besser: nur äußerst marginal berücksichtigt. Dies hat seine weit zurückgreifenden wissenschaftshistorischen Gründe. Kurz zusammengefasst besteht der wichtigste Grund darin, dass die genannten Disziplinen die Bedeutung des Materiellen und Körperlichen für ihre Forschungsthemen beinahe vollkommen negiert haben. Diese Negierung wurde mit dem Hinweis gerechtfertigt, dass Materielles und Körperliches etwas nicht Verstehbares sei und somit nicht zu ihrem Wissenschaftsbereich gehöre. Konsequenterweise weisen diese Disziplinen für die aktuell dramatischen Veränderungen der räumlichen Bezüge gesellschaftlicher Wirklichkeiten auch keine nennenswerte, jedenfalls nicht ausreichende Sensibilität auf, um etwas Griffiges über Entwicklungen wie GE zu formulieren. Der wichtigste Grund besteht hier somit darin, dass die räumliche Dimension in den Sozial-, Kultur- und Geisteswissenschaften lange ausgeblendet worden ist.

Auf der anderen Seite steht die traditionelle Geographie, deren Spezialität in der Raumzentrierung ihrer Perspektive besteht – dabei die gesellschaftlichen und kulturellen Entwicklungen als natur- oder raumdeterminiert ausweist. Damit hat sich die traditionelle Geographie auch sämtlicher Möglichkeiten der sozial- und kulturwissenschaftlichen Anschlussfähigkeit beraubt. Da GE gerade jede Form von Naturdeterminiertheit gesellschaftlicher und kultureller Lebensdimensionen widerlegt, kann von dieser Seite auch keine gewinnbringende Auseinandersetzung mit diesem Medium erwartet werden. Der wichtigste Grund besteht hier somit darin, dass ein naturalistisches Weltbild zu lange das geographische Denken in dem Sinne beherrscht hat, um die Bedeutung von Medien der Konstruktion geographischer Wirklichkeiten, ein solches GE im Kern ist, erkennen zu können.

Beide Linien der wissenschaftlichen Entwicklung haben – wenn auch aus konträren Gründen – keine Zuständigkeit für die räumliche Komponente des gesellschaftlichen Zusammenlebens und kulturelle Wirklichkeiten entfalten können und verfügen dementsprechend auch über keine Sensibilität für die so tief greifenden Veränderungen der räumlichen Bezüge und der gesellschaftlichen Räumlichkeit sowie der gesellschaftlichen Raumverhältnisse insgesamt.

Die jüngere Sozialgeographie ist demgegenüber seit rund zwei Jahrzehnten dabei, diesen Graben zu überwinden und mit neuen Perspektiven auch den wissenschaftlichen Zugang zu neuen geographischen Wirklichkeiten zu eröffnen. Gleichzeitig ist mit dem so genannten »*spatial turn*« der Sozialwissenschaften auch dort ein Bestreben festzustellen, den angesprochenen historischen Missstand zu beseitigen. Allerdings kann man dort auch eine starke Tendenz feststellen, den alten (geographischen) Wein in den neuen Schläuchen des *spatial turn* als önologische Weltneuheit zu präsentieren. Trotz allem bleiben diese Bemühungen bisher doch eher in Kategorien des traditionellen geographischen Denkens, dem alten geographischen Weltbild befangen.

Für die Auseinandersetzung mit einem Medium von so tief greifender sozialer wie geographischer Bedeutung, wie es von Google und anderen Anbietern zur Verfügung gestellt wird, ist nicht nur ein anderes Weltbild, sondern eine andere geographische Weltsicht vonnöten als sie bisher weitestgehend praktiziert wird. Gelingt dies nicht, werden wir – und das mit möglicherweise durchaus drastischen Konsequenzen – die fundamentale Bedeutung jener Medien verkennen, welche die geographischen Bedingungen des Lebens und somit auch die des gesellschaftlichen Zusammenlebens in umfassender Weise revolutionieren. Ich hoffe natürlich, dass in naher Zukunft ein Forschungsfeld etabliert werden kann, das in der Lage sein wird, diese Bedeutung mit ihren Implikationen und Konsequenzen aufzuzeigen. Denn digitale Medien wie GE stehen im Zentrum der aktuellen Veränderung der gesellschaftlichen Raumverhältnisse und diese wiederum scheinen für die vielfältigsten Lebenszusammenhänge von fundamentaler Bedeutung zu sein.

Vielen Dank für das Gespräch!

Identität und Raum – Regionalismus und Nationalismus

»Woher kommt dieser Hass? Der Nationalismus hat sich ausgebreitet,
weil die Menschen Angst hatten. Sie hatten Angst und suchten
Anschluß bei ihrer nationalen Gruppe. Es gab nicht nur serbische
Nationalisten, wir alle wurden zu Serben, Kroaten oder Muslimen.«
CHIRURG AUS BOSANSKI BROD, 1992

»If you can believe in something bigger than yourself you can follow the flag forever.«
RANDY NEWMAN, 1988

»da het's jurassier, u da het's andri, die wo ds gsetz uf ihrer syte hey: die vor bärner polizey.
jura libre! jura libre! jitz weyss i was das heysst, jura frey: jitz weyss i was die dört obe
wey: si möchte die sy, wo o mal ds gsetz uf ihrer syte hey.«
URS HOFSTETTLER, 1976

Regionalismus und Nationalismus sind zurzeit brisante soziale Phänomene mit weit
reichenden politischen Konsequenzen. Beide werden nicht nur äußerst kontrovers
diskutiert. Sie sind in vielen Fällen auch mit entsetzlichem Blutvergießen verbunden.
Regionalismus hat weltweit Hochkonjunktur: Quebec, Norditalien, Schottland, Bas-
kenland und Balkan, Korsika, Eritrea sind einige Gebiete, für die regionalistische und
nationalistische Argumentationsmuster in Anschlag gebracht werden.

Der kontroverse Charakter hat wohl nicht zuletzt damit zu tun, dass die mit
»Regionalismus« verbundenen Programme und Einstellungen von widersprüchlicher
Art sein können. Man kann in regionalistischen Argumentationsmustern zu Recht
»progressive« wie »reaktionäre« Tendenzen sehen. Für eine Region zu argumentieren,
kann mit der Forderung nach mehr Autonomie, mehr Selbstbestimmungsrecht der
dort lebenden Bevölkerung gleichgesetzt werden oder mit der Einforderung des
Rechts, verschieden oder gar eigenständig zu sein. Diese Forderungen werden von
einer Mehrheit wohl eher als »fortschrittlich« eingestuft. Andererseits kann Regionalismus aber auch bloß Ausdruck von Fremdenangst und Fremdenhass sein, nichts
anderes als einen kruden Rassismus verdecken oder eine Möglichkeit, sich die Angst
vor jeder Veränderung nicht eingestehen zu müssen.

Diese beiden Forderungsmuster deuten den janusköpfigen Charakter von Regionalismus an. Beide haben in jüngster Zeit eine dramatische politische Relevanz erhalten. In derselben Zeit haben sich aber auch die Globalisierungstendenzen intensiviert,
und die Europäische Union nimmt immer konkretere Formen an. Neben kontroversen Rechtfertigungsstrategien können wir somit auch zwei einander offensichtlich
entgegengesetzte Tendenzen sozial–ökonomischer und politischer Prozesse feststellen:
Auf der einen Seite die Tendenz, nationalstaatliche Souveränitäten an übernationale
Gebilde abzutreten. Auf der anderen Seite reklamieren Regionen – als Teilgebiete von

Staaten – eine größere Autonomie oder streben gar die völlige Unabhängigkeit von einem Nationalstaat an. Dies alles können wir seit Jahren der Tagespresse entnehmen.

Von besonderem Interesse ist nun allerdings, wie die Logik dieser Raum-Gesellschafts-Kombinatorik argumentativ eingesetzt wird und welches die entsprechenden sozialen Implikationen sind. Mit welchen Einstellungen und Legitimationen Regionalismen und Nationalismen auch immer verbunden werden: Man kann nicht darüber hinwegsehen, dass die entsprechenden Argumentationsmuster gemeinsamen Grundmuster aufweisen. So können Regionalismus und Nationalismus als Produkte einer besonderen Kombinatorik von Gesellschaft und Raum begriffen werden, in der sowohl die Homogenisierung der sozialen Welt, wie auch der sozial-weltliche Holismus eine zentrale Rolle spielt. Regionalismus und Nationalismus weisen in dieser Beziehung eine vergleichbare interne Logik wie »Rassismus« und »Sexismus« auf, unabhängig davon, mit welcher Einstellung sie in der politischen Argumentation vorgebracht werden.

Die identitätsstiftende – und somit für viele auch verlockende – Komponente regionalistischer und nationalistischer Argumentation, so könnte man hypothetisch formulieren, liegt darin begründet, dass in ihr soziale Unterschiede weitgehend verschwinden und andererseits eine Zugehörigkeit suggeriert wird. Das Empfinden eines Zugehörigkeitsgefühls erlangt unter der Bedingung zunehmender sozialer Isolation in einer sich rasch verändernden Welt immer größere Attraktivität.

Sowohl der politische als auch der sozialwissenschaftliche Diskurs leidet häufig unter einer mangelnden Begriffsschärfe. Dies behindert nicht nur die differenzierte Analyse, sondern auch das Vorbringen angemessener Lösungsvorschläge. Eine klare Unterscheidung tut Not, wenn man der internen Logik dieser sozialen Phänomene auf die Spur kommen will. Deshalb geht es hier vorab darum, begründete Unterscheidungen zwischen »Region«/»Regionalismus« und »Nation«/»Nationalismus« einerseits, sowie zwischen »regionaler Identität« und »Regionalismus«, »nationaler Identität« und »Nationalismus« andererseits vorzuschlagen. In Anbetracht der hässlichsten Formen und Konsequenzen des Nationalismus ist es zudem notwendig, die Frage zu stellen, ob es sich dabei wirklich um ein Wiederaufflammen des Nationalismus des 19. Jahrhunderts handelt, oder ob es sich dabei um eine andere Form handelt. Zudem sollen diese begrifflichen Präzisierungen auch dazu beitragen, die Unterscheidung zwischen einem demagogischen Regionalismus und einer nationalstaatlich-föderalistisch begründeten Regionalpolitik zu ermöglichen.

Region und regionale Identität

Was im Allgemeinen mit »regionaler Identität« bezeichnet wird, ist in gewisser Hinsicht eine Voraussetzung dafür, dass Personen auf regionalistische Argumentationsmuster ansprechen. Regionalistische Argumentationsmuster selbst können aber auch dazu beitragen, dass das Verlangen nach »Identität« mit »Region« zusammengebracht wird.

Die Frage ist aber, welche Art von Identität damit gemeint sein kann und worauf diese sich richtet.

Der Ausdruck »regionale Identität« weist meist darauf hin, dass man sich mit der Herkunftsregion oder dem aktuellen regionalen Lebenskontext »identifiziert«. Dabei fällt auf, dass der Referenzgegenstand der Identität oder Identifikation recht vage bis völlig unbestimmt bleibt. Erst bei genauerer Betrachtung wird offensichtlich, dass sich »Identität« nicht auf eine »Region« *per se* – d. h. auf eine rein erdoberflächliche Gegebenheit – beziehen kann.

So wird denn in der Alltagssprache oder in territorial-politischen Diskursen der Ausdruck »Region« oft so verwendet, als ob es sich dabei um eine klar identifizierbare Gegebenheit handeln würde. Die entsprechende Rede von regionalen Identitäten wirkt denn auch im eben angedeuteten Sinne auf den ersten Blick recht plausibel. Man kann aber davon ausgehen, dass dieser Eindruck wohl nur dann entstehen kann, wenn man die Begriffe »Raum«/»Region« vergegenständlicht, hypostasiert. Es ist jedoch angemessener, unter »Region« ein in Bezug auf einen bestimmten Gesichtspunkt sozial definiertes Gebiet der Erdoberfläche zu verstehen. Je nach Definition des Begriffs »Region« und des verwendeten Bezugskriteriums können die Ausprägungen eines entsprechenden Gebietes schließlich unterschiedlich ausfallen.

Derart können bestimmte Bereiche der Erdoberfläche nach irgendwelchen, aber nicht beliebigen Kriterien unterteilt und benannt werden. Häufig beziehen sich diese Untergliederungen auf eine gemeinsame Sprache, eine gemeinsame Geschichte oder andere, zumindest subjektiv als gemeinsam, mit anderen, in einem bestimmten erdräumlichen Bereich lebenden Menschen, geteilt empfundene Merkmale. Nicht zuletzt deswegen entbehren wohl auch die alltagsweltlichen Regionalisierungen der Erdoberfläche meist jeder Eindeutigkeit. In alltagsweltlicher Kommunikation wird dann zur Überwindung dieser Diffusheit häufig in ontologisierender Manier auf Regionen im Sinne von personenähnlichen Entitäten Bezug genommen.

Trotzdem bleibt der Hinweis auf eine »regionale Identität« in mehrfacher Hinsicht diffus. Diese »Verschwommenheit« mag mit ein Grund dafür sein, weshalb die Bezugnahme darauf politisch und argumentativ so vielfältig und erfolgreich genutzt wird. Hinzu kommt, dass dabei nicht geklärt ist, mit welchen Aspekten von »Region« man überhaupt Identität aufweisen kann. Streng genommen können aber nur rein physisch-materielle Gegebenheiten in Bezug auf ein bestimmtes Merkmal erdoberflächlich regionalisiert werden, nicht aber sinnhafte bzw. symbolische subjektive und sozial-kulturelle Gegebenheiten. Bedeutungen bedürfen aber materieller »Vehikel«, die sie symbolisieren. Das Verhältnis zwischen Bedeutung und materiellen Bedeutungsträgern bleibt aber im regionalistischen Kontext meist ungeklärt.

In diesem ungeklärten Verhältnis von Bedeutung und Materie wird ein wesentlicher Aspekt der »dunstigen Klarheit« im semantischen Hof von »regionaler Identität« offensichtlich. Sie verleitet häufig dazu, auch alle sinnhaften, bedeutungsvollen Aspekte subjektiver und sozial-kultureller Wirklichkeiten ebenso für erdräumlich lokalisierbar zu halten, wie materielle Gegebenheiten. ALAIN GUILLEMIN (1984:15) bringt dies wie folgt auf den Punkt: »Le ›régional‹ apparaît aujourd'hui comme le référent de tout un ensemble de discours et de recherches (…) qui tendent trop souvent à assimiler ›l'objet local‹ à un espace donné, inscrit dans la réalité des choses et ancré dans le territoire«.

Demgemäß werden Lokales oder Regionales im Allgemeinen und lokale/regionale Identität im Besonderen in aller Regel für gegenständliche Objekte gehalten, sodass man dann auch davon ausgehen kann, »regionale Identitäten« wären eine Art räumliche Phänomene, die mit räumlichen Kategorien erforscht und territorial erhalten/verteidigt werden könnten. In ähnlicher Form wird dann häufig zwischen Ausdrücken wie »éspace jurassien« und »identité jurasienne« (GIGANDET et al. 1991:21ff.) argumentativ ein untrennbarer Zusammenhang konstruiert.

Selbst wenn man »regionale Identität« nicht als ein räumliches Phänomen betrachtet, kann man regionale Aspekte (in »mediatisierter« Form) bei der Ausformung von »Identität« für bedeutsam halten. Die Frage ist nur, in welcher Hinsicht dies der Fall sein kann und welche regionalen Aspekte für die Entwicklung welcher Art von »Identität« bedeutsam sein können. Die unmittelbare und deterministische Kombination von »Raum«, »Region«, »Gesellschaft« und »Identität« ist jedenfalls – wie die Konsequenzen nationalsozialistischen Denkens und die aktuellen Ereignisse in Bosnien-Herzegowina zeigen – höchst problematisch.

Der Kernpunkt der Problematik liegt bei genauerer Betrachtung in der Gleichsetzung von »Bedeutung« und »Vehikel«. Man hält das Vehikel der Bedeutungsrepräsentation für die Bedeutung selbst.[1] Häufig wird die symbolische Bedeutung nicht bloß für eine materielle Entität gehalten, sondern es wird darüber hinaus (zumindest auf implizite Weise) sogar behauptet, dass die wahre »materialisierte« symbolische Bedeutung und Identität wesentlich durch die materielle Grundlage selbst produziert wird. Diese Konstruktion ist bestenfalls im Rahmen eines voraufgeklärten Animismus oder kruden Materialismus haltbar.

Demgegenüber ist festzuhalten, dass »regionale Identität« nicht ein materielles, regionales Phänomen ist, und somit auch nicht regionalisierbar, räumlich abbildbar, darstellbar[2] oder »verteidigbar« ist. Vieleher ist es als eine spezifische soziale Repräsentation zu begreifen, die die Bewohner einer Region von sich selbst entworfen haben. Oder mit den Worten von MICHEL BASSAND (1981:5): »L'identité régionale est l'image (assortie de normes, de modèles, de représentations, de valeurs, etc.) que les acteurs d'une région se sont forgé d'eux-mêmes«. Es handelt sich um ein »Selbstbildnis« der Mitglieder einer sich selbst – über Wohnstandorte und die alltäglichen Aktionsräume – regional definierenden Lebensgemeinschaft sowie die innerhalb von ihr als verbind-

---

1   Wie weit das gehen kann, wurde unlängst im Zusammenhang mit dem Brand der Luzerner Kapell-Brücke offensichtlich. Die Beschädigung des materiellen Vehikels führte offensichtlich bei jenen Leuten, die keine Differenzierung zwischen Bedeutung und Vehikel vornehmen konnten, auch zu argen emotionalen Störungen.

2   Vgl. dazu ausführlicher auch BAHRENBERG (1987).

lich gehaltenen Normen, Werte usw.: »Une image de soi-même qui, du même coup, situe la communauté par rapport aux autres« (RÉMY et al. 1978:20).

»Identität« richtet sich somit auf etwas, das eine regionale Differenzierung aufweisen kann, ohne dass es unmittelbar regional lokalisierbar ist. Damit ist natürlich noch nicht präzisiert, welche räumlichen Besonderheiten das Identitätsbegehren befriedigen können. Unter »regionaler Identität« ist jedenfalls nicht ein territorial lokalisierbares und zu verteidigendes Phänomen zu verstehen, sondern vielmehr eine Bewusstseinstatsache. Sie bezieht sich auf die Vorstellung und das Wissen um jene sozial-kulturellen Eigenschaften, über die einzelne Personen jener regionalen Lebensgemeinschaft verfügen, als deren Mitglied sie sich (mindestens zu bestimmten Zeitpunkten und im Hinblick auf bestimmte Interessen) fühlen.

Man könnte somit sagen, dass es sich dabei um eine regional differenzierte »kollektive Identität« handelt. Selbst wenn bei der Entwicklung und Aufrechterhaltung einer regional differenzierten kollektiven Identität materielle Gegebenheiten als Schauplätze oder Zeugen einer gemeinsamen Geschichte, Ortsbezeichnungen als Vehikel des gemeinsamen Erinnerns usw. eine wichtige Rolle spielen können, ist dies aber nicht Grund genug, um auf undifferenzierte Weise von einer »Zugehörigkeit zu einem bestimmten Raum« (BLOTEVOGEL et al. 1986:104) zu sprechen, die dann letztlich sogar als Legitimation des Ausschlusses oder gar der Vertreibung anderer verwendet werden kann.

Regionale Identität und Regionalismus

»Regionale Identität« sollte man, wie mehrfach angedeutet, klar von »Regionalismus« unterscheiden. Vereinfacht ausgedrückt kann man davon ausgehen, dass unter »Regionalismus« eine territorial-politisch motivierte Argumentation oder eine soziale Bewegung auf sub-nationaler Ebene zu begreifen ist, die die Vertreter des (zentralistischen) nationalstaatlichen Entscheidungszentrums »herausfordert«:

> »Regionalismus‹ soll heißen, dass innerhalb territorial abgegrenzter ›National-Staaten‹ die Territorialität subnationaler Untereinheiten zu einem politisch kontroversen Thema (gemacht) wird oder werden soll, und zwar so, dass die maßgeblichen Akteure des politischen Zentrums auf dieses Thema reagieren (sollen)« (GERDES 1985:26f.).

Damit ist gemeint, dass unter Regionalismus primär ein (politischer) Diskurs zugunsten oder zuungunsten einer regional definierten Gesellschaft und deren sozialen und/oder infrastrukturellen Bedingungen des Handelns zu verstehen ist. Dazu sind weitere Differenzierungen notwendig, die unter Bezugnahme auf offensichtlichere Zusammenhänge mit vergleichbarer »Logik« eingeführt werden sollen.

So wie »Geschlecht« und »Sexismus« oder »Rasse« und »Rassismus« klar auseinander zu halten sind,[3] so ist auch klar zwischen »Region« und »Regionalismus« zu unterscheiden. Nicht die Tatsache, dass man jemanden auf Grund einiger biologischer Merkmale dem weiblichen oder männlichen Geschlecht zuordnet, ist an sich bereits problematisch. Erst wenn man diese Merkmale in generalisierender Weise zur ontologisierenden Begründung[4] einer bestimmten sozialen Typisierung herbeizieht, die dann zur Konstitution von (diskriminierender) Differenz oder zur Ableitung bestimmter Rechte bzw. von Unrechten usw. verwendet werden und sich in entsprechender »politischer« Argumentation bzw. Demagogie äußert, kann man auch von Sexismus bzw. Rassismus sprechen.

Das heißt natürlich auch, dass der Unterschied zwischen »Geschlecht« und »Sexismus« nicht in der Art der Forderungen – für oder gegen eines der beiden Geschlechter – liegt, sondern in der Tatsache, dass von einer biologischen Differenz eine soziale Differenz abgeleitet und erstere zur Begründung letzterer beigezogen wird. In der Wende zum »-ismus« ist mindestens zwischen zwei Aspekten zu unterscheiden. Der erste Aspekt umfasst die soziale Typisierung auf Grund bestimmter – hier: biologischer – Merkmale. Klar vorgegeben geglaubte körperlich-biologische Kategorien werden dabei zu sozialen Kategorien. Der zweite Aspekt betrifft den darauf aufbauenden politischen Diskurs, der sowohl diskriminierend – wie dies bei Sexismus und Rassismus vorwiegend der Fall ist[5] – aber prinzipiell auch immer legitimierend bzw. emanzipatorisch gewendet werden kann. Insgesamt wird so argumentiert, dass die Zugehörigkeit

---

3   Natürlich kann man »Geschlecht« und »Rasse« auf der »biologischen Ebene« nicht gleichsetzten. »*Geschlecht*« bezeichnet eine biologische oder anatomische Differenz zwischen Frau und Mann. In sozial-kultureller Hinsicht ist aber die Differenz ausschließlich als das Ergebnis einer Konstruktion zu betrachten, für die es keine eindeutige biologische Basis gibt. Deshalb wird in der englischen Sprache eine klare Unterscheidung zwischen »sex« (biologisches Geschlecht) und »gender« (soziale Konstruktion) gemacht. Bei »*Rasse*« sind die Verhältnisse insofern komplizierter, da es kein Kriterium gibt, gemäß dem man Menschen in biologisch verschiedene »Rassen« einteilen könnte. Biologisch definier- und klar unterscheidbare »Rassen« gibt es nicht. Die Menschheit bildet vielmehr ein Kontinuum. Dass trotzdem viele Menschen glauben, es gäbe menschliche »Rassen« hat wohl damit zu tun, dass sich Menschengruppen in Bezug auf ihre Erscheinungsform (z. B. dunkle oder helle Haut, Gesichtsform usw.) stark unterscheiden. Entscheidend ist nun, dass einzelne dieser *körperlichen Erscheinungsformen* (am häufigsten wohl jene der Haut) als Basis für soziale Differenzierungen, meist im Sinne von Diskriminierung und negativen Vorurteilen, verwendet werden. Obwohl es biologisch gesehen keine Basis dafür gibt, um von »Rassen« zu sprechen, gibt es trotzdem das soziale Phänomen der rassischen bzw. rassistischen Differenzierung. Diese kann in Anlehnung an REX (1986) wie folgt umschrieben werden: Rassistische Differenzierung beruht auf der Hervorhebung eines Unterschiedes in der körperlichen Erscheinungsform einer Person oder einer Personengruppe, die dann für ethnisch signifikant gehalten wird. Die Hautfarbe, nicht aber die Haarfarbe, wird in diesem Sinne häufig für signifikant gehalten.

4   Vgl. dazu ausführlicher BRENNAN (1989:6ff.), BUTLER (1991:15ff.).

5   Vgl. dazu ausführlicher WERLEN (1993e:5ff., 206).

zu einer dieser Kategorien den sozial-kulturellen Kontext dieser AkteurInnen an sich deterministisch konstituiert, sodass man angeblich zurecht die soziale Konstruktion mit einem biologischen Merkmal verknüpfen könne.

Beide Aspekte kommen natürlich häufig – wenn nicht sogar meistens – kombiniert zur Anwendung. Denn Typisierung und Diskurs/Handlung beruhen beide auf Einstellungen oder Glaubenssätzen. Beim Sexismus kann man diesen Zusammenhang wie folgt zusammenfassen:

»Attitudes or beliefs which falsley attribute, or deny, certain capacities to the members of one the sexes, thereby justifying sexual inequalities« (GIDDENS 1989b:749). Rassismus kann in demselben Sinne charakterisiert werden als:

»falsly attributing inheritend characteristics of personality or behaviour to individuals of a particular physical appearance. A racist is someone who believes that a biological explanation can be given for characteristics of superiority of inferiority supposedly possessed by people of a given physical stock« (GIDDENS 1989b:246).

Analog ist nun zunächst zwischen Herkunfts»region« bzw. der »Region« des aktuellen Handlungskontextes, der Identifizierung mit den Erinnerungen und emotionalen Bezügen an die dort gemachten Erfahrungen und Lebensformen (»regionale Identität«) einerseits und »Regionalismus« andererseits zu unterscheiden.

Die eine Form des Regionalismus, der sich in einem politischen Diskurs manifestiert, wurde bereits angesprochen und im Sinne von DIRK GERDES charakterisiert. Zusätzlich ist aber auch auf den Regionalismus als soziale Typisierung hinzuweisen. Man könnte es eine soziale Typenbildung nennen, die sich aber auf erdräumliche bzw. regionale Kategorien bezieht. Das Ergebnis sind Stereotypen wie »Rheinländer sind fröhlich«, »Korsen sind verschlagen«, »Süditaliener sind faul« usw. Diese Form des Regionalismus impliziert zwar nicht ein unmittelbares Aktivwerden. Er ist aber sehr häufig ein Aufhänger für generalisierte Einstellungen zu bestimmten Herkunftsgruppen oder pauschalisierender (Vor-)Urteile über diese, die dann ihrerseits zur Legitimation zu eher freundlichen oder eher feindlichen Aktionen werden können. Wichtig scheint dabei wiederum zu sein, dass dabei die Herkunft nicht sozial, sondern räumlich bzw. materiell definiert wird, trotzdem aber zur sozialen Typisierung verwendet wird. Man könnte auch sagen, dass die soziale Typisierung räumlich legitimiert wird, obwohl die Typisierung selbst nichts anderes sein kann als eine soziale Konstruktion.

Zudem weisen diese Typisierungen häufig auch eine diskriminierende Komponente auf, die in mehrfacher Hinsicht handlungsleitend oder gar motivierend werden können. Auf der Seite der Adressierenden kann das »Vertrauen« in die Diskriminierung, im Sinne von »die sind eben so ...«, zur »Legitimation« einer benachteiligenden Politik führen. Und auf der Seite der Adressaten schließlich kann die mittelbare und unmittelbare Diskriminierung die Organisation einer regionalistischen Bewegung motivieren und rechtfertigen. Auf der individuellen Ebene liegt das Diskriminierungspotenzial schließlich darin, dass eine einzelne Person über derartige Typisierungen allein auf Grund des generalisierten Wissens über die Bewohner deren Herkunftsregion beurteilt wird.

»Regionalismus« beruht, so kann man hypothetisch in Anlehnung an die Grundlogik von Sexismus und Rassismus formulieren, zunächst einmal auf Einstellungen oder Glaubenssätzen, in Bezug auf soziale Eigenschaften, die jemanden auf Grund der erdräumlich »lokalisierbaren« Herkunft zugeschrieben werden. Diese Eigenschaften werden dann fälschlicherweise auf alle Personen aus demselben erdräumlichen Ausschnitt übertragen, sodass man legitimiert zu sein scheint, (erd-)räumliche Erklärungen sozial-kultureller Differenzen liefern zu können. Ein »Regionalist«, so könnte man dann sagen, ist jemand, der (fälschlicherweise) soziale Typisierungen und Erklärungen in (erd-)räumlichen Kategorien leistet und einen entsprechenden politischen Diskurs führt.

Auf der persönlichen Ebene äußert sich diese Typisierung darin, dass man vage, für typisch gehaltene Merkmale einer regionalen Gesellschaft, einer Person auf Grund ihrer Herkunft und ohne weitere Differenzierung, als individuelle Eigenschaften unterschiebt. Die Problematik besteht darin, dass bei einer derartigen Typisierung, allein auf Grund der Herkunft – und nicht unter Bezugnahme auf ihre biographischen Aspekte – über eine Person geurteilt wird.

Auf der politischen Ebene werden die Implikationen der sozialen Typisierung und Erklärung in (erd-)räumlichen Kategorien etwa bei der Interpretation von Abstimmungs- und Wahlergebnissen offensichtlich. So zeigt beispielsweise eine Analyse der Interpretation der Pressekommentare zum Abstimmungsergebnis über den Beitritt der Schweiz zum EWR (vom 6. Dezember 1992), was geschieht, wenn man primär in räumlich-territorialen Kategorien operiert.[6] Nach der Abstimmung gab vor allem die klare Zustimmung der französischsprachigen SchweizerInnen zur Vorlage und – mit Ausnahme der BaslerInnen – die klare Ablehnung durch die StimmbürgerInnen der übrigen Kantone zu reden. Das Argumentationsmuster vom Typus {A} lief darauf hinaus, das Stimmenverhältnis in primär räumlich-territorialen Kategorien zu interpretieren. Man sprach vom »Riss zwischen Deutsch und Welsch, der eine tiefe Kluft öffnet. Der Bruch scheint besiegelt«. Und die Trennlinie wird eindeutig erdräumlich, entlang des so genannten »Röstigrabens« lokalisiert. Konsequenterweise wurde dann auch der Ausgleich der aufgebauten Spannungen in »territorialen« Maßnahmen gesehen. »Nichts kann die Romandie daran hindern, ihre politische Identität zu verwirklichen. Denn die französischsprachige Schweiz gibt es. Ihre Grenzen erscheinen nun klipp und klar auf der Karte der Europa-Abstimmung«.

Dem steht das Argumentationsmuster des Typus {B} gegenüber. Dabei wird trotz der auf den ersten Blick klaren Grenzen von Gegnern und Befürwortern auf die Tat-

6   Ich möchte mich dabei auf zwei Beispiele aus der französischsprachigen Westschweiz beziehen. Ein Beispiel für das Argumentationsmuster A stellt der Leitartikel vom 7. Dezember von José Ribeaud, Chefredakteur von »La Liberté« dar. Ein Beispiel für den Typus B bildet der Leitartikel von Pascal Garcin vom »Journal de Genève« desselben Tages.

sache aufmerksam gemacht, dass zwei Drittel der Ja-Stimmen aus der Deutschschweiz stammen. »Und zweitens wird der sprachliche Trennstrich von anderen Gegensätzen überlagert: zwischen der Schweiz der namenlosen Schweizer und den Behörden«, zwischen den verschiedenen wirtschaftlichen und sozialen Interessen, zwischen urbaner und agrarisch-dörflicher Lebensvorstellung usw.: Wer die Ergebnisse nicht räumlich-territorial interpretierte, der neigte auch nicht zu einer regionalistischen Maßnahme zur Spannungsbewältigung.

Ähnlich wie dies beim Sexismus der Fall ist, wo über geschlechtsspezifische soziale Typisierungen eine biologische Legitimation vorgetäuscht wird, es sich letztlich aber um nichts anderes handelt, als um soziale Konstruktionen, die bestimmte vorherrschende Verhältnisse der sozialen Organisation und der Machtverhältnisse zu legitimieren scheinen, weist auch die regionalistische Typisierung vulgär-materialistische Tendenzen auf. Da letztlich nur physisch-materielle Gegebenheiten klar und eindeutig regionalisiert werden können, ist natürlich – so kann man hypothetisch folgern – auch eine ausschließlich regionale soziale Typisierung Ausdruck eines vulgär-materialistischen Argumentationsmusters.

Im Vergleich zur bisherigen »Regionalismus«forschung[7] ist dann darauf hinzuweisen, dass es irreführend ist, jeden (emotionalen) Regionsbezug als Regionalismus zu bezeichnen. So ist denn auch HANS-PETER MEIER-DALLACHs (1980:306) Klassifikation, die die folgenden Kategorien umfasst, irreführend:

1. »diffuser Regionalismus« (diffuses Heimatgefühl),
2. »bewusster Regionalismus« (ausgeprägtes Zugehörigkeitsgefühl),
3. »artikulierter Regionalismus« (Artikulierung kollektiver Werte und Interessen) und
4. »praktizierter Regionalismus« (Regionalismus als Bezugsrahmen für politisches und kulturelles Handeln).

In Bezug auf die oben vorgestellte Argumentation kann die dritte Kategorie als Basis des typisierenden Regionalismus und die vierte als politischer Regionalismus im engeren Sinne betrachtet werden. Bei den anderen handelt es sich eher um regional spezifizierte emotionale Bezüge, die zwar die Voraussetzung für »Regionalismus« bilden können, keinesfalls selbst aber bereits als »Regionalismus« bezeichnet werden können. Stimmt man dem zu, kann erst dann von »Regionalismus« gesprochen werden, wenn der regional spezifizierte Sozialbezug zur aktiven Typisierung und Differenzierung sowie vor allem für politische Diskurse und Aktionen eingesetzt wird. Oder wie sich HERMANN LÜBBE (1992:7f.) ausdrückt: »Regionalismus – das ist zunächst eine politische Bewegung (…) und im politischen Extremfall der Kampf organisierter Kräfte zur Loslösung von Minderheitsregionen vom Nationalstaat: der Separatismus. Souveräne Eigenstaatlichkeit zu erkämpfen ist hier das Ziel«.

7   Vgl. dazu SCHÖLLER (1953, 1984), BLOTEVOGEL et al. (1986, 1987, 1989), MEIER-DALLACH et al. (1980, 1981, 1987).

Von jeder Form des Regionalismus sollte – gerade im Hinblick auf ein besseres Verständnis der zahlreichen separatistischen Bewegungen der Gegenwart – »Nationalismus« unterschieden werden. Dies scheint notwendig und sinnvoll zu sein, obwohl beide sozialen Erscheinungen gewisse Merkmale zu teilen scheinen. Dies impliziert zunächst eine klare Differenzierung zwischen »Staat«, »Nation« und »Nationalismus«.

Staat, Nation und Nationalismus

Nationalstaaten stellen territoriale Sozialgebilde dar, die man, vom sozialgeographischen Standpunkt aus, als Ausdruck einer speziellen raum-zeitlichen Matrix der Gesellschaftsorganisation begreifen kann. In diesem Sinne sind sie als eine historisch gewachsene Gesellschafts-Raum-Kombination zu begreifen. »Staat« und »Territorium« sind im Nationalstaat zwar auf zwingende Weise miteinander verbunden. Der Nationalstaat selbst ist aber als eine historisch gewachsene Staatsauffassung zu sehen. Sie ist seit dem 19. Jahrhundert zur weltweit dominierenden Form geworden, in der »Staat« und »Nation« untrennbar gekoppelt erscheinen. Doch eigentlich bilden sie gar nicht eine derart zwingende Kombination, wie das heute vielleicht den Eindruck erweckt.[8]

Das dritte wichtige Phänomen, der »Nationalismus«, den JOHN DUNN (1979:55) – ein bedeutender Politologe der Gegenwart – als die grässlichste politische Schande des 20. Jahrhunderts bezeichnet, ist natürlich eng an die Entstehung und den Bestand der Nationalstaaten gebunden. Doch nicht jede Einstellungs- und Beziehungsform zu einem Nationalstaat sollte gleich als Nationalismus bezeichnet werden. Denn es gibt auch Nationalismen, die gegen die bestehenden Nationalstaaten gerichtet sind. Bevor auf die einzelnen Beziehungen eingegangen werden kann, soll zuerst eine klarere Begriffsbestimmung angestrebt werden.

ÉMILE DURKHEIM bezeichnete »Staat« in einer seiner zahlreichen Organismus-Analogien als das Gehirn des sozialen Organismus. Freilich können diese Arten von Analogien in mehrfacher Hinsicht irreführend sein. Wenn man diese Analogie aber so versteht, dass »Staat« etwas mit Kontrolle und Koordination sozialer Handlungen der Mitglieder einer bestimmten Gesellschaft sowie deren Bedingungen und Mittel des Handelns zu tun hat, dann kann man sie doch als hilfreich betrachten: »The ›state‹ is a specialization and concentration of order maintenance« (GELLNER 1983:4).

In diffusen Verwendungsweisen meint »Staat« häufig sowohl den Verwaltungsapparat einer Regierung oder »der Macht«, als auch das gesamte soziale System, auf das sich Regierung und »Macht« richten. Bei dieser Verwendungsweise entfallen aber meist die Unterscheidungen zwischen »Staat«, »Gesellschaft« und »Kultur«. Im Sinne einer ersten Präzisierung kann man davon ausgehen, dass unter »Staat« die Institutionen der administrativen Organe, der Regierung einer bestimmten Gesellschaft zu verstehen ist. Deren besondere Aufgabe besteht in der Aufrechterhaltung oder Schaffung der

---

8   Vgl. dazu ausführlicher MORIN (1984:134f.).

Ordnung: »The state exists where specialized order-enforcing agencies, such as police forces and courts, have separated out from the rest of social life« (GELLNER 1983:4). Zur Ordnung gehört gemäß dieser Definition somit auch die Aufrechterhaltung des Rechts, wozu Überwachungsorgane erforderlich sind und dessen Geltungsanspruch auf ein klar definiertes Territorium beschränkt bleibt: »All states maintain territorial surveillance activities« (GIDDENS 1981b:218).

Zur Aufrechterhaltung der Ordnung ist dem Staat, d. h. den ihn konstituierenden politischen Kontrollorganen oder der Regierung das Monopol der Gewaltanwendung und der Mittel der Befriedung nach innen eigen. Armee, Polizei usw. sind der staatlichen Kontrolle im Sinne einer politischen Institution unterstellt. Damit sei darauf hingewiesen, dass »Staat« auch die Institutionen der politischen Machtausübung – oder genauer: dass er die institutionalisierte Organisation der politischen Machtausübung umfasst: »The state is best seen as a set of collectivities concerned with the institutionalised organisation of political power« (GIDDENS 1981b:220).

Unter »Nation« ist demgegenüber ein soziales Kollektiv zu verstehen, das innerhalb eines bestimmten Territoriums lebt. Im Vergleich zum »Staat« handelt es sich somit um ein Kollektiv, das primär über das Territorium und die Bevölkerung definiert wird, und nicht über die institutionalisierte Organisation. Ein wichtiger Unterschied besteht auch in der Art der Begrenzung und der Bedeutung der Grenze. Denn es gibt Bevölkerungen bzw. Kollektive, die sich selbst als Nation verstehen, deren Territorium sich aber nicht mit jenem eines Staates deckt, dieses in Größe und Ausdehnung sowohl über- oder unterschreiten kann, ohne dass dies durch gleichartige Grenzen gekennzeichnet wird. Die Frage ist nun zunächst, worin bzw. in Bezug auf was sich ein »nationales« Kollektiv konstituiert oder konstituieren lässt.

Zahlreiche Definitionen von »Nation« zeichnen sich dadurch aus, dass man bestrebt ist, ein einheitliches Kriterium der Begrenzbarkeit aller Nationen liefern zu können. Am häufigsten wird dabei auf die Sprache Bezug genommen. Alle Nationen müssten sich demgemäß allein und ausschließlich auf Grund der gemeinsamen Sprache konstituieren (oder ausschließlich in Bezug auf ein anderes einzelnes Kriterium) und für jede einzelne Sprache dürfte es dann in letzter Konsequenz jeweils auch nur eine Nation geben. Doch dem ist offensichtlich nicht so.

Um in der weiteren Erörterung möglichst Missverständnisse zu vermeiden, scheint es nun zunächst sinnvoll zu sein, auf eine allgemeinere Unterscheidung zurückzugreifen.[9] Sie bezieht sich auf die Differenzierung zwischen »ethnischer« und »politischer« Nation.

Als »ethnische Nationen«, so kann man vereinfacht sagen, sind jene »Gemeinschaften« zu bezeichnen, deren »Mitglieder« sich auf eine bestimmte völkische[10] Gemein-

9 Vgl. dazu MELLOR (1989).
10 »Völkisch« wird hier als Übersetzung von »ethnisch« verwendet, damit der historische Kontext ethnischer Forderungen nicht verloren geht. Zur Bedeutung und philosophischen Verwobenheit des völkischen Diskurses auf akademischer Ebene im Vorfeld des Faschismus vgl. BOURDIEU

samkeit wie Folklore, ein spezifisches Ereignis, eine gemeinsame historische Geschichte (die nicht selten als schicksalshaft dargestellt und empfunden wird) usw., möglicherweise unter der »Schirmherrschaft« einer historischen oder zeitgenössischen Integrationsfigur, berufen, ohne dabei auch über einen Apparat der politischen Organisation zu verfügen. Die »nationale Ikonographie«[11] der ethnischen Nation wird dabei in aller Regel über die Tradition begründet und ist in den seltensten Fällen institutionell gestützt.

Eine »politische Nation« verfügt hingegen nicht nur über einen Apparat der politischen Organisation, sondern auch über einen souveränen Staat bzw. ein Staatsgebilde und wird durch andere souveräne Staaten politisch anerkannt.[12] Die weiteren Probleme der Definition beziehen sich dann schließlich darauf, um welche Eigenschaften und Gemeinsamkeiten herum sich eine politische Nation bilden konnte.

Wie bereits angedeutet, ist man bei zahlreichen Definitionen darum bemüht, ein einzelnes, allgemein verbindliches Kriterium der Konstitution einer politischen Nation zu formulieren. Neben einer gemeinsamen Sprache wird häufig die gemeinsame Tradition, eine historische Figur, ein besonderes biologisches Merkmal oder eine spezifische Lebensform bemüht. Die Bezugnahme auf ein gemeinsames Merkmal soll dann erklären, weshalb eine in dieser Hinsicht weitgehend homogene Bevölkerung auf einem gemeinsamen und klar begrenzten Territorium lebt oder leben soll. Das Bestehen oder die Entwicklung einer nationalen Identität wäre dann als Ausdruck der Gemeinsamkeit eines dieser Merkmale oder des sich selbst Wiedererkennens in einem dieser Merkmale zu begreifen.

Einer einzigen einheitlichen Sprache wird dabei deshalb eine besonders wichtige Rolle zugeschrieben, weil man davon ausgeht, dass sie mit kulturellen Werten, Erfahrungen, Gefühlen usw. auf besonders intensive Weise verwoben ist. Als Gegenbeispiel wird meistens die Schweiz angefügt, die zwar eine Nation bilde, aber trotzdem eine Mehrzahl von Sprachen kenne. Man könnte aber auch Italien anführen, wo insgesamt acht Sprachen offiziell anerkannt sind[13] oder Indonesien, wo neben dem – auf dem Malaiischen aufbauenden – Bahasa Indonesia als »lingua franca« noch mindestens 25 andere Sprachgemeinschaften bestehen.[14] Freilich besteht innerhalb einer politischen Nation die Notwendigkeit, sich auf eine oder nur wenige Amtssprachen festzulegen. Doch es scheint so zu sein, dass weder die Forderung »eine Nation, eine Sprache« noch

---

»Die politische Ontologie Martin Heideggers«. Die völkische Ideologie wird von BOURDIEU (1988b:16) charakterisiert als »Sprach- und Blutsgemeinschaft«. In der geodeterministischen Fassung werden daraus »Sprach-, Bluts- und Raumgemeinschaft«, in der faschistischen Version »Sprach-, Blut- und Bodengemeinschaft« und im aktuellen ethnischen Diskurs, wie der Krieg auf dem Balkan zeigt, eine »Sprach- und Blut- und Territorialgemeinschaft«.

11 Darunter versteht MELLOR (1989) den integrierenden Symbolismus, der von den Mitgliedern einer nationalen Kollektivität in Anschlag gebracht wird.

12 Vgl. dazu MELLOR (1989:3ff.).

13 Vgl. dazu BRAITENBERG (1993:46).

14 Vgl. dazu PABOTTINGI (1990:9ff.).

ein einzelnes anderes Kriterium auf empirisch sinnvolle Weise allgemeine Gültigkeit beanspruchen kann. Zur Gründung politischer Nationen können höchst verschiedene Merkmale relevant werden. Denn entscheidend scheint jeweils der politische Wille zu sein, der – wie bei der Schweiz – zur politischen Willensnation bzw. zur voluntaristischen politischen Nation führt. Neben voluntaristischen bestehen natürlich auch auf Grund der Machtverhältnisse erzwungene politische Nationen.

Im Sinne einer Zwischenbilanz kann man sagen, dass sich eine Nation, sei es eine politische oder eine ethnische, dadurch auszeichnet, dass sie zumindest in gewissen Bereichen eine gemeinsame Kultur teilt, vergangenheitsorientiert über eine gemeinsame historische Erzählung und zukunftsorientiert über gemeinsame Projekte verfügt.[15] Darüber hinaus wird in diesem Kollektiv der Anspruch erhoben, über sich selbst bestimmen zu können.

Auf der anderen Seite kann offensichtlich eine Nation auch nicht bloß über rein objektive Kriterien bestimmt werden. Zusätzlich sind auch, wie bereits angedeutet, die Einstellungen einzelner Akteuren und Akteurinnen zu berücksichtigen. BENEDICT ANDERSON (1983:15) trägt dem wie folgt Rechnung:

>»Nation is an imagined political community – and imgined as both inherently limited and sovereign. It is imagined because the members of even the smallest nation will never know most of their fellow-members, meet them, or even hear of them, yet in the minds of each lives the image of their communion«.

Dies sollte aber nicht so verstanden werden, dass »Nation« bloß als ein Phantom, als ein Hirngespinst existiert. ANDERSON betont damit vielmehr die Komponente der sinnhaften Konstruktion der Nation, die in diesem Sinne ebenso handlungsrelevant ist wie andere soziale Gegebenheiten. So wie ich nicht alle Richter oder gar keinen zu kennen brauche, um zu wissen, dass es ein Gesetz und eine (meist) wirksame Überwachung von dessen Einhaltung gibt, brauche ich auch nicht alle Mitglieder einer Nation zu kennen, um trotzdem davon auszugehen, dass es eine (politische) Nation mit nationalstaatlichen Einrichtungen gibt. Die Frage ist nur, wie solche Konstruktionen wirksam sind. Bevor ich darauf eingehe, ist aber zunächst genauer zwischen Nationalstaat und Nationalismus zu unterscheiden.

Nationalstaat und Nationalismus

Als die zentralen Merkmale eines Nationalstaates auf der allgemeinsten Ebene kann man »Kollektiv«, »Territorium«, »Unterwerfung unter eine einheitliche Administration des Staatsapparates«, »gemeinsame Kultur, Vergangenheit und (erwartete) Zukunft« sowie »Selbstbestimmungsrecht« betrachten. Dabei ist der Apparat der staatlichen Admi-

---

15   Vgl. dazu GUIBERNAU (1990:1).

nistration darauf ausgerichtet, je gewisse Handlungen der Mitglieder dieses Kollektivs innerhalb des Staatsterritoriums zu koordinieren und zu kontrollieren. Derart werden staatliche Administration, Kollektiv und Territorium aneinander »gebunden« und darin äußert sich auch das Territorialprinzip des Nationalstaates.

Zur Sicherung und Verteidigung der Kontrolle behalten sich die national-staatlichen Einrichtungen das Monopol der Verfügungsmacht der Mittel der Gewaltanwendung oder -androhung vor (Polizei, Armee). Die politische Nation kann, unter Einbezug des administrativen Staatsapparates und dessen sozialer Definition des nationalen Territoriums, auch als raum-zeitliche Matrix der Orientierung, Kontrolle und Regulierung staatlich relevanter Handlungen betrachtet werden. Dies sind schließlich alles Merkmale, die der substaatlichen Einheit »Region« (und ethnischen Nationen) in der Regel fehlen.

Wie »Regionalismus« ist auch »Nationalismus« auf der Bewusstseinsebene anzusiedeln, ohne dass dessen Konsequenzen auf diese Ebene beschränkt bleiben. Darauf hat bereits VILFREDO PARETO (1917:555) indirekt hingewiesen. Was mit dem Begriff »Vaterland« bezeichnet wird, ist für ihn nichts anderes als jene national-territoriale Einheit, innerhalb deren man geboren wurde und die Kindheit verbracht hat. Bei den Handelnden wird diese dann zum gefühlsgeladenen Symbol für soziale Beziehungen, die in diesem Gebiet für sie bestehen oder bestanden haben. Die Territorialbezeichnungen gewinnen einen Orientierungsgehalt für alle Handlungen, die sich auf jenen Kontext beziehen, wie die kriegerische Verteidigung des »Vaterlandes«. Die nationale Territorialbezeichnung wird somit zum gefühlsgeladenen Kürzel. Anders ausgedrückt: »›Nationalism‹ is primarily psychological – the affiliation of individuals to a set of symbols and beliefs emphasizing communality among the members of a political order« (GIDDENS 1985:116).

PARETOS Darstellung bleibt in mehrerer Hinsicht zu undifferenziert, macht aber bereits auf mögliche Gründe für die emotionale Geladenheit nationaler Territorialnamen aufmerksam. ERNEST GELLNER (1983) weist in seiner Auseinandersetzung mit dem »Nationalismus« auf die politische Komponente hin.[16] Für ihn ist »Nationalismus« primär ein politisches Prinzip, das aber auch eine emotionale Seite aufweist, die schließlich für nationalistische Bewegungen in besonderem Maße motivierend ist:

>»Nationalism is primarily a political principle, which holds that the political and the national unit should be congruent. Nationalism as a *sentiment*, or as a movement, can best be defined in terms of this principle. Nationalist sentiment is a feeling of anger aroused by the violation of the principle, or the feeling of satisfaction aroused by its fulfilment. A nationalist *movement* is one actuated by a sentiment of this kind« (GELLNER 1983:1).

16   Vgl. dazu auch DUNN (1979:55-79).

JOHANN PALL ARNASON (1990:212) weist zudem darauf hin, dass das nationalistische Prinzip eine besondere Interpretation politischer Macht voraussetzt und gleichzeitig auch deren Ort im gesellschaftlichen Leben festlegt.

Gemäß GELLNER soll die Befolgung des nationalistischen Prinzips dafür sorgen, dass die (Staats-)Politik im Sinne der Interessen der (dominierenden) Nation durchgeführt wird. Oder wie es PETER J. TAYLOR (1989:183f.) ausdrückt: »States should be formed around nations as determined by the people«. Nationalistische Gefühle werden durch Erfüllung oder Verletzung dieses Prinzips genährt. Bei dessen Erfüllung, so kann man sagen, wirken sie darauf hin, dass man sich mit den existierenden Machtstrukturen identifiziert. Bei dessen Verletzung schließlich wirken die Gefühle eher dahin, dass eine Ablehnung der existierenden Machtstrukturen zustande kommt. Unter diesen Voraussetzungen bilden dann nationalistische Gefühle die Basis für die Entstehung nationalistischer Bewegungen. Dabei wirken offensichtlich die Gefühle der Deprivation, die aus dieser Verletzung resultieren, wesentlich stärker aktivierend als andere emotionale Lagen.

Wichtig ist nun, vor allem auch im Hinblick auf die Entstehung des separatistischen Regionalismus und des ethnischen Nationalismus, dass national-staatliche Institutionen darauf hinwirken, den staatlichen Nationalismus zu fördern, indem sie bestimmte kulturelle Standards – über die Bildungs- und Informationseinrichtungen – in aller Regel gegen die regionalen Traditionen und ethnischen Minderheiten durchzusetzen versuchen. Dadurch wird eine Homogenisierung der Bevölkerung in kultureller Hinsicht angestrebt, die den Boden für das nationale Zugehörigkeitsgefühl erst vorbereiten kann.

Das Teilen gemeinsamer kultureller Elemente,[17] gemeinsamen Rechts, sozialer Einrichtungen, des nationalen Territoriums und häufig auch einer gemeinsamen Sprache, lässt den National-Staat schließlich als eine Einheit erscheinen, der nicht selten Attribute eines Individuums zugeordnet werden: »Deutschland ist stark«, »Frankreich ist schön«, »Litauen ist …« usw. Dies bildet dann offensichtlich auch die Grundlage dafür, dass Regierende sich »nationalistische Gründe« zu eigen machen können: »Es ist das Beste für Deutschland …«; »die Schweiz muss ihre Eigenständigkeit bewahren« usw. Letztlich handelt es sich aber auch hier um nichts anderes als um Reifikationen und Hypostasierungen räumlich/territorial begründeter »sozial-materieller Ganzheiten« bzw. insularer »Supra-Wesen«. Die reifizierte Räumlichkeit entspricht dann einer Art Körperlichkeit. Oder anders formuliert: Es wird damit ein ontologischer Holismus zelebriert, dem nicht nur sozial-kulturelle Kategorien zugrunde liegen, sondern auch räumliche.

Genau so, wie regionale Kategorien zu sozialen Typisierungen verwendet werden können, besteht eine andere Form des Nationalismus auch in sozialen Typisierungen. Und beide weisen ähnliche Implikationen auf. Diese Typisierungen in Form von »die Serben sind …«, »die Kroaten sind …«, »die Italiener sind …« sind fester Bestandteil

---

17 Vgl. GELLNER (1983:11ff.).

alltäglicher Kommunikation. Wie die regionalistischen Typisierungen implizieren sie auch eine Homogenisierung der angesprochenen Personen. Soziale wie individuelle Merkmale entfallen und jede Person wird bloß noch als Bestandteil eines national-staatlichen Kollektivs angesprochen. Territoriale Kategorien werden in nationalistischer Aufladung zur Grundlage (allzu) grober sozial-weltlicher Unterscheidungen, die dann den Individuen wie persönliche Eigenschaften zugewiesen werden. So wie diese Typisierungen nach innen dem Zugehörigkeitsgefühl förderlich sein sollen, werden sie von außen zur Untermauerung und Markierung der Differenz im positiven oder negativen Sinne verwendet.

Regionalismus, Nationalismus und Identität

So gesehen, kann man sagen, dass es ohne regionales Zugehörigkeitsgefühl keinen Regionalismus gibt und ohne Nationen keinen Nationalismus. Dass es Regionen ohne Regionalismus geben kann, liegt auf der Hand. Ob es ohne Zelebrierung des Nationalismus auch keine Nationen geben würde, scheint jedoch weniger klar zu sein. Trotzdem ist beobachtbar, dass die Regierenden von (zentralistischen) National-Staaten, im Allgemeinen wenn immer möglich, den Nationalismus fördern. Dabei bezieht man sich auf einzelne Elemente der gemeinsamen Kultur, auf bestimmte Traditionen bzw. auf die national-staatliche Ikonographie oder genauer: auf Symbole, die diese gemeinsame Kultur, Geschichte oder gemeinsame Traditionen (oder das, was man dafür hält) repräsentieren. Das generalisierteste Symbol stellt dann wohl die Flagge einer Nation dar, die mit jener eines National-Staates identisch sein kann.

Gemäß der bisherigen Unterscheidungen kann man davon ausgehen, dass beispielsweise Katalonien eine ethnische Nation bildet, die Teil der politischen Nation »Spanien« bildet. Die spanische Flagge repräsentiert den Nationalstaat, die katalonische jedoch das katalonischen »Volk«. Wie das Beispiel Kroatien zeigt, kann es natürlich auch möglich sein, dass die ethnische Flagge als Teil der völkischen Ikonographie zur Flagge des National-Staates wird. Die Flagge war aber bereits zuvor das Symbol des Zusammengehörigkeitsgefühls – mindestens für einen Teil der Bevölkerung des entsprechenden Territoriums – und wirkte offensichtlich auch im Hinblick auf die Staatsgründung identitätsstiftend.

Im allgemeineren Zusammenhang kann darauf hingewiesen werden, dass sowohl regionale wie nationale Identitäten über die symbolische Aufladung von Orten (z. B. das Rütli für die Schweiz) und bestimmten materiellen Artefakten – wie Statuen von Heroen oder die Münzen der nationalstaatlichen Währung – stabilisiert und reproduziert werden. Bereits MAURICE HALBWACHS (1967) hat darauf aufmerksam gemacht, dass die Reproduktion des »kollektiven Gedächtnisses« auf solche »Stützen« angewiesen ist.[18] Wichtig ist aber auch in diesem Zusammenhang, darauf aufmerksam

---

18 Vgl. dazu ausführlicher HALBWACHS (1967:127-162).

zu machen, dass mit solchen Symbolen das Gefühl der kollektiven Zugehörigkeit und die »Fiktion« des territorial mitkonstituierten sozial-weltlichen Holismus gestützt und gefördert werden, unabhängig davon, ob so etwas wie ein kollektives Gedächtnis überhaupt existieren kann oder nicht.

Welche Gemeinsamkeiten sind nun zwischen Regionalismus und Nationalismus auszumachen? Auffallend ist zunächst einmal, dass sowohl Nationalismus wie Regionalismus historisch betrachtet immer in Phasen radikaler sozial-kultureller Umbrüche Hochkonjunktur haben. Der europäische Nationalismus des 19. Jahrhunderts fällt zusammen mit radikalen sozialen Veränderungen, die meistens mit »Industrialisierung« und »Urbanisierung« zusammenfallen.[19] Die aktuellen Regionalismen und (ethnischen) Nationalismen betreffen vor allem jene Gesellschaften, die während eines halben oder beinahe ganzen Jahrhunderts von kommunistischen Staatsvorstellungen kontrolliert wurden und nun mit einem anderen »Modernisierungsschub« konfrontiert sind. Da Regionalismus und Nationalismus mit dem ehemals real existierenden Sozialismus nicht nur den (ontologischen) Holismus als Konzeption der sozialen Welt teilen, sondern auch eine starke Neigung zum (versteckten) Materialismus, kann man zudem davon ausgehen, dass dieser »Abtausch« auch noch aus anderen Quellen gespeist wird.

Regionalistische und nationalistische Tendenzen scheinen jedenfalls vor allem dann verstärkt beobachtbar zu sein, wenn vertraute Verhältnisse sich auflösen und verlässliche Neuorientierungen schwer auszumachen sind. Dies, so kann man hypothetisch behaupten, hat damit zu tun, dass sowohl Regionalismus wie auch Nationalismus eine identitätsstiftende Komponente aufweisen. In Situationen der Ungewissheit wächst das Bedürfnis nach Identität, wie ANTHONY GIDDENS (1991a) festhält oder nach komplexitäts-reduzierenden Leitbildern. Und dies können sich sowohl nationalistische als auch regionalistische Diskurse für die beabsichtigten Zielvorstellungen zunutze machen. Die Ungewissheit wächst natürlich gleichzeitig mit der sozialen Differenzierung, der Auflösung von traditionellen Handlungsmustern, der Einbettung alltäglicher Lebenskontexte in globale Prozesse usw. Je unübersichtlicher die Lebensumstände einzelner Personen erscheinen mögen, desto stärker wird wohl ihre Tendenz zum Aufsuchen identitäts- und sicherheitsvermittelnder Konstruktionen.

So gesehen, ist das gemeinsame Auftreten von zunehmender Globalisierung einerseits und verstärkter Identifizierung mit regionalistischen oder nationalistischen Diskursen andererseits kein Widerspruch. Vielmehr sind sie als sich gegenseitig bedingender »Gleichschritt« zu begreifen: Globalisierung von Informations-, Güter- usw.

---

19 Wie KURZ (1991) darauf hinweist, sollte man klar »zwischen den Nationalismen des 19. Jahrhunderts und jenen der Gegenwart unterscheiden. Richtete sich der Nationalismus des 19. Jahrhunderts gegen die feudalistischen Strukturen, so ist der aktuelle Nationalismus« bzw. Regionalismus in Europa eigentlich nichts anderes als ethnischer Schein-Nationalimus. Darauf wird noch ausführlicher einzugehen sein. Im Rahmen einer ersten Annäherung soll die Gleichsetzung von »Nationalismus« und »Regionalismus« hier vorerst erlaubt sein.

Austausch, die zum Empfinden von »Unübersichtlichkeit«[20] führen kann, ist in dem Sinne als intern mit Regionalismus und Nationalismus verknüpft begreifbar, insofern als Letzterer in vielfältiger Hinsicht mit Kompensationshoffnungen für die erlittenen Einbußen des Ersteren verbunden wird:

> »Globalisierung sollte als ein dialektisches Phänomen angesehen werden. Das Wiederaufflammen des lokalen (bzw. ethnischen) Nationalismus ist kausal mit Globalisierungsprozessen – in ökonomischer, politischer und kultureller Hinsicht – verknüpft. Die Ausdehnung globaler Interdependenz führt zu einem ihr entgegengesetzten Effekt – die Akzentuierung lokaler Identitäten« (GIDDENS 1992a:30).

Hier wird nun wiederum die Unterscheidung zwischen politischer und ethnischer Nation sowie den entsprechenden Nationalismen wichtig. Die moderne politische Nation bzw. der Nationalismus, der sich im 19. Jahrhundert auf die Gründung der Nationalstaaten richtete, hat nach ARNASON (1990:215) ihren bzw. seinen Ursprung in der Französischen Revolution. Dieser Nationalismus forderte die Aufhebung der feudalistischen Gesellschaftsordnung. »Politischer Nationalismus« meint in diesem Sinne somit auch, dass er eine Veränderung der Gesellschaftsordnung beabsichtigt, und zwar auch eine, die sich auch gegen die völkische Argumentation richtet. Der staatliche Nationalismus ist schließlich (in aller Regel) auf die Bestandserhaltung der aktuellen Grenzen gerichtet, und zwar nicht zuletzt über die Erhaltung der entsprechenden (Zugehörigkeits-)Gefühle.

Der völkische Nationalismus, der zurzeit in Europa eine immer bedeutendere politische Größe bildet, und in diesem Sinne natürlich auch politisch ist, richtet sich demgegenüber in aller Regel gegen die bestehenden Nationalstaaten. Er ist nicht auf Bestandserhaltung, sondern auf Umgestaltung ausgerichtet, und zwar – das ist der problematische Kern – ohne eine Perspektive für eine wirklich neue Gesellschaftsordnung zu bieten. Dieser völkische »Schein-Nationalismus«, wie sich ROBERT KURZ (1993) ausdrückt, hat denn auch meist wenig mehr zu bieten, als die egoistisch motivierte Trennung von strukturschwachen Regionen oder das »Vom-Leibe-Halten« unliebsamer Nachbarn. Und es scheint so zu sein, dass je schwächer die politischen Argumente sind, umso stärker die territoriale Argumentation und die historische Erzählung werden. Und beide, so kann man hypothetisch behaupten, sind deshalb so erfolgreich, weil sie eine identitätsstiftende Komponente aufweisen.

Die identitätsstiftende – und somit für viele auch verlockende – Komponente regionalistischer und (völkisch-)nationalistischer Argumentation, so könnte man vermuten, liegt darin begründet, dass in ihr soziale Unterschiede weitgehend verschwinden und andererseits eine Zugehörigkeit suggeriert wird. Beide zusammen weisen im Rahmen spät-moderner Lebensbedingungen – mit einem hohen Maß an Entfremdung und sozialer Isolation – eine besonders hohe Attraktivität auf. Bei der Konst-

---

20 Vgl. dazu HABERMAS (1985:145ff.).

ruktion des Korpus der Identifikation spielen räumliche bzw. territoriale Kategorien eine zentrale Rolle.

Regionale wie völkisch-nationale Gesellschaften können als »imagined communities« im Sinne von ANDERSON (1983) begriffen werden, innerhalb deren soziale und ökonomische Unterschiede im Diskurs ausgeblendet werden. Und diese sozial-ökonomische »Einebnung« hat wohl auch damit zu tun, dass nicht sozial-ökonomische Kategorien zur Charakterisierung von Regionen und Territorien verwendet werden, sondern eben gerade umgekehrt: Räumliche bzw. territoriale Kategorien werden zur sozial-ökonomischen Typisierung einer Bevölkerung verwendet.

Diese Raum-Gesellschafts-Kombination – gepaart mit einigen gemeinsamen kulturellen Merkmalen (Sprache, Bräuche, Sitten usw.) – lässt dann ein so genanntes »Volk« wie eine Persönlichkeit mit einem klar begrenzbaren Korpus (Territorium, Region) erscheinen. Diesem werden bestimmte »Charaktereigenschaften« und andere »persönliche« Merkmale zugeschrieben. Die Vorstellung impliziert schließlich, dass die Angesprochenen für sich begründet davon ausgehen, dass sie alle in gleichem Maße Bestandteil dieses »sozialräumlichen Korpus« sein könnten. Diese Vorstellung ist im engsten Maße damit verbunden, dass räumliche Kategorisierungen des Gesellschaftlichen zur unangemessenen Homogenisierung der sozialen Welt führen. Sowohl regionalistische wie nationalistische Diskurse scheinen sich dieser Homogenisierung erfolgreich zu bedienen.

Problematisch ist dies natürlich vor allem deshalb, weil damit sozial-kulturelle Verhältnisse nur höchst verzerrt wiedergegeben werden und einem unhaltbaren ontologischen Holismus[21] gehuldigt wird: Die räumlich definierte und formierte soziale Einheit wird für ein an sich existierendes quasi-gesellschaftliches Ganzes gehalten, in dessen Namen man reden kann, als ob man für sich selbst sprechen würde und in dessen Namen man sogar politische Ambitionen legitimieren kann. Und da sich eine Vielzahl von Personen gleichzeitig mit diesem Ganzen auf emotionale Weise identifiziert, kommt es in TALCOTT PARSONS' Sinne[22] zu einer höchst komplexen Interpenetration, also der gegenseitigen Durchdringung von politischem Diskurs und der holistischen Fiktion der ethnischen Entität, der vorgestellten Gemeinschaft der völkischen Nation.

21 Vgl. dazu ausführlicher WERLEN (1989a:30-39).
22 Vgl. dazu MÜNCH (1982:39ff.); »Interpenetration« meint den Vorgang, in dem das Gegensätzliche zur Einheit wird und dadurch die Schwellen von Unverträglichkeiten höher hinausschiebt als zuvor. Aus der Interpenetration resultiert eine qualitativ neue Selbstentfaltung der einzelnen Bestandteile – mittels einer hervorgebrachten Handlung bzw. mittels eines politischen Diskurses.

Identität und regionalistisch-nationalistische Diskurse

Im kommunikativen Kontext können »Region« und »Nation« als Raumabstraktionen betrachtet werden.[23] Diese Raumabstraktionen weisen in sozialer Hinsicht jene Eigenschaften auf, die ich zuvor zu beschreiben versucht habe. Sie implizieren jeweils Verkürzungen der sozialen Zusammenhänge und Bedeutungen. Wie alle sprachlichen Kürzel können auch die räumlichen durchaus positive Funktionen haben. Problematisch werden sie jedoch dann, wenn sie dazu dienen, die eigentlichen Verhältnisse zu verschleiern oder wenn sie symbolisch so stark aufgeladen sind, dass sie eine nur schwer kontrollierbare Eigendynamik entwickeln, wie das neben den bereits genannten Ausdrücken auch bei »Heimat« oder »Vaterland« der Fall ist. Sie implizieren neben den emotional-ideologischen Aufladungen zudem eine scharfe Differenzbildung im Sinne von »Heimat«/»Fremde« und »Vaterland«/»Ausland«. Bei dieser Differenzbildung wird wohl »am deutlichsten, wie problematisch die unkontrollierbare Aufladbarkeit physisch-erdoberflächlicher (…) Raumbegriffe sein kann« (KLÜTER 1986:133).

Die sinnhaft aufgeladene Raumabstraktion wird zum verzerrenden aber trotzdem anerkannten Stellvertreter sozialer, kultureller, ökonomischer und politischer Verhältnisse. In ihrer reifizierten Form wird die Kurzformel zum »selbstständigen Akteur«. Dieser Akteur weist nicht nur die Merkmale holistischer Konstruktionen auf. Er ist vielmehr auch noch ein geheimnisvoll magisches Gemisch aus materialisiertem, vergegenständlichtem Raum und einem an sich handelnden Kollektiv: Das Volk und sein Territorium bekommen Rechte, Gefühle, Ambitionen usw. zugeordnet.

In regionalistischen bzw. nationalistischen und völkischen Diskursen wird nun das identitätstiftende Moment im Verhältnis zwischen dem im Namen einer Region oder Nation sprechenden Subjekt und den anderen Mitgliedern einer sozialen Einheit vertieft. Dies wird nicht zuletzt durch die implizite Differenzbildung dieser Begriffe ermöglicht. Regionalistische Argumentationsmuster weisen zudem ähnliche Züge auf, wie das von PIERRE BOURDIEU thematisierte »Mysterium des Ministeriums«.

Dieses »Mysterium«, das auf dem »Geheimnis des Transsubstantiationsprozesses, worin der Wortführer die Gruppe wird, für die er spricht« (BOURDIEU 1985:37), beruht, kann nach BOURDIEU nur aufgebrochen werden »durch eine historische Analyse der Entstehung und Funktionsweise der Repräsentation, kraft deren der Repräsentant die Gruppe darzustellt, die ihn erstellt« (BOURDIEU 1985:37f.). Oder in anderen Worten ausgedrückt: Wir müssen analysieren, wie jemand sich das Recht erwerben kann, im Namen der Gruppe zu sprechen und zudem müssen wir abklären, welche sozialen Konsequenzen die Tatsache in sich birgt, wenn jemand im Namen der Gruppe, eines Kollektivs, bspw. einer regionalistischen Bewegung, spricht und handelt.

Entscheidend scheint zu sein, dass der Wortführer für das Kollektiv steht, dieses repräsentiert und das Kollektiv »nur dank dieser Bevollmächtigung Dasein hat. (…) Die Gruppe wird durch den erstellt, der in ihrem Namen spricht« (BOURDIEU 1985:38).

---

23 Vgl. dazu ausführlicher KLÜTER (1986).

Die Vorstellung der Gruppe als Einheit überlebt nicht zuletzt auf Grund der Personi-
fikation des Repräsentanten als die (imaginierte) Gruppe selbst. Mittels dieser Form
von fiktiver Repräsentation scheint die imaginierte Gruppe fähig und in der Lage zu
sein, wie »ein Mann« zu sprechen und zu handeln. Auf dieser Grundlage wird jedes
einzelne Mitglied »dem Zustand von isolierten Individuen (entrissen). (...) Dafür ist
ihm das Recht übertragen, sich für die Gruppe zu halten, so zu sprechen und zu handeln, als sei er die menschgewordene Gruppe« (BOURDIEU 1985:38). Die sprechende
Person wird dabei Subjekt und Gruppe zugleich.

Das Geheimnis hat somit darin seinen Ursprung, dass sich ein Subjekt, eine Person
im Rahmen einer sozialen Konstruktion in etwas verwandelt, was er oder sie gar nicht
sein kann. Ein Einzelner wird als Repräsentant zu dem, was er repräsentiert, weil er
dadurch von denen, die er vertritt, damit identifiziert wird. Und was er repräsentiert,
erlangt seine Existenz als Einheit nur durch den Akt der Repräsentation. »Seinen Hö-
hepunkt hat das ›Mysterium‹ dann erreicht, wenn die Gruppe nur durch den Akt der
Delegation an eine Person existieren kann, diese ihr Dasein verleiht, indem sie für sie
spricht: für sie und an ihrer Stelle« (BOURDIEU 1985:38). Damit schließt sich der magische Zirkel: Die Gruppe besteht als Einheit durch den,

> »der in ihrem Namen spricht und darin zugleich als Fundament der Macht er-
> scheint, die er über jene ausübt, auf welche diese Macht doch tatsächlich zurück-
> geht. In dieser zirkulären Beziehung wurzelt die charismatische Illusion, die be-
> wirkt, daß am Ende der Wortführer als *causa sui* erscheint: in den Augen der ande-
> ren wie in den eigenen« (BOURDIEU 1985:38).

Und in diesem Transsubstantiationsprozess von Repräsentant und Repräsentiertem
liegt letztlich wohl auch ein weiterer Grund für die Fetischisierung der sozialen Welt
anhand von Kollektiven als handlungsfähige Subjekte. Die dem Repräsentanten zu-
geordneten Eigenschaften erscheinen im Charisma gleichzeitig als objektive Fähigkeit
der repräsentierenden Person, als »namenloses Geheimnis«.

BOURDIEUS Argumentation trägt offensichtlich dazu bei, den Prozess der Identitätsstiftung im Rahmen sozialer bzw. regionalistischer oder nationalistischer Bewegungen
hypothetisch besser auszuleuchten. In Bezug auf regionale Bewegungen bleibt aber
nun noch genauer abzuklären, auf welche Argumente sich die regionalistischen Führer beziehen und in welcher Form regionalistische oder ethnische Argumentationen
identitätsstiftend wirken können.

Die Besonderheiten regionalistischer oder völkisch-nationalistischer Transsubstan-
tiationsprozesse scheinen darin zu bestehen, dass sich die Identifizierenden vom entsprechenden Diskurs angesprochen fühlen können, ohne dass sie abzuklären brauchen,
welches tatsächlich die Konsequenzen derartiger Argumentationen für die eigenen
Lebensvorstellungen oder -umstände sind. Denn gesprochen wird über die Probleme
der Region oder des »Volkes«. Demgemäß werden die sozialen Differenzierungen
weggewischt oder ausgeblendet. Oder wie sich ANDY C. PRATT ausdrückt: »By signi-

fying regions as subjects« (1991:262) »a problem is signified as one of the region (…). Likewise, discourses of classe are marginalized« (1991:264). Der politische Diskurs zugunsten einer Region kann demgemäß vortäuschen, er würde sich für alle in gleichem Maße engagieren. Die positiven und negativen Konsequenzen der politischen Veränderungen können sich aber in sozialer Hinsicht gar nicht homogen verteilen, weil nicht alle den gleichen Zugang zu ihnen haben bzw. nicht alle in gleichem Maße von ihnen betroffen sind. Die regionalistische Argumentation stellt nämlich keineswegs sicher, dass sich z. B. mit der Gewinnung regionaler Autonomie für all jene, die ihr zugestimmt haben, in sozial-ökonomischer Hinsicht tatsächlich auch etwas in positiver Hinsicht verändert. Es könnte ja sein, dass die Veränderungen nur für jene Personen positiv sein werden, die im Namen der Region gesprochen haben. Wenn dem so sein sollte, dann würde der einzige »Nutzen« des Zuspruchs zu einem regionalistischen Diskurs im besten Fall allein in der identitätsstiftenden Komponente liegen. Wie hilfreich aber die Identifizierung mit einer »imagined community« sein kann, ist eine andere Frage.

Schluss

Wenn wir davon ausgehen, dass spät-moderne Gesellschaften, wenn sie sich nicht in einem Kollaps auflösen wollen, selbstreflexiver, autonomer und selbstverantwortlicher AkteurInnen bedürfen, dann wird man darauf aufmerksam, dass Selbst-Identität und soziale Identität wohl wichtiger sind als die Intensivierung der raumbezognen Identitäten, vor allem in den völkisch-nationalen Spielformen. Wir können zumindest hypothetisch auch davon ausgehen, dass auf der persönlichen Seite die Entwicklung/ Beibehaltung von Selbst-Identität und sozialer Identität wichtige Voraussetzungen sind, um gegen demagogische regionalistische und/oder nationalistische Diskurse gefeit zu sein.

Die Bedingungen der Selbst-Identität und sozialen Identität sind in der Kopräsenz bzw. im lokalen Erfahrungskontext begründet. Der lebensweltliche Kommunikationskontext wird im Rahmen spät-moderner Gesellschaften aber in zunehmendem Maße von der Globalisierung erfasst. Die »Dialektik des Globalen und Lokalen« erfährt hier eine spezifische Ausprägung. Die Alltagswelt jeder einzelnen Person wird internationalisiert, seine unmittelbaren Erfahrungen bleiben auf Grund der Körperlichkeit für die meisten lokal oder regional begrenzt. Derart ist auch die Möglichkeit der unmittelbaren Verständigung, die sich ja in den meisten Fällen der kontextuellen Referenz bedient, im lokalen Bereich häufig mit einer höheren Gewissheit verbunden.

Ein wichtiges Problem spät-moderner Gesellschaften eröffnet sich auch in den Transformationsmodi oder Transformationskategorien, anhand derer »lokales Wissens«, lokal angeeignete Deutungsregeln auch im globalen Kommunikationskontext eine angemessene Verständigung ermöglichen. Wie können also die subjektiven Erfahrungen in ein intersubjektives Netz von Deutungsregeln eingebettet werden und wie

kann die Angemessenheit der Deutung eines/einer Kommunikationspartners/-part-
nerin überprüft werden, der/die mit dem Entstehungskontext nicht vertraut ist? Dass
dazu eine räumliche Kategorisierung des Gesellschaftlichen in völkischer Manier keine sinnvolle Variante darstellt, dürfte auf der Hand liegen. In Bezug auf die Identität
stellt sich vielmehr das Problem, dass die Bedingungen der Identität nur lokal oder
regional bestehen, das Handeln und Wirken der einzelnen Akteuren aber in globale
Zusammenhänge eingebettet ist.

Darin zeigt sich die vorherrschende Bedeutung lokal- oder regional-situativer Be-
dingungen für die Erlangung von sozialen Deutungsmustern, die auch in der Spät-
Moderne nichts von ihrer Relevanz verloren haben. Denn die Kopräsenz bleibt die
Basis für das Funktionieren anonymer Systemzusammenhänge.

»Die Vermittlung einer gesellschaftlichen Identität z. B. eines Kindes geschieht (immer) in einem lokalen Zusammenhang durch einzelne Menschen. Die universellen Formen der Identität laufen durch die Personen hindurch. In den Köpfen aller
an der Sozialisation beteiligten Personen sind die Kategorien und Wertmaßstäbe
der Gesellschaft enthalten, und sie werden über diese Personen (in Situationen der
Kopräsenz) weitergegeben« (HOLLING & KEMPIN 1989:146).

Demgemäß sollte auch die Schaffung der räumlich-regionalen Bedingungen zur Entwicklung und Aufrechterhaltung von Selbst-Identität und sozialer Identität – vor allem auch im urbanen Kontext – im Vordergrund stehen. Dies ist eine wichtige Voraussetzung zur Verhinderung der (blutigen) Rückkehr völkischer Diskurse und Gefühle
auf die politische Bühne, sowie der negativen Implikationen regionalistischer und
nationalistischer Argumentationsmuster. Auf der politischen Ebene selbst scheint die
Schaffung (con-)föderalistischer Entscheidungsstrukturen ein Weg zu sein, regionalistischen und völkischen Diskursen den Boden zu entziehen und einem Teil bewaffne-
ter Konflikte vorzugreifen.

Doch sowohl diese Folgerungen als auch der hier unternommene Versuch der begrifflichen Differenzierung aktueller sozialer bzw. sozialgeographischer Phänomene
und der Verknüpfung ihrer internen »Logik« bleiben letztlich hypothetischer Art. Betrachtet man die Verworrenheit der aktuellen politischen Diskussion und die Ratlosig-
keit der PolitikerInnen in der Konfrontation mit Regionalismen und Nationalismen
in ihren verschiedenen Spielformen, dann scheint eine differenzierte empirische Abklärung deren Auftretensgründe und Konsequenzen von dringender Notwendigkeit.
Denn nicht der Krieg soll die Fortführung der Politik mit anderen Mitteln als Lösung
plausibel erscheinen lassen. Vielmehr ist »das Machen einer Sozialgeographie gefordert,
die die Fortsetzung der Politik mit friedlichen Mitteln ermöglicht«, wie sich WOLF-
GANG HARTKE (1962:115), einer der Begründer der Sozialgeographie, ausdrückt.

»Regionalismus« in Wissenschaft und Alltag

Nach einem Jahrhundert Wissenschaftsgläubigkeit ist in den letzten Jahrzehnten die Lautstärke der Wissenschaftskritik angestiegen. Zu welchem Lager man sich auch immer zählen mag: Es bleibt zu beachten, dass »Wissenschaft« immer auch eine soziale Institution war, die mit der Alltagswirklichkeit vielfache Verknüpfungen aufweist. Diese Bedingung gilt prinzipiell für jede Form von Wissenschaft. Bei den Sozial- und Geisteswissenschaften erfährt dieses Verhältnis jedoch eine besondere Akzentuierung. Bleibt den Naturwissenschaftlern ihr Untersuchungsgegenstand immer etwas Äußerliches, kann man jeden Versuch, diese Bedingung auch für Sozial- und Geisteswissenschaften in Form experimentellen Forschens zu schaffen, als gescheitert betrachten. Der »Gegenstand« der Sozial- und Geisteswissenschaften ist vielmehr »etwas«, an dem die Forschenden selbst teilhaben und mit den Ergebnissen ihrer beruflichen Aktivitäten mitgestalten. Der Wandel der Alltagswelt insgesamt kann letztlich auch Konsequenzen für die Forschungsaktivitäten im Rahmen wissenschaftlicher Disziplinen haben.

Die gegenseitige Verwiesenheit von Geistes- bzw. Sozialwissenschaft und Alltag weist inhaltlich mannigfalte Spielformen auf. Einerseits beschäftigen sich deren verschiedene Disziplinen mit alltagsweltlichen Artefakten und Verhältnissen. Andererseits findet ein großer Teil wissenschaftlicher Ergebnisse Eingang in den Bestand des Alltagswissens. KARL RAIMUND POPPER (1973:46) beispielsweise sieht den wichtigsten Auftrag der Wissenschaft in der kritischen Aufklärung des Alltagsverstandes. Doch es gibt auch zahlreiche Beispiele, in denen im Namen wissenschaftlicher Disziplinen gegen die Aufklärung des Alltagsverstandes gearbeitet wurde und immer noch wird. Hier findet dann quasi eine Gegenaufklärung oder Verhinderung der Aufklärung statt im Kleide einer Institution, die einen Kernbereich der Aufklärung bildet.

Wissenschaft und Alltag

Mit besonders gewalttätigen Konsequenzen solcher Fälle ist die Weltöffentlichkeit in den vergangenen Jahren unter anderem in Form der dramatischen Ereignisse in Ruanda und auf dem Balkan konfrontiert worden. In Burundi und Ruanda bewohnten gemäß BRUNO HOLTZ (1973:24ff.) die lokalen Gesellschaften der Bahutu und Batutsi mit jeweils spezialisierten, sich aber ergänzenden Wirtschaften weitgehend friedlich dasselbe Territorium, ohne sich in rassenspezifischer Weise zu typisieren. Diese Form der Typisierung wurde erst auf der Basis morphologisch orientierter ethnologischer Forschung möglich. In der Alltagspraxis wurde sie zuerst in aller Radikalität von den belgischen Kolonialisten alltagsweltlich zur Durchsetzung ihrer Herrschaft zur Anwendung gebracht. Soziale Typisierungen waren seither an biologische und herkunftsspezifische Merkmale gebunden und provozierten konsequenterweise Konflikte in diesen Kategorien. Hier wurde im Namen wissenschaftlicher Interessen eine Kombination von Moderne und Antiaufklärung in Anschlag gebracht, die seit dem Ende der Kolonialzeit in regelmäßigen Abständen – aber mit zunehmend dramatischen Ausmaßen – zu Massakern führt.

Einen strukturell verwandten Fall bildet das Verhältnis von wissenschaftlichem bzw. »geographischem Regionalismus« (BAHRENBERG 1995:25) und alltagsweltlichem Regionalismus, der natürlich nicht immer derart drastische Ausformungen anzunehmen braucht wie im ehemaligen Jugoslawien. Aber auch dieser Konflikt hat in mindestens einem Aspekt eine wichtige geisteswissenschaftliche Vorgeschichte. Wie MICHAEL IGNATIEFF (1994) darauf hinweist, ist sowohl serbischer wie kroatischer Nationalismus nicht zuletzt in dem Bestreben entstanden, möglichst gute Europäer zu sein. Das Ende des 19. Jahrhunderts entworfene Programm des nationalistischen Ideologen ANTE STARCEVIC ist auf ein ethnisch reines Kroatien ausgerichtet. Seine Inspiration bezog er offensichtlich aus der Weltsicht der deutschen Romantik, die ihm in Form der Übersetzung von JOHANN GOTTFRIED HERDERS Werk ins Kroatische zugänglich war.[1]

Dass die entsprechend biologistisch orientierten Vorstellungen von nationaler Einheit und Zugehörigkeit unter der Bedingung von hoher Durchmischung ehemals lokaler Kulturen in besonderem Maße verheerend wirken, zeigt die jüngste europäische Geschichte in besonders krassem Ausmaß. Sie sollte ausreichende Demonstration der Konsequenzen sein, die aus ethnizistisch-nationalistischen und regionalistischen Diskursen im Rahmen spät-moderner Lebensbedingungen resultieren.

Raum, Gesellschaft und Regionalismus

Ein beachtlicher Teil aktueller gesellschaftlicher Probleme impliziert – nicht nur in dieser Hinsicht – in der einen oder anderen Form eine räumliche Komponente. Dies ist offensichtlich sowohl beim Regionalismus der Fall als auch, wenn auch weniger unmittelbar einsehbar, beim Nationalismus. Beide sind Ausdruck einer besonderen Gesellschaft-Raum-Kombinatorik. Wie kompliziert sich diese Kombinatorik gestalten und mit welchem Gewaltpotential sie verbunden sein kann, zeigen die angedeuteten, und die Tagespresse liefert darüber hinaus beinahe täglich neue Beispiele. Auch die blutige Geschichte der Staatenbildung, insbesondere jene der Nationalstaaten, illustriert deren Bedeutung. Der Verweis auf die Gebundenheit von Gesellschaftlichem an Räumliches bei einer Vielzahl (politischer) Lebenszusammenhänge kommt hier am direktesten zum Ausdruck und die aktuellen Regionalismen wollen die bisherigen Ergebnisse dieser Geschichte revidieren.

Die Ansprüche regionalistisch-nationalistischer Diskurse werden dabei unter Bezugnahme auf das Selbstbestimmungsrecht, einem typischen Produkt der Moderne, in

---

1   Zur Bedeutung von HERDER für die traditionelle Länder- und Landschaftkunde vgl. EISEL (1980), SCHULTZ (1980), POHL (1986, 1993), WARDENGA (1995), WERLEN (1995a, 1997).

die politische Arena getragen. Doch wer ist das »*Selbst*« in diesem Falle? Ist es dieselbe Instanz, für welche seit der Französischen Revolution die fundamentalen Bürgerrechte eingefordert werden oder ist es dieser vielleicht gerade entgegengesetzt? Hier scheint sich eine erste Ambivalenz anzukündigen. Es werden Rechte für eine holistische Konstruktion gefordert, die eigentlich nur Subjekten zukommen können. Diese Doppelbödigkeit bleibt sowohl in journalistischen Wirklichkeitsdarstellungen als auch im traditionellen regionalwissenschaftlichen Tatsachenblick unbemerkt.

Für die entsprechenden Betrachtungs- und Argumentationsweisen ist offensichtlich typisch, dass räumlichen Kategorien gegenüber den sozialen Vorrang gegeben wird. Damit ist gemeint, dass in beiden Fällen so argumentiert wird, als ob mit einer Veränderung der räumlichen Basis soziale Probleme gelöst und Konflikte abgebaut werden könnten. Doch welches sind die sozialen Konsequenzen räumlicher Argumentation im Zusammenhang mit sozialen Verhältnissen? Diese Frage wird im Rahmen von regionalistischen und traditionellen humangeographischen Wirklichkeitsinterpretationen ebenso ausgeblendet wie jene, welche nach einer Identifizierung des »Selbst« verlangt.

Inwiefern eine Parallelität zwischen traditioneller Regionalgeographie und alltagsweltlichem Regionalismus besteht, bildet die Kernfrage, an welcher die folgende Auseinandersetzung orientiert ist. Sie geht von der Hypothese aus, dass regionalistische und regionalgeographische Deutungsmuster der Lebenswelt auf einem prä-modern begründeten Kern der Weltsicht und entsprechenden Problemdefinitionen beruhen. Kann diese These einsichtig gemacht werden, dann müsste sowohl die Sinnhaftigkeit als auch das Aufklärungspotential wissenschaftlicher Regionalgeographie einer kritischen Diskussion unterworfen werden. Dazu ist zunächst eine kurze Umschreibung von »Regionalismus« notwendig.

Den politischen Diskurs des Regionalismus kann man als eine territorial-politisch motivierte Argumentation auf sub-nationaler Ebene beschreiben. Dieser Diskurs fordert in aller Regel die Vertreter des staatlichen Entscheidungszentrums heraus. Es ist also immer ein Diskurs zugunsten oder zuungunsten einer territorial definierten Gesellschaft, wie Québécois contra Kanadier und umgekehrt. In diesem Sinne stellt der Regionalismus eine Form des politischen Geographie-Machens dar, die als eine regionalisierende Kraft verstanden werden kann. Sie ist dadurch geprägt, dass räumliche Kategorien in der Argumentation eine Vorrangstellung einnehmen. Eine Vorrangstellung, die dazu führt, dass die regionalistische Sichtweise zwar für lokale, nicht aber für globale Zusammenhänge Sensibilität aufweist.

Entsprechend weisen regionszentrierte Argumentationsmuster einen janusköpfigen Charakter auf. Sie können als »progressiv« erscheinen und gleichzeitig »reaktionär« wirken. Forderungen nach Autonomie oder des Rechts, verschieden zu sein, gelten im Sinne der Grundprinzipien der Aufklärung als »fortschrittlich«. Die Begründung dieser zukunftsorientierten Forderungen nach Autonomie und Eigenständigkeit wird aber meistens – indem man sich etwa auf gemeinsame ethnische Wurzeln beruft – vergangenheitsbezogen konstruiert.

Im Rahmen der Globalisierung kann dieser fixierbildhafte Charakter besondere Brisanz erlangen. Denn was im Sinne einer Autonomieforderung als demokratische Modernisierung daherkommt, kann letztlich nichts anderes als bloßer Separatismus sein. Oder wie es ULRICH BECK (1993:70) ausdrückt: die »Zaunhaftigkeit des Denkens und Handelns (kann) in verführerischem Glanz erstrahlen«.

Als erste Form des Regionalismus können in diesem Zusammenhang soziale Typisierungen begriffen werden, die auf Grund räumlicher bzw. regionaler Kategorien vorgenommen werden. Das Ergebnis sind stereotype, totalisierende Äußerungen wie »Tessiner sind lebenslustig«, »Korsen sind verschlagen« usw. Der zentrale Punkt ist dabei, dass soziale oder persönliche Eigenschaften – positiver oder diskriminierender Art – auf alle Personen aus derselben Region übertragen werden. Die Zweischneidigkeit des »Regionalismus« hat hier einen Ansatzpunkt. Er ist darin begründet, dass im Prinzip sozial indifferente räumliche Kategorien – analog zu biologischen – zur sozialen Typisierung ideologisch beliebig »aufgeladen« (KLÜTER 1986:2) werden können. Was unter Bezugnahme auf biologische Merkmale zu »Rassismus« oder »Sexismus« geraten kann, kann bei räumlichen zum »Regionalismus« werden.

Auf dem typisierenden Regionalismus kann der politische Regionalismus aufbauen. Denn die Typisierung ist ein guter Aufhänger für Abgrenzungen gegen außen. Nach innen wirkt Typisierung gleichzeitig identitätsstiftend. Beide können dann für den politischen Diskurs genutzt werden. Zur Schaffung eines Feindbildes und zur Stärkung der Solidarität nach innen. Interne Unterschiede verschwinden über die Betonung der externen Differenz aus dem Aufmerksamkeitsfeld. Solche Voraussetzungen kann der gezielte politische Diskurs dann in Wert setzen. Er setzt Identifizierung voraus und ist selbst ein Mittel der Identitätsstiftung.

Hier wird es wichtig, in Erinnerung zu rufen, dass »Identität« prinzipiell nur dann zum Thema wird, wenn die Möglichkeit zur Differenz besteht. Denn »Identität« bezieht sich immer auf mindestens zwei Gegebenheiten, die grundsätzlich verschieden sein könnten, es aber nicht sind. Deshalb ist »Identität« erst mit zunehmender Differenz wahrnehmbar. So gesehen wird denn auch verständlicher, weshalb sich unter der Bedingung der Globalisierung Identitätsfragen in besonderem Maße stellen.

Regionalgeographie und Alltagswelt

Man kann wohl ohne Übertreibung sagen, dass das, was bisher weitgehend lediglich als ein Problem der Theoriebildung in der Sozialgeographie diskutiert wurde, die Klärung des Verhältnisses von »Gesellschaft« und »Raum«, im letzten Jahrzehnt des 20. Jahrhunderts als sozialphilosophisches und gesellschaftspolitisches Problemfeld manifest wird. Es dürfte offensichtlich sein, dass unter diesen Bedingungen die Sozialgeographie eine besondere politische und gesellschaftstheoretische Relevanz erlangt. Gleichzeitig kann sie sich zusammen mit der übrigen Humangeographie, insbesondere traditioneller Regionalgeographie und Länderkunde – welche immer noch unsere

Schulbücher beherrschen –, der entsprechenden politischen Verantwortung nicht entziehen. Für GERHARD BAHRENBERG (1995:25) bildet »Regionalismus« gar »das traditionelle Paradigma der Geographie«.

»Geography matters!« rufen sich angelsächsische Geographen im Sinne der Selbst-
vergewisserung der Bedeutung des eigenen Tuns zu. Diese Parole könnte allerdings
durchaus auch in einem anderen, wesentlich tiefer greifenden Sinne wahr sein, als
das mit der bisherigen Verwendung in Zusammenhang gebracht wird: nicht nur als
Darstellungsform der »Geographie der Dinge« und deren Beziehungen untereinander.
Die Ergebnisse wissenschaftlicher Geographie sind offensichtlich auch Bestandteil der
Wirklichkeitskonstitution alltäglicher Geographien und damit verbundener Deutungen der Subjekte ihrer Lebenssituation.

Akzeptiert man die Konzeption der »doppelten Hermeneutik« (GIDDENS 1984a),
dann ist davon auszugehen, dass Regionalismus und Regionalgeographie nicht zwei
voneinander unabhängige Phänomene sind. Im Sinne der »doppelten Hermeneutik«
besteht eine gegenseitige Gebunden- und Verwiesenheit von alltäglicher Praxis und
der wissenschaftlichen Welt, von wissenschaftlichem Diskurs und untersuchter sozialer
Wirklichkeit. Dies impliziert, dass sozialwissenschaftliche Forschung permanent an der
Transformation ihres Gegenstandes, der sozialen Wirklichkeit beteiligt ist. So kann die
Hypothese formuliert werden, dass ebenfalls ein gegenseitiges Beeinflussungsverhält-
nis zwischen wissenschaftlichem und alltäglichem Geographie-Machen besteht. Eine
der prominentesten Formen des Letzteren ist der alltagsweltliche politische Regionalismus.

Ziel einer Untersuchung des Verhältnisses von traditioneller Regionalgeographie,
Regionalismus und modernen Lebensformen ist nicht ein einseitig moralisierendes
Schuldzuschieben. Es soll dabei vielmehr um die kritische Aufdeckung unbeabsichtigter Folgen wissenschaftlichen Geographie-Machens gehen: problematischer Folgen
sowohl auf wissenschaftlicher wie auf politischer Ebene. Über die Rationalisierung
bzw. die Rekonstruktion der Gründe dieser problematischen Konsequenzen soll die
Korrektur der geographischen Forschungspraxis, d. h. ihre bessere Abstimmung auf
die Lebensverhältnisse möglich gemacht werden.

Derart, so die Vermutung und Erwartung, kann die Praxisrelevanz der Humangeographie – auch außerhalb bürokratischer (Raum-)Verordnungsverfahren – auf
entscheidende Weise gesteigert werden. Geht man davon aus, dass diese neuen, spät-
modernen Bedingungen nicht zuletzt auf Grund der Beiträge wissenschaftspropädeutischer Geographie zu einem aufgeklärten Weltbild entstehen konnten, ist es nun dringend notwendig, sich der Konsequenzen des eigenen Erfolges bewusst zu werden.
Entsprechend braucht man die Legitimation der Disziplin nicht mehr bloß in einem
längst erfüllten Auftrag zu sehen. Noch weniger angemessen ist insbesondere die regionalistische Typisierung der Welt mittels Rekurrierung auf prä-moderne Lebensformen und -verhältnisse. Was die Geographie zur Entwicklung einer aufgeklärten
Weltsicht geleistet hat, soll sie nun auch zur Schaffung eines spät-modernen Weltverständnisses beitragen, statt im anti-modernen Diskurs der raumwissenschaftlichen Per-

spektive zu verharren. Sie soll ein Weltverständnis entwickeln, das der aktuell dominanten Alltagspraxis der Subjekte konzeptionell und empirisch gerecht wird.

Der entsprechende Auftrag an wissenschaftliches Arbeiten kann dabei aber nicht
die Duplizierung des Alltags bzw. dessen Reproduktion in alltäglichen Begriffen, un-
überprüften (Vor-)Urteilen usw. sein. Es soll nicht nur darum gehen, das, was ist, ohne
wissenschaftliche Reflexionsstufe der Wirklichkeitserfahrung darzustellen. Zu ihrem
Auftrag gehört vielmehr eine kritische Haltung, die es ermöglichen soll, auf bisher
unbeachtete Implikationen und vielfältige unbeabsichtigte Folgen unseres alltäglichen
und wissenschaftlichen Tuns aufmerksam zu machen. Es ist somit nicht nur eine »rupture épistémologique« (BACHELARD 1965:23), ein epistemologischer Bruch zwischen
Alltag und Wissenschaft im Sinne der analytischen Wissenschaftstheorie notwendig.
Zusätzlich ist vielmehr auch eine »rupture critique«, eine kritische Brechung im Sinne
des philosophischen und wissenschaftlichen Zweifels erforderlich.

Damit dieses kritische Potential auch in humangeographischen Forschungen entwickelt werden kann, ist den Postulaten »subjektive Interpretation« und »Adäquanz«
(SCHÜTZ 1971; WERLEN 1987a:90ff.) Rechnung zu tragen. Dies impliziert die Forderung, dass sich die entsprechende Forschung zunächst auf die Lebensformen der un-
tersuchten Subjekte einzulassen und diese sinnadäquat in wissenschaftlicher Begrifflichkeit darzustellen hat. Wird diesen beiden Postulaten nicht Rechnung getragen, besteht die Gefahr, dass sich zwischen alltäglichen Lebensformen und wissenschaftlichen
Wirklichkeitsdarstellungen im Sinne von EDMUND HUSSERLS (1976) »Krisis der europäischen Wissenschaften« ein Graben öffnet. Neben zahlreichen lebensweltlichen Problemen provoziert dieser – insbesondere unter spät-modernen Bedingungen – auch
eine radikale Abnahme der praktischen Relevanz der entsprechenden Disziplin.

Freilich ist die Einlösung dieser Forderungen nur eine erste Voraussetzung zur
besseren Abstimmung von Alltag und Wissenschaft. Doch sie reicht nicht aus. Die
von HUSSERLS Phänomenologie begründeten Postulate der »subjektiven Interpretation« und der »Adäquanz« sind auch mit einer kritischen Instanz zu konfrontieren.
Diese Haltung ist insbesondere in Bezug auf die Selbstrepräsentationen der Subjekte
und ihrer alltäglichen Handlungspraxis in Anschlag zu bringen. Denn es ist durchaus möglich, dass zusätzlich ein Graben zwischen praktisch gelebter Lebensform und
der Selbstrepräsentation entsteht: eine Kluft zwischen dem, wie man lebt, und dem,
wie man zu leben glaubt. In diesem Falle, so kann man hypothetisch formulieren,
entstehen Spannungen zwischen dem Selbstverständnis der Subjekte und der durch
sie konstituierten sozial-kulturellen Wirklichkeit. Diese Spannungen und Repräsenta-
tionsverzerrungen können dann gewaltmäßige Formen des »Spannungsmanagements«
provozieren.

Die Frage ist dann, welche inhaltliche Ausprägung diese hypothetisch formulierten
Abweichungsmöglichkeiten aufweisen können. Worin liegt die vordergründige Plausibilität und identitätsstiftende Kraft regionalistischer Argumentation und regionalgeo-
graphischer Wirklichkeitsdarstellungen begründet? Ohne hier nochmals differenziert
auf die idealtypische Charakterisierung von traditionellen und spät-modernen Le-

bensformen eingehen zu wollen,[2] können summarisch zwei kurze Antworten gegeben werden.

Erstens kann die traditionelle humangeographische Forschung und die entsprechende raumzentrierte Deutung von Kulturen und Gesellschaften nur dann plausibel sein, wenn die räumlich wie zeitlich verankerten Voraussetzungen im Sinne des Idealtypus »traditionelle Lebensform« gegeben sind. Unter diesen Bedingungen können räumliche Darstellungen sozial-kultureller Gegebenheiten angemessen erscheinen. Der raumzentrierte Blick erreicht unter diesen Bedingungen eine bemerkenswerte Sensibilität für die Rekonstruktion des regionalen Handlungskontextes der Menschen. Traditionelle Gesellschafts- und Lebensformen können demgemäß in ANTHONY GIDDENS' (1990a, 1991a, 1994a, 1994b) Sinne als räumlich und zeitlich »embedded« bzw. »verankert« charakterisiert werden.[3]

Mit der Aufklärung, dem Ausgangspunkt der Moderne, wird dem Subjekt zunehmend die zentrale Rolle zugewiesen. Das Subjekt wird nun als Zentrum der sinnhaften Konstitutionsleistungen der Wirklichkeit verstanden. Die räumliche und zeitliche Verankerung der traditionellen Lebensform sowie der damit verbundene reifizierende Essentialismus, auf welchem die verzauberte Welt beruht, wird durch den Nominalismus ersetzt. Demgemäß werden die Bedeutungen von Gegebenheiten nicht mehr als von der Substanz abhängig betrachtet, sondern als Ausdruck einer von Subjekten getroffenen Übereinkunft. Auf dieser Grundlage werden die Verankerungsmechanismen zunächst ergänzt und später im Sinne der spät-modernen Lebensform durch Entankerungsmechanismen ersetzt. Die daraus resultierenden, räumlich und zeitlich entankerten Lebensformen sind aber nicht mehr in vollem Maße mit dem Weltbild traditioneller Länderkunde und Regionalgeographie zu vereinbaren.

Regionalismus und Konsequenzen der Moderne

Sozialgeographisch betrachtet, ist besonders bedeutsam, dass der Modernisierungsprozess eine Konzentration der Produktionsmittel impliziert, die ihrerseits einen radikalen Konzentrationsprozess der Bevölkerung in räumlicher Hinsicht mit sich bringt. Dieser findet in der Verstädterung seinen Ausdruck. Beide Konzentrationen setzen die Loslösung sozial-kultureller und ökonomischer Verhältnisse von lokalen Bedingungen voraus. Persönlich definierte Lebensformen und -stile sind entsprechend immer weniger Ausdruck regionaler Gegebenheiten und traditioneller Regelungen. Spät-mo-

---

2   Vgl. dazu WERLEN (1993d) bzw. den ersten Aufsatz in diesem Band.
3   SCHULTE schlägt in der deutschen Übersetzung von »Consequences of Modernity« (GIDDENS 1990b), »Konsequenzen der Moderne« GIDDENS (1995), für »embedded« den Ausdruck »eingebettet« und für »disembedded« »entbettet« vor, was jedoch GIDDENS' Vorstellung nicht angemessen ist. Deshalb behalte ich die von mir (1993d) vorgeschlagene Übersetzung mit »verankert« und »entankert« bei. Zur ausführlichen Begründung vgl. WERLEN (1995d:86f.).

derne Lebensformen sind global kontextualisiert und mit globalen Konsequenzen verbunden.

Das handlungs- und kritikfähige Subjekt tritt somit nicht nur in der Erkenntnistheorie in den Mittelpunkt. Auch in der gesellschaftlichen Alltagswelt erlangt das handelnde Subjekt sowohl in technischer wie auch in politischer Hinsicht zunehmend bestimmende Kraft. Die moderne Alltagswirklichkeit ist zunehmend eine von den Subjekten geschaffene Welt, eine Welt der Artefakte, die für bestimmte Ziele und Zwecke hergestellt wurden. Eine rational angelegte Alltagswirklichkeit also. Sie ist gleichzeitig aber auch eine Welt unbeabsichtigter Handlungsfolgen, die in völligem Widerspruch zu den Absichten stehen oder gar ins Gegenteil gewendete Züge annehmen können. Damit soll angedeutet sein, dass die Aufklärung zwar durchaus als Projekt der Rationalisierung gedeutet und beschrieben werden kann, ohne dass man gleichzeitig zu behaupten braucht, deren Konsequenzen würden mit der beanspruchten Rationalität übereinstimmen.[4]

Spät-moderne Lebensbedingungen implizieren in diesem Sinne gleichzeitig ein hohes Maß an subjektivem Entscheidungs- und allgemeinem Bedrohungspotential. Wer nicht in der Lage ist, die modernen Verhältnisse als von Subjekten konstituierte Welt zu begreifen, tendiert – so kann man hypothetisch formulieren – eher dazu, diese Entankerungen als Verlust zu erleben. Daraus kann sich dann eine Begeisterung für traditionelle Lebensformen entwickeln, nicht zuletzt für lokal und regional überschaubare Lebensverhältnisse. Gerade diesbezüglich kann der Regionalismus mit Versprechungen aufwarten.

»Regionalismus« ist vor allem auch als eine emotionale Einstellung und als ein politischer Diskurs zu verstehen, der unter spät-modernen Lebensbedingungen auf prä-moderne Wirklichkeitsdeutungen angelegt ist.[5] Damit weist er aber mit dem völkischen Diskurs beachtliche Gemeinsamkeiten auf. Über die reifizierte Kombination von »Raum«, symbolischer Aufladung und »Gesellschaft« kann das Territorium als »Meta-Organismus« der holistischen Konstruktion »Volk« erscheinen, das dann auf ähnliche Weise identitätsstiftend wirken kann, wie das JACQUES LACAN im Rahmen des Spiegelstadiums beim menschlichen Körper beschreibt. Mit anderen Worten formuliert: So wie der menschliche Körper für die Ausbildung der Ich-Identität eine zentrale Rolle spielt, erlangt der symbolisch aufgeladene und reifizierte Raum eine konstitutive Bedeutung für die Ausbildung sozialer Identität. Territorium und Orte *sind* dann in diesem Sinne das »Soziale«. Die Sehnsucht, Bestandteil eines regionalen Meta-Organismus und der holistischen Fiktion »Volk« zu sein, in dessen Namen man angeblich sogar politische Forderungen stellen kann, ist somit auch darauf angelegt, in Situationen der Ungewissheit Identitätsdefizite auszugleichen.[6]

---

4   Vgl. dazu ausführlicher WERLEN (1995a).
5   Vgl. dazu WERLEN (1993f) sowie die dort aufgeführten weiteren Verweise zur Vertiefung der Thematik.
6   Vgl. WERLEN (1995d:60-66).

Die Mythenbildung des völkischen Nationalismus ist durchsetzt von biologistischen Analogien, insbesondere jenen von Stämmen, des »artenreinen« Waldes als Vorbild für das artenreine Volk usw. Wie Markus Schwyn (1996) in seiner empirischen
Untersuchung des politischen Diskurses des »Rassemblement jurassien« gezeigt hat,
sind diese Analogien auch heute konstitutiv für den regionalistischen Diskurs. Es ist
etwa sinngemäß von der jurassischen Seele die Rede, welche sich aus dem Boden der
Ahnen nährt usw. Dort kommt also jene Verbindung von regionalem Territorium und
sozialer Einheit zustande, welche für prä-moderne Lebensformen charakteristisch ist
und gleichzeitig eine wichtige Voraussetzung wäre, damit in räumlichen Kategorien
Sozialverhältnisse beschrieben werden können.

Eine Regionalgeographie der Spät-Moderne?

Mit ihrer Raumzentriertheit weisen regionalgeographische sozial- und kulturwelt-
liche Wirklichkeitsdarstellungen einen anti-modernen Kern auf, der mit dem Fortschreiten der Moderne immer klarer sichtbar wird. Weil moderne Lebensbedingungen immer weniger regional verankert sind und sich sozial-kulturelle Aspekte immer
mehr von lokalen Umständen loslösen, kann man hypothetisch davon ausgehen, dass
sowohl die länderkundliche wie raumwissenschaftliche Geographie mit der Radikalisierung der Moderne einerseits deshalb an Bedeutung verliert, weil sie immer weniger Aspekte moderner Lebenswelten angemessen darzustellen vermögen. Andererseits fördern sie mit ihrer Raumzentriertheit und der räumlichen Kategorisierung der
sozialen Welt, so kann man hypothetisch folgern, die Plausibilität und Wirksamkeit
regionalistischer und nationalistischer Diskurse. Darin zeigt sich erneut die Parallelität zwischen regionalistischem und traditionell regionalgeographischem Denken bzw.
ihres gemeinsamen Bezugsrahmens: traditionelle Lebensverhältnisse und die entsprechenden Reifikationen von »Raum«.
     Diese Parallelität zeigt sich auch in der Bedeutung des Werkes von Herder sowohl
für die Regionalgeographie als auch den Regionalismus. Für den völkischen Nationalismus war es ebenfalls eine bedeutende Inspirationsquelle. Seiner Konstruktion zufolge, die offensichtlich noch auf traditionelle Lebensformen Bezug nimmt, hat jedes
Volk seine Individualität, eine besondere Seele. Diese Seele, der Volksgeist, materialisiert
sich in der Volkssprache und der Volkskultur. Genährt wird die Seele vom Boden, dem
Territorium des Volkes: »Wie die Quelle von dem Boden, auf der sie sich sammelte,
Bestandtheile, Wirkungskräfte und Geschmack annimmt: so entsprang der alte Charakter der Völker aus (…) der Himmelsgegend« (Herder 1877:84). Auch Georg Wilhelm
Friedrich Hegel ([1837]1961:138) – offensichtlich ebenfalls noch unter dem Eindruck
traditioneller Lebensformen – argumentiert ähnlich. Seiner Auffassung gemäß soll es
zur Bestimmung der »Geographischen Grundlagen der Weltgeschichte« darum gehen,
»den Naturtypus der Lokalität kennen zu lernen, (weil er) genau zusammenhängt mit
dem Typus und Charakter des Volkes, das der Sohn solchen Bodens ist«.

Was im Rahmen traditioneller Gesellschaftsformen konzeptionell erarbeitet wurde oder auch als romantische Bewegung begann, mündete in der Umbruchsphase zur Industrialisierung bzw. im Zusammenhang mit der alltagsweltlichen Durchsetzung der Entankerungsmechanismen in nationalistisches Denken: Nur was auf diesem Boden gewachsen ist, soll auch hier leben können. Bemerkenswerterweise wurde politisch auf diese Denkmuster just in jenen Momenten zurückgegriffen, in denen sich die Entankerungsmechanismen in radikalisierter Form durchsetzten und manche Gewissheit bedrohte. Ebenso bemerkenswert ist es jedoch, dass ALFRED HETTNER die Sinnhaftigkeit der Humangeographie als Bestandteil der Länderkunde bzw. Regionalgeographie mit exakt derselben Analogie beschwor: »Es gibt eine Geographie der Rassen und Völker, ebenso wie es eine Pflanzen- und Tiergeographie gibt« (HETTNER 1927a:145). Der Verzicht auf die Rücksichtnahme der Handlungspotentialitäten der Subjekte übersetzt diese Analogie dann auf die methodologische Ebene. Die entsprechende Wegleitung und Rechtfertigung bringt HETTNER (1927a:267) wie folgt auf den Punkt: »Mit der Übergehung der menschlichen Willensentschlüsse führen wir die geographischen Tatsachen des Menschen auf ihre durch die Landesnatur gegebenen Bedingungen zurück«. Durch die Unterschlagung der »Willensentschlüsse« bzw. der Handlungsfähigkeit werden gleichzeitig subjekt-, sozial- und kulturspezifische Interpretationen der natürlichen Bedingungen aus der geographischen Welterklärung ausgeschlossen. Damit weist diese traditionelle regionalgeographische Forschungslogik eine starke Anbindung an einen vulgären Naturalismus oder gar Materialismus auf. Der Materialismus liegt in deutlich differenzierterer Form auch bei ERNST HAECKEL (1878/79) vor. Dessen materialistische Theorie bildet für seinen Schüler FRIEDRICH RATZEL (1882, 1897) die Grundlage der Allgemeinen Anthropogeographie sowie der Politischen Geographie.

PAUL VIDAL DE LA BLACHE hat mit seiner »géographie humaine«, einer weiteren klassischen Grundlage traditioneller Regionalgeographie, im französischen Sprachraum eine kategoriell vergleichbare Konzeption vertreten, wenngleich die Begründung durchaus andere Konturen aufweist. Im Gegensatz zu HETTNER betont er die Wahlmöglichkeiten der Menschen innerhalb gleicher physischer Begrenzungen. Ihn interessierte aber ebenfalls die regional »verwurzelte« und entsprechend räumlich lokalisierbare Vielfalt menschlicher Lebensformen. Diese »genres de vie« sind ihm gemäß als vom Menschen geschaffen, als veränderbar und nicht kausal determiniert aufzufassen. Dabei wurde auf einen scharfen Gegensatz zwischen Geodeterministen und der eigenen Position hingewiesen. Wohl nicht zuletzt auf Grund der Betonung dieser Differenz blieb die VIDAL-Schule blind für die Konsequenzen der eigenen raumzentrierten Darstellungsform sozial-kultureller Wirklichkeiten.

Denn VIDAL DE LA BLACHE verstand die »géographie humaine« nicht – wie man erwarten könnte – als Humanwissenschaft, sondern als Wissenschaft der »Orte«: »La géographie est la science des lieux et non des hommes« (VIDAL DE LA BLACHE 1913:297). VIDAL DE LA BLACHES Beschäftigung mit den Lebensformen der Menschen war entsprechend nicht auf die Erforschung von Kultur und Gesellschaft ausgerichtet, sondern auf die Typisierung von Landschaften, Regionen oder Ländern im Stile von »Tableau de la Géographie de la France« (VIDAL DE LA BLACHE 1903). Diese Konzeption prägte fortan die geographische Regionalforschung französischsprachiger Tradition bis in die Gegenwart hinein.

Eine vergleichbare Argumentation vertritt im deutschsprachigen Bereich JÜRGEN POHL, der vom »Regionalbewusstsein (…) als (…) ›Gemeinschaftsglauben‹ auf territorialer Basis, (…) als eine Art räumlich orientierte Variante des Ethniebewusstseins« (POHL 1993:70) spricht. Er bezieht sich zur Grundlegung seiner methodologischen Argumentation zur Entwicklung einer neuen Regionalgeographie explizit auf HERDERS ganzheitliche und zugleich idiographische Weltsicht. Die Aufgabe der Geographie soll dann das hermeneutische Verstehen regionaler Subjekte bilden, und »das regionale Individuum oder der erdräumliche Organismus der Gegenstand der ganzheitlichen Einzelfallbeschreibung (sei) das Erkenntnisziel« (POHL 1986:215).

Volk, regionalisierender Boden und Identität

Diese regionalistisch konzipierte Raum-Gesellschaft-Kombination lässt auf alltagsweltlicher Ebene analog eine regionale Bevölkerung als ein Individuum mit begrenzbarem Korpus (Territorium, Region) erscheinen. Das Territorium wird in der Repräsentation der Subjekte zur Spiegelungsinstanz des kollektiven Seins und so zur identitätsstiftenden Instanz für die Subjekte. »Region« wird zur vergegenständlichten Konstruktion, zum materiellen Meta-Korpus der als »Volk« imaginierten sozialen Wirklichkeit. Die Subjekte werden zu Einzelteilen gemacht oder/und definieren sich dann als solche. Im Rahmen der regionalisitisch-völkisch geprägten individuellen Identität wissen die Individuen »nicht das Volk, sondern sie wissen als ›Volk‹. (…) Sie denken es immer schon mit, wenn sie sich selbst denken. Die kollektive Identität geht der persönlichen voraus und legt sie fest« (HOFFMANN 1991:198). Das Subjekt negiert sich gemäß dieser Konstruktion in seiner Auflösung »als Volk«, als regional identifizierbarer Korpus in dem Sinne, dass es sich nur noch als Teil der sinnstiftenden Einheit sieht. Wer sich einer solchen kollektiven Identität zurechnet, für den legt »Volk« seine »persönliche Identität (…) aus« (HOFFMANN 1991:194).

Der darin aufgehobene räumlich bzw. regional verankert definierte Partikularismus suspendiert Aufklärung und Subjekt in mehrfacher Hinsicht. Entscheidungsmaximen werden ebenso wenig diskussionswürdig wie Argumentation und Diskussion selbst als allgemeine politische Institution demokratischer Verhältnisse akzeptiert zu werden braucht. Interpretation und subjektives Verstehen werden für unnötig befunden und können als Geschwätz abgetan werden, weil ja der wahre Sinn angeblich – über die Herkunft und Tradition als völkisches Erbe bestimmt – schicksalshaft vom Zugehörigkeitsvolk vorgegeben ist, quasi aus dem Boden der Geburt erwächst, und fortan im Blut jedes Einzelnen fließt. »Verstehen« braucht sich dann tatsächlich nicht mehr auf die Subjekte und deren Konstitutionsleistungen zu beziehen, sondern man kann dann »Volksgeist« oder »Volk« als Felder des Sinnhaften einer völkisch inspirier-ten Hermeneutik postulieren.

Territorialen Ganzheiten werden auf dieser Grundlage bestimmte »Charaktereigen-schaften« und andere »individuelle« Merkmale zugeschrieben, wie etwa: »Armenien ist hochbetagt« usw. Die personen-ähnliche Vorstellung läuft schließlich darauf hinaus, dass die so Angesprochenen damit die Vorstellung verbinden, sie wären alle auf glei-che Weise und in gleichem Maße Bestandteil dieses »sozial-räumlichen Korpus«. Die räumlich definierte soziale Einheit wird für ein »an sich« existierendes Ganzes gehal-ten, in dessen Namen man reden kann. Auf der Grundlage, dass sich viele Personen gleichzeitig mit diesem Ganzen auch auf emotionale Weise identifizieren, kann es zu einer höchst komplexen Interpenetration von politischem Diskurs und holistischer Fiktion kommen. Diese Komplexität dieser gegenseitigen Durchdringung könnte ein weiterer wichtiger Grund dafür sein, weshalb Regionalismus im Rahmen der Spät-Moderne so schwer fassbar ist.

Regionalistische Wirklichkeitsdarstellungen weisen dabei mit jener der regional-geographischen insofern einen gemeinsamen Kern auf, als beide gleichzeitig auf ver-ankerte Lebensformen verweisen und diese für ihre Plausibilität eigentlich vorausset-zen müssen. Die (Wieder-)Verankerungssehnsucht findet nicht zuletzt in den ständig auftretenden Biologismus-Analogien und in der Natur-Methaphorik ihren Ausdruck. Diese kann sich sowohl auf die Legitimität der Zugehörigkeit wie auch auf die Her-stellung der Innen-Außen-Differenz beziehen.

Für die Zugehörigkeit zu einer territorial-körperhaften Kollektivität ist ein quasi stammesgeschichtlicher oder mindestes stammbaumartiger Nachweis zu liefern. Diese Logik kann sogar auf die Bewusstseinsebene transponiert werden. Die Zugehörigkeit zur »körperhaften« Regionalgesellschaft durch Geburt wird konsequenterweise min-destens als privilegiertes Erfordernis der Zugangsverschaffung betrachtet: »wenn man seit Geburt (oder gar die Vorfahren [sic!]) in der Region ansässig ist, (so) gibt (dies) der Regionszugehörigkeit eine gewisse Würde, die sie in die Nähe der Abstammungs-zugehörigkeit rückt« (POHL 1993:71). Wahres Regionalbewusstsein hat ganz im Stile prä-moderner Lebensformen und entsprechender Weltdeutungen völkisch und terri-torial verwurzelt zu sein.

Wie sehr sich dieses für die »regionalistische Geographie« typische Denkmuster schließlich jenem von HERDER, HETTNER u. a. annähert, veranschaulicht dann letztlich die durchaus ernst gemeinte Veranschaulichung durch POHL, wie Regionalbewusst-sein regionalgeographisch erforscht werden könne. Das Verhältnis einer völkisch kons-tituierten »Ich«-Identität zur Interaktion vergleicht POHL (1993:94) »mit dem Verhält-nis einer Pflanze zum Wetter«, jenes zur »Kollektividentität« mit dem Verhältnis einer Pflanze

»zum Klima eines Standortes: die einzelne Pflanze ist ein Glied in der Geschichte ihrer Art, muss mit den anderen Lebewesen am Standort agieren und mit dem Wettergeschehen fertig werden. Die Klimafaktoren sind vorgegeben. Welche Art von Pflanze zum Beispiel an diesem Standort wachsen kann, hängt vom Klima ab«.

Die HERDERsche Logik der Wirklichkeitsrepräsentation, durchsetzt von »›geographi-sch‹ Denkmotiven« (HARD 1993:87) wird hier somit außerhalb verankerter Lebens-bedingungen postuliert. Die Implikation ist natürlich wiederum eine Form des De-terminismus: Das »Volk« determiniert die Bewusstseinsgehalte der Subjekte und das »Volk« ist der »Sohn seines Bodens«.

Dies impliziert zudem einen materiell determinierten völkisch-regionalistischen Holismus. Das Volk wird zur materiell-biologisch begründeten kulturellen Einheit. Einheitlich wie ein Wald quasi, der auch nicht eine beliebige Artenvielfalt zulässt. Ver-schiedene Völker werden auf dieser Grundlage als je einmalig und klar voneinander abgrenzbar betrachtet.

Boden und Volk, Minderheiten und Ausgrenzung

In dieser Konstruktion kann man die sozial-kulturellen und physisch-materiellen Ge-gebenheiten als untrennbare Einheit erscheinen lassen, und man kann gleichzeitig selbst festgelegte Harmonievorstellungen als normative Harmonieerfordernisse erschei-nen lassen, wie das insbesondere in der Landschaftsgeographie – wie etwa bei EMIL EGLI (1975) – der Fall ist. Was der (konservativ) subjektiv gemeinten Harmonie von »Natur« und (traditioneller) »Kultur« bzw. »Gesellschaft« entspricht, kann als »gut« aus-gewiesen werden, ohne dass dabei auf deren Bedingtheit durch die zuvor vorgestell-ten Verankerungsmechanismen aufmerksam gemacht werden muss. Gleichzeitig kann auch die kulturhistorische Relativität landschaftlich begründeter Vorstellungen von sozial-kultureller Harmonie mit »Natur« verschleiert werden. Was zur Landschaft oder zur Region gehört, kann in diesem Diskurs abhängig gemacht werden von dieser »prästabilierten Mensch-Natur-Harmonie« (HARD 1988:199). Jede regionale Kultur ist einmalig und muss in ihrer Harmonie erhalten und vor störenden Einflüssen be-wahrt werden, lautet das entsprechende Argumentationsmuster. Alle Formen von Ent-ankerungsmechanismen werden als Gefahr der Destabilisierung der »prästabilierten Harmonie« identifiziert. Alles, was die ideal vorgestellte Einheit stört, führt – wie es EGLI (1975:43) formuliert – in die »Entwurzelung« und diese geradewegs in die Halt-losigkeit.

In dem Plädoyer für die Erhaltung einer Vielfalt regionaler Kulturen gegen die »Tendenz zur globalen Einheitskultur« (POHL 1993) äußern sich die Konsequenzen prä-modern raumzentrierter Sicht sozialer, mentaler und kultureller Welten. Denn auf Grund der Vorherrschaft räumlicher Beobachtungskategorien erscheint paradoxerwei-se die dramatische Zunahme subjektiver Wahlmöglichkeiten und kultureller Lebens-stile/-formen als Vereinheitlichung der Kultur. Doch das kann nur dann Hoffnung auf

Zuspruch haben, wenn das Ideal ein bodenverwurzeltes Muster regionaler Kulturen unter dem Diktat von Traditionen und anderer »Verankerungsmechanismen« bildet.

Bezieht man sich aber erst sekundär auf räumliche Kategorien, und stellt man die menschlichen Tätigkeiten ins Zentrum des Blickfeldes, kann man die Zunahme kultureller Vielfalt erkennen, selbst unter Umständen innerhalb eines einzelnen Dorfes. Das heißt aber auch, dass kulturelle Aspekte von Lebensweisen als Ausdruck persönlicher Präferenzen und persönlicher Entscheidungen zu interpretieren sind. Dem ist dann sowohl methodologisch als auch kategoriell Rechnung zu tragen.

Die Tatsache, dass bestimmte kulturelle Gegebenheiten global verbreitet sind, heißt noch lange nicht, dass die gesamte Weltbevölkerung derselben »globalen Einheitskultur« frönt. Wie einzelne Personen aus den Wahlmöglichkeiten ihren Lebensstil – als zentralen Ausdruck der persönlichen Kultur – gestalten, kann unter den spät-modernen Bedingungen nicht über den Ort erschlossen werden. Die Wirksamkeit der Entankerungsmechanismen, welche die Basis der Ausdehnung subjektiver Wahlmöglichkeiten bilden, sind zu umfassend, als dass HERDERS Maxime von der exklusiven Kausalwirksamkeit von »Zeiten«, »Örtern« und »National-Charakteren« für alle Ereignisse im »Menschenreiche« auch eine empirisch belegbare soziale Tatsache sein könnte.

Unter spät-modernen Bedingungen weisen raumzentrierte Argumentationsmuster in Kombination mit der Forderung nach »ethnischer Homogenität« besonders drastische alltagsweltliche Implikationen auf. Die Tatsache, dass unter den Bedingungen wirksamer Entankerungsmechanismen in territorial definierten politischen Einheiten immer viele »fremde« Menschen leben werden – und zwar nicht als geduldete Minoritäten, sondern als elementar-integrale Teile der Bevölkerung –, wird zur politischen Herausforderung der ethnisch-romantisch geprägten Vorstellung von »Nation«. Der Versuch, sich in der Welt der Spät-Moderne aus den Durchmischungsprozessen abzukoppeln, sodass man in der eigenen Umwelt nur mit seinesgleichen – politisch, sozial oder kulturell – zu tun hat, wird definitiv zur Fiktion. Zu einer Fiktion auch, die größere Sicherheit wohl nur suggerieren, wohl aber kaum einlösen kann.

Es gibt aber starke Anzeichen dafür, dass das Denken und die Politik der Differenz zunehmend starken Zulauf erhalten. Dabei sollte aber nicht übersehen werden, dass die Politik der Differenz selbst kaum zu Unterdrückung führen kann, wenn sie sich lediglich gegen den Universalismus wendet, der die lebensweltliche Verschiedenheit, das Spezifische, den Pluralismus der Kulturen überspielt. Als eine Bewegung gegen die Universalität, die verschiedene kulturelle Einheiten und spezifische Werte nicht nur toleriert, sondern auch akzeptiert, vermag sie das Neben- und Miteinander zu gewährleisten. Fehlt die Akzeptanz, wie es in der Form von Befreiungsbewegungen der kleinen Nationen, der ethnischen Gruppen vorkommen kann, zeigt sich die problematische Dimension der Politik der Differenz: die Hervorhebung von Differenz auf der Basis dominanter Gemeinsamkeiten als Legitimationsbasis vernichtender Aggression, die unter der Prämisse ethnischer Homogenität zum Territorialkampf werden kann. Was im ehemaligen Jugoslawien geschah, kann in Anlehnung an IGNATIEFF (1994) als eine Folge dieses Denkens interpretiert werden.

Hypothetisch formuliert, kann man davon ausgehen, dass Ab- und Ausgrenzungs-
potentiale von Minderheiten als ein Produkt der Gegenmoderne zu verstehen sind.
Gerade weil die von regionalistischen und nationalistischen Bewegungen häufig an-
gestrebte Sezession oder auch die Forderung nach der Unabhängigkeit von Minderheiten in bestehenden Staaten, wegen des zunehmenden Neben- und Zwischenein-
anders verschiedenster Kulturen und Lebenskonzepte, kaum mehr möglich ist, ver-
birgt sich hier ein gewaltiges Konfliktpotential hinter der romantisch und sentimental
begründeten Vorstellung von »Nation« oder regionaler Einheit. Auf diesem Hintergrund werden aktuell selbst in bestandenen Demokratien Feindbilder und ethnische
Konfliktlinien aktualisiert, Minoritäten ausgegrenzt und zum Angriffspunkt völkisch-
traditionalistischen Hasses.

Ein beachtlicher Teil der regionalistischen und nationalistischen Diskurse zielt auf
die Wiederherstellung von Verwurzelungen, von Neu-Verankerung. Man muss hypothetisch davon ausgehen, dass die traditionelle geographische, raumzentrierte Weltsicht
dazu beiträgt, solche Diskurse plausibler erscheinen zu lassen, als sie es wohl je waren und sein können. Diese Forschungshypothese könnte in naher Zukunft hohe
empirische Relevanz erreichen. Das spricht aber nicht insgesamt gegen den Anspruch,
die Geographie als wissenschaftliche Disziplin zu legitimieren. Dies ist vielmehr als
ein Hinweis auf die besondere Problembeladenheit der raumwissenschaftlichen Auffassung – unabhängig, ob in der idiographischen oder nomologischen Version – im
Kontext spät-moderner Lebensbedingungen zu verstehen. Hypothetisch kann man
davon ausgehen, dass das Kernproblem in der systematischen Nichtberücksichtigung
oder gar Negation der subjektiven Komponente menschlicher Handlungsweisen angelegt ist.

Neues geographisches Bewusstsein und spät-moderne Wirklichkeiten

Unter spät-modernen Bedingungen beginnen – wie ich bereits angedeutet habe – die
räumlichen Konturen sozial-kultureller Kammerungen immer mehr zu verschwim-
men. Konsequenterweise verlieren auch wissenschaftliche räumliche Darstellungen
und alltägliche Interpretationen des Sozial-Kulturellen zunehmend an Präzision und
Gültigkeit. Auf diese Bedingungen ist eine zeitgemäße Humangeographie abzustimmen, damit sie zur Entwicklung eines geographischen Bewusstseins, das den aktuellen
räumlichen Bedingungen gesellschaftlichen Zusammenlebens Rechnung trägt, einen
wesentlichen Beitrag leisten kann; eines geographischen Bewusstseins, das auf einem
empirisch begründbaren Wissen um die geographischen Zusammenhänge der eigenen Lebensform und -situation beruht.

Wie erwähnt, spielt dabei die Anwendung der phänomenologischen Postulate auf
die geographische Forschung eine besondere Rolle. Die Einlösung der Forderung
nach Angemessenheit heißt diesbezüglich erstens, dass sich humangeographische Forschungskonzeptionen unter spät-modernen Bedingungen konsequent auf die Beson-

derheiten der von Menschen geschaffenen, sinnhaften Wirklichkeiten einlassen sollten. Methoden und Fachbegriffe sollen es ermöglichen, dieser als bedeutungsvollem
Universum Rechnung zu tragen. Die Forderung nach Angemessenheit bezieht sich
zweitens auch auf Veränderungen innerhalb der sozial-kulturellen Welt. Hier sind es
vor allem die Veränderung räumlich-zeitlicher Bedingungen, die entankerten Lebensbedingungen, welche die Grundlage der »Globalisierung« bilden.

Aufgabe dieser Geographie soll es sein, das alltägliche Geographie-Machen auf
wissenschaftliche Weise zu untersuchen. Denn so, wie jeder Mensch täglich Geschichte macht – mehr oder weniger –, macht jeder Mensch nämlich auch Geographie. Bei-
des allerdings unter nicht selbst gewählten Umständen. Und je nach sozialer Position
verfügen Menschen über unterschiedliche Handlungspotentiale. Aber genau so, wie
wir über die Handlungen »Gesellschaft« täglich produzieren und reproduzieren, genau
so produzieren und reproduzieren wir auch die aktuellen Geographien.

So wie die konstruktivistische Gesellschafts- und Kulturforschung vom Ziele geleitet ist, die Konstitutionsmodi der Herstellung von »Gesellschaftlichem« aufzudecken,
soll es das Ziel humangeographischer Forschung sein, die Konstitutionsmodi alltäglicher Geographien zu rekonstruieren und damit Beiträge zum besseren Verstehen der
Konstitution von Gesellschaft zu liefern. Derart soll die Erforschung des alltäglichen
Geographie-Machens die Entwicklung eines zeitgemäßen geographischen Bewusstseins ermöglichen. Dabei ist der subjektiven »Perspektivierung dieser Alltagswelten«
(HARD 1985:197) Rechnung zu tragen. Darüber hinaus ist, den Prinzipien der Moderne und Spät-Moderne entsprechend, danach zu fragen, wie Subjekte in ihren Handlungen, ihrem Geographie-Machen, die »Welt« auf sich beziehen. Diese Einbettungen
in globale Handlungszusammenhänge sind zu rekonstruieren, und die Subjekte sind
auch mit jenen Folgen ihres Tuns zu konfrontieren, die sich außerhalb ihres unmittelbaren Erfahrungsbereichs äußern.

Die regionalgeographisch-regionalisitisch geprägte Weltsicht – die über die Lehr-
mittel weltweit ein kaum zu überschätzendes Potential der Wirklichkeitsdeutung aufweist – ist mit einem empirisch gültigen Wissen um die globalen und globalisierenden
Implikationen der eigenen Lebensweisen zu konfrontieren. Die Aufgabe der wissenschaftlichen Arbeit soll es demgemäß sein, zu einem besseren Verständnis der verschiedenen Handlungssituationen des Alltagslebens beizutragen und jene Geographien auf
empirisch gültige Weise zu rekonstruieren, in welche die verschiedenen Lebensformen eingebunden sind und über die sie reproduziert und transformiert werden. Und
in diesem Zusammenhang wird nun die Ergänzung der phänomenologischen Forderungen durch die im aufklärerischen Sinne kritische Dimension notwendig.

Die Humangeographie bekommt – im Sinne der hier entwickelten Argumentation
– als Sozialgeographie die wichtige (kritische) Funktion zugewiesen, den Alltagsver-
stand über die Rekonstruktion der globalisierenden Implikationen (möglicherweise)
lokaler Handlungsweisen aufzuklären. Statt »regionale« und regionalistisch-nationalis-
tisch ausschließende Identitäten über illusionäre Verankerungssuggestionen zu fördern, sollte eine zeitgemäße Humangeographie vielmehr die handelnden Subjekte

auf die empirisch nachweisbaren globalisierten Lebensbedingungen und globalisierenden Konsequenzen ihres Tuns aufmerksam machen. Bestand und besteht das Aufklärungspotential wissenschaftspropädeutischer Geographie in der Positionierung des
Selbst »in« der Welt, so besteht dieses Potential wissenschaftlicher Geographie unter
spät-modernen Bedingungen in der systematischen Rekonstruktion der vielfältigen
Modi, über welche die Subjekte die Welt regionalisierend auf sich beziehen.

Schluss

Jene Teile regionalistischer Forderungen, die diskursiv-rational auf die Verbesserung
der Handlungschance der Subjekte abzielen, sind sicher mit den Prinzipien der Moderne zu vereinbaren. Von diesem rationalen Regionalismus, wie man ihn nennen
könnte, ist der emotionale Regionalismus, der demagogisch besondere Rechte in Bezug auf nicht entscheidbare Verhältnisse einfordert, scharf abzugrenzen. Er ist gemäß
dem hier vertretenen Verständnis als eine anti-moderne Antwort auf die Konsequenzen der Moderne zu charakterisieren.

Rationale politische Diskurse zur Verbesserung regionaler Lebensbedingungen
sind wahrscheinlich eine gute Möglichkeit, dem demagogischen oder gar fundamentalistischen Regionalismus den Wind aus den Segeln zu nehmen. Dazu ist aber eine
der wichtigsten Voraussetzungen, dass weder auf alltäglicher noch auf wissenschaftlicher Ebene »Blut« und »Boden« bzw. »Raum« als zentrale Kategorien der sozialen
Typisierung und auch nicht als Bedingungen sozialer Zugehörigkeit (IGNATIEFF 1994)
betrachtet werden. Vielmehr wäre dem Kern moderner und spät-moderner Wirklichkeiten, dem entscheidungs- und wahlfähigen Subjekt, politisch und methodologisch
Rechnung zu tragen.

So wie es im Sinne von JULIA KRISTEVA (1993) Nationen ohne demagogischen
Nationalismus geben kann, sollte auch eine Geographie möglich sein, die dem sozial-
konstruktiven Charakter von Regionalisierungen gerecht werden kann. Daran zu arbeiten, ist eine der politischen Verantwortlichkeiten aktueller und künftiger Generationen von Sozialgeographen und -geographinnen. Unter Bedingungen globalisierter
Lebensweisen ist nichts wichtiger als ein Weltverständnis, das der Blut-und-Boden-
Rhetorik keine Chance gibt.

Gibt es »Regionen« oder gibt es keine?

Die Frage nach der Existenz oder Nichtexistenz von Regionen provoziert oft voreilige Antworten. Zu überlegen wäre vor allem auch, unter welchen Bedingungen Regionen bestehen können, bzw. in Bezug auf welche Konstruktionen und (wissenschaftlichen) Rekonstruktionen der sozial-kulturellen Wirklichkeit. Die Frage nach den Bedingungen ihres Bestehens verlangt nach einer Klärung der Verfahren ihrer »Etablierung« bzw. ihrer Begrenzung. Dies impliziert die Thematisierung der Regionalisierungsverfahren. Akzeptiert man dies, dann haben die entsprechenden Erörterungen auch auf die Seinsweise, den ontologischen Status von »Region« einzugehen. Dass es Regionen gibt, steht außer Zweifel. Zu klären ist jedoch, wie, als was und für welche Lebensbereiche sie existieren.

»Region« I: Totalisierende Einheit

Die aktuelle Diskussion wird offensichtlich immer noch zu sehr von der Idee beherrscht, dass Regionen als totalisierende Einheiten von Natur, Kultur und Gesellschaft bestehen bzw. bestehen können. Unter spät-modernen Lebensbedingungen wird aber immer offensichtlicher, dass derartige Konstruktionen bestenfalls für traditionelle Lebensformen eine gewisse Plausibilität erreichen konnten. Die Einheitskonstruktion von »Region« entspricht weitgehend einem Weltbild, bei dessen Konstitution die traditionelle Geographie mit ihren (wissenschaftlichen) Regionalisierungsverfahren eine bedeutende Rolle gespielt hat. Deren Ergebnisse dominieren weltweit immer noch die Schulbücher.

Die dort auffindbaren Konstruktionen von »Region« sind denn auch auf natürliche Referenzen zurückgebunden. Sie laufen darauf hinaus, »natürliche« Grundlagen (Klima, Boden, Vegetation usw.), Kultur und Gesellschaft als Einheit darzustellen. »Länder« erscheinen als individuelle »Raumgestalten«, »Gesellschaften« und »Kulturen« als naturgebundene oder gar natur(vor)bestimmte Gegebenheiten. Die entsprechenden wissenschaftlichen *Regionalisierungsverfahren* sind konsequenterweise auf die Suche nach den so genannten »natürlichen Grenzen« von »Kultur« und »Gesellschaft« angelegt. In solchen Konstruktionen finden nationalstaatliche und nationalistische Argumentationen die Basis, um »Nationen« als natürliche Wirklichkeiten erscheinen zu lassen. Die »Natur« wird zum politischen Programm bzw. zur Vorlage der Rechtfertigung politischer Programme. Wie HANS-DIETRICH SCHULTZ (1998) zeigt, durchzieht dieser naturalistische Diskurs nicht nur die Debatte um die »eigentlichen« Grenzen des Deutschen Reiches, sondern die meisten Grenzdebatten europäischer Nationalstaaten Ende des 19. und frühen 20. Jahrhunderts.

»Region« II: Soziale Konstruktion

Basiert das traditionelle Regionsverständnis auf der Korrelierung oder gar Kausalisierung sozial-kultureller Besonderheiten von »Ländern« mit »Natur«, so werden derartige Konstruktionen mit fortschreitender Entankerung zunehmend fragwürdig. Unter modernen und spät-modernen Lebensbedingungen wird offensichtlich, dass »Regionen« nicht natürlicher Art sind, sondern Konstrukte, die auf alltäglichen Regionalisierungsweisen beruhen, Ausdruck sozial-kultureller, insbesondere politischer Praktiken sind. Mit dem Bedeutungsverlust lokaler Traditionen und dem Bedeutungsgewinn von Kommunikationsmitteln, die Handeln über Distanz ermöglichen (Schrift, (Plastik-)Geld, Expertensysteme usw.), lösen sich die vormals allumfassenden räumlichen Kammerungen des gesellschaftlichen Lebens auf. Die Regionalisierungen der verschiedenen Lebensbereiche bilden keine Einheiten mehr, sondern beginnen sich vielschichtig zu überlagern.

»Regionen« waren/sind eigentlich auch unter traditionellen Bedingungen nichts anderes als soziale Konstruktionen. Solange jedoch die Voraussetzungen der Konstitution der Wissensvorräte der Subjekte – als Voraussetzung für deren sinnhafte Wirklichkeitskonstruktionen – auf Grund der verfügbaren Kommunikationsmittel und der räumlich-zeitlichen Verankerung der Traditionen erdräumlich enge Begrenzungen aufweisen/-wiesen, können auch sozial-kulturelle Wirklichkeiten als erdraumgebunden oder gar als physisch-materiell determiniert erscheinen. Das heißt jedoch noch nicht, dass sie es auch waren/sind. Dass sie es prinzipiell nicht sind, wird mit der zunehmenden Wirksamkeit der Entankerungsmechanismen immer deutlicher.

Unmittelbarer Ausdruck davon ist die Krise des Nationalstaates. Geht man davon aus, dass nationalstaatliche Einrichtungen und Institutionen Mittel sind, die territoriale Ordnung von Gesellschaften im normativ-politischen Bereich derart durchzusetzen, dass auch (National-)Ökonomie und Kultur (Bildung, nationale Kunst usw.) darauf verpflichtet werden können, dann können wir heute eine immer stärkere Verselbständigung der beiden letzteren gegenüber der ersteren beobachten. Die alltäglich gelebten Regionen und alltäglich praktizierten Regionalisierungen in ökonomischen und kulturellen Bereichen weisen immer geringere Deckungsgleichheit mit den politischen auf. Das hat im Wesentlichen damit zu tun, dass nur der politische Bereich auf einen eindeutigen Territorialbezug angewiesen ist. Um das verdeutlichen zu können, ist zuerst das entsprechende Verständnis von »Region« und »Regionalisierung« einzuführen.

Unter »*Region*« versteht ANTHONY GIDDENS (1981b:40) einen sozial, über symbolische Markierungen begrenzten Ausschnitt der Situation bzw. des Handlungskontextes, dessen Begrenzung symbolisch an physisch-materiellen Gegebenheiten (Wände, Linien, Flüsse, Täler usw.) festgemacht werden kann. Damit wird der Bedeutungsgehalt von »Region« an die soziale Praxis gebunden, als sinnhaftes Konstrukt verstanden. In dieser Form kann es Orientierungsgehalt für das Handeln erlangen und in diesem Sinne zum Bestandteil des Handelns werden.

Regionalisierung ist dann konsequenterweise zu verstehen als eine alltägliche Praxis, über welche die Markierungen symbolisch besetzt und reproduziert werden und deren Respektierung überwacht wird. Über sie wird gleichzeitig eine Ordnung des Handelns in räumlicher Hinsicht festgelegt, als auch das so geordnete Handeln (normativ) geregelt. Dementsprechend ist auch *Regionalisierung* inhärenter Bestandteil bestimmter sozialer Praktiken, ein sinnhafter, symbolisierender Prozess, der auf soziale Regelungen zielt.

Dabei fällt auf, dass »Regionalisierung« *erstens* primär auf normative Aspekte des Handelns Bezug nimmt und *zweitens* immer einen klaren Territorialbezug aufweist. Beide Aspekte sind derart aufeinander bezogen, dass der Territorialbezug für die Ordnung und Kontrolle des Handelns und der Subjekte eingesetzt wird. Das trifft den Kern nationalstaatlicher Regionalisierungen, deren Ergebnis politische Regionen sind.

Politische Regionen

Politische Regionalisierungen sind im Rahmen nationalstaatlich organisierter Gesellschaften vorab darauf angelegt, den körperbezogenen Gültigkeitsbereich politischer Geltungs- bzw. Machtansprüche festzulegen. Der Territorialnexus ist so angelegt, dass der staatliche Verwaltungsapparat sich auf eine »Nation« bzw. ein »Volk« richtet und dafür auf territoriale Kategorien Bezug nimmt. Damit ist aber noch nicht gesagt, welche Geltungen begrenzt werden sollen. Der Territorialbezug ist jedoch argumentativ als Platzhalter zu sehen, um die Kontrolle der Subjekte *via* deren Körperlichkeit zu erlangen und durchzusetzen. Damit wird das Verhältnis von Macht, Körper und Raum zur zentralen Achse der Reproduktion politischer Regionen. Macht über Territorien zu haben, bedeutet Macht über die Subjekte zu haben, *und zwar vermittels Zugriff auf ihre Körper.* Das Verhältnis von Macht und Raum wird zum Verhältnis von Macht und Körper. Diese Kombination liegt in der Definition des Nationalstaates begründet, gemäß der die Reproduktion seiner Institutionen in den meisten Bereichen eine Territorialordnung impliziert bzw. eine Territorialordnung und -kontrolle beabsichtigt.

Prozesse normativer Regionalisierung beziehen sich sowohl auf kommunaler wie auf nationaler Ebene primär auf das Verhältnis von *Recht* und Territorium. Nationalstaaten sind in diesem Sinne zunächst – wie bereits angedeutet – als Gültigkeitsbereich des nationalen Rechts zu interpretieren, für dessen Aufrechterhaltung staatliche Institutionen besorgt sind. Sie definieren die territoriale Reichweite der *formellen* normativen Aneignungen durch die rechtlichen und politischen Institutionen, denen sich die Personen, die sich in den entsprechenden räumlichen Ausschnitten aufhalten, zu unterwerfen haben.

Die politische »Region« wird damit als eine Institution d. h. als ein in Handlungsregelmäßigkeiten produzierter und reproduzierter Teilbereich sozialer Wirklichkeit verstehbar: als Teilaspekt der Konstitution gesellschaftlicher Wirklichkeit und konsequenterweise als soziale Kategorie. Die Prozesse der Regionalisierung bzw. die Transformationsprozesse von Regionen können gleichzeitig in verschiedenen räumlichen und zeitlichen Dimensionen ablaufen. Bei der Etablierung von Verwaltungsregionen kann man nach ANSSI PAASI (1991) vier Ebenen unterscheiden:

a) die Bildung der territorialen Form der Region,
b) die Bildung der Symbolik,
c) das Entstehen von Institutionen und des Verwaltungsapparates,
d) die Festsetzung der regionalen Einheit in der räumlichen Struktur und im gesellschaftlichen Bewusstsein.

Die entsprechenden Vorgänge können simultan verlaufen, in anderer Ordnung aufeinander folgen oder für jede thematische Zwecksetzung spezifische inhaltliche Interpretationen erfahren: Territorien können unterschiedliche Ausdehnungen, unterschiedliche symbolische Aufladungen und je spezifische Verwaltungsapparate aufweisen.

Die erdraumgebundene bzw. *territoriale Form* einer verwaltungsspezifischen Region entsteht über lokalisierte Praktiken politisch-administrativer Art. Dadurch erhält die Region ihre Begrenzungen. Die Grenze wird somit über institutionelle Regelungen festgelegt. Die *Bildung der Symbolik* vollzieht sich über verschiedene Kommunikationsakte. Die symbolische Sphäre übermittelt historische und traditionelle Elemente und fördert die Reproduktion des sozialen bzw. intersubjektiven Bewusstseins von »Region« als Territorialeinheit. Das *Entstehen der Institutionen* regelt die Reproduktion der sozialen Wirklichkeit »Region« über Handlungsregelmäßigkeiten. Der administrative Apparat sichert die Einheit der normativen Aneignungen auf spezifische thematische Sphären (Wirtschaft, Politik, Kultur usw.). Die *Festsetzung der Region im gesellschaftlichen Bewusstsein* läßt die entsprechende Territorialeinheit als Quasi-Einheit von erdräumlicher Ausdehnung und sozialer Wirklichkeit erscheinen. Die institutionell-administrativen Regelungen erscheinen im gesellschaftlichen Bewusstsein schließlich als räumliches Gefüge.

Sprache, Sprechen und politische Region

Die Sprache ist dabei als ein besonderes Vehikel der normativen Aneignung zu betrachten. Das Verhältnis von Sprache und Territorialität ist seinerseits an das Verhältnis von Sprache und Sprechen gebunden. Die abstrakte Sprache wird sozial erst im Reden und Schreiben wirklich. Trotzdem kann auf institutioneller und administrativer Ebene gerade die Erhaltung der abstrakten Fähigkeit der Gemeinschaft im Vordergrund stehen.

Da Reden und Schreiben an körperliche Subjekte gebunden sind und die Subjekte vermittels ihrer Körperlichkeit ihre Sprechfähigkeit immer unter bestimmten räumlichen Konstellationen praktizieren, kann das Verhältnis von Sprechen und Sprache, Subjekt und Territorium hervorragende soziale Bedeutung erlangen. In Verwaltungs- und Machtbezügen wird diese Relation von Sprechen und Territorium in aller Regel stellvertretend über die Bestimmung des Korrelationsspielraums von Sprache und Territorium geregelt. Da die institutionelle Ebene in der Begegnung nicht aktuell präsent sein kann, sichert sie die abstrakte Fähigkeit der Sprechenden, die Sprache, als Potentialität des Sprechens ab. Staatliche Bildungsinstitutionen vermitteln und kontrollieren in diesem Sinne nicht das Sprechen, sondern die Befähigung dazu in Form des territorial gleichmäßig angebotenen und vermittelten Sprachunterrichts. Derart wird das Prinzip der Territorialität mit der Sprache, ohne dass es in der Verfassung festgehalten zu sein braucht, in bildungsspezifischer Hinsicht institutionell abgesichert und alltagsweltlich reproduziert. Im Sinne der Aktualisierbarkeit der Sprache im Sprechen ist der von JEAN WIDMER (1993:17) formulierte Grundsatz zu verstehen, dass »Sprache« die Körper bewohnt und der Kontakt der Sprachen immer Sprechen und Schreiben körperlicher Subjekte einschließt.

Hier wird die Unterscheidung zwischen der lokal, spontan und nur mündlich praktizierten Mundart und der mündlich und schriftlich praktizierten regionalen resp. nationalen Verkehrssprachen, welche größere Kommunikationsgemeinschaften erst ermöglichen, wichtig. Der Territorialnexus der Sprache bedeutet nicht, dass damit auch für persönlich-private Bereiche festgelegt ist, wie zu sprechen sei. Das Territorialitätsprinzip gilt in aller Regel primär für den institutionellen Bereich des staatlichen Verwaltungsapparates und den öffentlichen Raum politischer Auseinandersetzung und Kommunikation. Das Verhältnis von Sprechen/Sprache und Territorium ist konsequenterweise auch eng an die Konstitution von »Nation« gebunden. Darin sind kaum zu überschätzende Mechanismen der Macht an die Sprache gebunden. Soziale Zugehörigkeit wird in diesem Sinne über Territorialzugang und Sprachbeherrschung festgelegt. Wer territorial und sozial »dazugehören« will, muss die jeweiligen sprachlichen Sprech-Voraussetzungen erfüllen.

Hinsichtlich der »ontologischen« Bedingungen des Verhältnisses von Sprache und Territorium ist mit CLAUDE RAFFESTIN (1978:281, 1995:93) und JEAN-BERNARD RACINE (1995:108f.) darauf hinzuweisen, dass »Sprache« immer nur ein *Mittel* normativer und symbolischer Aneignung bzw. der Territorialisierung sein kann. Dabei können vier verschiedene Formen sprachlicher Aktualisierungen unterschieden werden:

a) lokale und spontane Umgangssprache, die mehr der Gemeinschaftspflege als der Kommunikation dient;

b) regionale oder nationale Verkehrssprache, die unterrichtet wird und Kommunikation über räumliche Distanz ermöglicht;

c) Verweis- und Bezugssprache, welche der Aktualisierung kultureller Traditionen dient und die Kontinuität der Werte über zeitliche Distanz sichert;

d) mythische Sprache, durch welche man die Unverständlichkeit magischer oder religiöser Bezüge erfährt.

Daraus lassen sich vier verschiedene Typen von Territorien bzw. sprachspezifische Regionalisierungen ableiten, die sowohl im Feld des Normativen als auch des Symbolischen anzusiedeln sind:

a) Das Territorium der Kontinuität der Umgangssprache umfaßt die Orte der alltäglichen Routinen, die wir wenig aufmerksam erleben.
b) Das Territorium der Diskontinuität der Verkehrssprachen ist jenes des Tausches, dessen Grenzen sich ständig ändern, weil es sich nach der Art der Tauschbeziehungen richtet.
c) Das Territorium der Referenz mit seiner materiellen und immateriellen Komponente bezieht sich sehr oft auf die Vergangenheit, kann aber auch in eine utopische Zukunft gerichtet sein. Es ist nicht körperlich aufsuchbar, läßt sich aber durch die Sprache so bewohnen.
d) Das sakrale Territorium wird über religiöse und mythologische Texte zu einer Einheit von Materie und Sprache bzw. Bedeutung, wie das bei politischen Mythen in nationalistischen oder regionalistischen Diskursen der Fall ist. Dem sakralen Territorium entspricht eine als heilig betrachtete Sprache. Es ist die durch die Institutionen des Staates zur Nationalsprache hochstilisierte.

Die Unterscheidung dieser vier Typen von Territorien verdeutlicht, dass sich selbst die verschiedensten sprachbezogenen normativen Aneignungen »überlagern« oder besser: je nach Handlungskontext und jeweils auch für verschiedene Subjekte in vielfältigen Bedeutungen koexistieren können.

Regionalisierung und Globalisierung

Akzeptiert man nun die These, dass spät-moderne Gesellschaften auf der Basis von »disembedding mechanisms« (GIDDENS 1991a), Entankerungsmechanismen also existieren, dann wird es notwendig, auch nicht territoriumsgebundene Regionalisierungsformen zu thematisieren.

Trägt man dem Grundprinzip des modernen Weltbildes Rechnung, wonach das erkennende und handelnde Subjekt die zentrale Rolle zugewiesen bekommen hat, dann ist eigentlich auch »Regionalisierung« umfassender zu definieren: als Praxis der Welt-Bindung, der Wiederverankerung, mit der die Subjekte unter globalisierten Bedingungen die Welt auf sich beziehen. Konsequenterweise ist zwischen verschiedenen Typen subjektzentrierter Regionalisierungen zu unterscheiden, wie sie unter den Bedingungen der Globalisierung und entsprechender Entankerungsmechanismen vollzogen werden. Im territoriumsbezogenen Sinne existieren jedenfalls zunehmend nur mehr die normativ-politischen Regionen.

Kapitel 4

Soziale Praktiken und die Geographie des eigenen Lebens

Im Sinne der Dynamisierung des geographischen Weltbildes liegen der Konstruktion der entsprechenden Weltverhältnisse und Wirklichkeiten soziale Praktiken zugrunde, die ihrerseits immer im Kontext spezifischer räumlicher und zeitlicher Bedingungen entworfen und verwirklicht werden. Diese sozialen Praktiken der Welt-Bindung bilden gleichzeitig auch die Grundlage der Konstruktion sozial-kultureller Wirklichkeiten. In dieser gegenseitigen Verwiesenheit zeigen sich die Inhärenz des Sozial-Kulturellen im Geographischen und die des Geographischen im Sozial-Kulturellen.

Dabei sei nochmals darauf hingewiesen, dass damit nicht nur keinem trivialen Naturdeterminismus das Wort geredet wird, sondern überhaupt keinem Determinismus. Einer naturdeterministischen Sichtweise wird dadurch widersprochen, dass mit dem Geographischen im hier gemeinten Sinne nicht die physisch-materiellen Bedingungen des Handelns als bloße Materie und deren kausale Wirksamkeit angesprochen werden, sondern vielmehr die diesen Bedingungen von den Handelnden (auf symbolischer Ebene) selbst zugewiesenen Bedeutungen. Und dem Determinismus im ganz allgemeinen Sinne kann nicht entsprochen werden, weil jede Art des Handelns immer mit dem Horizont der Offenheit, eben der Indeterminiertheit, konfrontiert ist und eine der alltäglichen Schwierigkeiten gerade darin besteht, mit dieser unhintergehbaren Bedingung zu Recht zu kommen. Damit ist selbstverständlich nicht behauptet, dass jedes Handeln unter der Bedingung der vollkommenen Freiheit vollzogen werden kann. Jedes Handeln ist immer und überall spezifischen (strukturellen) Zwängen ausgeliefert, welche zum Teil nur sehr eng begrenzte Möglichkeitsfelder offen lassen. Doch zwischen struktureller Begrenzung und (kausalem) Determinismus ist eine ganz klare Linie zu ziehen.

Mit dem Konzept der Welt-Bindung kann man auf der Basis dieser Prämissen davon ausgehen, dass eine der wichtigen Quellen, aus der heraus gesellschaftliche Macht gespeist wird, in der Beherrschung der räumlichen Bezüge des Handelns – insbesondere jener mit überlokalen und globalen Spannweiten – entspringt. So gesehen kann man nicht mehr von der Macht des Raumes, der Meere oder der Berge sprechen, sondern »nur« von der Fähigkeit der Handelnden, aus der Kontrolle und Beherrschung räumlicher Bezüge Macht zu generieren. Entlang dieser Argumentationslinie sind die Texte dieses Kapitels gegliedert, welche die damit verbundenen Implikationen verdeutlichen können sollten.

Der erste Text, »Geographien des eigenen Lebens« (2001), ist darauf ausgerichtet, die Grundidee der Welt-Bindung anhand des je eigenen Lebensstils von Schülerinnen und Schülern zu illustrieren und das damit verbundene Weltbild für den Geographieunterricht aufzubereiten. Er beruht auf einem Vortrag, den ich im Januar desselben Jahres am Geographischen Institut der Universität Wien gehalten habe. Mit »Europa wird gemacht« wird dieser Ausgangspunkt auf ein konkretes politisches Projekt ange-wendet und weiter ausdifferenziert. Dieses mit ANTJE SCHNEIDER geführte Interview ist im Kontext eines interdisziplinären Projekts der Universität Jena entstanden, das vom »Stifterverband für die Deutsche Wissenschaft« prämiert und gefördert wurde. Ziel des Projektes war es, im Halbjahr der Deutschen Ratspräsidentschaft mit dem Motto: »Europa gelingt gemeinsam« eine handlungszentrierte *bottom up* Grundausrichtung des europäischen Selbstverständnisses zu propagieren.

»Politik« und »Raum« sind – wie die Geschichte zeigt – bereits in den unterschied-lichsten Konstellationen mit zum Teil fatalen Folgen argumentativ zusammengebracht worden. Problematisch wurde es immer dann, wenn aus diesem Zusammendenken Strategien der Raumpolitik abgeleitet wurden. Die deutsche Jugendpolitik ist aktuell einer der Orte, an denen unterschiedliche Konzeptionen von »Sozialraum« als Basis-orientierung zur Diskussion stehen und der kritischen Evaluation unterworfen werden. »Raus aus dem Container« (2004) ging in diesem Zusammenhang aus einem Beitrag zu einem Expertengespräch des Deutschen Jugendinstituts hervor und wurde erstmals als Beitrag zum Sammelband »Grenzen des Sozialraums« (2005) veröffentlicht.

Die Forschungsrichtung der Sozialgeographie der Kinder und Jugendlichen – die vor allem in der US-amerikanischen Geographie aktuell zunehmend starke Beachtung findet und als »neue« Forschungsrichtung propagiert wird – wurde als erste empiri-sche Anwendung der handlungstheoretischen Sozialgeographie bereits ab Mitte der 1980er-Jahre am Geographischen Institut der Universität Zürich in Angriff genom-men. Dabei ist eine Reihe von wichtigen Arbeiten entstanden, deren Ergebnisse leider nie umfassend und systematisch zusammengefasst und aufbereitet werden konnten. »Zur Sozialgeographie der Kinder« (1995) blieb somit die bislang einzige Skizze zur umfassenden Darstellung der Ergebnisse sowie weiterführender Arbeiten.

Geographien des eigenen Lebens.

Wissenschaft und Unterricht[1]

Wir leben heute in einer Phase tief greifender Umgestaltung der geographischen Lebensbedingungen. In Phasen der Umgestaltung treten immer Orientierungsprobleme auf. Die Geographie bzw. geographisches Wissen ist nicht nur im (erd-)oberflächlichen Sinn eine zentrale Voraussetzung der angemessenen Orientierung. Geographisches Wissen ist auch in einem viel tieferen Sinne Orientierungsvoraussetzung. In welch fundamentalen Sinne dies der Fall ist, deutete bereits IMMANUEL KANT in seiner Einschätzung unseres Faches an: »Nichts ist fähiger den gesunden Menschenverstand mehr aufzuhellen, als gerade die Geographie« (KANT 1802:15), denn sie »weiset (...) die Stellen nach, an denen Dinge auf der Erde wirklich zu finden sind« (KANT 1802:9).

Damit meinte er, dass erst die Beschreibung der Erdoberfläche – und die räumliche Ordnung des Wissens – eine aufgeklärte Orientierung und eine Positionierung jeder einzelnen Person, des Ich im räumlichen Kontext ermöglicht. Geographisches Wissen bildet in dieser Einschätzung eine der Kernvoraussetzungen zur Etablierung der Moderne, der modernen Lebensweisen. So gesehen, ist es sicher keine Übertreibung zu sagen, dass erst das geographische Wissen eine Orientierung in der modernen Welt ermöglichte. Das ist sicher auch heute noch so, selbst wenn die Probleme der Übersichtlichkeit andere geworden sind, als zu KANTs Zeiten.

Neue geographische Unübersichtlichkeiten

Die aktuellen Veränderungen der geographischen Grundbedingungen der menschlichen Tätigkeitsvollzüge sind so tief greifend, dass selbst KANTs Einschätzung unseres Faches einer Reformulierung bedarf. Die Veränderung dieser Grundbedingungen liegt auch dem zugrunde, was als »Globalisierung« bezeichnet wird. Unter diesen veränderten Grundbedingungen kann sich die »Aufhellung des gesunden Menschenverstandes« nicht mehr allein auf die Kenntnis des Ortes des Vorkommens von Dingen beschränken. Das ist der Zuständigkeitsbereich der *Geographie der Objekte*, wie sie KANT beschrieben hat.

Was mit den veränderten geographischen Grundbedingungen ins Zentrum rückt, sind die *Geographien der Subjekte*. Diese sind Ausdruck der Fähigkeit, die »Dinge zu sich zu bringen«, die Welt auf sich zu beziehen. In anderer Formulierung: Die Geographien der Subjekte äußern sich als Kapazität der Welt-Bindung. Die gesteigerte

1   Bei diesem Beitrag handelt es sich um eine leicht überarbeitet Fassung des Vortrages mit gleichem Titel am Geographischen Institut der Universität Wien am 18.1.2001. Bei HOLGER GERTEL und TILO FELGENHAUER möchte ich mich für die sorgfältige Durchsicht des Manuskriptes bedanken.

Kapazität, die Welt in umfassendem und tief greifendem Sinne auf sich zu beziehen, führt nicht zur Bedeutungslosigkeit der Geographie der Objekte. Doch je mehr die Möglichkeit zunimmt, die Dinge zu uns zu bringen, desto weniger kann ihre Ordnung ohne Einbezug des Handelns der Subjekte erklärt werden. Damit erlangt auch die Formel vom »Geographie-Machen« – wie sie zuerst von WOLFGANG HARTKE und dann von ANTHONY GIDDENS in die wissenschaftliche Debatte eingebracht wurde – eine neue Bedeutung.

Nachdem FRANCIS FUKUYAMA (1992) die Rede vom »Ende der Geschichte« eingeführt hat, macht jetzt das Gerücht vom »Ende der Geographie« (NEIDHART 1996) die Runde. Die Reichweite des publizistischen Effekts wird jedoch vom Potential der Mißverständnisse noch übertroffen. Denn allzu leicht fällt die Betonung auf »Ende« sowie »Geschichte«/»Geographie«. Konsequenterweise wird dann verstanden, dass in Zukunft weder »Geschichte« noch »Geographie« bedeutsam sein werden: weder auf alltäglicher noch auf wissenschaftlicher Ebene. Legt man die Betonung auf *»der«*, wird lediglich behauptet, dass es zunehmend fragwürdig wird, von *einer einheitlichen* Geschichte bzw. von *der* Geographie (der Dinge) zu sprechen. Sowohl Geschichte wie Geographie sind dann im Plural zu denken. Es geht dann nicht mehr um die Analyse *der* Geographie, sondern um jene der *Geographien.*

Vielfalt der Geographien

Die Akzentuierung der Pluralität von »Geographie« als »Geographien« bringt eine Akzentverschiebung in der Weltbetrachtung zum Ausdruck. Spricht man von *der* Geographie, dann ist damit in aller Regel die räumliche Ordnung und die räumliche Lage der Objekte: die Geographie *der Objekte* angesprochen. Ist jedoch von *den* Geographien die Rede, dann ist damit nicht primär räumliche Ordnung, sondern das »Machen« von Geographien gemeint. Diese Konzentration auf die Konstitutionen von Geographien schließt die Betonung jener Instanz ein, welche diese Geographien generieren: die Subjekte.

Der Kern des Interesses bei der Erforschung und Darstellung der Geographien der Subjekte kann aber gerade nicht mehr in der räumlichen Verortung von Dingen oder der räumlichen Erklärung von räumlichen Erscheinungen bestehen, wie dies etwa HELMUTH KÖCK (1996) noch postuliert. Im Zentrum steht vielmehr – wie angedeutet – die Frage, wie die Subjekte die Welt zu sich bringen, die Frage nach den Weltbezügen, den »Welt-Bindungen«. In ihnen äußert sich die große Vielfalt möglicher alltäglicher Geographien. Die Geographie der Objekte bildet nach wie vor eine Voraussetzung für die Erschließung der Geographien der Subjekte, mehr jedoch nicht.

Die Vielfalt der Geographien der Subjekte hängt von der Vielfalt der Tätigkeiten der Subjekte ab. So wie die subjektzentrierte Geographie eines Frühstücks von der Ernährungsweise abhängt, verhält es sich auch mit anderen Lebensbereichen. Der Weltbezug, der sich im gedeckten Frühstückstisch äußert, ist einerseits – unabhängig davon, *wo* die einzelnen Bestandteile auch immer produziert wurden – Ausdruck der Art der Ernährung, andererseits aber auch der ökonomischen Möglichkeiten (allokative Ressourcen), Güter aus internationalen Warenströmen zur Verfügbarmachung für die persönliche Nutzung herauszulösen. Ähnlich verhält es sich auch mit den Informationsströmen: Die aufgenommen Informationen hängen einerseits von der Programmwahl ab (autoritative Ressourcen), andererseits aber auch von den redaktionellen Vorselektionen verbreitbarer Wissensbestände durch jene Instanzen, welche die Medien der Wissensverbreitung »besitzen«.

Globalisierte Lebenswelten

Der zunehmenden Bedeutung der Geographien der Subjekte liegen dieselben neuen Möglichkeiten zugrunde, welche den Kern der Globalisierung ausmachen. Sie provozieren die paradoxe Situation, dass trotz der Tatsache, dass fast alle Menschen ihr Alltagsleben körperlich ausschließlich in einem lokalen Kontext verbringen, heute die meisten alltäglichen Lebensformen in globale Prozesse eingebettet sind. Im umfassenden Sinne über die Möglichkeit des »Handelns über Distanz« zu verfügen, ist das zentrale Merkmal der Globalisierung und der entsprechenden Geographien der Subjekte. Auf der Grundlage dieser neuen Grundbedingung sind Lokales und Globales ineinander verwoben. Globale Prozesse äußern sich im Lokalen und sind gleichzeitig Ausdruck des Lokalen. Dies ist nicht nur ein wesentliches Merkmal und Voraussetzung der Vielfalt der Geographien der Subjekte, sondern auch der zeitgenössischen, spätmodernen Gesellschaften.

Akzeptiert man diese Einschätzung, dann ist auch der These zuzustimmen, dass die Konstitution jeder gesellschaftlichen Wirklichkeit auf einer spezifischen Art des alltäglichen Geographie-Machens beruht. Ohne damit gleich weitreichende disziplinpolitische Folgerungen inner- und außerhalb der wissenschaftlichen Geographie zu verknüpfen, soll damit auf die fundamentale Bedeutung der sozialgeographischen Analyse für die Konstitution der Weltbilder – gerade und vor allem unter den neuen geographischen Bedingungen – hingewiesen sein. Insgesamt ist die Erforschung der alltäglichen Formen des Geographie-Machens auf die Entwicklung eines zeitgemäßen geographischen Bewusstseins und die Erlangung eines tieferen Verständnisses für die Neugestaltung des Gesellschaft-Raum-Verhältnisses im Vollzug des Globalisierungsprozesses auszurichten. Dafür ist die Generierung eines empirisch begründeten Wissens um die globalen Zusammenhänge der verschiedenen Lebensformen und -stile die erste Voraussetzung. Diese »Aufklärung« ist für die verschiedenen Bereiche und Formen der Weltbezüge der handelnden Subjekte zu leisten. Gelingt dies, kann die wissenschaftliche Geographie wieder jenen Platz einnehmen, den KANT ihr zugedacht hat. Allerdings in Bezug auf völlig veränderte, auf globalisierte Lebensbedingungen.

Lebensformen und geographische Darstellung

Die damit angedeuteten Veränderungen der geographischen Bezüge auf alltagsweltlicher Ebene von den vor-modernen zu den industrialisierten modernen und den spätmodernen globalisierten Bedingungen weisen – im Sinne des phänomenologischen Adäquanz-Postulates für sozialwissenschaftliche Begriffe und Konstruktionen – auch tief greifende Implikationen für die Methodologie der wissenschaftlichen Geographie auf. Gemäß diesem Postulat hat jede wissenschaftliche Disziplin ihre Methoden und Begrifflichkeiten auf ihren Forschungsgegenstand abzustimmen. Neben den allgemeinen Unterschieden zwischen sozial- und naturwissenschaftlichen Forschungsgegenständen hat die sozialgeographische Forschung auch den sich verändernden Verhältnissen der Gesellschaft-Raum-Beziehung Rechnung zu tragen.

Die Frage, in welchen Begriffen das Gesellschaft-Raum-Verhältnis erforscht werden solle, durchzieht die Geschichte der Sozialgeographie wie ein roter Faden. Freilich wird sie nicht immer offen vorgetragen, sondern äußert sich oft lediglich in versteckter Form. Das Kernproblem kann in der Frage zusammengefaßt werden, ob man in räumlichen Kategorien und Begriffen über gesellschaftliche Wirklichkeiten sprechen kann. Es ist bemerkenswert, dass diese Frage für sehr lange Zeit von allen Fachvertretern eindeutig bejaht wurde. Die Aufgabe der Sozialgeographie wurde darin gesehen, eine Geographie des Sozialen zu betreiben, d. h. die sozialen Verhältnisse kartographisch oder in räumlichen Kategorien darzustellen.

Damit hat man KANTs Formulierung, gemäß der die Bedeutung der Geographie – wie gesehen – darin besteht, »die Stellen nachzuweisen, an denen Dinge auf der Erde wirklich zu finden sind«, auf den Bereich des Sozial-Kulturellen ausgedehnt. Um diese Forderung erfüllen zu können, müssen symbolisch-immaterielle Gegebenheiten aber als objekthafte Dinge behandelt werden.

Falls diese Voraussetzungen auf der Ebene der alltagsweltlichen Konstitutionen so gegeben sind, dann führen die entsprechenden wissenschaftlichen Darstellungen nicht zu allzu krassen Verzerrungen. Diese Voraussetzung ist unter prä-modernen Bedingungen am ehesten gegeben.

Gesellschaft-Raum-Verhältnis und mögliche Lebensformen

Traditionelle Lebensformen
In sozialgeographischer Perspektive sind traditionelle Lebensformen[2] idealtypischerweise dadurch zu charakterisieren, dass sie in zeitlicher und räumlicher Hinsicht in hohem Maße stabil, d. h. räumlich und zeitlich *verankert* sind. Die *Stabilität über Zeit* bzw. die Verankerung in zeitlicher Hinsicht ist in der Dominanz der Traditionen begründet. Sie verknüpfen Vergangenheit und Gegenwart und geben sowohl den Rah-

---

2   Vgl. Abb. 1 des 1. Aufsatzes in diesem Band.

men der Orientierung als auch die Grundlage für Begründung und Rechtfertigung der Alltagspraxis ab. Soziale Beziehungen sind vorwiegend durch Verwandtschafts-, Stammes- oder Standesverhältnisse geregelt. Je nach Herkunft, Alter und Geschlecht werden den einzelnen Personen im räumlichen und gesellschaftlichen Kontext klare Positionen zugewiesen.

Die räumliche Abgegrenztheit bzw. die Verankerung in räumlicher Hinsicht ist im niedrigen technischen Stand der verfügbaren Fortbewegungs- und Kommunikationsmittel begründet. Die Vorherrschaft des Fußmarsches und die geringe Verbreitung der Schrift führen zur Beschränkung der kulturellen und sozialen Ausdrucksformen auf den lokalen und regionalen Maßstab. Face-to-Face-Interaktionen sind die dominierende Kommunikationsform. Zudem ist man auf Grund des technischen Standes der Arbeitsgeräte meist gezwungen, sich den natürlichen Bedingungen anzupassen.

In der Alltagspraxis sind zudem räumliche, zeitliche sowie sozial-kulturelle Komponenten auf engste Weise verknüpft. Gemäß traditioneller Muster ist es nicht nur bedeutsam, gewisse Tätigkeiten zu einer bestimmten Zeit zu verrichten, sondern auch an einem bestimmten *Ort* und gelegentlich mit einer festgelegten räumlichen *Ausrichtung*. Derart werden soziale Regelungen und Orientierungsmuster in ausgeprägtem Maße über raum-zeitliche Festlegungen reproduziert und durchgesetzt. Diese Einheit wird meist auf der Basis von Reifikation, d. h. der Vergegenständlichung der Bedeutungen wirksam, mit der aus symbolisch-immateriellen Gegebenheiten objekthaft dingliche werden. Im Reifikationsprozess wird die Unterscheidung zwischen Bezeichnendem und Bezeichnetem aufgehoben. Im Rahmen einer solchen Konstruktion wird beispielsweise »Kult*stätte*« mit »Kult« identifiziert und man sagt, wer diese Stelle unerlaubterweise betrete, der entweihe *den Ort*.

Nationalisierte Lebensformen

Die erste Ausdehnung der Reichweiten wurde auf alltagsweltlicher Ebene mit der Etablierung der Nationalstaaten gekontert. Deren Darstellung wurde in der Geographie mit dem Aufgabenfeld der »Länderkunde« abgedeckt. Der entsprechende Tatsachenblick beherrscht das Fach in didaktischer Hinsicht seither. In der Perspektive der handlungszentrierten Geographie der Subjekte können »Länder« als das Ergebnis bestimmter Praktiken alltäglicher Regionalisierungen verstanden werden. Die dabei dominante Form der Weltbindung ist die räumliche »Containerisierung« gesellschaftlicher Wirklichkeit.

Als zentrale Dimensionen und Mechanismen, die das Verhältnis zwischen sozialen und räumlichen Bedingungen des menschlichen Lebens im Prozess der Modernisierung neu definieren, können Produktions- und Tauschverhältnisse (Kapitalismus), Produktions- und Kommunikationstechnologie (Industrialismus) und die Entstehung mächtiger Verwaltungsapparate (Bürokratisierung) zur Koordination und Kontrolle menschlicher Handlungen – über zunehmend große räumliche und zeitliche Distanzen hinweg – identifiziert werden. Die mit diesen drei Hauptdimensionen verbundenen räumlichen Aspekte und Implikationen können – wie in der Übersicht dargestellt

Übersicht: Hauptdimensionen der Modernisierung | Quelle: WERLEN (2000:45)

	Transformation räumlicher/zeitlicher Bedingungen
Kapitalismus	– Einführung einheitlicher Währungen – Territorialprinzip der Medien des Tausches – Entstehung des Bodenmarktes – Erhebung nationaler Schutzzölle
Industrialismus	– Ausdifferenzierung der Arbeitsteilung – Zunahme sozialer und regionaler Disparitäten – Räumliche Ausdehnung der Produktionsorganisation – Räumliche Ausdehnung der Kommunikationsreichweite
Bürokratisierung	– Steigerung der räumlichen/zeitlichen Koordinationskapazität – Territoriale Überwachung – Territorialisierung von Politik und Recht – Durchsetzung einer nationalen (Hoch-)Sprache

– rekonstruiert werden. Sie stellen Formen und Dimensionen der Territorialisierung moderner Lebensformen dar.

Für das Wirtschaften bezieht sich das *Territorialprinzip* zur Herstellung der Container-Gesellschaft auf die Medien des Tausches (Geld). Zudem ist das nationalstaatliche Territorialprinzip der Volkswirtschaften – der nationalen Ökonomien – an die Erhebung von Schutzzöllen – für die eigene Produktion – entlang nationaler Grenzen gekoppelt.

In enger Beziehung zur Ökonomie stehen natürlich auch *die technischen Erneuerungen und Erfindungen* mit dem parallel dazu verlaufenden Prozess der Arbeitsteilung. Arbeitsteilung impliziert eine Spezialisierung der Produktionsprozesse, die ihrerseits zu erhöhtem Koordinationsbedarf menschlicher Aktivitäten innerhalb eines Betriebes, zwischen Betrieben und Produktionsbereichen sowie staatlicher Kontrolle führen. Der rasche Ausbau sowohl des staatlichen als auch des privaten *Verwaltungsbereichs* in territorialen Kategorien ist in diesem Zusammenhang zu sehen. Denn das nationalstaatliche *Territorialitätsprinzip* ist nicht nur auf Kontrolle und Überwachung angelegt, sondern verlangt auch nach gesteigerter Koordinationskapazität über räumliche und zeitliche Distanzen hinweg.

Neben »Wirtschaft« und »Gesellschaft« werden auch »Politik«, »Recht« und »Kultur« von dieser Neuordnung erfaßt. Die Modernisierung des *politischen Bereichs* äußert sich im Demokratisierungsprozess, mit dem die Bürger und später auch die Bürgerinnen umfassende Wahl- und Stimmrechte erlangen. Demokratische Rechte sind konsequenterweise ebenso mit dem *Territorialprinzip* verknüpft wie deren Überwachung und Kontrolle durch den Polizeiapparat, Gerichtshöfe, Wahlkontrolle sowie lokale, regionale und nationale Parlamente usw.

Ebenso ist der *kulturelle Bereich* in den rationalen Territorialisierungsprozess einbezogen. Dabei spielte die Ausbildung nationaler (Hoch-)Sprachen eine zentrale Rolle. Begleitet wurde dies durch die territoriale Organisation des staatlichen Bildungswesens sowie später der Ausbildung nationaler Rundfunk- und Fernsehanstalten. Dies ermöglichte und förderte die Vereinheitlichung der Wissens- und Informationsvermittlung sowie die Systematisierung von deren Kontrolle und Überwachung in territorialen Kategorien.

Globalisierte Lebensformen
Beim Idealtypus »globalisierte Lebensform« müssen die sozialen Orientierungsinstanzen diskursiver Begründung und Legitimation standhalten. Die räumliche Kammerung wird durch globalisierte Lebenszusammenhänge und die Reifikation durch rationale Konstruktionen ersetzt. In diesem Sinne sind spät-moderne Kultur- und Gesellschaftsbereiche in räumlicher und zeitlicher Hinsicht *entankert*. Die wichtigsten Entankerungsmedien sind Schrift, Geld und technische Artefakte.

Spät-moderne Praktiken sind nicht durch lokale Traditionen fixiert, sondern an global auftretenden Lebensmustern orientiert. Individuellen Entscheidungen steht ein weiter Spielraum offen. Soziale Beziehungen sind nicht über Verwandtschaftssysteme geregelt, sondern können von den Subjekten in hohem Maße gestaltet werden. Die aktuell global auftretenden Generationenkulturen mit ihren spezifischen Lebensformen und -stilen sind Ausdruck dieser Gestaltbarkeit. Soziale Positionen können erlangt bzw. erworben werden und sind weder strikt an das Alter noch an das Geschlecht gebunden.

In *räumlicher Hinsicht* sind die engen Kammerungen in vielerlei Hinsicht aufgehoben. Fortbewegungsmittel ermöglichen ein Höchstmaß an Mobilität. Individuelle Fortbewegungs- und weiträumige Niederlassungsfreiheit implizieren eine Durchmischung verschiedenster – ehemals lokaler – Kulturen auf engstem Raum. Diese Durchmischung koexistiert mit globalen Kommunikationsmöglichkeiten. Sie ermöglichen eine Informationsverbreitung und -lagerung, die nicht an räumliche Anwesenheit gebunden ist. Face-to-Face-Interaktionen bleiben für bestimmte Arten sozialer Beziehungen relevant, doch große Teile der Kommunikation sind technisch vermittelt.

Räumliche und zeitliche Dimensionen sind nicht mit fixen Bedeutungen verknüpft. Sie werden in einzelnen Handlungen von den Subjekten immer wieder neu kombiniert und subjektiv mit spezifischen Bedeutungen verbunden. Das »Wann« und »Wo« sozialer Aktivitäten ist Gegenstand von Absprachen, ist konventionsbedürftig, häufig institutionell geregelt und diskursiv begründet. Räumliche wie zeitliche Dimensionen sind nicht inhaltsbestimmende, sondern nur mehr formale Aspekte menschlicher Tätigkeiten. Sozial-kulturelle Gegebenheiten, räumliche Bedingungen und zeitliche

Abläufe sind in hohem Maße entkoppelt. Sie werden über einzelne Handlungen auf jeweils spezifische Weise immer wieder neu kombiniert und verknüpft.

Es können die folgenden drei Hauptdimensionen der Globalisierung bzw. Typen alltäglicher Geographien als Orientierungsleitlinien dienen:

DIMENSIONEN		FORSCHUNGSBEREICHE
produktiv-konsumtive	alltägliche	Geographien der Produktion Geographien der Konsumtion
politisch-normative	alltägliche	Geographien normativer Aneignung Geographien politischer Kontrolle
informativ-signifikative	alltägliche	Geographien der Information Geographien symbolischer Aneignung

Abb.: Dimensionen der Globalisierung | Quelle: WERLEN (1997:272)

Die Vielfalt der Geographien und die mit ihr verbundenen Orientierungsprobleme sind zu einem beachtlichen Teil in der Neugestaltung des Gesellschaft-Raum-Verhältnisses, die »Globalisierung« genannt wird, begründet. Der Tiefgang dieser Neugestaltung ist in seinem Ausmaß nur mit der Industriellen Revolution vergleichbar. Schloß die industrielle Revolution neue Formen des alltäglichen Geographie-Machens ein, ist die Globalisierung *vor allem* ein neuer Modus des alltäglichen Geographie-Machens. Deshalb kommt der Geographie bei der Bereitstellung des entsprechenden Orientierungswissens eine zentrale Rolle zu.

Ein Leben in Wahrheit

Um ein geographisches Bewusstsein schaffen, ein geographisches Weltbild bereitstellen zu können, das tatsächlich eine praktikable Orientierungshilfe anbieten kann, kann man sich nicht mehr nur auf die Beschreibung der erd-oberflächlichen Erscheinungsformen beziehen. Dieser Aufgabenbereich der Geographie gewinnt zwar deshalb weiterhin an Bedeutung, weil immer mehr Menschen über Distanz untereinander in Beziehung stehen. Zum Verstehen der neuen geographischen Lebensbedingungen ist jedoch eine Konzentration der geographischen Forschung und des Geographieunterrichts auf jene Praktiken notwendig, welche diese neuen Verhältnisse der Globalisierung schaffen.

Worin der Kern der »Geographie der Globalisierung« besteht und wie das entsprechende geographische Bewusstsein beschaffen sein könnte, das in Bezug auf diese neuen Bedingungen in der Lage ist, »den gesunden Menschenverstand aufzuhellen«, bzw. ein tieferes Verständnis der Globalisierung zu ermöglichen, kann natürlich in einem gezwungenermaßen zeitlich eng bemessenen Vortrag nicht umfassend beantwortet werden. Ich möchte hier jedoch einige Anregungen geben, in welche Richtung die entsprechenden Bemühungen gehen könnten.

Wenn wir zunehmend mit globalisierten Lebensbedingungen konfrontiert sind und unser Leben zunehmend in globalisierte Verhältnisse eingebettet ist, dann wird es immer dringlicher, über ein, der eigenen Lebensform entsprechendes geographisches Bewusstsein von der Welt zu verfügen. Dies ist notwendig, um ein möglichst ungetrübtes Selbstverständnis jedes einzelnen Menschen zu ermöglichen: als eine wichtige Teilvoraussetzung für »ein Leben in Wahrheit«, wie es VÁCLAV HAVEL (2000) formuliert.

Erfahrbarkeit der Globalisierung im Alltag

Die räumliche Entankerung vielfältiger Lebensaspekte ermöglicht es, dass nun Bestandteile von zuvor in weit entfernten Gegenden lokal verankerter Lebensformen global auffindbar sind. D. h. dass die Alltagspraxis überall auf der Welt nicht mehr jene traditionelle Uniformität aufweist, welche sie als reine Regionalkultur charakterisieren ließe. An ihre Stelle ist vielmehr eine bisher lokal kaum beobachtbare Vielfalt der Lebensformen getreten, deren Teilmerkmale im Rahmen von globalen Generationskulturen gleichzeitig weltweit auffindbar sind.

Die Erfahrung dieser Äußerungsformen ist im Rahmen der alltäglichen Geographien der Schülerinnen und Schüler selbst möglich. Wenn man diese beispielsweise rekonstruieren läßt, welche Güter, die in die persönlichen Handlungsabläufe integriert werden – von der Ernährung, Kleidung, Körperpflege bis hin zu den Freizeitaktivitäten – mit welchen Warenströmen verbunden sind, welche Wege die ihnen zugänglichen Informationen gegangen sind, wo die Musik, die sie hören, herkommt und von wem diese auch gehört wird usw., können sie erfahren, wie sehr die Ferne aus ihrem Leben verschwunden ist.

Wenn man deren Blick dafür schärft, welche ihrer Lebensbereiche nicht mehr mit dem länderkundlichen Tatsachenblick vereinbar sind, können sie gleichzeitig auch eine Sensibilität dafür gewinnen, wie die »Geographie des eigenen Lebens« (DAUM 1993:65) in die Globalisierungsprozesse eingebettet und an deren Reproduktion beteiligt ist. Diese Sensibilisierung kann gleichzeitig auch als Vorbereitung auf ihre künftigen geographischen Lebensbedingungen verstanden werden.

Um für diese Lebensbedingungen ein angemessenes Verständnis zu gewinnen, ist die Entwicklung eines geographischen Weltbildes, das die Geographien der Subjekte als Ausdruck von deren Handlungsweisen begreifbar macht, als eine der wichtigsten Voraussetzungen zu betrachten. Dass dieses Ziel durch einen Geographieunterricht am besten erreicht werden kann, der Schüler und Schülerinnen selbst in jeder Beziehung als handelnde Subjekte begreift, dürfte auf der Hand liegen.

Soll die Geographie ihre Relevanz für das öffentliche Leben und demokratische politische Diskurse steigern, dann bedarf sie einer Forschungskonzeption, welche den Konsequenzen der Aufklärung Rechnung tragen kann. Diese soll die Entwicklung eines zeitgemäßen geographischen Bewusstseins ermöglichen – eines geographischen Bewusstseins, das aus einem empirisch begründbaren Wissen um die regionalisierenden Zusammenhänge der eigenen Lebensform und -situation besteht. Dazu unter den Bedingungen der Globalisierung beizutragen, betrachte ich als eine der wichtigsten politischen Verantwortlichkeiten aktueller und künftiger Generationen von Geographinnen und Geographen.

Schlussbemerkung

Geht man davon aus, dass die Grundlogik bei der Entwicklung moderner Gesellschaften in der Entfaltung der Handlungspotentiale der Subjekte liegt, folgt daraus auch, dass eine handlungszentrierte wissenschaftliche Sozialgeographie am ehesten in Lange ist, diese Anforderung zu erfüllen.

Für den *geographischen Unterricht* weist die Handlungszentrierung eine doppelte Konsequenz auf. Die *Erste* verlangt nach einer Unterordnung der räumlichen Gliederung der Unterrichtsinhalte unter die »Weltordnung« der handelnden Subjekte bzw. deren Bezüge des Handelns. Die *zweite* Konsequenz impliziert die Überwindung der verhaltenstheoretischen Lerntheorien und daraus abgeleiteter Unterrichtsformen. Nicht »Vermittlung«, sondern »Erfahrbarkeit« sollte das Kernanliegen sein; und zwar die Erfahrung der Globalisierung als Teilbereich des eigenen Alltagslebens. Die »Geographie des eigenen Lebens« kann dafür den geeigneten Ausgangspunkt bilden.

Geht man davon aus, dass »Globalisierung« Ausdruck einer neuen Form des alltäglichen Geographie-Machens darstellt, dann sind, um das damit verbundene Geographieverständnis zu klären, auch die weiteren Implikationen zu verdeutlichen. Unter Bedingungen globalisierter Lebensweisen ist wenig wichtiger als ein Weltverständnis und die Entwicklung eines geographischen Weltbildes, das der Blut-und-Boden-Rethorik keine Chance gibt.

»Europa wird gemacht – Variationen einer bottom-up-Konstruktion«

Das Europa-Projekt im Gespräch mit BENNO WERLEN, Professor für Sozialgeographie in Jena

»Geographien sind nicht, Geographien werden gemacht!« Prof. Werlen, mit dieser Parole und den dahinterstehenden Erkenntnistheorien haben Sie nicht nur innerhalb der zeitgenössischen wissenschaftlichen Geographie für ein Umdenken gesorgt, sondern auch die Geographiedidaktik und Schulgeographie angeregt, ihre Konzepte auf den Prüfstein zu stellen. Davon zeugt ganz besonders das Europa-Projekt mit dem Titel »Europa wird gemacht – Variationen einer bottom up Konstruktion«. Für das Projekt sind Sie als Lieferant einer neuen geographischen Erkenntnisfigur – vom alltäglichen Geographie-Machen – zwar selbst etwas unsichtbar, aber dennoch maßgeblich beteiligt. Wenn Sie nun zurückblicken, welche Gedanken verbinden Sie ganz persönlich mit dem Titel »Europa wird gemacht«?

Ganz frei assoziiert würde man bei diesem Titel mit Blick auf die Geschichte Europas eher an einen technokratischen Zugriff denken, besonders an die vielen Kritiken an das Europa der Technokraten in Brüssel usw. Aber das ist ja nicht der Punkt. Der Punkt hier ist eben das Machen, das Herstellen von Wirklichkeiten. In einer konstruktivistischen Perspektive ist jede Art von Wirklichkeit eine hergestellte Wirklichkeit. Auch wenn wir das auf die politische Ebene beziehen. Das heißt, dass wir versuchen müssen, das Leben in Europa in der alltäglichen Praxis zu begreifen. Ich denke, das ist die Hauptbotschaft des Titels, die transportiert werden soll. Dass eine europäische Wirklichkeit in die alltäglichen Praktiken eingelassen ist und über diese auch hergestellt wird. Es gibt von dem französischen Historiker ERNEST RENAN (1947) ein passendes Zitat: »L'existence de la nation est un plébiscite de tous les jours«. Die Existenz einer Nation ist etwas, was wir jeden Tag wieder neu herstellen. Es ist nicht etwas, was unabhängig von uns existiert und so ist das auch mit Europa. Europa zeigt sich als eine bestimmte Konstellation der politischen Geographie, die täglich reproduziert werden muss.

Sie bezeichnen Europa als eine bestimmte Konstellation von politischer Geographie, besser: des alltäglichen politischen Geographie-Machens. Nun ist das althergebrachte Verständnis von Geographie eher an einer »Geographie der Dinge« orientiert. Ich denke, wir sollten Nicht-Geographen an dieser Stelle aufklären, was denn ein Projekt vom »Europa-Machen« überhaupt mit Geographie zu tun.

In unser Alltagsverständnis tief eingelassen ist eine traditionelle Sichtweise von Geographie. Es wird davon ausgegangen, dass Länder und entsprechend auch politische Wirklichkeiten an sich existieren und, wenn man so will, nichts mit uns zu tun haben. Man lernt frühzeitig, die Länder und die Gegenden nach einem festgelegten geographischen Muster zu erkennen und zu beschreiben. Unterschlagen wird dabei fast immer, dass das, was wir im traditionellen geographischen Blick als an sich existierend ansehen, eigentlich nur im historischen, sozialen, politischen Werden begründet ist. Dann könnte man vielleicht auch Karl Marx zitieren, der sinngemäß äußerte, dass wir die Geschichte machen, aber unter Bedingungen, die meist nicht der eigenen Wahl entspringen. Und so wie die Geschichte immer nur eine gemachte Geschichte ist, sind eben auch die geographischen Verhältnisse immer gemachte Verhältnisse. Im politischen Sinne sind diese geographisch gemachten Verhältnisse in Praktiken begründet, die mit Territorialisierungen verbunden sind. Das ist das, was ich meine, wenn ich vom politischen Geographie-Machen rede. Es handelt sich dabei um eine bestimmte Art und Weise, wie gesellschaftliche Normen, gesetzliche Standards usw. an räumliche Ausdehnungen gekoppelt werden und dann eben als territorial fixiert gelten. Letztlich geht es um die Territorialisierung des Gesellschaftlichen.

Die Logik einer territorial gebundenen Gesellschaftsordnung bedeutet, dass für alle, die sich auf einem bestimmten Territorium befinden, z. B. das gleiche Recht gilt oder dass sie eine gemeinsame Kultur teilen. Um die Unterschiede zwischen einzelnen Gesellschaften oder Kulturen erklären zu können, wird bis heute der Nexus mit der Natur bemüht. Man sagt: »So wie das Wasser nach dem Moos an der Quelle riecht, so riecht auch die Kultur jeder Erdgegend nach ihrer natürlichen Konstellation«. Damit wurde und wird ein Geodeterminismus propagiert, indem die Rechtfertigung für eine territoriale oder staatliche Ordnung an eine höhere Instanz – die Natur – abgetreten wird, um sie möglichst als äußerlich vorgegeben erscheinen zu lassen. Dann ist es die Natur, die vorgibt, wo die wahren Grenzen sind.

Analog zu diesem Weltbild, war das Anliegen der Geographie eine lange Zeit, dass alle Staaten anhand der natürlichen Grenzen festgelegt werden sollten. Anders formuliert, dass der Auftrag der Geographen darin bestand, die Gesetze, die im Boden vorgezeichnet sind, aufzudecken, um die politische Wirklichkeit danach zu gestalten. Das ist die Konstellation, in die das traditionelle geographische Weltbild von Ländern und Landschaften mit ihren jeweils spezifischen Kulturen eingelassen ist. Der springende Punkt bei diesem Weltbild ist, dass man die geographischen Ordnungen nicht als von Menschen gemachte Ordnungen bezeichnet oder betrachtet, sondern als in irgendeiner Art (natur-)räumlich vorgegebene. Diese Logik lässt sich auch für das politische Projekt Europa wiederfinden, konkret mit dem Ziel, die nationalstaatliche Territorialkonstellation zu überwinden, also hin zu einer europäischen Territorialkonstellation.

Aus Ihren Ausführungen lässt sich die Aufforderung ableiten, dass wir im Umgang mit Territorialkonstellationen wie Nationen, Staaten oder Staatengemeinschaften immer mitbedenken, dass es sich dabei nicht um naturbegründete Einheiten, sondern um gemachte Gebilde handelt. Diese Art des geographischen Denkens ist noch jung, nicht ganz unumstritten, gilt aber mittlerweile als etabliert. Was macht es heute so notwendig, sich kritisch mit traditionellen geographischen Weltbeschreibungen auseinander zu setzen? Anders formuliert: Worin genau sehen Sie das Problem mit der alten Geographie?

Wenn man es politisch wendet, besteht das Problem darin, dass man eigentlich schlecht begründen kann, warum auf der einen Seite politisch von einem souveränen Subjekt mit Wahl- und Entscheidungsfähigkeit ausgegangen wird und auf der anderen Seite ein unhinterfragtes geographisches Weltbild existiert, welches unterschwellig voraussetzt, dass die politische Welt naturdeterminiert ist. Das ist nicht ganz schlüssig. Meine Kritik ist, wenn man eine liberal demokratische Gesellschaftsordnung für nicht die schlechteste hält, dann ist auch ein Weltbild notwendig, in dem diese Ordnung ihren Platz hat. Wird hingegen ein Weltbild propagiert, das von der Natur vorgegeben ist und wir selbst damit rein gar nichts zu tun haben, wie können dann noch die Entscheidbarkeit und die Legitimierbarkeit als Grundlagen der Gesellschaftsordnung kompatibel eingebracht werden? Es wird dann widersprüchlich. Etwas allgemeiner gefasst bedeutet das, dass wir ein geographisches Weltbild brauchen, das mit den Grundprinzipien moderner gesellschaftlicher Formationen oder Wirklichkeiten vereinbar ist. Die Grundsätze moderner Demokratien sind latent gefährdet, wenn sie mit regionalistischen oder nationalistischen Weltbildern konfrontiert sind, wie sie übrigens traditionell in der gesamten internationalen Geographie vorkommen. Darin angelegt ist grundsätzlich eine Form von Fundamentalismus. Eine Letztbegründung kann dann nämlich sein: »Das ist einfach so, weil die Natur so ist und das können wir nicht ändern«. Dann können auch demokratische Entscheidungsfindungen durch implizit fundamentalistische Setzungen verhindert bleiben.

Eine Konsequenz Ihrer Argumentation wäre dann, dass den Menschen durch traditionelle geographische Weltbilder in gewisser Weise auch die Möglichkeit zur Verantwortung verwehrt bleibt. Bezogen auf die einseitig territorial gebundene Konstruktion von Europa heißt das, dass ein verantwortungsvolles Nachdenken und Handeln, welches ja zwangsläufig eigene Spielräume der Partizipation voraussetzt, im Kern verhindert wird. Also wenn Europa letztlich die Vereinigung von Territorien (Staaten, Nationen) bedeutet, die sich vermeintlich aus einer höheren Instanz wie der Natur begründen, dann ist es schwierig, über Verantwortung zu reflektieren. Die Möglichkeiten für ein solches Bewusstsein werden mit einem klassischen Raumbild überhaupt nicht transportiert. Mir erscheint das gefährlich für das alltägliche Denken, insbesondere beim Nachdenken über Ihre Anmerkungen zur Entstehung von Fundamentalismen. Sie formulieren eine scharfe These, wenn Sie feststellen, dass in der Art und Weise, wie wir über Länder, Staaten oder Staatengemeinschaften oder eben Europa sprechen, unterschwellig der Keim für Fundamentalismen oder Verantwortungslosigkeit angelegt ist. Darin eingeschlossen ist dann folglich auch die Auseinandersetzung mit Europa in der Schule – im Geographie-, Geschichts- oder Politikunterricht. Nun, was wäre denn zu tun, wenn wir uns jetzt junge Menschen vorstellen, die für Europa aufgeschlossen werden sollen? Für welches Europa sollen oder können sie denn überhaupt sensibilisiert werden?

Ich würde es vielleicht ein wenig anders formulieren. Die traditionelle Art der Weltdarstellung ist sicherlich wenig geeignet, um ein selbstverantwortlich handelndes politisches Subjekt zu fördern. Ich glaube, diese »Das ist jetzt so!«-Haltung ist eher eine resignative Angelegenheit und entsprechend kaum geeignet, einen Beitrag zur Weltoffenheit zu leisten. Dies gilt auch für das Nachdenken über Europa, wenn es in alter Manier an eine besondere Territorialkonstellation zurückgebunden wird.

Ansatzweise war dies auch innerhalb der Kulturcollage zu beobachten, jedoch nur dann, wenn man einzelne Beiträge isoliert herausgreift. Einige Schülergruppen haben auf die Frage ihrer Selbstdarstellung eine regionalistische Antwort gegeben. Sichtbar wird das beispielsweise, wenn Trachten und Volkstänze gezeigt werden. Das entspricht einer Inszenierung im Rückgriff auf die regionale Kultur oder die eine Kultur, die man für nationaltypisch hält. Aber mein Punkt ist, wenn der Blick auf solche Besonderheiten gelenkt wird, dann werden Identitäten über Differenzen gemacht. Es wird mit Ausschließlichkeiten gearbeitet, mit denen das Besondere oder Einmalige einer Nation gegenüber einer anderen herausgestellt werden kann. Konsequenterweise wird es dann eine sehr schwierige Angelegenheit, das Gemeinsame eines europäischen Lebens zu betonen. Das sehe ich als einen der wichtigsten Punkte, weshalb wir zu einem anderen geographischen Verständnis kommen sollten, wenn man Europa als politisches Projekt für sinnvoll hält. Insgesamt brauchen wir dafür eine andere geographische Sicht der Lebensverhältnisse, die über rein nationale, nationalistische und regionalistische Weltsichten hinausreicht.

Wie kann diese geographische Sicht der Lebensverhältnisse aussehen? Und was bedeutet das für die Auseinandersetzung mit Europa und europäischen Kulturen?
Ich möchte das an einem Beispiel verdeutlichen, welches auf den ersten Blick etwas abwegig erscheint. Wir haben seit dem Grundlagenbericht Ende der 1960er-/1970er-Jahre ein erhöhtes Bewusstsein für ökologische Problemkonstellationen in spätmodernen Gesellschaften. Damals wurde es für notwendig erachtet, wieder verstärkt ein ökologisches Denken zu fördern. Man könnte das parallel setzen, wenn wir es heute als wichtig empfinden, für ein europäisches Bewusstsein zu sensibilisieren. Wie wurde versucht, ein ökologisches Bewusstsein anzuregen? Ganz im Sinne des traditionellen geographischen Weltbildes hat man begonnen, die Natur zu reifizieren. Zumindest wurde die Reifikation der Natur nicht aufgelöst. Ganz im alten Sinne des HAECKEL'-schen Lebensraumes ist es die Natur, die uns sagt, was wir tun sollen. Das ist wieder diese Konstellation, dass der (Natur-)Raum als Restriktionsprinzip für das Leben bestimmt wird. Anstatt die Sache umzukehren und zu fragen: »Was wissen *wir* über die Natur und wie müssen *wir* mit unseren natürlichen Lebensbedingungen umgehen?« Für unsere natürlichen Lebensbedingungen gibt es kein Gegenüber, wir sind ja Teil der Natur. Also, wie müssen wir uns als Teil der Natur in ihr bewegen, wenn die eigenen Lebensbedingungen und alles, was dazu gehört, zu einer ausgewogenen balancierten Lebensweise führen sollen? Wie wird es möglich, mit den eigenen Lebensbedingungen längerfristig und in einem umfassenden Sinne nachhaltig umzugehen?
Bezogen auf das europäische Bewusstsein würde diese Umkehrung des Denkens bedeuten, dass man nicht versucht, Altes zunächst als spezifische Regionen oder Länder dingfest zu machen und diese dann auf Europa auszudehnen, sondern, dass man explizit zu einem Bruch kommt und fragt: Was macht es denn aus, sich als Europäer mit anderen Europäern in dieser Erdgegend einzurichten? Der Ansatzpunkt sollte sein, sich als Europäer zu betrachten und nicht wie gewöhnlich als Angehöriger einer

Nation in Europa. Ich spreche davon, einen wirklichen Paradigmenwechsel zu vollziehen und zu fragen: »Was macht es aus, als Europäer in dieser Erdgegend zu leben? Wie kann man sich im Kontext globaler Bezüge als Europäer positionieren?« Das geographische Weltbild heißt dann eben nicht mehr, die Leute in einem vorgegebenen Raum zu beschreiben. Geographie heißt dann, die Weltbezüge der Menschen zu rekonstruieren und zu fragen: »Wie bringen sie die Welt zu sich, indem was sie tun, damit sie bestimmte Dinge tun können?« Die Welt zu sich selbst zu bringen, heißt natürlich, dass es da hochgradige Unterschiede gibt bezüglich der Machtverhältnisse, also das (Un-)Vermögen jedes Einzelnen von dem, was es gibt, etwas zu sich bringen zu können.

Zusammengefasst: Im alten geographischen Weltbild heißt es: »Wie leben die Leute in einem Raum?« Das neue Weltbild wäre: »Wie beziehen sich die Menschen auf die Welt?« Und das, was wir dabei »Welt« nennen, konstituiert sich in diesen Bezügen. Dann wäre zu fragen: Was heißt das nun für Europa, was ist an diesen (Welt-)Bezügen europäisch? Es geht dann primär nicht mehr darum, nach der nationalen Herkunft zu fragen. Ich würde es eher hinderlich finden, wenn man die alten Identitäten und Differenzen wieder mobilisiert. Es müsste primär das Gemeinsame mobilisiert werden. Und wenn wir jetzt von Schule und Unterricht sprechen, heißt das, dass darauf geschaut wird, wie sich junge Menschen unter globalisierten Bedingungen ihr Leben einrichten. Da würde ich stark vermuten, dass bei Jugendlichen weniger die Frage im Vordergrund steht: »Wo kommst du her?« Sondern: »Was machst du als Gleichaltriger, wie gehst du mit dem um, was mich beschäftigt?« Und dann würde man vielleicht eher auf Gemeinsamkeiten aufmerksam werden, z. B. ähnliche Problemlagen. Dann könnte sich weiterführend etwas Europäisches herauskristallisieren, indem man erfährt, wie es in anderen kulturellen Kontexten – das meine ich jetzt nicht primär räumlich, sondern mehr in den verschiedenen gesellschaftlichen Milieus – mit ähnlich gelagerten Problemen umgegangen wird. Das bedeutet, Erfahrungen auszutauschen und vielleicht neue Lösungen zu etablieren. Somit würden nicht durch kulturräumliche Setzungen bereits schon Differenzen eingezogen, die dann das Gemeinsame eher verdecken oder zumindest verschleiern.

Das Ziel des Projekts war ja allgemein die Auseinandersetzung mit der Frage, welche Möglichkeiten, aber auch Grenzen für junge Europäer in ihrem alltäglichen Europa-Machen bedeutsam sind oder werden. Dazu sind einige Produkte entstanden, wovon Sie eines genauer kennengelernt haben – die Kulturcollage »Europa bottom up« als gemeinsames Theaterstück. Wie beurteilen Sie persönlich die Passung des Produkts mit Ihrem Plädoyer für ein zeitgemäßes geographisches, letztlich europäisches Denken? Konnten Sie ihren geforderten Bruch, einen wirklichen Paradigmenwechsel hin zu einer reflektierten Aufarbeitung der Frage, wie junge Europäer ihr Leben in Europa einrichten, beobachten?
Gut, einen Aspekt habe ich vorhin schon angedeutet. Einerseits gab es Einzelbeiträge in der gesamten Komposition mit einem ausgeprägten und unkritischen Regionalbezug. Also Beiträge, in denen das, wovon man glaubte, dass es nationaltypisch sei, in den

Selbstdarstellungen wieder aufgetaucht ist. Das waren nicht alle. Andere wiederum hatten sehr differenzierte Zugänge. Die tschechische Gruppe z. B. hatte einen richtiggehend dekonstruktivistischen Ansatz. Die haben das, was sie glauben oder glauben sollen, in Frage gestellt und versucht aufzubrechen. Für den ersten Fall bin ich ein wenig skeptisch, nämlich dann, wenn für das gemeinsame Europa zunächst der eigene Regionalbezug gestärkt wird. Ich möchte betonen, dass es auch nicht darum geht, irgendwann in Europa mit einem völlig vereinheitlichten Lebensstil konfrontiert zu sein. Es gibt immer Rückbindungen an die regionalen oder lokalen Traditionen. Das soll auch weiterhin so sein. Das ist nicht mein Punkt. Nur wenn man an das Europa als politische Wirklichkeit denkt, dann muss man sich zumindest für diesen Teil auf das Gemeinsame der Menschen besinnen. Wenn das Wir aber ein nationales Wir bleibt, dann betrachte ich es als sehr schwierig, ein gemeinsames Europa hinzubekommen. Das Wir muss ein europäisches werden. Ich muss in der Lage sein, zu fragen, was ich für Europa tun kann und nicht in abgewandelter Form den Kennedy-Satz bemühen: Was kann ich von Europa bekommen? Für Letzteres müsste man das traditionelle geographische Weltbild wieder stark mobilisieren.

Das Theaterstück zeigt, wenn man so will, zwei Ebenen. Die eine Ebene zeigt, wie die Schulen der verschiedenen Länder die Idee aufgegriffen und repräsentiert haben. Die andere Ebene war die dramaturgisch verarbeitete Form aller Einzelbeiträge. Diese wiederum betont entgegen den traditionellen Spuren in einigen Beiträgen eher das Gemeinsame. Zwischen den beiden Ebenen gab es viele interessante Brechungen in Form von ironischen Distanzierungen z. B. zu dem, was man glaubt, was tschechisch ist oder in Form eines völligen Verzichts auf nationale Stereotypen wie z. B. der Chor und die vielen verschiedenen Stimmen Europas.

Mein Gefühl war auch, dass bei Einzelnen vielleicht auch die Anleitungen der Lehrer und Lehrerinnen sehr dominiert haben, dass sie sich eher stark gemacht haben für die regionalen Partikularitäten als für die Idee, ein gemeinsames Stück Europa über die lebensweltlichen Bezüge der Jugendlichen zu machen. Das fand ich schon ein bisschen widersprüchlich. Aber grundsätzlich ist so ein Umdenken auch nicht einfach, man sollte das jetzt nicht zu kritisch sehen. Zunächst ist es erst einmal wichtig, dass die Leute überhaupt zusammen kommen und tatsächlich gemeinsam etwas machen. Das war ja auf der dramaturgischen Ebene deutlich zu sehen. Es ist eher als eine Kritik zu verstehen, die einen nächsten Schritt absteckt. Dann müsste man stärker die Art und Weise der Selbstdarstellungen problematisieren. Also, dass gezielt danach gefragt wird, wie die Darstellung gemacht wurde und warum sie so und nicht anders gewählt wurde. Man könnte sie verändern, neu interpretieren weg von regionalen Differenzen hin zu einer gemeinsamen Idee des Europa-Machens. Man könnte fragen, was es heißt, wenn man die alte Logik überstrapaziert, welches Europa daraus resultieren könnte. Man würde dann vielleicht auf die Schwierigkeiten dieses geographischen Weltverständnisses aufmerksam und den Widerspruch zur gemeinsamen Idee Europa erkennen. Dann könnte man weiterreden und thematisieren, wie schließlich politisch ein Europa gebaut werden kann. Dann ginge es darum, Europa als einen Gegenstand der Entscheidung zu erkennen und nicht als Ausdruck der Naturdeterminiertheit an einer bestimmten Konstellation, die diskursiv nicht hintergehbar ist. Also das wäre mir ein Anliegen. Wenn man das Gemeinsame stark macht, dann kann auch mit der Vielfalt der Lebensformen und der Gewohnheiten besser umgegangen werden. Unter dem Dach des Gemeinsamen kann der Spielraum der Partikularitäten ausgehandelt werden und nicht umgekehrt.

Ich möchte Ihre Kritik gern noch etwas vertiefen. Sie äußern sich skeptisch zu den Beiträgen, die einen starken Regionalbezug herstellen. Aber zeigt uns nicht genau dieser Befund, als wie beständig und möglicherweise bedeutsam sich alte geographische Weltbilder erweisen?
Sie meinen die Verfestigtkeit des alten geographischen Weltbildes. Das ist selbst unter Geographen ein schwer kommunizierbares Problem. Ich meine damit, dass Geographen erkennen und vermitteln, dass auch sie, genau wie Historiker, Anthropologen oder Soziologen, Interpretationsschemata zur Verfügung stellen, nicht mehr und nicht weniger. Wir als Geographen geben bestimmte Vorlagen, wie die Welt in der Wissenschaft oder im Alltag zu interpretieren ist. Das sind immer nur Schemata und nicht die Wirklichkeit selbst. Man könnte mit ROLAND BARTHES (1964) sagen, das sind die »Mythen des Alltags«. Es ist in der Geographie genau so, wie es andernorts ist, dass wir den Dingen Bedeutungen zuschreiben. Wir haben gelernt, die Welt geographisch mit bestimmten Brillen zu sehen. Es ist ein bestimmter Blick, eine Perspektive, die zu einer Art zweiten Natur wird. Es erscheint dann durch die Art des Sehens, als ob die Wirklichkeit tatsächlich so ist, wie wir sie erkennen. Und so verhält es sich auch mit den nationalstaatlichen Dingen oder den länderkundlichen Unterscheidungen. Wir glauben, weil wir die Welt so und nicht anders sehen, ist sie auch so. Dann nimmt man z. B. unhinterfragt an, dass jemand, der die meiste Zeit seines Lebens in einem solchen nationalstaatlichen Container verbracht hat, so ist, wie er ist, weil er eben dort ist oder von dort kommt und damit einen nationaltypischen Charakter hat. Diese Vorstellungen sind tief in unser alltägliches Denken eingelassen. Nur ist das Problem, dass die Geographie mit dieser Art von Weltdeutung ein Angebot macht, welches tief ins 17. und 18. Jahrhundert verstrickt ist und heute, wenn überhaupt, nur noch für bestimmte Lebensaspekte zutreffend ist. Wir haben heute in einer globalisierten Welt eine völlig andere Konstellation an Lebensbedingungen.

Etwas provokativ formuliert, könnte man dann sagen: »Die Welt, so wie wir sie heute im Alltag erleben, passt nicht zu unseren Raumvorstellungen?« Für die alltäglichen Erfahrungen entspräche das meines Erachtens einer tiefen Verstörung. Wenn in einer als unübersichtlich propagierten Welt eine letzte vermeintlich sichere Bastion wie der Raum auch noch in Frage gestellt wird? Wenn wir das ernst nehmen, dürfen wir nun nicht einmal mehr die klassischen Räume – Nationen, Kulturen, Länder, Landschaften etc. – thematisieren. Ich bin mir sehr unsicher, wie man im eigenen Leben oder im Beruf als Lehrer mit einer solchen Irritation umgehen soll? Ich glaube entgegen Ihrer Kritik, dass der Befund, also, dass plötzlich in einem Projekt zum Europa-Machen diese alten geographischen Weltbilder wieder auftauchen, nicht zwangsläufig nur die von

Lehrern aufgesetzten Weltbilder widerspiegelt. Ich glaube, dass die klassischen Räume – wenn Schüler undistanziert Volkstänze und Trachten aufführen – ein Stück weit die Realität und Bedürfnisse der Schüler selbst abbildet. Kann es nicht auch sein, dass sie sozusagen aus Mangel an alternativen Interpretationen oder aus einfachen menschlichen Sehnsüchten heraus regionalistische Antworten auf die Frage ihrer Selbstdarstellung geben? Kann es nicht auch sein, dass diese Antworten kommen, weil man sie so gern haben möchte? Ich frage Sie, wie kann man das tatsächlich angehen, dass junge Leute Orientierungen auch außerhalb von Mythen finden?

Gut, ich habe da auch keine klare Position. Man könnte ganz einfach sagen: »Tja, wer die Freiheit will, der muss auch die mit höheren Freiheitsgraden in Kauf zu nehmenden Schmerzen ertragen«. Frei entscheiden zu können, ist nicht nur angenehm. Mit jeder Entscheidung ist auch die Verantwortung verbunden und die wird einem nicht abgenommen. Es gibt keine große Erzählung mehr, die einem sagt, was gut oder schlecht, richtig oder falsch ist. Man ist dann, wie es die Existentialisten sagen, auf sich selbst zurückgeworfen. Für viele ist es eine bittere Erkenntnis, dass die Zunahme an Entscheidungsfreiheiten auch mit wachsenden Verantwortlichkeiten einhergeht und im Falle des Scheiterns eben auch mit entsprechenden Schmerzen. Und mit den alten geographischen Weltbildern scheitert man gelegentlich eher, wenn man bedenkt, dass das Containerdenken ja weit über das Geographische hinaus geht. Man glaubt z. B., dass das Nahe das Sichere und das Ferne das Gefährliche ist. Das stimmt so auch nicht. Manchmal wird der kleinste und naheliegendste Container bereits zur Hölle. Denken wir an das Beispiel Frühsommer in Österreich oder einfach an die Unfallstatistiken, denen man entnehmen kann, dass der unsicherste Ort die eigene Wohnung ist. »Alles Gute liegt so nah!« – das sind so Dinge, die wir uns konstruieren, um mit der Welt zurecht zu kommen. Andererseits sind diese Dinge auch wichtig, weil man sich damit eine gewisse Vertrautheit mit seiner Umgebung aufbaut und sich dann so etwas wie eine Seinsgewissheit sedimentieren kann. Dagegen ist nichts zu sagen, es ist in gewissem Sinne auch eine existentielle Notwendigkeit. Aber es besteht bei allzu großer Leichtfertigkeit immer die Gefahr, dass solche Mythen eher Täuschungen provozieren, so wie es bei den Nationalcontainern oft der Fall ist. Das Verwirrende hierbei ist, dass man nicht nur im metaphorischen, sondern auch im praktischen Sinne Grenzen hochzieht. Und wenn dann diejenigen, die einem solchen Container nicht angehören, plötzlich als Feinde deklariert werden, dann wird es mitunter sehr problematisch.

Ich denke, es ist insgesamt sehr schwierig, zwischen Sehnsüchten und Wahrheiten zu unterscheiden und das auch noch erkennbar zu vermitteln. Wenn man wirklich verstehen will, wie das Leben in einer globalisierten Welt funktioniert, dann geht das am besten, wenn man die Leute fragt, wie sie in die geographischen Weltbezüge ihr Leben eingelassen haben. Es geht darum, erfahrbar zu machen, was Geographie heute im Alltag bedeutet. Und das hat real kaum was mit den Containern zu tun. Bei allem, was wir tun: Unser Handeln ist verstrickt in globale Bezüge. Ich glaube, dass fast alles durchdrungen ist z. B. vom globalen Produktaustausch. Ich sag immer, ein Blick auf den Frühstückstisch kann dafür sehr erhellend sein. Aber nicht nur auf der materiellen Ebene, sondern auch bei Informationen, Werthaltungen usw. ist das sogar in viel stärkerem Maße der Fall. Oder denken wir an die finanziellen Ströme. Wenn man sich dann eben in einem Container in Sicherheit wiegt und glaubt, dass der Immobilienmarkt der USA mit den sächsischen Wirtschaftsverhältnissen nix zu tun hat, dann fällt man eben ins Loch. Das sind heute die Wirklichkeiten.

Wird dagegen jedoch ein Weltbild propagiert, dass sich von dem, wie die Leute tatsächlich leben, so immens unterscheidet und immer weiter entfernt, dann kann das keine Lebenshilfe mehr abgeben. Ich würde sogar behaupten, dass es Lebensprobleme befördert als zur Hilfe zu werden. Und ich glaube, behaupten zu können, dass das geographische Weltbild in Bezug darauf, wie der größte Teil der Menschen lebt, keinen Anschluss mehr hat. Dass es Sehnsüchte befriedigt, das ist natürlich unbestritten. Aber das, was die Leute praktisch und pragmatisch motiviert täglich tun und auch auszuhalten haben, das hat immer weniger mit stabilisierten Kulturen, Naturen oder sonst welchen Harmonien zu tun.

Für die Schulpraxis angewendet: Bedeutet das nicht in erster Linie ein Umdenken aufseiten der Lehrer, die so oft die alte Geographie in Reinform repräsentieren? Bedeutet das nicht, dass ich mir als Lehrer meiner eigenen impliziten Vorstellungen oder Weltbilder bewusst werde? Dass ich mir so auch bewusst werde, dass ich z. B. vom Europa-Machen aus der Perspektive junger Leute kaum eine Ahnung habe?
Ich habe eine sehr interessante Beobachtung gemacht als das Theaterstück vorbei war. Ich glaube zu erinnern, als ich am Weggehen war, dass dann die Jugendlichen Musik gemacht haben. Die Erwachsenen waren raus und die jungen Leute waren wirklich unter sich. Ich hab mich dann gefragt: War das vorher alles nur, weil die Erwachsenen es so gewollt haben, dass es so ist? Die Erwachsenen waren weg, dann haben sie ein richtiges gemeinsames Ding gemacht. Und genau das ist für mich ein Ausgangspunkt. Ich hab mich gefragt: »Was kann es sein, was wir gemeinsam machen können?« Das würde bedeuten, eher von der Seite zu schauen, darauf, was wie gemacht wurde und was daraus entstanden ist. Man könnte sagen: »Aha, das war die Idee, das ist auch dabei herausgekommen, was ist es und wie passt es zu dem, was ich mir als Lehrer vorgestellt hab?« Und genau das gilt es zu thematisieren.

Das entspräche einem Bestreben, auch unsere eigenen Konstitutionsleistungen, die wir eingeübt haben und in unserem Handeln aktualisieren, aufzudecken. Gemäß dem phänomenologischen Leitsatz zu den Dingen oder Sachen selbst vorzudringen. Dann müsste man darauf schauen, wie orientieren sich die Menschen in der Welt ohne (unsere) vorgefertigten geographischen Weltbilder. Auf diesen Beobachtungen aufbauend gilt es Angebote zu machen, einen Dialog zu entwickeln, indem die Denkwelten der jungen Leute verhandelt werden können. Das bedeutet ein Dialog ausgehend von einer Tabula rasa der Bedeutungsfelder. Dabei würde ich auch den Europa-Bezug vermeiden, weil damit ja immerhin schon eine kartographische Konstruktion für die meisten Menschen verbunden ist. Das ist dann auch schon wieder das Interpretationsmuster, dass Europa eine vorgegebene begrenzte Landmasse ist. Eine spannende Sache ist doch der Versuch, die Bedeutungen von geographischen Weltdeutungen mit Jugendlichen aufzudecken, die an einem Ort zusammentreffen, um gemeinsam etwas zu machen. Junge Menschen haben die alten Weltbilder noch nicht so verinnerlicht. Das sind Menschen, die noch nicht so ideologisch unterwegs sind und sich zunehmend bewusst ihr Leben auf diesem Planeten einrichten. Darin steckt ein großes Potential.

Wird dieses Potential genutzt? Wie beurteilen Sie insgesamt die Rezeption dieser neuen Geographie in der gesellschaftlichen Praxis z. B. in den Schulen, in den Medien, im Alltag?
Ich sehe besonders unter Leuten, die Geographie studieren, dass eine hohe Resonanz vorhanden ist, auch wenn es mehr gefühlt als verstanden wird. Mein Eindruck ist auch, dass diese andere Art von Geographie eine höhere interdisziplinäre Anschlussfähigkeit hat als alles, was nach dem 2. Weltkrieg an Angeboten da war. Eine hochproblematische Ausnahme bildet natürlich die deutsche Geopolitik. Es wird allerdings dauern, bis eine solche Sichtweise auch medial und öffentlich anschlussfähig wird. Dazu braucht man vor allem junge Leute, die anfangen, öffentlich Fragen zu stellen. Aber was die Schule insgesamt betrifft, bin ich skeptisch. Es finden intensive Bemühungen statt vor allem hier in Jena. Das »Europa-Machen Projekt« demonstriert das ja auch. Wenn jedoch die entscheidenden Stellen in den Behörden – dort wo die Curricula entstehen – von Personen besetzt sind, die unkritisch für die alten geographischen Weltbilder eintreten, dann bin ich skeptisch. Die höheren Entscheidungen für die Bestimmung von Lehrinhalten treffen meist Leute, die der Geographie des ausgehenden 19. Jahrhunderts anhängen. Diese Entscheidungen prägen die Ausstattung der Geographie in den Schulen – mit einer Wochenstunde, entsprechenden Lehrmaterialien usw. Mir scheint es dann schwierig für den einzelnen Lehrer, tatsächlich etwas anderes zu machen.

Das Einzige, was man machen kann, ist immer wieder an entscheidenden Stellen aufzuzeigen, und ein Bewusstsein dafür zu schaffen dafür, wie problematisch das Containerdenken ist. Es muss gezeigt werden, was es bedeuten kann, ein solches weiter zu verbreiten. Der übliche institutionelle Weg scheint mir dafür wenig geeignet. Engagierte Projekte wie »Europa wird gemacht« sind solche Momente, die auch für eine breite Öffentlichkeit zugänglich werden. Aber vielleicht helfen auch Sätze wie: Wenn man in den USA nicht alle Formen von Geographie aus fast allen Schulen verbannt hätte, wenn nicht alle Formen von Kulturunterricht im kulturgeographischen oder kulturanthropologischen Sinne verbannt wären, hätte es die letzte oder immer noch aktuelle amerikanische Regierung sicher nicht so leicht gehabt, ein Kriegsszenario zu stiften. Das Beispiel veranschaulicht sehr gut, was es bedeuten kann, auf ein geographisches Bewusstsein offiziell zu verzichten.

Was kann man daraus lernen für die Zukunft Europas?
Für die Zukunft Europas heißt es also besonders, ein Bewusstsein für ein ehrliches geographisches Weltbild zu entwickeln. Ehrlich ist ein Weltbild, wenn es erkennen lässt, dass die Menschen in globale Bezüge eingebettet sind, ob sie wollen oder nicht. Das wäre mir ein Anliegen für die Geographien junger Leute in Europa. Sie müssen erkennen und damit umgehen lernen, dass, wie sie hier leben, nicht unabhängig von

dem geschieht, was weltweit passiert und umgekehrt, dass die Art und Weise, wie sie hier leben, auch globale Implikationen hat. Entsteht ein Bewusstsein für die eigene Involviertheit in die Welt, dann eröffnen sich Handlungsspielräume und unweigerlich die Möglichkeit und der Zwang für Verantwortlichkeit, nicht nur für Europa, sondern auch darüber hinaus.

Vielen Dank für das Gespräch!

Raus aus dem Container.

Ein sozialgeographischer Blick auf die aktuelle (Sozial-)Raumdiskussion

Es ist bemerkenswert, in welchen argumentativen Zusammenhängen im letzten Jahrzehnt räumliche Begriffe zunehmend auftauchen, in alltäglichen wie in wissenschaftlichen Kontexten. Der amerikanische Sozialgeograph EDWARD SOJA (1989) bezeichnet die Verräumlichung der Weltdeutung als »spatial turn«. Von anderen Beobachtern der Entwicklung wird diese Entwicklung auch als »geographische Wende« in den Sozial-, Kultur- und Wirtschaftswissenschaften bezeichnet. Im Vollzuge dieser Wende werden zunehmend alle möglichen Lebensbereiche sprachlich verräumlicht. Formulierungen wie »Jugendräume«, »Menschen in sozialen Brennpunkten«, »soziale Problemräume« sind im sozialen Kontext ebenso Ausdruck davon wie »Kulturraum« (HUNTINGTON 1993, 1996) im Kontext der Kulturwissenschaften.

Interessanterweise ging dieser Wende in der Sozialgeographie rund ein weiteres Jahrzehnt früher eine sozialwissenschaftliche Wende voraus, in deren Vollzug gerade die unkontrollierte Verräumlichung gesellschaftlicher Gegebenheiten zuoberst auf der Prioritätenliste der Rekonstitution des geographischen Tatsachenblicks stand. In dieser Konstellation gelangte ANTHONY GIDDENS (1988a:427) im letzten Satz seines einflussreichen Werkes die »Die Konstitution der Gesellschaft« zu der Einschätzung, dass es »keine logischen und methodologischen Differenzen zwischen Humangeographie und Soziologie« gibt. Diese Einstufung kann aber nur dann zutreffend sein, wenn die Sozialwissenschaften beim Einbezug räumlicher Aspekte nicht genau in jene Raumfalle tappen, aus der sich die Sozialgeographie eben erst so mühsam befreit hat. Kann dies nicht vermieden werden, lädt man sich jene Probleme auf, die sowohl für empirische Raumforschung als auch für unterschiedliche Spielformen der traditionellen Geopolitik[1] charakteristisch sind.

Es ist nicht nur für eine wirkungsvolle Sozialpolitik, sondern auch für jede Art der sozialwissenschaftlichen Erschließung sozialer Praxis von grundlegender Bedeutung, neben der zeitlichen auch der räumlichen Dimension gesellschaftlichen Zusammenlebens angemessen Rechnung zu tragen. Denn räumliche Konstellationen des sozialen Lebens sind ebenso von fundamentaler Bedeutung wie historische Konstellationen. Konsequenterweise hat jede Auseinandersetzung mit sozialen, kulturellen und wirtschaftlichen Aspekten menschlichen Handelns den räumlichen Dimensionen Rechnung zu tragen. Das bedeutet für die Sozialwissenschaften, sich im umfassenden Sinne von der Raumvergessenheit zu verabschieden.

Um räumlichen Kontexten und Bezügen sozialen Handelns angemessen Rechnung tragen zu können, sind diese – so lautet die hier vertretene Kernthese – jedoch

---

[1] Vgl. dazu HAUSHOFER (1935, 1940), KJELLÉN (1917), LACOSTE (1990).

selbst als Elemente sozialer Praxis zu begreifen und nicht als physisch-materielles Behältnis. Das ist die Lehre, die man aus der über hundertjährigen Geschichte der Sozialgeographie, der Wissenschaft der Gesellschaft-Raum-Analyse, ziehen kann. Um die Implikationen und die möglichen Gewinne aus dieser Lehre für die Sozial(raum)politik verdeutlichen zu können, sind zuerst die Grundzüge räumlicher Darstellungen des Sozialen und die Implikationen der Containerisierung des Sozialen zu verdeutlichen.

Gesellschaftliches in räumlicher Darstellung

Als übergeordnetes Problemfeld aller Fragen nach »sozialen Räumen« ist das Verhältnis von Gesellschaft und Raum und dessen Bearbeitung in geographischen und soziologischen Perspektiven zu betrachten. Es ist bemerkenswert, dass die meisten der bisherigen Versuche, soziale und räumliche Dimensionen des menschlichen Handelns theoretisch-konzeptionell zu fassen, in aller Regel zu reduktionistischen Repräsentationen des Sozialen führten. Diese Tendenz ist einerseits in fachhistorischen Entwicklungen angelegt, andererseits in den naturwissenschaftlichen Bezügen bei der sozialwissenschaftlichen Thematisierung des Räumlichen. Beiden Aspekten soll hier nachgegangen werden.

Fragen nach dem Verhältnis von Gesellschaft und Raum sind seit Beginn des 20. Jahrhunderts mit zunehmender Konsequenz aus der soziologischen Forschungsperspektive ausgeblendet worden. Für den deutschsprachigen Kontext ist dies an die Durchsetzung des Verständnisses der Soziologie als *verstehende Wissenschaft* gebunden, wie es von MAX WEBER in seinem Vortrag am ersten deutschen Soziologentag von 1910 in Frankfurt am Main, seiner Diskussionsrede auf dem 2. Deutschen Soziologentag 1912 und späteren Schriften (WEBER 1913) betont und vor allem von FERDINAND TÖNNIES unterstützt wurde.[2] Bildeten zuvor – wie MICHAEL WEINGARTEN (2003:136ff.) zeigt – Konzepte wie »Volk«, »Dorf« und »Familie« den Schwerpunkt, sind es nun »Gesellschaft«, »Gemeinschaft« und »subjektiv gemeinter Sinn«.

Bei der fachhistorischen Entwicklung geht es im deutschsprachigen Kontext deshalb um die Ausblendung von »Raum«, weil derart jeder Bezug zu vulgären Materialismen vermieden werden soll. Damit ist gemeint, dass Erklärungen sozial-kultureller Verhältnisse durch biologisch-materielle Konstellationen, insbesondere der »Natur« einer Erdgegend, eine Absage erteilt wurde. Doch diese strikte Trennung von sinnhaft konstruierter sozialer Wirklichkeit und den räumlichen Bedingungen des Handelns muss in Kauf nehmen, dass wichtige Aspekte der sozialen Praxis von der argumentativen Zugänglichkeit abgeschottet werden. Konsequenterweise besteht eine der großen Herausforderungen der sinnzentrierten Sozialtheorie im nicht reduktionistischen Einbezug der räumlichen Komponente.

2   Vgl. WEBER (1980).

Wie begründet die Abneigung gegen jede Form der platten Verräumlichung durch die sinn-orientierte Soziologie war, zeigt der humanökologische Ansatz der Chicagoer Stadtsoziologie.

Die Beobachtung der Pflanzenökologie von JOHANNES EUGENIUS WARMING, dass verschiedene Pflanzenarten dazu neigen, permanente Gruppen in bestimmten räumlichen Konstellationen zu bilden, reichte ROBERT E. PARK (1974:90) offensichtlich für eine Orientierung an biologistischen Analogien aus. Die Raumzentrierung sozialer Analysen und Erklärungen wurde mit dem beobachteten räumlichen Mosaik gesellschaftlicher Formationen gerechtfertigt. So wird es als möglich erachtet, »all die Dinge, die wir normalerweise als sozial bezeichnen, schließlich in den Begriffen von Raum und Positionsveränderung (…) zu fassen und zu beschreiben« (PARK 1974:96). Räumliches wird konsequenterweise zum Index für Erklärungen des Sozialen.

Diese Argumentation ist Ausdruck einer fatalen argumentativen Verwerfung, die für zahlreiche morphologische Folgerungen typisch ist. Dabei wird die beobachtete Äußerungs*form* zum Element der Erklärung erhoben, ohne dass der Zusammenhang zwischen Form und gestalterischer »Kraft« bzw. gestalterischem Prozess zuvor differenziert geklärt worden ist. Diese Unterlassung, so könnte man hypothetisch postulieren, eröffnet dann der Beliebigkeit der Analogien – so beispielsweise biologische Analogien für soziale Wirklichkeiten – ein breites Feld problematischer Kreativität.

Das Problematische daran ist, dass die biologische Komponente sozialer Prozesse und Konstellationen, die in aller Regel in der Körperlichkeit der Handelnden besteht, nicht das Soziale selbst ausmachen können. Es ist die notwendige Bedingung des Sozialen, aber weder das Soziale selbst, noch dessen Ursache. Da die traditionellen Raumbegriffe lediglich auf die Repräsentation ausgedehnter, körperlicher Gegebenheiten »zugeschnitten« sind, erlangen die physisch-materiellen/biologischen Gegebenheiten bei der sozialräumlichen Analyse von Situationen des Handelns eine reduktionistische Überbetonung.

Das Reduktionistische liegt darin begründet, dass mit der einseitigen räumlichen Repräsentation lediglich die materielle Komponente mit ihrer Verortung berücksichtigt wird, nicht jedoch deren sinnhafte Komponente, die in sozialer Hinsicht jedoch gerade von vorrangiger Bedeutung wäre. So erlangt das Materielle argumentativ (mindestens implizit) sinnstiftenden Gehalt. Dementsprechend schließen die Versuche der räumlichen Erklärungen des Sozialen eine argumentative Überstrapazierung des Materiellen ein. Folglich geraten räumliche Erklärungen des Sozialen (zwingend) in die Nähe vulgär-materialistischer Argumentationsmuster.

Sozialräume und Sozialpolitik

Damit ist eine der problematischen Seiten der Redeweise von »*Sozialräumen*« im Kontext erdräumlicher Verortung angesprochen. Ganz im Sinne der traditionellen Sozialgeographie wird hier eine Geographie des Gesellschaftlichen propagiert, welche

»Sozialräume« als Orte des Sozialen bzw. sozialer Probleme betrachten. Weil die räumlich beobachtbare Äußerungsform des Sozialen nicht der Grund oder gar die Ursache eines gesellschaftlichen Prozesses sein kann, darf sie auch nicht zum zentralen Element einer sozialen Erklärung gemacht werden. Ebensowenig kann der Äußerungsort einer sozialen Problemlage das soziale Problem selbst sein. Dieser Zusammenhang müsste aber gegeben sein, wenn die Maßnahmen der Problembeseitigung – wie im Konzept »soziale Brennpunkte« – orts- und raumzentriert erfolgen sollen.

Das Kernproblem jeder Sozialforschung, welche räumliche Kontexte als eine wichtige Komponente sozialer Praxis betrachtet, besteht darin, die Bedeutung des Physisch-Materiellen mit seiner räumlichen Ordnung in die Analyse einzubeziehen, ohne dass Kulturelles und Soziales auf erdräumlich lokalisierbare Materie reduziert wird. Konsequenterweise ist zu klären, wie das Verhältnis von sozialem Zusammenhang und räumlicher Dimension befriedigend geklärt werden kann, ohne dass man einem unangemessenen Reduktionismus verfällt. Daran schließt dann schließlich die Frage an, in welchem Sinne und Maße über soziale Raumpolitik auch Gesellschaftspolitik betrieben werden kann.

In aller Regel ist die feststellbare Logik bisheriger Versuche dieselbe, wie sie bereits skizziert wurde: Die politischen Interventionen richten sich auf die räumliche Äußerungsform des Sozialen, jedoch nicht auf die Bedeutung räumlicher Konnotationen als Mittel der Durchsetzung einer bestimmten Politik. Diesem argumentativen Szenario entsprechen offensichtlich auch große Teile der sozialraumzentrierten Praktiken der deutschen Jugendpolitik. Ist man jedoch bestrebt, soziale Brennpunkte mit raumzentrierten Maßnahmen zu sanieren, kommt dies einer Symptombekämpfung gleich, der – wie HARTMUT HÄUSSERMANN (2001:38) zu Recht betont – ähnlich wenig Erfolg beschieden sein kann, wie der Erwartung, die Feuerwehr könne die Ursachen des Brandes beseitigen.

Dies ist aber gerade einer der charakteristischen Züge des E&C-Programms. Die im Rahmen der »Sozialen Stadt« ausgewiesenen »Stadtteile mit besonderem Entwicklungsbedarf« werden als Brennpunkte sozialer Konflikte bezeichnet. Gemeint sind damit Wohngebiete, »in denen Faktoren, die die Lebensbedingungen ihrer Bewohner und insbesondere die Entwicklungschancen von Kindern und Jugendlichen negativ bestimmen, gehäuft auftreten« (DEUTSCHER STÄDTETAG 1979:12). Wie zuvor im allgemeinen Zusammenhang beschrieben, werden hier Äußerungsort und (räumliche) Äußerungsform mindestens implizit als kausale Instanzen betrachtet. Ansonsten würde es wohl wenig Sinn machen, die Bemühungen um die Entwicklung der Ressourcen und Chancen junger Menschen im Sinne des INSTITUTS FÜR SOZIALE ARBEIT (2001:11) *raumzentriert* auf die drei Kernpunkte »Gemeinwesenarbeit«, »Lebenswelt-« und »Dienstleistungsorientierung« zu richten. Diese Ausrichtung der Maßnahmen kann als räumliche Sozialpolitik charakterisiert werden und ist in dem hier entwickelten Argumentationsmuster als Konsequenz eines doppelten Trugschlusses zu qualifizieren: sowohl eines morphologischen als auch eines reduktionistischen.

Es ist bemerkenswert, dass zur angemessenen Erschließung dieser Zusammenhänge auch jene Theorien der sozialen Praxis wenig hilfreich sind, welche der räumlichen Komponente besondere Aufmerksamkeit zukommen lassen.

Grundzüge und Implikationen der Containerisierung

Die bisherigen Versuche, die räumliche Komponente in die theoretische Perspektive des Blicks auf soziale Praktiken einzubeziehen, gehen davon aus, »Raum« weitgehend als vorgegeben zu betrachten und sich dabei – mehr oder weniger unbemerkt – auf physikalische Raumkonzeptionen zu beziehen.[3] Konsequenterweise entwickeln auch neuere sozialwissenschaftliche Arbeiten – wie die zusammenfassenden Darstellungen bei ELISABETH KONAU (1977) und MARTINA LÖW (2001) zeigen – die Überlegungen zur Integration des Räumlichen in die Sozialtheorie wie selbstverständlich im Rückgriff auf die NEWTON'sche Physik und die entsprechenden philosophischen Vorleistungen bei RENÉ DESCARTES.[4] Diese Problematik ist letztlich sowohl für PIERRE BOURDIEUS »Theorie der Praxis« als auch für GIDDENS' »Theorie der Strukturierung« charakteristisch.

Der wichtigste Aspekt jeder Form von Containerisierung, die mit der Bezugnahme auf den NEWTON'schen Raumbegriff in Kauf genommen werden muss, besteht darin, dass irgendeine Gegebenheit als Inhalt eines Behältnisses thematisiert wird. Dabei wird dem Behältnis »Raum« ein eigenständiger Status zugewiesen, der neben den Gegenständen an und für sich existiert und auf diese Gegenstände eine besondere Wirkkraft ausübt. Hat sich dieses Raumverständnis in der mechanischen Physik erstaunlich lange halten können,[5] ist es für sozial-weltliche Gegebenheiten nicht nur wegen des zentralen Postulats der Vertreter einer substantialistischen Raumkonzeption, »Raum« stelle eine kausale Instanz dar, problematisch, sondern auch noch aus anderen Gründen.

Bei BOURDIEU (1984, 1985, 1991) äußert sich die Containerisierung des Sozialen darin, dass er die zuvor erarbeitete Differenzierung des sozialen Raums über die Praxis undifferenziert im physisch-materiellen Kontext bzw. dem Erdraum lokalisieren will. Ausgangspunkt bildet dabei die Kritik der marxistischen Theorie bei der Konstruktion des sozialen Raumes. Gemäß BOURDIEU reduziert die marxistische Klassentheorie das Gesellschaftliche auf die ökonomische Dimension bzw. auf eine eindimensionale Sozialwelt. Demgegenüber müsste jedoch von einem mehrdimensionalen Raum des Sozialen ausgegangen werden, der über die verschiedenen Kapitalsorten konstituiert wird. Neben dem ökonomischen Kapital identifiziert BOURDIEU (1991:4ff.) das kulturelle, soziale und symbolische Kapital. Jeder dieser Räume wird durch spezifische

---

3   Vgl. dazu WEINGARTEN (2003).
4   Vgl. dazu ausführlicher WERLEN (1995d).
5   Vgl. dazu JAMMER (1960).

Dimensionen gebildet, hinsichtlich denen jeder Akteur jeweils unterschiedliche Positionen einnehmen kann (und nicht nur eine ökonomische).

Diese Ausdifferenzierung, die in gewisser Hinsicht auf der Konzeptualisierung des sozial-kulturellen Raumes von PITIRIM A. SOROKIN (1964)[6] aufbaut, weist gegenüber dem ökonomistischen Reduktionismus der marxistischen Klassentheorie große Vorteile auf. BOURDIEU unterliegt aber in den Anweisungen zur Fruchtbarmachung seiner Konzeption selbst einem (geographischen) Reduktionismus. Dieser äußert sich darin, dass mit seiner theoretische Konstruktion nicht klar zwischen sozialem und physisch-materiellem Kontext des Handelns unterschieden bzw. diese Unterscheidung von ihm nicht konsequent durchgehalten wird. Einerseits geht BOURDIEUS Theorie der Praxis davon aus, dass (körperliche) Akteure im sozialen Raum lokalisiert werden können. Andererseits ist er bestrebt, die sozialen Räume *im* Erdraum zu lokalisieren. Damit eröffnet sich mindestens eine doppelte Problematik.

Erstens öffnen die Dimensionen der Räume des ökonomischen, kulturellen, sozialen und symbolischen Kapitals keine Möglichkeit der Positionierung körperlicher Gegebenheiten. Denn die Kategorien, die BOURDIEU aus den verschiedenen Kapitalsorten zur Konstruktion der unterschiedlichen sozialen Räume ableitet, sind für immaterielle, sinnhafte Gegebenheiten, nicht aber Körperlichkeiten konzipiert. Personen können für bestimmte Praktiken zwar auf bestimmte ökonomische, soziale, kulturelle und/oder symbolische Merkmale rekurrieren bzw. ihren Tätigkeiten entsprechende Gehalte verleihen. Doch das körperliche Subjekt selbst weist die dafür notwendigen Eigenschaften nicht auf.

Zweitens ist es streng genommen unmöglich, anhand der Dimensionen des chorischen Raumbegriffs (Erdraum) die Positionierung sozial-kultureller Gegebenheiten vorzunehmen. Dies ist aus demselben Grund der Fall: Die Kategorien des chorischen Raumes sind für die Darstellung immaterieller Gegebenheiten strenggenommen untauglich. Da sie keine Ausdehnung aufweisen, der chorische Raum mit den beiden Dimensionen »Länge« und »Breite« sich aber nur auf Dinge beziehen kann, die diese Eigenschaften auch aufweisen, ist konsequenterweise eine Lokalisierung nicht möglich. Die erdräumliche Lokalisierung immaterieller Gegebenheiten erscheint letztlich dann als plausibel, wenn letztere verdinglicht bzw. über die Gleichsetzung von Bedeutungsträger und Bedeutung objektiviert werden.

Dieser Zusammenhang war bereits Gegenstand der mittelalterlichen Engelslehre, der Angelologie. CHRISTIAN MORGENSTERN verdeutlicht in seinem Gedicht »Scholastikerprobleme« die verschiedenen theoretischen Positionen zur Frage, wie viele (immaterielle) Engel auf einer (materiellen) Nadelspitze sitzen können. »Alle« behauptet die eine Position mit der Begründung, sie wären Geister und ob auch ein »noch so feister Geist bedarf schier nichts zum Sitzen«. Die andere Position behauptet: »Keiner! – Denn die nie Erspähten können einzig nehmen Platz auf geistlichen Lokalitäten«.

---

6   Vgl. dazu WERLEN (1987a:146ff.).

Damit sollte offensichtlich geworden sein, dass die Zusammenhänge zwischen sozialen und chorischen Räumen eigentlich eine zentrale Frage sozialwissenschaftlicher Forschung darstellen und nicht im Sinne einer ontologischen Setzung vorab als gegeben postuliert werden sollten. Dass die von BOURDIEU vorgenommenen (quasi axiomatischen) Setzungen nicht unproblematisch sind, bringt er in dem abschwächenden Satz zum Ausdruck, dass geographischer und sozialer Raum nie vollständig übereinstimmten.[7] Trotzdem sieht er innerhalb seiner (stark) strukturalistischen Argumentation ausreichend Übereinstimmung, um davon auszugehen, dass sowohl die Position im sozialen Raum als auch im erdräumlichen Kontext hohe deterministische Kraft aufweisen würden. Sozial Schwache nehmen in dieser Sprachregelung sowohl in erd- als auch in sozialräumlicher Hinsicht eine periphere Position ein. Darin ist die implizite Argumentation enthalten, dass der soziale Raum selbst ein Element des erdräumlichen Containers ist, im geographischen Raum angesiedelt werden kann. Diese These zu bestätigen, dürfte ebenso schwierig sein, wie die Positionierung eines Körpers im sozialen Raum.

Ein ähnliches Problem kann bei GIDDENS – einer der Schlüsselfiguren bezüglich der Sensibilisierung der Soziologie für die Raumproblematik – festgestellt werden. GIDDENS (1979a:2) stellt zur Überwindung der Raumblindheit der Sozialwissenschaften folgende Forderung auf: »An adequate account of human agency must (…) situate action *in* (Herv. B.W.) time and space«. Auch hier kündigt sich die Containerisierung sozialen Handelns an, und zwar nicht nur eine räumliche, sondern auch noch eine zeitliche. Dies kann im Wesentlichen darauf zurückgeführt werden, dass GIDDENS zur Überwindung der Raumblindheit der Soziologie und Sozialtheorie ausgerechnet in der »Zeitgeographie« des schwedischen Sozialgeographen TORSTEN HÄGERSTRANDS (1970, 1977, 1982, 1984) das geeignete Modell sieht. Dessen Raumkonzeption baut jedoch unmittelbar auf ISAAC NEWTONS Mechanik bzw. dem Containerraum auf.

Damit neigt GIDDENS in den ersten Publikationen dazu, dem Raum eine substantialistische Eigenschaft zuzuschreiben. In dieser Form wird dem Raum dann argumentativ eine konstitutive Kapazität bzw. eine das Soziale prägende Kraft zugewiesen. Begreift man jedoch – wie GIDDENS (1988a) das macht – die Subjekte mit ihren Handlungen als die zentrale Instanz der »Konstitution der Gesellschaft«, dann muss man tief greifende Widersprüche in Kauf nehmen.

So ist auch GIDDENS' »Raumtheorie« von einem ungeklärten Verhältnis von physisch-weltlichem Raum und seiner sozial konstituierten Bedeutung für menschliches Handeln geprägt. Dies findet insbesondere auch in seiner Definition von »Gesellschaft« Ausdruck: »A society is a group of people who live *in* a particular territory« (GIDDENS 1995:746; Herv. B.W.). Mit dieser Definition werden zwei Problemaspekte der Containerisierung des sozialen (nochmals) offengelegt: »Raum« muss *erstens* als natürlich-objekthaft, jedem sozialen Handeln vorgegeben »gesetzt« werden und *zweitens* wird

---

7   Vgl. BOURDIEU (1984:4). Die genaue Formulierung im Original lautet: »Ces deux espaces ne coincident jamais complètement«.

ihm eine Kraft zugewiesen, die sozialem Handeln nicht nur unzugänglich ist, sondern auf dieses konstitutiv wirkt. Beide Aspekte sind hochgradig problematisch. Sie verunmöglichen es, die räumliche Dimension alltäglicher Praxis als Medium – nicht aber als Ursache – der Konstitution gesellschaftlicher Wirklichkeit zu begreifen.

Im Sinne einer ersten Zwischenbilanz kann festgehalten werden, dass sowohl die von Bourdieu als auch die von Giddens angebotenen Lösungen einen befriedigenden Beitrag dazu leisten, die Bedeutung des Physisch-Materiellen und seiner räumlichen Ordnung sozialtheoretisch systematisch zu erschließen. Von Bourdieu wird wohl die Notwendigkeit erkannt, für verschiedene Wirklichkeitsbereiche spezifische Raumbegriffe verfügbar zu machen. Das Verhältnis zwischen sozial-kulturellen Räumen und dem chorischen Raum (Erdraum) kann aber nicht befriedigend gelöst werden. Giddens »entdeckt« die Notwendigkeit, die räumliche Dimension mindestens ebenso stark in die Sozialanalyse einzubeziehen, wie die historische. Bei diesem Einbezug lädt er sich aber wiederum genau jene Probleme auf, die Weber aus der Soziologie verbannt haben wollte.

Dass räumliche Aspekte für jedes soziale Handeln und für jede Art von Sozialpolitik von zentraler Bedeutung sind, ist sicher unbestritten. Ziel soll eine Sozialpolitik sein, welche der räumlichen Komponente sozialer Praxis Rechnung trägt, ohne dass dies jedoch eine reduktionistische Containerisierung von Problemsituationen und Lagen impliziert.

Perspektivenwechsel

Nimmt man Giddens' (1988a:424) Maßgabe, die Aufgabe der Sozialgeographie solle darin bestehen, die (alltäglichen) Praktiken der (alltäglichen) Regionalisierungen zu analysieren, ernst und verallgemeinert diese für den Einbezug der räumlichen Komponente in die Sozialtheorie, dann können die Probleme, die aus der vorschnellen Containerisierung resultieren, zumindest gemindert werden. Denn damit wird der Akzent von der (Sozial-)Raumanalyse auf die Praxisanalyse verschoben. Dies ist als erster Schritt in Richtung des notwendigen Perspektivenwechsels zu betrachten. Denn so kann auch das Problem behoben werden, »Raum« als etwas jedem Handeln Vorausgehendes setzen zu müssen. »Raum« kann mit diesem Perspektivenwechsel ebenfalls als eine sozial konstituierte Gegebenheit verstanden werden.

Die sozialen Praktiken der Regionalisierung, d. h. der sozialen Begrenzung physisch-materieller Kontexte für soziales Handeln, verweisen auf das Verhältnis von Handeln, Körper und physisch-materiellem Kontext und nicht auf einen vorausgesetzten Container-Raum. Der Ausgangspunkt für diese Systematisierung besteht in der Überlegung, dass sich die Bedeutung von »Raum« für die sozialen Prozesse aus der Körperlichkeit der Handelnden ergibt bzw. der Bedeutung der Körperlichkeit der Handelnden für soziale Kommunikation und Interaktion einerseits und soziale Produktion und Reproduktion andererseits. Die von GIDDENS entwickelte Begrifflich-keit ist für diese praxiszentrierte Sichtweise allerdings zu reinterpretieren.

Ausgangspunkt der weiteren Konzeptualisierung bildet für GIDDENS (1988a) die Setzung, dass jeder Schauplatz (»locale«) des Handelns[8] von den Handelnden regiona-lisiert wird. Mit »locale« ist ein bestimmter tätigkeitsspezifischer physisch-materieller Kontext gemeint, der bereits ein bestimmtes Anordnungsmuster von materiellen Ge-gebenheiten und Interagierenden aufweist. Das heißt, dass der materiellen Konstella-tion des Handelns auf intersubjektiv gleichmäßige Weise eine spezifische soziale Be-deutung zugewiesen wird. Je nach Handlungskontext kann ein Schauplatz ein Haus sein, eine Straßenecke, ein Stadtquartier oder eine Stadt usw. Die Typisierung als »Schauplatz« ist somit nicht von der Größe oder der räumlichen Ausdehnung abhän-gig, sondern von der Art der Ausrichtung des Handelns.

Jeder »Schauplatz« wird im Sinne von GIDDENS (1981b:40) regionalisiert und ist natürlich selbst auch das Ergebnis einer (übergeordneten) Regionalisierung. »Regio-nalisierung« ist dabei zu verstehen als eine *soziale Definition* von physisch-materiellen Kontexten bzw. Schauplätzen *in Bezug auf bestimmte Handlungsweisen*. Dabei steht so-mit die Kombination von sozialen und räumlichen Kategorien bzw. Merkmalen im Zentrum.

So gesehen, ist unter einer *Region* innerhalb eines »Schauplatzes« ein sozial, über symbolische *Markierungen* begrenzter Ausschnitt der Situation bzw. des Handlungs-kontextes, die an physisch-materiellen Gegebenheiten (Mauern, Straßenzügen usw.) festgemacht werden können, zu verstehen, die für bestimmte Handlungen gleichzeitig als normative Setzungen zu Elementen von Interaktionen werden. In sozialer Hin-sicht ist sinngemäß die Übereinkunft zu erwähnen, im Esszimmer nicht zu schlafen, oder die Trennlinie in der regionalen Differenzierung der vorherrschenden sozialen Merkmale positionierter Personen einer Bevölkerung, wie etwa die Jugendlichen und Erwachsenen eines Quartiers.

Regionen variieren nicht nur in Bezug auf die erdräumliche, sondern auch in Bezug auf die zeitliche Spannweite. In beiderlei Hinsicht ist festzuhalten, dass sie nur über und in Handlungsregelmäßigkeiten, insbesondere über institutionalisierte Kon-texte des Handelns aufrechterhalten oder unter Kontrolle gehalten werden können. Das macht darauf aufmerksam, dass die wichtigste Begrenzung von Regionen über soziale Kategorien in Vollzügen des Handelns erfolgt.

Grenzen von Regionen werden somit durch symbolische und/oder materielle Markierungen gebildet. Doch die physischen Markierungen stellen in sozialer Hin-

---

8   In den deutschen Übersetzungen wird für »locale« der Begriff »Ort« verwendet, was in Bezug auf GIDDENS Definitionen und Begriffsdifferenzierungen insofern als problematisch einzustufen ist, als eine klare Abgrenzung von »place« (Ort) angestrebt wird. Es erweist sich als weniger pro-blematisch, »locale« mit »Schauplatz« zu übersetzten. Denn gleichzeitig verweist »Schauplatz« implizit auch auf ein soziales »Ereignis« mit einem bestimmten Bedeutungsgehalt, was der Ab-sicht GIDDENS' (1979a:207) besser entspricht.

sicht nichts anderes dar als materielle Repräsentationen symbolischer Begrenzungen des Gültigkeitsbereichs normativer Standards. Physisch-materielle Bedingungen können folglich keine sozialen Zwänge darstellen. Solche können letztlich nur normative Festlegungen bilden. Räumliche Aspekte des Handelns können *per se* konsequenterweise weder Ursachen noch Gründe des Handelns sein. Konsequenterweise können sie auch keinen erklärenden Status erlangen. Räumliche Konstellationen sind vielmehr unter Rückbezug auf die Handlungsweisen, aus denen sie hervorgegangen sind, zu erklären. Daran anschließend ist zu fragen, welche Handlungsweisen sie ermöglichen (Ermöglichung) und welche sie verhindern (Zwang).

In sozialer Hinsicht bestehen erd-räumliche Konstellationen nur in der Form, wie sie als Mittel der (sozialen) Kategorisierung und symbolischer Repräsentation als Elemente des Handelns mobilisiert werden. Ihre Bedeutung für die lokalen Lebenszusammenhänge kann am besten entlang der Analyse der Handlungsweisen erschlossen und verdeutlicht werden.

Daraus folgt, dass die zentrale Bedeutung von Regionalisierungen nicht in der Begrenzung und Unterteilung von Schauplätzen bzw. räumlichen Ausschnitten liegt, sondern vielmehr in der Aneignung. In diesem Punkt stimmen GIDDENS und BOURDIEU (1972, 1987, 1991) weitgehend überein.[9] Ein wichtiges Merkmal der Bemühungen beider Theoretiker bei der Berücksichtigung des Räumlichen besteht — wie gezeigt — aber darin, dass sie davon ausgehen, diesen Mangel dadurch zu überwinden, indem man soziale Praktiken als *im* Raum situiert begreift und analysiert. Wenn man die praxiszentrierte Sicht jedoch voll durchhält und nicht unter der Hand wieder subtilen Verräumlichungen unterliegen will, wird auch ein neues Verständnis von »Regionalisierung« notwendig.

Alternative Konzeptualisierung

Setzen bisherige sozialwissenschaftliche Ansätze »Raum« größtenteils als gegeben voraus, wird in praxiszentrierter Sicht demgegenüber das Räumliche als ein Medium des Handelns begriffen. So kann nicht »Handeln im Raum« zentraler Gegenstand sein, sondern die räumlichen Bezüge des Handelns. Auf einen kurzen Nenner gebracht: In praxiszentrierter Perspektive leben wir nicht *in* der Welt, nicht in Räumen, sondern wir leben *die* Welt in unterschiedlichen Praktiken des Geographie-Machens. Mit diesem Ausgangspunkt können die erdräumlichen Bezüge sozialer Praktiken systematisch erschlossen werden.

ERNST CASSIRER hat »Region« bereits 1931 als Sinnbereich charakterisiert.[10] Damit meinte er jedoch nicht, dass die traditionellen geographischen, erdräumlichen Regionen als Container sozial-kultureller Sinnwelten zu verstehen sind, sondern vielmehr,

---

9   Vgl. dazu auch DEINET (1990).
10 Vgl. dazu CASSIRER (1931:93ff.).

dass es *Ordnungen der symbolischen Bedeutungen* gibt, die einerseits für das Handeln der Subjekte konstitutiv sind, andererseits aber auch von diesen konstituiert wird. So wie Sinnordnungen hergestellt werden und gleichzeitig die Grundlage für Sinnzuweisungen bilden, so verhält es sich auch mit den sozialen Regionalisierungen der Alltagswelt. Sie sind in erdräumlichen Bezügen auf alltäglicher Ebene einerseits Ausdruck einer – meist politischen – Herstellung der Ordnung der Zuständigkeiten. Dieser Prozess ist aber auf umfassendere Sinnordnungen bezogen. Die politische Territorialordnung in Form von Nationalstaaten, Ländern, Kreisen, Stadtquartieren u. ä. ist symbolisierender Ausdruck der Regelung von Zuständigkeiten. Die symbolischen Sinnordnungen werden mit einem territorialen Ausschnitt verbunden.

Verallgemeinert man dieses Prinzip, kann man jede Form der Regionalisierung als eine Art der Welt-Bindung begreifen. »*Welt-Bindung*« soll heißen: soziale Beherrschung räumlicher und zeitlicher Bezüge zur Steuerung des eigenen Tuns und der Praxis anderer. Dies schließt Praktiken der allokativen Aneignung von materiellen Gütern ebenso ein wie Praktiken der autoritativen »Aneignung«, welche insbesondere die Kontrolle von Subjekten über Distanz impliziert sowie die symbolische Aneignung von Objekten und Subjekten auf der Basis des verfügbaren Wissensvorrates.

Nicht die »Raumbildung« steht im Zentrum des Interesses, sondern die Formen der Aneignung der Welt der physisch-materiellen Gegebenheiten, der erdräumlich angeordneten Objekte und Körper. »Raum« ist als ein wichtiges Mittel zu verstehen, anhand dessen die verschiedenen Formen der Welt-Bindung verwirklicht werden. Um diese Praktiken empirisch erschließen und darauf aufbauend hilfreiche Strategien der Sozialpolitik ableiten zu können, ist eine Verabschiedung von reifizierten und reduktionistischen Raumverständnissen die erste Voraussetzung.

Dazu bildet die Einsicht, dass »Raum« eine Art der Darstellung und Erfahrung ist – allerdings nicht der Erfahrung eines besonderen Gegenstandes »Raum«, sondern vielmehr der Koexistenz von Gegebenheiten mit einer bestimmten Ordnung – den ersten entscheidenden Schritt. Demzufolge ist »Raum« dinglich ein Nichts, insbesondere auch kein Behältnis, das einen besonderen Forschungsgegenstand abgeben könnte. Und unter gar keinen Umständen ein Behältnis sozialer Gegebenheiten und schon gar nicht von Jugendlichen oder Problemlagen.[11]

Weil häufig eine sehr enge Beziehung zwischen Materialität, Körper der Handelnden und Bedeutung bzw. symbolischer und normativer Aneignung besteht, ist es auch verständlich, dass in den entsprechenden sozialen Zusammenhängen eine Tendenz, erstens, zur Containerisierung des Sozialen Oberhand gewinnen und, zweitens, zur Raumanalyse entwickelt werden kann. Drittens kann man gar nach der kausalen Kraft des Raumes selbst Ausschau halten. Aber selbst dann, wenn es auf den ersten Blick eine große empirische Evidenz für die räumliche Existenz sozialer Tatsachen oder gar deren räumlicher Bestimmtheit geben mag: Die Vergegenständlichung von »Raum« als Container und konsequenterweise als materialisierter Sozialraum ist nichts anderes

11 Vgl. Dazu ausführlicher REUTLINGER (2001).

als das Ergebnis einer »fatalen Verwechslung« (ZIERHOFER 1999:163). Und zwar der Verwechslung einer bestimmten Konstellation des Handelns – vorwiegend der Kommunikation – und deren Beschreibung in räumlichen Kategorien mit den Wirkungen eines objektivierten, allen Handlungen vorausgehenden Raumes. Diese Konfusion ist nicht nur die Basis aller raumwissenschaftlichen Forschungsansätze, sondern auch der Containerisierung von Gesellschaften in Form von »Sozialräumen« und von Kulturen in Form von »Kulturräumen«.[12]

Handlungskompatible Raumkonzeptionen

Was also kann »Raum« im Rahmen einer tätigkeitszentrierten Perspektive heißen, wenn es sich dabei nicht um ein objekthaftes Behältnis des Sozial-Kulturellen handeln kann? Wie ich an anderer Stelle gezeigt habe,[13] gibt es gute Gründe, »Raum« als nichts anderes denn als einen Begriff zu verstehen. Allerdings auch als einen ganz besonderen Begriff. Nicht einer, der einen besonderen Gegenstand bezeichnet – wie dies insbesondere DESCARTES und NEWTON behauptet haben –, aber auch nicht einer, der jeder Erfahrung vorausgeht, wie dies von KANT postuliert wurde.

Wenn man die Argumente ernst nimmt, die in der Philosophie des Raumes in den letzten Jahrhunderten zusammen getragen wurden, dann erscheint es als folgerichtig, »Raum« als einen formal-klassifikatorischen Begriff zu verstehen, nicht als einen empirischen Begriff und auch nicht bloß als ein *Apriori*. Er kann nicht ein empirischer Begriff sein, weil es keinen Gegenstand »Raum« – und damit keinen gegenständlichen Raum – gibt. Er ist *formal*, weil er sich auf nicht-inhaltliche Merkmale von materiellen Gegebenheiten bezieht. Er ist *klassifikatorisch*, weil er Ordnungsbeschreibungen von materiellen Objekten und die Orientierung in der physischen Welt – unter Bezugnahme auf die Körperlichkeit der handelnden Subjekte – erlaubt.

»Raum« ist nicht bloß ein *Apriori*, weil er tatsächlich auf Erfahrung beruht. Allerdings nicht auf der Erfahrung eines besonderen und mysteriösen Gegenstandes »Raum«, sondern auf der Erfahrung der eigenen Körperlichkeit, deren Verhältnis zu den übrigen ausgedehnten Gegebenheiten (inklusive der Körperlichkeit der anderen Subjekte) und deren Bedeutung für die eigenen Handlungsmöglichkeiten und -unmöglichkeiten. Erst diese Ausgangslage eröffnet die Perspektive für die Entwicklung eines handlungszentrierten Verständnisses von »Raum«. Denn mit ihr wird es ermöglicht, jede Form von verkapptem Materialismus zu vermeiden und sich von allen Spielformen – auch den subtilsten – geodeterministischen Denkens verabschieden zu können. Gleichzeitig kann die seit WEBER bestehende Ausklammerung räumlicher Bezüge des Handelns überwunden werden, ohne dabei einer biologistischen Argu-

12 Ein aktuelles Beispiel für die Verräumlichung von »Kultur« als »Kulturraum« stellen HUNTING-
     TONS (1993, 1996) einflussreiche Publikationen dar.
13 Vgl. WERLEN (1995d:206ff., 2000:327ff.).

mentation verfallen zu müssen. Diese Ausgangslage ist nun zu präzisieren. Freilich kann auch dies nur eine Skizze bleiben.

Dabei ist davon auszugehen, dass je nach dem praktisch oder theoretisch thematisierten Typus des Handelns sowohl die formale wie auch die klassifikatorische Dimension des Raumbegriffs eine je besondere Konnotation erfahren kann. Je nach Interessenhorizont fallen, erstens, sowohl die Orientierung als auch die klassifikatorische Ordnung unterschiedlich aus. Zweitens wird je nach der Art der Handlungsorientierung konsequenterweise eine andere Raumkonzeption in Anschlag gebracht, um die entsprechende Beziehung zu physisch-materiellen Kontexten herzustellen. Oder mit anderen Worten ausgedrückt: Je nach Handlungsorientierung wird ein anderer Raumbegriff *als Medium der ökonomischen, sozialen und kulturellen Aneignungen physisch-materieller Kontexte* artikuliert. Den spezifischen Interpretationen der formalen und klassifikatorischen Dimensionen des Raumbegriffs sind – wie dies die Übersicht im Überblick darstellt – bezogen auf unterschiedliche *Modi* der Relationierung von Bedeutung, Körper und physisch-materiellem Kontext.

Ökonomie: Modus der Zweckrationalität
Im Modus »Zweckrationalität« ist die eben genannte Relationierung auf die Metrisierung der Ausdehnungen bezogen. In der Beziehung von Ausdehnung und zweckrationaler Kalkulation erfährt die handlungszentrierte Raumkonzeption im Sinne eines formal-klassifikatorischen Begriffes ihre primäre Interpretation. Der formale Aspekt äußert sich in der Entleerung von fixen Bedeutungskonnotationen, der klassifikatorische in der Metrisierung bzw. der darauf »aufbauenden« Kalkulationen, welche bspw. den Bodenmarkt erst ermöglicht.

Gesellschaft: Modus der Territorialität
Im normzentrierten Bezug stehen Formen von präskriptiven, räumlich gebundenen Festlegungen im Zentrum bzw. das Verhältnis von Normorientierung, Regionalisierung und Territorialisierung. Dieses Verhältnis kann sowohl in privater wie in öffentli-

Übersicht: Handeln und Raum

	formal	klassifikatorisch/ relational	Beispiele
Zweckrationalität	metrische Kalkulation	klassifikatorische Präskription	Boden- und Immobilienmarkt
Territorialität	metrisch körperzentriert	klassifikatorische relationale Präskription	Verwaltungseinheiten, *back-/front-region*
Signifikation	körperzentriert	relationale Signifikation	Heimat, Fremde

cher Hinsicht verwirklicht werden. Territorialisierungen fixieren die Handlungserwartungen in räumlicher Hinsicht auf bestimmte (normative) Art: »Hier darfst Du dieses tun, dort aber nicht«. Zudem implizieren sie einerseits die normative Regelung des Zugangs zu Nutzungen oder den territorial definierten Ausschluss davon. Bei Missachtung ist im Allgemeinen mit Sanktionen zu rechnen. Andererseits sind normative Aneignungen ein wichtiges Mittel, Zugehörigkeit und Nicht-Zugehörigkeit zu definieren, sei es auf der Ebene von jugendlichen Treffpunkten oder auf nationalstaatlicher Ebene.

Normative Aneignungen sind auf staatlicher und kommunaler Ebene für vielfältige Formen von Alltagshandlungen relevant, insbesondere aber für *Territorialisierungen*, über welche die Kontrolle über Personen und Mittel der Gewaltanwendung organisiert ist. Bei beiden Formen der Kontrolle bildet der menschliche Körper der Handelnden den Fokus des Interesses. Die wohl prominenteste Form der Kombination von Norm, Körper und Raum ist der Nationalstaat mit seiner territorialen Bindung von Recht und Rechtsprechung. Diese Kombination von Norm, Körper und Raum liegt aber letztlich wohl auch dem zugrunde, was als Sozialräume Jugendlicher bezeichnet wird.

Das *relationale Orientierungskriterium* dient dazu, physische Situationselemente für bestimmte Handlungen und in Bezug auf bestimmte Normen und kulturelle Werte mit spezifischen Bedeutungen zu belegen. Derart stellt das Subjekt eine Bedeutungsrelation zwischen Handlungsziel und physischen Objekten der Situation her.

Beim *klassifikatorischen Orientierungskriterium* wird – im Gegensatz zum ersten – die räumliche Dimension in besonderem Maße relevant, und zwar immer vom territorialen Standort des Organismus des Handelnden aus. Alle, die einen Ort aufsuchen und entsprechende Objekte in ihre Handlungen integrieren wollen, können auf die entsprechenden normativen Standards verpflichtet werden.

Kultur: Modus der Signifikation
Das Verhältnis von Verständigung und Raum bzw. *Verständigungsorientierung* und räumlichen Bedingungen der Kommunikation ist ebenfalls aufs Engste an die Körperlichkeit der Subjekte gebunden. Geht man davon aus, dass die kommunikative Funktion des Körpers zunächst in der Vermittlung zwischen erlebendem Bewusstseinsstrom und der physisch-materiellen Welt zu sehen ist, dann wird erkennbar, dass der eigene Körperstandort *per definitionem* über die Mittelbarkeit und Unmittelbarkeit des Erlebens und Erfahrens mitentscheidet. Als »Durchgangsort« von Erkenntnis und Handlung ist die Erreichbarkeit von Informationen an die Körperlichkeit (und deren Kontrolle) gebunden, ohne aber Informationsgehalte selbst zu bestimmen.

Sowohl die *relationale* wie *klassifikatorische* Dimension wird hier im symbolisierenden und symbolischen Sinne interpretiert. Sie geben auch emotionalen Aspekten und Elementen des praktischen Bewusstseins breite Bedeutung. Das so genannte »Heimweh« könnte dann als Verlust der auf dieser Bewusstseinsebene angelegten Relationierung interpretiert werden. Jedenfalls ist zu erwarten, dass in diesem Bereich zahlreiche klassifikatorisch-relationale Orientierungskriterien nicht jene Offensichtlichkeitsstufe erlangen, die sie im Modus der Zweckrationalität und der Territorialität haben.

Folgerungen

Mir dieser Skizzierung eines handlungs- und praxiszentrierten Verständnisses von »Raum« dürfte offensichtlich geworden sein, dass es für das Verständnis von »Sozialräumen« bzw. jener Zusammenhänge, die bisher mit diesem Begriff bezeichnet werden, jede Form der Reduktion und Vergegenständlichung als Container-Raum zu vermeiden sind. »Sozialräume« können – wenn damit nicht bloß ein erdräumlicher Bereich von Körperbewegungen gemeint ist – in dieser Perspektive als Ausdruck von präskriptiver Relationierung und Klassifikation verstanden werden. Diese Zusammenhänge können konsequenterweise über die Praxisanalyse, bestimmt aber nicht vermittels Raumanalyse erschlossen werden. Konsequenterweise muss auch jede Raumpolitik zur Behebung sozialer Problemsituationen ins Leere greifen. Dieser Zusammenhang besteht höchst wahrscheinlich für jede Art raumzentrierter Politik. Zumindest lassen dies die geringen Erfolge dieser Politikorientierung erahnen.

Erdräumliche Auftretensformen so genannter »sozialer Brennpunkte« sind konsequenterweise nicht als räumliche Probleme zu behandeln. Alle Arten von Raumproblemen erweisen sich bei genauerer Betrachtung letztlich als Probleme des Handelns. Im Rahmen der hier skizzierten Perspektive sind sie als Ausdruck der höchst unterschiedlichen Vermögensgrade der Kontrolle sowohl physischer Konstellationen als auch anderer Personen zu begreifen. Für die entsprechenden Aneignungen werden von den Akteuren zwar unterschiedliche räumliche Konzepte als Medien der Handlungsorientierung und Durchsetzung in Anschlag gebracht. Es gibt jedoch keinen Anlass, diese Medien für die Gegenstände oder gar die Ursachen sozialer Konflikte zu halten und politischen Maßnahmen auf diese auszurichten.

Geht man davon aus, dass die in Anschlag gebrachten Raumkonzepte von der (thematischen) Ausrichtung der Praxis abhängen, dann wird auch verständlich, weshalb bestimmte Ausschnitte physisch-materieller Welt gleichzeitig unterschiedliche Zuschreibungen erlangen können. Was für die einen ein »sozialer Brennpunkt« ist, auf den die sozialpolitischen Maßnahmen zu richten sind, wird von Immobilienhändler als Ort des Wertverlustes und von Jugendlichen als Ort der Begegnung mit bestimmten, territorial gebundenen Regeln des Handelns interpretiert. Bereits das Bestehen dieser Möglichkeit sollte genügen, von jeder thematisch eindimensionalen Containerisierung Abstand zu nehmen und freilich auch von jeder räumlichen Vergegenständlichung sozialer Gegebenheiten. Ein Kernproblem, das mit der Konzeption »soziale Brennpunkte« verbunden zu sein scheint, liegt offensichtlich darin begründet, dass Lösungen dessen, was man als Problem definiert, nicht als das existiert, wofür man es hält: als ein Raumproblem, das mit räumlichen Maßnahmen behoben werden kann.

Zur Sozialgeographie der Kinder

Der Vorschlag, die Sozialgeographie der Kinder systematisch zu erschließen, kann befremdend wirken. Man könnte dagegen einwenden, dass ohnehin bereits eine viel zu ausgreifende Spezialisierung im Forschungsbereich der Geographie bestehe. Diese Kritik mag für manche thematischen Felder zutreffen, doch kaum für diese Forschungsanregung. Denn sie ist weniger als thematische Spezialisierung, sondern vielmehr als Dynamisierung der sozialgeographischen Betrachtungsweise des Gesellschaft-Raum-Verhältnisses zu verstehen. Dessen Erforschung ist meist insofern zu wenig prozessorientiert, als Sozialisation – als zentraler Aspekt der Reproduktion gesellschaftlicher Wirklichkeiten – bisher weitgehend unbeachtet blieb.

Zwar wurde im Rahmen des Münchner Ansatzes eine Sozialgeographie der Bildung von ROBERT GEIPEL (1965) thematisiert und erfolgreich umgesetzt. Doch dabei handelt es sich nur um einen – wenn auch äußerst wichtigen – begrenzten Ausschnitt aus dem gesamten Sozialisationsfeld. Die Vorschläge aus verhaltenstheoretischer Sicht, sich der Sozialisationsthematik anzunehmen (KREIBICH 1979), betonen zwar die Bedeutung sozialisationsspezifischer Bedingungen für die Wahrnehmung, jedoch nicht jene der geographischen Bedingungen für die Sozialisation. Auf die Relevanz dieser Zusammenhänge weisen HANS-JOACHIM WENZEL (1982) und EGBERT DAUM (1990) hin. Sie wenden sich dabei vor allem von der auf die Daseinsgrundbedürfnisse zentrierten Betrachtungsweise des Münchner Ansatzes ab. Mit der Bezugnahme auf sozialisations- und aneignungstheoretische Kategorien wird von ihnen ein wichtiger Schritt in Richtung sozialgeographischer Gesellschaftsforschung getan.

Diese Anregungen fortzuführen und das Feld der Sozialisation sozialgeographisch auf umfassendere Weise in handlungs- und subjektzentrierter Perspektive zu erforschen, ist die erste legitimierende Zielsetzung einer Sozialgeographie der Kinder. Die entsprechenden empirischen Forschungen sollen einen vertieften Einblick in einen zentralen Reproduktionsbereich des Verhältnisses von Gesellschaft und Raum ermöglichen. Dazu ist natürlich zuerst eine Konzentration auf sozialgeographisch relevante Sozialisationsbedingungen notwendig und deren Einbettung in ihre Rahmenbedingungen. Zur Präzisierung des empirischen Arbeitsfeldes ist zuerst der Themenbereich »Sozialgeographie der Kinder« im umfassenderen gesellschaftlichen Kontext zu lokalisieren. Dem sollen die folgenden Überlegungen dienen.

Die alltägliche »Sozialgeographie der Kinder« ist eingebettet in die Tätigkeitsabläufe erwachsener Betreuungspersonen. Meistens ist sie auch abhängig vom Erwerbsleben der Eltern oder eines Elternteils. In diesem Abhängigkeitsverhältnis wird der Zusammenhang von raum-zeitlichen Strukturen alltäglicher Handlungsmuster der Erwachsenen und den Sozialisationsprozessen wichtig, an denen Kinder teilhaben. Dieser Zusammenhang erfährt je nach Wirtschafts- und Gesellschaftsform eine spezifische Ausprägung und ist historisch in hohem Maße wandelbar. So erfährt das Verhältnis von Sozialisation und Arbeit in Modernisierungsprozessen eine fundamentale

Umgestaltung. In traditionellen Lebensformen bildet die Sozialisation von Kindern und Jugendlichen einen Kernbereich des Gemeinschaftslebens. Traditionen legen nicht nur die verschiedenen Etappen der Integration von Jugendlichen in die Welt der Erwachsenen fest. Sie geben auch den Orientierungs- und Legitimationsrahmen für die zu erlernenden Handlungsweisen ab. Selbst in modernen Lebensformen ist beobachtbar, dass die Situationen des Lernens auf besondere Weise an die körperliche Anwesenheit der Kommunikationspartner gebunden sind. Das heißt, dass die raum-zeitlichen Aspekte, welche eine bestimmte Lebensform aufweist, gerade in Sozialisationsprozessen besonders wichtige Implikationen haben. Da der überwiegende Teil der Kommunikationssituationen traditioneller Lebensformen auf die Kopräsenz der Interagierenden angewiesen ist, traten/treten hier in raum-zeitlicher Hinsicht auch keine wesentlichen Konfliktsituationen im Verhältnis von Arbeit und Sozialisation auf. Traditionelle Handlungsmuster können hier in Face-to-Face-Situationen kontinuierlich vermittelt werden.

Im Rahmen moderner Lebensformen ist dieses Verhältnis auf Grund vielfältiger »Entankerungsmechanismen« (WERLEN 1993d) prinzipiell Gegenstand gegenseitiger Absprachen und nicht vollständig über traditionelle Regelungen festgelegt. Kommunikation wie Produktion sind in hohem Maße raum-zeitlich entflochten und segmentiert. Wie radikal sich diese Trennungsmechanismen auf die Sozialisationsbedingungen auswirken, illustrieren am radikalsten wohl Straßenkinder, welche mehr und mehr nicht nur zum Alltag südamerikanischer Großstädte (ROGGENBRUCK 1993) gehören. Die Verbindung spät-moderner Produktionsprozesse und entsprechender Lebensweisen mit traditionell definierten Handlungsmustern kann zu zahlreichen Diskontinuitäten in Betreuungsverhältnissen zwischen Erwachsenen und Kindern führen. Wird die raum-zeitliche Entankerung von Produktion und Kommunikation nicht durch moderne Sozialisationseinrichtungen (Schulen, Kindergärten, Kinderhorte) begleitet, entstehen Brüche in der raum-zeitlichen Organisation, deren drastischste Implikation die Verwahrlosung von Kindern und Jugendlichen ist. Das war in Europa im 18./19. Jahrhundert nicht anders und gewinnt auch in der Gegenwart – im Kontext neuer Umbruchsituationen – auch außerhalb der Großstädte der Länder der Dritten Welt erneut an Bedeutung.

Weil die raum-zeitliche Komponente für alle Face-to-Face-Kontakte von zentraler Bedeutung ist und Sozialisationsprozesse zu beachtlichen Teilen auf dieser Voraussetzung beruhen, können diese dramatischen Erscheinungen auch als Ausdruck einer in dieser Beziehung problematischen Gesellschafts-Raum-Kombinatorik begriffen werden. Auf diesem Hintergrund ist die »Sozialgeographie der Kinder« zunächst auf die Erforschung und Überprüfung der raum-zeitlichen Aspekte der Sozialisationsbedingungen ausgerichtet. In konstruktiv-kritischer Hinsicht soll sie – unter Einbezug sozialisationstheoretischer Grundlagen – zur Erreichung einer ausgewogenen Abstimmung von Lebensform und Sozialisationsverhältnissen in raum-zeitlicher Hinsicht beitragen. Ausgangspunkt sollen für beide Richtungen aktuelle, sozialisationsspezifische Problemsituationen sein, welche auf mangelnde Abstimmungen verweisen. Diese können sich auf das Verhältnis von Erwerbsleben und Erziehung bzw. Kinderbetreuung aber auch auf die Überprüfung der Möglichkeiten angemessener Umwelt- bzw. Mitweltaneignung beziehen.

Die Idee, dass eine wissenschaftliche Erforschung der »Sozialgeographie der Kinder« eine sinnvolle und wichtige Ergänzung des geographischen Forschungsfeldes darstellt, beginnt im angelsächsischen Sprachraum seit Beginn der 1990er-Jahre Fuß zu fassen (SIBLEY 1991; JAMES 1990). Für die Entwicklung dieser Forschungsrichtung im Rahmen einer handlungstheoretischen Betrachtungsweise steht seit Mitte der 1980er-Jahre am Geographischen Institut der Universität Zürich die Frage im Zentrum, welche physisch-materiellen Bedingungen im Rahmen des Sozialisationsprozesses von Kindern und Jugendlichen bedeutsam sind. Dabei leistete die zeitgeographische Forschungsmethodik (CARLSTEIN 1986; MÅRTESSON 1979) ein wichtiges Hilfsmittel zur systematischen Strukturierung sozialisationsrelevanter Situationen. Sie ermöglichte eine erste Fokussierung des Tatsachenblicks. Doch für eine differenzierte Erforschung und Beurteilung raum-zeitlicher Aspekte physisch-materieller Sozialisationsbedingungen ist eine Ausleuchtung sozialisationsrelevanter Handlungsmuster notwendig. Dazu ist »aus den systematischen Sozialwissenschaften zu schöpfen, wenn (man) auf diesem Gebiet nicht in einem unerfreulichen Dilettantismus stecken bleiben« (BOBEK 1948:120) will.

Bereits die beiden Klassiker deutscher Sozialgeographie, HANS BOBEK und WOLFGANG HARTKE, haben darauf aufmerksam gemacht, dass für die Sozialisation einer Person nicht *nur* das Hineingeborenwerden in einen sozialen, *sondern* gerade auch in einen geographischen Kontext von zentraler Bedeutung ist. Sie waren allerdings mehr von der Frage nach der landschaftsprägenden Bedeutung der Gruppenzugehörigkeit, als von jener nach der Konstitution und Reproduktion gesellschaftlicher Wirklichkeit geleitet. Das hat wohl dazu beigetragen, dass der Entstehung einer Sozialgeographie der Sozialisationsbedingungen, der Sozialgeographie der Kinder, lange der Weg versperrt blieb. Bemerkenswert ist jedoch, dass die Bedeutung des Zusammengehens von geographischen und sozialen Bedingungen für Sozialisationsprozesse von ihnen klar erkannt wurde. Der landschafts- und raumzentrierte Blick – der auch für den zeitgeographischen Ansatz charakteristisch ist – verhinderte jedoch die konsequente Fruchtbarmachung dieser Sensibilität.

Zur Entfaltung kann diese Sensibilität – so lautet die Hypothese – dann gebracht werden, wenn – von der sozial-weltlichen Problemlage ausgehend – nach der Relevanz räumlicher Komponenten im Kontext körperlich existierender handelnder Subjekte gefragt wird. So kann erkennbar werden, dass die soziale Bedeutung räumlicher Konstellationen nicht eine unmittelbare ist. Sie ist vermittelter Art. Die Vermittlungsinstanz bildet der Körper handelnder Subjekte im Kontext materieller Objekte und Artefakte. Die Räumlichkeit konstituiert sich erst auf der Ebene praktischen Hantierens und erlangt in diesem Zusammenhang für je spezifische Handlungsabläufe auch je besondere Bedeutung, sodass »Raum« nicht als »Objekt an sich« zum Forschungsgegenstand gemacht werden kann.

Der Körper der handelnden Subjekte bildet als Vermittlungsinstanz des »Hantierens« auch den vermittelnden Funktionalzusammenhang zwischen bewusstseinsmäßig repräsentierten Idealitäten und ausgedehnter Objektwelt. So bildet er auch für die soziale Komponente der Handlungsfähigkeit einen Funktionalzusammenhang: im Zusammenhang mit der Konstitution des biographisch bestimmten Wissensvorrates und der darauf aufbauenden Anwendung von (intersubjektiv gültigen) Deutungsmustern. Dies sind einerseits zwei zentrale Komponenten der Sozialisation und andererseits auch zentrale Aspekte der Entwicklung personaler und sozial-kultureller Identität.

Das Lernen von gültigen Deutungsregeln verlangt, dass es dem Subjekt möglich sein muss, seine Deutungen und Wertungen immer wieder zu überprüfen. Die Konstitution und Anwendung intersubjektiver Bedeutungszusammenhänge ist somit auf Testmöglichkeiten der Gültigkeit von Sinnzuweisungen angewiesen. Damit ist die Konsequenz verbunden, dass die *erste Bedingung* intersubjektiver Sinnkonstitutionen in der unmittelbaren Überprüfungsmöglichkeit subjektiver Sinngebungen besteht. Diese ist am besten unter der Bedingung der körperlichen Kopräsenz handelnder Subjekte gegeben. Um diese erlangen zu können, spielen – wie Solveig Mårtesson (1979) und Wolfgang Zierhofer (1988) zeigen – raum-zeitliche Dimensionen der Handlungskontexte eine bemerkenswerte Rolle.

Alfred Schütz und Thomas Luckmann (1979) gehen davon aus, dass die Basis jeder sozialen Kommunikation in der Fähigkeit der Einordnung subjektiver Sinngebungen in intersubjektive Bedeutungszusammenhänge besteht. Dies impliziert, dass jede Sinnkonstitution im subjektiven Wissensvorrat gründet. Eine intersubjektiv gleichmäßige Konstitution der Bedeutungen von Sachverhalten bzw. eine Reziprozität der Sinnkonstitutionen setzt dann einen mindestens teilweise gleichförmig ausgeprägten Wissensvorrat voraus. Daraus folgt – als *zweite Bedingung* intersubjektiver Sinnkonstitution –, dass gemeinsame Erfahrungen einen wichtigen Grundbestand zur Entwicklung sozialer Kompetenz bilden.

Akzeptiert man beide Bedingungen, wird ersichtlich, dass subjektiv erfahrene Dinge nicht mit ausreichender Gewissheit existieren, bis das Subjekt ihre Existenz von Alter Ego bestätigt bekommt. Die Intersubjektivität sozial-kultureller und physischer Mitwelt konstituiert sich somit erst auf der Basis sozialer Interaktionen. Weil sich nur in der Face-to-Face-Situation die Körper der Handelnden als Ausdrucksfelder ihres Bewusstseins unmittelbar gegenüberstehen, ist diese für die Erreichung der Gewissheit über intersubjektive Gültigkeit von Bedeutungskonstitutionen besonders wichtig. Hier wird es möglich, die Kommunikation über subtile symbolische Körpergesten zu unterstützen, was die Zahl der Fehlinterpretationen einschränkt. Des Weiteren können bei verbleibenden Unklarheiten unmittelbar Rückfragen gestellt werden, womit die gegenseitigen Symbolisierungen und Deutungen der unmittelbaren Überprüfung (und Korrektur) zugänglich sind. Die Kopräsenz ist demgemäß jene Situation, in der die unmittelbare Überprüfung der Kommunikationsinhalte und -bedeutungen möglich ist. Deshalb bildet sie, erstens, einen Kernbereich der Sozialisation und deshalb sind hier, zweitens, die raum-zeitlichen Bedingungen der Kommunikation von besonderer sozialer Wichtigkeit.

Jedes Subjekt wird in eine historische – und wie HARTKE (1956) betont – auch sozialgeographische Situation mit je spezifischer Ausprägung der Wissensvorräte seiner unmittelbaren Interaktionspartner hineingeboren, die ihrerseits von derartigen Begegnungen mit ihren Vorfahren geprägt sind. Diese Bedingungen sind jedem einzelnen Subjekt auferlegt; und zu diesen Bedingungen gehört (eben) auch das Hineingeborenwerden in eine bestimmte sozialgeographische Situation. Betrachten wir beispielsweise einen Ausschnitt der Alltagswelt von erwerbstätigen und alleinerziehenden Müttern/Vätern. Selbst wenn sie eine Kinderkrippe und eine Teilzeitarbeit gefunden haben, lassen sich deren Ziele auf Grund der Anordnungsmuster der jeweiligen materiellen Einrichtungen häufig nicht erreichen. Denn die Wege zwischen den einzelnen Standorten können sich als zu zeitraubend erweisen, als dass sie mit den jeweiligen Öffnungs- und Arbeitszeiten auf erfolgreiche Weise koordiniert werden können. Hier zeigt sich, wie überkommene raum-zeitliche Ordnungsmuster sich gegen eine bestimmte Lebensform sperren können und wie Sozialisationsprozesse in alltägliche Geographien eingebettet sind. Der »Sozialgeographie der Kinder« geht es in diesem Zusammenhang darum, die Sozialisationsbedingungen in erdräumlicher Hinsicht zu analysieren und unter Bezugnahme auf Kriterien allgemeiner sozialwissenschaftlicher Sozialisationstheorien zu beurteilen.

SYLVIA MONZEL (1995) legt mit »Kinderfreundliche Wohnumfeldgesteltung!? Eine Sozialgeographische Untersuchung als Orientierung für Politik und Planer« eine Studie vor, die sich – auf THOMAS GASTBERGER (1989) aufbauend – den erforderlichen Grundlagen spielerischer Umweltaneignung im Hinblick auf sinnvolle Gestaltungsplanung widmet. Dazu differenziert sie die handlungszentrierte Betrachtungsweise durch den Transaktionalismus und bezieht beide auf den Aneignungsprozess physisch-materieller Handlungskontexte. Die Planungsleitlinien gewinnt sie nicht aus so genannten räumlichen Erfordernissen. Sie leitet sie vielmehr aus den genannten theoretischen Grundlagen ab. Derart liefert sie nicht nur einen Beitrag handlungsorientierter empirischer Erforschung geographischer Bedingungen der Sozialisation von Kindern. Sondern sie skizziert gleichzeitig auch eine sozialgeographische Planungspraxis, die nicht mehr primär »Raum« plant, sondern explizit auf thematisch selektionierte (sozialisationsrelevante) Handlungstypen ausgerichtet ist. »Raum«planung wird damit explizit zur Handlungsplanung, zuhanden von (Stadt-)Politik und in Bezug auf kinderfreundliche Wohnumfeldgestaltung. Ihre empirische Untersuchung ist dementsprechend darauf ausgerichtet, fundierte sozialwissenschaftliche Grundlagen für entsprechende politische Entscheidungsprozesse und planerische Gestaltungsabsichten bereitzustellen. Damit wird eine Ausgangsbasis für weitere empirische Untersuchungen im Bereich der handlungstheoretischen Sozialgeographie der Kinder geschaffen, die hoffentlich auch zur Öffnung eines wichtigen neuen Arbeitsfeldes Angewandter (handlungszentrierter) Sozialgeographie beitragen kann.

Kapitel 5

Gesellschaftliche Ökologie

Die Sozialgeographie – so kann man wohl ohne Übertreibung sagen – ist einer der disziplinären Orte, an denen von Beginn an das Verhältnis von Gesellschaft und Natur bzw. Umwelt in ökologischer Perspektive thematisiert wurde. Freilich dominierte zu Beginn nicht die Frage nach der Bedeutung des Gesellschaftlichen für die Transformation der natürlichen Lebensgrundlagen, sondern umgekehrt: die Frage der determinierenden Bedeutung der Natur für die Gesellschaft. Auf diese Weise wurde dabei stärker der Biologisierung des Gesellschaftlichen das Wort geredet als der Vergesellschaftung der Natur. Damit einher ging – wie implizit bereits angedeutet – die Favorisierung der ökologischen Schnittstelle »Umwelt-Mensch« und nicht »Gesellschaft-Natur«, was zahlreiche Komplikationen nicht nur in der Theoriebildung, sondern auch hinsichtlich des Verständnisses ökologischer Problemsituationen insgesamt – also inner- und außerhalb der Geographie – zur Folge hatte. Diese sind, wie die Bezeichnungen der verschiedenen ökologischen Forschungsansätze erkennen lassen, bis heute nicht ausgeräumt.

Die ökologische Thematik, die mit der medialen Thematisierung des Waldsterbens, der globalen Erwärmung etc. in den letzten Jahrzehnten immer stärker zum Gegenstand öffentlicher Debatten und politischer Gestaltungsszenarien wurden, ist in der wissenschaftlichen Auseinandersetzung von den unterschiedlichsten Theoriepositionen aus bearbeitet worden. Sie reichen von den frühen Ansätzen der Humanökologie über die Sozialökologie bis hin zu der Erschließung der gesellschaftlichen Naturverhältnisse und der sozialwissenschaftlichen Risikoforschung. Die zu diesem Kapitel zusammengeführten Texte beschäftigen sich von einem praxiszentrierten Standpunkt aus mit der ökologischen Tradition der Geographie und argumentieren für die Entwicklung einer gesellschaftlichen Ökologie. Diese soll die Transformationen der Natur in systematischer Zusammenarbeit von sozial- mit naturwissenschaftlicher Geographie erforschen, ohne dabei unfruchtbaren Reduktionismen der Gesellschaft auf Natur und *vice versa* zu erliegen. Es soll somit nicht mehr darum gehen, für naturwissenschaftlich als problematisch erachtete Situationen eine sozialwissenschaftliche Expertise einzufordern (die konsequenterweise scheitern muss); aber auch nicht darum, eine Mystifizierung der Natur als Wirkmacht zu etablieren, die dann als politische Größe mobilisiert werden kann. Es wird vielmehr in mehreren Umgängen um eine ontologisch und methodologisch angemessene Auseinandersetzung mit ökologischen Problemlagen gerungen.

»Zur integrativen Forschung in der Geographie« (1988) bildet den Ausgangspunkt dieser Auseinandersetzung. Der Text stellt eine Positionierung einer sozialgeographischen Perspektive im Kontext der Züricher Humanökologie dar, die zu Beginn der 1980er-Jahre von DIETER STEINER und CARLO C. JAEGER am Geographischen Institut der ETH Zürich formiert wurde und an der sich später auch DAGMAR REICHERT,

Wolfgang Zierhofer, Huib Ernste, Franco Furger u. a. beteiligt haben. »Zum forschungsintegrativen Gehalt der (Sozial-)Geographie. Ein Diskussionsvorschlag« (2003) ist eine erste Reformulierung des Aufsatzes von 1986, der außerhalb der Geographie stärkere Beachtung fand als innerhalb. Die Neufassung, die in Kooperation mit dem Philosophen Michael Weingarten verfasst wurde, ist ein Beitrag zu dem von Peter Meusburger und Thomas Schwan herausgegebenen Sammelband »Humanökologie« (2003), der zunächst als eine Auseinandersetzung mit Peter Weichharts Konzeption der Geographie als integrativer Disziplin – wie sie am Deutschen Geographentag in Hamburg verhandelt wurde – konzipiert, dann aber für eine breitere Thematisierung der ökologischen Perspektive geöffnet wurde. Bei »Integrative Forschung und Anthropogeographie« handelt es sich schließlich um die zweite Reformulierung für einen interdisziplinären Kontext, die in dem von Michael Weingarten herausgegebenen Sammelband »Strukturierung von Raum und Landschaft. Konzepte in Ökologie und der Theorie gesellschaftlicher Naturverhältnisse« (2005) erstmals veröffentlicht wurde. Dabei wird der Brückenschlag von der postulierten Erforschung der gesellschaftlichen Naturverhältnisse zur theoretischen Konzeptualisierung und Erschließung der gesellschaftlichen Raumverhältnisse vorbereitet. Letztere bilden zugleich das zentrale Thema des Epilogs.

Zur integrativen Forschung in der Geographie

Zumindest seit Friedrich Ratzel (1882) fordern Geographen die integrative Bearbeitung einer Vielzahl von Lebensproblemen. Der Hauptgrund dafür, dass diese Forderung bisher mindestens nur auf unbefriedigende Weise eingelöst werden konnte, ist zunächst darin zu sehen, dass die Sozial- und Kulturgeographie zur Einlösung dieses Anspruchs über kein leistungsfähiges Theoriegerüst verfügt. Zweitens eröffnen die naturwissenschaftlichen Theorien allein keine Möglichkeit, die sozial-kulturellen Komponenten von ökologischen Problemsituationen in die Forschungskonzeption einzubeziehen. Und schließlich kann, drittens, festgestellt werden, dass die geographische Denk- und Forschungstradition häufig an übertriebenem Konkretismus – der in aller Regel eine unangemessene Reduktion des gesellschaftlichen auf das Physische und die Tendenz zur unhaltbaren Reifikation (Vergegenständlichung) von Begriffen impliziert – scheitert. Im Folgenden möchte ich die These vertreten, dass diese Schwierigkeiten mittels eines Rückgriffs auf die sozialwissenschaftlichen Handlungstheorien dann überwunden werden können, wenn es gelingt, diese um die sozialgeographische Komponente zu erweitern.

Anwendungsprobleme sozialwissenschaftlicher Handlungstheorien im Rahmen integrativer Forschungsprojekte

Die verschiedenen sozialwissenschaftlichen Handlungstheorien, insbesondere die wegleitende Theorie von Max Weber (1980), sind in starkem Maße von Idealismus und Nominalismus geprägt. Die sozialgeographischen Forschungstraditionen hingegen sind von mechanistischem »Naturalismus«, Essentialismus und häufig auch naivem Holismus (insbesondere bei den Vertretern der traditionellen Landschaftsgeographie) durchsetzt. Zudem tragen sie alle Merkmale des Synkretismus. So gesehen, ist nicht nur eine Verständigung zwischen den Vertretern der beiden Zugangsperspektiven zum »Gesellschaftlichen« stark erschwert, sondern auch die Anwendung der Handlungstheorien auf die sozialgeographischen Fragestellungen. Auf einen Satz gebracht, lässt sich das Anwendungsproblem hypothetisch wie folgt umschreiben: Die idealistische Tradition der Handlungstheorien führt dazu, dass in ihnen die physisch-materiellen Bedingungen des Handelns für die Konstitution der Gesellschaft maßgeblich unterschätzt werden und die mechanistisch-reduktionistische Tradition der Sozialgeographie versucht das Soziale im Materiellen – oder noch extremer – im so genannten »Räumlichen« zu finden.

Entgegen den methodologischen Beteuerungen der Vertreter der traditionellen Landschaftsschule oder anderer holistischer Ansätze wird die so genannte Anthroposphäre in aller Regel weder auf differenzierte noch auf angemessene Weise erforscht. Denn, erstens, wird dem sozial-kulturellen derselbe ontologische Status unterschoben wie dem physisch-materiellen Wirklichkeitsbereich und, zweitens, wird zur Lokalisierung und Strukturierung der forschungsrelevanten Gegebenheiten immer wieder auf das erdräumliche Referenzmuster Bezug genommen. Da Letzteres als eine Ableitung aus dem mechanisch-euklidischen Raumbegriff zu begreifen ist und lediglich für materielle Gegebenheiten leistungsfähig sein kann, impliziert dieses Vorgehen eine »Mechanisierung« sozial-kultureller und subjektiver Wirklichkeiten. Diese »Mechanisierung« weist in der geographischen Forschungstradition eine lange und konsequente Entwicklungslinie auf und reicht mindestens von Kraus, über Schrepfer, die Landschaftsschule der 1940er- und 1950er-Jahre, Bobek, Otremba, die Münchner Schule der Sozialgeographie der 1970er-Jahre bis hin zu Bartels und Wirth. Sie weist ebenfalls zwei Komponenten auf, erstens: Materialisierung und »Kausalisierung« des Immateriellen sowie, zweitens: Strukturierung sozialer und subjektiver Sinngehalte (Bedeutungen) mittels mechanischer Ordnungsraster.

Das Problem, eine Forschungskonzeption zu entwickeln, die der integrativen Forschungsweise angemessen sein könnte, ist denn auch im Verlaufe der Fachgeschichte verschiedentlich aufgeworfen und von mehreren Wissenschaftlergenerationen mit unterschiedlich plausiblen Entwürfen beantwortet worden. Verschiedene wissenschaftstheoretische und sozialwissenschaftliche Forschungskonzeptionen sind dabei von Geographen aber so verzerrt rezipiert worden, dass die darauf aufbauenden Arbeiten häufig nicht nur als wenig fruchtbar einzustufen sind, sondern auch keine praktische interdisziplinäre Relevanz gewinnen konnten. Derart unterschreiten sie denn auch häufig das Kompetenzniveau der originalen Forschungsansätze.

Wie kann nun auf handlungstheoretischer Basis möglicherweise angemessen integrative Forschung betrieben werden, ohne einerseits den Schwächen der bisherigen geographischen Forschungskonzeptionen zu erliegen und ohne andererseits die idealistischen Schwächen der traditionellen Handlungstheorien übernehmen zu müssen? Da einerseits im Rahmen der Handlungstheorien selbst, auf Grund ihrer idealistischen Tradition, grundlegende Probleme angelegt sind und andererseits die Ausgangssituation in der Sozialgeographie von Verzerrungen und Synkretismus geprägt ist, muss für die Auseinandersetzung mit dieser Frage etwas weiter ausgeholt werden.

Ausgangssituation in der Geographie

In der jüngeren Geschichte der Geographie versucht man seit den 1960er-Jahren das abflauende Interesse und die ständig abnehmende praktische Relevanz geographischer Forschungsergebnisse durch Spezialisierung der Forschungsaktivitäten in natur- und sozialwissenschaftlicher Richtung wettzumachen. Dabei wird die Einheit des Faches weiter strapaziert, sodass sie heute an vielen Universitäten faktisch bloß noch in administrativer Hinsicht besteht. Nachdem die ökologisch problematischen Konsequenzen der industriellen und postindustriellen Produktions- und Lebensweise seit Ende der 1960er-Jahre immer breiteren Bevölkerungskreisen bewusst geworden sind und die von politischen Instanzen geforderten Problemlösungen nicht an die Adresse der Geographen gerichtet werden, sehen sich die Mehrzahl der Geographen um das so genannte »Erstgeburtsrecht« zur Behandlung ökologischer Probleme gebracht. Ich bin der Meinung, dass es zahlreiche gute Gründe gab und gibt, dass man sich zur Lösung ökologischer Probleme nicht an die Geographen gewendet hat und wendet. Ich bin aber auch der Meinung, dass es durch die Verbesserung unserer Leistungen gelingen kann, diese Gründe hinfällig zu machen. Dazu sind aber zuerst die notwendigen Voraussetzungen in metatheoretischer, fachtheoretischer, begrifflicher und instrumenteller Hinsicht zu schaffen oder einfacher und klarer ausgedrückt: Geographen müssen zuerst zu einem tieferen und differenzierten Verständnis der ökologischen Problematik vorstoßen, wenn sie die bisherigen Mängel überwinden wollen.

Die Hauptgründe für das Versagen der bisherigen geographischen Beiträge bzw. für ihre mangelnde Beachtung sehe ich in der weitgehend »handgestrickten« Natur ihrer Forschungskonzepte. Besonders eindrücklich wird einem dieses Problem im Rahmen der Geo-Ökologie-Systemmodelle vor Augen geführt. Das mangelnde Verständnis für die Ontologie der sozial-kulturellen Welt hat vielen Geographen denn auch den Blick für die Zusammenhänge versperrt, die zu ökologisch problematischen Folgen führen. Statt die gesellschaftlichen Zusammenhänge zu erforschen, hat man weiterhin auf die physische Welt bzw. in den Erdraum gestarrt und den Glauben nicht aufgegeben, ausgerechnet dort allein die problematischen Gründe aufzudecken, wo sich die physisch-materiellen und biologischen Folgen der sozialen Zusammenhänge manifestieren. Die Probleme, die sich auf Grund einer nicht ausreichend differenzierten Anwendung der Systemtheorie auf ökologische Zusammenhänge ergeben, sind ebenso bei PETER HAGGETT (1983) wie beim Bericht von PAUL MESSERLI (1986) über das integrative und interdisziplinäre schweizerische Forschungsprogramm »MAB« einsehbar. Wie die geographischen Bezugnahmen auf die Systemtheorie im Allgemeinen sind auch sie allzu sehr von der raumwissenschaftlichen Denkweise »infiziert«. In diesem Zusammenhang ist eine Umkehrung der geographischen Blickrichtung notwendig. Die raumwissenschaftlichen Argumentationsmuster sollten durch einen handlungszentrierten wissenschaftlichen Tatsachenblick ersetzt werden.

Das formale Konzept »System« kann zwar auf »beliebige« Zusammenhänge angewendet werden bzw. hinsichtlich verschiedener Sachverhalte inhaltlich interpretiert werden. Wenn die Anwendung aber empirisch relevante Hypothesen ermöglichen soll, dann ist zunächst klar zwischen Systemen der physischen Welt (organischer und nicht-organischer Art) und der sozialen Welt (Welt des Handelns und der Symbole) zu unterscheiden bzw. zwischen »physischen Systemen« und »Sinnsystemen«. Diese Unterscheidung ist deshalb notwendig, weil deren Inhalte einen jeweils verschiedenen ontologischen Status aufweisen. Eine Anwendung der Systemtheorie im Rahmen integrativer Forschungsprogramme müsste dieses Verhältnis genauer klären, als dies bisher der Fall ist. Das Problem der Beziehung zwischen sozial-kulturellem und physischem Bereich kann jedenfalls nicht im Rahmen der traditionellen Systemkonzeptionen in den Griff bekommen werden. Denn die Beziehungen zwischen beiden

Bereichen werden über menschliche Tätigkeiten verwirklicht und diese können im Rahmen mechanistischer Konzeptionen nicht angemessen beschrieben und erklärt werden. Inwiefern über das Prinzip der Interpenetration von Kultur-, Gesellschafts-, Persönlichkeits- und Organismussystem, das in TALCOTT PARSONS' Systemtheorie angelegt ist, ein Ausweg aus diesem Problembereich gefunden werden könnte, muss weiteren Untersuchungen vorbehalten werden.

Skizzierung einer handlungstheoretischen Konzeption integrativer Forschung

Die erste Bedingung, um einen handlungstheoretischen Zugang zur integrativen Erforschung von Lebensproblemen zu erreichen, ist somit darin zu sehen, nicht den »Raum« oder »räumliche Systeme« zum Forschungsgegenstand der Geographie zu machen, sondern die Handlungen der Menschen in ihren sozial- und physisch-weltlichen Bezügen. Im Rahmen dieser Konzeption würde der handlungstheoretischen Sozialgeographie die Aufgabe zugeordnet, die sozial-weltlichen Voraussetzungen menschlichen Handelns in variierenden gesellschaftlichen und kulturellen Kontexten zu klären, d. h. die jeweils geltenden Grundprinzipien des Handelns aufzudecken und wenn möglich die wichtigsten typischen Relationen zwischen Gründen und beabsichtigten/unbeabsichtigten Folgen des Handelns in sozialer Hinsicht zu formulieren.

Gemeinsam mit den Vertretern der Physischen Geographie und anderen Naturwissenschaftlern müsste es in einem nächsten Schritt gelingen, festzustellen, welche Handlungsweisen zu den ökologisch problematischen Folgen führen. Für das weitere Prozedere müsste die physisch-geographische Forschung die Bedingung erfüllen, dass ihre Theorien einen logisch konsistenten Bezug zu den allgemeineren naturwissenschaftlichen Theorien in ihrem Beschäftigungsbereich aufweisen. Ihre Aufgabe wäre es sodann, die im erdräumlichen Kontext auftretenden Wirkungskonfigurationen natürlicher Kausalzusammenhänge differenziert unter die allgemeineren naturwissenschaftlichen Theorien zu subsumieren. Sind diese Voraussetzungen erfüllt, sollen die physisch-geographischen Theorien den Bezugsrahmen der Orientierung für jene praktischen Handlungen abgeben, die auf mittelbare und/oder unmittelbare Weise in die physische Welt intervenieren. Denn die Handlungen, die in die physische Welt intervenieren und dabei nicht scheitern sollen, müssen sich auf ein empirisch gültiges Wissen über die natürlichen Gegebenheiten beziehen. Das heißt: Die erfolgreichen Handlungen müssen als Deduktionen aus den empirisch gültigen naturwissenschaftlichen Theorien in ihren Zielsetzungen und in der Wahl der Mittel so entworfen und durchgeführt werden, dass sie in ausreichendem Maße an die physischen Bedingungen der Situation angepasst sind, bzw. dass die bisher festgestellten ökologisch problematischen Folgen nicht mehr auftreten.

Die besondere Aufgabe der Physischen Geographie wäre nun darin zu sehen, insbesondere auf die weiteren Folgen aufmerksam zu machen, die in der physischen Welt in ihrer erdräumlichen Anordnungsform eintreten, wenn die spezifische Zielsetzung einer Handlung erreicht wurde. Genauer formuliert: Sie soll die weiteren (unbeabsichtigten) Konsequenzen der durch menschliche Handlungen bewirkten Veränderungen in natürlichen Kausalzusammenhängen und ihrer erdräumlichen Konfigurationen aufdecken, deren problematischen Charakter beschreiben und auf dem Hintergrund der bekannten landschaftsökologischen Erfordernisse alternative Handlungsweisen (Techniken) vorschlagen.

Die besondere Aufgabe der Sozialgeographie wäre es nun, unter Kenntnis der sozialweltlichen Zusammenhänge, auf die Veränderung der sozial-kulturellen Bedingungen des Handelns einzuwirken und sozial verträgliche alternative Zielsetzungen und Mittel des Handelns vorzuschlagen. Die besondere Chance der Geographie zur erfolgreichen Bearbeitung ökologischer Probleme sehe ich zusätzlich darin, dass in einem Ausbildungsgang für Diplom-Geographen die Basis für die Verständigung zwischen natur- und sozialwissenschaftlicher Denk- und Forschungsweise gelegt werden könnte.

Methodologie und Forschungstechnik integrativer Forschung

Ohne hier im Einzelnen darauf eingehen zu können, wäre abschließend noch darauf hinzuweisen, dass die Methodologie der Situationsanalyse, die KARL RAIMUND POPPER für die empirische Sozialforschung vorschlägt, zumindest aus handlungstheoretischer Sicht, als das erfolgversprechendste Denkmuster zur Bearbeitung ökologischer Probleme einzustufen ist. Gegenüber systemtheoretisch orientierten Konzepten scheint mir das Verfahren der Situationsanalyse insbesondere den Vorteil aufzuweisen, dass weder Reduktionismus noch ein mechanistischer Manierismus die Voraussetzung bilden muss, um ökologische Probleme strukturieren und erforschen zu können. Vielmehr erlaubt es eine adäquate Erforschung der sozial-kulturellen und physisch-biologischen Gegebenheiten sowohl in ihren jeweiligen Kontexten wie auch in ihren gegenseitigen Abhängigkeiten und Beeinflussungsmöglichkeiten sowie der füreinander je problematischen Folgen. Da ich die Grundstruktur dieses Verfahrens andernorts[1] bereits ausführlich dargelegt habe, möchte ich hier darauf verzichten und nur noch eine kleine Ergänzung anfügen.

Sieht man die Besonderheiten geographischer Forschung in der Aufdeckung erdräumlich repräsentierbarer Wirkungsbereiche physisch-weltlicher Ursachen, der sozial-weltlichen Reichweiten menschlicher Handlungen sowie der sozial-kulturellen Konsequenzen physisch/materiell-biologischer Bedingungen und der physisch/materiell-biologischen Konsequenzen sozial-kultureller Bedingungen des Handelns, dann

---

1   WERLEN, B. (2010): Die Situationsanalyse. Ein unbeachteter Vorschlag von K. R. POPPER und seine Bedeutung für die geographische Regionalforschung. In: WERLEN, B.: Gesellschaftliche Räumlichkeit 1. Orte der Geographie. Stuttgart, 172-186.

muss man auch über ein besonderes Instrumentarium zur Aufdeckung und Beschreibung dieser Zusammenhänge verfügen.

Als vielversprechende Ausgangspunkte zur Entwicklung eines derartigen Instrumentariums betrachte ich einerseits die von DIETRICH BARTELS (1968a, 1970) entwickelte raumwissenschaftliche Begrifflichkeit und Methodik zur differenzierten Erfassung von erdräumlichen Anordnungsmustern. Damit ergibt sich eine weitere sinnvolle Anwendungsmöglichkeit der raumwissenschaftlichen Begrifflichkeit und Methodik, die grundsätzlich in die gleiche Richtung weist, wie jene, die von CARLO C. JAEGER (1985) vorgeschlagen wurde.

Andererseits bieteten sich vor allem auch die Diorama-Idee von TORSTEN HÄGERSTRAND (1970, 1982, 1984) und seinen Schülern bzw. die von ihnen entwickelten Raumzeit-Modelle an. Freilich können mit ihnen zurzeit bloß die Standorte und Bewegungen von biologisch-materiellen Gegebenheiten (einschließlich der Körper der Handelnden und materieller Artefakte) im Erdraum strukturiert und systematisch beschrieben werden. Aber bereits auf dieser rudimentären Stufe dürften diese Instrumente den Vorteil aufweisen, dass es mit ihm möglich ist, das Einwirken der Folgen menschlichen Handelns auf die physisch/materiell-biologische Welt strukturiert festzuhalten und die jeweiligen Wirkbereiche und Reichweiten differenziert zu erfassen. Zudem weist die zeitgeographische Methodik den Vorteil auf, dass mit ihr, unter Berücksichtigung der physisch-materiellen Bedingungen und ihrer erdräumlichen Verteilung, ein »Überblick über die Möglichkeiten und – ihnen gegenübergestellt – über die Unmöglichkeiten des Handelns« (in physisch-weltlicher Hinsicht) erreicht werden kann, und dass man »gleichzeitig auch die Grenzen des Möglichen durch eine Aggregierung von Zwängen des Handelns aufzeigen kann« (CARLSTEIN 1986:121). Ohne sozialtheoretische Interpretation bleiben die zeitgeographischen Konstruktionen aber weitgehend wertlos. Denn gleichzeitig ist auf die besondere Gefahr des zeitgeographischen Forschungsinstrumentariums aufmerksam zu machen, dass damit die geographische Forschung erneut in die Fänge eines trivialen Materialismus geraten kann. Weil die gesamte Methodik der Zeitgeographie auf der Mechanik aufbaut, ist sie ihrer Konzeption nach weiterhin nur auf physisch-materielle Gegebenheiten sinnvoll anwendbar. Damit sind in ihr auch alle Möglichkeiten angelegt, dass die Fehler, die bereits mit der Anwendung der Systemtheorie auf integrative Fragestellungen gemacht wurden, hier lediglich in einer neuen Begrifflichkeit reproduziert werden. Wie fruchtbar sie jedoch im Interpretationshorizont der handlungstheoretischen Sozialgeographie werden könnte, wird von ANTHONY GIDDENS (1988a:161-213) angedeutet.

Damit der Gefahr des Reduktionismus entgangen werden kann, ist vor jeder Hypostasierung von Landschaft, Diorama und ähnlichen Begriffskonstrukten abzusehen; eine Gefahr, die sowohl von ALLAN PRED (1977, 1981) als auch GIDDENS (1988a) erkannt wurde, aus denen aber in integrativer Hinsicht bisher noch nicht die notwendigen Konsequenzen gezogen wurden. Gleichzeitig ist auch von entscheidender Bedeutung, dass man HÄGERSTRANDS Begriff der »togetherness« radikaler als er selbst nur auf physisch-materielle Aspekte bezieht. Jedenfalls darf man ihn nicht dahingehend interpretieren, dass das Soziale und das Materielle unmittelbar miteinander verbunden wären, dass sie mit demselben Referenzmuster strukturiert und lokalisiert werden könnten. Verbunden werden beide Wirklichkeitsbereiche erst über menschliche Tätigkeiten. Diese Integration von Physisch-Materiellem und Symbolisch-Immateriellem bzw. von Natur und Kultur/Gesellschaft über Handlungen darf aber eben nicht zu dem Fehlschluss verleiten, beide Aspekte könnten mit demselben Instrumentarium auf je angemessene Weise erforscht werden.

Zusammenfassend ist darauf hinzuweisen, dass dieses Instrumentarium unbedingt durch die sozial-kulturelle Komponente konsequent erweitert werden müsste, wenn seine Fruchtbarkeit zur integrativen Bearbeitung von problematischen Lebenssituationen praktische und interdisziplinäre Relevanz erreichen soll.

Ausblick

Abschließend ist mit Nachdruck darauf hinzuweisen, dass menschliche Handlungen an die physisch-biologisch-physiologischen Bedingungen der menschlichen Existenz gebunden sind. Damit braucht man noch nicht zuzugeben, dass das Physische über das Soziale bestimmt oder bestimmen soll. Ebenso braucht man sich deswegen die Wirklichkeit auch nicht als einen großen Mechanismus vorzustellen, der über die Intentionen der menschlichen Handlungen in Gang gehalten wird, wie das bei den philosophischen Handlungstheoretikern von HOBBES bis LOCKE und KANT der Fall war. Man braucht also insbesondere nicht davon auszugehen,

> »dass Handeln als eine Bewegung in der Erfahrungswelt analog der Relation von Ursache und Wirkung zu verstehen sei, wobei der Ursprung jeder Bewegung in einem Willensakt gesucht werden müsse, während die Wirkung sich in konsequenter Aktivität des Körpers äußere« (BUBNER 1982:12).

Ich möchte damit aber darauf hinweisen, dass aus handlungstheoretischer Perspektive klar wird, dass das Problem integrativer Forschung – in der Geographie wie anderswo – als ein Ausdruck des weiterhin umstrittenen Leib-Seele-Problems zu betrachten ist. Dass die sozialwissenschaftliche und philosophische Handlungstheorie auf dem aktuellen Diskussionsstand dazu wesentlich bessere Lösungen anzubieten hat, als zu Zeiten der positivistisch-empiristischen Vorherrschaft, ist eine begründbare Hoffnung, die hier aber noch nicht weiter ausgeführt werden kann.

Zudem sollte daraus ersichtlich sein, dass das Verständnis von Natur immer eine historische Dimension aufweist. Denn jede Definition einer Situation bleibt – unabhängig davon, ob sich diese Definition auf die physisch-materielle oder die soziale Komponente der Situation des Handelns bezieht – an den verfügbaren Wissensvorrat des Handelnden gebunden. Die Wissensvorräte der verschiedenen Akteure verdichten sich jeweils zu einem Weltbild, einer Kosmologie. Deshalb wäre es auch verfehlt, nur von einer Kosmologie, beispielsweise der mechanistischen, zu sprechen, von der Menschen geleitet sind, wie das von JAEGER et al. (1987) suggeriert wird. Angemessener wäre es wohl von n-Kosmologien zu reden. Denn mindestens hypothetisch ist davon auszugehen, dass jeder Akteur über einen unterschiedlichen Wissensvorrat verfügt. Wissenschaftliche Wissensvorräte hingegen scheinen jeweils durch einen einheitlicheren Stil gekennzeichnet zu sein und insbesondere das naturwissenschaftliche Wissen scheint von mechanischen Leitbildern geprägt zu sein. Und so bleibt denn auch das aktuelle wissenschaftliche Verständnis der physisch-biologischen Aspekte von Situationen des Handelns an das mechanistisch geprägte naturwissenschaftliche Wissen gebunden. Da es aber immer noch unsere bestgeprüften Theorien umfasst, kann auch keine Alternative darin gesehen werden, dieses Wissen unbesehen durch vorwissenschaftliche bzw. naive Auffassungen von »Natur« zu ersetzen.

Hingegen dürfte es ein Wissen über die Natur geben, das an die lokalen Gegebenheiten besser angepasst ist bzw. größere empirische Übereinstimmung aufweist, als das allgemeine Wissens der naturwissenschaftlicher Disziplinen. Deshalb sollte man auch nicht voreilig in den mechanistischen Standards die alleinige Hoffnung auf Erfolg sehen. Vielmehr sollte man die lokalen Traditionen im Umgang mit den materiellen und biologischen Mitwelten, die sich bisher als erfolgreich erwiesen haben, als ernst zu nehmende Ausgangshypothesen auffassen.

In diesem Sinne bekommt die subjektive Forschungsperspektive der Handlungswissenschaften für integrative Forschungskonzeptionen eine doppelte Bedeutung. Erstens: Zur Erfassung der lokalen Kosmologien, auf deren Hintergrund die physische Welt als Gegenwelt, Umwelt oder als Mitwelt interpretiert wird. Zweitens: Zum Erfassen der Sinnzusammenhänge, in denen die sich aktuell als problematisch erweisenden Handlungsweisen stehen. Denn diese müssen bekannt sein, wenn deren Hervorbringer für alternative Mittel der Zielerreichung oder zu Änderung ihrer Zielsetzungen gewonnen werden sollen. Denn schließlich sollten integrative Forschungskonzepte dazu beitragen, dass Handelnde selbst zu einer »integrierten« Lebensweise finden. Das heißt schließlich auch: Entwicklung von Formen des gesellschaftlichen Zusammenlebens, die der Tatsache Rechnung tragen, dass die Menschen selbst Bestandteil der Natur sind und somit ein sorgfältiger Umgang mit den physisch-biologischen Lebensgrundlagen im eigenen Interesse von vorrangiger Bedeutung ist.

Integrative Forschung und »Anthropogeographie«

Seit FRIEDRICH RATZEL den ersten Band seiner epochalen »Anthropogeographie« (1882) publiziert hat, wird in der Geographie eine Vielzahl von »Lebensproblemen« in einer integrativen Perspektive bearbeitet. Der integrierende Blick gehört sogar zur *raison d'etre*, zum Gründungsmythos des damals neu zu etablierenden Faches »Anthropogeographie« bzw. der heutigen Humangeographie. Das ist in mehrerer Hinsicht bemerkenswert. Dieses Erbe spielt gerade in aktuellen forschungspolitischen Überlegungen wieder eine starke argumentative Rolle. Diese wissenschaftshistorisch bedeutende Vorleistung kann aber nicht darüber hinwegtäuschen, dass mit dem von RATZEL favorisierten Ausgangspunkt zahlreiche Implikationen mit auf den Weg genommen wurden, die bis heute den Weg einer differenzierten integrierenden Bearbeitung von »Lebensproblemen« versperren.

Die Analyse der für die Anthropogeographie konstitutiven Perspektive soll hier zum Anlass genommen werden, Möglichkeiten einer Neubestimmung des Ausgangspunktes der (interdisziplinären) Diskussion zu unterbreiten. Dazu ist zunächst auf einige der offensichtlicheren Implikationen einzugehen, die zu ernsthaften Schwierigkeiten bzw. zu wichtigen Blickverstellungen im Zugang zu integrativen Forschungsdesigns führen. Die darauf aufbauenden Argumentationsschritte sind darauf ausgerichtet, das Anforderungsprofil an integrative Forschung zu schärfen. Dabei wird allgemeinen wissenschaftstheoretischen Aspekten ebenso Beachtung geschenkt, wie der kritischen Evaluation der bisherigen Erfahrungen mit dem anthropogeographischen Ausgangspunkt.

Dunstige Klarheiten

In den von RATZEL bereiteten Grundlagen umgreift das Wort »Leben« nicht nur einfach naturale und soziale Momente, sondern ist mit naturalistischen Konnotationen aufgeladen, gar überladen. Ein fundamentales Problem wird mit dem Versäumnis, klare begriffliche Differenzierungen auszuarbeiten, mit auf den weiteren Weg genommen. So wird insbesondere begrifflich nicht zwischen der Rede von »Leben« in biowissenschaftlichem Sinn und »Leben« als dem werktätigen Lebensvollzug der Menschen[1] unterschieden. Hierin ist der Hauptgrund dafür zu sehen, dass die Forderung nach integrativer Verarbeitung von »Lebensproblemen« bisher nur auf höchst unbefriedigende Weise eingelöst werden konnte. Zudem kann festgehalten werden, dass die Sozial- und Kulturgeographie zur Einlösung dieses Anspruchs lange Zeit über kein eigenes leistungsfähiges Theoriegerüst verfügte. Denn naturwissenschaftliche, insbesondere ökologische Theorien allein, an denen sich die Geographie aus den unterschiedlichsten Gründen orientierte und heute im Anschluss an die Humanökologie immer noch

---

1 Vgl. CASSIRER ([1944]1990), MISCH (1967).

orientiert, eröffnen keine befriedigende Möglichkeit, die sozial-kulturellen Komponenten von ökologischen Problemsituationen in die Forschungskonzeption einzubeziehen.

Weiter kann festgestellt werden, dass die geographische Denk- und Forschungstradition häufig an übertriebenem Konkretismus – der in aller Regel eine unangemessene Reduktion des Gesellschaftlichen auf das Physische und die Tendenz zur unhaltbaren Reifikation (Verdinglichung) von Begriffen impliziert – scheitert. Die Gründe für die beiden zuletzt genannten Verkürzungen sind hauptsächlich darin zu verorten, dass schließlich zwar allenthalben von integrativer, interdisziplinärer und transdisziplinärer Forschung gesprochen wird, aber kaum einmal ein begrifflich sauber durchgeführter Bestimmungsvorschlag für das mit solchen, häufig nur modisch aufgegriffenen Schlagworten Gemeinte vorgelegt wird.

Im Folgenden möchten wir die These vertreten, dass diese Schwierigkeiten mittels eines Rückgriffs auf sozialwissenschaftliche Handlungstheorien genau dann überwunden werden können, wenn es zum einen gelingt, die intentionalistischen und subjektivistischen Verkürzungen im Handlungsbegriff zu überwinden; hierzu ist zumindest eine differenzierende Unterscheidung zwischen »Tun« und »Handeln« nötig, mit der deutlich wird, dass und inwiefern Handeln eine bestimmte Form des Tuns darstellt.

Zum anderen muss dann am Tun und Handeln aufgezeigt werden, inwiefern diesen eine sozialgeographische Komponente eignet; dies kann nicht derart geschehen, dass *auch* sozialgeographisch irgendetwas über Tun und Handeln ausgesagt werden könne, sondern in genau der Hinsicht, dass gezeigt wird, was am Tun und Handeln *nur* mit sozialgeographischen Begriffen, Forschungs- und Darstellungsmethoden erfasst werden kann.

Zwecksetzungen ordnen die Dinge

Angesichts der Zersplitterung des Wissenschaftsbetriebes nicht nur in immer mehr Disziplinen, sondern gerade auch in solche, die von ihrer eigenen Benennung Überschneidungsfelder mit bisher wohl abgegrenzten Disziplinen wie Biophysik oder Humanökologie und Gegenstandsbereichen wie Sozialökologie und Sozialgeographie darstellen, hinterfragt JÜRGEN MITTELSTRASS – einer der wenigen, der sich seit Jahren systematisch mit den Problemen disziplinären, inter- und transdisziplinären Forschens beschäftigt – Bedeutung und Begründbarkeit der Abgrenzung von wissenschaftlichen Disziplinen:

> »Wo beginnt eine Disziplin, wo hört sie auf und beginnt eine andere? Was definiert eine Disziplin in ihrem disziplinären Charakter? Ein Gegenstand bzw. ein Gegenstandsbereich oder ein theoretisches Paradigma oder eine Methode oder ein Erkenntniszweck? Folgt, noch anders gefragt, die Einteilung der Disziplinen

der Einteilung der Welt oder der Theorien oder der Methoden oder der Zwecke?«
(MITTELSTRASS 1998:33)

Die erste Antwort, welche einen Einstieg in seine Argumentationsrichtung bietet, lautet: »Nicht die Gegenstände (allein) definieren die Disziplin, sondern die Art und Weise, wie wir theoretisch mit ihnen umgehen« (MITTELSTRASS 1998:41). Somit gibt nicht das So-sein der Welt auf Grund einer dinglichen Untergliederung der Welt die Gegenstände und Bereichsabgrenzungen disziplinärer Forschung vor. Eine dingliche Vorstrukturiertheit der Welt würde bedeuten, dass die Disziplinen − so wie sie von uns heute vorgefunden werden − gleichsam als naturgeschichtlich geworden zu begreifen wären. Es sind vielmehr die von uns formulierten Fragestellungen, Problemformulierungen und Zwecksetzungen, die zur Unterscheidung und Abgrenzung von Forschungsfeldern und Gegenständen der Forschung führen. Es sind die Zwecksetzungen der Wissenschaftler, welche die Gegenstände der Forschung konstituieren und diese sind gerade *nicht* natürlich vorgegeben.

Im Rahmen dieser Betrachtungsperspektive notiert MITTELSTRASS eine Asymmetrie von Problementwicklungen und disziplinären Entwicklungen, die durch wachsende Spezialisierung oder besser: Fragmentierung auf der disziplinären Ebene immer weiter vergrößert wird. Dies hat zur Folge, dass es zunehmend Probleme gibt, für die (noch) keine Disziplin gefunden wurde. Angesichts der Fragmentierung, Partikularisierung und Atomisierung der Disziplinen wird sie wohl auch nicht gefunden werden. Erforderlich sei eine radikale Umkehrung des bisher beschrittenen Weges: eine »Rückkehr« zu größeren disziplinären oder interdisziplinären Einheiten.

Die Forderung nach der »Rückkehr« ist nicht in disziplinären Bedürfnissen angelegt. Sie besteht auf Grund der »Zwänge, die sich durch die Problementwicklung selbst stellen« (MITTELSTRASS 1998:42). Deshalb ist von der Problementwicklung auszugehen, um von dort aus sinnvolle disziplinäre Fragestellungen und Problembearbeitungen zu erschließen und nicht umgekehrt: von neuen Problementwicklungen auf vorzufindende disziplinäre Kompetenzen zurückzuschreiten. Nur so kann es − so MITTELSTRASS − zu einer Erweiterung wissenschaftlicher Wahrnehmungsfähigkeiten kommen. Auf Grund dieser Betrachtungsweise kann überhaupt erst eine sinnvolle und leistungsfähige Option inter- und transdisziplinärer Forschung eröffnet werden. Dem bisher beschrittenen Weg: für die Bearbeitung und Analyse neuer Problemsituationen auf die alte Disziplinenordnung zurückzugreifen und von dieser aus eine problemübergreifende Zusammenarbeit organisieren zu wollen, ist nicht zufälligerweise wenig oder kaum Erfolg beschieden.

Integrative trans-/interdisziplinäre Forschung

Zeigt sich von der Problementwicklung her, dass keine der bestehenden Disziplinen allein in der Lage ist, mit ihren methodischen Mitteln ein dem Problem adäquat scheinendes Bearbeitungsangebot zu machen, dann müssen disziplinäre Grenzen überschritten werden, um in der Zusammenarbeit mit anderen Disziplinen bei grundsätzlicher Beibehaltung der disziplinären Gliederung gemeinsam eine Problemlösungsstrategie zu erarbeiten. Sollte dieser Weg nicht erfolgreich sein, sollte einer zu einer neuen disziplinären Ausdifferenzierung gefunden werden. Dieser Weg verlässt u. U. die Logik bisheriger Ausdifferenzierungen. Dies ist dann der Fall, wenn nicht bloß durch immer weitere Untergliederung, Spezialisierung und Fragmentierung vorhandener Disziplinen das Problem »kleingearbeitet« und nur dadurch »entproblematisiert« wird, weil es auf die vertrauten Routinen bisheriger disziplinärer Problemlösungsstrategien zurückgeschnitten wird.

Eine erfolgreiche Re-Integration kann nur Aussicht auf Erfolg haben, wenn bisherige, als erfolgreich bekannte disziplinäre methodische Mittel mit einer neuen disziplinären Matrix kombiniert wird. Nur dieser Schritt kann und sollte als wirklich *trans*disziplinäres Vorgehen beurteilt werden.

> »Interdisziplinarität im recht verstandenen Sinne geht nicht zwischen den Fächern oder den Disziplinen hin und her oder schwebt, dem absoluten Geist nahe, über den Fächern und den Disziplinen. Sie hebt vielmehr innerhalb eines historischen Konstitutionszusammenhanges der Fächer und der Disziplinen fachliche und disziplinäre Parzellierungen, wo diese ihre historische Erinnerung verloren haben, wieder auf; sie ist in Wahrheit Transdisziplinarität. Mit Transdisziplinarität ist hier im Sinne wirklicher Interdisziplinarität Forschung gemeint, die sich aus ihren disziplinären Grenzen löst, die ihre Probleme disziplinenunabhängig definiert und disziplinenunabhängig löst« (MITTELSTRASS 1998:44).

Dabei ist wichtig, im Auge zu behalten, dass Transdisziplinarität das Kennen und Können von Disziplinen niemals ersetzen und überflüssig machen kann. Es geht nicht um eine Abwertung bisheriger disziplinärer Vorgehensweisen, sondern um die auf Grund einer neuen Problementwicklung vermutete Notwendigkeit der Etablierung einer neuen, selbst wiederum disziplinären Matrix zum Zwecke der Ermöglichung von *Forschungen* im Rahmen des neuen Problembereiches. Insofern − so MITTELSTRASS weiter − meint Transdisziplinarität nicht so sehr ein Theorie- als vielmehr ein Forschungsprinzip.

> »Das aber bedeutet − nunmehr wissenschaftstheoretisch, nicht allein wissenschaftsorganisatorisch gesprochen −, dass Transdisziplinarität in erster Linie ein Forschungsprinzip, erst in zweiter Linie ein Theorieprinzip ist. Als Forschungsprinzip verbindet die Transdisziplinarität die disziplinär organisierten Wissenschaften mit ihrer

wissenschaftlichen Zukunft und zugleich mit einer Lebenswelt, deren innere rationale Form selbst eine wissenschaftliche, d. h. eine durch den wissenschaftlichen Fortschritt bestimmte, ist. Die transdisziplinäre Zukunft der Wissenschaft wäre in diesem Sinne auch die Zukunft unserer Lebenswelt« (MITTELSTRASS 1998:48).

Hinsichtlich dieser von MITTELSTRASS vorgetragenen Skizze transdisziplinärer Forschung würde man also völlig fehlgeleitet, wenn man vermutet, dass bei transdisziplinärer Forschung *derselbe* Gegenstand nur unter verschiedenen disziplinären Aspekten oder Perspektiven erforscht würde. Dagegen ist vielmehr festzuhalten, dass bspw. Ökologie und Umweltwissenschaften zunächst *verschiedene* Disziplinen sind, denen je eigene forschungsleitende Zwecke zu Grunde liegen und die gemäß ihren Zwecken je eigene Gegenstände haben. Es bedarf daher genauer Reflexionen und ggf. Übersetzungsleistungen, wenn entschieden werden soll, ob und wie biowissenschaftliche Theoriestücke in die Umweltwissenschaften integriert werden sollen und können; oder umgekehrt, inwiefern sozialwissenschaftliche Erkenntnisse, die im Zusammenhang umweltwissenschaftlicher Forschungen gewonnen wurden, in die Ökologie Eingang finden können (und sollen). Dies alles unter der Voraussetzung, dass unter Umweltwissenschaft nicht eine um soziale Komponenten erweiterte biologische Disziplin verstanden wird, sondern eine Forschungsrichtung, in der in eigentümlicher Weise Soziales und Naturales als Momente ein und desselben Gegenstandes aufgewiesen werden.

Ob also eine solche Übersetzung von dem einen disziplinären Kontext in den je anderen sinnvoll möglich ist, kann nicht allein innerhalb der jeweiligen Disziplin und ihren je spezifischen Zwecksetzungen entschieden werden. Vielmehr bedarf es einer – den Disziplinen vorgängigen – Problembeschreibung, gemäß der die disziplinären Ergebnisse sowie die Verfahren ihrer Gewinnung beurteilt und gewichtet werden können. Genau hiermit, mit der Erarbeitung einer der disziplinären Forschung vorgeordneten Problembeschreibung, die dann ggf. wiederum disziplinär zu bearbeiten ist, ist in einem vernünftigen Sinne transdisziplinäre Forschung umschrieben, in der »Kooperation zu einer andauernden, die fachlichen und disziplinären Orientierungen selbst verändernden wissenschaftssystematischen Ordnung führt« (MITTELSTRASS 2001:93).

Mit MITTELSTRASS kann dann Transdisziplinarität folgendermaßen umschrieben werden:

»Transdisziplinarität ist erstens ein integratives, aber kein holistisches Konzept. Sie löst Isolierungen auf einer höheren methodischen Ebene auf, aber sie baut nicht an einem ›ganzheitlichen‹ Deutungs- und Erklärungsmuster. Transdisziplinarität hebt zweitens innerhalb eines historischen Konstitutionszusammenhanges der Fächer und Disziplinen Engführungen auf, wo diese ihre historische Erinnerung verloren und ihre problemlösende Kraft über allzu großer Spezialisierung eingebüßt haben, aber sie führt nicht in einen neuen fachlichen oder disziplinären Zusammenhang. Deshalb kann sie auch die Fächer und Disziplinen nicht ersetzen. Und Transdisziplinarität ist drittens ein wissenschaftliches Arbeits- und Organisationsprinzip, das problemorientiert über Fächer und Disziplinen hinausgreift, aber kein transwissenschaftliches Prinzip. (...) Schließlich ist Transdisziplinarität viertens in erster Linie ein Forschungsprinzip, kein oder allenfalls in zweiter Linie, wenn nämlich auch die Theorien transdisziplinären Forschungsprogrammen folgen, ein Theorieprinzip. Sie leitet Problemwahrnehmungen und Problemlösungen, aber sie verfestigt sich nicht in theoretischen Formen – weder in einem fachlichen oder disziplinären noch in einem holistischen Rahmen« (MITTELSTRASS 2001:94f.).

Insbesondere gegen Vorstellungen einer vorgeblich in der Biologie fundierten »Einheit des Wissens«, wie sie neuerdings von EDWARD O. WILSON (1998) wieder behauptet wird, darf bzw. muss sogar daran erinnert werden, dass Transdisziplinarität das die Idee der »Geisteswissenschaften« begründende wissenschaftssystematische Paradigma war (und eben heute wieder – so MITTELSTRASS – sein sollte!).

»Wenn nämlich der wirkliche Gegenstand der Geisteswissenschaften die kulturelle Form der Welt ist und zu dieser auch die Naturwissenschaften und alles, was die moderne Welt in ihrem wissenschaftlichen und nicht-wissenschaftlichen Wesen ausmacht, gehören, dann vermögen sie diesem Umstand auch nur zu entsprechen, indem sie selbst, in ihrer Wahrnehmung der Welt und in ihren Arbeitsformen, den einmal eingeschlagenen Weg der Partikularisierung geisteswissenschaftlicher Orientierungen wieder verlassen und eine transdisziplinäre Optik einnehmen« (MITTELSTRASS 2001:190).

Oder mit anderen Worten formuliert: Die Vorstellung einer naturwissenschaftlich fundierten »Einheit des Wissens« würde letztlich erstens bedeuten, dass die Ordnung der »Gegenstände« der Wissenschaften jeder wissenschaftlichen Beschäftigung vorausgehen würde und somit »nur« entdeckt werden müssten. Zweitens impliziert eine solche Vorstellung, dass nicht die Zwecke des wissenschaftlichen Tuns die Dinge ordnen, sondern die Zwecke der (Natur-)Wissenschaften durch die Ordnung der Natur determiniert wären. Beide Implikationen können mindestens als in hohem Maße problematisch eingestuft werden.

Gegen ganzheitliche und holistische Vorstellungen einer »Einheit des Wissens«, in der ein bestimmter Gegenstand von Wissen als paradigmatisch leitend und bestimmend für alles andere Wissen behauptet wird, ließe sich vielleicht sinnvoll eine »Theorie des Wissens« einfordern, wie es neben ERNST CASSIRER insbesondere GEORG MISCH im Anschluss an WILHELM DILTHEY mehrfach versucht hat.[2] Hier soll nicht die Vielfalt der Wissenschaften zurückgeführt werden auf eine einzige, sondern es gilt in einer Theorie des Wissens zu klären, wie in der Reflexion auf die werktätigen Lebensvollzüge, deren Gelingens- und Misslingensbedingungen sich verschiedene Formen des Wissens ausbilden können.

---

2   Vgl. MISCH (1947, 1994, 1999).

Transdisziplinarität stellt somit eine *praktische* Einheit des Wissens dar, fundiert in einer Theorie des Wissens, im Unterschied zu klassischen Vorstellungen der Einheit der Wissenschaften, basierend auf den Methoden und Verfahren der Physik, oder zu gegenstandsbezogenen holistischen Vorstellungen wie sie etwa – neben WILSONS biologistischer »Einheit des Wissens« – auch dem »Gaia«-Konzept (LOVELOCK 1991) oder der »deep ecology« (NAESS 1990, 2002) zu Grunde liegen.

Die doppelte Reduktion des Sozialen auf Naturales

Da auf die Probleme der Naturalisierung sowohl schon in dem Einleitungsbeitrag als auch in unserem Beitrag zur Kritik der idealistischen Handlungstheorie ausführlich eingegangen wurde, können wir uns jetzt kurz fassen. Ein naturalistisches Verständnis sozialgeographischer Forschung kommt *erstens* nicht nur durch die Übernahme physikalischer Raum-Konzepte und den Anschluss an die naturwissenschaftliche Ökologie zum Vorschein, wodurch notwendigerweise die soziale Dimension des sozialgeographischen Gegenstandes verlustig geht. Sondern zugleich wird dadurch das Handeln von Menschen reduziert auf kausal erklärbares Verhalten.

Die *zweite* naturalistische Reduktion des Sozialen auf Naturales besteht in der Reifizierung bzw. Verdinglichung des Sozialen. Dadurch wird das Soziale behandelt als ein Ding, eine Entität, die von den tätigen Menschen vorgefunden wird so wie andere »natürliche Dinge« auch, in das Menschen sich dann mit ihrem Handeln »einbetten«. Und eine solche Verdinglichung kommt nun nicht nur und ausschließlich durch die Übernahme naturwissenschaftlicher Konzepte zustande, sondern – dies ist ein Punkt, der bisher noch viel zu wenig beachtet und diskutiert wurde – gerade auch sich selbst als »kulturalistisch« verstehende Forschungsprogramme sind genau dann naturalistisch, wenn sie von »Kultur« und »Sozialem« als Gegenständen sprechen, die irgendwie »da« sind, die als Dinge vorgefunden werden, an denen gehandelt wird, die aber nicht durch Handeln strukturiert werden. Die Kritik des »naturalistischen Kulturalismus«, der insbesondere in vielen postmodernistischen und dekonstruktivistischen Konzepten zu verorten ist, bedarf einer eigenen ausführlichen Auseinandersetzung, zu der bisher aber keine Vorarbeiten vorliegen.

Sozialwissenschaftliche Handlungstheorien und integrative Forschung

Die verschiedenen sozialwissenschaftlichen Handlungstheorien, insbesondere die wegleitende Theorie von MAX WEBER (1980), sind in starkem Maße von Idealismus und Nominalismus geprägt. Die sozialgeographischen Forschungstraditionen hingegen sind von mechanistischem »Naturalismus«, Essentialismus und häufig auch naivem Holismus (insbesondere bei den Vertretern der traditionellen Landschaftsgeographie) durchsetzt. Zudem tragen sie alle Merkmale des Synkretismus. So gesehen, ist nicht nur eine Verständigung zwischen den Vertretern der beiden Zugangsperspektiven zum »Gesellschaftlichen« stark erschwert, sondern auch die Anwendung der Handlungstheorien auf die sozialgeographischen Fragestellungen. Auf einen Satz gebracht, lässt sich das Anwendungsproblem vorläufig wie folgt umschreiben: Die idealistische Tradition der Handlungstheorien führt dazu, dass in ihnen die Bedeutung der physisch-materiellen Bedingungen des Handelns – insbesondere auf Grund der Ausblendung der Körperlichkeit der Handelnden – für die Konstitution der Gesellschaft maßgeblich unterschätzt wird; dagegen versucht die mechanistisch-reduktionistische Tradition der Sozialgeographie das Soziale im Materiellen, insbesondere im Biotischen – oder noch extremer – im so genannten »Raum« zu finden: entweder als Eigenschaft der physikalisch oder biologisch verstandenen Natur oder als natürlich vorfindliche dinglich-substantielle Entität.

Deutlich wird dies in dem von KARLHEINZ PAFFEN (1973) zusammengestellten Band zum »Wesen der Landschaft«, in dem die klassischen Positionen zum Landschaftsbegriff dokumentiert sind in der Absicht, die Unhaltbarkeit der Kritik von bspw. GERHARD HARD (1970) an der Dominanz des Raumes sowie den politischen Implikationen dieses Begriffes im geographischen Denken zurückzuweisen. Dabei ist für das in der Dokumentation zum Vorschein kommende Selbstverständnis des Faches Geographie nicht einmal so sehr bezeichnend, dass die Position der Kritiker gerade nicht dokumentiert wird. Aufschlussreicher ist vielmehr, dass die »schwer verständliche, fachfremde Sprache und die Berufung auf fachfremde Autoren« moniert werden. (PAFFEN 1973:X) Die (Be-)Grenzungen von Disziplinen werden mit diesem Hinweis – genau in dem von MITTELSTRASS beschriebenen Sinne – als naturgegeben und bezüglich möglicher Kommunikationen mit anderen Disziplinen konsequenterweise als geschlossen imaginiert.

Entgegen den methodologischen Beteuerungen der Vertreter der traditionellen Landschaftsschule oder anderer holistischer Ansätze wird die so genannte Anthroposphäre in aller Regel weder auf differenzierte noch auf angemessene Weise erforscht. Denn *erstens* wird dem sozial-kulturellen derselbe ontologische Status unterschoben wie dem physisch-materiellen Wirklichkeitsbereich. Und *zweitens* wird zur Lokalisierung und Strukturierung der forschungsrelevanten Gegebenheiten immer wieder auf das erdräumliche Referenzmuster Bezug genommen. Da Letzteres als eine Ableitung aus dem mechanisch-euklidischen Raumbegriff zu begreifen ist und lediglich für materielle Gegebenheiten leistungsfähig sein kann, impliziert dieses Vorgehen eine »Mechanisierung« sozial-kultureller und subjektiv-symbolischer Wirklichkeiten. Diese »Mechanisierung« weist in der geographischen Forschungstradition eine lange und konsequente Entwicklungslinie auf und reicht mindestens von RATZEL über KRAUS, SCHREPFER, die Landschaftsschule der 1940er- und 1950er-Jahre, BOBEK, OTREMBA, die Münchner Schule der Sozialgeographie der 1970er-Jahre bis hin zu BARTELS und WIRTH. Sie weist ebenfalls zwei Komponenten auf. *Erstens*: Materialisierung und »Kausalisierung« des Immateriellen sowie *zweitens*: Strukturierung sozialer und subjektiver Sinngehalte (Bedeutungen) mittels mechanischer Ordnungsraster.

Dabei kann ein begriffliches Schwanken festgestellt werden: erstens zwischen einer physikalistischen und biologistischen Ausrichtung und zweitens – insbesondere nach dem Nationalsozialismus – eine Umformulierung der biologistischen, aus dem HAECKEL'schen Sozialdarwinismus stammenden Position in eine des »objektiven Geistes« (SCHWIND 1951, SCHMITHÜSEN 1964, 1976) mit starker Dominanz des Ästhetischen[3]; die Ästhetisierung des Räumlichen als Landschaft wurde insbesondere von JOACHIM RITTER (1974) durchbuchstabiert.

Das Problem, eine Forschungskonzeption zu entwickeln, die einer integrativen Forschungsweise angemessen sein könnte, ist denn auch im Verlaufe der geographischen Fachgeschichte verschiedentlich aufgeworfen und von mehreren Wissenschaftlergenerationen mit unterschiedlich plausiblen Entwürfen beantwortet worden. Verschiedene wissenschaftstheoretische und sozialwissenschaftliche Forschungskonzeptionen sind dabei von Geographen aber so verzerrt rezipiert worden, dass die darauf aufbauenden Arbeiten häufig nicht nur als wenig fruchtbar einzustufen sind, sondern auch keine praktische interdisziplinäre Relevanz gewinnen konnten. Derart unterschreiten sie denn auch häufig das Kompetenzniveau der originalen Forschungsansätze.[4]

Wie kann nun in tätigkeitszentrierter Perspektive möglicherweise angemessen integrative Forschung betrieben werden, ohne einerseits den Schwächen der bisherigen geographischen Forschungskonzeptionen zu erliegen und ohne andererseits die idealistischen Schwächen der traditionellen Handlungstheorien übernehmen zu müssen? Da einerseits im Rahmen der Handlungstheorien selbst, auf Grund ihrer idealistischen Tradition, grundlegende Probleme angelegt sind und andererseits die Ausgangssituation in der Sozialgeographie von Verzerrungen und Synkretismus geprägt ist, muss für die Auseinandersetzung mit dieser Frage etwas weiter ausgeholt werden.

Ausgangssituation in der Geographie

In der jüngeren Geschichte der Geographie versucht man seit den 1960er-Jahren das abflauende Interesse und die ständig abnehmende praktische Relevanz geographischer Forschungsergebnisse durch Spezialisierung der Forschungsaktivitäten in einerseits natur- und andererseits sozialwissenschaftlicher Richtung wettzumachen. Dabei wird die Einheit des Faches so weit strapaziert, dass sie heute an vielen Universitäten faktisch bloß noch in administrativer Hinsicht besteht.

Die von MITTELSTRASS festgestellte und problematisierte Spezialisierung und Fragmentierung zeigt sich nicht nur deutlich, sondern offenbart sich auch in ihren fachpolitisch katastrophalen Konsequenzen. Nachdem die ökologisch problematischen Konsequenzen der industriellen und postindustriellen Produktions- und Lebensweise seit Ende der 1960er-Jahre immer breiteren Bevölkerungskreisen bewusst geworden

---

3   Vgl. WERLEN (1993b, 1995a).
4   Vgl. WERLEN (1987a:219ff., 2000).

sind und die von politischen Instanzen geforderten Problemlösungen nicht an die Adresse der Geographen gerichtet werden, sondern an die *naturwissenschaftliche* Ökologie und Humanökologie, wobei diese begriffen wird als eine Sub-Disziplin der naturwissenschaftlichen Ökologie, sieht sich die Mehrzahl der Geographen um das so genannte »Erstgeburtsrecht« zur Behandlung »ökologischer« Probleme gebracht. Wir sind der Meinung, dass es zahlreiche gute Gründe gab und gibt, die alle mit der mangelhaften Ausbildung der Geographie als einer eigenständigen Disziplin mit eigenen Zwecksetzungen, eigenem Forschungsgegenstand und eigenem methodisch-begrifflichen Kanon zusammenhängen, dass man sich zur Lösung ökologischer Probleme nicht an die Geographen gewendet hat und wendet.

Wir sind aber auch der Meinung, dass es durch die Verbesserung unserer Leistungen gelingen kann, diese Gründe hinfällig zu machen. Schließlich haben auch die ausschließlich naturwissenschaftlich ausgerichteten Ökologen angesichts der Umweltprobleme ihr »Waterloo« erleben müssen, weil sie infolge der Ausblendung der sozialen Dimension keine problemadäquaten Lösungsperspektiven formulieren konnten. Denn die die Öffentlichkeit bewegenden »ökologischen« Probleme sind eben keine Probleme eines natürlich vorfindlichen Gegenstandes, den die naturwissenschaftliche Ökologie untersuchen könnte.

Für die Geographie sollte dies heißen: Es sind zuerst die notwendigen Voraussetzungen in metatheoretischer, fachtheoretischer, begrifflicher und instrumenteller Hinsicht zu schaffen oder einfacher und klarer ausgedrückt: Geographen müssen zuerst zu einem tieferen und differenzierten Verständnis der ökologischen Problematik vorstoßen, wenn sie die bisherigen Mängel überwinden wollen. Und dies heißt zumindest, dass die »Gemengelage« des Sozialen und Naturalen, der »Hybrid«-Charakter des zu erforschenden Problems bearbeitet wird.

Die oben angeführten Überlegungen von MITTELSTRASS aufgreifend, ist festzuhalten, dass diese Bemühung nicht von den Geographen in den Grenzen ihrer bisherigen disziplinären Gliederung alleine geleistet werden kann. Denn bevor disziplinäre Forschungen mit Aussicht auf Erfolg beginnen können, muss erst eine außerdisziplinäre Problembeschreibung erarbeitet werden, eine Problembeschreibung, die auf alle Fälle die bisherige Dichotomie zwischen Naturalem und Sozialem und einhergehend damit die dichotome Abgrenzung von Natur- und Sozialwissenschaften überwindet. Denn genau diese Dichotomie hat ja wesentlich zum Scheitern bisheriger disziplinärer Bemühungen zur Erarbeitung von Problemlösungsstrategien in den Umweltwissenschaften geführt.

Nach einer solchen Problembeschreibung kann dann zu einer ihr adäquaten Gegenstandskonstitution vorangeschritten werden, die zu einer Re-Integration der bisherigen disziplinären Zersplitterung der Geographie führen sollte; aber nicht nur einer Re-Integration der bisherigen Disziplinen der Geographie, sondern zu einer unter dem Titel »Sozialgeographie« möglichen Integration auch all der außergeographischen Disziplinen, die mit ihren begrifflichen und methodischen Mitteln zur adäquaten Problembearbeitung erforderlich sind.

Die Hauptgründe für das Versagen der bisherigen geographischen Beiträge bzw. für ihre mangelnde Beachtung sehen wir in der weitgehend »handgestrickten« Natur ihrer Forschungskonzepte. Besonders eindrücklich wird einem dieses Problem im Rahmen der Geo-Ökologie-Systemmodelle vor Augen geführt. Das mangelnde Verständnis für die Ontologie sozial-kultureller Wirklichkeiten hat vielen Geographen den Blick für die Zusammenhänge versperrt, die zu ökologisch problematischen Folgen führen. Statt die gesellschaftlichen Zusammenhänge − und die mit diesen gegebenen gesellschaftlichen Naturverhältnisse als Differenzierung von Sozialem und Naturalem innerhalb des Gesellschaftlichen − zu erforschen, hat man weiterhin auf die physische Welt bzw. »in« den Erdraum gestarrt und den Glauben nicht aufgegeben, ausgerechnet dort allein die problematischen Gründe aufzudecken, wo sich die physisch-materiellen und biologischen Folgen der sozialen Zusammenhänge manifestieren.

Die Probleme, die sich auf Grund einer nicht ausreichend differenzierten Anwendung der Systemtheorie auf ökologische Zusammenhänge ergeben, sind − stellvertretend für die erste Phase der »Verwissenschaftlichung« der geographischen Ökologie − ebenso bei PETER HAGGETT (1983) wie beim Bericht von PAUL MESSERLI (1986) über das integrative und interdisziplinäre Forschungsprogramm »MAB« (*Men and Biosphere*) einsehbar. Wie die geographischen Bezugnahmen auf die Systemtheorie im Allgemeinen, sind auch sie allzu sehr von der raumwissenschaftlichen Denkweise »infiziert«. In diesem Zusammenhang ist eine Umkehrung der geographischen Blickrichtung notwendig. Die raumwissenschaftlichen Argumentationsmuster sollten durch einen tätigkeitszentrierten wissenschaftlichen Blick ersetzt werden, der »landschaftliche« und »(natur-)räumliche« »Gliederungen« als Resultat und Vorbedingung des strukturierenden Tuns von Menschen begreifbar macht.

Das formale Konzept »System« kann zwar auf »beliebige« Zusammenhänge angewendet werden bzw. hinsichtlich verschiedener Sachverhalte inhaltlich interpretiert werden. Wenn die Anwendung aber empirisch relevante Hypothesen ermöglichen soll, dann ist zunächst klar zwischen Systemen der physischen Welt (organischer und nicht-organischer Art) und der sozialen Welt (Welt des Handelns und der Symbole) zu unterscheiden bzw. zwischen »physischen Systemen« und »Sinnsystemen« oder besser noch: symbolischen Formen und deren verschiedenen Vergegenständlichungen im Anschluss an CASSIRER. Diese Unterscheidung ist deshalb notwendig, weil deren Inhalte einen jeweils verschiedenen ontologischen Status aufweisen.

Die Anwendung der Systemtheorie im Rahmen integrativer Forschungsprogramme müsste dieses Verhältnis genauer klären, als dies auch heute noch der Fall ist. Das Problem der Beziehung zwischen sozial-kulturellem und physischem Bereich kann jedenfalls weder im Rahmen der traditionellen Systemkonzeptionen noch mit modernen, etwa durch bildgebende Verfahren unterstützten Systemtheorien (man denke an GIS) in den Griff bekommen werden. Denn die Beziehungen zwischen beiden Bereichen werden über menschliche Tätigkeiten verwirklicht und diese können im Rahmen mechanistischer Konzeptionen nicht angemessen beschrieben und erklärt werden. Inwiefern über das Prinzip der Interpenetration von Kultur-, Gesellschafts-,

Persönlichkeits- und Organismussystem, das in Talcott Parsons' Systemtheorie (Parsons 1952, 1964) angelegt ist, oder über die Autopoiesis-Konzeption der Systemtheorie Luhmanns sowie den dort entwickelten Überlegungen zu stark oder schwach gekoppelten Systemen ein Ausweg aus diesem Problembereich gefunden werden könnte, muss weiteren Untersuchungen vorbehalten werden.[5]

Zu einer tätigkeitstheoretischen Konzeption

Die erste Bedingung, um einen tätigkeitstheoretischen Zugang zur integrativen Erforschung von Lebensproblemen – hier jetzt verstanden als Probleme, die sich im praktischen Lebensvollzug miteinander kooperierender und kommunizierender sozialer Akteure ergeben – zu erreichen, ist somit darin zu sehen, nicht den »Raum« oder »räumliche Systeme« zum Forschungsgegenstand der Geographie zu machen, sondern das Tun der Menschen in seiner Unterschiedenheit als Arbeiten, Herstellen und Handeln (Arendt 1981) sowie in seinen sozial- und physisch-weltlichen Bezügen (unter Einschluss der Dimension gesellschaftlicher Naturverhältnisse). Im Rahmen dieser Konzeption würde der tätigkeitstheoretisch fundierten Sozialgeographie die Aufgabe zugeordnet, die sozial-weltlichen Voraussetzungen menschlichen Tuns, Herstellens und Handelns in variierenden gesellschaftlichen und kulturellen Kontexten zu klären, d. h. die jeweils geltenden Grundprinzipien des Tuns aufzudecken und wenn möglich die wichtigsten typischen Relationen zwischen Gründen und beabsichtigten/unbeabsichtigten Folgen des Tuns in sozialer Hinsicht zu formulieren.

Gemeinsam mit den Vertretern der Physischen Geographie und anderen Naturwissenschaftlern müsste es in einem nächsten Schritt gelingen, festzustellen, welche Handlungsweisen zu ökologisch problematischen Folgen führen. Für das weitere Prozedere müsste die physisch-geographische Forschung die Bedingung erfüllen, dass ihre Theorien einen logisch konsistenten Bezug zu den allgemeineren naturwissenschaftlichen Theorien in ihrem Beschäftigungsbereich aufweisen bzw. zeigen, wie Methoden und Verfahren anderer Wissenschaften in die Geographie integriert werden können; dabei gilt es insbesondere zu klären, wie kausalistische Konzepte, in denen u. a. Verhalten, nicht aber Handeln thematisiert wird, in handlungstheoretische »übersetzt« werden können.

Ihre Aufgabe wäre es sodann, die im erdräumlichen Kontext auftretenden Wirkungskonfigurationen natürlicher Kausalzusammenhänge differenziert unter die allgemeinen naturwissenschaftlichen Theorien zu subsumieren. Sind diese Voraussetzungen erfüllt, sollen die physisch-geographischen Theorien den Bezugsrahmen der Orientierung für jene praktischen Handlungen abgeben, die auf mittelbare und/oder unmittelbare Weise in die physische Welt intervenieren. Denn bspw. die Handlungen, die unter Angabe bestimmter Ziele und Zwecke und – bezogen auf diese – mit ad-

---

5   Vgl. Lippuner (2005).

äquaten Mitteln in die physische Welt intervenieren und dabei nicht scheitern sollen, müssen sich auf ein empirisch gültiges Wissen über die natürlichen Gegebenheiten beziehen. Das heißt: Die erfolgreichen Handlungen müssen stringent aus empirisch gültigen naturwissenschaftlichen Theorien in ihren Zielsetzungen und in der Wahl der Mittel so entworfen und durchgeführt werden, dass sie in ausreichendem Maße an die physischen Bedingungen der Situation angepasst sind, bzw. dass die bisher festgestellten ökologisch problematischen Folgen nicht mehr auftreten.

Die besondere Aufgabe der Physischen Geographie wäre nun darin zu sehen, insbesondere auf die weiteren Folgen aufmerksam zu machen, die in der physischen Welt in ihrer erdräumlichen Anordnungsform eintreten, wenn die spezifische Zielsetzung einer Handlung erreicht wurde. Genauer formuliert: Sie soll die weiteren (unbeabsichtigten) Konsequenzen der durch menschliche Handlungen bewirkten Veränderungen in natürlichen Kausalzusammenhängen und ihrer erdräumlichen Konfigurationen aufdecken, deren problematischen Charakter beschreiben und auf dem Hintergrund der bekannten ökologischen Erfordernisse alternative Handlungsweisen (Techniken) vorschlagen.

Die besondere Aufgabe der Sozialgeographie wäre es nun, unter Kenntnis der sozialweltlichen Zusammenhänge, auf die Veränderung der sozial-kulturellen Bedingungen des Handelns einzuwirken und sozial verträgliche alternative Zielsetzungen und Mittel des Handelns vorzuschlagen. Die besondere Chance der Geographie zur erfolgreichen Bearbeitung ökologischer Probleme sehen wir zusätzlich darin, dass in den Ausbildungsgängen für Geographen die Basis für die Verständigung zwischen natur- und sozialwissenschaftlicher Denk- und Forschungsweise gelegt werden könnte.

Zur Methodologie integrativer Forschung

Ohne hier im Einzelnen darauf eingehen zu können, wäre abschließend noch darauf hinzuweisen, dass die Methodologien der Kontext- oder Situationsanalyse[6], die auch KARL RAIMUND POPPER (1967, 1969, 1970, 1973, 1980) bereits für die empirische Sozialforschung vorgeschlagen hatte, zumindest aus handlungstheoretischer Sicht, als das erfolgversprechendste Denkmuster zur Bearbeitung ökologischer Probleme einzustufen ist. Gegenüber systemtheoretisch orientierten Konzepten scheint uns das Verfahren der Situationsanalyse insbesondere den Vorteil aufzuweisen, dass weder Reduktionismus noch ein mechanistischer Manierismus die Voraussetzung bilden muss, um ökologische Probleme strukturieren und erforschen zu können. Vielmehr erlaubt es eine adäquate Erforschung der sozial-kulturellen und physisch-biologischen Gegebenheiten sowohl in ihren jeweiligen Kontexten wie auch in ihren gegenseitigen Abhängigkeiten und Beeinflussungsmöglichkeiten sowie der füreinander je problematischen Folgen. Da die Grundstruktur dieses Verfahrens andernorts bereits ausführlich

6   Vgl. etwa BONSS et al. (1993).

dargelegt wurde (WERLEN 1988b, 1989b), soll hier darauf verzichtet und nur noch eine kleine Ergänzung anfügt werden.

Sieht man die Besonderheiten geographischer Forschung in der Aufdeckung erd-räumlicher repräsentierbarer Wirkungsbereiche physisch-weltlicher Ursachen, den so-zial-weltlichen Reichweiten menschlicher Handlungen sowie den sozial-kulturellen Konsequenzen physisch/materiell-biotischer Bedingungen und den physisch/materi-ell-biotischen Konsequenzen sozial-kultureller Bedingungen des Handelns, dann muss man auch über ein besonderes Instrumentarium zur Aufdeckung und Beschreibung dieser Zusammenhänge verfügen.

Als vielversprechender Ausgangspunkt zur Entwicklung eines derartigen Instru-mentariums kann die Diorama-Idee von TORSTEN HÄGERSTRAND (1970, 1982, 1984) und seinen Schülern betrachtet werden sowie die darauf aufbauenden Raumzeit-Modelle. Freilich können mit ihnen zurzeit bloß die Standorte und Bewegungen von biologisch-materiellen Gegebenheiten (einschließlich der Körper der Handeln-den und materieller Artefakte) im Erdraum strukturiert und systematisch beschrieben werden. Aber bereits auf dieser rudimentären Stufe dürften diese Instrumente den Vorteil aufweisen, dass es mit ihm möglich ist, das Einwirken der Folgen mensch-lichen Handelns auf die physisch/materiell-biologische Welt strukturiert festzuhalten und die jeweiligen Wirkbereiche und Reichweiten differenziert zu erfassen. Zudem weist die zeitgeographische Methodik den Vorteil auf, dass mit ihr, unter Berück-sichtigung der physisch-materiellen Bedingungen und ihrer erdräumlichen Verteilung, ein »Überblick über die Möglichkeiten und – ihnen gegenübergestellt – über die Unmöglichkeiten des Handelns« (in physisch-weltlicher Hinsicht) erreicht werden kann, und dass man »gleichzeitig auch die Grenzen des Möglichen durch eine Aggre-gierung von Zwängen des Handelns aufzeigen kann« (CARLSTEIN 1986:121).

Ohne sozialtheoretische Interpretation bleiben die zeitgeographischen Konstruk-tionen aber weitgehend wertlos. Denn gleichzeitig ist auf eine besondere Gefahr des zeitgeographischen Forschungsinstrumentariums aufmerksam zu machen. Die Gefahr nämlich, dass damit die geographische Forschung erneut in die Fänge eines trivialen Materialismus geraten kann. Weil auch die gesamte Methodik der Zeitgeographie auf mechanistischen Konzepten aufbaut, ist sie so von ihrer Grundbegrifflichkeit her weiterhin nur auf physisch-materielle Gegebenheiten sinnvoll anwendbar. Damit sind auch in ihr alle Möglichkeiten angelegt, dass die Fehler, die bereits mit der Anwen-dung der Systemtheorie auf integrative Fragestellungen gemacht wurden und werden, hier lediglich in einer neuen Begrifflichkeit reproduziert würden. Wie fruchtbar sie jedoch im Interpretationshorizont der handlungstheoretischen Sozialgeographie wer-den könnte, ist bereits von ANTHONY GIDDENS (1988a:161-213) angedeutet worden.

Damit der Gefahr des Reduktionismus entgangen werden kann, ist vor jeder Hy-postasierung bzw. Verdinglichung von Landschaft, Diorama und ähnlichen Begriffs-konstrukten abzusehen; eine Gefahr, die sowohl von ALLAN PRED (1977, 1981) als auch GIDDENS (1988a) erkannt wurde, aus denen aber in integrativer Hinsicht bisher noch nicht die notwendigen Konsequenzen gezogen wurden.

Gleichzeitig ist auch von entscheidender Bedeutung, dass man HÄGERSTRANDS Begriff der »togetherness« radikaler als er selbst nur auf physisch-materielle Aspekte bezieht. Jedenfalls darf man ihn nicht dahin interpretieren, dass das Soziale und das Materielle unmittelbar miteinander verbunden sind, dass sie mit demselben Referenzmuster strukturiert und lokalisiert werden könnten. Verbunden sind beide Wirklichkeitsbereiche immer schon in menschlichen Tätigkeiten; voneinander unterschieden werden sie in Reflexion auf das Tun und die in dem jeweiligen Tun verfolgten Zwecksetzungen. Diese Integration von Physisch-Materiellem und Symbolisch-Immateriellem, bzw. von Natur und Kultur/Gesellschaft über Tätigkeiten und Handlungen, darf aber eben nicht zu dem Fehlschluss verleiten, beide Aspekte könnten mit demselben Instrumentarium auf je angemessene Weise erforscht werden.

Zusammenfassend ist darauf hinzuweisen, dass dieses Instrumentarium unbedingt durch die sozial-kulturelle Komponente konsequent erweitert werden müsste, wenn seine Fruchtbarkeit zur integrativen Bearbeitung von problematischen Lebenssituationen praktische und interdisziplinäre Relevanz erreichen soll.

Ausblick

Abschließend ist mit Nachdruck darauf hinzuweisen, dass menschliches Tun und Handeln an die physisch-biotisch-physiologischen Bedingungen der menschlichen Existenz gebunden sind. Damit braucht man noch nicht zuzugeben, dass das Physische über das Soziale bestimmt oder bestimmen soll. Ebenso braucht man sich deswegen die Welt auch nicht als einen großen Mechanismus vorzustellen, der über die Intentionen und Zwecksetzungen menschlicher Handlungen in Gang gehalten wird, wie das bei idealistischen philosophischen Handlungstheoretikern von HOBBES bis LOCKE und KANT der Fall war und seine Fortsetzung auch in sozialwissenschaftlichen Handlungstheorien gefunden hat. Man braucht insbesondere nicht davon auszugehen,

> »dass Handeln als eine Bewegung in der Erfahrungswelt analog der Relation von Ursache und Wirkung zu verstehen sei, wobei der Ursprung jeder Bewegung in einem Willensakt gesucht werden müsse, während die Wirkung sich in konsequenter Aktivität des Körpers äußere« (BUBNER 1982:12).

Wir möchten damit aber darauf hinweisen, dass aus tätigkeitstheoretischer Perspektive klar wird, dass das Problem integrativer Forschung – in der Geographie wie anderswo – auch als ein Ausdruck des weiterhin umstrittenen Leib-Seele-Problems betrachtet werden kann. Dass die sozialwissenschaftliche und philosophische Handlungstheorie auf dem aktuellen Diskussionsstand dazu wesentlich bessere Lösungen anzubieten hat, als zu Zeiten der positivistisch-empiristischen Vorherrschaft, ist eine begründbare Hoffnung, die hier aber noch nicht weiter ausgeführt werden kann.

Zudem sollte daraus ersichtlich sein, dass das Verständnis von Natur immer eine historische Dimension aufweist. Denn jede Definition einer Situation bleibt – unabhängig davon, ob sich diese Definition auf die physisch-materielle oder die soziale Komponente der Situation des Tuns und Handelns bezieht – an den verfügbaren Wissensvorrat des Handelnden gebunden. Die Wissensvorräte der verschiedenen Akteure verdichten sich jeweils zu einem Weltbild, einer Kosmologie. Deshalb wäre es auch verfehlt nur von einer Kosmologie, beispielsweise der mechanistischen, zu sprechen, von denen Menschen geleitet sind, wie das von CARLO C. JAEGER (1985, 1996) suggeriert wird. Angemessener wäre es wohl, von einer Vielfalt von Kosmologien und Weltbildern zu reden, die in je spezifischer Weise ihre Wurzeln in lebenspraktischen Kontexten haben. Denn mindestens hypothetisch ist davon auszugehen, dass jeder Akteur über einen unterschiedlichen Wissensvorrat verfügt.

Wissenschaftliche Wissensvorräte hingegen scheinen jeweils durch einen einheitlicheren und normierten Stil gekennzeichnet zu sein; aber insbesondere das naturwissenschaftliche Wissen scheint immer noch von mechanischen und/oder organizistischen Leitbildern geprägt zu sein. Und so bleibt denn auch das aktuelle wissenschaftliche Verständnis der physisch-biologischen Aspekte von Situationen des Handelns an das mechanistisch geprägte naturwissenschaftliche Wissen gebunden mit der Konsequenz, dass Tun und Handeln kausalistisch reduziert werden auf bloßes Verhalten. Da aber naturwissenschaftliches Wissen immer noch unsere bestgeprüften Theorien umfasst, kann sicherlich keine Alternative darin gesehen werden, dieses Wissen unbesehen durch vorwissenschaftliche bzw. naive Auffassungen von »Natur«[7] zu ersetzen.

Hingegen dürfte es ein Wissen über die Natur geben, das an die lokalen Gegebenheiten besser angepasst ist bzw. größere empirische Übereinstimmung aufweist, als das allgemeine Wissen der naturwissenschaftlicher Disziplinen. Deshalb sollte man auch nicht voreilig in mechanistischen oder biologistischen Standards die alleinige Hoffnung auf Erfolg sehen. Vielmehr sollte man die lokalen Traditionen im Umgang mit den materiellen und biotischen Mitwelten, die sich bisher als erfolgreich erwiesen haben, als ernst zu nehmende Ausgangshypothesen auffassen.

In diesem Sinne bekommt die Subjekt- oder Akteur-zentrierte Forschungsperspektive der Handlungswissenschaften für integrative Forschungskonzeptionen eine doppelte Bedeutung. *Erstens:* zur Erfassung der lokalen Kosmologien, auf deren Hintergrund die physische Welt als Gegenwelt, Umwelt oder als Mitwelt interpretiert wird. *Zweitens:* zum Erfassen der Sinnzusammenhänge, in denen die sich aktuell als problematisch erweisenden Handlungsweisen stehen. Denn diese müssen bekannt sein, wenn deren Hervorbringer für alternative Mittel der Zielerreichung oder zu Änderung ihrer Zielsetzungen gewonnen werden sollen. Denn schließlich sollten integrative Forschungskonzepte dazu beitragen, dass Handelnde selbst zu einer »integrierten« Lebensweise finden. Das heißt schließlich *drittens:* Entwicklung von Formen des gesellschaftlichen Zusammenlebens, die der Tatsache Rechnung tragen, dass Menschen,

7   Vgl. MOSCOVICI (1977), HARD (1983).

weil sie in ihrem Tun und Handeln immer auch in Verhältnissen zur Natur stehen, immer in gewisser Weise auf Natur angewiesen sind und somit ein sorgfältiger Umgang mit den physisch-biologischen Lebensgrundlagen im eigenen Interesse von vorrangiger Bedeutung ist.

Zum forschungsintegrativen Gehalt der (Sozial-)Geographie.

Ein Diskussionsvorschlag

> *Überlassen wir also die »natürlichen Grenzen« den Schlaumeiern*
> *und Einfaltspinseln. Alle Grenzen werden von Menschen gezogen.*
> *Sie mögen ›gerecht‹ oder ›ungerecht‹ sein, nie aber ist es »die Natur«,*
> *die ihre Gerechtigkeit bestimmt oder zur Gewaltanwendung auffordert.*
>
> LUCIEN FEBVRE ([1935]1995)

Diese – zugegeben – polemische Bemerkung LUCIEN FEBVRES ist nicht nur gültig bezüglich räumlicher Grenzen, an denen sich Länder und Regionen voneinander abgrenzen und unterscheiden lassen, sondern auch für die Begrenzungen von Disziplinen. Auch diese sind von Menschen gemacht und nicht »von Natur aus« unterschieden und gegeneinander abgegrenzt. Sie verweisen in ihrer Genese auf außerwissenschaftliche Problemlagen und disziplinäre Debatten, die mit den von der jeweiligen Disziplin zur Verfügung gestellten begrifflichen Mitteln nicht mehr einer befriedigenden Lösung zugeführt werden können. Kurz: Ob außer- oder innerwissenschaftliche Probleme noch im gegebenen Kanon der Disziplinen erfolgreich bearbeitet werden können oder ob – auf Grund neuer Forschungszwecke – eine disziplinäre Neugliederung notwendig wird, entscheidet über die Art der Grenzziehung.

Dabei stehen grundsätzlich drei Alternativen offen. Entweder führt die Notwendigkeit neuer methodischer Problemlösungsmittel zur Etablierung einer neuen wissenschaftlichen Disziplin oder man versucht dieser Anforderung durch eine Veränderung der Untergliederung einer vorhandenen Disziplin gerecht zu werden. Die dritte Möglichkeit besteht darin, zuvor getrennte Themenbereiche in einer (neuen) disziplinären Matrix zusammenzuführen.

Vor dem Hintergrund der Frage, ob es tatsächlich eine humanökologische Zweckbestimmung braucht oder ob diese nicht bereits zum konstitutiven Kernbestand der Sozialgeographie gehört, soll hier ein Diskussionsvorschlag zum besseren Verständnis disziplinärer (Neu-)Gliederungen unterbreitet werden. Kurz: Es geht hier um die Diskussion der Frage, ob es möglich ist, die Sozialgeographie als Humanökologie zu spezifizieren oder ob sich dieses Ansinnen nicht in unentwirrbaren Widersprüchen verfängt, bei denen am Ende die Natur für das Soziale und Soziale für die Natur gehalten wird.

Die Frage nach der disziplinären Zweckbestimmung ist eingebettet in methodologische Überlegungen nach Bezügen der Gegenstandskonstitution ökologischer Forschung. Auf eine Kurzformel gebracht: Ist der anthropogene Bereich als Teilbereich des Biologischen zu verstehen, der sich Letzterem anzupassen hat, oder ist jeder Zugang zum Biologischen nur über das Verständnis menschlichen Handelns erschließbar? Diese Fragen implizieren eine differenzierte Auseinandersetzung mit den Kernbegriffen dieses thematischen Feldes.

Oikos, Nomos und Logos

Alle disziplinären Neubegrenzungen und -einteilungen können als Ausdruck von gesellschaftlichen oder wissenschaftlichen Umbruch- bzw. Ausdifferenzierungsprozessen begriffen werden. Jede (aktuelle) disziplinäre Ordnung der Wissenschaft ist konsequenterweise eine Momentaufnahme einer historisch veränderbaren Zweckzuweisung. Zur Kennzeichnung der Zwecke, die in dem neuen disziplinären Kontext bearbeitet werden sollen, werden Worte verwendet, die anzeigen, dass zuvor getrennte Themenbereiche (nun) zu einer neuen disziplinären Ordnung – mit entsprechenden Neudefinitionen disziplinärer Grenzen – zusammengeführt worden sind: Bio(logie)-Chemie, Bio(logie)-Physik, Umwelt-Soziologie, Anthropo(logie)-Geographie, Sozial-Geographie usw. Solche Misch-Bezeichnungen werfen die weiterführende Frage auf, was denn eigentlich der Gegenstand einer solchen Wissenschaft sei. Da z. B. die Bio-Physik eine Teildisziplin der Biologie ist, erforscht sie dann denselben Gegenstand wie die Biologie – nur mit anderen Methoden? Oder handelt es sich um einen neuen Gegenstand, der verschieden ist sowohl von dem Gegenstand der Physik als auch dem der Biologie?

Noch verwirrender wird das Problem der Forschungszwecke und Forschungsgegenstände. Dies äußert sich bspw. bei der disziplinären Unterscheidung von Öko-Nomie und Öko-Logie. Für uns heute, die in feste disziplinäre Traditionen eingeübt wurden, ist es selbstverständlich, dass die Ökonomie als Disziplin zu den Sozialwissenschaften gehört, die Ökologie dagegen zu den Naturwissenschaften bzw. zur Biologie. Der Ausdruck »Öko« aber, der in die jeweilige Disziplinbenennung eingegangen ist, verweist – zunächst zumindest – genau nicht auf eine Unterscheidung wie Natur- und Sozialwissenschaften, sondern auf »oikos«, den Haushalt und die Hauswirtschaft. Gleiches gilt auch für den jeweiligen zweiten Wortteil. Auch Nomos und Logos können nicht auf unsere Unterscheidung von Natur- und Sozialwissenschaften bezogen werden. Was also erforschen Öko-Nomie und Öko-Logie?

Versteht man unter Öko-Logie zunächst einmal nur die Erforschung des Logos des oikos, der Hauswirtschaft, dann wird jeder Ökonom heute sagen, dass dieser Forschungszweck günstigstenfalls für die vorwissenschaftliche Phase der Öko-Nomie typisch war. Ökonomie als Wissenschaft beschäftigt sich heute vielmehr mit Betrieben und Volkswirtschaften. Ein Ökologe als ausgewiesener Vertreter einer biologischen Teildisziplin wird – oder könnte zumindest – im Rahmen des aktuellen Verständnisses seiner Disziplin zugeben, dass seine Wissenschaft in gewisser Weise zwar einen Haushalt erforscht – aber eben genau keine menschliche Hauswirtschaft, sondern den »Haushalt der Natur«. In eben dieser Absicht hatte ERNST HAECKEL (1866, 1904) zumindest die Disziplinbezeichnung eingeführt. Aber nicht nur in dieser Absicht!

HAECKEL wusste genau, dass mit dem Logos des oikos – in der griechischen und bis zum Beginn der Neuzeit reichenden Tradition – die Vorstellung verbunden war, diese Form des Wirtschaftens als »natürlich« auszuweisen. Im Unterschied zu dieser Tradition wollte er aber das »Natürliche« an dem Logos des oikos nicht als das wahre und nur so sein könnende Wesen einer jeglichen guten Wirtschaft verstanden wissen. Er legte den Akzent vielmehr auf das »von Natur aus«, auf die Geltung von »Naturgesetzen«, die auch jeglichem Tun der Menschen vorgeordnet sind und an denen die Menschen – wenn sie überleben möchten – ihr Tun auszurichten haben. Mit dieser – wie gesagt – von HAECKEL bezweckten Wendung kann gesagt werden, dass für ihn der Gegenstand der Ökologie der Naturhaushalt ist, der sich nicht nur auf nicht-menschliche Lebewesen bezieht, sondern gleichsinnig auch auf Menschen, deren Leben und Wirtschaften. Machen wir in Form des Absatzes jetzt einen Sprung und wenden uns den Implikationen dieser Wendung für den Prozess der Ausdifferenzierung der wissenschaftlichen Geographie zu.

Anthropo- und Sozialgeographie

Es ist ja allgemein akzeptiert, dass FRIEDRICH RATZEL als Begründer der Anthropogeographie (auf diesen Ausdruck wird noch zurückzukommen sein) auch »irgendwie« zu den Begründern oder – wem das zu stark ist – doch zu den Vorläufern der Sozialgeographie (auch dieses Wort werden wir noch durchzubuchstabieren haben) zu zählen ist. Als Schüler HAECKELS hat er in Büchern wie z. B. »Der Lebensraum. Eine biogeographische Studie« (1901) und »Raum und Zeit in Geographie und Geologie. Naturphilosophische Betrachtungen« (1907) die Gedanken seines Lehrers zu systematisieren versucht. Wie genial HAECKEL in wortpolitischer Hinsicht war, zeigt sich darin, dass seine Begriffsschöpfungen bis heute erfolgreich sind. Die Ausarbeitung seiner begrifflichen Grundlagen überließ er aber gerne seinen Schülern. Man kann davon ausgehen, dass »Anthropo-Geographie« genau eines dieser Ausarbeitungsergebnisse ist.

In HAECKELS (Sozial-)Darwinismus[1] war die zentrale These, dass der den in ihm lebenden Lebewesen vorgeordnete Raum diese auf Passung bzw. Nicht-Passung selektiert. Diese Vorstellung wird von RATZEL wissenschaftsgeschichtlich und systematisch so entfaltet, dass sie bruchlos auf Menschen und deren Zusammenleben übertragen werden kann. Damit kann gesagt werden, dass über die RATZELsche Raum-Lehre als einem Grundbegriff seiner Anthropogeographie, diese sich als Teildisziplin der HAECKEL'schen Ökologie etabliert mit der unausweichlichen Konsequenz der Naturalisierung der Rede vom Menschen, einschließlich dessen sozialer und kultureller Existenz.

Lassen wir das Problem beiseite, dass das HAECKEL-RATZELsche Programm in KARL ERNST HAUSHOFERS Geopolitik konsequent fortgeführt wurde. Geben wir also für den Moment zu – wie es etwa WERNER STORKEBAUM (1969) behauptet –, dass die Anthropogeographie zwar »irgendwie auch« zur Sozialgeographie gehört, die eigentliche

---

1   Dass HAECKELS Darwinismus nur als Sozialdarwinismus zu denken ist, ist ausgeführt in WEINGARTEN (1998:77-123). Zu DARWINS Evolutionstheorie und zu den Unterschieden zu HAECKEL u. a. vgl. WEINGARTEN (1993).

Sozialgeographie aber erst 1947 (mit Hans Bobek auf dem Bonner Geographentreffen) anfange. Dann bleibt als Bestimmung des Gegenstands »eigentlicher« sozialgeographischer Forschung immer noch die der Haeckel-Ratzelschen Tradition entstammende Vorstellung erhalten:

> »Das Bezugssystem bleibt für den Geographen immer der geographische Raum in seiner Gesamtheit, der – und darin unterscheidet sich die Geographie von allen anderen Wissenschaften, die es ebenfalls mit räumlichen Phänomenen zu tun haben – um seiner selbst willen als Beziehungs- und Wirkungszusammenhang, als Kräftefeld landschaftsgestaltender Prozesse analysiert und gedeutet wird« (Storkebaum 1969:8).

»Genau so ist es!« hätten Haeckel und Ratzel ausgerufen, wäre ihnen die Möglichkeit gegeben gewesen, diese Festlegung der Bedeutung des geographischen Raumes für die Konstitution einer wissenschaftlichen Disziplin zu lesen. Mindestens ebenso kräftige Zustimmung hätte sicherlich die weiterführende Argumentation gefunden, mit der im Anschluss an diese Ausführungen zum zwecklos – jedenfalls um seiner selbst willen – betrachteten »geographischen Raum in seiner Gesamtheit« das spezifisch Soziale an der Sozialgeographie identifiziert wird:

> »Der Geograph wird sich mit sozialen Erscheinungen oder Prozessen nicht um ihrer selbst willen befassen, sondern nur soweit sie als landschaftsgestaltende Kräfte wirksam werden und in irgendeiner Weise Aufschluß geben über das Mensch-Raum-Verhältnis. Nicht die Gesellschaft selber, sondern deren materielle Konfigurationen im Raum bezeichnen das Interesse der Geographie. Alles, was zur Interpretation dieses geographischen Raumes dienen kann, ist von geographischer Relevanz, also auch alle Zusammenhänge menschlichen Handelns, die eine Beziehung zu diesem Raum erkennen lassen, wie die Institutionen, Gemeinschaften und Wertvorstellungen, an welche dieses Handeln gebunden ist« (Storkebaum 1969:8).

Der geographische Raum in seiner Gesamtheit wird damit zum Beziehungs- und Wirkungszusammenhang, zum Kräftefeld landschaftsgestaltender Kräfte. Und menschliches Handeln – als soziale Erscheinung oder Prozess – wird allein als eine landschaftsgestaltende Kraft für relevant gehalten. Das Wirken des Raums und das Wirken von Menschen kommen – neben anderen landschaftsgestaltenden Kräften – zusammen in der Landschaft und sie kommen nur dann zusammen, wenn die gestaltende Kraft des Menschen nicht im Widerspruch steht zu den Gestaltungskräften des Raumes. Oder in anderen Worten: wenn die Gestaltungskräfte des Menschen »passen« zu den Vorgaben des Raumes als Raum selbst und seiner Gestaltungen. Da die Menschen *im* Raum schaffen, aber nicht an ihm oder gar diesen selbst, sondern mit diesem nur über die durch den Raum selbst immer schon gestaltete Landschaft vermittelt sind, ist der

Raum selbst einem wirkenden und gestaltenden Einfluss des Menschen nicht ausgesetzt, wohl aber umgekehrt: der Mensch dem Raum.

Genau dies ist der HAECKEL'sche Anpassungs-Selektionsgedanke, in dem der Mensch mit seinem Tun als Teil der Natur ausgewiesen wird. Das Soziale kann so – auch wenn es als der Umwelt entgegengesetzt gedacht wird – *erstens* nur als Teil der Natur verstanden werden. Das Soziale ist – insofern es die artspezifische Besonderheit des Menschen ausmacht – *zweitens* eine natürliche Eigenschaft, so wie andere nicht-menschliche Lebewesen über andere, sie als natürliche Arten konstituierende Merkmale und Eigenschaften ausgewiesen sind. In dieser Hinsicht wird dann traditionellerweise gesagt: Der Mensch sei genau so eine natürliche Art wie andere natürliche Arten von Lebewesen; oder: Der Mensch sei von Natur aus ein Kultur- resp. Sozialwesen, das vermittelst der Eigenschaften des Sozialen und Kulturellen biologische Mängel wie das Fehlen von Klauen, Reißzähnen u. ä. kompensiere und so sein Überleben ermögliche. Vorgeschlagen wird so eine vollständige Naturalisierung der Rede vom Menschen, der in allen seinen Eigenschaften und Fähigkeiten von der Natur her gedacht werden muss.

Diese in einem solchen Denkrahmen *notwendige* Naturalisierung des Menschen und alles Menschlichen gilt nun auch für alle anderen Termini, die über die Ökologie in die Sozialgeographie einfließen wie etwa »Stoffwechsel«. Kurz – und damit lassen wir schon ein bisschen die Katze aus dem Sack – es wird zum Problem, inwiefern überhaupt die Sozialgeographie über die Ökologie, auch wenn diese über Vor-Namen wie Sozial-Ökologie oder Human-Ökologie nochmals spezifiziert wird, als eigenständige Disziplin begründet werden kann.

Geo, Logos und Graphein

Starten wir einen neuen Anlauf. Wie verhalten sich eigentlich Geo-Logie und Geo-Graphie zueinander? Logos verweist vom Sprachgebrauch her immer auf »Vernunft«, »vernünftige Ordnung« usw. Graphein dagegen ist doppeldeutig, insofern als mit diesem Wort einmal »Schreiben« im Sinne von *Be*schreiben« gemeint ist; der Geograph beschreibt demgemäß etwas an der Erde oder beschreibt die Erde als Erde – der Geologe hingegen, indem er den logos der Erde erfasst, erklärt den mit »Erde« benannten vernünftigen Ordnungszusammenhang. Graphein kann aber zum Zweiten auch Vorgänge des »Einritzens«, »Einschreibens« meinen. Einschreibungen nun müssen, bevor sie beschrieben werden können, als Einschreibungen von etwas oder jemanden auf oder in den »geos« entziffert, d. h. mit einem Sinn oder einer Bedeutung versehen worden sein.

Damit bestünde die Differenz zwischen Geologie und Geographie genau nicht in der Abgrenzung einer erklärenden von einer bloß beschreibenden Wissenschaft – das »bloß« bezüglich der Beschreibung ist gerechtfertigt vor dem folgenreichen Hintergrund der Behauptung von IMMANUEL KANT, Beschreibungen könnten nicht eigentlich als wissenschaftliches Wissen gelten. Eher könnte eine abgrenzende Unterscheidung bezweckt sein, die eine nomothetische (Geologie) von einer idiographischen (Geographie) Wissenschaft abgrenzt. In dieser Abgrenzung ist dann zwar auch die Differenz zwischen Erklären versus Beschreiben enthalten; entscheidend ist aber die Unterscheidung zwischen Erklären versus Verstehen. Versteht man graphein in dieser Hinsicht, dann ist mit der Geo-Logie eine Naturwissenschaft gemeint, mit der Geo-Graphie dagegen eine »Geisteswissenschaft« bzw. eine »Sozial-/Kulturwissenschaft«.

Allein hieraus ist ersichtlich, dass eine Geographie, einschließlich ihrer Untergliederungen in bspw. Kultur-, Sozial-, Wirtschafts- oder Verkehrsgeographie, die sich selbst als verstehende Wissenschaften in dem geisteswissenschaftlichen disziplinären Kontext verortet, ganz andere Ausgangsvoraussetzungen impliziert als eine Geographie, die ihre Herkunft in einer naturwissenschaftlichen Tradition wie der Ökologie verortet. Weder kann jetzt noch »Raum« als etwas natürlich Vorfindliches behauptet werden, noch kann »Natur« in irgendeinem Sinne als das Tun von Menschen normativ ausrichtend verstanden werden.

Doch ist graphein als Einritzen/Einschreiben von Etwas in Etwas noch zu unklar. Wer oder was schreibt sich also so in die Erde ein, dass dies von einem Geographen als Einschreibung entziffert und verstanden werden kann? In gewisser Hinsicht ist es weiterführend, Einschreibungen als Spuren – Assoziationen mit GERHARD HARD (1995) und JACQUES DERRIDA (1983) sind durchaus erwünscht – zu benennen; Spuren, die – so ist man fast versucht zu sagen – jemand absichtlich oder unabsichtlich hinterlassen hat. Absichtlich etwa, weil dieser Jemand hofft, dass die Einschreibungen *als seine und nur seine* Spuren entziffert und als für den die Spuren Lesenden bedeutsam verstanden werden können. Die absichtsvoll hinterlassenen Spuren müssen also so eindeutig sowohl als Spuren als auch bezüglich ihres Bedeutungsgehaltes verstehbar sein, dass ein Leser sie nicht verwechseln kann mit bloßen zufälligen Einschreibungen oder mit den Spuren anderer – sie müssen verwechslungsresistent sein.

Zumindest in der europäischen Tradition kommt als Täter, der in dieser absichtsvollen Weise präzise lesbare und das Lesen erzwingende unverwechselbare Spuren seines Tuns hinterlassen hat, nur Gott – oder nach der Säkularisierung – ein objektiver Geist in Frage.[2] Dies ist auf alle Fälle ein weiteres Indiz für die Zuordnungsmöglichkeit der Geographie zu den »Geisteswissenschaften«. Aber als Folge wäre damit zugleich gegeben, dass bspw. »Landschaften« zu lesen wären bzw. nur so gelesen werden dürfen als Ausdruck Gottes oder eines objektiven Geistes im Raum. Letztendlich wäre dann aber der Mensch genau so getrennt von Entitäten wie Raum, Landschaft usw. und auch diesen untergeordnet wie im naturalistischen Fall der von HAECKEL über RATZEL bis in die Gegenwart reichenden Tradition der Ökologie.

Da wir hier – zugegebener Maßen – ein bisschen auch mit Worten spielen, machen wir einen kleinen wortpolitischen Abstecher ins Englische. Anstelle von der im deutschsprachigen Raum dominierenden Rede von den »Geisteswissenschaften« hat

2   Zur Geschichte der Metapher von der »Lesbarkeit der Welt« vgl. BLUMENBERG (1983).

sich dort der glückliche Ausdruck »humanities« durchgesetzt: Wissenschaften, die den Menschen und alles mit dem Menschen Zusammenhängende betreffen. Also können wir den »shift« zurück zur Geographie machen und das Spurenlesen des Geographen versuchsweise mit »Anthropogeographie« benennen. Mit dieser Wendung ist als Täter, der sich Spuren hinterlassend wohl zumindest bezogen auf mögliche Leser eher unabsichtlich in die Erde eingeschrieben hat, der Mensch ausgemacht. Die Anthropogeographie wäre damit diejenige Wissenschaft, die sich entziffernd, verstehend und beschreibend mit den Spuren beschäftigt, die Menschen auf der Erde hinterlassen haben.

Um das an einem Beispiel zu verdeutlichen. Flüsse, Täler, Berge usw. tragen in aller Regel einen Eigennamen, der sie mit anderen Flüssen, Bergen und Tälern unverwechselbar machen soll. Und alles das, was einen Eigennamen trägt, kann man durchaus in einem guten Sinne als Individuum bezeichnen. Auch dann oder gerade auch dann, wenn es sich verändert bzw. verändert hat. Jeder kennt das von sich als Mensch und seinen Erfahrungen mit anderen Menschen, dass auch über einen langen Zeitraum das Wissen um sich als Individuum und das Wissen um die Individualität anderer Individuen erhalten bleibt – trotz aller möglichen äußeren Veränderungen. Wie ist es aber mit nicht-menschlichen Gegenständen, die einen Eigennamen tragen, z. B. ein Fluss namens »Rhône« oder »Rhein«?

»Sicher kann man ihn als Individuum betrachten: Schon zu Urzeiten haben ihn die Menschen gerne personifiziert. Aber die Natur hat dieses Individuum nur zögernd und tastend hervorgebracht. Denn zunächst einmal musste unser Rhein seine ursprüngliche Verbindung zur oberen Rhône kappen, deren trübe Wasser durch die Täler der Broye und der Aare flossen. Anschließend musste er darauf verzichten, seine mächtigen Wasser bis ins Mittelmeer fließen zu lassen – durch die burgundische Pforte und die Flussbetten des Doubs, der Saône und der mittleren Rhône, die er lange Zeit benutzte. Und nach seiner Neuausrichtung gen Norden musste er zunächst einmal aufhören, das Mainzer Becken über die Weserbucht zu verlassen. Erst seit relativ kurzer Zeit ist der Rhein also in jenem Tal zu Gast, das bis heute seinen Namen trägt; er betritt es in Basel durch eine Hintertür und verlässt es in Bingen durch eine Seitentür – aber immerhin gibt es ihn jetzt. Hier ist ein Hauptarm, der eigentliche Strom; dort sind Hilfsarme, die vielen Nebenflüsse. Wer aber entscheidet, dass dies der Strom und dies die Nebenflüsse sind? Die Natur oder der Mensch? Zwar mag der Rhein ein Individuum sein, aber er ist kein von der Natur fertig hervorgebrachtes, sondern ein vom Menschen geformtes; seine Entstehung geht auf vernünftige Entscheidungen und einen bewussten Willen zurück. (…) Die Einzelheiten sind im übrigen nicht besonders wichtig. Festzuhalten bleibt jedoch – und dies wirft von Anfang an ein eigentümliches Licht auf das Schicksal des Rheins –, dass der Mensch als überragender Verknüpfer verschiedener Ströme den Rhein aus Tälern und Schluchten allererst zusammengesetzt hat, damit er nicht eine Barriere, sondern ein Weg sei: kein Graben, sondern eine Verbindung« (FEBVRE [1935]1995:17, 25).

Was FEBVRE hier anschaulich zeigt ist, dass Menschen in ihrem Tun in mannigfacher Weise Gegenstände miteinander verknüpfen und strukturieren sowie mit symbolischen Konnotationen versehen, die – bleiben sie als Strukturen erhalten, indem Menschen sich in ihrem Tun immer wieder auf sie zurück beziehen und somit Strukturierungen als Strukturen auf Dauer reproduzieren – sich im Bewusstsein der Menschen so verselbständigen können, dass sie als »Natur« erscheinen, in der Struktur (als Produkt) die im Tun der Menschen erfolgte Strukturierung (Erstellung oder Herstellung) verschwunden ist. Damit ist es eine, vielleicht sogar *die* Aufgabe des Anthropogeographen – vergleichbar der Aufgabe des Historikers – gegen solchen Schein aufklärend in Erinnerung zu rufen, dass und wie Menschen strukturierend gegenständliche Strukturen entwickelt haben und heute noch entwickeln.

Doch ist dies schon ausreichend? Schauen wir uns noch einmal das »Anthropo« in Anthropogeographie an. Genau genommen müsste (oder sollte) es nämlich heißen »Anthropologogeographie«; d. h., das »Anthropo« in Anthropogeographie bezieht sich nicht auf den Menschen im Allgemeinen und überhaupt, sondern auf den logos des Menschen. Der logos meint dann nicht einfach »die Vernunft«, quasi als eine dem Menschen zukommende und ihn als Menschen qualifizierende Eigenschaft wie bspw. in der Transzendentalphilosophie KANTs. Damit wäre über das Gattungssubjekt »die vernünftige Menschheit« eingeführt, die es nicht mehr erlaubt, die Pluralität der Menschen bzw. die Individualität des je einzelnen Menschen zu denken; jeder einzelne Mensch kann in einer solchen auf einem Kollektivsingular beruhenden Transzendentalphilosophie immer nur als mehr oder weniger gutes (i. e. vernünftiges) Exemplar der über Vernunft konstituierten Gattung Mensch angesprochen werden.

Der logos kann sich vielmehr (nur) auf die Sozialität der miteinander tätigen Menschen beziehen, ihr werkzeugvermitteltes Tun untereinander und ihr ebenso werkzeugvermitteltes Tun gegenüber »der Natur«. Der Sinn, auf den sich Verstehen bezieht, ist nicht unmittelbar im jeweiligen individuellen Handeln aufzufinden. Vielmehr ist auch jener Sinn mit in Rechnung zu stellen, der im Werkzeug – der vermittelnden Instanz – aufgehoben ist. Oder als Frage mit den Worten von FEBVRE formuliert: »Ist nicht jedes Werkzeug eigentlich Träger einer Idee?« (FEBVRE [1935]1995:22)

Wenn nun der logos des anthropos in seiner Sozialität aufzufinden ist und sich die Geographie mit der Entzifferung und dem Verstehen der durch den werktätigen Lebensvollzug der Menschen auf der Erde hinterlassen Spuren beschäftigt, genau dann ist es sinnvoll möglich, die Rede von Anthropogeographie genauer zu qualifizieren. Und diese genauere Qualifikation kann erfolgen durch den logos der Sozialität als demjenigen Modus, in dem Menschen ihr Leben als menschliches Leben realisieren. Und was liegt dann näher, als diejenige Wissenschaft, die sich mit solchen Themenbereichen als ihren Forschungszielen und -zwecken beschäftigt, über das Wort »Sozialgeographie« als Disziplin zu konstituieren? Als Wissenschaft, die innerhalb der Sozialwissenschaften über einen *eigenen* Gegenstand verfügt, nämlich z. B. die räumlichen Strukturierungen und deren Reproduktion als Strukturen im werktätigen Lebensvollzug; man denke zur inhaltlichen Konkretisierung an FEBVRES Ausführungen zum Rhein.

Geographie und Sozialwissenschaft - Lebensraum und Handeln

Um die anhand von Disziplinbenennungen angeführten Überlegungen weiter anzureichern, soll in gebotener Kürze auf den Kontext eingegangen werden, in dem sich einerseits die modernen Sozialwissenschaften in spezifischer Weise als Disziplinen gegen einen anderen disziplinären Gliederungsvorschlag bezüglich dessen, was Forschungsziele, Forschungszwecke und Forschungsgegenstände der Sozialwissenschaften sein sollten, etabliert haben. Bezogen auf diesen Kontext kann begründet gezeigt werden, dass es sich bei der biowissenschaftlichen Disziplin der Ökologie, die sich ungefähr gleichzeitig mit den modernen Sozialwissenschaften in der Biologie etabliert hat, über weite Strecken um einen verdrängten sozialwissenschaftlichen Diskurs handelt(e).

Die Etablierung der modernen Sozialwissenschaften als *Gesellschafts*wissenschaft lässt sich räumlich und zeitlich genau lokalisieren: nämlich mit dem 1. Soziologentag 1910 in Frankfurt a. M. Dort lieferte MAX WEBER einen – für seine Verhältnisse – doch sehr heftigen Diskussionsbeitrag, in dem er seine Vorstellungen von Sozialwissenschaften abgrenzte von den Ausführungen von ALFRED PLOETZ. Dieser ist heute sicherlich nur und ausschließlich als Vertreter einer Rassenbiologie und des Sozialdarwinismus bekannt. Dies ist zwar sicherlich *auch* richtig. Würde man PLOETZ aber nur in dieser Hinsicht als einen Vertreter aus der Zunft der Biologen einordnen, der sich auf das Feld der Sozialwissenschaften wagt, dann würde man das entscheidende Moment schon verpasst haben. Denn PLOETZ sprach genau *nicht als Biologe*, nicht als – wenn man will – *fachfremder* Gast. Vielmehr repräsentierte er eine forschungsprogrammatische Ausrichtung in den Sozialwissenschaften, die versuchte, das Soziale als Moment in der Natur mit den Mitteln der Biologie zu thematisieren; das Soziale sei nicht das »ganz Andere« gegenüber der Natur, sondern ein Ordnungs- und Organisationszusammenhang von Natürlichem, dessen Besonderheit im Sozialen liegt.

In einer philosophisch elaborierten Sprache ist es sinnvoll und möglich zu sagen, dass diesem Forschungsprogramm, in dem der Sozialdarwinismus neben bspw. organismus-zentrierten Ansätzen nur eine Variante darstellte, die Auffassung zu Grunde lag, die Differenz zwischen Natürlichem und Sozialem repräsentiere einen *Selbstunterschied in der Natur*; die Natur sei eine »Gattung«, die genau zwei Arten enthalte, nämlich sich selbst und das Soziale.[3] Die Rassenbiologie – so WEBER – beruhe auf ganz unbewiesenen Behauptungen. So handele es sich z. B. bei der Ersetzung römischer Geschlechter als Offizieren des römischen Heeres durch »Barbaren« nicht um einen

---

3   Es spielt keine Rolle, ob PLOETZ seine Position selbst so begriffen haben würde. Uns kommt es aber darauf an, die zu kritisierende Position so stark wie möglich zu machen.

biologischen Vorgang der Ausmerzung, sondern um eine bewusste Ausschaltung aus den Offiziersstellen und den Verwaltungen. Für diese Erklärung sei auch nicht die Spur einer rassenbiologischen Theorie als Ergänzung erforderlich.

Viele auf Gesellschaft bezogene Äußerungen seitens der Rassenbiologen haben direkt mystischen, aber keinen Soziales erklärenden oder verstehbar machenden Charakter.

»Aber dass es heutzutage auch nur eine einzige Tatsache gibt, die für die Soziologie relevant wäre, auch nur eine exakte konkrete Tatsache, die eine bestimmte Gattung von soziologischen Vorgängen wirklich einleuchtend und endgültig, exakt und einwandfrei zurückführte auf angeborene und vererbliche Qualitäten, welche eine Rasse besitzt und eine andere definitiv – wohlgemerkt: definitiv! – nicht, das bestreite ich mit aller Bestimmtheit und werde ich so lange bestreiten, bis mir diese eine Tatsache genau bezeichnet ist« (WEBER [1924]1988b:459).

Und WEBER sieht sehr genau, dass nicht nur die rassenbiologischen Implikationen problematisch sind, sondern überhaupt die Vorstellung, Biotisches könne konstitutiv sein für Soziales.

»Die ›Gesellschaft‹ hat Herr Dr. Ploetz als ein Lebewesen bezeichnet, mit der bekannten, auch von ihm sehr eindringlich vorgetragenen Begründung ihrer Verwandtschaft mit Zellenstaaten und Ähnlichem. Es kann sein, dass für die Zwecke des Herrn Dr. Ploetz dabei etwas Fruchtbares herausspringt, – das weiß er natürlich selbst am besten – für die soziologische Betrachtung springt niemals durch die Vereinigung mehrerer präziserer Begriffe zu einem unbestimmten Begriffe etwas Brauchbares heraus. Und so liegt es hier. Wir haben die Möglichkeit, rationales Handeln der einzelnen menschlichen Individuen geistig nacherlebend zu verstehen. Wenn wir eine menschliche Vergesellschaftung, welcher Art immer, nur nach der Art begreifen wollen, wie man eine Tiergesellschaft untersucht, so würden wir auf Erkenntnismittel verzichten, die wir nun einmal beim Menschen haben und bei den Tiergesellschaften nicht. Dies und nichts anderes ist der Grund dafür, weshalb wir für unsere Zwecke im Allgemeinen keinen Nutzen darin erblicken, diese ganz fraglos vorhandene Analogie zwischen Bienenstaat und irgendwelcher menschlichen staatlichen Gesellschaft zur Grundlage irgendwelcher Betrachtungen zu machen« (WEBER [1924]1988b:461).

Dem Zitat sind zwei wesentliche Hinweise für WEBERS Verständnis von Sozialwissenschaften zu entnehmen. So ist es *erstens* auffallend, dass – bezogen auf die Position von PLOETZ – das Wort Gesellschaft in Anführungszeichen gesetzt wird. WEBER bezweifelt nämlich, dass PLOETZ die Sozialwissenschaften als Gesellschaftswissenschaft verstanden wissen möchte; kennt man den zeitgenössischen Diskussionskontext, dann besetzt PLOETZ bzw. besetzen insgesamt die mit der Biologie entlehnten Modellen,

Metaphern und Erklärungen arbeitenden Sozialwissenschaftler die Position der Gemeinschaft, versuchen soziale Gemeinwesen als Gemeinschaften zu begreifen.

WEBER dagegen begreift die Sozialwissenschaften als Gesellschaftswissenschaft; und
der Grundbegriff der Gesellschaftswissenschaft sei »Handeln«. Damit ist zum *Zweiten*
behauptet, dass in Theorien der Gemeinschaft keine Handlungstheorie enthalten ist
bzw. enthalten sein kann, weil und insofern in ihnen Handeln reduziert wird auf
»Verhalten«. Soll dann trotzdem über biologisches Wissen ein Beitrag geleistet werden
können zum Verstehen und Erklären sozialer Phänomene, dann – so WEBER präzise
– müsse am gesellschaftlichen Handeln aufgezeigt werden, was an ihm *nur* biologisch
erklärt werden könne. Mit dieser Aufgabenformulierung kann WEBER dann zurecht
darauf hinweisen, dass es ihm nicht um disziplinäre Grabenkriege geht, sondern um
ein sachhaltiges Problem, dessen Lösung für das Gelingen gesellschaftswissenschaftlicher Untersuchungen zentral ist.»Ich möchte nur eine allgemeine Bemerkung daran
knüpfen. Es scheint mir nicht nützlich, Gebiete und Provinzen des Wissens a priori,
ehe dies Wissen da ist, abzustecken und zu sagen: Das gehört zu unserer Wissenschaft
und das nicht« (WEBER [1924]1988b:461). In diesem Sinne mag PLOETZ mit seinen
Überlegungen *biologisch* recht haben – oder auch nicht –, für die Sozialwissenschaften
bleibt dies eben so lange ohne Interesse, solange nicht gezeigt wurde, welcher soziale
Tatbestand notwendigerweise mit den Mitteln der Biologie erklärt werden müsse bzw.
erklärt worden ist. Aber genau dies fehlt bisher.

WEBER geht noch einen Schritt weiter: Auch die zeitgenössische Geographie wird
von ihm verortet in dem Kontext der Bemühungen mit den Mitteln der Biologie,
präzisierend: mit den Mitteln der HAECKEL'schen Evolutionstheorie Soziales zu erklären. Auch die Geographie, insofern sie den Anspruch erhebt, Soziales zu thematisieren,
verfüge über keinen Handlungsbegriff, damit keinen Begriff von Gesellschaft, sondern
sie sei auf Seiten der Theorien der Gemeinschaft zu verorten.

»Das ist kein Vorwurf gegen eine so junge Wissenschaft, es muß aber als Tatsache
konstatiert werden, und es dient vielleicht dazu, die utopistische Begeisterung, mit
der ein solches neues Gebiet in Angriff genommen wird, nicht dahin ausarten zu
lassen, daß dieses neue Gebiet die sachlichen Grenzen der eigenen Fragestellung
verkennt. Wir erleben es heute auf allen Gebieten. Wir haben erlebt, dass man geglaubt hat, man könnte die ganze Welt einschließlich z. B. der Kunst und was es
sonst gibt, rein ökonomisch erklären. Wir erleben es, dass die modernen Geographen alle Kulturvorkommnisse ›vom geographischen Standpunkt‹ aus behandeln,
wobei sie uns nicht etwa, was wir von ihnen wissen möchten, nachweisen, nämlich: Welche spezifischen konkreten Komponenten von Kulturerscheinungen im
einzelnen Fall durch klimatische oder ähnliche rein geographische Momente bedingt sind, sondern in ihren ›geographischen‹ Darstellungen etwa registrieren: ›die
russische Kirche ist intolerant‹, und wenn wir sie fragen: Inwiefern gehört diese
Feststellung in die Geographie? dann sagen: Russland ist ein örtlicher Bezirk, die
russische Kirche örtlich verbreitet, also Objekt der Geographie. Ich glaube, dass

die Einzelwissenschaften ihren Zweck verfehlen, wenn jede von ihnen nicht das Spezifische leistet, was sie und gerade nur sie leisten kann und soll, und ich möchte die Hoffnung aussprechen, dass es der biologischen Betrachtung gesellschaftlicher Erscheinungen nicht ähnlich ergehen möchte« (WEBER [1924]1988b:462).

Die *differentia specifica*, das disziplinäre Unterscheidungs- und Abgrenzungskriterium von Gesellschaftswissenschaft und Biologie sowie von Gesellschaftswissenschaft und Geographie ist somit nach WEBER der Handlungsbegriff. Solange dieser nicht in Biologie und Geographie als Grundlagenbegriff (im Sinne eines zu erforschenden, zu verstehenden Gegenstandes) eingebaut ist, können diese Disziplinen zur Erklärung sozialer Sachverhalte nichts beitragen. Für die Geographie, insofern sie Sozialgeographie sein möchte, bedeutet dies, anstelle des Vorrangs des Raumes und des auf ihn bezogenen gemeinschaftlichen Verhaltens von Menschen die geographischen Dimensionen, Implikationen des gesellschaftlichen Handelns zu erläutern. Und zumindest in der Gesellschaftswissenschaft hat sich die Position von WEBER, FERDINAND TÖNNIES u. a. durchgesetzt gegenüber dem mit der Biologie verbundenen sozialwissenschaftlichen Konzeptualisierungsvorschlag.

Vom (Lebens-)Raum zum Handeln

Es wäre nun eine eigene Aufgabe, begrifflich zu rekonstruieren, ob als Grundbegriff der Gesellschaftswissenschaft – und damit auch einer Sozialgeographie, die sich dort als Disziplin verorten möchte – nicht besser »Tun«, »werktätiges Leben« und »Handeln« im Sinne einer differenzierenden Rede von »Tun« als mögliche Grundbegriffe ausgezeichnet werden sollten. Für die hier verfolgten Zwecke sollen in den letzten Abschnitten einige Belege dafür angeführt werden, dass die von WEBER zurückgewiesenen Positionen nicht einfach verschwunden sind, sondern in der sich ebenfalls in dieser Zeit ausdifferenzierenden Ökologie eine neue Heimat gefunden haben.

PETER BOWLER (1993) hat in seiner Geschichte der Ökologie deutlich herausgearbeitet, dass dieser in ihren Anfängen höchst unklare und heterogene Zwecksetzungen zu Grunde lagen, sodass auch die Gegenstände, mit denen Ökologen sich zu beschäftigen haben, nicht genau bestimmt werden können. So bestimmt etwa KARL FRIEDRICHS als Aufgabe der Ökologie:

»Aufgabe der Wissenschaft ist immer Erkenntnis, aber Erkenntnis, die zur Tat führt oder die Art des Handelns bestimmt. Ökologie ist besonders geeignet, in der Natur die Lehrmeisterin des Menschen zu erkennen, der gegenüber weise Mäßigung angezeigt ist. (…) Geeinte Naturwissenschaft bedeutet Zusammenarbeit und ausgesprochene Ausrichtung auf das Gemeinwohl. Sie ist das naturwissenschaftliche, insbesondere biologische Analogon der politischen Raumforschung und sollte zu deren Grundlagen gehören, soweit das nicht schon der Fall ist« (FRIEDRICHS 1937:VII).

Ökologie ist daher nach FRIEDRICHS nicht nur eine Wissenschaft von der Natur, sondern sie ist *biologische Raumforschung*, der Lebensraum also Grundlagenbegriff der Ökologie.

> »Der Lebensraum veranlaßt den Phänotypus der Wesen darin, modifiziert ihr Verhalten, bestimmt die Arten und die Individuenmenge, die darin leben kann; umgekehrt modeln die Wesen seine Beschaffenheit um oder erhalten sie, z. B. durch Wühlen in der Erde dem Regenwasser regelmäßigen Abfluß in die Erde hinein ermöglichend usw. – ein Beziehungsgefüge, das das Ganze einer Landschaft, Lebensraum und Lebensgemeinschaft, zur Einheit, zum Holocoen verbindet, ein kleines Universum daraus macht« (FRIEDRICHS 1937:19).

In den vorgefundenen Lebensraum eingepasst ist die Lebensgemeinschaft, sodass mit »Raum« und »Gemeinschaft« zwei der Stichworte vorliegen, die zumindest auch den durch die Gesellschaftswissenschaft verdrängten sozialwissenschaftlichen Diskurs kennzeichnen. Da die Ökologie ja auch für Menschen orientierend Geltung beansprucht, gibt FRIEDRICHS selbstverständlich eine Beschreibung des Lebewesens Mensch, das als Lebensgemeinschaft in die Lebensgemeinschaft(en) des Lebensraums eingepasst ist.

> »Die Verflechtung des Einzelnen zum Ganzen gibt jeder Landschaft Individualität, wie das Naturgefühl das so lebhaft empfindet, aber auch der Verstand einsehen kann. (…) Ist nicht jede autochthone oder lange ansässige menschliche Bevölkerung ein Produkt der ganzen Natur ihres Landes? Der Holländer z. B. der äußerst nüchternen, nahrhaften Natur Hollands, der grünen Gemüse, die er in Menge verzehrt und die seine große Vitalität fördern, des gemäßigten Klimas, das sein Temperament mäßigt usw.; der Älpler mit seiner kühnen, etwas gewalttätigen Psyche, seinem Vermögen zum Jodeln, seinem ganzen schönen Stil das Produkt der gewaltigen, gefährlichen Natur der Berge; der Nordamerikaner mit seiner unruhigen, höchst betriebsamen, im Schaffen maßlosen Art ein Produkt des äußerst wechselnden, von einem Extrem ins andere fallenden, erregenden Klimas Nordamerikas mit seinen (noch, d.V.) ›unbegrenzten Möglichkeiten‹; der Deutsche mit der Vielgestaltigkeit seines Wesens (und auch Körpers) das Produkt der reichen geographischen Gliederung Deutschlands; ist nicht seine Fähigkeit zu Höchstleistungen einerseits gegeben durch die Notwendigkeit, in dem kühlen, gemäßigten Klima viel Nahrung und warmes Obdach zu schaffen (im Gegensatz zum Südländer), der Möglichkeit, in diesem Klima viel und stark zu arbeiten andererseits usw. Allerdings will dies alles außerdem von der Rasse her beurteilt sein. Aber eingewanderte Bevölkerungen werden umgeformt. Der ostelbische Mensch, z. B. der Mecklenburger, dessen Vorfahren aus verschiedenen anderen deutschen Ländern einwanderten und sich mit den Resten der früher von Osten her eingewanderten Bevölkerung vermischten, hat deutlich seine Eigenart, die natürlich außerdem auf der Geschichte beruht« (FRIEDRICHS 1937:20f.).

Aus dieser Darstellung ergibt sich als Aufgabe der Ökologie die Gestaltung der Ökonomie als Gemeinwirtschaft, Hauswirtschaft. FRIEDRICHS umschreibt diese mit der Metapher, dass der Mensch zur Natur sich verhalten müsse wie der Gärtner zum Garten. Der Widerpart zu dieser Auffassung ist die die gesellschaftliche Moderne kennzeichnende Zweckrationalität; sie sei »Raubbau an den zeugenden Kräften der Natur« (FRIEDRICHS 1937:87).

Mit denselben Grundbegriffen, nur die sozialwissenschaftlichen Implikationen und Ansprüche der Ökologie insofern verdeutlichend als der Begriff des Lebensraumes bestimmt wird als Heimat, schreibt RAOUL F. FRANCÉ 1923:

> »Ich habe oftmals den Wald gepriesen und komme nie mehr wieder von ihm los. In allen meinen Werken habe ich es immer zielbewußter gesagt, dass ich mir für unser Volk und unser Land keine gesunde und glückliche Zukunft denken kann, wenn man die ›Waldnatur‹ unserer Heimat versehrt. Und ich glaube, man wird auch ganz verstehen, was ich meine, wenn ich jetzt sage, durch die zielsichere und gewollte Einordnung in die Lebensgemeinschaft der Waldnatur sichern wir uns als Volk Dauer, als Einzelne die beste Art von Leben, die uns der Herkunft, dem Wesen und der Umwelt nach möglich ist« (FRANCÉ [1923]1982:81).

FRANCÉ kennt insgesamt nur drei Gemeinschaften im Ganzen der Natur: das Weltall insgesamt, die Korallenriffe und den Wald. Alle drei sind dadurch gekennzeichnet, dass sie – werden sie nicht gestört – auf Dauer existieren können, da sie sich im Gleichgewicht befinden und durch Kreislaufgesetze geordnet seien. Für die Deutschen, die in der Gemeinschaft des Waldes leben, kann als Norm formuliert werden: »Man wird bestraft, wenn man die ›Gesetze der Natur‹ übertritt, nämlich eine unnatürliche Lebensweise führt. (…) Denn es wird in der Natur bestraft, wenn man seine Heimat verlässt und in einem Land mit ›fremder Natur‹ leben will« (FRANCÉ [1923]1982:53). Man lasse sich nicht täuschen durch die uns heute »altdeutsch« anmutende Sprache. Und man bedenke bitte auch, dass es uns *gerade nicht* auf eine ideologiekritische Auseinandersetzung geht. Vielmehr kommt es uns auf die begrifflichen Verhältnisse an, die solchen Formulierungen zu Grunde liegen und die wir oben umschrieben haben als »Selbstunterschied in der Natur«. Gegen dieses Modell möchten wir, um die Zugehörigkeit der Sozialgeographie zur Gesellschaftswissenschaft weiter auszuweisen, den umgekehrten Vorschlag setzen, die Differenz zwischen Sozialem und Natürlichem als Selbstunterschied des Sozialen zu denken. Dieser Vorschlag, der sich über Ausarbeitung tätigkeitstheoretischer Begrifflichkeiten verdichten lässt, ermöglicht es, die Erforschung der Regulation gesellschaftlicher Naturverhältnisse in der Reproduktion menschlicher Gemeinwesen als eine der zentralen Aufgaben zu bestimmen.

Strukturierung von »Natur«

Damit wird eine – nun nicht mehr naturalistische – Perspektive eröffnet. Sie ermöglicht es, die Einbindung von Naturstücken in die Reproduktion menschlicher Gemeinwesen zu thematisieren; also zu zeigen, wie in menschlichen Produktionshandlungen nicht nur einfach Natur als Objekt des Tuns transformiert und konsumiert wird, sondern in und mit der Transformation Verhältnisse zwischen Menschen und Natur etabliert und reproduziert werden.

Reproduktion von Naturverhältnissen meint dabei, dass durch Tun hergestellte Verhältnisse – für daran anschließende Tätigkeiten – strukturierend wirken; und dies nicht nur in gegenständlicher, sondern auch in symbolischer Form. In gegenständlicher Form ist dies insofern der Fall, als mit ihnen materiale Bedingungen für weitere Produktionshandlungen gesetzt werden. Darüber hinaus werden aber auch symbolische Repräsentationen dieser Verhältnisse etabliert, die für die durch Reproduktion der Verhältnisse im Tun herbeigeführten Veränderungen orientierend wirken. So schreibt etwa Pierre Bourdieu in seiner frühen Untersuchung der Transformation des agrarisch verfassten algerischen Staates in eine industrielle Gesellschaft:

> »Hervorgebracht (die ökonomische Haltung, d.V.) von einer spezifischen Klasse materieller Existenzbedingungen, objektiv erfasst in Gestalt einer besonderen Struktur objektiver Chancen – einer objektiven Zukunft – funktionieren diese Haltungen gegenüber den zukünftigen Strukturen, diese strukturierten Strukturen selbst wieder wie strukturierende Strukturen« (Bourdieu 2000:21).

Agrarisch verfasste Gemeinwesen, die symbolisch repräsentiert werden können als »Dorf« oder »Land«, realisieren Formen der »einfachen Reproduktion«, in denen die jeweils vorfindliche gesellschaftliche Struktur inklusive der in dieser Struktur enthaltenen Naturverhältnisse im produktiven Tun möglichst unverändert erhalten werden sollen; hier ergibt sich z.B. eine Verknüpfung von einfacher Reproduktion auf der materialen Ebene des Produzierens und Vorstellungen von einer zyklischen Zeit als symbolischen Repräsentationen der einfachen Reproduktion.

> »Das Vorsehen (im Sinne von ›im Voraus sorgen‹) unterscheidet sich von der Vorausschau, insofern die von ihr anvisierte Zukunft direkt der gegebenen Situation selbst so eingeschrieben ist, wie sie mittels der von materiellen Existenzbedingungen aufgedrängten technisch-rituellen Wahrnehmungs- und Bewertungsschemata erfasst wird, wobei letztere dann selbst wiederum mit den gleichen Denkschemata erfasst werden« (Bourdieu 2000:32).

Als Beschreibung einer sich einfach reproduzierenden Gemeinschaft in Differenz zu einer sich nicht-identisch erweitert reproduzierenden Gesellschaft kann dann gegeben werden:

»Im Rahmen einer bäuerlichen Wirtschaft, deren Produktionszyklus sozusagen auf einen Blick erfasst werden kann, und deren Produkte sich in der Regel im Laufe eines Jahres erneuern, macht der Bauer zwischen seiner Arbeit und dem ›künftigen‹ Produkt, mit dem sie schwanger geht, ebenso wenig einen Unterschied wie innerhalb des agrarischen Jahreszyklus zwischen der Arbeitszeit in der Produktionsperiode und der nachfolgenden Phase, in der seine Aktivität fast vollständig zum Stillstand kommt. Weil ganz im Gegenteil dazu die Länge des Produktionszyklus der kapitalistischen Wirtschaft allgemein viel ausgeprägter ist, setzt diese gerade die Bildung einer abstrakten und mittelbaren Zukunft voraus. Hierbei muß das rationale Kalkül den Mangel an intuitivem Einblick in die Gesamtheit des Prozesses ausgleichen. Damit aber ein solches Kalkül möglich wird, muß die Kluft zwischen Arbeitszeit und Produktionszeit wie auch die Abhängigkeit von natürlichen Prozessen entsprechend verringert werden. Anders gesagt muß die organische Einheit, die zwischen dem Hier und Jetzt der Arbeit und ihrer ›Zukunft‹ bestand, zerstört werden, eine Einheit, die identisch ist mit den nicht zerlegbaren und teilbaren Reproduktionszyklen oder mit der Einheit des Produkts als solchem, welche uns durch einen Vergleich zwischen einer landwirtschaftlichen Technik zur Erzeugung vollständiger Produkte und der industriellen Technik, beruhend auf der Zergliederung und Spezialisierung der einzelnen Arbeitsschritte deutlich vor Augen geführt wird« (BOURDIEU 2000:34f.).

Rekonstruiert man historische Verläufe unter einer solchen gesellschaftstheoretischen Perspektive, dann kann gezeigt werden, dass bis ca. 1830 die Wirtschaftsstruktur wenig vor Krisen geschützt war, weil die Prekarität der vorhandenen Techniken es nicht erlaubte, die Unbilden des Klimas zu beherrschen. Dies deckt sich mit historischen Untersuchungen von Regionen des Mittelmeer-Raumes, beispielsweise der Untersuchung EMMANUEL LE ROY LADURIES zu den Bauern des Languedoc. Dort wird herausgearbeitet, dass die Grenzen der Reproduktion, an die die Dörfer im Languedoc bzw. das Languedoc als sich einfach reproduzierende Gemeinschaft immer wieder stießen – mit den Konsequenzen der Verelendung, des Ausbruchs von Seuchen und des Zusammenbruchs der Bevölkerungsstruktur – als naturale Grenzen sich darstellten, eigentlich aber Grenzen der Gestaltungs- und Regulationsmöglichkeiten des gemeinschaftlichen Reproduktionszusammenhanges, also sozial bedingt, darstellten.

»Die Geldsackgasse besteht natürlich. Aber sie ist nicht das einzige Hindernis für die Expansion. Sie gehört zu einer ganzen Gattung, zu einer Art strukturellem Ganzen von Sackgassen: Wie z. B. die Sackgasse von Grund und Boden – das Fehlen unbegrenzter Reserven guter, leicht zu bearbeitender und gewinnbringender Erde; und hinter dieser gewissermaßen versteckt die grundlegende technologische Sackgasse, die das Haupthindernis darstellt. (…) Mit anderen Worten: Wenn die Gesellschaft zusammenschrumpft und die Wirtschaft verknöchert und schließlich am Ende des 17. Jahrhunderts auf ihre Ausgangsbasis zurücksinkt, so kommt das daher, dass diese

318 Gesellschaftliche Ökologie

Wirtschaft es nicht fertig gebracht hat, ihre Vorräte weder zu vermehren noch zu erneuern. Gewiss, auch ihren Vorrat an Edelmetall, aber auch den Vorrat an guter Erde, der seiner Definition nach begrenzt sein muß; wo diese aber fehlt ist der ›Vorrat‹ an technischem Fortschritt im 16. und 17. Jahrhundert geradezu lachhaft. Führen wir eine Hypothese weiter, die wir bereits aufgestellt haben: Wenn sich der Kornertrag zwischen 1500 und 1700 um einige Punkte erhöht hätte (wie er es später getan hat), wenn man massenhaft und stetig Wein angepflanzt hätte (wie es fast ununterbrochen zwischen 1760 und 1870 der Fall gewesen ist) oder Bewässerungsanlagen gebaut hätte (wie die Katalanen seit 1720), dann hätte die Gesellschaft des Languedoc durch einfache Erhöhung des im Grundbuch verzeichneten Einkommens fertig werden können mit dem demographischen Aufschwung, der galoppierenden Zerstückelung und der verstärkten Abschöpfung durch Belastungen aller Art. Die Zerstückelung wird nur übermäßig und die Belastungen untragbar, weil sie eine jahrhundertelang stagnierende Produktion und Produktivität treffen.

In Wahrheit ist eine solche technologische Unbeweglichkeit eingebettet in und getragen von einer ganzen Reihe kultureller Sperren. Man hat von einer *natürlichen* Grenze der Ressourcen gesprochen. Aber die hier gemeinte ›Natur‹ ist die Kultur, es sind die Sitten, die Lebensweise, die Denkstrukturen; es ist das aus technologischen Kenntnissen, aus dem Wertsystem, aus den angewandten Mitteln und den verfolgten Zielen gebildete Ganze« (LE ROY LADURIE 1990:327f.).

Unter Einbezug der Arbeiten von FERNAND BRAUDEL u. a., kann dieses historische Material dafür verwendet werden, die Theorie – über dessen auf die Grundlagen der Geschichtswissenschaft bezogenen Überlegungen hinausgehend – systematisch weiter zu entwickeln. So wird zwar von den französischen Historikern aufgezeigt, dass und wo es Alternativen anderer Regulationsformen gesellschaftlicher Naturverhältnisse gegeben hat, um Katastrophen zu vermeiden. Zudem zeigen sie, dass es sich gerade nicht um bloße Naturereignisse handelte. *Warum* aber die Alternativen nicht ergriffen wurden oder werden *konnten*, bleibt – beschränkt man sich rein auf die Aufbereitung historischen Materials – unklar.

Es ist aber auffallend, dass angesichts von heraufziehenden Krisen die lokalen Produzenten sich immer wieder vom Markt zurückzogen und nur noch versuchten, ihre eigene Reproduktion als geschlossene Produzentengemeinschaft zu gewährleisten. Dementsprechend sind die Ursachen der Krisen in der gemeinschaftlichen Reproduktionsform zu suchen, nicht aber in der Natur. Die von LE ROY LADURIE genannten Alternativen der Krisenvermeidung verweisen in genau diesem Sinne auf eine verstärkte Öffnung gegenüber anderen Märkten, also der Produktion für Märkte, somit auf eine sich von »Gemeinschaftlichkeit« unterscheidende Reproduktionsform, nämlich jener der Gesellschaft.

»Die von der präkapitalistischen Wirtschaft geförderte Zeiterfahrung ist eine der Modalitäten, die jede Erfahrung von Zeitlichkeit annehmen kann, auch jene also, die die

›rationalistischen‹ ökonomischen Akteure jener Gesellschaften kennzeichnet, welche die Ethnologen hervorgebracht haben. Ihre einzige Spezifität liegt darin, dass sie sich nicht schlicht und einfach als eine Möglichkeit unter anderen anbietet, sondern von einer bestimmten Form des Wirtschaftens als *die einzig mögliche* aufgezwungen wird. Letztere zeichnet sich durch ihre Unfähigkeit aus, die Möglichkeitsbedingungen der Position des Möglichen selbst zu kontrollieren und zu sichern oder, was auf das Gleiche hinausläuft, durch einen Ethos, der nicht mehr und nicht weniger repräsentiert als die Internalisierung des Systems der objektiv in die von Unsicherheit und Schicksalshaftigkeit beherrschten materiellen Existenzbedingungen eingeschriebenen Möglichkeiten und Unmöglichkeiten« (Bourdieu 2000:43).

Im Unterschied also etwa zu Friedrichs bis hin zu Joachim Radkau (2002) ist gerade nicht der »Garten« ein Modell für eine gelingende Gestaltung von Mensch-Natur-Beziehungen. Hier kann es − und ist es historisch ja auch so gekommen − zu vergleichbaren Naturzerstörungen durch den Menschen und sein Tun kommen, wie im Kontext der gegenwärtigen Umweltprobleme. Diese können nicht mehr als Reproduktionskrise von Gemeinschaften beschrieben und begriffen werden, sondern als Reproduktionskrise von Gesellschaften, insbesondere der gesellschaftlichen Naturverhältnisse. Auch wenn Radkau zu Recht die Reduktion von Natur auf ein Symbol ohne gegenständliche Grundlage kritisiert − letztendlich unterläuft ihm der gleiche Fehler: Denn auch bei dem »Garten« und dem »oikos« handelt es sich nicht um *per se* gelingende Gestaltungen der Beziehungen zwischen Mensch und Natur.

Will man in dieser Perspektive weiterarbeiten, dann gilt es, den, besser: die Begriffe von Reproduktion, das Verhältnis von (durch Tun realisierter) Struktur und im Tun erfolgender Strukturierung systematisch weiter zu entfalten.

So wie die räumlichen Anordnungsmuster als Ausdruck strukturierender Handlungsweisen zu begreifen sind, ist das, was in der Geographie traditionellerweise als »Kulturlandschaft« bezeichnet wird, in tätigkeitszentrierter Perspektive als Ausdruck der Strukturierung der Natur durch menschliche Handlungsweisen zu verstehen. Im Vergleich zu den traditionellen geographischen Ansätzen der Durchdringung *ökologischer* Verhältnisse ist jedoch jede Form der Naturalisierung sozialer, wirtschaftlicher und kultureller Verhältnisse vermieden. Die theoretische und empirische Forschungsarbeit ist vielmehr auf die technischen und politischen Potenziale der Transformation der Natur zu richten. Dafür ist eine differenzierte Thematisierung der Machtkomponente notwendig, sowohl in Bezug auf die technischen wie auf die politischen Potenziale.

Ausblick

Mit diesem Beitrag hier konnte günstigstenfalls der Problemkontext skizziert werden. Sowohl in historischer Hinsicht müssen die beiden verschiedenen Wege, die zur Ausbildung gegenwärtiger sozialgeographischer Forschung geführt haben, noch viel weitgehender rekonstruiert werden. Dabei sind insbesondere die Vernetzungen mit anderen Wissenschaften wie der Ökologie einerseits, den modernen Sozialwissenschaften als Gesellschaftswissenschaft andererseits im Blick zu behalten, die Begriffstransfers sowie die mit ihnen verbundenen Bedeutungsverschiebungen von Begriffen.

Aber auch in systematischer Hinsicht der Begründung der Sozialgeographie selbst – entweder im Anschluss an die Ökologie oder im Anschluss an die modernen Sozialwissenschaften –, bleiben noch viele zentrale Fragen zu klären. Dies möchten wir abschließend noch einmal mit einem Rekurs auf das Machtproblem andeuten. Allen Sozialgeographen – dies darf als selbstverständlich unterstellt werden – ist klar, dass die jeweiligen Vorschläge zur Um- oder Neustrukturierung von »Räumen«, »Landschaften«, »ökologischen Einheiten«, »gesellschaftlichen Naturverhältnissen« usw. nur in Verbindung mit gesellschaftlichen Machtpositionen umgesetzt werden können. In der Begründung und Rechtfertigung solcher Vorschläge macht es dann aber schon einen erheblichen begrifflichen und auch strategischen Unterschied, ob der Vorschlag verknüpft ist mit einem Hinweis auf das So-sein der Natur, die dem Menschen und seinem Tun vorschreibend gegenübertritt; die Natur sozusagen die entscheidende Machtinstanz repräsentiert, an der menschliches Tun und Strukturieren gemessen und auf seine Güte hin beurteilt wird. Dies zumindest scheint uns einer der Kernpunkte der Überlegungen von DIETER STEINER (1997), HARTMUT WEHRT und RAINER HEEGE (1991) sowie WOLFGANG ZIERHOFER und DIETER STEINER (1994) zu sein.

Oder ob es nicht doch besser begründet ist, Macht in jeglichem menschlichen Tun und Handeln zu verorten, indem und weil durch Tun und Handeln Gegenstände menschlichen Zwecken gemäß transformiert und andere Menschen in solches Tun und Handeln, häufig auch gegen ihren Willen oder ohne ihr Wissen, eingebunden werden. In dieser Wendung – die uns die adäquatere scheint – können und dürfen wir nicht mehr auf etwas außerhalb von uns liegendes verweisen, in dem wir die Rechtfertigung unseres Tuns vermuten. Vielmehr sind wir selbst diejenigen, die sich immer und von jedem und jeder fragen lassen dürfen, ob die Zwecke ihres Tuns und Handelns sowie die Mittel, von denen sie mutmaßen, ihre Zwecke realisieren zu können, gerechtfertigt werden können – gerechtfertigt nicht nur bezüglich der *individuellen* Zwecke des Handelns, sondern gerechtfertigt gegenüber der *Gesellschaftlichkeit* des Tuns. Aber mit dieser unter macht-theoretischen Gesichtspunkten angedeuteten Unterscheidung von (individuellem) Handeln und (gesellschaftlichem) Tun fängt ein neuer Aufsatz an.

Epilog

Neue geographische Verhältnisse und die Zukunft der Gesellschaftlichkeit

Die aktuellen Schlagzeilen der Weltpresse sind in hohem Maße Ausdruck der sich vollziehenden Revolutionierung der gesellschaftlichen Raumverhältnisse. Damit meine ich nicht in erster Linie Meldungen über ökologische Horrorszenarien, die natürlich auch einen augenfälligen geographischen Gehalt aufweisen, sondern vielmehr die Zusammenhänge, die als internationale Finanzkrise, als internationale Wanderung, sozial-kulturelle Integrationsprobleme – um einige der Wichtigeren zu nennen – bezeichnet werden. Insbesondere bei der so genannten Finanzkrise wird deutlich, dass sektorale nationale Wirtschaftszusammenhänge, wie etwa der nordamerikanische Immobilienmarkt, zu umfassenden globalen Verwerfungen führen können, denen mit national-territorialen bzw. containerhaften Bewältigungsstrategien offensichtlich kaum mehr beizukommen ist. Die alltagsweltlichen geographischen Bedingungen des Handelns – das zeigen die erwähnten Beispiele – gehen mit den von der wissenschaftlichen Geographie gezeichneten Weltbildern nicht mehr konform.

Geht man davon aus, dass geographische Weltbilder – wie jede Form sozialwissenschaftlichen Wissens – das aktuelle gesellschaftliche Handeln einerseits formen und andererseits zugleich auch Ausdruck der sozialen Verhältnisse sind, dann ist diese wechselseitige Koppelung von Wissenschaft und Alltag in stärkerem Maße ernst zu nehmen, als dies bisher der Fall war. Diese Forderung beruht auf der Vermutung, dass zahlreiche, politisch dringende Gestaltungsprobleme der Gegenwart aus einem Weltbild hervorgehen, das mit den aktuellen geographischen Bedingungen des Handelns keine ausreichende Deckung (mehr) aufweist. Auf eine kurze Formel gebracht, besteht der Kern einer Vielzahl aktueller gesellschaftlicher Probleme darin, dass die zur Anwendung gebrachten Lösungsstrategien nach wie vor Territoriallogiken verpflichtet sind – alltägliche Handlungsmuster sich jedoch längst weitgehend von diesen emanzipiert haben. Um diese These, deren Gehalt und daraus ableitbare Alternativen verdeutlichen zu können, wird in diesem abschließenden Ausblick zuerst der Zusammenhang zwischen wissenschaftlicher Welterschließung sowie alltagsweltlichen geographischen Bedingungen einerseits und den abgeleiteten Strategien der Problemlösung andererseits beleuchtet. Dazu steht zunächst die Erschließung der wissenschaftlichen Ausgangskonstellation an, bevor dann auf der Grundlage der in den beiden Bänden von »Gesellschaftliche Räumlichkeit« dokumentierten Entfaltung einer praxiszentrierten geographischen Weltsicht ein neuer Analyserahmen vorgeschlagen wird.

Gesellschaftliche Verhältnisse und räumliche Strukturen

Vor rund 25 Jahren erschien der – von DEREK GREGORY und JOHN URRY herausgegebene und in der Zwischenzeit zum Klassiker gewordene – Sammelband »Social Relations and Spatial Structures«. Die Gegenüberstellung von gesellschaftlichen Verhältnissen und räumlichen Strukturen durch die jeweils namhaftesten angelsächsischen Fachvertreter der Soziologie und Sozial-/Humangeographie zeigt zwei Dinge. Erstens wird der zunehmend radikalere Vollzug der Transformation alltagsweltlicher Bedingungen zur Meisterung der Räumlichkeit menschlicher Existenz immer augenfälliger. Dieser Sachverhalt erlangte mit »Globalisierung« in der Zwischenzeit eine spezifische Etikettierung. Zweitens bildet diese Gegenüberstellung auf wissenschaftlicher Ebene sowohl für die jeweilige Theorieentwicklung der beiden im angelsächsischen Kontext bis dahin in keinem nennenswerten Zusammenhang stehenden Forschungstraditionen von Soziologie und Geographie als auch für die Förderung der interdisziplinären Kooperation einen wichtigen Meilenstein. Der Einfluss dieses Buches prägt die Ausrichtung der sozialtheoretisch ausgerichteten angelsächsischen Humangeographie – die konsequenterweise eigentlich als *Sozial*geographie zu bezeichnen wäre – bis in die Gegenwart und wirkt insbesondere auch in den aktuellen *spatial turn* (DÖRING & THIELMANN 2008) der Sozial- und Geisteswissenschaften hinein.

Dieser richtungsweisende Impuls soll nun auf der Basis des mit »Sozialgeographie alltäglicher Regionalisierungen« (WERLEN 1995d, 1997) zwischenzeitlich erreichten Theoriestandes produktiv weitergeleitet werden. Von der Ausgangsfrage soziologischer und geographischer Kooperation: der Frage nach dem Zusammenhang von gesellschaftlichen Verhältnissen und räumlichen Strukturen soll nun der Weg zur Erforschung dessen, was ich »Gesellschaftliche Raumverhältnisse« nennen möchte, beschritten werden. Diese Ausweitung des Forschungsbereiches praxiszentrierter Geographie soll Aufschluss über prinzipielle Fragen der Konstitution und der Konstruktionsprozesse gesellschaftlicher Wirklichkeiten ermöglichen.

Um die damit verbundenen Implikationen besser verdeutlichen zu können, ist zuerst vor dem Hintergrund der Frage nach den gesellschaftlichen Raumverhältnissen darzustellen, welche Entwicklungsschritte mit den beiden ersten Etappen: »Handlungstheoretische Sozialgeographie« sowie »Sozialgeographie alltäglicher Regionalisierungen« bereits unternommen wurden.

Der Weg zum neuen Ausgangspunkt

Die Eröffnung der Möglichkeit, die Bedeutung der gesellschaftlichen Raumverhältnisse für die Konstruktion und darin eingeschlossen: die Reproduktion sozial-kultureller Wirklichkeiten erkennen zu können, ist eines der wichtigsten Ergebnisse der Entwicklung der handlungstheoretischen Sozialgeographie bzw. der Sozialgeographie alltäglicher Regionalisierungen. Die erste Etappe verhandelte das Verhältnis von »Gesellschaft, Handlung und Raum« (WERLEN 1987a) als Kernkonstellation einer sozial-wissenschaftlichen Geographie. Dabei wurde »die« Handlungstheorie nicht einfach »in« den Raum projiziert, sondern vielmehr eine konsequente Erweiterung der klassischen handlungstheoretischen Forschungsansätze um die räumliche Dimension vorgenommen. »Handlung« wurde dabei als Atom des sozialen Universums mit »Raum« ins Verhältnis gesetzt. Dazu wurden zuerst ontologisch differenzierende, handlungskompatible Raumkonzeptionen entwickelt. So konnte das Verhältnis von Gesellschaft und Raum konsequent handlungsvermittelt thematisiert werden. »Konsequent« meint, dass – im Gegensatz zu den bislang einflussreichsten Thematisierungen von »Raum« in Geographie, Biologie, Sozial- und Kulturwissenschaften – »Raum« nun nicht mehr als jeder Handlung naturhaft vorausgehend konzeptualisiert wurde. Vielmehr wurde »Raum« als handlungsabhängig, der Handlung nachgeordnet, ja als von dieser allererst hervorgebracht verstanden. Damit konnte nicht nur das statische geographische Welt-*bild*, das mit der handlungsunabhängigen Containerisierung des Sozial-Kulturellen verbunden ist, als Welt*sicht* entscheidend dynamisiert und auf die neuen spät-modernen räumlich-zeitlichen Bedingungen abgestimmt werden. Vor allem konnten auch die höchst dramatischen Implikationen bzw. »Raumfallen« (LIPPUNER & LOSSAU 2004), die mit früheren Thematisierungen in Kauf zu nehmen waren – wie die Biologisierung des Gesellschaftlichen und daraus hervorgehende Rassismen –, vermieden werden.

Auf dieser Basis konnte in der zweiten Etappe die deutschsprachige Theorieentwicklung praxiszentrierter Geographie – unter Bezugnahme auf die bis dahin avancierteste Version der verfügbaren Strukturationstheorien mit räumlichem Bezug, jene von ANTHONY GIDDENS (1984b) – als »Sozialgeographie alltäglicher Regionalisierungen« neu ausgerichtet werden. Die Neuausrichtung der handlungstheoretischen Geographie in Richtung weiterer räumlich-zeitlich entankerter Verhältnisse setzte allerdings auch einen Umbau der GIDDENS'schen Strukturationstheorie voraus. Dieser Umbau wurde mittels radikaler Fokussierung auf das von GIDDENS selbst immer wieder betonte – aber nicht immer konsequent eingehaltene – Primat der *agency* vorgenommen. Deren konsequente Fokussierung als Basiskategorie und Leitkonzept sozialwissenschaftlicher Forschung schloss insbesondere die Relationierung von (unterschiedlichen Formen der) Zeit und (unterschiedlichen Typen von) Bewusstsein sowie von Körper und Raum mit ein.

Auf der Grundlage dieser Umbaumaßnahmen konnte die Dynamisierung der geographischen Weltsicht durch zwei weitere Maßnahmen vorangebracht werden. Die eine bezieht sich auf die von GIDDENS vorgeschlagene Ersetzung des Schlüsselbegriffs »Handlung« (*act*) – im Sinne eines abgeschlossenen Aktes des Tuns – durch »Handeln« (*action, agency*) – im Sinne eines den Vollzug betonenden Tätigseins. Da »Handlung« die Tätigkeit als abgeschlossen Akt thematisiert, den man lediglich rückblickend erinnern oder aber voraus planend entwerfen kann, bleibt damit – trotz der Überwindung der Containerisierung – eine Art »atomares« Gesellschaftsverständnis verbunden. Damit ist gemeint, dass klassische Handlungstheorien »Handlung« als gleichzeitig kleinste und konstitutive Einheit des sozialen Universums betrachten. Demgemäß steht stärker die Aufbaustruktur der sozialen Wirklichkeit – die einerseits aus den Handlungen hervorgeht und andererseits diesen aktuell zu Grunde liegt – im Fokus des Interesses. Diese »Atomisierung« – und die mit ihr verbundene Fixierung auf Tätigkeitseinheiten und nicht auf den Fluss des Handelns – stellt dann auch einen der Hauptkritikpunkte von GIDDENS an der klassischen Handlungstheorie im Kontext der Seinsweise spät-moderner Gesellschaften dar. Die Aufnahme und Umsetzung dieser Kritik war – in Anbetracht der sich dramatisch verändernden geographischen bzw. räumlichen Lebensbedingungen im ausgehenden 20. Jahrhundert – gerade für die Geographie von besonderer Dringlichkeit. Im Lichte der Theorien des Handelns gerät der Prozess der Steuerung des Tuns und der Strukturierung von sozialen und geographischen Wirklichkeiten stärker ins Blickfeld.

So wurde es mit GIDDENS möglich, ein dynamisiertes Verständnis von Struktur – im Sinne von strukturierendem und strukturiertem Handeln – zu entwickeln. Diese Re-Justierung ermöglicht den systematischen Einbezug und die Berücksichtigung der Machtkomponente als Dimension des Handelns im Sinne von Regeln und (variierenden) Vermögensgraden der Gestaltung sozialer Wirklichkeit (autoritative/allokative Ressourcen). Damit wurde es gleichzeitig auch möglich, einen der bisher wichtigsten Vorwürfe an die Adresse der konventionellen Handlungstheorien, den der Machtblindheit, zu überwinden.

Diese Erweiterung umfasst drei Relationierungen. Mit der Relationierung von »Handeln und Struktur« wird, erstens, Handeln stets als (mehr oder weniger) machtgeladenes Tun begriffen, das gleichzeitig als strukturierend und strukturiert zu verstehen ist. Dies entspricht GIDDENS' Konzeption von Strukturierung, von Strukturation. Über den bereits angesprochenen Umbau der Strukturationstheorie können darüber hinaus zwei weitere Relationierungen sichtbar gemacht werden. Mit der Relationierung »Handeln und Körper« im Sinne von körpervermitteltem Tun wird, zweitens, auch der Zusammenhang von Körper und Macht einsichtig gemacht. Und mit der dritten Relationierung, jener von »Körper und Raum bzw. Räumlichkeit«, die in der praxiszentrierten Sozialgeographie argumentativ erschlossen wird, kann – über den Einbezug des körpervermittelten Handelns in die Betrachtungsperspektive – schließlich der Zusammenhang von Macht und Raum zusammengeführt werden, wie dies strukturationstheoretisch bisher nicht möglich war. Derart wurde der Interessenbogen von »Gesellschaft, Handlung und Raum« zu »Handeln, Strukturation, Konstitution von Gesellschaft und Räumlichkeit« geschlagen und eine Perspektive zur Erforschung spät-moderner, globalisierter geographischer Wirklichkeiten geformt.

Von der Konstitution der Gesellschaft zur Formierung der Raumverhältnisse

Die kategoriale Wende besteht – in fachhistorischer Perspektive der Geographie – demnach aus einem doppelten Fokuswechsel: vom Raum zur Handlung einerseits und von Handlung zum Handeln andererseits. Insgesamt stellt dies eine Wende von der wissenschaftlichen Erschließung der Logik eines Operierens in starren Erdräumen bzw. Containern hin zur Aufdeckung der Logiken von Praktiken der Welterzeugung dar. Mit dieser Neuorientierung des Sehens geographischer Wirklichkeiten wird die soziale Praxis des Handelns – mit ihren prinzipiell offenen, wenn auch nicht beliebigen Möglichkeitsfeldern – als der Bereich der Konstruktion gesellschaftlicher Wirklichkeiten und deren räumlicher Bedingungen erkennbar. Damit ist der Weg von der Geographie der Räume und Orte hin zu einer Wissenschaft der Erforschung der geographischen Logiken sozialer Praktiken, der Erforschung der Konstitutionsmodi und entsprechenden, darauf aufbauenden Konstruktionen geographischer Wirklichkeiten beschritten oder: von einer traditionalistischen zu einer spät-modernen wissenschaftlichen Geographie. Mit dieser Wende ist bereits eine Annäherung an den nun zu bestimmenden, neuen Ausgangspunkt für die Formulierung eines weiterführenden Forschungsprogramms erzielt.

Die Brücke zum neuen Ausgangspunkt bildet das Konzept der Welt-Bindung, wie ich es in Band 2 von »Sozialgeographie alltäglicher Regionalisierungen« entwickelt habe. Mit diesem Konzept wird das handelnde Subjekt auf die bereits angedeutete Weise ins Zentrum der geographischen Weltsicht gestellt und »die« Containerisierung sozialer Wirklichkeiten vermieden. Das Prinzip der Containerisierung besteht – kurz gesagt – darin, im Anschluss an ISAAC NEWTONs (mechanischen) Raumbegriff oder an ERNST HAECKELs (biologischen) *Lebensraum* alles Geschehende und alle Lebensformen als von einem Behältnis klar begrenzt und determiniert zu begreifen. Konsequenterweise werden soziale und kulturelle Prozesse als im Raum stattfindend und von diesem (mindestens) mitbestimmt, wenn nicht gar als vollends (kausal) determiniert ausgewiesen. Der somit jeder Tätigkeit vorausgehende Behälterraum kann dann sogar – wie es bei HAECKEL der Fall ist – zum (Entscheidungs-)Kriterium für gelingendes oder misslingendes Leben bzw. Überleben und Aussterben werden.

Demgegenüber wird mit dem Konzept der Welt-Bindung eine umgekehrte Blickrichtung vorgeschlagen: Es steht nicht mehr die Frage im Zentrum, *wo* im Container-Raum sich *was* befindet und als von ihm determiniert ereignet, sondern: die Frage nach der Welt-Bindung und damit die Frage nach der Art und Weise, *wie* Handelnde »Welt« zu sich bringen, an ihr Tätigsein binden und sich somit zu eigen machen. Nicht mehr das »In-der-Welt-Sein« ist zentraler Topos, sondern *wie* Handelnde geographische Wirklichkeiten (sinnhaft) konstruieren und dabei gleichzeitig eine Welt-Bindung aufnehmen. Der sowohl strukturierte als auch strukturierende Prozess der Welt-Bindung ist das Moment, das die praxiszentrierte Weltsicht fokussiert und zum Zentrum der neuen geographischen Weltsicht macht.

Von dem so bereiteten Ausgangspunkt kann nun die folgende weiterführende Frage formuliert werden: Welche Bedeutung weist die Räumlichkeit – aus der sich die Notwendigkeit der Welt-Bindung ergibt – für die Konstruktion und Aneignung gesellschaftlicher Wirklichkeit auf? Welche Formen von Raumverhältnissen werden zur Meisterung der Räumlichkeit im historischen Verlauf gesellschaftlich etabliert? Und:

Welche Bedeutung erlangen die Raumverhältnisse für die Hervorbringung verschiedener Formen von Gesellschaftlichkeit? Mit diesen Fragen wird der Blick für die Entdeckung der grundlegenden Bedeutung der gesellschaftlichen Raumverhältnisse für die Etablierung von Gesellschaftlichkeit frei.

Gesellschaftliche Raumverhältnisse

Der Ausdruck »Gesellschaftliche Raumverhältnisse« bezeichnet im hier vorgeschlagenen Sinne das – über den historischen Werdegang gesellschaftlich – geschaffene Verhältnis zu den als räumlich aktuell vorgegebenen, handlungsrelevanten Gegebenheiten. Raumverhältnisse dieser Art sind somit ihrerseits ebenfalls immer schon als gesellschaftliche Hervorbringungsleistungen zu betrachten. Sie bezeichnen die gesellschaftlich und kulturhistorisch geschaffenen Bedingungen, Mittel und Medien des Handelns, die Räumlichkeit der Alltagswelt zu meistern. Sie bilden demzufolge die sozial hervorgebrachten geographischen und somit die *sozial*-geographischen Bedingungen des gesellschaftlichen Zusammenlebens. Da sich die Räumlichkeit der Alltagswelt aus der Körperlichkeit der Subjekte ergibt, ist sie konsequenterweise für alle Handelnden konstitutiv und für jede Form der Ausgestaltung von gesellschaftlichen Raumverhältnissen grundlegend. In diesem Sinne spielen gesellschaftliche Raumverhältnisse für die Etablierung und die Ermöglichung von Gesellschaftlichkeit eine entscheidende Rolle; sie stellen eine Schlüsseldimension der Konstruktion sozial-kultureller Wirklichkeiten dar.

Dementsprechend sollen sie das künftige Kerninteresse geographischer Forschung bilden. Diese Forschung soll Problemkonstellationen, die aus der fortschreitenden Ent-Territorialisierung sozialer, kultureller und ökonomischer Wirklichkeiten hervorgehen, erstens identifizieren und der Bearbeitung zuführen. Zweitens sollen die (problematischen) Implikationen offengelegt werden, welche sich aus der fortgesetzten Anwendung von territorialen Lösungsstrategien zur Behebung von Ent-Territorialisierungsfolgen ergeben.

Im Lichte dieser beiden Zielsetzungen wird es wichtig zu sehen, dass jede gesellschaftliche Wirklichkeit spezifische (kulturelle, politische und ökonomische) Formen der Meisterung der Räumlichkeit, des (geographischen) Weltbezuges impliziert. Dabei ist aber nicht nur von einer einseitigen, sondern vielmehr von einer wechselseitigen Bezogenheit der Meisterung von Räumlichkeit und gesellschaftlicher Wirklichkeit auszugehen. Gewiss: Umgestaltungen gesellschaftlicher Wirklichkeiten und gesellschaftlicher Verhältnisse bringen immer neue raumzeitliche Muster alltäglicher Handlungsroutinen oder ganz allgemein: neue raumzeitliche Strukturen des Gesellschaftlichen hervor. Diese Blickrichtung entspricht der bislang am stärksten entwickelten, sozialtheoretisch informierten geographischen Forschungsarbeit, wie sie auch im eingangs angesprochenen Beitrag von DEREK GREGORY und JOHN URRY thematisiert wird. Ein besonders beeindruckendes Beispiel für die Neukonfiguration des

Räumlichen etwa auf der Basis der Transformation gesellschaftlicher (Produktions-) Verhältnisse stellt die Verstädterung der Lebensbedingungen dar, die mit dem Ende der (agrarwirtschaftlichen) Feudalgesellschaft und dem Vollzug der Industriellen Revolution einsetzte.

Im Sinne der hier geführten Argumentation zur Formierung eines neuen geographischen Tatsachenblickes und der darauf aufbauend entwickelten Forschungsperspektive ist jedoch ein Schritt weiter zu gehen. So kann postuliert werden, dass neue gesellschaftlich-räumliche bzw. sozial-geographische Bedingungen, über Distanz zu handeln und zu kommunizieren, für die Hervorbringung neuer Formen der Gesellschaftlichkeit geradezu konstitutiv sind.

Gesellschaftliche Raumverhältnisse und Gesellschaftlichkeit

Als Leitlinie künftiger geographischer Gesellschaftsforschung kann als erste Zwischenbilanz folgende Basisthese formuliert werden: Die verfügbaren Mittel und Medien der Welt-Bindung sind für die Hervorbringung jeder Form der Gesellschaftlichkeit konstitutiv. Die jeweils aktuell gegebenen sozial-geographischen Bedingungen des Handelns erlangen als gesellschaftliche Raumverhältnisse für die Konstruktion gesellschaftlicher Wirklichkeiten eine ebenso grundlegende Bedeutung, wie die gesellschaftlichen Produktionsverhältnisse im MARX'schen Sinne für die Formierung des Gesellschaftlichen.

»Gesellschaftliche Raumverhältnisse« bezeichnen – nun im Sinne der Präzisierung und Weiterführung der bisherigen Bestimmungen – die räumlichen Bedingungen des Handelns, unter denen gesellschaftliche Wirklichkeiten geschaffen, konstruiert werden und die naturgegebene Mitwelt für spezifische Zwecke gestaltet wird. Mit diesen räumlichen Bedingungen werden nicht – wie man spontan aus einem traditionellen Geographieverständnis heraus vermuten könnte – die topographischen oder andere natürlichen Verhältnisse *per se* angesprochen. Hier werden – wie bereits angedeutet – vielmehr die im Verlaufe der Zeit sozial geschaffenen Mittel, Medien und Möglichkeiten benannt, mit der Räumlichkeit von Handlungskonstellation zurechtzukommen, die sich aus der Materialität der Dinge und der Körperlichkeit der Handelnden ergibt. Die alltagsweltlichen geographischen Bedingungen des Handelns sind für das *soziale* Zusammenleben, die *sozialen* Interaktionsketten und die Konstruktion sozial-kultureller Wirklichkeiten zu allen Zeiten eine basale lebenspraktische Herausforderung.

Die gesellschaftlichen Raumverhältnisse umfassen eine Vielzahl von Konstellationen, mit denen sich Handelnde bei der Verwirklichung *spezifischer Praktiken* einerseits auf je besondere Weise konfrontiert finden können, die andererseits aber als Möglichkeiten für deren (erfolgreiche) Umsetzung nutzbar sind. Oder präziser formuliert: »Gesellschaftliche Raumverhältnisse« bezeichnen auch den für einzelne Praxisformen bis zu einem bestimmten historischen Zeitpunkt gesellschaftlich je spezifisch geschaffenen und aktuell vorgegebenen Möglichkeitsrahmen des Handelns, Interagierens und Kommunizierens über Distanz. Sie legen das für bestimmte Praktiken möglicherweise je unterschiedliche Maß der Vergesellschaftung unter der Bedingung »körperliche Abwesenheit« fest. Insgesamt bezeichnen »gesellschaftliche Raumverhältnisse« somit die ko-existenten Formen der Meisterung der Räumlichkeit der Alltagswelt in einer spezifischen historischen Konfiguration sowie die dabei benannten historischen Konfigurationen in zeitlicher Abfolge.

Da die Art der aktuell verfügbaren Bedingungen der Meisterung der Räumlichkeit allen gesellschaftlichen Beziehungen über Distanz zu Grunde liegen, ist die Ausprägung der gesellschaftlichen Raumverhältnisse der Summe der verschiedenen Praktiken – der jeweiligen Gesellschaftsform – nicht bloß nachgeordnet, sondern gleichzeitig als Ermöglichungsbedingung für alle noch zu verwirklichenden Formen von Gesellschaftlichkeit mitbestimmend.

Dabei ist mit allem Nachdruck darauf aufmerksam zu machen, dass das Handeln und Interagieren über Distanz der eigentliche Kernbestand des Gesellschaftlichen ist, unabhängig davon, auf welche Definition rekurriert wird. Geht man etwa mit FERDINAND TÖNNIES (1887) von der Unterscheidung zwischen »Gemeinschaft« und »Gesellschaft« aus, dann wird dieser Tatbestand zur Abgrenzung der zweiten von der ersteren Form des Zusammenlebens. Für TÖNNIES (1887:§19) ist in diesem Sinne »Gesellschaft« als »ein Kreis von Menschen, die voneinander wesentlich getrennt sind« zu verstehen. Daraus folgt, dass TÖNNIES die Fähigkeit, über Distanz zu handeln, auch dann am Anfang der Ermöglichung des Gesellschaftlichen überhaupt sieht, wenn »wesentlich getrennt« sich nicht ausschließlich auf eine räumliche, sondern auch auf eine »soziale Getrenntheit« bezieht. So scheint es mir folgerichtig zu sein, die verfügbare Potenzialität des Handelns über Distanz als einen zentralen Aspekt der Art der realisierbaren Form von Gesellschaftlichkeit zu identifizieren.

Alle gesellschafts*konstitutiven* Formen des Handelns sind auf Grund der Körperlichkeit der Handelnden in irgendeiner Form mit spezifischen, sozial geprägten räumlichen bzw. sozial-geographischen Bedingungen, das heißt mit einer spezifischen Ausformung gesellschaftlicher Raumverhältnisse konfrontiert. Entsprechend sind gesellschaftliche Raumverhältnisse auch in dieser Hinsicht für alle Bereiche und Formen der Kommunikation und Verständigung, der sozialen Ordnung und Kontrolle, der ökonomischen Produktion und Konsumtion materieller Güter sowie der damit verbundenen Materialflüsse und Tauschbeziehungen grundlegend.

Welche dieser Konstellationen zu einem gegebenen Zeitpunkt als historische Bedingung vorgegeben und welche als Möglichkeitsfeld nutzbar und verfügbar ist, hängt – so kann hypothetisch argumentiert werden – von der Ausgestaltung der beiden folgenden Aspekte ab: erstens von der Leistungsfähigkeit der verfügbaren Mittel und Medien, erdräumliche Distanzen zwischen dem Standort der Handelnden und den handlungsrelevanten physisch-materiellen Gegebenheiten sowie den Standorten der anderen körperlichen Handelnden, den potenziellen Interaktionspartnern zu überwinden. Damit ist die zur Disposition stehende technische Komponente gesellschaftlicher Raumverhältnisse und deren Entwicklungsgeschichte angesprochen. Zweitens hängt die Ausgestaltung eines spezifischen gesellschaftlichen Raumverhältnisses, mit dem die Handelnden konfrontiert sind, von den ihnen verfügbaren Machtpotenzialen und dem sich daraus ergebenden Handlungspotenzial ab. Die manifesten Disparitäten der Handlungspotenziale – wie beispielsweise die als *digital gap* bezeichnete Nicht-Verfügbarkeit des Internets – sind für die vergesellschafteten Formen der »Raumbeherrschung« – und damit für die autoritative Kontrolle von Handelnden – von fundamentaler Bedeutung. Darüber hinaus dürften sie dies auch in Bezug auf die daraus generierten Reproduktionspotenziale von »Macht« für jede historisch bekannte Gesellschaftsform sein.

Der Zusammenhang zwischen der Kapazität der Ausdehnung der räumlichen Reichweite des Handelns und der gesellschaftlich ausübbaren Macht kann auf die folgende knappe (hypothetische) Formel gebracht werden: Kontrolle von Praktiken über große Distanzen hinweg ist Ausdruck von Macht. Wer über die größeren Spannweiten des Handelns über Distanz verfügt, kann die Wirkmächtigkeit der Aneignung von physisch-materiellen Gegebenheiten und der Kontrolle von/über Personen potenzieren. Kann die Reichweite mit unverminderter sozial-ökonomischer Wirksamkeit ausgedehnt werden, impliziert dies in zeitlicher Hinsicht die weitere Akkumulation der Kontrolle über physisch-materielle Gegebenheiten mittels allokativer Ressourcen (Güter, Produktionseinrichtungen, Infrastruktur) sowie über Personen mittels autoritativer Ressourcen. Dieser Zusammenhang bildet einen weiteren Schlüsselpunkt der fundamentalen Bedeutung der gesellschaftlichen Raumverhältnisse für unterschiedliche Praktiken im Verlauf der Menschheitsgeschichte.

Gesellschaftliche Raumverhältnisse und historische Konstruktionsmodi

Wie bereits mehrfach angesprochen, sind gesellschaftliche Raumverhältnisse jederzeit dem historischen Wandel unterworfen. Dieser verläuft freilich nicht nur in evolutionär gleichmäßiger Kontinuität, sondern auch und vor allem in revolutionären Sprüngen. In groben Zügen können hypothetisch drei Perioden der Revolutionierung der gesellschaftlichen Raumverhältnisse und als Konsequenz davon auch jene der Zeitverhältnisse notiert werden: die neolithische, industrielle und die aktuelle digitale Revolutionierung der räumlichen und zeitlichen Weltbezüge, Welt-Bindungen.

Es besteht ein weit reichender Konsens darüber, soziale Wirklichkeiten nach den jeweils dominierenden Produktionsweisen als Agrar-, Industrie-, Dienstleistungs- oder Informationsgesellschaft zu kennzeichnen. Mag das für bestimmte Zwecke eine hilfreiche periodisierende Typisierung sein, so ist sie doch auch Ausdruck einer tief gehenden Ignorierung der Bedeutung der räumlichen Verhältnisse vergesellschafteter Handlungsbedingungen. Genau genommen unterscheiden sich Gesellschaftsformen nicht nur in Bezug auf die jeweils vorherrschende Produktionsweise. Diese Gesellschaftsformen sind vielmehr selbst Ausdruck und Bedingung des spezifisch dominierenden *modus operandi* der Wirklichkeitserzeugung, der Konstruktion und Reproduktion geographischer und gesellschaftlicher Wirklichkeiten. Die der vorgeschlagenen historischen Periodisierung von gesellschaftlichen Raumverhältnissen entsprechenden, je dominanten kommunikativen *modi operandi* der Wirklichkeitskonstruktion sind, hypothetisch formuliert, die Nähe erzwingende (ko-präsente) Mündlichkeit, Distanz meisternde (analoge) Schriftlichkeit sowie die Distanz aufhebende, Quasi-Gleichzeitigkeit ermöglichende (numerische) Digitalität. Diese konstitutiven *modi operandi* sind in der hier vorgeschlagenen Perspektive gerade nicht als ökonomisch determinierte und determinierende Schlüsselachsen der Produktion des Gesellschaftlichen zu sehen. Sie werden vielmehr als die umfassend formgebenden, strukturierten und strukturierenden Konstruktionsmedien sinnhafter sozialer, kultureller und geographischer Wirklichkeiten verstanden. Ändern sich die *modi operandi* der Wirklichkeitserzeugung, so ändern sich die gesellschaftlichen Raumverhältnisse und mit ihnen die geographischen Bedingungen der Gestaltung von Gesellschaftlichkeit.

Jede unterscheidbare Gesellschaftsformation ist Ausdruck einer Art von Basis-Handlungen im Sinne einer spezifischen Form der »Meisterung« gesellschaftlicher Räumlichkeit. Zu jedem Typus dieser Art von Basis-Handlung gehören die verfügbaren Gestaltungsmittel der räumlichen und zeitlichen Bezüge bzw. der Welt-Bindungen. Die Art dieser Gestaltungsmittel, von denen die Vermögensgrade des Handelns über Distanz abhängen, ist für die Etablierung der gesellschaftlichen Raumverhältnisse entscheidend. Wird der Akzent nicht allein auf ökonomische Aspekte gelegt, sondern werden auch die Ausformungen räumlicher Bezüge mit berücksichtigt, dann werden Gesellschafts- und Kulturformen auch in Bezug auf ihre Raumverhältnisse typisierbar. Für diese Typisierung ist es wichtig zu klären, in welcher Form die räumlichen Bezüge des Handelns in die Praktiken eingelassen sind und durch diese reproduziert werden.

Hypothetisch besteht vor der agrarwirtschaftlich-handwerklichen neolithischen Revolution der Zwang, im Hier und Jetzt zu agieren. Zeitliche Aktualität ohne nennenswerte Möglichkeit der Vergegenwärtigung des Vergangenen und des planenden Vorgriffs auf das Kommende sowie die absolute Dominanz der lokalen räumlichen Bedingungen definierten die Unentrinnbarkeit aus dem Momentanen, mithin die Herrschaft des Gegenwärtigen. Mit der neolithischen Revolution werden die räumlichen und zeitlichen Bedingungen vorerst dahingehend neu gestaltet, dass Sesshaftigkeit und lokale Kontrolle über die Lebensbedingungen vermittels Kultivierung von Pflanzen und Nutztieren, Speichertechnik und Haltbarmachung von Lebensmitteln, Bewässerungstechnik, fortschreitender Arbeitsteilung etc. erreicht werden. Als typische Elemente der geltenden gesellschaftlichen Raumverhältnisse können die flächenhafte Agrarproduktion und dörfliche Siedlungsstrukturen genannt werden – die sich bisweilen zu Städten erweitern, ohne jedoch bereits eine eigene, (überlokal dominante) städtische Ökonomie zu entwickeln. Die genannten Kontrollmöglichkeiten mit den in ihnen aufgehobenen Potenzialitäten der Transzendierung des Jetzt und Hier werden bis zur Erfindung der Drucktechnik und der Industriellen Revolution in regionaler Ungleichzeitigkeit weiter ausgebaut, ohne jedoch – so die hier vertretene Hypothese – bereits in einem neuen Modus zu münden.

Die sich mit der industriellen Revolution neu etablierenden gesellschaftlichen Raumverhältnisse finden ihren offensichtlichsten Ausdruck in der Verstädterung der Lebensverhältnisse und der Territorialisierung der Gestaltung des Politischen. Die Verstädterung der Lebensverhältnisse setzt zuallererst neue gesellschaftliche Raumverhältnisse in Gestalt der Wende von der flächenhaften zur punktuellen Produktion voraus. Damit ist gemeint, dass der industriellen Fertigungstechnik nicht nur neue Produktionsverhältnisse zu Grunde liegen, sondern diese unter anderem auch erst deshalb ermöglicht werden, weil im Vergleich zur agrarischen Wirtschaftsweise für die Bedarfsdeckung nicht mehr eine große Fläche für eine kleine Zahl von Personen erforderlich ist, sondern umgekehrt: eine relativ kleine Fläche für eine große Zahl von arbeitenden Menschen. Dies erst ermöglicht die hohe Konzentration von Stadtbewohnerinnen und -bewohnern im Vollzuge der Verstädterung, welche die Dominanz der dörflichen Lebens- und Raumverhältnisse der vorindustriellen Zeit ablöst.

Die Territorialisierung als Grundprinzip der Politik der Moderne wird erst auf der Basis der Ent-Zauberung der Natur- und Raumbeziehungen möglich; denn erst so kann der mystifizierende Bezug durch einen rationalen ersetzt werden. Dieser rationale Bezug besteht in der Kombination von flächenhafter, rational metrisch berechen- und begrenzbarer Ausdehnung mit normativen Ansprüchen und Geltungssätzen, insbesondere in Form von nationalem Gesetz und Verfassung. Inwiefern und auf welche Weise die Etablierung moderner Nationalstaaten mit der radikalen Ausweitung der Aktionsreichweiten der Handelnden sowie der sich dominant durchsetzenden punktuellen Produktionsweise zusammenhängt, bleibt Gegenstand differenzierter empirischer Abklärung.

Die digitale Revolution – so kann man in Form einer ersten Annäherung festhalten – stellt die bisherigen gesellschaftlichen Raumverhältnisse auf den Kopf. Die bisher geltenden Prinzipien der Gestaltung des Gesellschaftlichen verlieren zunehmend an Durchsetzungsstärke. Mit dem »Verschwinden der Ferne« in vielen Lebensbereichen und Handlungspraktiken büßt eine große Zahl von etablierten Routinen und unhinterfragten Einschätzungen, Bewertungen etc. ihre Gültigkeit – zum Teil gar in dramatischer Form – ein. Die Aufhebung des Konnexes von Nähe und Vertrautheit bzw. Ferne und Unvertrautheit, die Kolonialisierung der Intimsphären durch virtuelle Realitäten etc. sind möglicherweise nur erste Anzeichen der Konsequenzen der sich neu etablierenden gesellschaftlichen Raumverhältnisse und deren Konsequenzen für die Konstruktionsmodi gesellschaftlicher, kultureller und geographischer Wirklichkeiten.

Jeder dieser drei großen Einschnitte – in jeweils etablierte Formen gesellschaftlicher Raumverhältnisse – kann gleichzeitig als radikale Transformationen der »gesellschaftlichen Naturverhältnisse« (GÖRG 1999) verstanden werden, die ihren je besonderen Modus des Umgangs mit den auferlegten Lebensbedingungen hervorgebracht haben. Steht vor der neolithischen Revolution die Anpassung an die Natur im Vordergrund, wird diese mit der ersten radikalen Umgestaltung in einen Modus der weit reichenden Domestikation der natürlichen Biosphäre überführt, der aktuell mit der Biotechnologie in eine neue Dimension vorstößt. Die industrielle Revolution radikalisiert das gesellschaftliche Transformationspotenzial der natürlichen Bedingungen in Richtung einer Welt der Artefakte; oder wie es der Sozialgeograph HANS BOBEK im Zusammenhang mit dem Siegeszug des produktiven Kapitalismus nannte: die Ersetzung der natürlichen durch eine »virtuelle Wirklichkeit« (BOBEK 1950). Mit ihr wird eine Entwicklung eingeleitet, die in dem kulminiert, was der Soziologe ULRICH BECK (1986) treffend als »Risikogesellschaft« charakterisiert.

Die systematische Erforschung dieser drei fundamentalen Formierungen ist das erste Ziel der Erforschung gesellschaftlicher Raumverhältnisse. Das entsprechende sozialgeographische Forschungsprogramm sollte im Gleichschritt mit archäologischen, historischen, sozial- und kulturwissenschaftlichen Forschungsdisziplinen in Angriff genommen werden. Damit kann auch eine geographische Weltsicht gefördert werden, die sowohl ein globales Verstehen als auch ein Verständnis der eigenen lokalen Lebenskonstellation im globalen Kontext ermöglicht. Dieses Ziel visiert das hiermit vorgeschlagene Forschungsprogramm »Gesellschaftliche Raumverhältnisse« an. Mit dessen Umsetzung wird – so die Erwartung – eine geographische Lesart der großen Transformationsschritte der räumlichen Bedingungen des gesellschaftlichen Zusammenlebens sowohl in historischer Perspektivierung als auch der regionalen Differenzierungen der damit einhergehenden »Ungleichzeitigkeit des Gleichzeitigen« entwickelt. Den programmatischen Kernbereich bilden die folgenden fünf Fragen:

Welche Medien liegen den unterschiedlichen Formierungen gesellschaftlichen Lebens in den drei benannten Typen gesellschaftlicher Raumverhältnisse jeweils zu Grunde?

Welches sind die dominierenden räumlichen Praktiken und Prozesse, die diese Konstellationen verarbeiten und transformieren?

Welche räumlichen Konstellationen und Strukturen sind für die verschiedenen gesellschaftlichen Formationen kennzeichnend?

Welche Formen haben die geographischen Weltbilder und -sichten (geographical imaginations) im Verlaufe der Geschichte durchlaufen?

Welche Widersprüchlichkeiten sind auf der Basis fortschreitender Ent-Territorialisierung/räumlicher Entankerung zwischen etablierten gesellschaftlichen Raumverhältnissen und sozialen und politischen Praktiken identifizierbar?

Als erste Orientierung können für den Anspruch, diese Fragen im Wandel der Zeiten und Weltverständnisse unter Einbezug der gängigen Raumvorstellungen in Alltag und Wissenschaft zu untersuchen, die idealtypisch postulierten prä-modernen, modernen und spät-modernen Lebensformen mit ihren jeweiligen zeitlichen wie räumlichen Bezügen verwendet werden. Doch wie bei jeder modellhaften Darstellung sind auch hier die Unterschiede zwischen hypothetischer Ordnung von Handlungszusammenhängen und tatsächlichen alltäglichen Konstellationen des Handelns zu beachten bzw. selbst zum Gegenstand der Forschung zu machen.

Gesellschaftliche Raum- und Zeitverhältnisse

Wie bereits angesprochen, implizieren spezifische gesellschaftliche Raumverhältnisse immer auch entsprechende gesellschaftliche Zeitverhältnisse. Dies liegt zunächst darin begründet, dass für das Handeln über Distanz Zeit benötigt wird. So sind gesellschaftliche Raumverhältnisse immer auch Raum-Zeit-Verhältnisse. In (zeit-)geographischer Perspektive (HÄGERSTRAND 1970; CARLSTEIN 1986) leiten sich die Zeitverhältnisse aus den gegebenen Raumverhältnissen ab. Dementsprechend gibt es gute Gründe, bei der geographischen Analyse den Fokus zuerst auf die Raum- und dann auf die Zeitverhältnisse zu richten. Dieser Vorschlag steht dem allgemein geltenden und auf IMMANUEL KANT zurückgehenden Konsens entgegen, dass Zeitlichem bzw. Historischem gegenüber dem Räumlichen bzw. dem Geographischen der Vorrang zu geben sei.

Freilich kann man – auf den ersten Blick – auch recht überzeugend argumentieren, dass sich auf Grund der Beschleunigung die räumlichen Bedingungen drastisch ändern oder gar vernachlässigbar werden. Die Welt, so das diesbezüglich häufig stark gemachte Argument, schrumpfe auf Grund der Beschleunigung der Abläufe von Kommunikations- und Interaktionsketten räumlich-zeitlich auf Nadelkopfgröße. Diese Sichtweise scheint jedoch eine Konsequenz der Vernachlässigung der Bedeutung der Körperlichkeit der Handelnden zu sein. Mit dieser Vernachlässigung verschwindet gleichzeitig – so die These – die Bedingung der Räumlichkeit aus dem Blickfeld und führt zur (Über-)Betonung der zeitlichen Dimension. Da aber gerade die Körperlichkeit der Handelnden für die Territorialisierung national-staatlicher Gesellschaftlichkeit zentral ist und die fortschreitende Auflösung von Territorialität an die Neugestaltung von Körper und Räumlichkeit gebunden ist, gibt es jedenfalls gute Gründe, die absolute Dominanz des Zeitlichen gegenüber dem Raum nicht weiterhin aufrechtzuerhalten. Da eine einseitige Fokussierung der Raum- oder der Zeitverhältnisse den tatsächlichen Konstellationen des körperlichen Handelns nicht entsprechen kann, ist insgesamt dafür zu plädieren, räumliche und zeitliche Verhältnisse in einer Art dialektischer Verwiesenheit von Raum-/Zeitverhältnissen zusammen zu denken.

Um die Bedeutung der Revolutionierung der räumlich-zeitlichen Bedingungen des Gesellschaftlichen – die mit den beiden Schlagwörtern »Globalisierung« und »Beschleunigung« (ROSA 2005) etikettiert werden können – zu verstehen, sind diese gemäß der eben postulierten Maxime im Gleichschritt mit der Erforschung der sich daraus ergebenden sozialen Veränderungen anzugehen. Versucht »Globalisierung« die räumlichen Reichweiten des Handelns in Echtzeit zu fassen, drückt »Beschleunigung« die sich daraus ergebenden Konsequenzen für die Dichte von Entscheidungsabfolgen und entsprechender sozialer Interaktionsketten aus. Denkt man Globalisierung und Beschleunigung zusammen, wird die Spur zur Aufdeckung der gesellschaftlichen

Konsequenzen der sich neu formierenden gesellschaftlichen Raumverhältnisse gelegt. Sind diese Konsequenzen identifiziert – so die begründete Vermutung –, werden die zu erbringenden Neugestaltungen von Gesellschaftlichkeit benennbar.

Die Notwendigkeit der theoretischen Durchdringung und des Begreifens der Implikationen der aktuellen Revolutionierung der geographischen Verhältnisse für die künftige Gestaltung von Gesellschaftlichkeit ist von größter Dringlichkeit. Die Verfügbarmachung von Deutungsmustern zur (Früh-)Erkennung von sozialen und politischen Problemkonstellationen, die sich für künftige Generationen aus den veränderten gesellschaftlichen Raumverhältnissen ergeben werden, ist nicht minder bedeutsam.

Implikationen und Dringlichkeit der Neuorientierung

Die Entwicklung einer (zukunftsgerichteten) geographischen Perspektive impliziert zahlreiche Neuorientierungen und die Verabschiedung von vertrauten Sichtweisen. Wie gezeigt, umfasst das mit dieser Perspektive formulierbare Programm ebenso die systematische Erschließung räumlicher Verhältnisse der Welt-Bindungen wie deren Bedeutung für die Existenzweise sozial-kultureller Wirklichkeiten. Um den Gehalt dieser Perspektive weiterführend zu verdeutlichen, werden abschließend einige wichtige Aspekte illustriert.

Die Transformation der gesellschaftlichen Raumverhältnisse weist offensichtlich tief greifende Konsequenzen auf, die kaum einen alltagsweltlichen Bereich unberührt lassen. So werden nicht nur bisherige geographische und sozialwissenschaftliche Wissensbestände auf den Prüfstand gehoben, sondern auch oder allererst: bisherige Selbstverständlichkeiten oder gar Bestände dessen, was man bislang als gesunden Menschenverstand betrachtet hat. Neben dem damit angesprochenen Verhältnis von Wissen und Vertrauen betrifft diese Transformation selbstredend vor allem das Verhältnis von Gesellschaft und Raum sowie daraus abgeleitete Logiken der Weltsicht. Aktuell alltagsweltlich erfahrbare Anhaltspunkte dafür geben die eingangs angesprochenen aktuellen Schlagzeilen der Weltpresse. Sie reichen von der internationalen bzw. globalen Finanzkrise über großräumige Wanderungsprozesse, sozial-kulturelle Integrationsprobleme, bis hin zur Terrorbekämpfung – um an einige der Einschlägigeren zu erinnern. Beim »Kampf gegen den Terrorismus« bspw. zeichnet sich immer deutlicher ab, wie dringlich ein Ersetzen der geographischen *Logik der Räume und Orte* durch eine sozial-geographische *Logik der Praktiken* geworden ist.

Diese Beispiele sind illustrierende Hinweise auf die fundamentalen gesellschaftlichen und politischen Implikationen der Veränderungen der in sozialen Bezügen geschaffenen neuen Bedingungen des Handelns über Distanz: der neuen gesellschaftlichen Raumverhältnisse des digitalen Zeitalters. Sie äußern sich am offensichtlichsten in der fortschreitenden Ent-Territorialisierung breiter Bereiche des gesellschaftlichen Zusammenlebens. Das sich daraus ergebende (problematische) Konfliktpotenzial besteht darin, dass trotz der Neuformierung der gesellschaftlichen Raumverhältnisse die

Organisation des gesellschaftlichen Zusammenlebens: die Gesellschaftlichkeit weiterhin (und weitgehend alternativlos) der nationalstaatlichen Territoriallogik unterworfen bleibt. Dass diese Konstellation dramatische Implikationen aufweisen muss, liegt im Lichte der vorgeschlagenen Perspektive auf der Hand.

Da durchgängige Territorialisierungen des Gesellschaftlichen ganz allgemein und offensichtlich in immer mehr Lebensbereichen in Auflösung begriffen sind, drängt sich zwingend ein Neuverständnis der spät-modernen geographischen *conditio humana* auf. Wir leben – wie dies FRANCIS FUKUYAMA (1992) mit der Rede vom »Ende der Geschichte« anzudeuten versucht haben dürfte – nicht nur eine Ära einer neuen Historizität. Wir leben darüber hinaus – und vor allem – eine neue »Geographizität« (KLAUSER 2010:23). Dafür ist nicht nur eine neue Sprache des Räumlichen verfügbar zu machen, sondern auch ein neues Verständnis der eigenen Interaktionsketten im Rahmen der neuen Potenzialitäten des Handelns über Distanz, der Interaktion unter Abwesenheit sowie der damit einhergehenden Beschleunigung sozialer Prozesse.

Aus der Ablösung alter und der Etablierung neuer gesellschaftlicher Raumverhältnisse ergeben sich neue soziale Problemkonstellationen und neue Orientierungsprobleme, die sich von jenen, die JÜRGEN HABERMAS (1985) als »Neue Unübersichtlichkeit« identifiziert, möglicherweise deutlich unterscheiden. Die von HABERMAS benannten Probleme können als Konsequenz der Abweichung vom aufklärerischen Bemühen der ersten Moderne, eine rational begründbare Ordnung in die Welt zu bringen, charakterisiert werden. Die sich aktuell ankündigenden neuen Orientierungsprobleme sind unter globalisierten Bedingungen jedoch offensichtlich umfassender. Das Bestreben, *eine* Moderne zu etablieren, scheint zunehmend Konkurrenz zu bekommen. Was vom europäischen Standpunkt aus als universales Projekt propagiert wurde, könnte sich (bloß noch) als eine regionale europäische Denktradition erweisen; jedenfalls nicht als einziges, global etablierbares Modell. Die sich aus einer solch pluri-fokalen Konstellation ergebenden Orientierungsprobleme wären dann wohl nicht mehr bloß als Abweichung von *der einen* Richtung benennbar. Es ginge vielmehr um die Wahl zwischen mehreren oder genauer: die Abstimmung auf mehrere koexistierende Richtungen, die höchst vielfältige und widerstreitende Interpretations- und Beurteilungsmuster aktuellen Handelns anbieten könnten. Diese kulturelle Konstellation ließe ein konsensfähiges politisches Handeln – überlieferten Zuschnitts – wohl in weite Ferne rücken.

Eine (höchst problematische) Tendenz, auf Situationen der Unübersichtlichkeit zu reagieren, besteht weithin und weiterhin beobachtbar darin, neue Situationen unter Rückgriff auf bekannte Ordnungsprinzipien und Interpretationsrahmen, die aus völlig anderen gesellschaftlichen Raumverhältnissen hervorgegangen sind und auf völlig andere gesellschaftliche Raumverhältnisse rekurrieren, in den Griff zu bekommen. Statt nach neuen Möglichkeiten Ausschau zu halten, hängt man nach wie vor der Auffassung an, problematischen sozialen und politischen Konsequenzen zunehmend entterritorialisierter Bedingungen mit alten, überkommenen (territorialen) Strategien begegnen zu können. Der bereits angesprochene Kampf gegen die netzwerkartig aufgebauten terroristischen Verbünde mittels Territorialkriegen (Irak, Afghanistan) ist ein typisches Beispiel hierfür. Ihm kann auf Grund seiner strukturalen Unangemessenheit kaum Erfolgspotenzial bescheinigt werden. Die offensichtliche Aussichtslosigkeit, unter der Bedingung der zunehmenden Ent-Territorialisierung weiterhin mit territorialen Strategien Erfolg haben zu wollen, findet Ausdruck in der Tatsache, dass sich monströse Kosten kontinuierlich mit Erfolglosigkeit paaren.

Solche rückwärtsgewandten Strategien sind im Wesentlichen nichts anderes als Versuche, eingeschliffene und für einzig richtig gehaltene geographische Weltbilder auf sich neu etablierende räumlich-zeitliche Konstellationen anzuwenden. Sie implizieren den über das Militärische weit hinausgehenden Anspruch, die in den letzten Jahrhunderten entwickelte (national-staatliche) Territoriallogik gesellschaftlichen Zusammenlebens, die kaum einen Lebensbereich unberührt ließ, auf zunehmend ent-territorialisierte Lebenszusammenhänge anzuwenden und diese territorial zu regulieren. Dass sich diese Versuche so beharrlich halten, hängt möglicherweise damit zusammen, dass die rationale Territorialität nationaler Staatlichkeit – im Zuge ihrer lang andauernden Etablierung – einen quasi-naturalen Status erlangt hat. In nationalistischen und regionalistischen Diskursen wird aus dem naturalen Status gar eine naturalistische Klammer der Weltdeutung, die mit jener, welche für die geo-deterministische Geographie typisch war, mehr als nur Familienähnlichkeit aufweist.

Die Implikationen der Verwendung eines solchen naturalistischen Deutungsmusters im Rahmen aktueller gesellschaftlicher Wirklichkeiten können vielerorts beobachtet werden. So wird z. B. im Zusammenhang mit allen möglichen Facetten multi-kultureller Ausformungen regionaler Lebenszusammenhänge erkennbar, dass derartige naturalistische Deutungsmuster leicht zu naturalistischen Fehlschlüssen verleiten. Damit ist gemeint, dass mit der Postulierung von »Lebensraum« eine natürliche Referenzebene mobilisiert wird, nach der eine bestimmte, der traditionellen, regionalen Kultur entsprechende Konstellation als die »gute«, weil angeblich »natürliche« ausgewiesen wird. Dass dieser Fehlschluss nicht nur für das nationalsozialistische »Blut-und-Boden-Theorem« oder ethnische Säuberungsstrategien charakteristisch ist, sondern auch für eine ganze Reihe anderer postulierter Gesellschaft-Raum-Beziehungen, wurde bereits angesprochen.

Mit der Andeutung der Implikationen des biologistischen Lebensraum-Axioms für die Interpretation und Bewertung aktueller Gesellschaft-Raum- bzw. Kulturen-Raum-Konstellationen soll, erstens, darauf verwiesen sein, dass die Klärung dessen, was mit »Raum« überhaupt gemeint ist und sinnvollerweise angesprochen werden kann, aktuell von überragender gesellschaftlicher Bedeutung ist. Dies konnte auf sozialwissenschaftlicher Ebene lange Zeit deshalb nicht voll erkannt werden, weil man Raum und Räumlichkeit bzw. das, was mit ihnen bezeichnet wird, für sozialtheoretisch irrelevant erklärte, wie dies insbesondere in der Tradition der verstehenden Soziologie der Fall ist. Damit waren die höchst problematischen Implikationen analytisch nicht fassbar. Man konnte sie – und die aus ihnen abgeleiteten (geo-)politischen Maximen – bestenfalls für politisch verwerflich deklarieren. Zweitens wird mit dieser Andeutung auch angesprochen, von welch gesellschaftlich und politisch überragender Bedeutung die impliziten »Wirkungen« räumlicher Setzungen für die Konzeptualisierung sozialer Wirklichkeiten und sozialpolitischer Strategien sind. Vor diesem Hintergrund reicht die Forderung der Epigonen des *spatial turn* nicht, bloß die Berücksichtigung von »Raum« im Rahmen der Gesellschaftsforschung zu verbessern. Denn noch wichtiger ist die Klärung der Frage, in welcher Form und mit welchen Mitteln dieser Forderung nachgekommen werden soll. Dass sich diese Aufgabe gerade an der Schnittstelle zur revolutionären (digitalen) Neugestaltung gesellschaftlicher Räumlichkeit und entsprechender gesellschaftlicher Raumverhältnisse mit besonderer Brisanz stellt, sollte im Laufe des bisher Gesagten deutlich geworden sein.

»Gesellschaftliche Raumverhältnisse« können somit abschließend charakterisiert werden als die Ausformung sowie der jeweilige gesellschaftliche und vor allem: in jedem Handeln enthaltene Kapazitätsgrad der Welt-Bindung. Die Ausprägung dieser Kapazität hängt, erstens, von der erlangbaren Reichweite des Handelns über Distanz im Rahmen der Verfügbarkeitskontrolle der dafür notwendigen technischen Hilfsmittel (Transport, Übermittlungsmedien etc.) ab und, zweitens, von der autoritativen Herrschafts- und Kontrollfähigkeit über an- und vor allem räumlich abwesende Personen. Letztere können auf der Grundlage umfassender Verfügbarkeitskontrollen der Medien der Distanzüberwindung bzw. Welt-Bindung in entscheidendem Maße potenziert werden.

So gesehen – und dies ist vor dem Hintergrund potenziellen Missverstehens besonders zu betonen – richtet sich die Erforschung der Raumverhältnisse nicht auf den Raum, sondern auf die Möglichkeitsgrade der Beherrschung jener Aspekte von Handlungskonstellationen, die sich aus der Räumlichkeit des Gesellschaftlichen ergeben. Gesellschaftliche Raumverhältnisse beziehen sich damit auf die Handlungspotenzialitäten der Meisterung der Räumlichkeit und nicht auf Raumeigenschaften.

Das entsprechende Programm bedarf in naher Zukunft sowohl der weiteren theoretischen Ausdifferenzierung als auch der angemessenen und umfassenden Umsetzung in interdisziplinären empirischen Forschungen. So sind vor allem die vielfältigen Formen von Welt-Bindungen in unterschiedlichen historischen Konstellationen mit den entsprechenden, empirisch differenziert zu erhebenden gesellschaftlichen Raumverhältnissen zu verschränken und zu einer systematischen Theorie auszubauen, die für die Erkennung und Bearbeitung fundamentaler gesellschaftlicher Problemkonstellationen die zu erwarteten Kompetenzen wird anbieten können.

Mit dem Entwurf »Gesellschaftliche Raumverhältnisse« in aktueller und künftig noch zu leistender Ausformulierung wird ein doppelter Anspruch erhoben. Einerseits soll mit dem Entwurf die im Prolog zu diesen beiden Bänden erhobene Forderung nach einer genuin sozialwissenschaftlichen Geographie, die mehr darstellt als eine Form der »Integrierungsbestrebungen sozialtheoretischer Versatzstücke« – wie sie für zahlreiche angelsächsische Fachkonzipierungen typisch ist – mindestens ein gutes Stück weit bereits eingelöst sein. Andererseits wird mit diesem Entwurf auch der Vorschlag unterbreitet, eine genuin geographische Sozialwissenschaft in Angriff zu nehmen, die mindestens die Schwächen der bisherigen Versuche: Biologisierung und übertriebene Naturalisierung des Gesellschaftlichen vermeidet und deren problematischen Konsequenzen entgeht. Beide Ansprüche scheinen mir aktuell und für die absehbare Zukunft von größter Relevanz zu sein. Denn insgesamt stimmen die institutionell gefassten gesellschaftlichen Wirklichkeiten immer weniger mit den alltagsweltlichen Bedingungen raumbezogenen Handelns, den (sozial-)geographischen Verhältnissen überein. Angesichts der sich aktuell abzeichnenden Umgestaltungen der sozial verfassten geographischen Lebensbedingungen ist nach alternativen Sichtweisen und Lösungsansätzen der Gestaltbarkeit des Gesellschaftlichen Ausschau zu halten.

Literaturverzeichnis

AGASSI, J. (1960): Methodological Individualism. – The British Journal of Sociology 11, 3, 244-270.

ANDERSON, B. (1983): Imagined Communities. Reflections on the Origin and Spread of Nationalism. London.

ANDERSON, P. (1980): Arguments within English Marxism. London.

ARENDT, H. (1981): Vita activa oder Vom tätigen Leben. München.

ARISTOTELES (1956): Physikalische Vorlesung. In: GOHLKE, P. (Hrsg.): Die Lehrschriften. Bd. 4.1. Paderborn.

ARNASON, J. P. (1990): Nationalism, Globalization and Modernity. In: FEATHERSTONE, M. (ed.): Global Culture. Nationalism, Globalization and Modernity. London, 207-236.

BACHELARD, G. (1965): La formation de l'esprit scientifique. Paris.

BAECKER, D. (2000): Wozu Kultur? Berlin.

BAHRENBERG, G. (1987): Unsinn und Sinn des Regionalismus in der Geographie. – Geographische Zeitschrift 75, 3, 149-160.

BAHRENBERG, G. (1995): Paradigmenwechsel in der Geographie: Vom Regionalismus über den raumwissenschaftlichen Ansatz wohin? In: MATZNETTER, W. (Hrsg.): Geographie und Gesellschaftstheorie. Referate im Rahmen des »Anglo-Austrian Seminar on Geography and Social Theory in Zell am Moos«, Oberösterreich. Beiträge zur Bevölkerungs- und Sozialgeographie 3, Wien, 25-32.

BARTELS, D. (1968a): Zur wissenschaftstheoretischen Grundlegung einer Geographie des Menschen. Erdkundliches Wissen 19, Wiesbaden.

BARTELS, D. (1968b): Türkische Gastarbeiter aus der Region Izmir. Zur raumzeitlichen Differenzierung ihrer Aufbruchsentschlüsse. – Erdkunde 22, 4, 313-324.

BARTELS, D. (1970): Einleitung. In: BARTELS, D. (Hrsg.): Wirtschafts- und Sozialgeographie. Köln, 13-45.

BARTELS, D. (1974): Schwierigkeiten mit dem Raumbegriff in der Geographie. – Geographica Helvetica 29, Beiheft zu 2/3, 7-21.

BARTHES, R. (1964): Mythen des Alltags. Frankfurt a. M.

BASSAND, M. (ed.) (1981): L'Identité régionale. Saint-Saphorin.

BAUMAN, Z. (2001): Community. Seeking Safety in an Insecure World. Cambridge.

BECK, U. (1986): Risikogesellschaft. Auf dem Weg in eine andere Moderne. Frankfurt a. M.

BECK, U. (1991): Politik in der Risikogesellschaft. Frankfurt a. M.

BECK, U. (1993): »Auch der Westen verschwindet…«. – Neue Zürcher Zeitung vom 18.09.1993.

BEHAM, M. (1996): Kriegstrommeln. Medien, Krieg und Politik. München.

BELL, D. & G. VALENTINE (1997): Consuming Geographies. We are Where We Eat. London.

BERGER, J. (1972): The Look of Things. New York.

BERNSTEIN, R. J. (1986): Structuration as Critical Theory. – Praxis International 6, 2, 235-249.

BHABHA, H. (1994): The Location of Culture. London.

BIRD, J., B. CURTIS, T. PUTNAM, G. ROBERTSON & L. TICKNER (eds.) (1993): Mapping the Future: Local cultures, global change. New York.

BLAU, P. M. (1977): A macrosociological Theory of Social Structure. – American Journal of Sociology 83, 1, 26-54.

BLOTEVOGEL, H. H., G. HEINRITZ & H. POPP (1986): Regionalbewußtsein. Bemerkungen zum Leitbegriff einer Tagung. – Berichte zur deutschen Landeskunde 60, 1, 103-114.

BLOTEVOGEL, H. H., G. HEINRITZ & H. POPP (1987): Regionalbewußtsein – Überlegungen zu einer geographisch-landeskundlichen Forschungsinitiative. – Informationen zur Raumentwicklung 7/8, 409-418.

BLOTEVOGEL, H. H., G. HEINRITZ & H. POPP (1989): »Regionalbewußtsein«. Zum Stand der Diskussion um einen Stein des Anstoßes. – Geographische Zeitschrift 77, 2, 65-88.

BLUMENBERG, H. (1983): Die Lesbarkeit der Welt. Frankfurt a. M.

BOBEK, H. (1948): Stellung und Bedeutung der Sozialgeographie. – Erdkunde 2, 2, 118-125.

BOBEK, H. (1950): Aufriß einer vergleichenden Sozialgeographie. – Mitteilungen der Österreichischen Geographischen Gesellschaft 92, 34-45.

BOLLENBECK, G. (1996): Bildung und Kultur. Glanz und Elend eines deutschen Deutungsmusters. Frankfurt a. M.

BONSS, W., R. HOHLFELD & R. KOLLEK (Hrsg.) (1993): Wissenschaft als Kontext – Kontexte der Wissenschaft. Hamburg.

BOURDIEU, P. (1970): Zur Soziologie der symbolischen Formen. Frankfurt a. M.

BOURDIEU, P. (1972): Esquisse d'une théorie de la pratique. Genève.

BOURDIEU, P. (1977): Outline of a Theory of Practice. Cambridge.

BOURDIEU, P. (1984): Espace social et genèse des »Classes« – Actes de la recherche en sciences sociales 52-53, 3-12.

BOURDIEU, P. (1985): Sozialer Raum und Klassen. In: BOURDIEU, P. (Hrsg.): Sozialer Raum und Klassen: Leçon sur la leçon. Zwei Vorlesungen. Frankfurt a. M., 7-46.

BOURDIEU, P. (⁴1987): Die feinen Unterschiede. Kritik der gesellschaftlichen Urteilskraft. Frankfurt a. M.

BOURDIEU, P. (1988a): L'ontologie politique de Martin Heidegger. Paris.

BOURDIEU, P. (1988b): Politische Ontologie Martin Heideggers. Frankfurt a. M.

BOURDIEU, P. (1991): Physischer, sozialer und angeeigneter physischer Raum. In: WENTZ, M. (Hrsg.): Stadt-Räume. Frankfurt a. M., 25-34.

BOURDIEU, P. (1992): Die verborgenen Mechanismen der Macht. Hamburg.

BOURDIEU, P. (2000): Die zwei Gesichter der Arbeit. Interdependenzen von Zeit- und Wirtschaftsstrukturen am Beispiel einer Ethnologie der algerischen Übergangsgesellschaft. Konstanz.

BOWLER, P. (1993): The Environmental Sciences. New York.

BRAITENBERG, V. (1993): Kannitverstan! Warum es die Dummen sind, die Sprachgrenzen zu ihren Gunsten verschieben! – NZZ Folio 3, 46-47.

BRAUDEL, F. (1990): Sozialgeschichte des 15.-18. Jahrhunderts. 3 Bde. München.

BRENNAN, T. (ed.) (1989): Between Feminism and Psychoanalysis. London.

BRODBECK, M. (1975): Methodologischer Individualismus: Definition und Reduktion. In: GIE-SEN, B. & M. SCHMID (Hrsg.): Theorie, Handeln und Geschichte. Hamburg, 189-216.

BRODY, B. A. (1980): Identity and Essence. Princeton.

BRUHNS, K. (1985): Kindheit in der Stadt. München.

BUBNER, R. (1982): Handlung, Sprache und Vernunft. Grundbegriffe praktischer Philosophie. Frankfurt a. M.

BUNGE, W. (1962): Theoretical Geography. Lund.

BUROKER, J. V. (1981): Space and Incongruence. The Origin of Kant's Idealism. Dordrecht.

BUTLER, J. (1991): Das Unbehagen der Geschlechter. Frankfurt a. M.

BUTTIMER, A. (1969): Social space in interdisciplinary perspective. – Geographical Review 59, 4, 417-426.

BUTTIMER, A. (1976): Grasping the dynamism of Lifeworld. – Annals of the Association of American Geographers 66, 2, 277-297.

CARLSTEIN, T. (1982): Time Resources, Society and Ecology. On the Capacity for Human Inter-action in Space and Time in Preindustrial Societies. Lund.

CARLSTEIN, T. (1986): Planung und Gesellschaft. Ein »Echtzeit«-System im Raum. – Geographi-ca Helvetica 41, 3, 117-125.

CARNAP, R. ([1922] 1978): Der Raum. Ein Beitrag zur Wissenschaftslehre. Kantstudien 56, Berlin.

CASEY, E. S. (2001): Between Geography and Philosophy: What Does It Mean to Be in the Place-World? – Annals of the Association of American Geographers 91, 4, 683-693.

CASSIRER, E. (1931): Mythischer, ästhetischer und theoretischer Raum. In: CASSIRER, E.: Symbol, Technik, Sprache. Hamburg, 93-119.

CASSIRER, E. ([1944] 1990): Versuch über den Menschen. Einführung in eine Philosophie der Kultur. Frankfurt a. M.

CASTELLS, M. (1972): La question urbaine. Paris.

CHRISTALLER, W. (1933): Die zentralen Orte in Süddeutschland. Eine ökonomisch-geographi-sche Untersuchung über die Gesetzmäßigkeiten der Verbreitung und Entwicklung der Siedlungen mit städtischen Funktionen. Jena.

CIPOLLA, C. M. (1972): Wirtschaftsgeschichte und Weltbevölkerung. Frankfurt a. M.

CLAESSENS, D. & K. CLAESSENS (1979): Kapitalismus als Kultur. Frankfurt a. M.

CLAVAL, P., Y. LACOSTE, M. C. ROBIC, P. PINCHEMEL & P. MERLIN (1989): Une évaluation forte-ment tributaire de l'histoire de la discipline. In: COMITÉ NATIONALE D'ÉVALUATION (ed.) (1989): La géographie dans les universités françaises. Paris, 7-22.

CLAVAL, P. (2001): Champs et perspectives de la géographie culturelle. – Géographie et cultures 40, 1, 5-28.

CLEGG, S. R. (1989): Frameworks of Power. London.

COMITÉ NATIONAL D'ÉVALUATION (ed.) (1989): La géographie dans les universités françaises. Paris.

CREWE, L. & M. LOWE (1996): United Colours? Globalization and localization tendencies in fashion retailing. Towards the new Retail Geography. In: WRIGLEY, N. & M. LOWE (eds.): Retailing, Consumption and Capital. London, 271-283.

DAUM, E. (1990): Orte finden, Plätze erobern! Räumliche Aspekte von Kindheit und Jugend. – Praxis Geographie 20, 6, 18-22.

DAUM, E. (1993): Überlegungen zu einer »Geographie des eigenen Lebens«. In: HASSE, J. & W. ISENBERG (Hrsg.): Vielperspektivischer Geographieunterricht. Osnabrücker Studien zur Geographie 14, Osnabrück, 65-70.

DAVIES, I. (1995): Cultural Studies and Beyond. Fragments of Empire. London.

DE CERTEAU, M. (1980): Arts de faire. Paris.

DE CERTEAU, M. (1988): Die Kunst des Handelns. Berlin.

DE ROUGEMONT, D. (1985): Genf und das Europa der Regionen. – Das Magazin (Zürich) 34-36.

DEAR, M. (2000): The Postmodern Urban Condition. Oxford.

DEINET, U. (1990): Raumaneignung in der sozialwissenschaftlichen Theorie. In: BÖHNISCH, L. & R. MÜNCHMEIER (Hrsg.): Pädagogik des Jugendraums. Zur Begründung und Praxis einer sozialräumlichen Jugendpädagogik. Weinheim, 57-70.

DERRIDA, J. (1983): Grammatologie. Frankfurt a. M.

DESCARTES, R. (1922): Die Prinzipien der Philosophie. Leipzig.

DEUTSCHER STÄDTETAG (Hrsg.) (1979): Hinweise zur Arbeit in sozialen Brennpunkten. Reihe D. DST-Beiträge zur Sozialpolitik 10, Köln.

DICKHARDT, M. & B. HAUSER-SCHÄUBLIN (2003): Eine Theorie kultureller Räumlichkeit als Deutungsrahmen. In: HAUSER-SCHÄUBLIN, B. & M. DICKHARDT (Hrsg.): Kulturelle Räume - räumliche Kultur. Göttinger Studien zur Ethnologie 10, Münster, 13-42.

DILTHEY, W. (1865): Grundriß der Logik und des Systems der philosophischen Wissenschaften. Für Vorlesungen. Berlin.

DÖRING, J. & T. THIELMANN (Hrsg.) (2008): Spatial Turn. Das Raumparadigma in den Kultur- und Sozialwissenschaften. Bielefeld.

DREYFUS, H. L. & P. RABINOW (Hrsg.) (1987): Michel Foucault. Jenseits von Strukturalismus und Hermeneutik. Frankfurt a. M.

DUNN, J. (1979): Western Political Theory in the Face of the Future. Cambridge.

ECO, U. (1977): Zeichen. Einführung in einen Begriff und seine Geschichte. Frankfurt a. M.

EGLI, E. (1975): Natur, Kultur und Technik im Wallis. In: EGLI, E.: Mensch und Landschaft. Kulturgeographische Aufsätze und Reden. Zürich, 38-43.

EHLERS, E. (1996): Kulturkreise – Kulturerdteile – Clash of Civilizations. Plädoyer für eine gegenwartsbezogene Kulturgeographie. – Geographische Rundschau 48, 5, 338-344.

EINSTEIN, A. (1960): Vorwort. In: JAMMER, M.: Das Problem des Raumes. Darmstadt, 11-15.

EISEL, U. (1980): Die Entwicklung der Anthropogeographie von einer »Raumwissenschaft« zur Gesellschaftswissenschaft. Urbs et Regio 17, Kassel.

EISEL, U. (1987): Landschaftskunde als »materialistische Theologie«. Ein Versuch aktualistischer Geschichtsschreibung der Geographie. In: BAHRENBERG, G., J. DEITERS, M. M. FISCHER, W. GAEBE, G. HARD & G. LÖFFLER (Hrsg.): Geographie des Menschen. Dietrich Bartels zum Gedenken. – Bremer Beiträge zur Geographie und Raumplanung 11, 89-111.

ENTRIKIN, N. (1991): The Betweenness of Place: Towards a Geography of Modernity. Baltimore.

ENTRIKIN, N. (2001): Hiding Places. – Annals of the Association of American Geographers 91, 4, 683-693.

FEATHERSTONE, M. (ed.) (1990): Global Culture. Nationalism, Globalization and Modernity. London.

FEBVRE, L. (1925): A Geographical Introduction to History. New York.

FEBVRE, L. ([1935]1995): Der Rhein und seine Geschichte. Frankfurt a. M.

FELGENHAUER, T. (2007): Geographie als Argument. Eine Untersuchung regionalisierender Begründungspraxis am Beispiel »Mitteldeutschland«. Stuttgart.

FOUCAULT, M. (1973): Wahnsinn und Gesellschaft. Eine Geschichte des Wahns im Zeitalter der Vernunft. Frankfurt a. M.

FOUCAULT, M. (1977): Überwachen und Strafen. Die Geburt des Gefängnisses. Frankfurt a. M.

FOUCAULT, M. (1980): Power/Knowledge. Selected Interviews and Other Writings 1972-1977. Brighton.

FOUCAULT, M. (1987): Wie wird Macht ausgeübt? In: DREYFUS, H. L. & P. RABINOW (eds.): Michel Foucault. Jenseits von Strukturalismus und Hermeneutik. Frankfurt a. M., 251-261.

FOUCAULT, M. (1990): Andere Räume. In: BARCK, K., P. GENTE, H. PARIS & S. RICHTER (Hrsg.): Aisthesis. Wahrnehmung heute oder Perspektiven einer anderen Ästhetik. Leipzig, 34-46.

FRANCÉ, R. H. ([1923]1982): Die Entdeckung der Heimat. Asendorf.

FREUD, S. ([1923]1940): Das Ich und das Es. In: FREUD, S.: Gesammelte Werke. Bd. 13: Jenseits des Lustprinzips. Massenpsychologie und Ich-Analyse. Das Ich und das Es. London, 235-289.

FRIEDERICHS, K. (1937): Ökologie als Wissenschaft von der Natur oder biologische Raumforschung. Bios 7, Leipzig.

FUKUYAMA, F. (1992): The End of History and the Last Man. London.

GASTBERGER, T. (1989): Städtische Wohnumgebung als Spielraum für Kinder. Untersucht am Beispiel Zürich-Örlikon. Zürich. (unveröffentlichte Diplomarbeit)

GEBHARDT, H., P. REUBER & G. WOLKERSDORFER (Hrsg.) (2003): Kulturgeographie. Aktuelle Ansätze und Entwicklungen. Heidelberg.

GEERTZ, C. (1973): The Interpretation of Cultures. New York.

GEERTZ, C. (1983): Local Knowledge. Further Essays in Interpretative Anthropology. New York.

GEERTZ, C. (1997): Spurenlesen. Der Ethnologe und das Entgleiten der Fakten. München.

GEHLEN, A. (1986): Anthropologische und sozial-psychologische Untersuchungen. Reinbek b. Hamburg.

GEIPEL, R. (1965): Sozialräumliche Strukturen des Bildungswesens. Studien zur Bildungsökonomie und zur Frage der gymnasialen Standorte in Hessen. Frankfurt a. M.

GELLNER, E. (1983): Nations and Nationalism. Oxford.

GERDES, D. (1985): Regionalismus als soziale Bewegung. Westeuropa, Frankreich, Korsika: Vom Vergleich zur Kontextanalyse. Frankfurt a. M.

GIDDENS, A. (1979a): Central Problems in Social Theory. Action, Structure and Contradiction in Social Analysis. London.

GIDDENS, A. (1979b): Die Klassenstruktur fortgeschrittener Gesellschaften. Frankfurt a. M.

GIDDENS, A. (1981a): A Contemporary Critique of Historical Materialism. 2 vol. London.

GIDDENS, A. (1981b): A Contemporary Critique of Historical Materialism. vol. 1: Power, Property and the State. London.

GIDDENS, A. (1984a): Interpretative Soziologie. Eine kritische Einführung. Frankfurt a. M.

GIDDENS, A. (1984b): The Constitution of Society. Outline of the Theory of Structuration. Cambridge.

GIDDENS, A. (1985): A Contemporary Critique of Historical Materialism. vol. 2: The Nation-State and Violence. Cambridge.

GIDDENS, A. (1988a): Die Konstitution der Gesellschaft. Grundzüge einer Theorie der Strukturierung. Frankfurt a. M.

GIDDENS, A. (1988b): The Role of Space in the Constitution of Society. In: STEINER, D., C. C. JAEGER & P. WALTHER (Hrsg.): Jenseits der mechanistischen Kosmologie. Neue Horizonte für die Geographie? Bericht und Skripten. Zürich, 167-180.

GIDDENS, A. (1989a): A Reply to my Critics. In: HELD, D. & J. THOMPSON (eds.): Social Theory of Modern Society. Anthony Giddens and his Critics. Cambridge, 249-301.

GIDDENS, A. (1989b): Sociology. Cambridge.

GIDDENS, A. (1990a): Structuration Theory and Sociological Analysis. In: CLARK, J., C. MODGIL & S. MODGIL (eds.): Anthony Giddens. Consensus and Controversy. London, 297-315.

GIDDENS, A. (1990b): The Consequences of Modernity. Stanford.

GIDDENS, A. (1991a): Modernity and Self-Identity. Self and Society in the Late Modern Age. Cambridge.

GIDDENS, A. (1991b): Structuration theory: past, present and future. In: BRYANT, C. G. A. & D. JARY (eds.): Giddens' Theory of Structuration: A Critical Appreciation. London, 201-221.

GIDDENS, A. (1992a): Kritische Theorie der Spätmoderne. Wien.

GIDDENS, A. (1992b): The Transformation of Intimacy. Sexuality, Love and Eroticism in Modern Societies. Cambridge.

GIDDENS, A. (²1993): Sociology. Cambridge.

GIDDENS, A. (1994a): Beyond Left and Right. The Future of Radical Politics. Cambridge.

GIDDENS, A. (1994b): Living in a Post-Traditional Society. In: BECK, U., A. GIDDENS & S. LASH: Reflexive Modernization. Cambridge, 56-109.

GIDDENS, A. (1995): Konsequenzen der Moderne. Frankfurt a. M.

GIDDENS, A. (²2002): Runaway World. How Globalisation is Reshaping our Lives. London.

GIGANDET, C., G. GANGUILLET & D. KESSLER (1991): L'Ecartèlement. Espace jurassien et identité plurielle. Saint-Imier.

GODDARD, J. B. & D. MORRIS (1976): The Communications Factor in Office Decentralization. – Progress in Planning 6, 1, 1-80.

GOFFMAN, E. (⁷1991): Wir alle spielen Theater. Die Selbstdarstellung im Alltag. München.

GOODY, J. (1986): The Logic of Writing and the Organization of Society. Cambridge.

GÖRG, C. (1999): Gesellschaftliche Naturverhältnisse. Münster.

GÖRG, C. (2003): Regulation der Naturverhältnisse. Zu einer kritischen Theorie der ökologischen Krise. Münster.

GREGORY, D. & J. URRY (eds.) (1985): Social relations and spatial structures. London.

GREGORY, D. (1978): Ideology, Science and Human Geography. London.

GREGORY, D. (1981): Human Agency and Human Geography. – Transactions of the Institute of British Geographers. New Series 6, 1-18.

GREGORY, D. (1994): Geographical Imaginations. Oxford.

GREGORY, D. (2004): The Colonial Present. Oxford.

GUIBERNAU, M. (1990): A Critical Analysis of some Theories of Nationalism related to the Rise of Modern States. Cambridge. (unveröffentlichtes Manuskript)

GUILLEMIN, A. (1984): Pouvoir de représentation et constitution de l'identité locale. – Actes de la recherche en sciences sociales 52-53, 15-17.

GÜNZEL, S. (Hrsg.) (2007): Topologie. Zur Raumbeschreibung in den Kultur- und Medienwissenschaften. Bielefeld.

GÜNZEL, S. (Hrsg.) (2009): Raumwissenschaften. Frankfurt a. M.

HABERMAS, J. (1985): Die Neue Unübersichtlichkeit. Frankfurt a. M.

HAECKEL, E. (1866): Generelle Morphologie der Organismen. 2 Bde. Berlin.

HAECKEL, E. (1878/79): Gesammelte populäre Vorträge aus dem Gebiete der Entwicklungslehre. Bonn.

HAECKEL, E. (1904): Die Lebenswunder. Gemeinverständliche Studien über biologische Philosophie. Stuttgart.

HÄGERSTRAND, T. (1970): What about people in regional science? – Papers of the Regional Science Association 24, 1, 7-21.

HÄGERSTRAND, T. (1977): The time impact of social organization and environment upon the time-use of individuals and households. In: KULINSKI, A. (ed.): Social issues in regional policy and regional planning. Mouton, 59-67.

HÄGERSTRAND, T. (1982): Diorama, Path and Project. – Tijdschrift voor Economische en Sociale Geografie 73, 6, 323-339.

HÄGERSTRAND, T. (1984): Time-Geography. Focus on the Corporeality of Man, Society and Environment. In: UNITED NATIONS UNIVERSITY (ed.): The Science and Praxis of Complexity. Tokyo, 193-216.

HAGGETT, P. (1983): Geographie. Eine moderne Synthese. New York.

HALBWACHS, M. (1967): Das kollektive Gedächtnis. Stuttgart.

HARD, G. (1970): Die »Landschaft« der Sprache und die »Landschaft« der Geographen. Semantische und forschungslogische Studien. – Colloquium Geographicum 11, Bonn.

HARD, G. (1983): Zu Begriff und Geschichte der »Natur« in der Geographie des 19. und 20. Jahrhunderts. In: GROSSKLAUS, G. & E. OLDEMEYER (Hrsg.): Natur als Gegenwelt. Karlsruhe, 139-167.

HARD, G. (1985): Alltagswissenschaftliche Ansätze in der Geographie? – Zeitschrift für Wirtschaftsgeographie 29, 3/4, 190-200.

HARD, G. (1987a): »Bewußtseinsräume«. Interpretationen zu geographischen Versuchen, regionales Bewußtsein zu erforschen. – Geographische Zeitschrift 75, 3, 127-148.

HARD, G. (1987b): Das Regionalbewußtsein im Spiegel der regionalistischen Utopie. – Informationen zur Raumentwicklung 7/8, 419-440.

HARD, G. (1988): Selbstmord und Wetter – Selbstmord und Gesellschaft. Studien zur Problemwahrnehmung in der Wissenschaft und zur Geschichte der Geographie. Stuttgart.

HARD, G. (1990): »Was ist Geographie?« Re-Analyse einer Frage und ihrer möglichen Antworten. – Geographische Zeitschrift 78, 1, 1-14.

HARD, G. (1993): Herders »Klima«. Zu einigen »geographischen« Denkmotiven in Herders Ideen zu einer Philosophie der Geschichte der Menschheit. In: HABERLAND, D. (Hrsg.): Geographia Spiritualis. Festschrift für Hanno Beck. Frankfurt a. M., 87-106.

HARD, G. (1995): Spuren und Spurenleser. Zur Theorie und Ästhetik des Spurenlesens in der Vegetation und anderswo. Osnabrück.

HARD, G. (1998): Eine Sozialgeographie alltäglicher Regionalisierungen. Ein Literaturbericht. – Erdkunde 52, 3, 250-253.

HARTKE, W. (1948): Gliederungen und Grenzen im Kleinen. – Erdkunde 2, 4, 174-179.

HARTKE, W. (1956): Die »Sozialbrache« als Phänomen der geographischen Differenzierung der Landschaft. – Erdkunde 10, 4, 257-269.

HARTKE, W. (1959): Gedanken über die Bestimmung von Räumen gleichen sozialgeographischen Verhaltens. – Erdkunde 13, 4, 426-436.

HARTKE, W. (1962): Die Bedeutung der geographischen Wissenschaft in der Gegenwart. – Tagungsberichte und Abhandlungen des 33. Deutschen Geographentages in Köln 1961. Wiesbaden, 113-131.

HARVEY, D. (1973): Social Justice and the City. London.

HARVEY, D. (1982): The Limits to Capital. Oxford.

HARVEY, D. (1989): The Condition of Postmodernity. An Enquiry into the Origins of Cultural Change. Oxford.

HARVEY, D. (2005): Spaces of neoliberalization: towards a theory of uneven geographical development. Stuttgart.

HAUSHOFER, K. E. (1935): Die raumpolitischen Grundlagen der Weltgeschichte. In: MÜLLER, K. A. v. & P. R. RHODEN (Hrsg.): Knaurs Weltgeschichte. Berlin, 11-43.

HAUSHOFER, K. E. (1940): Friedrich Ratzel als raum- und volkspolitischer Gestalter. In: HAUSHOFER, K. E. (Hrsg.): Friedrich Ratzel. Erdenmacht und Völkerschicksal. Stuttgart, IX-XXVII.

Häussermann, H. (2001): Aufwachsen im Ghetto? In: Bruhns, K. & W. Mack (Hrsg.): Aufwachsen und Lernen in der sozialen Stadt. Kinder und Jugendliche in schwierigen Lebensräumen. Opladen, 37-51.

Havel, V. ([10]2000): Versuch, in der Wahrheit zu leben. Reinbek b. Hamburg.

Hayek, F. A. v. (1981): Recht, Gesetzgebung und Freiheit. Bd. 2: Die Illusion der sozialen Gerechtigkeit. Landsberg a. L.

Hegel, G. W. F. ([1837]1961): Vorlesungen über die Philosophie der Geschichte. Stuttgart.

Heidegger, M. ([2]1983): Die Kunst und der Raum. St. Gallen.

Heidegger, M. ([16]1986a): Sein und Zeit. Tübingen.

Heidegger, M. ([8]1986b): Identität und Differenz. Pfullingen.

Heintz, B. (1987): Ohne Titel. Zürich. (unveröffentlichtes Manuskript)

Heintz, B. (1993): Die Herrschaft der Regel. Frankfurt a. M.

Held, D., A. McGrew, D. Goldblatt & J. Perraton (1999): Global Transformations: Politics, Economics and Culture. Cambridge.

Held, D. (1982): Book Reviews: A Contemporary Critique of Historical Materialism: by Anthony Giddens. – Theory, Culture and Society 1, 1, 98-102.

Held, D. (2001): Regulating Globalization? The Reinvention of Politics. In: Giddens, A. (ed.): The Global third way Debate. Cambridge, 394-405.

Herder, J. G. (1877): Sämtliche Werke. Bd. 5: Tagebuch eines Lesers. Berlin.

Hettner, A. (1927a): Die Geographie. Ihre Geschichte, ihr Wesen und ihre Methoden. Breslau.

Hettner, A. (1927b): Grundzüge der Länderkunde. 2 Bde. Stuttgart.

Hettner, A. ([2]1929): Der Gang der Kultur über die Erde. Leipzig.

Hoffmann, L. (1991): Das ›Volk‹. Zur ideologischen Struktur eines unvermeidbaren Begriffs. – Zeitschrift für Soziologie 20, 3, 191-208.

Holling, E. & P. Kempin (1989): Identität, Geist und Maschine. Auf dem Weg zur technologischen Zivilisation. Reinbek b. Hamburg.

Holtz, B. (1973): Burundi. Völkermord oder Selbstmord? Freiburg.

Hugger, P. (Hrsg.) (1992): Handbuch der schweizerischen Volkskultur. Leben zwischen Tradition und Moderne – Ein Panorama des schweizerischen Alltags. Zürich.

Huntington, E. (1915): Civilization and Climate. New Haven.

Huntington, S. P. (1993): Clash of Civilizations? – Foreign Affairs 72, 3, 22-49.

Huntington, S. P. (1996): Der Kampf der Kulturen. Wien.

Husserl, E. (1973): Ding und Raum. Vorlesungen 1907. Den Haag.

Husserl, E. ([2]1976): Krisis der europäischen Wissenschaften und die transzendentale Phänomenologie. Den Haag.

Ignatieff, M. (1994): Blood and Belonging. Journeys into the New Nationalism. London.

Institut für soziale Arbeit e.V. (Hrsg.) (2001): Expertise. Sozialraumorientierte Planung. Begründungen, Konzepte, Beispiele. Münster.

Jaeger, C. C., D. Steiner, P. Walther & B. Werlen (1987): Theorie und integrative Ansätze. Zürich. (unveröffentlichtes Manuskript)

JAEGER, C. C.(1985): Die Entstädterungsthese: Ein Beispiel für den quantitativen Stil in der Geographie. – Geographische Zeitschrift 73, 4, 245-252.

JAEGER, C. C. (1996): Humanökologie und der blinde Fleck der Wissenschaft. – Kölner Zeitschrift für Soziologie und Sozialpsychologie 48, 36, 164-190.

JAMES, S. (1990): Is there a ›place‹ for children in geography? – Area 22, 3, 278-283.

JAMMER, M. (1960): Das Problem des Raumes. Die Entwicklung der Raumtheorien. Darmstadt.

JARVIE, I. C. (1974): Die Logik der Gesellschaft. Über den Zusammenhang von Denken und sozialem Wandel. München.

JESSEN, O. (1950): Die Fernwirkungen der Alpen. – Mitteilungen der Geographischen Gesellschaft München 35, 7-67.

JOAS, H. (1988): Einführung. Eine soziologische Transformation der Praxisphilosophie - Giddens' Theorie der Strukturierung. In: GIDDENS, A.: Die Konstitution der Gesellschaft. Frankfurt a. M., 9-23.

KANT, I. (1802): Physische Geographie. Königsberg.

KANT, I. (1905a): Kant's gesammelte Schriften. Bd. 2:Vorkritische Schriften. Berlin.

KANT, I. (1905b):Von dem ersten Grund des Unterschiedes der Gegenden im Raume. In: KANT, I.: Kant's gesammelte Schriften. Bd. 2:Vorkritische Schriften. Berlin, 375-383.

KANT, I. ([1781]1985): Kritik der reinen Vernunft. Stuttgart.

KAPP, E. (1877): Grundlinien einer Philosophie der Technik. Zur Entstehungsgeschichte der Cultur aus neuen Gesichtspunkten. Braunschweig.

KEARNS, G. & C. PHILO (eds.) (1993): Selling Places. The City as Cultural Capital, Past and Present. Oxford.

KIESSLING, B. (1988): Kritik der Giddensschen Sozialtheorie. Ein Beitrag zur theoretisch-methodischen Grundlegung der Sozialwissenschaften. Frankfurt a. M.

KJELLÉN, R. (1917): Der Staat als Lebensform. Leipzig.

KLAUSER, F. R. (Hrsg.) (2010): Claude Raffestin – Zu einer Geographie der Territorialität. Stuttgart.

KLÜTER, H. (1986): Raum als Element sozialer Kommunikation. – Gießener Geographische Schriften 60, Gießen.

KNORR-CETINA, K. (1984): Die Fabrikation von Erkenntnis. Zur Anthropologie der Naturwissenschaften. Frankfurt a. M.

KÖCK, H. (1997): Die Rolle des Raumes als zu erklärender und als erklärender Faktor. – Geographica Helvetica 52, 3, 89-96.

KOLB, A. (1962): Die Geographie und die Kulturerdteile. In: LEIDLMAIR, A. (Hrsg.): Hermann von Wissmann-Festschrift. Tübingen, 42-50.

KONAU, E. (1977): Raum und soziales Handeln. Studien zu einer vernachlässigten Dimension soziologischer Theoriebildung. Göttinger Abhandlungen zur Soziologie 25, Stuttgart.

KREIBICH, B. (Hrsg.) (1979): Umweltbegriff, Wahrnehmung und Sozialisation. Erdkundeunterricht 30, Stuttgart.

KRISTEVA, J. (1993): Nations without Nationalism. New York.

KURZ, R. (1991): Der Kollaps der Modernisierung. Frankfurt a. M.

KURZ, R. (1993): Die Welt vor dem großen Kollaps. Warum der totale Weltmarkt die ethnische Barbarei nicht verhindern kann. – Tages Anzeiger 101, 51, 11.

LACAN, J. (1978): Das Spiegelstadium als Bildner der Ichfunktion, wie sie uns in der psychoanalytischen Erfahrung erscheint. In: LACAN, J.: Schriften I. Freiburg, 61-70.

LACKNER, M. & M. WERNER (Hrsg.) (1999): Der cultural turn in den Humanwissenschaften. Area Studies im Auf- oder Abwind des Kulturalismus? Bad Homburg.

LACOSTE, Y. (1990): Geographie und politisches Handeln. Perspektiven einer neuen Geopolitik. Berlin.

LATOUR, B. (1991): Nous n'avons jamais été modernes. Essai d'anthropologie symétrique. Paris.

LE ROY LADURIE, E. (1990): Die Bauern des Languedoc. Stuttgart.

LEEMANN, A. (1976): Auswirkungen des balinesischen Weltbildes auf verschiedene Aspekte der Kulturlandschaft und auf die Wertung des Jahresablaufes. – Ethnologische Zeitschrift Zürich 2, 27-67.

LEFEBVRE, H. (^{2}1981): La production de l'espace. Paris.

LEIBNIZ, G. W. (1904): Hauptschriften zur Grundlegung der Philosophie. Leipzig.

LENTZ, S. & F. ORMELING (Hrsg.) (2008): Die Verräumlichung des Welt-Bildes. Petermanns Geographische Mitteilungen zwischen »explorativer Geographie« und der »Vermessenheit« europäischer Raumphantasien. Beiträge der Internationalen Konferenz auf Schloss Friedenstein Gotha, 9.-11. Oktober. Stuttgart.

LÉVY, J. (1999): Le tournant géographique. Penser l'espace pour lire le monde. Paris.

LÉVY, J. (2004): »Eine geographische Wende«. – Geographische Zeitschrift 92, 3, 133-146.

LEY, D. (1977): »Social geography and social action«. In: LEY, D. & M. SAMUELS (eds.): Humanistic Geography. London, 41-57.

LINDE, H. (1972): Sachdominanz in Sozialstrukturen. Tübingen.

LIPPUNER, R. & J. LOSSAU (2004): In der Raumfalle. Eine Kritik des spatial turn in den Sozialwissenschaften. In: MEIN, G. & M. RIEGLER-LADICH (Hrsg.): Soziale Räume und kulturelle Praktiken. Bielefeld, 47-64.

LIPPUNER, R. (2005): Raum, Systeme, Praktiken. Zum Verhältnis von Alltag, Wissenschaft und Geographie. Stuttgart.

LOVELOCK, J. (1991): Das Gaia-Prinzip. Die Biographie unseres Planeten. München.

LÖW, M. (2001): Raumsoziologie. Frankfurt a. M.

LÜBBE, H. (1985): Die große und die kleine Welt. Regionalismus als europäische Bewegung. In: WEIDENFELD, W. (Hrsg.): Die Identität Europas. München, 191-205.

LÜBBE, H. (1990a): Der Philosoph im fremden Lande: Hat die schweizerische Identität gelitten? In: ECK, D. C., S. GOLOWIN, H. LÜBBE, H.-P. MEIER-DALLACH, P. RIPPMANN, M. SOLARI & A. WIDMER (Hrsg.): Störfall Heimat - Störfall Schweiz. Anmerkungen zum schweizerischen Selbstverständnis im Jahre 699 nach Rütli und im Jahre 2 vor Europa. Zürich, 27-39.

LÜBBE, H. (1990b): Nationalismus und Regionalismus in der politischen Transformation Europas. – Neue Zürcher Zeitung vom 4.10.1990.

LÜBBE, H. (1992): Tendenzen in der Reorganisation der europäischen Staatenwelt. Zürich. (unveröffentlichtes Manuskript)

LUHMANN, N. (²1996): Die Realität der Massenmedien. Opladen.

LUKES, S. (1974): Power: A Radical View. London.

LUKES, S. (1977): Methodological Individualism reconsidered. In: LUKES, S. (ed.): Essays in Social Theory. London, 177-186.

MAIER, J., R. PAESLER, K. RUPPERT & F. SCHAFFER (1977): Sozialgeographie. Braunschweig.

MALINOWSKI, B. (1975): Trois Essais sur la vie sociale des primitifs. Paris.

MÅRTESSON, S. (1979): On the Formation of Biographies in Space-Time Environments. Meddelanden från Lunds Universitets Geografiska Institution. Avhandlingar LXX XIV, Lund.

MASSEY, D. (1984): Spatial Divisions of Labour: Social Structures and the Geography of Production. London.

McLUHAN, M. (²1995): Die magischen Kanäle - Understanding Media. Dresden.

MEIER-DALLACH, H.-P., R. NEF & R. RITSCHARD (1980): Präliminarien zur soziologischen Untersuchung regionaler Identität - ihre Determinanten und Funktionen in der Schweiz. NFP Arbeitsbericht 10A, Bern.

MEIER-DALLACH, H.-P., S. HOHERMUTH, R. NEF & R. RITSCHARD (1981): Typen lokal-regionaler Umwelten im Wandel und Profile regionalen Bewusstseins. In: BASSAND, M. (ed.): L'Identité régionale. Saint-Saphorin, 27-60.

MEIER-DALLACH, H.-P., S. HOHERMUTH & R. NEF (1987): Regionalbewusstsein, soziale Schichtung und politische Kultur. Forschungsergebnisse und methodologische Aspekte. – Informationen zur Raumentwicklung 7/8, 377-393.

MEIER-DALLACH, H.-P. (1980): Räumliche Identität - Regionalistische Bewegung und Politik. – Informationen zur Raumentwicklung 5, 301-314.

MELLOR, R. E. H. (1989): Nation, State and Territory: A Political Geography. London.

MESSERLI, P. (1986): Modelle und Methoden zur Analyse der Mensch-Umwelt-Beziehungen im alpinen Lebens- und Erholungsraum. Erkenntnisse und Folgerungen aus dem schweizerischen MAB-Programm 1979-1985. Schlussbericht zum schweizerischen MAB-Programm 25, Bern.

MEUSBURGER, P. & T. SCHWAN (Hrsg.) (2003): Humanökologie. Ansätze zur Überwindung der Natur-Kultur-Dichotomie. Erdkundliches Wissen 135, Stuttgart.

MISCH, G. (1947): Vom Lebens- und Gedankenkreis Wilhelm Diltheys. Frankfurt a. M.

MISCH, G. (³1967): Lebensphilosophie und Phänomenologie. Eine Auseinandersetzung der Diltheyschen Richtung mit Heidegger und Husserl. Darmstadt.

MISCH, G. (1994): Der Aufbau der Logik auf dem Boden der Philosophie des Lebens. Freiburg.

MISCH, G. (1999): Logik und Einführung in die Grundlagen des Wissens. Die Macht der antiken Tradition in der Logik und die gegenwärtige Lage. Studia Culturologica Sonderheft, Sofia.

MITCHELL, D. (1995): There's no such thing as culture: towards a reconceptualization of the idea of culture in geography. – Transactions of the Institute of British Geographers. New Series 20, 102-116.

MITCHELL, D. (2000): The End of Culture? – Culturalism and Cultural Geography in the Anglo-American »University of Excellence«. – Geographische Revue 2, 2, 3-17.

MITTELSTRASS, J. (1998): Die Häuser des Wissens. Wissenschaftstheoretische Studien. Frankfurt a. M.

MITTELSTRASS, J. (2001): Wissen und Grenzen. Philosophische Studien. Frankfurt a. M.

MONZEL, S. (1995): Kinderfreundliche Wohnumfeldgestaltung!? Eine sozialgeographische Untersuchung als Orientierungshilfe für Politiker und Planer. Anthropogeographie 13, Zürich.

MORIN, E. (1984): Pour une théorie de la nation. In: MORIN, E. (ed.): Sociologie. Paris, 129-138.

MOSCOVICI, S. (1977): Essai sur l'histoire humaine de la nature. Paris.

MÜLLER, K. E. (1987): Das magische Universum der Identität. Elementarformen sozialen Verhaltens. Ein ethnologischer Aufriss. Frankfurt a. M.

MUMFORD, L. (1961): The City in History. London.

MÜNCH, R. (1982): Theorie des Handelns. Zur Rekonstruktion der Beiträge von Talcott Parsons, Émile Durkheim und Max Weber. Frankfurt a. M.

NACHTIGALL, H. (1974): Völkerkunde. Eine Einführung. Frankfurt a. M.

NAESS, A. (1990): Ecology, community and lifestyle. Cambridge.

NAESS, A. (2002): Life's Philosophy. Reason and Feeling in a Deeper World. Athens.

NEIDHART, C. (1996): Das Ende der Geographie. – Weltwoche vom 21. März 1996, 1.

NERLICH, G. (1976): The Shape of Space. Cambridge.

NEWIG, J. (1986): Drei Welten oder eine Welt. – Geographische Rundschau 38, 5, 262-267.

NEWIG, J. (1993a): Die Bedeutung des Prinzips »Vom Nahen zum Fernen« zur Strukturierung des Erdkundeunterrichts. – Zeitschrift für den Erdkundeunterricht 45, 1, 28-32.

NEWIG, J. (1993b): Die Bedeutung des Prinzips »Vom Nahen zum Fernen« zur Strukturierung des Erdkundeunterrichts. – Zeitschrift für den Erdkundeunterricht 45, 2, 72-76.

NEWTON, I. (1872): Mathematische Prinzipien der Naturlehre. Berlin.

NEWTON, I. ([1704]1952): Opticks: or, a treatise of the reflections, refractions, inflections and colours of light. New York.

OEVERMANN, U. (2001): Zur Analyse der Struktur von sozialen Deutungsmustern. – Sozialer Sinn 1, 1, 35-81.

OTREMBA, E. (1961): Das Spiel der Räume. – Geographische Rundschau 13, 4, 130-135.

PAASI, A. (1986): The Institutionalisation of Regions. Framework for Understanding the emergence of Regions and the Constitution of Regional Identity. – Fennia 164, 2, 105-146.

PAASI, A. (1991): Deconstructing regions: notes on the scales of spatial life. – Environment and Planning A 23, 2, 239-256.

PABOTTINGI, M. (1990): How Language Determined Indonesian Nationalism. – Prisma. The Indonesian Indicator 50, 7-24.

PAFFEN, K. (Hrsg.) (1973): Das Wesen der Landschaft. Darmstadt.

PAGEL, G. (1989): Jacques Lacan zur Einführung. Hamburg.

PARETO, V. (1917): Traité de sociologie générale. Paris.

PARK, R. E. (1974): Die Stadt als räumliche Struktur und sittliche Ordnung. In: ATTESLANDER, P. & B. HAMM (Hrsg.): Materialien zur Siedlungssoziologie. Köln, 90-100.

PARSONS, T. (1952): The Social System. London.

PARSONS, T. (1964): Die jüngsten Entwicklungen in der strukturell-funktionalen Theorie. – Kölner Zeitschrift für Soziologie und Sozialpsychologie 16, 1, 30-49.

PICKLES, J. (1985): Phenomenology, Science and Geography. Spatiality and the Human Sciences. Cambridge.

POHL, J. (1986): Die Geographie als hermeneutische Wissenschaft. Münchener Geographische Hefte 52, Regensburg.

POHL, J. (1993): Regionalbewußtsein als Thema der Sozialgeographie. Theoretische Überlegungen und empirische Untersuchungen am Beispiel Friaul. Münchener Geographische Hefte 70, Regensburg.

POPP, H. (1988): Einleitung in die Fachsitzung »Regionalbewußtsein und Regionalismus in Mitteleuropa«. In: BECKER, H. & W. D. HÜTTEROTH (Hrsg.): 46. Deutscher Geographentag München 1987. Tagungsbericht und wissenschaftliche Abhandlungen. Verhandlungen des Deutschen Geographentages 46, Stuttgart, 195-196.

POPPER, K. R. (1967): La rationalité et le status du principe de rationalité. In: CLASSEN, E. M. (ed.): Les fondements philosophiques des systèmes économiques. Paris, 142-150.

POPPER, K. R. (1969): Das Elend des Historizismus. Tübingen.

POPPER, K. R. (1970): Eine objektive Theorie des Verstehens. – Schweizer Monatshefte 50, 3, 207-215.

POPPER, K. R. (1973): Objektive Erkenntnis. Ein evolutionärer Entwurf. Hamburg.

POPPER, K. R. ([6]1980): Die offene Gesellschaft und ihre Feinde. Bd. 2: Falsche Propheten: Hegel, Marx und die Folgen. München.

POSER, H. (1981): Gottfried Wilhelm Leibniz. In: HÖFFE, O. (Hrsg.): Klassiker der Philosophie. Bd. 1: Von den Vorsokratikern bis David Hume. München, 378-404.

PRATT, A. C. (1991): Discourses of locality. – Environment and Planning A 23, 2, 257-266.

PRED, A. (1977): The Choreography of Existence: Comments on Hägerstrand's Time-Geography and Its Usefulness. – Economic Geography 53, 207-221.

PRED, A. (1981): Social Reproduction and the Time-Geography of Everyday Life. – Geografiska Annaler 63, 1, 5-22.

PRED, A. (1986): Place, Practice and Structure. Social and Spatial Transformation in Southern Sweden, 1750-1850. Cambridge.

PROJEKT »NETZWERKE IM STADTTEIL« (Hrsg.) (2005): Grenzen des Sozialraums. Kritik eines Konzepts – Perspektiven für Soziale Arbeit. Wiesbaden.

RACINE, J.-B. (1995): Languages et représentations, identités et territoires. Thémes critiques pour une nouvelle géographie culturelle. In: WERLEN, B. & S. WÄLTY (Hrsg.): Kulturen und Raum. Theoretische Ansätze und empirische Kulturforschung in Indonesien. Zürich, 105-122.

RADKAU, J. (2002): Natur und Macht. Eine Weltgeschichte der Umwelt. München.

RAFFESTIN, C. (1978): La Langue comme ressource: Por une analyse économique des langues vernaculaires et véhiculaires. – Cahiers du géographie du Québec 22, 6, 279-286.

RAFFESTIN, C. (1995): Langue et territoire. Autour de la géographie culturelle. In: WERLEN, B. & S. WÄLTY (Hrsg.): Kulturen und Raum. Theoretische Ansätze und empirische Kulturforschung in Indonesien. Zürich, 87-104.

RATZEL, F. (1882): Anthropogeographie. Grundzüge der Anwendung der Erdkunde auf die Geschichte. Stuttgart.

RATZEL, F. (1897): Politische Geographie. München.

RATZEL, F. (1900): Das Meer als Quelle der Völkergröße. München.

RATZEL, F. (1901): Der Lebensraum. Eine biogeographische Studie. Tübingen.

RATZEL, F. (1904): Geschichte, Völkerkunde und historische Perspektive. – Historische Zeitschrift 93, 1-46.

RATZEL, F. (1907): Raum und Zeit in Geographie und Geologie. Naturphilosophische Betrachtungen. Leipzig.

REDEPENNING, M. (2006): Wozu Raum? Systemtheorie, Critical Geopolitics und raumbezogene Semantiken. Leipzig.

REICHERT, D. (1988): Möglichkeiten und Aufgaben einer kritischen Sozialwissenschaft. Ein Interview mit Anthony Giddens. – Geographica Helvetica 43, 3, 141-147.

RÉMY, J., L. VOYÉ & E. SERVAIS (1978): Produire ou reproduire? Brüssel.

RENAN, E. (1947): Qu'est-ce qu'une nation? In: RENAN, E.: Œuvres complètes. vol. 1. Paris, 887-906.

REUTLINGER, C. (2001): Unsichtbare Bewältigungskarten von Jugendlichen in gespaltenen Städten. Sozialpädagogik des Jugendraumes aus sozialgeographischer Perspektive. Dresden. (unveröffentlichte Dissertation)

REX, J. (1986): Race and Ethnicity. Milton Keynes.

RICHNER, M. (2007): Das brennende Wahrzeichen. Zur geographischen Metaphorik von Heimat. In: WERLEN, B. (Hrsg.): Sozialgeographie alltäglicher Regionalisierungen. Bd. 3: Ausgangspunkte und Befunde empirischer Forschung. Erdkundliches Wissen 121, Stuttgart, 271-296.

RITTER, J. (1974): Landschaft. Zur Funktion des Ästhetischen in der modernen Gesellschaft. In: RITTER, J.: Subjektivität. Frankfurt a. M., 141-164.

ROBERTSON, R. (1992): Globalization. Social Theory and Global Culture. London.

ROESLER, A. (2003): Medienphilosophie und Medientheorie. In: MÜNKER, S., A. ROESLER & M. SANDBOTHE (Hrsg.): Medienphilosophie. Beiträge zur Klärung eines Begriffs. Frankfurt a. M., 34-52.

ROGGENBUCK, S. (1993): Straßenkinder in Lateinamerika. Sozialwissenschaftliche Vergleichsstudie: Bogotá, São Paulo und Lima. Bochumer Schriften zur Entwicklungsforschung und Entwicklungspolitik 32, Frankfurt a. M.

ROJEK, C. & B. TURNER (2000): Decorative sociology: Towards a critique of the cultural turn. – Sociological Revue 48, 4, 629-648.

ROLFF, H.-G. & P. ZIMMERMANN (1985): Kindheit im Wandel. Eine Einführung in die Sozialisation im Kindesalter. Weinheim.

ROSA, H. (2005): Beschleunigung. Die Veränderung der Zeitstrukturen in der Moderne. Frankfurt a. M.

RÜHL, A. (1927): Vom Wirtschaftsgeist in Amerika. Leipzig.

RUPPERT, K. & F. SCHAFFER (1969): Zur Konzeption der Sozialgeographie. – Geographische Rundschau 21, 6, 205-214.

SACK, R. D. (1972): Geography, Geometry, and Explanation. – Annals of the Association of American Geographers 62, 1, 61-78.

SAUNDERS, G. (1979): Social Change and Psycho-Cultural Continuity in Alpine Italian Family Life. – Ethos. Journal of the Society for Psychological Anthropology 7, 3, 206-231.

SAUNDERS, P. (1987): Soziologie der Stadt. Frankfurt a. M.

SCHAEFER, F. K. (1970): Exzeptionalismus in der Geographie. Eine methodologische Untersuchung. In: BARTELS, D. (Hrsg.): Wirtschafts- und Sozialgeographie. Köln, 50-65.

SCHATZKI, T. R., K. KNORR-CETINA & E. V. SAVIGNY (eds.) (2001): The Practice Turn in Contemporary Theory. London.

SCHATZKI, T. R. (1991): Spatial Ontology and Explanation. – Annals of the Association of American Geographers 81, 4, 650-670.

SCHÄTZL, L. (⁴1992): Wirschaftsgeographie. Bd. 1: Theorie. Paderborn.

SCHELLER, A. (1995): Frau – Macht – Raum. Geschlechtsspezifische Regionalisierungen der Alltagswelt als Ausdruck von Machtstrukturen. Zürich. (unveröffentlichte Diplomarbeit)

SCHLÖGEL, K. (2002): Kartenlesen, Raumdenken. Von einer Erneuerung der Geschichtsschreibung. – Merkur. Deutsche Zeitschrift für europäisches Denken 56, 636, 308-318.

SCHLÖGEL, K. (2003): Im Raume lesen wir die Zeit. Über Zivilisationsgeschichte und Geopolitik. Frankfurt a. M.

SCHLOTTMANN, A. (2005): RaumSprache. Ost-West-Differenzierung in der Berichterstattung zur deutschen Einheit. Eine sozialgeographische Theorie. Stuttgart.

SCHMID, C. (2005): Stadt, Raum und Gesellschaft. Henri Lefebvre und die Theorie der Produktion des Raumes. Stuttgart.

SCHMIDT, P. W. (1924): Werden und Wirken der Völkerkunde. Regensburg.

SCHMITHÜSEN, J. (1964): Was ist eine Landschaft? Wiesbaden.

SCHMITHÜSEN, J. (1976): Allgemeine Geosynergetik. Grundlagen der Landschaftskunde. Berlin.

SCHMITTHENNER, H. (1938): Lebensräume im Kampf der Kulturen. Heidelberg.

SCHÖLLER, P. (1953): Die rheinisch-westfälische Grenze zwischen Ruhr und Ebbegebirge. Ihre Auswirkungen auf die Sozial- und Wirtschaftsräume und die zentralen Funktionen der Orte. Forschungen zur deutschen Landeskunde 72, Leipzig.

SCHÖLLER, P. (1984): Territorialität und Räumliche Identität. – Berichte zur deutschen Landeskunde 58, 1, 32-44.

SCHROER, M. (2006): Räume, Orte, Grenzen. Auf dem Weg zu einer Soziologie des Raums. Frankfurt a. M.

SCHULTZ, H. D. (1980): Die deutschsprachige Geographie von 1800 bis 1970. Berlin.

SCHULTZ, H. D. (1993): Deutschlands »natürliche« Grenzen. In: DEMANDT, A. (Hrsg.): Deutschlands Grenzen in der Geschichte. München, 32-93.

SCHULTZ, H. D. (1998): Herder und Ratzel: Zwei Extreme, ein Paradigma? – Erdkunde 52, 3, 127-143.

SCHÜTZ, A. & T. LUCKMANN (1979): Strukturen der Lebenswelt. Bd. 1. Frankfurt a. M.

SCHÜTZ, A. (1971): Gesammelte Aufsätze. Bd. 1: Das Problem der sozialen Wirklichkeit. Den Haag.

SCHÜTZ, A. (1981): Theorie der Lebensformen. Frankfurt a. M.

SCHÜTZ, A. (1982): Das Problem der Relevanz. Frankfurt a. M.

SCHWIND, M. (1951): Kulturlandschaft als objektivierter Geist. – Deutsche Geographische Blätter 46, 6-28.

SCHWIND, M. (1964): Kulturlandschaft als objektiver Geist. In: SCHWIND, M.: Kulturlandschaft als geformter Geist. Darmstadt, 1-26.

SCHWYN, M. (1996): Regionalismus als soziale Bewegung. Entwurf einer theoretischen Beschreibung des Regionalismus mit einer empirischen Analyse des Jurakonfliktes. Anthropogeographische Schriftenreihe 15, Zürich.

SCOTT, A. J. (2000): The Cultural Economy of Cities. London.

SHIELDS, R. (ed.) (1992): Lifestyle Shopping. The Subject of Consumption. London.

SHIELDS, R. (1999): Lefebvre, Love and Struggle: Spatial Dialectics. London.

SIBLEY, D. (1991): Children's geographies: some problems of representation. – Area 23, 3, 269-270.

SIMMEL, G. (1903): Soziologie des Raumes. – Jahrbuch für Gesetzgebung, Verwaltung und Volkswirtschaft im Deutschen Reich 1, 1, 27-71.

SIMMEL, G. (1989): Philosophie des Geldes. Bd. 6. Frankfurt a. M.

SKINNER, Q. (ed.) (1985): The Return of Grand Theory in the Human Sciences. Cambridge.

SKLAR, L. (1974): Space, Time and Spacetime. Berkeley.

SOJA, E. W. (1980): The Socio-Spatial Dialectic. – Annals of the Association of American Geographers 70, 2, 207-225.

SOJA, E. W. (1989): Postmodern Geographies. The Reassertion of Space in the Critical Social Theory. London.

SOJA, E. W. (1996): Thirdspace. Journeys to Los Angeles and Other Real-and-Imagined Places. Oxford.

SOROKIN, P. A. (1964): Sociocultural Causality, Space, Time. New York.

STEINER, D., C. JAEGER & P. WALTHER (Hrsg.) (1988): Jenseits der mechanistischen Kosmologie – Neue Horizonte für die Geographie? Berichte und Skripten 36, Zürich.

STEINER, D. (Hrsg.) (1997): Mensch und Lebensraum. Fragen zu Identität und Wissen. Opladen.

STOKAR, T. v. (1995): Telekommunikation und Stadtentwicklung. Anthropogeographische Schriftenreihe 14, Zürich.

STORKEBAUM, W. (1969): Einleitung. In: STORKEBAUM, W. (Hrsg.): Sozialgeographie. Darmstadt, 1-31.

TAYLOR, P. J. (1989): Political Geography. World-Economy, Nation-State and Locality. New York.

TEPPER MARLIN, A., J. SCHORSCH, E. SWAAB & R. WILL (1992): Shopping for a Better World. New York.

THOMPSON, E. P. (1978): The Poverty of Theory. London.

THRIFT, N. (1983): On the determination of social action in space and time. – Environment and Planning D: Society and Space 1, 1, 23-57.

THRIFT, N. (1999): Steps to an Ecology of Place. In: ALLEN, J., D. MASSEY & P. SARRE (eds.): Human geography today. Cambridge, 295-322.

TÖNNIES, F. (1887): Gemeinschaft und Gesellschaft. Abhandlung des Communismus und des Socialismus als empirischer Culturformen. Leipzig.

TÖNNIES, F. (^{8}1979): Gemeinschaft und Gesellschaft. Grundbegriffe der reinen Soziologie. Darmstadt.

TÖRNQUIST, G. (1970): Contact Systems and Regional Development. Lund Studies 38. Lund.

TUAN, Y.-F. (1974): Topophilia: A Study of Environmental Perception, Attitudes, and Values. Englewood Cliffs.

VIDAL DE LA BLACHE, P. (1903): Tableau de Géographie de la France. Paris.

VIDAL DE LA BLACHE, P. (1913): Des caractères distinctifs de la géographie. – Annales de Géographie 22, 289-299.

VIDAL DE LA BLACHE, P. (1922): Principes de Géographie humaine. Paris.

WARDENGA, U. (1995): Geographie als Chorologie. Zur Genese und Struktur von Alfred Hettners Konstrukt der Geographie. Erdkundliches Wissen 100, Stuttgart.

WARREN, C. A. (1990): Adat and Dinas: Village and State in Contemporary Bali. Melbourne.

WARTENBERG, T. E. (1990): The Forms of Power. Philadelphia.

WATKINS, J. W. N. (1959): Historical Explanation in the Social Sciences. In: GARDINER, P. (ed.): Theories of History. Glencoe, 503-513.

WEINGARTEN, M. (Hrsg.) (2005): Strukturierung von Raum und Landschaft. Konzepte in Ökologie und der Theorie gesellschaftlicher Naturverhältnisse. Münster.

WEBER, M. (1913): Über einige Kategorien der verstehenden Soziologie. – Logos. Internationale Zeitschrift für Philosophie der Kultur 4, 3, 253-294.

WEBER, M. (^{2}1951): Über einige Kategorien der verstehenden Soziologie. In: WEBER, M.: Gesammelte Aufsätze zur Wissenschaftslehre. Tübingen.

WEBER, M. (^{5}1980): Wirtschaft und Gesellschaft. Tübingen.

WEBER, M. ([1912]1988a): »Geschäftsbericht und Diskussionsreden auf den deutschen soziologischen Tagungen (1910)«. In: WEBER, M.: Gesammelte Aufsätze zur Soziologie und Sozialpolitik. Tübingen, 431-491.

WEBER, M. ([1924]1988b): Gesammelte Aufsätze zur Soziologie und Sozialpolitik. Tübingen.

WEHRT, H. & R. HEEGE (Hrsg.) (1991): Ökologie und Humanökologie. Frankfurt a. M.

WEICHHART, P. (1990): Raumbezogene Identität. Bausteine zu einer Theorie räumlich-sozialer Kognition und Identifikation. Erdkundliches Wissen 102, Stuttgart.

WEICHHART, P. (1999): »Die Räume zwischen den Welten und die Welt der Räume«. In: MEUSBURGER, P. (Hrsg.): Handlungszentrierte Sozialgeographie. Benno Werlens Entwurf in kritischer Diskussion. Stuttgart, 67-94.

WEICHHART, P. (2003): »Gesellschaftlicher Metabolismus und Action Settings. Die Verknüpfung von Sach- und Sozialstrukturen im alltäglichen Handeln«. In: MEUSBURGER, P. & T. SCHWAN (Hrsg.): Humanökologie. Ansätze zur Überwindung der Natur-Kultur-Dichotomie. Stuttgart, 15-44.

WEINGARTEN, M. (1993): Organismen - Objekte oder Subjekte der Evolution? Philosophische Studien zum Paradigmenwechsel in der Evolutionsbiologie. Darmstadt.

WEINGARTEN, M. (1998): Wissenschaftstheorie als Wissenschaftskritik. Beiträge zur kulturalistischen Wende in der Philosophie. Bonn.

WEINGARTEN, M. (2003): Von der Beherrschung der Natur zur Strukturierung gesellschaftlicher Naturverhältnisse. Philosophische Grundlagen der Umweltwissenschaften. In: MATSCHONAT, G. & A. GERBER (Hrsg.): Wissenschaftstheoretische Perspektiven für die Umweltwissenschaften. Weikersheim, 127-144.

WELSCH, W. (1992): Transkulturalität. Lebensformen nach der Auflösung der Kulturen. – Information Philosophie 19, 2, 5-20.

WENZEL, H.-J. (1982): Sozialisation und Umwelt. In: JANDER, L., W. SCHRAMKE & H.-J. WENZEL (Hrsg.): Stichworte und Essays zur Didaktik der Geographie. Osnabrücker Studien zur Geographie 5, Osnabrück, 191-206.

WERLEN, B. & M. WEINGARTEN (2003): Zum forschungsintegrativen Gehalt der (Sozial-)Geographie. In: MEUSBURGER, P. & T. SCHWAN (Hrsg.): Humanökologie. Stuttgart, 197-216.

WERLEN, B. (1986): Thesen zur handlungstheoretischen Neuorientierung sozialgeographischer Forschung. – Geographica Helvetica 41, 2, 67-76.

WERLEN, B. (1987a): Gesellschaft, Handlung und Raum. Grundlagen handlungstheoretischer Sozialgeographie. Erdkundliches Wissen 89, Stuttgart.

WERLEN, B. (1987b): Zwischen Metatheorie, Fachtheorie und Alltagswelt. In: BAHRENBERG, G., J. DEITERS, M. M. FISCHER, W. GAEBE, G. LÖFFLER & G. HARD (Hrsg.): Geographie des Menschen – Dietrich Bartels zum Gedenken. Bremen, 11-25.

WERLEN, B. (1987c): Regional-wirtschaftliche Situationsanalyse. Methodische Grundlagen. In: HANSER, C. & B. WERLEN (Hrsg.): Schlussbericht des Forschungspraktikums zum Thema regional-wirtschaftliche Situationsanalyse. Zürich, 44-74.

WERLEN, B. (^{2}1988a): Gesellschaft, Handlung und Raum. Stuttgart.

WERLEN, B. (1988b): Von der Raum- zur Situationswissenschaft. – Geographische Zeitschrift 76, 4, 193-208.

WERLEN, B. (1989a): Kulturelle Identität zwischen Individualismus und Holismus. In: SOSOE, K. S. (Hrsg.): Identität. Evolution oder Differenz? / Identité: Evolution ou Différence« Fribourg, 21-54.

WERLEN, B. (1989b): Die Situationsanalyse. Ein unbeachteter Vorschlag von K. R. Popper und seine Bedeutung für die geographische Forschung. – conceptus. Zeitschrift für Philosophie 23, 59, 49-65.

WERLEN, B. (1992): Regionale oder kulturelle Identität? Eine Problemskizze. – Berichte zur deutschen Landeskunde 66, 1, 9-32.

WERLEN, B. (1993a): Handeln – Gesellschaft – Raum. Neue Thesen zur sozial- und wirtschaftsgeographischen Gesellschaftsforschung. – Geografický casopis 44, 2/3, 131-149.

WERLEN, B. (1993b): On Regional and Cultural Identity: Outline of a Regional Cultural Analysis. In: D. STEINER & M. NAUSER (eds.): Person, Society, Environment. London, 296-309.

WERLEN, B. (1993c): Sozialgeographie alltäglicher Regionalisierungen. Zürich. (unveröffentlichte Habilitationsschrift)

WERLEN, B. (1993d): Gibt es eine Geographie ohne Raum? Zum Verhältnis von traditioneller Geographie und zeitgenössischen Gesellschaften. – Erdkunde 47, 4, 241-255.

WERLEN, B. (1993e): Society, Action and Space. An Alternative Human Geography. London.

WERLEN, B. (1993f): Identität und Raum – Regionalismus und Nationalismus. – Soziographie 7, 39-73.

WERLEN, B. (1993g): Handlungs- und Raummodelle in sozialgeographischer Forschung und Praxis. – Geographische Rundschau 45, 12, 724-729.

WERLEN, B. (1995a): Landschafts- und Länderkunde in der Spät-Moderne. In: WARDENGA, U. & I. HÖNSCH (Hrsg.): Kontinuität und Diskontinuität der deutschen Geographie in Umbruchsphasen. Studien zur Geschichte der Geographie. Münstersche Geographische Arbeiten 39, Münster, 161-176.

WERLEN, B. (1995b): Regionalismus: Eine neue soziale Bewegung. In: BARSCH, D. & H. KARRASCH (Hrsg.): 49. Deutscher Geographentag Bochum, 4. bis 9. Oktober 1993. Tagungsbericht und wissenschaftliche Abhandlungen. Bd. 4: Europa im Umbruch. Stuttgart, 46-56.

WERLEN, B. (1995c): Sozialgeographie. Eine kritische Einführung. Zürich. (unveröffentlichtes Manuskript)

WERLEN, B. (1995d): Sozialgeographie alltäglicher Regionalisierungen. Bd. 1: Zur Ontologie von Gesellschaft und Raum. Erdkundliches Wissen 116, Stuttgart.

WERLEN, B. (1997): Sozialgeographie alltäglicher Regionalisierungen. Bd. 2: Globalisierung, Region und Regionalisierung. Erdkundliches Wissen 119, Stuttgart.

WERLEN, B. (^{2}1999): Sozialgeographie alltäglicher Regionalisierungen. Bd. 1: Zur Ontologie von Gesellschaft und Raum. Stuttgart.

WERLEN, B. (2000): Sozialgeographie. Eine Einführung. Bern.

WERLEN, B. (^{2}2007): Sozialgeographie alltäglicher Regionalisierungen. Bd. 2: Globalisierung, Region und Regionalisierung. Stuttgart.

WERLEN, B. (2008): »Körper, Raum und mediale Repräsentation«. In: DÖRING, J. & T. THIELMANN (Hrsg.): Spatial Turn. Das Raumparadigma in den Kultur- und Sozialwissenschaften. Bielefeld, 365-392.

WIDMER, J. (1993): Espace public, médias et identités de langue. Repères Pour une analyse de l'imaginaire collectif en Suisse. – Bulletin CILA 58, 17-41.

WIESING, L. (2005): Artifizielle Präsenz. Studien zur Philosophie des Bildes. Frankfurt a. M.

WILSON, E. O. (1998): Die Einheit des Wissens. Berlin.

WIRTH, E. (1979): Theoretische Geographie. Stuttgart.

ZIERHOFER, W. & D. STEINER (Hrsg.) (1994): Vernunft angesichts der Umweltzerstörung. Opladen.

ZIERHOFER, W. (1988): Raumzeitliche Strukturen als Sozialisationsbedingungen. Untersucht an Vorschulkindern der Region Baden. Zürich. (unveröffentlichte Diplomarbeit)

ZIERHOFER, W. (1999): Die fatale Verwechslung. Zum Selbstverständnis der Geographie. In: MEUSBURGER, P. (Hrsg.): Handlungszentrierte Sozialgeographie. Benno Werlens Entwurf in kritischer Diskussion. Erdkundliches Wissen 130, Stuttgart, 163-186.

Nachweise der Erstpublikation

Gibt es eine Geographie ohne Raum? Zum Verhältnis von traditioneller Geographie und zeitgenössischen Gesellschaften. – Erdkunde 47, 4, 241-255 (1993).

Geographie/Sozialgeographie. In: GÜNZEL, S. (Hrsg.): Raumwissenschaften. Frankfurt a. M.: Suhrkamp Verlag, 142-159 (2009).

Kulturelle Räumlichkeit: Bedingungen, Element und Medium der Praxis. In: HAUSER-SCHÄUBLIN B. & M. DICKHARDT (Hrsg.): Kulturelle Räume - räumliche Kultur. Zur Neubestimmung des Verhältnisses zweier fundamentaler Kategorien menschlicher Praxis. Göttinger Studien zur Ethnologie 10, Münster: LIT Verlag, 1-11 (2003).

Kulturelle Identität zwischen Individualismus und Holismus. In: SOSOE, L. K. (Hrsg.): Identität: Evolution oder Differenz? Festgabe für Professor Hugo Huber. Freiburg: Universitätsverlag Freiburg Schweiz, 21-54 (1989).

Regionale oder kulturelle Identität? Eine Problemskizze. – Berichte zur deutschen Landeskunde 66, 1, 9-32 (1992).

Raum, Körper und Identität. Traditionelle Denkfiguren in sozialgeographischer Reinterpretation. In: STEINER, D. (Hrsg.): Mensch und Lebensraum. Fragen zu Identität und Wissen. Opladen: Westdeutscher Verlag, 147-169 (1997).

Kulturgeographie und kulturtheoretische Wende. In: GEBHARDT, H., P. REUBER & G. WOLKERSDORFER (Hrsg.): Kulturgeographie. Aktuelle Ansätze und Entwicklungen. Heidelberg: Spektrum Verlag, 251-268 (2003).

Körper, Raum und mediale Repräsentation. In: DÖRING, J. & T. THIELMANN (Hrsg.): Spatial Turn. Das Raumparadigma in den Sozial- und Kulturwissenschaften. Bielefeld: Transcript Verlag, 365-393 (2008).

Identität und Raum. Regionalismus und Nationalismus. – Soziographie 6, 2(7), 39-73 (1993).

Regionalismus in Wissenschaft und Alltag. In: EISEL, U. & H.-D. SCHULZ (Hrsg.): Geographisches Denken. Urbs et Regio 65. Kassel: Gesamthochschulbibliothek, Landesbibliothek und Murhardsche Bibliothek, 285-310 (1997).

Geographien des eigenen Lebens – Wissenschaft und Unterricht. – GW-Unterricht 82, 1-8 (2001).

Raus aus dem Container! Ein sozialgeographischer Blick auf die aktuelle (Sozial-)Raumdiskussion. In: PROJEKT »NETZWERKE IM STADTTEIL« (Hrsg.): Grenzen des Sozialraums. Kritik eines Konzepts - Perspektiven für Soziale Arbeit. Wiesbaden: Verlag für Sozialwissenschaften, 15-35 (2005).

Zur Sozialgeographie der Kinder. In: MONZEL, S.: Kinderfreundliche Wohnumfeldgestaltung!? Eine sozialgeographische Untersuchung als Orientierungshilfe für Politik und Planer. Zürich: Universität Zürich-Irchel, Geographisches Institut, I-VI (1995).

Zur integrativen Forschung in der Geographie. In: STEINER, D., C. JAEGER & P. WALTHER (Hrsg.): Jenseits der mechanischen Kosmologie - Neue Horizonte für die Geographie? Berichte und Skripten 36. Zürich: Geographisches Institut ETH Zürich, 121-129 (1988).

WERLEN, B. & M. WEINGARTEN: *Integrative Forschung und »Anthropogeographie«.* In: WEINGARTEN, M. (Hrsg.): Strukturierung von Raum und Landschaft. Konzepte in Ökologie und der Theorie gesellschaftlicher Naturverhältnisse. Münster: Westf. Dampfboot, 314-333 (2005).

WERLEN, B. & M. WEINGARTEN: *Zum forschungsintegrativen Gehalt der (Sozial)Geographie. Ein Diskussionsvorschlag.* In: MEUSBURGER, P. & T. SCHWAN (Hrsg.): Humanökologie. Ansätze zur Überwindung der Natur-Kultur-Dichotomie. Stuttgart: Franz Steiner Verlag, 197-216 (2003).

Orte der Geographie

Benno Werlen

Gesellschaftliche Räumlichkeit 1

Orte der Geographie
2010. 334 Seiten mit 16 Abbildungen und 4 Übersichten.
Kart.
ISBN 978-3-515-09122-0

Mit der sozialtheoretischen Wende der Geographie und dem *spatial turn* in den Sozial- und Geisteswissenschaften ist der Weg für eine interdisziplinäre Beschäftigung mit dem Verhältnis von Gesellschaft und Raum bereitet. Die Auswahl der Aufsätze für „Gesellschaftliche Räumlichkeit" vermittelt vom geographischen Ausgangpunkt her einen Überblick über die Behandlung dieser Thematik in praxiszentrierter Perspektive. Mit ihr wird der Anspruch erhoben, den Fallstricken des mechanischen Weltbildes und der voreiligen Verräumlichung sozialkultureller, ökonomischer und politischer Wirklichkeiten zu entgehen.
Band 1 verortet diesen Ansatz im fachhistorischen Kontext, nimmt eine Klärung des ontologischen Status von Gesellschaft und Raum vor und leitet daraus die methodologischen Prinzipien einer praxiszentrierten Geographie ab, die schließlich zur Basis eines globalisierten geographischen Weltverständnisses gemacht werden. Insgesamt werden damit die Grundlagen für die Entwicklung eines konstruktivistischen Weltbildes gelegt, das in Band 2 weiter entfaltet wird.

FRANZ STEINER VERLAG
Postfach 101061 · D-70009 Stuttgart
www.steiner-verlag.de · service@steiner-verlag.de
Telefon: 0711 / 2582-0 · Fax: 0711 / 2582-390